가스기능사 필기
과년도 출제문제 해설

서상희 편저

일진사

머리말

우리나라는 21세기에 들어서면서 반도체 및 IT산업과 함께 중화학공업이 급속히 발전함과 동시에 생활방식이 변화됨에 따라 에너지를 대량으로 소비하는 시대에 살아가고 있습니다. 특히 각 산업현장 및 우리의 일상생활에서 가스는 전기, 수도, 통신과 함께 필수 불가결한 분야가 되었고, 각 산업현장에서는 가스분야의 기술 인력이 많이 필요하게 되어 가스기능사 자격증 취득을 취득하려는 공학도와 수험생이 증가하는 추세에 있습니다.

이에 저자는 수년간의 강단에서의 가스 강의를 하면서 준비한 관련 자료를 갖고 **가스기능사 필기 과년도 출제문제 해설** 수험서를 집필하여 가스기능사 필기시험을 준비하는 수험생들의 실력 배양 및 필기시험 합격에 도움이 되고자 다음과 같은 부분에 중점을 두어 출간하게 되었습니다.

- **첫째,** 새로 개정된 한국 산업인력공단의 가스기능사 필기 출제기준에 맞추어 가스법령 **활용 및 가스사고 예방·관리, 가스시설 유지관리, 가스 특성 활용** 3과목으로 분류하여 시험에 자주 출제되는 핵심적인 내용을 정리하였습니다.
- **둘째,** 2012년 이후 출제된 과년도 출제문제를 문제마다 자세한 해설과 함께 수록하여 과년도 문제를 공부하는 것으로 짧은 기간에 필기시험 준비를 할 수 있도록 하였습니다.
- **셋째,** 계산문제에서는 공식과 함께 계산과정을 설명하여 이해가 쉽도록 하였습니다.
- **넷째,** 저자가 직접 인터넷 카페(네이버:cafe.naver.com/gas21)를 개설, 관리하여 온라인 상으로 질문 및 답변과 함께 수험정보를 공유할 수 있는 공간을 마련하였습니다.

끝으로 이 책으로 가스기능사 필기시험을 준비하시는 수험생 여러분께 합격의 영광이 함께 하길 바라며 책이 출판될 때까지 많은 지도와 격려를 보내 주신 분들과 **일진사** 직원 여러분께 깊은 감사를 드립니다.

저자 씀

가스기능사(필기) 출제기준

직무분야	안전관리	자격종목	가스기능사	적용기간	2025. 1. 1 ~ 2028. 12. 31

○ 직무내용 : 가스 시설의 운용, 유지관리 및 사고예방조치 등의 업무를 수행하는 직무이다.

필기 검정방법	객관식	문제 수	60	시험시간	1시간

필기 과목명	문제 수	주요 항목	세부 항목	세세 항목
가스 법령 활용, 가스사고 예방·관리, 가스시설 유지관리, 가스 특성 활용	60	1. 가스 법령 활용	1. 가스제조 공급·충전	(1) 고압가스 특정·일반제조시설 (2) 고압가스 공급·충전시설 (3) 고압가스 냉동제조시설 (4) 액화석유가스 공급·충전시설 (5) 도시가스 제조 및 공급시설 (6) 도시가스 충전시설 (7) 수소 제조 및 충전시설
			2. 가스저장·사용시설	(1) 고압가스 저장·사용시설 (2) 액화석유가스 저장·사용시설 (3) 도시가스 저장·사용시설 (4) 수소 저장·사용시설
			3. 고압가스 관련 설비 등의 제조·검사	(1) 특정설비 제조 및 검사 (2) 가스용품 제조 및 검사 (3) 냉동기 제조 및 검사 (4) 히트펌프 제조 및 검사 (5) 용기 제조 및 검사
			4. 가스판매, 운반·취급	(1) 가스 판매시설 (2) 가스 운반시설 (3) 가스 취급
			5. 가스관련 법 활용	(1) 고압가스안전관리법 활용 (2) 액화석유가스의 안전관리 및 사업법 활용 (3) 도시가스사업법 활용 (4) 수소경제육성 및 수소안전관리법률 활용
		2. 가스사고 예방·관리	1. 가스사고 예방·관리 및 조치	(1) 사고조사 보고서 작성 (2) 사고조사 장비 관리 (3) 응급조치

필 기 과목명	문제 수	주요 항목	세부 항목	세세 항목
			2. 가스화재·폭발예방	(1) 폭발범위·종류 (2) 폭발의 피해 영향방지대책 (3) 위험장소 및 방폭구조 (4) 위험성평가
			3. 부식·비파괴 검사	(1) 부식의 종류 및 방식 (2) 비파괴 검사의 종류
		3. 가스시설 유지관리	1. 가스장치	(1) 기화장치 및 정압기 (2) 가스장치 요소 및 재료 (3) 가스용기 및 저장탱크 (4) 압축기 및 펌프 (5) 저온장치
			2. 가스설비	(1) 고압가스설비 (2) 액화석유가스설비 (3) 도시가스설비 (4) 수소설비
			3. 가스계측기기	(1) 온도계 및 압력계측기 (2) 액면 및 유량계측기 (3) 가스분석기 (4) 가스누출검지기 (5) 제어기기
		4. 가스 특성 활용	1. 가스의 기초	(1) 압력 (2) 온도 (3) 열량 (4) 밀도, 비중 (5) 가스의 기초 이론 (6) 이상기체의 성질
			2. 가스의 연소	(1) 연소현상 (2) 연소의 종류와 특성 (3) 가스의 종류 및 특성 (4) 가스의 시험 및 분석 (5) 연소계산
			3. 고압가스 특성 활용	(1) 고압가스 특성 및 취급 (2) 고압가스의 품질관리·검사기준적용
			4. 액화석유가스 특성 활용	(1) 액화석유가스 특성 및 취급 (2) 액화석유가스의 품질관리·검사기준적용
			5. 도시가스 특성 활용	(1) 도시가스 특성 및 취급 (2) 도시가스의 품질관리·검사기준적용
			6. 독성가스 특성 활용	(1) 독성가스 특성 및 취급 (2) 독성가스 처리

차례

제1편 ••• 문제 풀이를 위한 **핵심이론**

제1장 가스법령 활용 및 가스사고 예방·관리
1. 고압가스 안전관리 ·· 12
2. 액화석유가스 안전관리 ·· 20
3. 도시가스 안전관리 ·· 23
4. 수소 안전관리 ··· 29

제2장 가스시설 유지관리
1. LP가스 및 도시가스 설비 ··· 33
2. 압축기 및 펌프 ··· 38
3. 저온장치 ·· 44
4. 가스 설비 ·· 45
5. 고압가스 설비 ··· 48
6. 가스 검지 및 분석기기 ··· 51
7. 가스 계측기기 ··· 53

제3장 가스 특성 활용
1. 열역학 기초 ·· 56
2. 가스의 기초 법칙 ·· 59
3. 고압가스의 분류 및 성질 ·· 61
4. 액화석유가스 및 도시가스 ·· 66
5. 연소 및 폭발 ·· 68

제2편 ••• 과년도 출제문제

- 2012년도 출제문제 ········· 74
- 2013년도 출제문제 ········· 117
- 2014년도 출제문제 ········· 161
- 2015년도 출제문제 ········· 206
- 2016년도 출제문제 ········· 252

제3편 ••• CBT 실전 테스트

- 2017년도 실전 테스트 ········· 288
- 2018년도 실전 테스트 ········· 312
- 2019년도 실전 테스트 ········· 335
- 2020년도 실전 테스트 ········· 358
- 2021년도 실전 테스트 ········· 381
- 2022년도 실전 테스트 ········· 405
- 2023년도 실전 테스트 ········· 426
- 2024년도 실전 테스트 ········· 449
- 2025년도 실전 테스트 ········· 474

CBT 필기시험 안내

- CBT(Computer Based Test) 필기시험은 컴퓨터 기반 시험을 의미하며, 국가기술자격 기능사 전종목이 2016년 5회 필기시험부터 시행되기 시작하여 2017년 이후에는 기능사 전종목, 전회 필기시험에 대하여 시행되고 있습니다.

- CBT 필기시험은 CBT 문제은행에서 개인별로 상이하게 문제가 출제되므로 시험문제는 비공개로 되며, 수험자가 답안을 제출함과 동시에 합격여부를 확인할 수 있습니다.

- CBT 시험과정은 큐넷(Q-net.or.kr)에서 CBT 체험하기를 통해 실제 컴퓨터 필기 자격시험 환경과 동일하게 구성한 가상 체험 서비스를 제공받을 수 있습니다.

가스기능사 검정현황

연도	필기			실기		
	응시	합격	합격률(%)	응시	합격	합격률(%)
2024	15,302	4,710	30.8%	6,145	3,292	53.6%
2023	13,963	4,308	30.9%	6,311	4,013	63.6%
2022	11,955	3,986	33.3%	5,984	2,049	34.2%
2021	11,747	3,753	31.9%	5,611	2,479	44.2%
2020	8,891	3,003	33.8%	4,442	2,597	58.5%
2019	11,090	3,426	30.9%	5,086	2,828	55.6%
2018	9,393	2,751	29.3%	4,378	2,457	56.1%
2017	10,281	2,817	27.4%	4,255	2,407	56.6%
2016	10,090	2,190	21.7%	3,690	2,107	57.1%
2015	9,643	2,072	21.5%	3,635	1,935	53.2%
2014	8,968	1,837	20.5%	3,139	1,685	53.7%
2013	8,035	1,551	19.3%	2,945	1,512	51.3%
2012	8,228	1,737	21.1%	3,222	1,612	50%
2011	8,030	1,773	22.1%	3,148	1,549	49.2%
1978~2010	649,979	198,305	30.5%	284,694	68,142	23.9%
소계	795,595	238,219	29.9%	346,685	100,664	29.0%

최근 3년간 필기시험 회차별 합격자 현황

구분		대상	응시	합격	합격률(%)
2025년	제1회	4,905	3,395	622	18.32%
	제2회	5,342	3,612	665	18.41%
	제3회	5,702	3,685	762	20.68%
	제4회				
2024년	제1회	4,688	3,302	1,051	31.83%
	제2회	5,242	3,641	1,107	30.40%
	제3회	4,890	3,219	962	29.88%
	제4회	7,711	5,140	1,590	30.93%
2023년	제1회	4,610	3,309	980	29.62%
	제2회	4,341	3,004	889	29.59%
	제3회	5,182	3,396	971	28.59%
	제4회	6,280	4,254	1,470	34.56%
2022년	제1회	4,210	3,115	1,167	37.46%
	제2회	3,849	2,600	860	33.08%
	제3회	4,283	3,010	963	31.99%
	제4회	4,823	3,230	1,030	31.89%

가스기능사

제 1 편

문제 풀이를 위한 **핵심이론**

제1장 가스법령 활용 및 가스사고 예방·관리
제2장 가스시설 유지관리
제3장 가스 특성 활용

Chapter 1 가스법령 활용 및 가스사고 예방·관리

1. 고압가스 안전관리

1-1 저장능력 및 냉동능력 계산식

(1) 저장능력 산정 기준 계산식

① 압축가스 저장탱크 및 용기

$$Q = (10P+1) \cdot V_1$$

② 액화가스

(가) 저장탱크 : $W = 0.9d \cdot V_2$

(나) 용기(충전용기, 탱크로리) : $W = \dfrac{V_2}{C}$

여기서, Q : 저장능력(m^3), P : 35℃에서 최고충전압력(MPa), V_1 : 내용적(m^3)
W : 저장능력(kg), V_2 : 내용적(L), d : 액화가스의 비중
C : 액화가스 충전상수

(2) 1일 냉동능력(톤) 계산

① 원심식 압축기 : 원동기 정격출력 1.2 kW
② 흡수식 냉동설비 : 발생기를 가열하는 입열량 6640 kcal/h

1-2 보호시설

(1) 1종 보호시설

① 학교, 유치원, 어린이집, 놀이방, 어린이놀이터, 학원, 병원(의원을 포함), 도서관, 청소년수련시설, 경로당, 시장, 공중목욕탕, 호텔, 여관, 극장, 교회 및 공회당(公會堂)
② 사람을 수용하는 건축물로서 사실상 독립된 부분의 연면적이 1000 m^2 이상인 것
③ 예식장, 장례식장 및 전시장, 그 밖에 이와 유사한 시설로서 300명 이상 수용할 수 있는 건축물
④ 아동복지시설 또는 장애인복지시설로서 20명 이상 수용할 수 있는 건축물
⑤ 「문화재보호법」에 따라 지정문화재로 지정된 건축물

(2) 2종 보호시설

① 주택

② 사람을 수용하는 건축물로서 사실상 독립된 부분의 연면적이 100 m^2 이상 1000 m^2 미만인 것

1-3 ┤ 저장설비

(1) 가스방출장치 설치 : 5 m^3 이상

(2) 저장탱크 사이 거리 : 저장탱크 최대지름을 더한 길이의 4분의 1 이상의 거리 유지 (1 m 미만인 경우 1 m 유지)

(3) 저장탱크 설치 기준

① 지하설치 기준

㈎ 천장, 벽, 바닥의 두께 : 30 cm 이상의 철근 콘크리트

㈏ 저장탱크의 주위 : 마른 모래를 채울 것

㈐ 매설깊이 : 60 cm 이상

㈑ 2개 이상 설치 시 : 상호간 1 m 이상 유지

㈒ 지상에 경계표지 설치

㈓ 안전밸브 방출관 설치(방출구 높이 : 지면에서 5 m 이상)

② 실내 설치 기준

㈎ 저장탱크실과 처리설비실은 구분 설치하고 강제통풍시설을 갖출 것

㈏ 천장, 벽, 바닥의 두께 : 30 cm 이상의 철근 콘크리트

㈐ 가연성 가스 또는 독성 가스의 경우 : 가스누출검지 경보장치 설치

㈑ 저장탱크 정상부와 천장과의 거리 : 60 cm 이상

㈒ 2개 이상 설치 시 : 저장탱크실을 구분하여 설치

㈓ 저장탱크실 및 처리설비실의 출입문 : 각각 따로 설치(자물쇠 채움 등의 조치)

㈔ 주위에 경계표지 설치

㈕ 안전밸브 방출관 설치(방출구 높이 : 지상에서 5 m 이상)

③ 저장탱크의 부압파괴 방지 조치

㈎ 압력계, 압력경보설비, 진공안전밸브

㈏ 다른 저장탱크 또는 시설로부터의 가스도입배관(균압관)

㈐ 압력과 연동하는 긴급차단장치를 설치한 냉동 제어설비

㈑ 압력과 연동하는 긴급차단장치를 설치한 송액설비

④ 과충전 방지 조치 : 내용적의 90 % 초과 금지

1-4 사고예방설비 및 피해저감설비 기준

(1) 사고예방설비

① 가스누출 검지 경보장치 설치 : 독성 가스 및 공기보다 무거운 가연성 가스
   (가) 종류 : 접촉연소 방식, 격막 갈바니 전지방식, 반도체 방식
   (나) 경보농도(검지농도)
      ㉮ 가연성 가스 : 폭발하한계의 1/4 이하
      ㉯ 독성 가스 : TLV-TWA 기준농도 이하
      ㉰ 암모니아(NH_3)를 실내에서 사용하는 경우 : 50 ppm
   (다) 경보기의 정밀도 : 가연성 가스(±25 %), 독성 가스(±30 %)
   (라) 검지에서 발신까지 걸리는 시간 : 경보농도의 1.6배 농도에서 30초 이내 (단, 암모니아, 일산화탄소의 경우는 1분 이내)

② 긴급차단장치 설치
   (가) 동력원 : 액압, 기압, 전기, 스프링
   (나) 조작위치 : 당해 저장탱크로부터 5 m 이상 떨어진 곳(특정제조의 경우 10 m 이상)

③ 역류방지장치(밸브) 설치
   (가) 가연성 가스를 압축하는 압축기와 충전용 주관과의 사이 배관
   (나) 아세틸렌을 압축하는 압축기의 유분리기와 고압건조기와의 사이 배관
   (다) 암모니아 또는 메탄올의 합성탑 및 정제탑과 압축기와의 사이 배관

④ 역화방지장치 설치
   (가) 가연성 가스를 압축하는 압축기와 오토클레이브와의 사이 배관
   (나) 아세틸렌의 고압건조기와 충전용 교체밸브 사이 배관
   (다) 아세틸렌 충전용 지관

⑤ 정전기 제거설비 설치 : 가연성 가스 제조설비
   (가) 탑류, 저장탱크, 열교환기, 회전기계, 벤트스택 등은 단독으로 접지
   (나) 접지 접속선 단면적 : 5.5 mm^2 이상
   (다) 접지 저항값 총합 : 100Ω 이하(피뢰설비 설치한 것 : 10Ω 이하)

(2) 피해저감설비

① 방류둑 설치
   (가) 구조
      ㉮ 방류둑의 재료 : 철근 콘크리트, 철골·철근 콘크리트, 금속, 흙 또는 이들을 혼합
      ㉯ 성토 기울기 : 45° 이하, 성토 윗부분 폭 : 30 cm 이상

⑤ 출입구 : 둘레 50 m마다 1개 이상 분산 설치(둘레가 50 m 미만 : 2개 이상 설치)
㉣ 집합 방류둑 내 가연성 가스와 조연성 가스, 독성 가스를 혼합 배치 금지
㉤ 방류둑은 액밀한 구조 및 액두압에 견디고, 액의 표면적은 적게 한다.
㉥ 방류둑에 고인 물을 외부로 배출할 수 있는 조치를 할 것(배수조치는 방류둑 밖에서 하고 배수할 때 이외에는 반드시 닫아 둔다.)
㉦ 집합 방류둑에는 가연성 가스와 조연성 가스, 가연성 가스와 독성 가스의 혼합배치 금지

(나) 방류둑 용량 : 저장능력 상당용적
㉮ 액화산소 저장탱크 : 저장능력 상당용적의 60 %
㉯ 집합 방류둑내 : 최대저장탱크의 상당용적 + 잔여 저장탱크 총 용적의 10 %
㉰ 냉동설비 방류둑 : 수액기 내용적의 90 % 이상

② 방호벽 설치 : 아세틸렌가스 또는 9.8 MPa 이상인 압축가스를 용기에 충전하는 경우
(가) 압축기와 충전장소 사이
(나) 압축기와 가스충전용기 보관 장소 사이
(다) 충전장소와 가스충전용기 보관 장소 사이
(라) 충전장소와 충전용 주관밸브 조작밸브 사이

③ 독성 가스 확산 방지 및 제독제 구비
(가) 대상 : 포스겐, 황화수소, 시안화수소, 아황산가스, 산화에틸렌, 암모니아, 염소, 염화메탄
(나) 제독제 종류
㉮ 물을 사용할 수 없는 것 : 염소, 포스겐, 황화수소, 시안화수소
㉯ 물을 사용할 수 있는 것 : 아황산가스, 암모니아, 산화에틸렌, 염화메탄
㉰ 소석회를 사용하는 것 : 염소, 포스겐

④ 벤트스택(vent stack) : 가연성 가스, 독성 가스설비의 내용물을 대기 중으로 방출하는 시설
(가) 높이
㉮ 가연성 가스 : 착지농도가 폭발하한계 값 미만
㉯ 독성 가스 : TLV-TWA 기준농도 값 미만(제독조치 후 방출)
(나) 방출구 위치 : 작업원이 정상작업 장소 및 항시 통행하는 장소로부터 긴급용은 10 m 이상, 그 밖의 것은 5 m 이상 유지

⑤ 플레어스택(flare stack) : 긴급이송설비로 이송되는 가스를 연소에 의하여 처리하는 시설
(가) 위치 및 높이 : 지표면에 미치는 복사열이 4000 kcal/m^2·h 이하가 되도록

㈏ 역화 및 공기와 혼합폭발을 방지하기 위한 시설
  ㉮ liquid seal 설치
  ㉯ flame arrestor 설치
  ㉰ vapor seal 설치
  ㉱ purge gas(N_2, off gas 등)의 지속적인 주입
  ㉲ molecular seal 설치

(3) 고압가스 설비의 내압시험 및 기밀시험
① 내압시험 : 수압에 의하여 실시
  ㉮ 내압시험 압력 : 상용압력의 1.5배 이상
  ㉯ 공기 등에 의한 방법 : 상용압력의 50 %까지 승압하고, 10 %씩 단계적으로 승압
② 기밀시험
  ㉮ 공기, 위험성이 없는 기체의 압력에 의하여 실시(산소 사용 금지)
  ㉯ 기밀시험 압력 : 상용압력 이상

1-5 제조 및 충전기준

(1) 가스설비 및 배관 : 상용압력의 2배 이상의 압력에서 항복을 일으키지 아니하는 두께

(2) 충전용 밸브, 충전용 지관 가열 : 열습포 또는 40℃ 이하의 물 사용

(3) 제조 및 충전작업
① 시안화수소 충전
  ㉮ 순도 98 % 이상, 아황산가스, 황산 등의 안정제 첨가
  ㉯ 충전 후 24시간 정치, 1일 1회 이상 질산구리벤젠지로 누출검사 실시
  ㉰ 충전용기에 충전연월일을 명기한 표지 부착
  ㉱ 충전 후 60일이 경과되기 전에 다른 용기에 옮겨 충전할 것(단, 순도가 98 % 이상으로서 착색되지 않은 것은 제외)
② 아세틸렌 충전
  ㉮ 아세틸렌용 재료의 제한 : 동 함유량 62 %를 초과하는 동합금 사용 금지, 충전용 지관에는 탄소 함유량 0.1% 이하의 강을 사용
  ㉯ 2.5 MPa 압력으로 압축 시 희석제 첨가 : 질소, 메탄, 일산화탄소, 에틸렌 등
  ㉰ 습식 아세틸렌 발생기 표면은 70℃ 이하 유지, 부근에서 불꽃이 튀는 작업 금지
  ㉱ 다공도 : 75 % 이상 92 % 미만, 용제 : 아세톤, 디메틸포름아미드
  ㉲ 충전 중 압력 2.5 MPa 이하, 충전 후에는 15℃에서 1.5 MPa 이하

③ 산소 또는 천연메탄 충전
  (가) 밸브, 용기 내부의 석유류 또는 유지류 제거
  (나) 용기와 밸브 사이에는 가연성 패킹 사용 금지
  (다) 산소 또는 천연메탄을 용기에 충전 시 압축기와 충전용 지관 사이에 수취기 설치
  (라) 밀폐형 수전해조에는 액면계와 자동급수장치를 할 것

④ 산화에틸렌 충전
  (가) 저장탱크 내부에 질소, 탄산가스로 치환하고 5℃ 이하로 유지
  (나) 저장탱크 또는 용기에 충전 시 질소, 탄산가스로 바꾼 후 산, 알칼리를 함유하지 않는 상태
  (다) 저장탱크 및 충전용기에는 45℃에서 압력이 0.4 MPa 이상이 되도록 질소, 탄산가스 충전

(3) 압축 및 불순물 유입 금지

① 고압가스 제조 시 압축 금지
  (가) 가연성 가스(C_2H_2, C_2H_4, H_2 제외) 중 산소용량이 전용량의 4 % 이상의 것
  (나) 산소 중 가연성 가스(C_2H_2, C_2H_4, H_2 제외) 용량이 전용량의 4 % 이상의 것
  (다) C_2H_2, C_2H_4, H_2 중의 산소용량이 전용량의 2 % 이상의 것
  (라) 산소 중 C_2H_2, C_2H_4, H_2의 용량 합계가 전용량의 2 % 이상의 것

② 분석 및 불순물 유입 금지
  (가) 가연성 가스, 물을 전기분해하여 산소를 제조할 때 1일 1회 이상 분석
  (나) 공기액화 분리기에 설치된 액화산소통 안의 액화산소 5 L 중 아세틸렌 질량이 5 mg, 탄화수소의 탄소의 질량이 500 mg을 넘을 때에는 운전을 중지하고 액화산소를 방출시킬 것

1-6 점검 및 치환농도 기준

(1) 점검기준

① 압력계 점검 기준 : 표준이 되는 압력계로 기능 검사
  (가) 충전용 주관(主管)의 압력계 : 매월 1회 이상
  (나) 그 밖의 압력계 : 3개월에 1회 이상
  (다) 압력계의 최고눈금 범위 : 상용압력의 1.5배 이상 2배 이하

② 안전밸브
  (가) 압축기 최종단에 설치한 것 : 1년에 1회 이상
  (나) 그 밖의 안전밸브 : 2년에 1회 이상
  (다) 저장탱크 방출구 : 지면으로부터 5 m 또는 저장탱크 정상부로부터 2 m 중 높은 위치

(2) 치환농도
① 가연성 가스의 가스설비 : 폭발범위하한계의 1/4 이하
② 독성 가스의 가스설비 : TLV-TWA 기준농도 이하
③ 산소가스설비 : 산소의 농도가 22 % 이하
④ 가스설비 내 작업원 작업 : 산소농도 18~22 %를 유지

1-7 특정설비 및 특정고압가스

(1) **특정설비(고압가스 관련 설비) 종류** : 안전밸브, 긴급차단장치, 기화장치, 독성 가스 배관용 밸브, 자동차용 가스 자동주입기, 역화방지기, 압력용기, 고압가스용 실린더 캐비닛, 자동차용 압축천연가스 완속 충전설비, 액화석유가스용 용기 잔류가스 회수장치, 차량에 고정된 탱크, 냉동용 특정설비

(2) **특정고압가스 종류**
① 법에서 정한 것(법 20조) : 수소, 산소, 액화암모니아, 아세틸렌, 액화염소, 천연가스, 압축모노실란, 압축디보란, 액화알진, 그밖에 대통령령이 정하는 고압가스
② 대통령령이 정한 것 : 포스핀, 셀렌화수소, 게르만, 디실란, 오불화비소, 오불화인, 삼불화인, 삼불화질소, 삼불화붕소, 사불화유황, 사불화규소
③ 특수고압가스 : 압축모노실란, 압축디보란, 액화알진, 포스핀, 셀렌화수소, 게르만, 디실란 그밖에 반도체의 세정 등 산업통상자원부 장관이 인정하는 특수한 용도에 사용하는 고압가스

1-8 고압가스 저장 및 용기 안전점검 기준

(1) **고압가스 저장**
① 화기와의 거리
　㈎ 가스설비, 저장설비 : 2 m 이상
　㈏ 가연성 가스설비, 산소의 가스설비, 저장설비 : 8 m 이상
② 용기 보관장소 기준
　㈎ 충전용기와 잔가스용기는 각각 구분하여 놓을 것
　㈏ 가연성 가스, 독성 가스 및 산소의 용기는 각각 구분하여 놓을 것
　㈐ 용기 보관장소에는 계량기 등 작업에 필요한 물건 외에는 두지 않을 것
　㈑ 용기 보관장소 2 m 이내에는 화기, 인화성, 발화성 물질을 두지 않을 것
　㈒ 충전용기는 40℃ 이하로 유지하고, 직사광선을 받지 않도록 조치

⑯ 가연성 가스 용기 보관장소에는 방폭형 휴대용 손전등 외의 등화 휴대 금지
⑰ 밸브가 돌출한 용기(내용적 5 L 미만 용기 제외)의 넘어짐 및 밸브 손상 방지조치

(2) 용기의 안전점검 기준 : 고압가스 제조자, 고압가스 판매자가 실시
① 용기의 내·외면에 위험한 부식, 금, 주름이 있는지 확인할 것
② 용기는 도색 및 표시가 되어 있는지 확인할 것
③ 용기의 스커트에 찌그러짐이 있는지 확인할 것
④ 유통 중 열영향을 받았는지 점검하고, 열영향 받은 용기는 재검사를 받아야 한다.
⑤ 용기 캡이 씌워져 있거나 프로텍터가 부착되어 있는지 확인할 것
⑥ 재검사기간의 도래 여부를 확인할 것
⑦ 용기 아랫부분의 부식상태를 확인할 것
⑧ 밸브의 몸통, 충전구 나사, 안전밸브에 흠, 주름, 스프링의 부식 등이 있는지 확인할 것
⑨ 밸브의 그랜드너트가 고정핀에 의하여 이탈 방지 조치가 있는지 여부를 확인할 것
⑩ 밸브의 개폐조작이 쉬운 핸들이 부착되어 있는지 확인할 것
⑪ 충전가스의 종류에 맞는 용기부속품이 부착되어 있는지 확인할 것

1-9 고압가스의 운반

(1) 차량의 경계표지
① 경계표시 : "위험 고압가스" 차량 앞뒤에 부착, 운전석 외부에 적색삼각기 게시
② 가로치수 : 차체 폭의 30 % 이상
③ 세로치수 : 가로치수의 20 % 이상
④ 정사각형 : 600 cm^2 이상

(2) 혼합 적재 금지
① 염소와 아세틸렌, 암모니아, 수소
② 가연성 가스와 산소는 충전용기 밸브가 마주보지 않도록 적재하면 운반 가능
③ 충전용기와 위험물안전관리법이 정하는 위험물
④ 독성 가스 중 가연성 가스와 조연성 가스

(3) 차량에 고정된 탱크
① 내용적 제한
  ㈎ 가연성 가스(LPG 제외), 산소 : 18000 L 초과 금지
  ㈏ 독성 가스(액화암모니아 제외) : 12000 L 초과 금지
② 액면요동 방지조치 : 방파판 설치

③ 탱크 및 부속품 보호 : 뒷범퍼와 수평거리
　㈎ 후부 취출식 탱크 : 40 cm 이상
　㈏ 후부 취출식 탱크 외 : 30 cm 이상
　㈐ 조작상자 : 20 cm 이상

2. 액화석유가스 안전관리

2-1. 용기 및 자동차 용기 충전

(1) 용기 충전
① 저장설비 기준
　㈎ 냉각살수 장치 설치
　　㉮ 방사량 : 저장탱크 표면적 1 m^2 당 5 L/min 이상의 비율
　　㉯ 준내화구조 저장탱크 : 2.5 L/min·m^2 이상
　　㉰ 조작위치 : 5 m 이상 떨어진 위치
　㈏ 저장탱크 지하 설치
　　㉮ 저장탱크실 재료 규격 : 레디믹스트 콘크리트(ready-mixed concrete)

항목	규격	항목	규격
굵은 골재의 최대치수	25 mm	공기량	4 % 이하
설계강도	21 MPa 이상	물-결합재비	50 % 이하
슬럼프(slump)	120~150 mm	그 밖의 사항	KS F 4009에 따름

　　㉯ 저장탱크실 바닥은 침입한 물 또는 생성된 물이 모이도록 구배를 갖도록 하고, 집수구를 설치하여 고인 물을 배수할 수 있도록 조치
　　　ⓐ 집수구 크기 : 가로 30 cm, 세로 30 cm, 깊이 30 cm 이상
　　　ⓑ 집수관 : 80 A 이상
　　　ⓒ 집수구 및 집수관 주변 : 자갈 등으로 조치, 펌프로 배수
　　　ⓓ 검지관 : 40 A 이상으로 4개소 이상 설치
　　㉰ 저장탱크 설치 거리
　　　ⓐ 내벽 이격 거리 : 바닥면과 저장탱크 하부와 60 cm 이상, 측벽과 45 cm 이상, 저장탱크 상부와 상부 내측벽과 30 cm 이상 이격
　　　ⓑ 저장탱크실의 상부 윗면은 주위 지면보다 최소 5 cm, 최대 30 cm까지 높게 설치
　　㉱ 점검구 설치
　　　ⓐ 설치 수 : 저장능력이 20톤 이하인 경우 1개소, 20톤 초과인 경우 2개소

ⓑ 위치 : 저장탱크 측면 상부의 지상에 맨홀 형태로 설치
ⓒ 크기 : 사각형 0.8 m×1 m 이상, 원형은 지름 0.8 m 이상의 크기
㈐ 폭발방지장치 설치
  ㉮ 설치대상 : 주거지역, 상업지역에 설치하는 10톤 이상의 저장탱크, LPG 탱크로리
  ㉯ 열전달 매체 : 다공성 벌집형 알루미늄 박판
㈑ 방류둑 설치 : 저장능력 1000톤 이상
㈒ 지하에 설치하는 저장탱크 : 과충전 경보장치 설치

② 과압안전장치 작동압력
㈎ 스프링식 안전밸브는 상용의 온도에서 액화가스의 상용의 체적이 해당 가스설비 등 안의 내용적의 98 %까지 팽창하게 되는 온도에 대응하는 압력에서 작동하는 것으로 한다.
㈏ 프로판용 가스설비 안전밸브 설정압력 : 1.8 MPa (단, 부탄용 저장설비의 경우에는 1.08 MPa로 한다.)

③ 환기설비 설치
㈎ 자연환기설비 설치
  ㉮ 환기구는 바닥면에 접하고, 외기에 면하게 설치
  ㉯ 통풍가능 면적 : 바닥면적 $1\,m^2$마다 $300\,cm^2$의 비율 (1개의 면적 $2400\,cm^2$ 이하)
  ㉰ 사방을 방호벽 등으로 설치한 경우 2방향 이상으로 분산 설치
㈏ 강제환기설비 설치
  ㉮ 통풍능력 : 바닥면적 $1\,m^2$마다 $0.5\,m^3/min$ 이상
  ㉯ 흡입구 : 바닥면 가까이에 설치
  ㉰ 배기가스 방출구 높이 : 지면에서 5 m 이상

④ 냄새나는 물질의 첨가
㈎ 냄새측정방법 : 오더(odor) 미터법(냄새측정기법), 주사기법, 냄새주머니법, 무취실법
㈏ 용어의 정의
  ㉮ 패널(panel) : 미리 선정한 정상적인 후각을 가진 사람으로서 냄새를 판정하는 자
  ㉯ 시험자 : 냄새 농도 측정에 있어서 희석조작을 하여 냄새농도를 측정하는 자
  ㉰ 시험가스 : 냄새를 측정할 수 있도록 액화석유가스를 기화시킨 가스
  ㉱ 시료기체 : 시험가스를 청정한 공기로 희석한 판정용 기체
  ㉲ 희석배수 : 시료기체의 양을 시험가스의 양으로 나눈 값
㈐ 시료기체 희석배수 : 500배, 1000배, 2000배, 4000배

(2) 자동차용기 충전

① 고정충전설비(dispenser : 충전기) 설치
  ㈎ 충전기 상부에는 닫집모양의 차양(캐노피)을 설치, 면적은 공지면적의 1/2 이하
  ㈏ 충전기 주위에 가스누출검지 경보장치 설치
  ㈐ 충전호스 길이는 5 m 이내, 끝에는 정전기 제거장치 설치
  ㈑ 충전호스에 부착하는 가스주입기 : 원터치형
  ㈒ 충전기 보호대 설치
    ㉠ 재질 : 철근 콘크리트 또는 강관제
    ㉡ 높이 : 80 cm 이상 (차량의 범퍼 높이 이상)
    ㉢ 두께 : 철근콘크리트구조 12 cm 이상, 강관제 100 A 이상
    ㉣ 보호대의 기초 깊이 : 보호대 설치 높이의 약 1/2 정도
  ㈓ 세이프티 커플링(safety coupling) : 충전기와 가스주입기가 분리될 수 있는 안전장치
    ㉠ 분리성능 : 커플링은 연결된 상태에서 압력을 가하여 2.7~3.3 MPa에서 분리될 것
    ㉡ 당김성능 : 커플링은 연결된 상태에서 30±10 mm/min의 속도로 당겼을 때 490.4~588.4 N에서 분리되는 것

② 식별표지 및 위험표시
  ㈎ 충전 중 엔진정지 : 황색 바탕에 흑색 글씨
  ㈏ 화기엄금 : 백색 바탕에 적색 글씨

2-2 소형저장탱크 설치

(1) 이격거리

충전질량(kg)	가스충전구로부터 토지경계선에 대한 수평거리(m)	탱크간 거리(m)	가스충전구로부터 건축물 개구부에 대한 거리(m)
1000 kg 미만	0.5 이상	0.3 이상	0.5 이상
1000~2000 kg 미만	3.0 이상	0.5 이상	3.0 이상
2000 kg 이상	5.5 이상	0.5 이상	3.5 이상

(2) 설치방법
① 동일장소에 설치하는 소형저장탱크 수는 6기 이하, 충전질량 합계는 5000 kg 미만
② 기초가 지면보다 5 cm 이상 높게 설치된 콘크리트 등에 설치
③ 안전밸브 방출구 : 수직상방으로 분출하는 구조
④ 경계책 설치 : 높이 1 m 이상 (충전질량 1000 kg 이상만 해당)

⑤ 소형저장탱크와 기화장치와 화기와의 거리 : 3 m 이상
⑥ 충전량 : 내용적의 85 % 이하

2-3 용기에 의한 사용시설

(1) 화기와의 거리
① 저장설비, 감압설비 및 배관과 화기와의 거리 : 주거용 시설은 2 m 이상

저장능력	화기와의 우회거리
1톤 미만	2 m 이상
1톤 이상 3톤 미만	5 m 이상
3톤 이상	8 m 이상

② 저장설비 등과 화기를 취급하는 장소와의 사이에 높이 2 m 이상의 내화성 벽을 설치

(2) 저장설비 설치
① 100 kg 이하 : 용기, 용기밸브, 압력조정기가 직사광선, 눈, 빗물에 노출되지 않도록 조치
② 100 kg 초과 : 용기보관실 설치
③ 250 kg 이상(자동절체기 사용 시 500 kg 이상) : 과압안전장치 설치
④ 500 kg 초과 : 저장탱크, 소형저장탱크 설치
⑤ 사이펀 용기 : 기화장치가 설치되어 있는 시설에서만 사용

(3) 가스설비 설치
① 중간밸브 설치 : 연소기 각각에 대하여 퓨즈콕, 상자콕 설치
② 호스설치 : 호스길이 3 m 이내, T형으로 연결하지 않을 것
③ 가스설비 성능
　(개) 내압시험 압력 : 상용압력의 1.5배 이상(공기, 질소 등의 기체 1.25배 이상)
　(내) 압력조정기 출구에서 연소기 입구까지의 기밀시험 압력 : 8.4 kPa 이상

3 도시가스 안전관리

3-1 가스도매사업 제조소 및 공급소

(1) 다른 설비와의 거리
① 고압인 가스공급시설의 안전구역 면적 : 20000 m^2 미만
② 안전구역안의 고압인 가스공급시설과의 거리 : 30 m 이상

③ 둘 이상의 제조소가 인접하여 있는 경우 다른 제조소 경계까지 : 20 m 이상
④ 액화천연가스의 저장탱크와 처리능력이 20만 m³ 이상인 압축기와의 거리 : 30 m 이상
⑤ 저장탱크와의 거리 : 두 저장탱크의 최대지름을 합산한 길이의 1/4 이상에 해당하는 거리 유지(1 m 미만인 경우 1 m 이상의 거리 유지) → 물분무장치 설치 시 제외

(2) 사업소 경계와의 거리 : 액화천연가스의 저장설비 및 처리설비

$$L = C \times \sqrt[3]{143000\,W}$$

여기서, L : 유지하여야 하는 거리(m) (단, 거리가 50 m 미만의 경우에는 50 m)
C : 상수(저압 지하식 탱크 : 0.240, 그 밖의 가스저장설비 및 처리설비 : 0.576)
W : 저장탱크 저장능력(톤)의 제곱근, 그 밖의 것은 그 시설 안의 액화천연가스의 질량(톤)

(3) 방류둑 설치 저장탱크 : 저장능력 500톤 이상

3-2 일반 도시가스사업 제조소 및 공급소

(1) 배치기준

① 가스혼합기, 가스정제설비, 배송기, 압송기, 가스공급시설의 부대설비(배관제외)와 사업장 경계까지 : 3 m 이상 (고압인 경우 20 m 이상, 제1종 보호시설과 30 m 이상)
② 화기와의 거리 : 8 m 이상의 우회거리
③ 사업소 경계와의 거리 : 가스발생기 및 가스홀더
  ㈎ 최고사용압력이 고압 : 20 m 이상
  ㈏ 최고사용압력이 중압 : 10 m 이상
  ㈐ 최고사용압력이 저압 : 5 m 이상

(2) 환기설비 설치

① 통풍구조
  ㈎ 공기보다 무거운 가스 : 바닥면에 접하고
  ㈏ 공기보다 가벼운 가스 : 천정 또는 벽면상부에서 30 cm 이내에 설치
  ㈐ 환기구 통풍가능 면적 : 바닥면적 1 m² 당 300 cm² 비율(1개 환기구면적 2400 cm² 이하)
  ㈑ 사방을 방호벽 등으로 설치할 경우 : 환기구를 2방향 이상으로 분산 설치
② 기계환기설비의 설치기준
  ㈎ 통풍능력 : 바닥면적 1 m²마다 0.5 m³/분 이상
  ㈏ 배기구는 바닥면(공기보다 가벼운 경우에는 천장면) 가까이 설치
  ㈐ 배기가스 방출구 높이 : 지면에서 5 m 이상 (공기보다 가벼운 경우 3 m 이상)

③ 공기보다 가벼운 공급시설이 지하에 설치된 경우의 통풍구조
  (개) 통풍구조 : 환기구를 2방향 이상 분산 설치
  (내) 배기구 : 천장면으로부터 30 cm 이내 설치
  (대) 흡입구 및 배기구 관지름 : 100 mm 이상
  (래) 배기가스 방출구 높이 : 지면에서 3 m 이상

(3) 가스설비의 시험
① 내압시험
  (개) 시험압력 : 최고사용압력의 1.5배 이상(기체일 경우 최고사용압력의 1.25배 이상)
  (내) 내압시험을 기체에 의하여 하는 경우 : 상용압력의 50 %까지 승압하고 그 후에는 상용압력의 10 %씩 단계적으로 승압
② 기밀시험 : 최고사용압력의 1.1배 이상

3-3 일반 도시가스사업 제조소 및 공급소 밖의 배관

(1) 공동주택 등에 설치하는 압력조정기
① 중압 이상 : 전체 세대수 150세대 미만
② 저압 : 전체 세대수 250세대 미만

(2) 배관설비 기준
① 굴착 및 되메우기 방법
  (개) 기초재료(foundation) : 배관의 침하를 방지하기 위하여 배관 하부에 모래 또는 19 mm 이상의 큰 입자가 포함되지 않은 재료를 0.1 m 이상 포설하는 재료
  (내) 침상재료(bedding) : 배관에 작용하는 하중을 수직방향 및 횡방향에서 지지하고 하중을 기초 아래로 분산시키기 위하여 배관 하단에서 배관 상단 30 cm까지 포설하는 모래 또는 흙
  (대) 되메움재료 : 배관에 작용하는 하중을 분산시켜 주고 도로의 침하 등을 방지하기 위하여 침상재료 상단에서 도로 노면까지에 암편이나 굵은 돌이 포함하지 아니하는 양질의 흙
  (래) 도로가 평탄한 경우 배관의 기울기 : 1/500~1/1000
② 배관설비 표시
  (개) 배관 외부 표시사항 : 사용가스명, 최고사용압력, 가스의 흐름방향
  (내) 라인마크 설치기준 : 배관길이 50 m마다 1개 이상, 주요 분기점 구부러진 지점 및 그 주위 50 m 이내 설치
  (대) 표지판 설치 간격 : 200 m 이내 간격으로 1개 이상

③ 지하매설배관의 설치(매설깊이)
  ㈎ 공동주택 등의 부지 내 : 0.6 m 이상
  ㈏ 폭 8 m 이상의 도로 : 1.2 m 이상
  ㈐ 폭 4 m 이상 8 m 미만인 도로 : 1 m 이상

3-4 일반 도시가스사업 정압기

(1) 정압기실 시설 및 설비

① 과압안전장치 설치
  ㈎ 분출부 크기

정압기 입구 압력		배관 크기
0.5 MPa 이상		50 A 이상
0.5MPa 미만	설계유량 1000 Nm^3/h 이상	50 A 이상
	설계유량 1000 Nm^3/h 미만	25 A 이상

  ㈏ 가스방출관 설치 : 지면으로부터 5 m 이상 (전기시설물과 접촉 우려가 있는 곳은 3 m 이상)
  ㈐ 설정압력

구분		상용압력 2.5KPa	그 밖의 경우
이상압력통보설비	상한값	3.2 kPa 이하	상용압력의 1.1배 이하
	하한값	1.2 kPa 이상	상용압력의 0.7배 이상
주정압기에 설치하는 긴급차단장치		3.6 kPa 이하	상용압력의 1.2배 이하
안전밸브		4.0 kPa 이하	상용압력의 1.4배 이하
예비정압기에 설치하는 긴급차단장치		4.4 kPa 이하	상용압력의 1.5배 이하

② 가스누출검지 통보설비 설치
  ㈎ 검지부 : 바닥면 둘레 20 m에 대하여 1개 이상의 비율
  ㈏ 작동상황 점검 : 1주일에 1회 이상
③ 위험감시 및 제어장치 설치
  ㈎ 경보장치 : 정압기 출구 배관에 설치하고 가스압력이 비정상적으로 상승할 경우 안전관리자가 상주하는 곳에 통보
  ㈏ 출입문 및 긴급차단장치 개폐통보장치
④ 수분 및 불순물제거장치 설치 : 정압기 입구에 설치
⑤ 동결방지조치 : 가스에 포함된 수분의 동결에 의해 정압기능이 저해할 우려가 있는 정압기

⑥ 가스공급 차단장치 설치
   (가) 가스차단장치 : 정압기 입구 및 출구에 설치
   (나) 지하에 설치되는 정압기 : 정압기실 외부의 가까운 곳에 추가 설치
⑦ 부대설비 설치
   (가) 비상전력설비
   (나) 압력기록장치 : 정압기 출구의 압력을 측정, 기록
   (다) 조명설비 설치 : 조명도 150 lux
   (라) 외부인 출입감시 장치 설치
⑧ 경계표지 : 정압기실 주변의 보기 쉬운 곳에 게시, 시설명, 공급자, 연락처 등을 표기
⑨ 경계책 높이 : 1.5 m 이상의 철책, 철망

(2) 점검기준
① 정압기 : 2년에 1회 이상 분해 점검
② 필터 : 가스공급 개시 후 1개월 이내 및 매년 1회 이상 분해 점검
③ 작동상황 점검 : 1주일에 1회 이상

3-5 사용시설

(1) 가스 계량기
① 화기와 2 m 이상 우회거리 유지
② 설치 높이 : 1.6~2 m 이내 (보호상자 내 설치하는 경우 바닥으로부터 2 m 이내 설치)
③ 유지거리
   (가) 전기계량기, 전기개폐기 : 60 cm 이상
   (나) 단열조치를 하지 않은 굴뚝, 전기점멸기, 전기접속기 : 30 cm 이상
   (다) 절연조치를 하지 않은 전선 : 15 cm 이상

(2) 배관설비
① 배관이음부와 유지거리(용접이음매 제외)
   (가) 전기계량기, 전기개폐기 : 60 cm 이상
   (나) 전기점멸기, 전기접속기 : 15 cm 이상
   (다) 절연조치를 하지 않은 전선, 단열조치를 하지 않은 굴뚝 : 15 cm 이상
   (라) 절연전선 : 10 cm 이상
② 배관 고정장치 : 배관과 고정장치 사이에는 절연조치를 할 것
   (가) 호칭지름 13 mm 미만 : 1 m마다
   (나) 호칭지름 13 mm 이상 33 mm 미만 : 2 m마다

(다) 호칭지름 33 mm 이상 : 3 m마다
(라) 호칭지름 100 mm 이상의 것은 3 m를 초과하여 설치할 수 있음

호칭지름	지지간격(m)	호칭지름	지지간격(m)
100 A	8	400 A	19
150 A	10	500 A	22
200 A	12	600 A	25
300 A	16	–	–

③ 배관 도색 및 표시
(가) 배관외부에 표시 사항 : 사용가스명, 최고사용압력, 가스흐름방향(매설관 제외)
(나) 지상배관 : 황색
(다) 지하 매설배관 : 중압 이상 – 붉은색, 저압 – 황색
(라) 건축물 내, 외벽에 노출된 배관 : 바닥에서 1 m 높이에 폭 3 cm의 황색띠를 2중으로 표시한 경우 황색으로 하지 아니할 수 있음

(3) 점검기준
① 가스사용시설에 설치된 압력조정기 : 1년에 1회 이상(필터 청소 : 3년에 1회 이상)
② 정압기와 필터 분해점검 : 설치 후 3년까지는 1회 이상, 그 이후에는 4년에 1회 이상

(4) 내압시험 및 기밀시험
① 내압시험(중압 이상 배관) : 최고사용압력의 1.5배 이상
② 기밀시험 : 최고사용압력의 1.1배 또는 8.4 kPa 중 높은 압력 이상

(5) 연소기
① 호스 길이 : 3 m 이내, "T"형으로 연결 금지
② 연소기의 설치 방법
(가) 개방형 연소기 : 환풍기, 환기구 설치
(나) 반밀폐형 연소기 : 급기구, 배기통 설치
(다) 배기통 재료 : 스테인리스강, 내열 및 내식성 재료

(4) 월사용 예정량 산정 기준

$$Q = \frac{(A \times 240) + (B \times 90)}{11000}$$

여기서, Q : 월사용예정량(m^3)
A : 산업용으로 사용하는 연소기의 명판에 적힌 가스소비량의 합계(kcal/h)
B : 산업용이 아닌 연소기의 명판에 적힌 가스소비량의 합계(kcal/h)

4 수소 안전관리

4-1 수소경제 육성 및 안전관리에 관한 법률

(1) **용어의 정의** : 수소법 제2조

① 수소경제 : 수소의 생산 및 활용이 국가, 사회 및 국민생활 전반에 근본적 변화를 선도하여 새로운 경제성장을 견인하고 수소를 주요한 에너지원으로 사용하는 경제산업구조를 말한다.

② 수소산업 : 수소의 생산·저장·운송·충전·판매 및 연료전지, 수소가스터빈 등 수소를 활용하는 장비와 이에 사용되는 제품·부품·소재 및 장비의 제조 등 수소와 관련한 산업을 말한다.

③ 연료전지 : '신에너지 및 재생에너지 개발·이용·보급촉진법'에 따른 신에너지의 하나로서 수소와 산소의 전기화학적 반응을 통하여 전기와 열을 생산하는 설비와 그 부대설비를 말한다.

④ 청정수소 : 수소법 제25조의 2 청정수소의 인증에 따라 인증받은 수소 또는 수소화합물로서 다음 각 목의 어느 하나에 해당하는 것을 말한다.

  ㈎ 무탄소수소 : 수소의 생산·수입 등의 과정에서 온실가스를 배출하지 아니하는 수소

  ㈏ 저탄소수소 : 수소의 생산·수입 등의 과정에서 온실가스를 대통령령으로 정하는 기준 이하로 배출하는 수소

  ㈐ 저탄소수소화합물 : 수소의 운송 등을 위하여 생산된 수소화합물로서 생산·수입 등의 과정에서 온실가스를 대통령령으로 정하는 기준 이하로 배출하는 수소화합물

⑤ 수소용품 : 연료전지와 수소관련 용품으로써 산업통상자원부령으로 정하는 용품을 말한다. → 산업통상자원부령으로 정하는 용품 : 수소법 시행규칙 제2조 3항

  ㈎ 연료전지(자동차에 장착되는 것은 제외)로서 다음 각목의 어느 하나에 해당하는 것

   ㉮ 연료소비량이 232.6kW 이하인 고정형 설비와 그 부대설비

   ㉯ 이동형 설비와 그 부대설비

  ㈏ 수전해설비

  ㈐ 수소추출설비

(2) **용어의 정의** : 수소법 시행규칙 제2조
  ① 수소제조설비 : 수소를 제조하기 위한 것으로서 다음 각 목의 설비를 말한다.
    ㈎ 수전해설비 : 물을 전기분해하여 수소를 제조하는 설비
    ㈏ 수소추출설비 : 도시가스 또는 액화석유가스 등으로부터 수소를 추출하여 제조하는 설비
  ② 수소저장설비 : 수소를 충전·저장하기 위하여 지상 또는 지하에 고정 설치하는 저장탱크(수소의 품질을 균질화하기 위한 설비를 포함한다.)를 말한다.
  ③ 수소가스설비 : 수소제조설비, 수소저장설비 및 연료전지와 이들 설비를 연결하는 배관 및 그 부속설비 중 수소가 통하는 설비를 말한다.

> **참고**
> '수소경제 육성 및 안전관리에 관한 법률'을 약칭으로 '수소법'으로 불려진다.

4-2 수소자동차 충전시설

(1) **공급방식에 의한 분류**
  ① on-site 방식 : 수소를 천연가스에서 추출하거나, 수전해설비를 이용하여 자체적으로 생산하여 자동차에 충전하는 수소 충전소로 운송비용이 없고, 안정적으로 수소 공급이 가능하지만 설치 및 운영비용이 많이 소요된다.
  ② off-site 방식 : 수소를 파이프라인이나 튜브트레일러를 이용하여 외부로부터 공급받아 자동차에 충전하는 수소 충전소로 수소 생산비용이 저렴하지만, 운송비용이 발생하고 외부 요인에 의해 공급이 불안정해질 수 있다.

(2) **제조방식에 의한 분류**
  ① 제조식 수소자동차 충전소 : 수소의 원료가 되는 가스 또는 알코올류의 액체를 수소 충전소 내 설치된 수소추출장치 및 수전해설비에서 수소를 생산하여 수소자동차에 직접 충전하는 방식이다.
    ㈎ 충전소 내 제조·추출장치 설치가 필요하다.
    ㈏ 외부에서 수소 이송과정이 불필요하다.
    ㈐ 건설비용은 증가하는 반면 이송비용은 감소한다.
    ㈑ 추출장치의 촉매교환, 보수 등이 필요하므로 운영비용이 증가한다.
    ㈒ 규칙적인 충전 시에 적합하다.

② 저장식 수소자동차 충전소 : 제유소, 제철소 등에서 발생하는 부생가스를 정제 후 배관 또는 튜브트레일러를 통해 공급받아 이를 저장하여 수소자동차에 충전하는 방식이다.
  ㉮ 충전소 내 제조·추출장치 설치가 불필요하다.
  ㉯ 이송을 위한 유통비용이 필요하다.
  ㉰ 건설비용은 감소하는 반면 이송비용은 증가한다.
  ㉱ 제조·추출장치의 설치가 불필요하므로 운영비용이 감소한다.
  ㉲ 불규칙적인 충전에도 대응이 쉽다.

(3) 형태에 따른 분류
① 단독형 : 수소자동차 충전소를 단독으로 설치·운영하는 것을 말한다.
② 융·복합형
  ㉮ 융합 충전소 : 압축도시가스 자동차충전소, 액화석유가스 자동차에 고정된 용기충전소 또는 기존의 주유취급소와 제조식 수소자동차 충전소를 하나의 사업소 내에 설치·운영하는 것을 말한다.
  ㉯ 복합 충전소 : 압축도시가스 자동차충전소, 액화석유가스 자동차에 고정된 용기충전소 또는 기존의 주유취급소와 저장식 수소자동차 충전소 또는 다른 에너지원의 자동차충전소를 하나의 사업소 내에 설치·운영하는 것을 말한다.
③ 패키지형 : 수소자동차의 충전에 필요한 설비(필요한 경우 충전기는 제외 가능)를 하나의 보호함에 장착한 충전시설을 일정한 장소에 배치하고 수소를 연료로 사용하는 자동차에 압축수소를 충전하는 것을 말한다.
④ 이동형
  ㉮ 이동식 수소자동차 충전소 : 수소를 연료로 사용하는 자동차에 수소를 충전하기 위하여 필요한 설비(필요한 경우 충전설비를 제외 가능)가 차량에 장착되어 있어 이동이 가능한 것으로 처리능력 30m^3 이상인 것(압축기 등 가압장치 없이 자압에 의해 충전하는 설비는 제외)을 말한다.
  ㉯ 소규모 이동식 수소자동차 충전소 : 수소를 연료로 사용하는 자동차에 수소를 충전하기 위하여 필요한 설비(필요한 경우 충전설비를 제외 가능)가 차량에 장착되어 있어 이동이 가능한 것으로 처리능력 30m^3 미만인 것 또는 압축기 등 가압장치 없이 자압에 의해 충전하는 것을 말한다.

(4) 가스설비 설치

① 충전설비 보호대
  (개) 규격 : 두께 0.12m 이상의 철근콘크리트, 호칭지름 100A 이상의 배관용 탄소강관 또는 이와 동등 이상의 기계적 강도를 가진 강관
  (내) 높이 : 0.8m 이상
  (대) 말뚝 형태일 경우 말뚝은 2개 이상 설치, 간격은 1.5m 이하

② 충전기 호스 길이 : 8m 이하

③ 긴급분리장치 설치 : 수평방향으로 당길 때 666.4N(68kgf) 미만의 힘으로 분리되는 것

④ 수소화염검지기 설치
  (개) 수소화염의 감지를 위하여 충전기, 압축장치, 저장설비 및 압축가스 설비에 설치
  (내) 태양광과 반사광에 의한 오작동을 방지하기 위하여 수소화염검지기에 후드를 부착

(5) 환기설비 설치

① 자연환기 시설
  (개) 공기보다 비중이 큰 가연성가스는 환기구가 바닥면에 접하도록 설치
  (내) 공기보다 비중이 작은 가스는 천장이나 벽면 상부에서 0.3m 이내 설치
  (대) 환기구는 2방향 이상으로 설치
  (래) 통풍 가능 면적 합계 : 바닥 면적 $1m^2$마다 $300cm^2$의 비율로 계산한 면적 이상
  (매) 1개의 환기구 면적은 $2400cm^2$ 이하 (다만, 지붕과 벽 사이의 공간을 통하여 환기가 가능한 경우에는 면적을 제한하지 않는다.)

② 강제환기설비 설치 : 자연환기에 의한 통풍구조가 불가능한 경우에 적용
  (개) 통풍능력 : 바닥면적 $1m^2$마다 $0.5m^3$/분 이상
  (내) 배기구는 바닥면 가까이에 설치(공기보다 비중이 작은 가스는 천장 가까이 설치)
  (대) 배기가스 방출구 : 지면에서 5m 이상의 높이(공기보다 비중이 작은 가스는 3m 이상)

Chapter 2 가스시설 유지관리

Craftsman Gas

1 LP가스 및 도시가스 설비

1-1 LP가스 설비

(1) LP가스의 이입·충전

① 이입·충전 방법 분류

　(가) 차압에 의한 방법 : 펌프, 압축기 등을 사용하지 않고 압력 차를 이용하는 방법
　(나) 액펌프에 의한 방법 : 기상부에 균압관이 없는 경우와 균압관이 있는 경우로 분류
　(다) 압축기에 의한 방법

참고 펌프와 압축기를 비교한 특징

펌프	압축기
① 재액화 현상이 없다.	① 펌프에 비해 이송시간이 짧다.
② 드레인 현상이 없다.	② 잔가스 회수가 가능하다.
③ 충전시간이 길다.	③ 베이퍼 로크 현상이 없다.
④ 잔가스 회수가 불가능하다.	④ 부탄의 경우 재액화 현상이 일어난다.
⑤ 베이퍼 로크 현상이 일어나 누설의 원인이 된다.	⑤ 압축기 오일이 유입되어 드레인의 원인이 된다.

② 충전(이송) 작업 중 작업을 중단해야 하는 경우

　(가) 과충전이 되는 경우
　(나) 충전작업 중 주변에서 화재 발생 시
　(다) 탱크로리와 저장탱크를 연결한 호스 등에서 누설이 되는 경우
　(라) 압축기 사용 시 워터해머(액 압축)가 발생하는 경우
　(마) 펌프 사용 시 액배관 내에서 베이퍼 로크가 심한 경우

(2) 기화기(vaporizer)

① 구성 3요소 : 기화부, 제어부, 조압부
② 기화기 사용 시 장점
  ㈎ 한랭 시에도 연속적으로 가스공급이 가능하다.
  ㈏ 공급가스의 조성이 일정하다.
  ㈐ 설치면적이 적어진다.
  ㈑ 기화량을 가감할 수 있다.
  ㈒ 설비비 및 인건비가 절약된다.

(3) LPG 충전용기

① 탄소강으로 제작하며 용접용기이다.
② 용기 재질은 사용 중 견딜 수 있는 연성, 전성, 강도가 있어야 한다.
③ 내식성, 내마모성이 있어야 한다.
④ 안전밸브는 스프링식을 부착한다.

(4) 조정기(調整器 : Regulator)

① 기능 : 유출압력 조절로 안정된 연소를 도모하고, 소비가 중단되면 가스를 차단
② 조정기의 종류 및 특징
  ㈎ 단단 감압식 조정기
    ㉮ 저압 조정기 : 가정, 소규모 소비지에서 조정기 1개로 감압하여 사용
    ㉯ 준저압 조정기 : 식당 등에서 다량으로 소비할 때 사용
    ㉰ 장점 : 장치가 간단하며, 조작이 간단하다.
    ㉱ 단점 : 배관 지름이 커야 한다. 최종압력이 부정확하다.
  ㈏ 2단 감압식 조정기 : 1차 조정기와 2차 조정기를 사용하여 가스를 공급

장점	단점
① 입상배관에 의한 압력손실을 보정할 수 있다.	① 설비가 복잡하고, 검사방법이 복잡하다.
② 가스 배관이 길어도 공급압력이 안정된다.	② 조정기 수가 많아서 점검 부분이 많다.
③ 각 연소기구에 알맞은 압력으로 공급이 가능하다.	③ 부탄의 경우 재액화의 우려가 있다.
④ 중간 배관의 지름이 작아도 된다.	④ 시설의 압력이 높아서 이음방식에 주의하여야 한다.

  ㈐ 자동교체식 조정기 : 분리형과 일체형으로 분류
    ㉮ 전체용기 수량이 수동교체식보다 적어도 된다.
    ㉯ 잔액이 거의 없어질 때까지 소비된다.
    ㉰ 용기 교환주기의 폭을 넓힐 수 있다.
    ㉱ 분리형을 사용하면 배관의 압력손실을 크게 해도 된다.

(5) 연소기구

① 연소방식의 분류

(개) 적화(赤化)식 : 연소에 필요한 공기를 2차 공기로 취하는 방식

(내) 분젠식 : 가스를 노즐로부터 분출시켜 주위의 공기를 1차 공기로 흡입하는 방식

(대) 세미분젠식 : 적화식과 분젠식의 혼합형(1차 공기량 40% 미만 취함)

(래) 전 1차 공기식 : 연소용 공기를 송풍기로 압입하여 가스와 강제 혼합하여 필요한 공기를 모두 1차 공기로 하여 연소하는 방식

② 연소 기구에서 발생하는 이상 현상

(개) 역화(backfire) : 연소속도가 가스 유출속도보다 클 때 불꽃이 노즐 선단에서 연소하는 현상

(내) 선화 : 가스의 유출속도가 연소속도보다 클 때 염공을 떠나 공간에서 연소하는 현상

역화의 원인	선화의 원인
① 염공이 크게 되었을 때 ② 노즐의 구멍이 너무 크게 된 경우 ③ 콕이 충분히 개방되지 않은 경우 ④ 가스의 공급압력이 저하되었을 때 ⑤ 버너가 과열된 경우	① 염공이 작아졌을 때 ② 공급압력이 지나치게 높을 경우 ③ 배기 또는 환기가 불충분할 때 (2차 공기량 부족) ④ 공기 조절장치를 지나치게 개방하였을 때 (1차 공기량 과다)

(대) 블로오프(blowoff) : 불꽃 주변 기류에 의하여 불꽃이 염공에서 떨어져 연소하다 꺼지는 현상

(래) 옐로 팁(yellow tip) : 불꽃의 끝이 적황색으로 되어 연소하는 현상으로 연소반응이 충분한 속도로 진행되지 않을 때, 1차 공기량이 부족하여 불완전연소가 될 때 발생한다.

(매) 불완전연소의 원인

㉮ 공기 공급량 부족

㉯ 배기 불충분

㉰ 환기 불충분

㉱ 가스 조성의 불량

㉲ 연소기구의 부적합

㉳ 프레임의 냉각

1-2 도시가스 설비

(1) 공급설비

① 공급방식의 분류
  ㈎ 저압 공급 방식 : 0.1 MPa 미만
  ㈏ 중압 공급 방식 : 0.1~1 MPa 미만
  ㈐ 고압 공급 방식 : 1 MPa 이상

② LNG 기화장치
  ㈎ 오픈랙(open rack) 기화법 : 베이스로드용으로 바닷물을 열원으로 사용하므로 초기시설비가 많으나 운전비용이 저렴하다.
  ㈏ 중간매체법 : 베이스로드용으로 프로판(C_3H_8), 펜탄(C_5H_{12}) 등을 사용한다.
  ㈐ 서브머지드(submerged)법 : 피크로드용으로 액중 버너를 사용한다. 초기시설비가 적으나 운전비용이 많이 소요된다.

③ 가스홀더(gas holder)의 기능(역할)
  ㈎ 가스수요의 시간적 변동에 대하여 공급가스량을 확보한다.
  ㈏ 공급설비의 일시적 중단에 대하여 어느 정도 공급량을 확보한다.
  ㈐ 공급가스의 성분, 열량, 연소성 등의 성질을 균일화 한다.
  ㈑ 소비지역 근처에 설치하여 피크시의 공급, 수송효과를 얻는다.

(2) 정압기(governor)

① 기능(역할)
  ㈎ 감압기능 : 도시가스 압력을 사용처에 맞게 낮추는 기능
  ㈏ 정압기능 : 2차측의 압력을 허용범위 내의 압력으로 유지하는 기능
  ㈐ 폐쇄기능 : 가스의 흐름이 없을 때는 밸브를 완전히 폐쇄하여 압력 상승을 방지하는 기능

② 정압기의 특성
  ㈎ 정특성(靜特性) ; 유량과 2차 압력의 관계
  ㈏ 동특성(動特性) : 부하변동에 대한 응답의 신속성과 안전성이 요구됨
  ㈐ 유량 특성(流量特性) : 메인밸브의 열림과 유량의 관계
  ㈑ 사용 최대차압 : 메인밸브에 1차와 2차 압력이 작용하여 최대로 되었을 때의 차압
  ㈒ 작동 최소차압 : 정압기가 작동할 수 있는 최소 차압

1-3 가스 배관

(1) 강관의 종류 및 특징

종류	규격기호	용도 및 특징
배관용 탄소강관	SPP	사용압력이 비교적 낮은(0.1 MPa 이하) 증기, 물, 기름, 가스 및 공기의 배관용으로 사용되며 흑관과 백관이 있다. 호칭 6 A~500 A
압력배관용 탄소강관	SPPS	350℃ 이하의 온도에서 압력 1~10 MPa까지의 배관에 사용한다. 호칭은 호칭지름과 두께(스케줄 번호)에 의한다. 호칭 6 A~500 A
고압배관용 탄소강관	SPPH	350℃ 이하의 온도에서 압력 10 MPa 이상의 배관에 사용한다. 호칭은 SPPS 관과 동일하다. 호칭 6 A~500 A
고온배관용 탄소강관	SPHT	350℃ 이상의 온도에서 사용하는 배관용이다. 호칭은 SPPS 관과 동일하다. 호칭 6 A~500 A
저온배관용 탄소강관	SPLT	빙점 이하의 저온도 배관에 사용한다. 두께는 스케줄 번호에 의한다. 호칭 6 A~500 A
배관용 아크용접 탄소강관	SPW	사용압력 1 MPa 이하의 비교적 낮은 증기, 물, 기름, 가스 및 공기 등의 배관용이다. 호칭 350 A~1500 A
배관용 합금강관	SPA	주로 고온도의 배관에 사용한다. 두께는 스케줄 번호에 의한다. 호칭 6 A~500 A
배관용 스테인리스강관	STS×T	내식용, 내열용 및 고온배관용, 저온배관용에 사용한다. 두께는 스케줄 번호에 의한다. 호칭 6 A~300 A
연료가스 배관용 탄소강관	SPPG	SPP관보다 기계적 성질을 향상시킨 재료로 주로 연료가스 사용시설의 내관에 사용한다.

> **참고** 스케줄 번호(schedule number)
>
> 사용압력과 배관재료의 허용응력과의 비에 의하여 배관 두께의 체계를 표시한 것이다.
>
> $$Sch\ No = 10 \times \frac{P}{S}$$
>
> 여기서, P : 사용압력(kgf/cm^2), S : 재료의 허용응력(kgf/mm^2)
>
> $$\left(S = \frac{\text{인장강도}(\text{kgf/mm}^2)}{\text{안전율}}, \text{인진율} : 4\right)$$

(2) 배관 내의 압력손실

① 마찰저항에 의한 압력손실

㈎ 유속의 2승에 비례한다. (유속이 2배이면 압력손실은 4배이다.)

㈏ 관의 길이에 비례한다. (길이가 2배이면 압력손실은 2배이다.)

㈐ 관 안지름의 5승에 반비례한다. (지름이 1/2로 작아지면 압력손실은 32배이다.)

㈑ 관 내벽의 상태와 관계있다. (내면의 상태가 거칠면 압력손실이 커진다.)
㈒ 유체의 점도와 관계있다. (유체의 점도가 커지면 압력손실이 커진다.)
㈓ 압력과는 관계없다.

② 입상배관에 의한 압력손실

$$H = 1.293(S-1)h$$

여기서, H : 가스의 압력손실(mmH₂O), S : 가스의 비중
h : 입상높이(m)

※ 가스비중이 공기보다 작은 경우 "-" 값이 나오면 압력이 상승되는 것이다.

2 압축기 및 펌프

2-1 압축기(compressor)

(1) 용적형 압축기

① 왕복동형 압축기

㈎ 특징
  ㉮ 고압이 쉽게 형성된다.
  ㉯ 급유식, 무급유식이다.
  ㉰ 용량조정범위가 넓다.
  ㉱ 압축효율이 높다.
  ㉲ 형태가 크고 설치면적이 크다.
  ㉳ 배출가스 중 오일이 혼입될 우려가 크다.
  ㉴ 압축이 단속적이고, 맥동현상이 발생된다.
  ㉵ 접촉부분이 많아 고장 발생이 쉽고 수리가 어렵다.
  ㉶ 반드시 흡입 토출밸브가 필요하다.

㈏ 피스톤 압출량 계산
  ㉮ 이론적 피스톤 압출량

  $$V = \frac{\pi}{4}D^2 \times L \times n \times N \times 60$$

  ㉯ 실제적 피스톤 압출량

  $$V' = \frac{\pi}{4}D^2 \times L \times n \times N \times \eta_v \times 60$$

  여기서, V : 이론적인 피스톤 압출량(m³/h), V' : 실제적인 피스톤 압출량(m³/h)
  D : 피스톤의 지름(m), L : 행정거리(m), n : 기통수
  N : 분당 회전수(rpm), η_v : 체적효율

(다) 다단 압축의 목적
  ㉮ 1단 단열압축과 비교한 일량의 절약
  ㉯ 이용효율의 증가
  ㉰ 힘의 평형이 양호해진다.
  ㉱ 온도 상승을 피할 수 있다.
(라) 윤활유
  ㉮ 구비조건
    ⓐ 화학반응을 일으키지 않을 것
    ⓑ 인화점이 높을 것
    ⓒ 점도가 적당하고 항유화성이 클 것
    ⓓ 불순물이 적을 것
    ⓔ 잔류탄소의 양이 적을 것
    ⓕ 열에 대한 안정성이 있을 것
  ㉯ 각종 가스 압축기의 윤활유
    ⓐ 산소압축기 : 물 또는 묽은 글리세린수(10% 정도)
    ⓑ 공기압축기, 수소압축기, 아세틸렌 압축기 : 양질의 광유(디젤 엔진유)
    ⓒ 염소압축기 : 진한 황산
    ⓓ LP가스 압축기 : 식물성유
    ⓔ 이산화황(아황산가스) 압축기 : 화이트유, 정제된 용제 터빈유
    ⓕ 염화메탄(메틸 클로라이드) 압축기 : 화이트유
② 회전식 압축기 특징
  (가) 용적형이며, 오일 윤활방식(급유식)으로 소용량에 사용된다.
  (나) 압축이 연속적으로 이루어져 맥동현상이 없다.
  (다) 왕복압축기와 비교하여 구조가 간단하며, 동작이 단순하다.
  (라) 고진공을 얻을 수 있다.
  (마) 직결 구동이 용이하고, 고압축비를 얻을 수 있다.
③ 나사 압축기(screw compressor) 특징
  (가) 용적형이며 무급유식 또는 급유식이다.
  (나) 흡입, 압축, 토출의 3행정을 가지고 있다.
  (다) 압축이 연속적으로 이루어져 맥동현상이 없다.
  (라) 용량조정이 어렵고(70~100 %), 효율이 낮다.
  (마) 소음방지 장치가 필요하다.
  (바) 토출압력 변화에 의한 용량변화가 적다.
  (사) 고속회전이므로 형태가 작고, 경량이다.
  (아) 두 개의 암(female), 수(male)의 치형을 가진 로터의 맞물림에 의해 압축한다.

(2) 터보(turbo)형 압축기

① 원심식 압축기

㈎ 특징

㉮ 원심형 무급유식이다.
㉯ 연속토출로 맥동이 적다.
㉰ 고속회전이 가능하므로 모터와 직결사용이 가능하다.
㉱ 형태가 적고 경량이어서 기초, 설치면적이 적게 차지한다.
㉲ 용량조정범위가 좁고(70~100%), 어렵다.
㉳ 압축비가 적고 효율이 나쁘다.
㉴ 운전 중 서징(surging) 현상에 주의하여야 한다.
㉵ 다단식은 압축비를 높일 수 있으나 설비비가 많이 소요된다.
㉶ 토출압력 변화에 의해 용량변화가 크다.

㈏ 상사의 법칙

㉮ 풍량 $Q_2 = Q_1 \times \left(\dfrac{N_2}{N_1}\right) \times \left(\dfrac{D_2}{D_1}\right)^3$

㉯ 풍압 $P_2 = P_1 \times \left(\dfrac{N_2}{N_1}\right)^2 \times \left(\dfrac{D_2}{D_1}\right)^2$

㉰ 동력 $L_2 = L_1 \times \left(\dfrac{N_2}{N_1}\right)^3 \times \left(\dfrac{D_2}{D_1}\right)^5$

여기서, Q_1, Q_2 : 변경 전, 후 풍량
P_1, P_2 : 변경 전, 후 풍압
L_1, L_2 : 변경 전, 후 동력
N_1, N_2 : 변경 전, 후 임펠러 회전수
D_1, D_2 : 변경 전, 후 임펠러 지름

㈐ 서징(surging)현상 : 토출측 저항이 커지면 유량이 감소하고 맥동과 진동이 발생하며 불안전운전이 되는 현상으로 방지법으로는 다음과 같다.

㉮ 우상(右上)이 없는 특성으로 하는 방법
㉯ 방출밸브에 의한 방법
㉰ 베인 컨트롤에 의한 방법
㉱ 회전수를 변화시키는 방법
㉲ 교축밸브를 기계에 가까이 설치하는 방법

② 축류 압축기 : 동익식인 경우 날개의 각도 조절에 의하여 축동력을 일정하게 한다. 효율이 좋지 않으며, 압축비가 작아서 공기조화설비용으로 사용된다.

2-2 펌프(pump)

(1) 터보 펌프

① 원심펌프
  (가) 특징
    ㉮ 원심력에 의하여 유체를 압송한다.
    ㉯ 용량에 비하여 소형이고 설치면적이 작다.
    ㉰ 흡입, 토출밸브가 없고 액의 맥동이 없다.
    ㉱ 기동 시 펌프 내부에 유체를 충분히 채워야 한다.
    ㉲ 고양정에 적합하다.
    ㉳ 서징현상, 캐비테이션 현상이 발생하기 쉽다.
  (나) 축봉장치 : 축이 케이싱을 관통하여 회전하는 부분에 설치하여 액의 누설을 방지하는 것
    ㉮ 그랜드 패킹 : 내부의 액이 누설되어도 무방한 경우에 사용
    ㉯ 메커니컬 실 : 내부의 액이 누설되는 것이 허용되지 않는 가연성, 독성 등의 액체 이송 시 사용

② 사류 펌프 : 액체의 흐름이 축에 대하여 비스듬히 토출되는 형식이다.
③ 축류 펌프 : 축 방향으로 흡입하여 축 방향으로 토출되는 형식이다.

(2) 용적식 펌프

① 왕복 펌프 : 실린더 내의 피스톤 또는 플런저를 왕복시켜 액체를 흡입하여 압출하는 형식이다.
  (가) 특징
    ㉮ 소형으로 고압, 고점도 유체에 적당하다.
    ㉯ 회전수가 변하여도 토출압력의 변화가 적다.
    ㉰ 토출량이 일정하여 정량토출이 가능하고 수송량을 가감할 수 있다.
    ㉱ 송출이 단속적이라 맥동이 일어나기 쉽고 진동이 있다.
    ㉲ 고압으로 액의 성질이 변할 수 있고, 밸브의 그랜드패킹이 고장이 많다.
  (나) 종류
    ㉮ 피스톤 펌프 : 용량이 크고, 압력이 낮은 경우에 사용
    ㉯ 플런저 펌프 : 용량이 적고, 압력이 높은 경우에 사용
    ㉰ 다이어프램 펌프 : 특수약액, 불순물이 많은 유체를 이송할 수 있고 그랜드 패킹이 없어 누설을 방지할 수 있다.

② 회전 펌프 : 회전자의 회전에 의해 생기는 원심력을 이용하여 유체를 이송한다.
  (가) 특징
    ㉮ 왕복펌프와 같은 흡입, 토출밸브가 없다.

㈏ 연속으로 송출하므로 맥동현상이 없다.
㈐ 점성이 있는 유체의 이송에 적합하다.
㈑ 고압 유압펌프로 사용된다. (안전밸브를 반드시 부착한다.)
⑷ 종류 : 기어펌프, 나사펌프, 베인펌프 등

(3) 특수 펌프

① 제트 펌프 : 노즐에서 고속으로 분출된 유체에 의하여 주위의 유체를 흡입하여 토출하는 펌프
② 기포 펌프 : 압축공기를 이용하여 유체를 이송한다.
③ 수격 펌프 : 유체의 위치에너지를 이용한다.

(4) 펌프의 성능

① 축동력

㈎ PS
$$PS = \frac{\gamma \cdot Q \cdot H}{75 \cdot \eta}$$

㈏ kW
$$kW = \frac{\gamma \cdot Q \cdot H}{102 \cdot \eta}$$

여기서, γ : 액체의 비중량(kgf/m³), Q : 유량(m³/s), H : 전양정(m), η : 효율

> **참고 압축기의 축동력**
>
> ① PS
> $$PS = \frac{P \cdot Q}{75 \cdot \eta}$$
>
> ② kW
> $$kW = \frac{P \cdot Q}{102 \cdot \eta}$$
>
> 여기서, P : 압축기의 토출압력(kgf/m²), Q : 유량(m³/s), η : 효율

② 원심펌프의 상사법칙

㈎ 유량 $Q_2 = Q_1 \times \left(\frac{N_2}{N_1}\right) \times \left(\frac{D_2}{D_1}\right)^3$

㈏ 양정 $H_2 = H_1 \times \left(\frac{N_2}{N_1}\right)^2 \times \left(\frac{D_2}{D_1}\right)^2$

㈐ 동력 $L_2 = L_1 \times \left(\frac{N_2}{N_1}\right)^3 \times \left(\frac{D_2}{D_1}\right)^5$

여기서, Q_1, Q_2 : 변경 전, 후 유량 H_1, H_2 : 변경 전, 후 양정
L_1, L_2 : 변경 전, 후 동력 N_1, N_2 : 변경 전, 후 임펠러 회전수
D_1, D_2 : 변경 전, 후 임펠러 지름

③ 원심펌프의 운전 특성

㈎ 직렬 운전 : 양정 증가, 유량 일정
㈏ 병렬 운전 : 양정 일정, 유량 증가

(5) 펌프에서 발생되는 현상

① 캐비테이션(cavitation) 현상 : 유수 중에 그 수온의 증기압력보다 낮은 부분이 생기면 물이 증발을 일으키고 기포를 다수 발생하는 현상

　(개) 발생조건
　　㉮ 흡입양정이 지나치게 클 경우
　　㉯ 흡입관의 저항이 증대될 경우
　　㉰ 과속으로 유량이 증대될 경우
　　㉱ 관로 내의 온도가 상승될 경우

　(내) 캐비테이션 발생에 따라 일어나는 현상
　　㉮ 소음과 진동이 발생
　　㉯ 깃(임펠러)의 침식
　　㉰ 특성곡선, 양정곡선의 저하
　　㉱ 양수 불능

　(대) 방지법
　　㉮ 펌프의 위치를 낮춘다. (흡입양정을 짧게 한다.)
　　㉯ 수직축 펌프를 사용한다.
　　㉰ 회전차를 수중에 완전히 잠기게 한다.
　　㉱ 펌프의 회전수를 낮춘다.
　　㉲ 양흡입 펌프를 사용한다.
　　㉳ 두 대 이상의 펌프를 사용한다.

② 수격작용(water hammering) : 펌프에서 물을 압송하고 있을 때 정전 등으로 펌프가 급히 멈춘 경우 관내의 유속이 급변하면 물에 심한 압력 변화가 생기는 현상이다.

　(개) 발생원인
　　㉮ 밸브의 급격한 개폐
　　㉯ 펌프의 급격한 정지
　　㉰ 유속이 급변할 때

　(내) 방지법
　　㉮ 배관 내부의 유속을 낮춘다. (관지름이 큰 배관을 사용한다.)
　　㉯ 배관에 조압수조(調壓水槽 : surge tank)를 설치한다.
　　㉰ 펌프에 플라이휠(flywheel)을 설치한다.
　　㉱ 밸브를 송출구 가까이 설치하고 적당히 제어한다.

③ 서징(surging) 현상 : 맥동현상이라 하며 펌프를 운전 중 주기적으로 운동, 양정, 토출량이 규칙 바르게 변동하는 현상이다.

(가) 발생원인
  ㉮ 양정곡선이 산형 곡선이고 곡선의 최상부에서 운전했을 때
  ㉯ 유량조절 밸브가 탱크 뒤쪽에 있을 때
  ㉰ 배관 중에 물탱크나 공기탱크가 있을 때
(나) 방지법
  ㉮ 임펠러, 가이드 베인의 형상 및 치수를 변경하여 특성을 변화시킨다.
  ㉯ 방출밸브를 사용하여 서징 현상이 발생할 때의 양수량 이상으로 유량을 증가시킨다.
  ㉰ 임펠러의 회전수를 변경시킨다.
  ㉱ 배관 중에 있는 불필요한 공기탱크를 제거한다.

④ 베이퍼 로크(vapor lock) 현상 : 저비점 액체 등을 이송 시 펌프의 입구에서 발생하는 현상으로 액의 끓음에 의한 동요를 말한다.
(가) 발생원인
  ㉮ 흡입관 지름이 작을 때
  ㉯ 펌프의 설치위치가 높을 때
  ㉰ 외부에서 열량 침투 시
  ㉱ 배관 내 온도 상승 시
(나) 방지법
  ㉮ 실린더 라이너 외부를 냉각
  ㉯ 흡입배관을 크게 하고 단열처리
  ㉰ 펌프의 설치위치를 낮춘다.
  ㉱ 흡입관로의 청소

3. 저온장치

3-1 가스액화 분리장치

(1) 가스 액화의 원리

① 단열 팽창 방법 : 줄-톰슨 효과에 의한 방법(단열팽창 사용)
② 팽창기에 의한 방법
  (가) 린데(Linde) 액화 사이클 : 단열팽창(줄-톰슨효과)을 이용
  (나) 클라우드(Claude) 액화 사이클 : 피스톤 팽창기에 의한 단열교축 팽창 이용
  (다) 캐피자(Kapitsa) 액화 사이클 : 터빈 팽창기, 열교환기에 축랭기 사용, 공기압축압력 7atm

㈣ 필립스(Philps) 액화 사이클 : 실린더에 피스톤과 보조피스톤이 있고 수소, 헬륨을 냉매로 사용

㈤ 캐스케이드 액화 사이클 : 다원액화 사이클이라 하며 암모니아, 에틸렌, 메탄을 냉매로 사용

(2) 액화분리장치 구성

① 한랭발생장치 : 가스액화 분리장치의 열 제거를 돕고 액화가스에 필요한 한랭을 보급
② 정류(분축, 흡수)장치 : 원료가스를 저온에서 분리, 정제하는 장치
③ 불순물 제거장치 : 원료 가스 중의 수분, 탄산가스 등을 제거하기 위한 장치

3-2 저온 단열법

(1) 상압 단열법 : 단열공간에 분말, 섬유 등의 단열재 충전

(2) 진공 단열법

① 고진공 단열법 : 단열공간을 진공으로 처리
② 분말진공 단열법 : 샌다셀, 펄라이트, 규조토, 알루미늄 분말 사용
③ 다층 진공 단열법 : 고진공 단열법에 알루미늄 박판과 섬유를 이용하여 단열처리

4 가스 설비

4-1 금속재료

(1) 탄소강 함유 원소의 영향

① 탄소(C) : 탄소함유량이 증가하면 인장강도 항복점은 증가, 연신율 충격치는 감소
② 망간(Mn) : 강의 경도, 강도, 점성강도를 증대
③ 인(P) : 상온취성의 원인
④ 황(S) : 적열취성의 원인
⑤ 규소(Si) : 유동성을 좋게 하나 단접성, 냉간가공성을 나쁘게 한다.

(2) 동 및 동합금

① 동(銅 : Cu) : 전성, 연성이 풍부하고 가공성 및 내식성이 우수해 고압장치의 재료로 사용
② 황동(brass) : 동(Cu)과 아연(Zn)의 합금

③ 청동(bronze) : 동(Cu)과 주석(Sn)의 합금

(3) 열처리의 종류
① 담금질(quenching : 소입) : 강도, 경도 증가
② 불림(normalizing : 소준) : 결정조직의 미세화
③ 풀림(annealing : 소둔) : 내부응력 제거, 조직의 연화
④ 뜨임(tempering : 소려) : 연성, 인장강도 부여, 내부응력 제거

(4) 고온 고압 장치용 재료
① 재료 선택 시 고려사항 : 내열성(耐熱性), 내식성(耐蝕性), 내냉성(耐冷性), 내마모성
② 고온 재료의 구비조건
　(가) 고온도에서 기계적 강도를 유지하고 냉각 시 열화를 일으키지 않을 것
　(나) 접촉유체에 대한 내식성이 있을 것
　(다) 가공이 용이하고 경제적일 것
　(라) 크리프(creep) 강도가 클 것
③ 고온, 고압장치용 금속재료 종류 : 5% 크롬강, 9% 크롬강, 18-8 스테인리스강, 니켈-크롬-몰리브덴강

4-2 용접 및 비파괴 검사

(1) 용접이음 특징
① 이음부 강도가 크고 하자 발생이 적다.
② 이음부 관 두께가 일정하여 마찰저항이 적다.
③ 배관 시공시간이 단축된다.
④ 유지비, 보수비용이 절약된다.
⑤ 재질의 변형이 발생하기 쉽다.
⑥ 용접부의 변형과 수축이 발생한다.
⑦ 용접부에 잔류응력이 발생한다.

(2) 비파괴 검사의 종류
① 육안검사(VT : Visual Test)
② 음향검사 : 공구를 이용하여 음향에 의해 결함 유무를 판단하는 방법
③ 침투탐상검사(PT : Penetrant Test) : 표면의 미세한 균열, 작은 구멍, 슬러그 등을 검출하는 방법

④ 자분탐상검사(MT : Magnetic Test) : 자분검사라고 하며 피검사물의 자화한 상태에서 누설 자속을 사용하여 검출하는 방법

⑤ 방사선투과검사(RT : Rediographic Test) : X선이나 γ선으로 투과한 후 필름에 의해 내부결함의 모양, 크기 등을 검사하는 방법

⑥ 초음파탐상검사(UT : Ultrasonic Test) : 초음파를 피검사물의 내부에 침입시켜 내부의 결함과 불균일층의 존재 여부를 검사하는 방법

⑦ 와류검사 : 와전류를 측정하여 검사하는 방법으로 동 합금, 18 − 8 STS의 부식 검사에 사용

⑧ 전위차법 : 결함이 있는 부분의 전위차를 측정하여 균열의 깊이를 조사하는 방법

4-3 금속재료의 부식(腐蝕)

(1) 부식의 형태

① 전면부식 : 전면이 균일하게 부식되는 것으로 쉽게 발견하여 대처하므로 피해는 적다.
② 국부부식 : 특정부분에 부식이 집중되는 현상으로 부식속도가 크고, 위험성이 높다.
③ 선택부식 : 합금의 특정부문만 선택적으로 부식되는 현상이다.
④ 입계부식 : 결정입자가 선택적으로 부식되는 현상으로 스테인리스강에서 발생된다.

(2) 고온가스에 의한 부식

① 산화 : 산소 및 탄산가스
② 황화 : 황화수소(H_2S)
③ 질화 : 암모니아(NH_3)
④ 침탄 및 카르보닐화 : 일산화탄소(CO)
⑤ 바나듐 어택 : 오산화바나듐(V_2O_5)
⑥ 탈탄작용 : 수소(H_2)

4-4 방식(防蝕) 방법

(1) 부식을 억제하는 방법

① 부식환경의 처리에 의한 방식법
② 부식억제제(인히비터)에 의한 방식법
③ 피복에 의한 방식법
④ 전기 방식법

(2) **전기 방식법** : 매설배관의 부식을 억제 또는 방지하기 위하여 배관에 직류전기를 공급해 주거나 배관보다 저전위 금속(배관보다 쉽게 부식되는 금속)을 배관에 연결하여 철의 전기 화학적인 양극반응을 억제시켜 매설배관을 음극화 시켜주는 방법이다.

① 종류
  (가) 유전 양극법(희생 양극법) : 마그네슘(Mg) 이용
  (나) 외부 전원법 : 한전 전원을 직류로 전환하여 가스관에 전기를 공급
  (다) 배류법 : 직류전기철도 이용
  (라) 강제 배류법 : 외부전원법과 배류법의 병용

② 전기방식 시설의 설치기준 및 유지관리 기준
  (가) 전위측정용 터미널(TB) 설치 거리
    ㉮ 희생 양극법, 배류법 : 300 m 이내 간격
    ㉯ 외부 전원법 : 500 m 이내 간격
  (나) 전기방식 유지관리 기준
    ㉮ 방식전위는 포화황산동 기준전극으로 −0.85 V 이하
    ㉯ 전기방식 전류가 흐르는 상태에서 자연전위와의 전위변화는 −300 mV 이하일 것
  (다) 전기방식 시설의 유지관리
    ㉮ 관대지전위(管對地電位) 점검 : 1년에 1회 이상
    ㉯ 외부 전원법 전기방식시설 점검 : 3개월에 1회 이상
    ㉰ 배류법 전기방식시설 점검 : 3개월에 1회 이상
    ㉱ 절연부속품, 역 전류방지장치, 결선(bond), 보호절연체의 성능 점검 : 6개월에 1회 이상

5 고압가스 설비

5-1 고압가스 제조설비

(1) **오토클레이브(autoclave)** : 2종류 이상의 고압가스를 혼합하여 반응시키는 고압 반응가마

① 교반형 : 교반기에 의하여 내용물을 혼합하는 것으로 종형 교반기와 횡형 교반기가 있다.
② 진탕형 : 횡형 오토클레이브 전체가 수평, 전후 운동을 하여 내용물을 혼합하는 것으로 일반적으로 사용한다.

③ 회전형 : 오토클레이브 자체가 회전하는 형식으로 고체를 액체나 기체로 처리할 경우에 적합한 형식이다.

④ 가스 교반형 : 오토클레이브 기상부에서 반응가스를 취출하여 액상부 최저부에 순환 송입하는 방법과 원료가스를 액상부에 송입하여 배출가스를 방출하는 방법이 있다.

(2) 레페 반응장치 : 아세틸렌을 이용하여 화합물을 제조할 때 압축하는 것은 분해폭발의 위험 때문에 불가능한 상태인데, 레페(W. Reppe)가 압력을 가하여 아세틸렌 화합물을 만들 수 있는 장치를 고안한 것이다.

5-2 고압밸브 및 신축 이음장치

(1) 고압밸브

① 특징
   ㈎ 주조품보다 단조품을 절삭하여 제조한다.
   ㈏ 밸브시트는 내식성과 경도가 높은 재료를 사용한다.
   ㈐ 밸브시트는 교체할 수 있도록 한다.
   ㈑ 기밀 유지를 위하여 스핀들에 패킹이 사용된다.

② 밸브의 종류
   ㈎ 글로브 밸브(glove valve) : 스톱 밸브(stop valve)라 하며 유량조정용으로 사용
   ㈏ 슬루스 밸브(sluice valve) : 게이트 밸브(gate valve)라 하며 유로의 개폐용에 사용
   ㈐ 체크 밸브(check valve) : 유체를 한 방향으로만 흐르게 하고 역류를 방지하는 목적에 사용
   ㈑ 볼 밸브(ball valve) : 콕(cock)이라 하며 핸들을 90° 회전으로 유로의 급속한 개폐가 가능
   ㈒ 안전밸브(safety valve) : 가스설비의 내부압력이 상승 시 파열사고를 방지할 목적으로 사용
      ㉠ 스프링식 : 기상부에 설치하여 스프링의 힘보다 설비 내부의 압력이 클 때 밸브시트가 열려 내부의 압력을 배출하며 일반적으로 가장 많이 사용되는 형식이다.
      ㉡ 파열판식 : 얇은 평판 또는 돔 모양의 원판 주위를 고정하여 용기나 설비에 설치하며, 구조가 간단하며 취급, 점검이 용이하다.
      ㉢ 가용전식 : 용기의 온도가 일정온도 이상이 되면 용전이 녹아 내부의 가스를 모두 배출하며 가용전의 재료는 구리, 주석, 납, 안티몬 등이 사용된다.

(2) 신축 이음장치(expansion joint) : 온도변화에 따른 신축을 흡수, 완화시켜 관이 파손되는 것을 방지하기 위하여 설치

① 루프형(loop type) : 곡관으로 만들어진 것으로 구조가 간단하고 내구성이 좋아 고온, 고압배관이나 옥외배관에 주로 사용한다.

② 슬리브형(sleeve type) : 슬리브와 본체 사이에 패킹을 다져 넣고 그랜드로 밀착시킨 것으로 신축에 의한 자체 응력이 발생되지 않고 설치장소가 필요하다.

③ 벨로스형(bellows type) : 팩리스(packless)형이라 하며, 주름통으로 만들어 신축을 흡수한다.

④ 스위블형(swivel type) : 지웰이음, 지블이음이라 하며 2개 이상의 엘보를 사용하여 관의 신축을 흡수하는 것이다.

⑤ 상온 스프링(cold spring) : 배관의 자유팽창량을 미리 계산하여 자유팽창량의 1/2만큼 짧게 절단하여 강제배관을 하여 신축을 흡수하는 방법이다.

> **참고** 온도 변화에 따른 신축길이 계산
>
> $$\Delta L = L \cdot \alpha \cdot \Delta t$$
>
> 여기서, ΔL : 관의 신축길이(mm)
> L : 관 길이(mm)
> α : 선팽창계수(1.2×10^{-5}/℃)
> Δt : 온도차(℃)

5-3 고압가스 충전용기

(1) 충전용기

① 이음매 없는 용기(무계목 용기, 심리스 용기) : 주로 압축가스에 사용
 (가) 제조방법 : 만네스만식, 에르하트식, 딥드로잉식
 (나) 특징
  ㉮ 고압에 견디기 쉬운 구조이다.
  ㉯ 내압에 대한 응력 분포가 균일하다.
  ㉰ 제작비가 비싸다.
  ㉱ 두께가 균일하지 못할 수 있다.

② 용접용기(계목용기, 웰딩용기, 심용기) : 주로 액화가스에 사용
 (가) 제조방법 : 심교용기, 종계용기
 (나) 특징
  ㉮ 제작비가 저렴하다.

㉯ 두께가 균일하다.
㉰ 용기의 형태, 치수 선택이 자유롭다.

③ 화학성분비 기준

구분	C(탄소)	P(인)	S(황)
이음매 없는 용기	0.55 % 이하	0.04 % 이하	0.05 % 이하
용접용기	0.33 % 이하	0.04 % 이하	0.05 % 이하

④ 초저온 용기 재료 : 18-8 스테인리스강, Al합금

(2) 충전용기 밸브

충전구 형식에 의한 분류		충전구 나사형식에 의한 분류	
A형	충전구가 숫나사	왼나사	가연성 가스 용기(단, 액화암모니아, 액화브롬화메탄은 오른나사)
B형	충전구가 암나사		
C형	충전구에 나사가 없는 것	오른나사	가연성 외의 용기

(3) 충전용기 안전장치

① LPG 용기 : 스프링식 안전밸브
② 염소, 아세틸렌, 산화에틸렌 용기 : 가용전식 안전밸브
③ 산소, 수소, 질소, 액화이산화탄소 용기 : 파열판식 안전밸브
④ 초저온 용기 : 스프링식과 파열판식의 2중 안전밸브

6 가스 검지 및 분석기기

6-1 가스 검지법

(1) 시험지법

검지가스	시험지	반응	비고
암모니아(NH_3)	적색 리트머스지	청색	산성, 염기성가스도 검지 가능
염소(Cl_2)	KI-전분지	청갈색	할로겐가스, NO_2도 검지 가능
포스겐($COCl_2$)	해리슨 시약지	유자색	
시안화수소(HCN)	초산벤젠지	청색	
일산화탄소(CO)	염화팔라듐지	흑색	
황화수소(H_2S)	연당지	회흑색	초산납시험지라 불린다.
아세틸렌(C_2H_2)	염화제1동착염지	적갈색	

(2) 검지관법 : 발색시약을 충전한 검지관에 시료가스를 넣은 후 표준표와 비색 측정을 하는 것

(3) 가연성 가스 검출기 : 안전등형, 간섭계형, 열선형, 반도체식 검지기

6-2 가스 분석

(1) 가스 분석의 구분
① 화학적 가스 분석계 : 가스의 연소열을 이용한 것, 용액 흡수제를 이용한 것, 고체 흡수제를 이용한 것
② 물리적 가스 분석계 : 가스의 열전도율을 이용한 것, 가스의 밀도, 점도차를 이용한 것, 빛의 간섭을 이용한 것, 전기전도도를 이용한 것, 가스의 자기적 성질을 이용한 것, 가스의 반응성을 이용한 것, 적외선 흡수를 이용한 것

(2) 흡수 분석법
① 오르사트(Orsat)법
   (가) CO_2 : KOH 30% 수용액
   (나) O_2 : 알칼리성 피로갈롤 용액
   (다) CO : 암모니아성 염화 제1구리용액
   (라) N_2 : 나머지 양으로 계산

② 헴펠(Hempel)법
   (가) CO_2 : 수산화칼륨(KOH) 30% 수용액
   (나) C_mH_n : 무수황산을 25% 포함한 발연황산
   (다) O_2 : 알칼리성 피로갈롤 용액
   (라) CO : 암모니아성 염화제1구리(CuCl) 용액

③ 게겔(Göckel)법
   (가) CO_2 : 33% KOH 수용액
   (나) 아세틸렌 : 요오드수은(옥소수은) 칼륨 용액
   (다) 프로필렌, n-C_4H_8 : 87% H_2SO_4
   (라) 에틸렌 : 취화수소(HBr) 수용액
   (마) O_2 : 알칼리성 피로갈롤 용액
   (바) CO : 암모니아성 염화 제1구리 용액

(3) 가스 크로마토그래피
① 특징
   (가) 여러 종류의 가스분석이 가능하다.

(나) 선택성이 좋고 고감도로 측정한다.
(다) 미량성분의 분석이 가능하다.
(라) 응답속도가 늦으나 분리 능력이 좋다.
(마) 동일가스의 연속측정이 불가능하다.

② 구성 : 분리관(칼럼), 검출기, 기록계

③ 캐리어 가스 : 수소(H_2), 헬륨(He), 아르곤(Ar), 질소(N_2)

④ 검출기(Detector)의 종류
  (가) 열전도형 검출기(TCD) : 유기 및 무기화학종에 감응하며 일반적으로 사용
  (나) 수소염 이온화 검출기(FID) : 탄화수소에서 감도가 최고
  (다) 전자포획 이온화 검출기(ECD) : 할로겐 및 산소화합물 감도 최고
  (라) 염광 광도형 검출기(FPD) : 인, 유황화합물 검출
  (마) 알칼리성 이온화 검출기(FTD) : 유기질소 화합물 및 유기인 화합물 검출

7 가스 계측기기

7-1 온도계

(1) 접촉식 온도계

① 유리제 봉입식 온도계, 알코올 유리온도계, 베크만 온도계, 유점 온도계
② 바이메탈 온도계 : 열팽창률이 서로 다른 2종의 얇은 금속판을 밀착시킨 것
③ 압력식 온도계 : 액체나 기체의 체적 팽창을 이용
④ 전기식 온도계
  (가) 저항 온도계 : 백금 측온 저항체, 니켈 측온 저항체, 동 측온 저항체
  (나) 서미스터(thermister) : 반도체를 이용하여 온도 측정
⑤ 열전대 온도계
  (가) 원리 : 제베크(Seebeck) 효과
  (나) 종류 : 백금-백금로듐(P-R), 크로멜-알루멜(C-A), 철-콘스탄트(I-C), 동-콘스탄트(C-C)
⑥ 제게르 콘(Seger cone) : 벽돌의 내화도 측정에 사용
⑦ 서모컬러(thermo color) : 온도 변화에 따른 색이 변하는 성질 이용

(2) 비접촉식 온도계

① 광고온도계 : 측정대상물체의 빛과 전구 빛을 같게 하여 저항을 측정
② 광전관식 온도계 : 광전지 또는 광전관을 사용하여 자동으로 측정
③ 방사 온도계 : 스테판-볼츠만 법칙 이용
④ 색 온도계 : 물체에서 발생하는 빛의 밝고 어두움을 이용

7-2 압력계

(1) 1차 압력계

① 액주식 압력계(manometer) : 단관식 압력계, U자관식 압력계, 경사관식 압력계 등
  (가) 액주식 액체의 구비조건
    ㉮ 점성이 적을 것
    ㉯ 열팽창계수가 적을 것
    ㉰ 항상 액면은 수평을 만들 것
    ㉱ 온도에 따라서 밀도 변화가 적을 것
    ㉲ 증기에 대한 밀도 변화가 적을 것
    ㉳ 모세관 현상 및 표면장력이 적을 것
    ㉴ 화학적으로 안정할 것
    ㉵ 휘발성 및 흡수성이 적을 것
    ㉶ 액주의 높이를 정확히 읽을 수 있을 것
② 침종식 압력계 : 아르키메데스의 원리 이용, 단종식과 복종식으로 구분
③ 자유 피스톤형 압력계 : 부르동관 압력계의 교정용으로 사용

(2) 2차 압력계

① 탄성 압력계 : 부르동관 압력계, 벨로스식 압력계, 다이어프램압력계, 캡슐식
② 전기식 압력계 : 전기저항 압력계, 피에조 전기 압력계, 스트레인 게이지

7-3 유량계

(1) 직접식 유량계 : 오벌 기어식, 루츠식, 로터리 피스톤식, 로터리 베인식, 습식 가스 미터, 왕복피스톤식

(2) 간접식 유량계

① 차압식 유량계(조리개 기구식)
  (개) 측정원리 : 베르누이 방정식(또는 베르누이 정리)
  (내) 종류 : 오리피스미터, 플로어노즐, 벤투리미터

② 유속식 유량계 : 임펠러식 유량계, 피토관 유량계, 열선식 유량계

③ 기타 유량계
  (개) 전자식 유량계 : 패러데이의 전자유도법칙을 이용
  (내) 와류식 유량계(vortex flow meter) : 와류(소용돌이)를 발생시켜 그 주파수의 특성이 유속과 비례관계를 유지하는 것을 이용한 것이다.
  (대) 초음파 유량계 : 초음파의 유속과 유체 유속의 합이 비례한다는 도플러 효과를 이용한 유량계이다.

7-4 액면계

(1) 직접식 액면계의 종류
① 유리관식 액면계
② 부자식 액면계 (플로트식 액면계)
③ 검척식 액면계

(2) 간접식 액면계의 종류
① 압력식 액면계
② 저항 전극식 액면계
③ 초음파 액면계
④ 정전 용량식 액면계
⑤ 방사선 액면계
⑥ 차압식 액면계(또는 햄프슨식 액면계)
⑦ 다이어프램식 액면계
⑧ 편위식 액면계
⑨ 기포식 액면계
⑩ 슬립 튜브식 액면계

Chapter 3 가스 특성 활용

1. 열역학 기초

1-1. 압력(pressure)

(1) **표준대기압(atmospheric)** : 0℃, 위도 45° 해수면을 기준으로 수은주 760 mmHg로 표시될 때의 압력으로 1 atm으로 표시한다.

　※ 1 atm = 760 mmHg = 76 cmHg = 0.76 mHg = 29.9 inHg = 760 torr
　　　　 = 10332 kgf/m² = 1.0332 kgf/cm² = 10.332 mH₂O = 10332 mmH₂O
　　　　 = 101325 N/m² = 101325 Pa = 101.325 kPa = 0.101325 MPa
　　　　 = 1.01325 bar = 1013.25 mbar = 14.7 lb/in² = 14.7 psi

(2) **게이지압력** : 대기압을 기준으로 대기압 이상의 압력으로 압력계에 지시된 압력

(3) **진공압력** : 대기압을 기준으로 대기압 이하의 압력

(4) **절대압력** : 절대진공(완전진공)을 기준으로 그 이상 형성된 압력

　※ 절대압력 = 대기압 + 게이지압력
　　　　　　 = 대기압 − 진공압력

(5) **압력환산**

$$\text{환산압력} = \frac{\text{주어진 압력}}{\text{주어진압력의 표준대기압}} \times \text{구하려는 표준대기압}$$

> **참고** 공학단위와 SI단위의 관계
>
> 1 MPa = 10.1968 kgf/cm² ≒ 10 kgf/cm²
> 1 kPa = 101.968 mmH₂O ≒ 100 mmH₂O

1-2 온도(temperature)

(1) **섭씨온도** : 물의 빙점을 0℃, 비점을 100℃로 정하고, 이를 100등분하여 하나의 눈금을 1℃로 표시하는 온도

(2) **화씨온도** : 물의 빙점을 32°F, 비점을 212°F로 정하고, 이를 180등분하여 하나의 눈금을 1°F로 표시하는 온도

(3) **섭씨온도와 화씨온도의 관계**

① $℃ = \dfrac{5}{9}(°F - 32)$

② $°F = \dfrac{9}{5}℃ + 32$

(4) **절대온도** : 자연계에서는 그 이하의 온도로 내릴 수 없는 최저의 온도

① 켈빈온도(K) = ℃ + 273

$$K = \dfrac{t[°F] + 460}{1.8} = \dfrac{°R}{1.8}$$

② 랭킨온도(°R) = °F + 460

$$°R = 1.8(t[℃] + 273) = 1.8 \cdot K$$

1-3 동력

(1) 1 PS = 75 kgf·m/s = 632.2 kcal/h = 0.735 kW

(2) 1 kW = 102 kgf·m/s = 860 kcal/h = 3600 kJ/h = 1.36 PS

(3) 1 HP = 76 kgf·m/s = 640.75 kcal/h

1-4 열량

(1) **1 kcal** : 물 1 kg을 14.5℃에서 15.5℃로 상승시키는 데 소요되는 열량

(2) **1 BTU** : 물 1 lb를 61.5°F에서 62.5°F로 상승시키는 데 소요되는 열량
 (1 Therm=10만 BTU)

(3) **1 CHU** : 물 1 lb를 14.5℃에서 15.5℃로 상승시키는 데 소요되는 열량

1-5 비열 및 비열비

(1) **비열** : 어떤 물질 1 kg을 온도 1℃ 상승시키는 데 소요되는 열량

(2) 비열비 : 정압비열과 정적비열의 비

$$\therefore k = \frac{C_p}{C_v} > 1 \quad (C_p > C_v \text{이므로 비열비}(k)\text{는 항상 1보다 크다.})$$

1-6 현열과 잠열

(1) 현열(감열) : 물질이 상태 변화는 없이 온도 변화에 총 소요된 열량

$$Q_1 = G \cdot C \cdot \Delta t$$

(2) 잠열 : 물질이 온도 변화는 없이 상태 변화에 총 소요된 열량

$$Q_2 = G \cdot r$$

여기서, Q_1 : 현열(kcal), Q_2 : 잠열(kcal), G : 물체의 중량(kgf)
C : 비열(kcal/kgf·℃), Δt : 온도 변화(℃), γ : 잠열량(kcal/kgf)

> **참고** 공학단위와 SI단위의 관계
> ① 물의 증발잠열 : 539 kcal/kgf
> ② 얼음의 융해잠열 : 79.68 kcal/kgf

1-7 열역학 법칙

(1) 열역학 제0법칙 : 열평형의 법칙

(2) 열역학 제1법칙 : 에너지보존의 법칙

(3) 열역학 제2법칙 : 방향성의 법칙

(4) 열역학 제3법칙 : 절대온도 0도(-273℃)를 이룰 수 없다.

1-8 비중, 밀도, 비체적

(1) 비중

① 가스비중 = $\dfrac{\text{기체분자량(질량)}}{\text{공기의 평균분자량}(29)}$

② 액체비중 = $\dfrac{t[℃]\text{의 물질의 밀도}}{4℃ \text{ 물의 밀도}}$

(2) 가스 밀도 : 단위 체적당 질량

$$\text{가스 밀도}(g/L,\ kg/m^3) = \frac{\text{분자량}}{22.4}$$

(3) 가스 비체적 : 단위 질량당 체적

$$\text{가스 비체적}(L/g, m^3/kg) = \frac{22.4}{\text{분자량}} = \frac{1}{\text{밀도}}$$

2. 가스의 기초 법칙

2-1 원소기호 및 분자량

(1) 원소기호 및 원자량, 분자량

호칭	수소	헬륨	탄소	질소	산소	나트륨	황	염소	아르곤
원소기호	H	He	C	N	O	Na	S	Cl	Ar
원자량	1	4	12	14	16	23	32	35.5	40
분자기호	H_2	He	C	N_2	O_2	Na	S	Cl_2	Ar
분자량	2	4	12	28	32	23	32	71	40

(2) **아보가드로의 법칙** : 모든 기체 1 g 분자는 표준상태(0℃, 1기압)에서 22.4 L의 부피를 차지하며, 그 속에는 6.02×10^{23}개의 분자가 들어 있다.

$$※ \text{ mol수} = \frac{\text{질량}(W)}{\text{분자량}(M)} = \frac{\text{체적}(L)}{22.4(L)} = \frac{\text{분자수}}{6.02 \times 10^{23}}$$

> **참고 공기의 평균분자량 계산**
>
> 공기 조성(부피%)이 질소(N_2) 78 %, 산소(O_2) 21 %, 아르곤(Ar) 1 %이므로
> ∴ $M = (28 \times 0.78) + (32 \times 0.21) + (40 \times 0.01) = 28.96 ≒ 29$

2-2 기체의 특성

(1) **보일의 법칙** : 일정온도 하에서 일정량의 기체가 차지하는 부피는 압력에 반비례한다.

$$P_1 \cdot V_1 = P_2 \cdot V_2$$

(2) **샤를의 법칙** : 일정압력 하에서 일정량의 기체가 차지하는 부피는 절대온도에 비례한다.

$$\frac{V_1}{T_1} = \frac{V_2}{T_2}$$

(3) 보일-샤를의 법칙 : 일정량의 기체가 차지하는 부피는 압력에 반비례하고, 절대온도에 비례한다.

$$\frac{P_1 \cdot V_1}{T_1} = \frac{P_2 \cdot V_2}{T_2}$$

여기서, P_1 : 변하기 전의 절대압력, P_2 : 변한 후의 절대압력
V_1 : 변하기 전의 부피, V_2 : 변한 후의 부피
T_1 : 변하기 전의 절대온도(K), T_2 : 변한 후의 절대온도(K)

(4) 이상기체 상태 방정식

① 절대단위 : $PV = nRT \quad PV = \frac{W}{M}RT \quad PV = Z\frac{W}{M}RT$

여기서, P : 압력(atm), V : 체적(L), n : 몰(mol)수,
R : 기체상수(0.082 L·atm/mol·K), M : 분자량(g), W : 질량(g)
T : 절대온도(K), Z : 압축계수

② 공학단위 : $PV = GRT$

여기서, P : 압력(kgf/m²·a), V : 체적(m³), G : 중량(kgf), T : 절대온도(K)
R : 기체상수$\left(\frac{848}{M} \text{kgf·m/kg·K}\right)$

③ SI 단위 : $PV = GRT$

여기서, P : 압력(kPa·a), V : 체적(m³), G : 질량(kg), T : 절대온도(K)
R : 기체상수$\left(\frac{8.314}{M} \text{kJ/kg·K}\right)$

2-3 혼합가스의 성질

(1) 돌턴의 분압법칙 : 혼합기체가 나타내는 전압은 각 성분 기체의 분압의 총합과 같다.

(2) 아메가의 분적법칙 : 혼합가스가 나타내는 전 부피는 같은 온도, 같은 압력하에 있는 각 성분 기체의 부피의 합과 같다.

(3) 전압 계산

$$P = \frac{P_1V_1 + P_2V_2 + P_3V_3 + \cdots + P_nV_n}{V}$$

여기서, P : 전압, V : 전부피
P_1, P_2, P_3, P_n : 각 성분 기체의 분압
V_1, V_2, V_3, V_n : 각 성분 기체의 부피

(4) 분압 계산

$$\text{분압} = \text{전압} \times \frac{\text{성분몰수}}{\text{전몰수}} = \text{전압} \times \frac{\text{성분부피}}{\text{전부피}} = \text{전압} \times \frac{\text{성분 분자수}}{\text{전분자수}}$$

(5) 르샤틀리에의 법칙 : 폭발성 혼합가스의 폭발한계를 계산할 때 이용

$$\frac{100}{L} = \frac{V_1}{L_1} + \frac{V_2}{L_2} + \frac{V_3}{L_3} + \frac{V_4}{L_4} + \cdots \text{에서} \therefore L = \frac{100}{\frac{V_1}{L_1} + \frac{V_2}{L_2} + \frac{V_3}{L_3}} \text{이다.}$$

여기서, L : 혼합가스의 폭발한계치
V_1, V_2, V_3, V_4 : 각 성분 체적(%)
L_1, L_2, L_3, L_4 : 각 성분 단독의 폭발한계치

3. 고압가스의 분류 및 성질

3-1. 고압가스의 분류

(1) 상태에 따른 분류

① 압축가스 : 비등점이 낮아 상온에서 압력을 가하여도 액화되지 않는 가스로 일정한 압력에 의하여 압축되어 있는 것
  [종류] : 수소(H_2), 산소(O_2), 일산화탄소(CO), 메탄(CH_4), 아르곤(Ar), 헬륨(He), 네온(Ne) 등

② 액화가스 : 가압, 냉각에 의하여 액체 상태로 되어 있는 것으로서 대기압에서 비점이 40℃ 이하 또는 상용의 온도 이하인 것
  [종류] : 프로판(C_3H_8), 부탄(C_4H_{10}), 염소(Cl_2), 암모니아(NH_3), 이산화탄소(CO_2), 시안화수소(HCN), 황화수소(H_2S) 등

③ 용해가스 : 아세틸렌(C_2H_2)등과 같이 용제 속에 가스를 용해시켜 취급되는 것

(2) 연소성에 의한 분류

① 가연성 가스 : 폭발한계 하한이 10 % 이하이거나 폭발한계 상한과 하한의 차가 20 % 이상의 것
  [종류] : 아세틸렌(C_2H_2), 암모니아(NH_3), 수소(H_2), 일산화탄소(CO), 메탄(CH_4), 프로판(C_3H_8), 부탄(C_4H_{10}) 등

② 조연성 가스 : 다른 가연성 가스의 연소를 도와주거나(촉진) 지속시켜 주는 것
  [종류] : 산소(O_2), 오존(O_3), 염소(Cl_2), 불소(F_2), 산화질소(NO), 아산화질소(N_2O) 등

③ 불연성 가스 : 가스 자신이 연소하지도 않고 다른 물질도 연소시키지 않는 것
  [종류] : 질소(N_2), 이산화탄소(CO_2), 아르곤(Ar), 헬륨(He), 네온(Ne) 등

(3) 독성에 의한 분류

① 독성 가스 : 허용농도가 100만분의 5000 이하의 가스
  [종류] : 암모니아(NH_3), 일산화탄소(CO), 불소(F_2), 염소(Cl_2), 브롬화메탄(CH_3Br),
         산화에틸렌(C_2H_4O), 시안화수소(HCN), 황화수소(H_2S), 포스겐($COCl_2$) 등
② 비독성 가스 : 독성 가스 이외의 독성이 없는 가스
  [종류] : 질소(N), 이산화탄소(CO_2), 수소(H_2), 산소(O_2) 등

3-2 가스의 성질

(1) 수소(H_2)

① 무색, 무취, 무미의 가스이다.
② 고온에서 강재, 금속재료를 쉽게 투과한다.
③ 확산속도(1.8km/s)가 대단히 크다.
④ 열전달률이 대단히 크고, 열에 대해 안정하다.
⑤ 폭발범위가 넓다. : 공기 중 폭발범위 4~75 v%, 산소 중 폭발범위 4~94 v%
⑥ 폭굉속도는 1400~3500 m/s에 달한다.
⑦ 산소와 수소의 혼합가스를 연소시키면 2000℃ 이상의 고온도를 발생시킬 수 있다.
⑧ 수소폭명기 : 공기 중 산소와 체적비 2 : 1로 반응하여 물을 생성한다.
⑨ 염소폭명기 : 수소와 염소의 혼합가스는 빛(직사광선)과 접촉하면 심하게 반응한다.
⑩ 수소취성 : 고온, 고압 하에서 강재 중의 탄소와 반응하여 탈탄작용을 일으킨다.
  ※ 수소취성 방지원소 : 텅스텐(W), 바나듐(V), 몰리브덴(Mo), 티타늄(Ti), 크롬(Cr)

(2) 산소(O_2)

① 상온, 상압에서 무색, 무취이며 물에는 약간 녹는다.
② 공기 중에 약 21% 함유하고 있다.
③ 강력한 조연성 가스이나 그 자신은 연소하지 않는다.
④ 액화산소는 담청색을 나타낸다.
⑤ 화학적으로 활발한 원소로 모든 원소와 직접 화합하여(할로겐 원소, 백금, 금 등 제외) 산화물을 만든다.
⑥ 철, 구리, 알루미늄선 또는 분말을 반응시키면 빛을 내면서 연소한다.
⑦ 산소 + 수소 불꽃은 2000~2500℃, 산소 + 아세틸렌 불꽃은 3500~3800℃까지 오른다.

⑧ 산소 또는 공기 중에서 무성방전을 행하면 오존(O_3)이 된다.
⑨ 비점 -183℃, 임계압력 50.1 atm, 임계온도 -118.4℃

참고 공기액화 분리장치의 폭발원인 및 대책

폭발원인	폭발방지 대책
① 공기 취입구로부터 아세틸렌의 혼입 ② 압축기용 윤활유 분해에 따른 탄화수소의 생성 ③ 공기 중 질소화합물(NO, NO_2)의 혼입 ④ 액체공기 중에 오존(O_3)의 혼입	① 장치 내 여과기를 설치한다. ② 아세틸렌이 흡입되지 않는 장소에 공기 흡입구를 설치한다. ③ 양질의 압축기 윤활유를 사용한다. ④ 장치는 1년에 1회 정도 내부를 사염화탄소(CCl_4)를 사용하여 세척한다.

(3) 일산화탄소(CO)
① 무색, 무취의 가연성 가스이다.
② 독성이 강하고(TLV-TWA 50 ppm), 불완전연소에 의한 중독사고가 발생될 위험이 있다.
③ 철족의 금속(Fe, Co, Ni)과 반응하여 금속카르보닐을 생성한다.
④ 상온에서 염소와 반응하여 포스겐($COCl_2$)을 생성한다. (촉매 : 활성탄)
⑤ 압력 증가 시 폭발범위가 좁아지며, 공기 중 질소를 아르곤, 헬륨으로 치환하면 폭발범위는 압력과 더불어 증대된다.

(4) 이산화탄소(CO_2)
① 건조한 공기 중에 약 0.03 % 존재한다.
② 액화가스로 취급되며, 드라이아이스(고체탄산)를 만들 수 있다.
③ 무색, 무취, 무미의 불연성 가스이다.
④ 독성(TLV-TWA 5000 ppm)이 없으나 88 % 이상인 곳에서는 질식의 위험이 있다.
⑤ 수분이 존재하면 탄산을 생성하여 강재를 부식시킨다.
⑥ 지구온난화의 원인가스이다.

(5) 염소(Cl_2)
① 상온에서 황록색의 심한 자극성이 있다.
② 비점(-34.05℃)이 높아 액화가 쉽고, 액화가스는 갈색이다. (충전용기 도색 : 갈색)
③ 조연성, 독성(TLV-TWA 1 ppm)가스이다.
④ 수분과 작용하면 염산(HCl)이 생성되고 철을 심하게 부식시킨다.
⑤ 수소와 접촉 시 폭발한다. : 염소폭명기
⑥ 메탄과 작용하면 염소치환제를 만든다.

(6) 암모니아(NH₃)

① 가연성 가스(폭발범위 : 15~28 %)이며, 독성 가스(TLV-TWA 25 ppm)이다.
② 물에 잘 녹는다. (상온, 상압에서 물 1 cc에 대하여 800 cc가 용해)
③ 액화가 쉽고(비점 : -33.3℃), 증발잠열(301.8 kcal/kg)이 커서 냉동기 냉매로 사용된다.
④ 동과 접촉 시 부식의 우려가 있다. (동함유량 62 % 미만 사용가능)
⑤ 액체암모니아는 할로겐, 강산과 접촉하면 심하게 반응하여 폭발, 비산하는 경우가 있다.
⑥ 염소(Cl_2), 염화수소(HCl), 황화수소(H_2S)와 반응하면 백색 연기가 발생한다.
⑦ 동, 동합금, 알루미늄 합금에 심한 부식성이 있으므로 장치나 계기에는 동이나 황동 등을 사용할 수 없다. (동함유량 62 % 미만 사용가능)

참고 암모니아 합성공정의 분류 : 하버-보시법

구분	반응압력	종류
고압 합성	600~1000kgf/cm²	클라우드법, 카자레법
중압 합성	300kgf/cm²	IG법, 뉴파우더법, 뉴데법, 동공시법, JCI법, 케미크법
저압 합성	150kgf/cm²	켈로그법, 구데법

(7) 아세틸렌(C_2H_2)

① 무색의 기체이고 불순물로 인한 특유의 냄새가 있다.
② 폭발범위가 가연성 가스 중 가장 넓다. : 공기 중 2.5~81 %, 산소 중 2.5~93 %
③ 액체 아세틸렌은 불안정하나, 고체 아세틸렌은 비교적 안정하다.
④ 15℃에서 물 1 L에 1.1 L, 아세톤 1 L에 25 L 녹는다.
⑤ 동(Cu), 은(Ag), 수은(Hg) 등의 금속과 접촉 반응하여 폭발성의 아세틸드가 생성된다.
⑥ 아세틸렌을 접촉적으로 수소화 하면 에틸렌(C_2H_4), 에탄(C_2H_6)이 생성된다.
⑦ 아세틸렌의 폭발성
  (개) 산화폭발 : 공기 중 산소와 반응하여 일으키는 폭발
  (내) 분해폭발 : 가압, 충격에 의하여 탄소와 수소로 분해되면서 일으키는 폭발
  (대) 화합폭발 : 동(Cu), 은(Ag), 수은(Hg) 등과 접촉할 때 아세틸드가 생성되어 일으키는 폭발
⑧ 제조방법
  (개) 카바이드(CaC_2)를 이용한 제조 : 카바이드(CaC_2)와 물(H_2O)을 접촉시켜 제조하는 방법

$$CaC_2 + 2H_2O \rightarrow Ca(OH)_2 + C_2H_2$$

㈏ 탄화수소에서 제조 : 메탄, 나프타를 열분해 시 얻어진다.
⑨ 아세틸렌 충전작업
㈎ 용제 : 아세톤[$(CH_3)_2CO$], DMF(디메틸 포름아미드)
㈏ 다공물질의 종류 : 규조토, 석면, 목탄, 석회, 산화철, 탄산마그네슘, 다공성 플라스틱 등
㈐ 다공도 기준 : 75~92 % 미만
⑩ 충전 작업 시 주의사항
㈎ 충전 중 압력은 2.5 MPa 이하로 할 것
㈏ 충전 후 24시간 정치할 것
㈐ 충전 후 압력은 15℃에서 1.5 MPa 이하로 할 것
㈑ 충전은 서서히 2~3회에 걸쳐 충전할 것
㈒ 충전 전 빈용기는 음향검사를 실시할 것
㈓ 아세틸렌이 접촉하는 부분에는 동 또는 동함유량 62 % 초과하는 동합금 사용을 금지한다.
㈔ 충전용 지관에는 탄소의 함유량이 0.1 % 이하의 강을 사용한다.

(8) 메탄(CH_4)
① 파라핀계 탄화수소의 안정된 가스이다.
② 천연가스(NG)의 주성분이다.
③ 무색, 무취, 무미의 가연성 기체이다. (폭발범위 : 5~15 %)
④ 유기물의 부패나 분해 시 발생한다.
⑤ 공기 중에서 연소가 쉽고 화염은 담청색의 빛을 발한다.
⑥ 염소와 반응하면 염소화합물이 생성된다.

(9) 시안화수소(HCN)
① 독성 가스(TLV-TWA 10 ppm)이며, 가연성 가스(6~41 %)이다.
② 액체는 무색(투명)이나 감, 복숭아 냄새가 난다.
③ 액화가 용이하다. (비점 : 25.7℃)
④ 중합폭발을 일으킬 염려가 있다.
 ※ 안정제 사용 : 황산, 동, 동망, 염화칼슘, 인산, 오산화인, 아황산가스
⑤ 알칼리성 물질(암모니아, 소다)을 함유하면 중합이 촉진된다.

(10) 포스겐($COCl_2$)
① 맹독성 가스(TLV-TWA 0.1 ppm)로 자극적인 냄새(푸른 풀 냄새)가 난다.
② 사염화탄소(CCl_4)에 잘 녹는다.
③ 가수분해하여 이산화탄소와 염산이 생성된다.

④ 건조한 상태에서는 금속에 대하여 부식성이 없으나 수분이 존재하면 금속을 부식시킨다.
⑤ 건조제로 진한 황산을 사용한다.
⑥ TLV-TWA 50 ppm 이상 존재하는 공기를 흡입하면 30분 이내에 사망한다.

(11) 산화에틸렌(C_2H_4O)
① 무색의 가연성 가스이다. (폭발범위 : 3~80 %)
② 독성 가스이며, 자극성의 냄새가 있다. (TLV-TWA 50 ppm)
③ 물, 알코올, 에테르에 용해된다.
④ 산, 알칼리, 산화철, 산화알루미늄 등에 의해 중합폭발한다.
⑤ 액체 산화에틸렌은 연소하기 쉬우나 폭약과 같은 폭발은 없다.

4 액화석유가스 및 도시가스

4-1 LP가스의 특징

(1) **LP가스의 조성** : 석유계 저급탄화수소의 혼합물로 탄소 수가 3개에서 5개 이하의 것으로 프로판(C_3H_8), 부탄(C_4H_{10}), 프로필렌(C_3H_6), 부틸렌(C_4H_8), 부타디엔(C_4H_6) 등이 포함되어 있다.

(2) **제조법**
① 습성천연가스 및 원유에서 회수 : 압축냉각법, 흡수유에 의한 흡수법, 활성탄에 의한 흡착법
② 제유소 가스에서 회수 : 원유 정제공정에서 발생하는 가스에서 회수
③ 나프타 분해 생성물에서 회수 : 나프타를 이용하여 에틸렌 제조 시 회수
④ 나프타의 수소화 분해 : 나프타를 이용하여 LPG 생산이 주목적

(3) **일반적인 특징**
① LP가스는 공기보다 무겁다.
② 액상의 LP가스는 물보다 가볍다.
③ 액화, 기화가 쉽다.
④ 기화하면 체적이 커진다.
⑤ 기화열(증발잠열)이 크다.
⑥ 무색, 무취, 무미하다.
⑦ 용해성이 있다.
⑧ 정전기 발생이 쉽다.

(4) 연소 특징

① 타 연료와 비교하여 발열량이 크다.
② 연소 시 공기량이 많이 필요하다.
③ 폭발범위(연소범위)가 좁다.
④ 연소속도가 느리다.
⑤ 발화온도가 높다.

> **참고**
>
> 1. 탄화수소에서 탄소(C)수가 증가할수록 나타나는 현상
>   ① 증가하는 것 : 비등점, 융점, 비중, 발열량
>   ② 감소하는 것 : 증기압, 발화점, 폭발하한값, 폭발범위값, 증발잠열, 연소속도
> 2. 탄화수소($C_m H_n$)의 완전연소 반응식
> $$C_m H_n + \left(m + \frac{n}{4}\right) O_2 \rightarrow m CO_2 + \left(\frac{n}{2}\right) H_2O$$

4-2 도시가스의 원료

(1) 천연가스(NG : Natural Gas) : 지하에서 생산되는 탄화수소를 주성분으로 하는 가연성 가스

① 도시가스 원료 : C/H 비가 3이므로 그대로 도시가스로 공급할 수 있다.
② 정제 : 제진, 탈유, 탈탄산, 탈황, 탈습 등 전처리 공정에 해당하는 정제설비가 필요
③ 공해 : 사전에 불순물이 제거된 상태이기 때문에 환경문제 영향이 적다.
④ 저장 : 천연가스는 상온에서 기체이므로 가스홀더 등에 저장하여야 한다.

(2) 액화천연가스(LNG : Liquefaction Natural Gas) : 지하에서 생산된 천연가스를 -161.5℃까지 냉각, 액화한 것이다.

① 불순물이 제거된 청정연료로 환경문제가 없다.
② LNG 수입기지에 저온 저장설비 및 기화장치가 필요하다.
③ 불순물을 제거하기 위한 정제설비는 필요하지 않다.
④ 초저온 액체로 설비재료의 선택과 취급에 주의를 요한다.
⑤ 냉열이용이 가능하다.

(3) 정유가스(Off gas) : 석유정제 또는 석유화학 계열공장에서 부산물로 생산되는 가스

(4) 나프타(Naphtha : 납사) : 원유를 상압에서 증류할 때 얻어지는 비점이 200℃ 이하인 유분(액체성분)으로 경질의 것을 라이트 나프타, 중질의 것을 헤비 나프타라 부른다.

(5) LPG(액화석유가스) : 도시가스로 공급하는 방법으로 직접 혼입방식, 공기 혼합방식, 변성 혼입방식으로 구분

4-3 부취제(付臭製)

(1) 부취제의 종류 및 특징

명칭	냄새	안정도	특징
TBM	양파 썩는 냄새	비교적 안정	냄새가 가장 강함
THT	석탄가스 냄새	안정	냄새가 중간 정도
DMS	마늘냄새	안정	다른 부취제와 혼합 사용

(2) 부취제의 구비조건
 ① 화학적으로 안정하고 독성이 없을 것
 ② 보통 존재하는 냄새(생활취)와 명확하게 식별될 것
 ③ 극히 낮은 농도에서도 냄새가 확인될 수 있을 것
 ④ 가스관이나 가스미터 등에 흡착되지 않을 것
 ⑤ 배관을 부식시키지 않을 것
 ⑥ 물에 잘 녹지 않고 토양에 대하여 투과성이 클 것
 ⑦ 완전연소가 가능하고 연소 후 냄새나 유해한 성질이 남지 않을 것

(3) 부취제의 주입방법
 ① 액체 주입식 : 부취제를 액상 그대로 가스흐름에 주입하는 방법으로 펌프 주입방식, 적하 주입방식, 미터 연결 바이패스 방식으로 구분
 ② 증발식 : 부취제의 증기를 가스흐름에 혼합하는 방식으로 바이패스 증발식, 위크 증발식으로 구분
 ③ 공기 중의 혼합 비율이 용량으로 1000분의 1의 상태에서 감지할 수 있어야 한다.

5 연소 및 폭발

5-1 연소현상

(1) 연소(燃燒)
 ① 연소의 정의 : 가연성 물질이 공기 중의 산소와 반응하여 빛과 열을 발생하는 화학 반응

② 연소의 3요소 : 가연성 물질, 산소 공급원, 점화원

(2) 연소의 종류

① 표면연소 : 고체 가연물 표면에서 산소와 반응하여 연소하는 것으로 목탄(숯), 코크스 등의 연소가 해당

② 분해연소 : 가열분해에 의해 연소하는 것으로 휘발분이 있는 고체연료(종이, 석탄, 목재 등)와 증발이 일어나기 어려운 액체연료(중유 등)가 해당

③ 증발연소 : 가연성 액체의 증기가 착화되어 화염을 형성하여 연소를 하는 것으로 가솔린, 등유, 경유, 알코올, 양초 등이 해당

④ 확산연소 : 가연성 기체가 대기 중에 분출, 확산되며 연소하는 것

⑤ 자기연소 : 자체 내에 산소를 함유하고 있어 산소 공급 없이 연소하는 것으로 셀룰로이드류, 질산에스테르류, 히드라진 등 제5류 위험물이 해당

(3) 인화점 및 발화점

① 인화점(인화온도) : 가연성 물질이 공기 중에서 점화원에 의하여 연소할 수 있는 최저의 온도로 위험성의 척도이다.

② 발화점(발화온도) : 가연성 물질이 공기 중에서 온도를 상승시킬 때 점화원 없이 스스로 연소를 개시할 수 있는 최저의 온도로 착화점, 착화온도라 한다.

5-2 폭발

(1) 폭발의 정의 : 혼합기체의 전부분이 극히 단시간 내에 연소하는 것으로서 압력 상승의 급격한 현상을 말한다.

(2) 위험도(H) : 폭발범위 상한(U)과 하한(L)의 차이를 폭발범위 하한값(L)으로 나눈 값으로 위험도가 클수록 위험성이 큰 가스이다.

$$H = \frac{U-L}{L}$$

(3) 안전간격과 폭발등급

① 안전간격 : 8L 정도의 구형 용기 안에 폭발성 혼합가스를 채우고 착화시켜 가스가 발화될 때 화염이 용기외부의 폭발성 혼합가스에 전달되는가의 여부를 보아 화염을 전달시킬 수 없는 한계의 틈이며, 안전간격이 작은 가스일수록 위험하다.

② 폭발등급

폭발등급	안전간격	대상 가스의 종류
1등급	0.6 mm 이상	일산화탄소, 에탄, 프로판, 암모니아, 아세톤, 에틸에테르, 가솔린, 벤젠 등
2등급	0.4~0.6 mm	석탄가스, 에틸렌 등
3등급	0.4 mm 미만	아세틸렌, 이황화탄소, 수소, 수성가스 등

(4) 폭굉(detonation)

① 폭굉의 정의 : 가스 중의 음속보다도 화염 전파속도가 큰 경우로서 파면선단에 충격파라고 하는 압력파가 생겨 격렬한 파괴작용을 일으키는 현상으로 폭굉범위는 폭발범위 내에 존재한다.

② 폭굉 유도거리 : 최초의 완만한 연소가 격렬한 폭굉으로 발전될 때까지의 거리로 폭굉 유도거리가 짧아지는 조건은 다음과 같다.
  (가) 정상 연소속도가 큰 혼합가스일수록
  (나) 관 속에 방해물이 있거나 관지름이 가늘수록
  (다) 압력이 높을수록
  (라) 점화원의 에너지가 클수록

5-3 전기기기의 방폭구조

(1) 위험장소의 분류

① 1종 장소 : 상용상태에서 가연성 가스가 체류하여 위험하게 될 우려가 있는 장소, 정비보수 또는 누출 등으로 인하여 종종 가연성 가스가 체류하여 위험하게 될 우려가 있는 장소

② 2종 장소
  (가) 밀폐된 용기 또는 설비 내에 밀봉된 가연성 가스가 그 용기 또는 설비의 사고로 인해 파손되거나 오조작의 경우에만 누출할 위험이 있는 장소
  (나) 확실한 기계적 환기조치에 의하여 가연성 가스가 체류하지 않도록 되어 있으나 환기장치에 이상이나 사고가 발생한 경우에는 가연성 가스가 체류하여 위험하게 될 우려가 있는 장소
  (다) 1종 장소 주변 또는 인접한 실내에서 위험한 농도의 가연성 가스가 종종 침입할 우려가 있는 장소

③ 0종 장소 : 상용의 상태에서 가연성 가스의 농도가 연속해서 폭발하는 한계 이상으

로 되는 장소(폭발한계를 넘는 경우에는 폭발한계 내로 들어갈 우려가 있는 경우를 포함)

(2) 방폭구조의 종류

① **내압(耐壓) 방폭구조(d)** : 방폭 전기기기의 용기(이하 "용기"라 함) 내부에서 가연성 가스의 폭발이 발생할 경우 그 용기가 폭발압력에 견디고, 접합면, 개구부 등을 통하여 외부의 가연성 가스에 인화되지 아니하도록 한 구조

② **유입(油入) 방폭구조(o)** : 용기내부에 절연유를 주입하여 불꽃, 아크 또는 고온 발생부분이 기름 속에 잠기게 함으로써 기름면 위에 존재하는 가연성 가스에 인화되지 아니하도록 한 구조

③ **압력(壓力) 방폭구조(p)** : 용기 내부에 보호가스(신선한 공기 또는 불활성가스)를 압입하여 내부압력을 유지함으로써 가연성 가스가 용기 내부로 유입되지 아니하도록 한 구조

④ **안전증 방폭구조(e)** : 정상운전 중에 가연성 가스의 점화원이 될 전기불꽃, 아크 또는 고온부분 등의 발생을 방지하기 위하여 기계적, 전기적 구조상 또는 온도 상승에 대하여 특히 안전도를 증가시킨 구조

⑤ **본질안전 방폭구조(ia, ib)** : 정상 시 및 사고(단선, 단락, 지락 등) 시에 발생하는 전기불꽃, 아크 또는 고온부에 의하여 가연성 가스가 점화되지 아니하는 것이 점화시험, 기타 방법에 의하여 확인된 구조

⑥ **특수 방폭구조(s)** : ①번에서부터 ⑤번까지에서 규정한 구조 이외의 방폭구조로서 가연성 가스에 점화를 방지할 수 있다는 것이 시험, 기타 방법에 의하여 확인된 구조

5-4 위험성 평가기법

(1) 성성적 평가기법 : 체크리스트(checklist) 기법, 사고예상 질문 분석(WHAT-IF) 기법, 위험과 운전 분석(HAZOP) 기법

(2) 정량적 평가기법 : 작업자 실수 분석 기법, 결함수 분석(FTA) 기법, 사건수 분석(ETA) 기법, 원인 결과 분석(CCA) 기법

(3) 기타 : 상대 위험순위 결정 기법, 이상 위험도 분석(FMECA) 기법, 예비 위험분석(PHA) 기법, 공정 위험분석(PHR) 기법

가스기능사

제 2 편

과년도 출제문제

- 2012년도 출제문제
- 2013년도 출제문제
- 2014년도 출제문제
- 2015년도 출제문제
- 2016년도 출제문제

2012년도 출제문제

■ 가스기능사   2012년 2월 12일 시행 (제1회)

1. 탱크를 지상에 설치하고자 할 때 방류둑을 설치하지 않아도 되는 저장탱크는?
   ① 저장능력 1000톤 이상의 질소탱크
   ② 저장능력 1000톤 이상의 부탄탱크
   ③ 저장능력 1000톤 이상의 산소탱크
   ④ 저장능력 5톤 이상의 염소탱크
   [해설] 방류둑 설치기준(저장능력별)
   (1) 고압가스 특정제조
      ㉮ 가연성 가스 : 500톤 이상
      ㉯ 독성 가스 : 5톤 이상
      ㉰ 액화산소 : 1000톤 이상
   (2) 고압가스 일반제조
      ㉮ 가연성 가스, 액화산소 : 1000톤 이상
      ㉯ 독성 가스 : 5톤 이상
   (3) 냉동제조 : 수액기 내용적 10000 L 이상 (단, 독성 가스 냉매 사용)
   ※ 불연성, 불활성 가스의 경우 방류둑 설치 대상에서 제외된다.

2. 고압가스 일반제조시설에서 저장탱크를 지하에 설치하는 경우에는 철근콘크리트로 저장탱크실을 만들고 그 실내에 설치하여야 한다. 이때 저장탱크 주위의 빈 공간에는 무엇을 채워야 하는가?
   ① 물   ② 마른 모래
   ③ 자갈   ④ 콜타르
   [해설] 저장탱크 주위에는 마른 모래를 채운다.

3. 독성 가스 배관은 안전한 구조를 갖도록 하기 위해 2중관 구조로 하여야 한다. 다음 가스 중 2중관으로 하지 않아도 되는 가스는?
   ① 암모니아   ② 염화메탄
   ③ 시안화수소   ④ 에틸렌
   [해설] 2중관으로 하여야 하는 독성 가스 : 포스겐, 황화수소, 시안화수소, 아황산가스, 산화에틸렌, 암모니아, 염소, 염화메탄

4. 자연환기설비 설치 시 LP가스의 용기보관실 바닥면적이 3 m²라면 통풍구의 크기는 몇 cm² 이상으로 하도록 되어 있는가? (단, 철망 등이 부착되어 있지 않은 것으로 간주한다.)
   ① 500   ② 700   ③ 900   ④ 1100
   [해설] 통풍구의 크기 : 바닥면적 1 m²당 300 cm² 이상
   ∴ 3×300=900 cm²

5. 자동차 용기 충전시설에 게시한 "화기엄금"이라 표시한 게시판의 색상은?
   ① 흰색 바탕에 흑색 문자
   ② 백색 바탕에 적색 문자
   ③ 흑색 바탕에 황색 문자
   ④ 적색 바탕에 백색 문자
   [해설] LPG자동차 충전소 표지판
   ㉮ 충전 중 엔진정지 : 황색 바탕에 흑색 글씨
   ㉯ 화기엄금 : 백색 바탕에 적색 글씨

[정답] 1. ①   2. ②   3. ④   4. ③   5. ②

6. 제조소의 긴급용 벤트스택 방출구 위치는 작업원이 항시 통행하는 장소로부터 얼마나 이격되어야 하는가?
① 5 m 이상　　② 10 m 이상
③ 15 m 이상　　④ 30 m 이상

해설 벤트스택 방출구 위치
㉠ 긴급용 : 10 m 이상
㉡ 그 밖의 것 : 5 m 이상

7. 내용적이 1천 L를 초과하는 염소용기의 부식 여유 두께의 기준은?
① 2 mm 이상　　② 3 mm 이상
③ 4 mm 이상　　④ 5 mm 이상

해설 부식 여유 수치

용기의 종류		부식 여유 수치
암모니아 충전용기	내용적 1000 L 이하	1
	내용적 1000 L 초과	2
염소 충전용기	내용적 1000 L 이하	3
	내용적 1000 L 초과	5

8. 고압가스 용접용기 제조 시 용기동판의 최대 두께와 최소 두께의 차이는 평균 두께의 몇 % 이하로 하여야 하는가?
① 10 %　　② 20 %
③ 30 %　　④ 40 %

해설 ㉠ 용접 용기 : 10% 이하
㉡ 이음매 없는 용기 : 20% 이하

9. 일반 도시가스사업자가 선임하여야 하는 안전점검원 선임의 기준이 되는 배관 길이 산정 시 포함되는 배관은?
① 사용자 공급관
② 내관
③ 가스사용자 소유 토지 내의 본관
④ 공공도로 내의 공급관

해설 안전관리원과 안전점검원의 선임기준 배관 길이 계산방법 : 도법 시행령 별표 2
㉠ 안전관리원 : 본관 및 공급관(사용자 공급관은 제외) 길이의 총 길이로 한다.
㉡ 안전점검원 : 본관 및 공급관(사용자 공급관은 제외) 길이의 총 길이로 한다. 다만 가스사용자가 소유하거나 점유하고 있는 토지에 설치된 본관 및 공급관은 포함하지 아니하고, 하나의 도로에 2개 이상의 배관이 나란히 설치되어 있으며 그 배관 바깥 측면 간의 거리가 3 m 미만인 것은 하나의 배관으로 계산한다.

10. 고압가스(산소, 아세틸렌, 수소)의 품질검사 주기의 기준은?
① 1월 1회 이상
② 1주 1회 이상
③ 3일 1회 이상
④ 1일 1회 이상

해설 ㉠ 품질검사 기준

구분	시약	검사법	순도
산소	동·암모니아	오르사트법	99.5 % 이상
수소	피로갈롤, 하이드로 설파이드	오르사트법	98.5 % 이상
아세틸렌	발연황산	오르사트법	98 % 이상
	브롬시약	뷰렛법	
	질산은 시약	정성시험	

㉡ 1일 1회 이상 가스제조장에서 안전관리책임자가 실시, 안전관리 부총괄자와 안전관리책임자가 확인 서명

정답 6. ②　7. ④　8. ①　9. ④　10. ④

11. 가연성 가스로 인한 화재의 종류는?
① A급 화재　② B급 화재
③ C급 화재　④ D급 화재

[해설] 화재의 종류 구분
㉮ A급 : 일반화재
㉯ B급 : 유류 및 가스화재
㉰ C급 : 전기화재
㉱ D급 : 금속화재

12. 도시가스 사용시설의 배관은 움직이지 아니하도록 고정부착하는 조치를 하도록 규정하고 있는데 다음 중 배관의 호칭지름에 따른 고정간격의 기준으로 옳은 것은?
① 배관의 호칭지름 20 mm인 경우 2 m마다 고정
② 배관의 호칭지름 32 mm인 경우 3 m마다 고정
③ 배관의 호칭지름 40 mm인 경우 4 m마다 고정
④ 배관의 호칭지름 65 mm인 경우 5 m마다 고정

[해설] 배관 고정부착 조치 기준
㉮ 호칭지름 13 mm 미만 : 1 m마다
㉯ 호칭지름 13 mm 이상 33 mm 미만 : 2 m마다
㉰ 호칭지름 33 mm 이상 : 3 m마다

13. 일반 도시가스사업의 가스공급시설에서 중압 이하의 배관과 고압 배관을 매설하는 경우 서로 몇 m 이상의 거리를 유지하여 설치하여야 하는가?
① 1　② 2
③ 3　④ 5

[해설] 일반 도시가스사업의 배관설비 기준
㉮ 배관의 최고사용압력은 중압 이하일 것
㉯ 중압 이하의 배관과 고압배관의 유지거리 : 2 m 이상
㉰ 본관과 공급관은 건축물의 내부나 기초 밑에 설치하지 아니할 것
㉱ 지하매설관 재료
ⓐ 폴리에틸렌 피복강관(PLP관)
ⓑ 가스용 폴리에틸렌관(PE관) : 최고 사용압력 0.4 MPa 이하에 사용

14. 고압가스 일반제조소에서 저장탱크 설치 시 물분무장치는 동시에 방사할 수 있는 최대 수량을 몇 분 이상 연속하여 방사할 수 있는 수원에 접속되어 있어야 하는가?
① 30분　② 45분
③ 60분　④ 90분

15. 아세틸렌을 용기에 충전할 때에는 미리 용기에 다공물질을 고루 채운 후 침윤 및 충전을 하여야 한다. 이때 다공도는 얼마로 하여야 하는가?
① 75 % 이상 92 % 미만
② 70 % 이상 95 % 미만
③ 62 % 이상 75 % 미만
④ 92 % 이상

[해설] 아세틸렌 충전용기 다공도 : 75 % 이상 92 % 미만

16. 다음 중 냄새로 누출 여부를 쉽게 알 수 있는 가스는?
① 질소, 이산화탄소
② 일산화탄소, 아르곤
③ 염소, 암모니아
④ 에탄, 부탄

[해설] ㉮ 염소 : 상온에서 황록색의 심한 자극성이 있다.
㉯ 암모니아 : 무색의 자극적인 냄새가 있다.

정답　11. ②　12. ①　13. ②　14. ①　15. ①　16. ③

17. 다음 중 독성이면서 가연성인 가스는?
① SO_2 ② $COCl_2$
③ HCN ④ C_2H_6

해설 가연성 가스이며 독성 가스인 것 : 아크릴로니트릴, 일산화탄소, 벤젠, 산화에틸렌, 모노메틸아민, 염화메탄, 브롬화메탄, 이황화탄소, 황화수소, 암모니아, 석탄가스, 시안화수소, 트리메틸아민

18. 저장능력이 1톤인 액화염소 용기의 내용적(L)은? (단, 액화염소 정수(C)는 0.80이다.)
① 400 ② 600
③ 800 ④ 1000

해설 $G = \dfrac{V}{C}$ 에서
$V = G \cdot C = 1000 \times 0.80 = 800\,L$

19. 고압가스 운반 등의 기준으로 틀린 것은?
① 고압가스를 운반하는 때에는 재해방지를 위하여 필요한 주의사항을 기재한 서면을 운전자에게 교부하고 운전 중 휴대하게 한다.
② 차량의 고장, 교통사정 또는 운전자의 휴식 등 부득이한 경우를 제외하고는 장시간 정차하여서는 안 된다.
③ 고속도로 운행 중 점심식사를 하기 위해 운반책임자와 운전자가 동시에 차량을 이탈할 때에는 시건장치를 하여야 한다.
④ 지정한 도로, 시간, 속도에 따라 운반하여야 한다.

해설 운반책임자와 운전자가 동시에 차량에서 이탈하여서는 아니 된다.

20. 정압기지의 방호벽을 철근콘크리트 구조로 설치할 경우 방호벽 기초의 기준에 대한 설명 중 틀린 것은?
① 일체로 된 철근콘크리트 기초로 한다.
② 높이 350 mm 이상, 되메우기 깊이는 300 mm 이상으로 한다.
③ 두께 200 mm 이상, 간격 3200 mm 이하의 보조벽을 본체와 직각으로 설치한다.
④ 기초의 두께는 방호벽 최하부 두께의 120 % 이상으로 한다.

해설 방호벽 기초기준
㉮ 일체로 된 철근콘크리트 기초
㉯ 높이 350 mm 이상, 되메우기 깊이 300 mm 이상
㉰ 두께 150 mm 이상, 간격 3200 mm 이하의 보조벽을 본체와 직각으로 설치한다.
㉱ 기초의 두께 : 방호벽 최하부의 120 % 이상

21. 고압가스 제조설비의 계장회로에는 제조하는 고압가스의 종류, 온도 및 압력과 제조설비의 상황에 따라 안전확보를 위한 주요 부문에 설비가 잘못 조작되거나 정상적인 제조를 할 수 없는 경우에 자동으로 원재료의 공급을 차단시키는 등 제조설비 안의 제조를 제어할 수 있는 장치를 설치하는데 이를 무엇이라 하는가?
① 인터로크 제어장치
② 긴급차단장치
③ 긴급이송설비
④ 벤트스택

22. 다음 중 독성(TLV-TWA)이 가장 강한 가스는?
① 암모니아 ② 황화수소
③ 일산화탄소 ④ 아황산가스

정답 17. ③ 18. ③ 19. ③ 20. ③ 21. ① 22. ④

해설 각 가스의 허용농도(TLV-TWA)

가스 명칭	허용농도(TLV-TWA)
암모니아(NH_3)	25 ppm
황화수소(H_2S)	10 ppm
일산화탄소(CO)	50 ppm
아황산가스(SO_2)	2 ppm

23. 독성 가스 배관을 지하에 매설할 경우 배관은 그 가스가 혼입될 우려가 있는 수도시설과 몇 m 이상의 거리를 유지하여야 하는가?
① 50 m ② 100 m
③ 200 m ④ 300 m

24. 다음 중 같은 성질을 가진 가스로만 나열된 것은?
① 메탄, 에틸렌
② 암모니아, 산소
③ 오존, 아황산가스
④ 헬륨, 염소

해설 각 가스의 성질

가스 명칭	성질
메탄(CH_4)	가연성(5~15 v%), 비독성
에틸렌(C_2H_4)	가연성(3.1~32 v%), 비독성
암모니아(NH_3)	가연성(15~28 v%), 독성(25 ppm)
산소(O_2)	조연성, 비독성
오존(O_3)	조연성, 독성(0.1 ppm)
아황산가스(SO_2)	불연성, 독성(2 ppm)
헬륨(He)	불연성, 비독성
염소(Cl_2)	조연성, 독성(1 ppm)

※ 허용농도 : TLV-TWA

25. 고압가스용기의 안전점검기준에 해당되지 않는 것은?
① 용기의 부식, 도색 및 표시 확인
② 용기의 캡이 씌워져 있거나 프로텍터의 부착 여부 확인
③ 재검사기간의 도래 여부를 확인
④ 용기의 누출을 성냥불로 확인

26. 가스 공급시설의 임시사용기준 항목이 아닌 것은?
① 도시가스 공급이 가능한지의 여부
② 도시가스의 수급상태를 고려할 때 해당 지역에 도시가스의 공급이 필요한지의 여부
③ 공급의 이익 여부
④ 가스공급시설을 사용할 때 안전을 해칠 우려가 있는지의 여부

해설 가스 공급시설의 임시사용기준 : 도법 시행령 제7조

27. 용기의 파열사고 원인으로 가장 거리가 먼 것은?
① 용기의 내압력 부족
② 용기의 내압 상승
③ 용기 내에서 폭발성 혼합가스에 의한 발화
④ 안전밸브의 작동

28. 도시가스 배관의 철도궤도 중심과 이격거리 기준으로 옳은 것은?
① 1 m 이상 ② 2 m 이상
③ 4 m 이상 ④ 5 m 이상

해설 철도부지 밑 매설 기준
㉮ 궤도 중심까지 4 m 이상, 부지 경계까지 1 m 이상의 거리 유지
㉯ 매설 깊이 : 1.2 m 이상

정답 23. ④ 24. ① 25. ④ 26. ③ 27. ④ 28. ③

29. 충전용기 보관실의 온도는 항상 몇 ℃ 이하를 유지하여야 하는가?
① 40 ℃   ② 45 ℃
③ 50 ℃   ④ 55 ℃

30. 시안화수소 가스는 위험성이 매우 높아 용기에 충전 보관할 때에는 안정제를 첨가하여야 한다. 적합한 안정제는?
① 염산   ② 이산화탄소
③ 황산   ④ 질소
[해설] 안정제의 종류 : 황산, 아황산가스, 동, 동망, 염화칼슘, 인산, 오산화인

31. 가스 폭발사고의 근본적인 원인으로 가장 거리가 먼 것은?
① 내용물의 누출 및 확산
② 화학반응열 또는 잠열의 축적
③ 누출경보장치의 미비
④ 착화원 또는 고온물의 생성

32. 정압기의 선정 시 유의사항으로 가장 거리가 먼 것은?
① 정압기의 내압성능 및 사용 최대차압
② 정압기의 용량
③ 정압기의 크기
④ 1차 압력과 2차 압력범위

33. 가스용품 제조허가를 받아야 하는 품목이 아닌 것은?
① PE배관   ② 매몰형 정압기
③ 로딩암   ④ 연료전지
[해설] 허가대상 가스용품의 범위 : 압력조정기, 가스누출 자동차단장치, 정압기용 필터, 매몰형 정압기, 호스, 배관용 밸브, 콕, 배관이음관, 강제혼합식 가스버너, 연소기, 다기능 가스안전계량기, 로딩암, 연료전지

34. 다음 그림은 무슨 공기 액화장치인가?

① 클라우드식 액화장치
② 린데식 액화장치
③ 캐피자식 액화장치
④ 필립스식 액화장치
[해설] 클라우드식 액화장치 : 팽창기에 의한 단열교축팽창을 이용한 것으로 피스톤식 팽창기를 이용한다.

35. 2000 rpm으로 회전하는 펌프를 3500 rpm으로 변환하였을 경우 펌프의 유량과 양정은 각각 몇 배가 되는가?
① 유량 : 2.65, 양정 : 4.12
② 유량 : 3.06, 양정 : 1.75
③ 유량 : 3.06, 양정 : 5.36
④ 유량 : 1.75, 양정 : 3.06
[해설] ㉮ 유량 계산
$$Q_2 = Q_1 \times \frac{N_2}{N_1} = Q \times \frac{3500}{2000} = 1.75\, Q_1$$
㉯ 양정 계산
$$H_2 = H_1 \times \left(\frac{N_2}{N_1}\right)^2 = H_1 \times \left(\frac{3500}{2000}\right)^2 = 3.06\, H_1$$

[정답] 29. ①　30. ③　31. ②　32. ③　33. ①　34. ①　35. ④

36. 액주식 압력계가 아닌 것은?
① U자관식   ② 경사관식
③ 벨로스식   ④ 단관식

[해설] ㉮ 액주식 압력계의 종류 : 단관식, U자관식, 경사관식, 액주 마노미터, 호루단형 압력계 등
㉯ 탄성식 압력계의 종류 : 부르동관식, 다이어프램식, 벨로스식, 캡슐식 등

37. 가스분석 시 이산화탄소 흡수제로 주로 사용되는 것은?
① NaCl   ② KCl
③ KOH   ④ $Ca(OH)_2$

[해설] 오르사트 가스 분석기의 흡수액
㉮ CO_2 : KOH 30 % 수용액
㉯ O_2 : 알칼리성 피로갈롤 용액
㉰ CO : 암모니아성 염화제1구리 용액

38. 이동식 부탄연소기의 용기 연결방법에 따른 분류가 아닌 것은?
① 카세트식   ② 직결식
③ 분리식   ④ 일체식

[해설] 이동식 부탄연소기 종류
㉮ 카세트식 : 거버너가 부착된 연소기 안에 용기를 수평으로 장착하는 구조
㉯ 직결식 : 연소기에 1L 이하의 접합용기를 직접 연결하는 구조
㉰ 분리식 : 연소기에 1L 이하의 접합용기를 호스 등으로 연결하는 구조

39. 파일럿 정압기 중 구동압력이 증가하면 개도도 증가하는 방식으로서 정특성, 동특성이 양호하고 비교적 콤팩트한 구조의 로딩형 정압기는?
① Fisher식
② axial flow식
③ Reynolds식
④ KRF식

[해설] 피셔(Fisher)식 정압기의 특징
㉮ 로딩(loading)형이다.
㉯ 정특성 동특성이 양호하다.
㉰ 비교적 콤팩트하다.

40. 다음 가스분석법 중 흡수분석법에 해당하지 않는 것은?
① 헴펠법   ② 구데법
③ 오르사트법   ④ 게겔법

[해설] 흡수분석법의 종류 : 오르사트(Orsat)법, 헴펠(Hempel)법, 게겔(Gockel)법

41. 땅 속의 애노드에 강제 전압을 가하여 피방식 금속체를 캐소드로 하는 전기방식법은?
① 희생양극법   ② 외부전원법
③ 선택배류법   ④ 강제배류법

[해설] 외부전원법 : 외부의 직류전원장치(정류기)로부터 양극(+)은 매설배관이 설치되어 있는 토양에 설치한 외부전원용 전극(불용성 양극)에 접속하고, 음극(−)은 매설배관에 접속시켜 부식을 방지하는 방법으로 직류전원장치(정류기), 양극, 부속배선으로 구성된다.

42. 화학적 부식이나 전기적 부식의 염려가 없고 0.4MPa 이하의 매몰배관으로 주로 사용하는 배관의 종류는?
① 배관용 탄소강관
② 폴리에틸렌 피복강관
③ 스테인리스강관
④ 폴리에틸렌관

정답 36. ③ 37. ③ 38. ④ 39. ① 40. ② 41. ② 42. ④

해설 가스용 폴리에틸렌관의 허용압력 범위

호칭	SDR	허용압력
1호 관	11 이하	0.4 MPa 이하
2호 관	17 이하	0.25 MPa 이하
3호 관	21 이하	0.2 MPa 이하

※ SDR(standard dimension ration)
$= \dfrac{D(바깥지름)}{t(최소두께)}$

43. 도시가스의 총발열량이 10400 kcal/m³, 공기에 대한 비중이 0.55일 때 웨버지수는 얼마인가?
① 11023　　② 12023
③ 13023　　④ 14023

해설 $WI = \dfrac{H_g}{\sqrt{d}} = \dfrac{10400}{\sqrt{0.55}} = 14023.357$

44. 가연성 가스 검출기 중 탄광에서 발생하는 CH₄의 농도를 측정하는 데 주로 사용되는 것은?
① 간섭계형　　② 안전등형
③ 열선형　　④ 반도체형

45. 서로 다른 두 종류의 금속을 연결하여 폐회로를 만든 후 양접점에 온도차를 두면 금속 내에 열기전력이 발생하는 원리를 이용한 온도계는?
① 광전관식 온도계
② 바이메탈 온도계
③ 서미스터 온도계
④ 열전대 온도계

해설 열전대 온도계의 측정원리 : 제베크 효과(열기전력 이용)

46. 다음 중 액화가 가장 어려운 가스는?
① H₂　② He　③ N₂　④ CH₄

해설 ㉮ 각 가스의 비점

명칭	비점
수소(H₂)	-252.2 ℃
헬륨(He)	-269 ℃
질소(N₂)	-196 ℃
메탄(CH₄)	-161.5 ℃

㉯ 비점이 낮을수록 액화가 어렵다.

47. 다음 중 압력이 가장 높은 것은?
① 10 lb/in²　　② 750 mmHg
③ 1 atm　　④ 1 kg/cm²

해설 각각의 압력을 kgf/cm²의 단위로 환산하여 비교하면

① $10 \text{ lb/in}^2 \rightarrow \dfrac{10 \text{lb/in}^2}{14.7 \text{lb/in}^2} \times 1.0332$
$= 0.7028 \text{ kgf/cm}^2$

② $750 \text{ mmHg} \rightarrow \dfrac{750 \text{mmHg}}{760 \text{mmHg}} \times 1.0332$
$= 1.0196 \text{ kgf/cm}^2$

③ $1 \text{ atm} = 1.0332 \text{ kgf/cm}^2$

④ 1 kg/cm^2

48. 자동절체식 조정기의 경우 사용 쪽 용기 안의 압력이 얼마 이상일 때 표시용량의 범위에서 예비 쪽 용기에서 가스가 공급되지 않아야 하는가?
① 0.05 MPa　　② 0.1 MPa
③ 0.15 MPa　　④ 0.2 MPa

해설 절체성능 : 자동절체식 조정기의 경우 사용 쪽 용기 안의 압력이 0.1 MPa 이상일 때 표시용량의 범위에서 예비 쪽 용기에서 가스가 공급되지 않아야 한다.

49. 산소의 성질에 대한 설명 중 옳지 않은 것은?
① 자신은 폭발위험은 없으나 연소를 돕

정답 43. ④　44. ②　45. ④　46. ②　47. ③　48. ②　49. ②

는 조연제이다.
② 액체산소는 무색, 무취이다.
③ 화학적으로 활성이 강하며, 많은 원소와 반응하여 산화물을 만든다.
④ 상자성을 가지고 있다.

해설 액화산소(액 비중 1.14)는 담청색을 나타낸다.

50. "성능계수(ε)가 무한정한 냉동기의 제작은 불가능하다" 라고 표현되는 법칙은?
① 열역학 제0법칙 ② 열역학 제1법칙
③ 열역학 제2법칙 ④ 열역학 제3법칙

해설 열역학 제2법칙 : 방향성의 법칙

51. 60 K를 랭킨온도로 환산하면 약 몇 °R인가?
① 109 ② 117 ③ 126 ④ 135

해설 °R = 1.8×K = 1.8×60 = 108 °R

52. 밀폐된 공간 안에서 LP가스가 연소되고 있을 때의 현상으로 틀린 것은?
① 시간이 지나감에 따라 일산화탄소가 증가된다.
② 시간이 지나감에 따라 이산화탄소가 증가된다.
③ 시간이 지나감에 따라 산소농도가 감소한다.
④ 시간이 지나감에 따라 아황산가스가 증가된다.

해설 시간이 지나감에 따라 밀폐된 공간의 산소농도는 감소하고, 일산화탄소와 이산화탄소는 증가된다.

53. 탄소 12 g을 완전연소시킬 경우 발생되는 이산화탄소는 약 몇 L인가? (단, 표준상태일 때를 기준으로 한다.)
① 11.2 ② 12 ③ 22.4 ④ 32

해설 탄소(C)의 완전연소 반응식
$C + O_2 \rightarrow CO_2$
∴ 탄소 1 mol(12 g)이 완전연소할 때 이산화탄소는 1 mol이 생성되므로 22.4 L가 된다.

54. 공기 중에서 폭발하한이 가장 낮은 탄화수소는?
① CH_4 ② C_4H_{10}
③ C_3H_8 ④ C_2H_6

해설 ㉮ 각 가스의 폭발범위값

명칭	폭발범위값
메탄(CH_4)	5~15v %
부탄(C_4H_{10})	1.9~8.5v %
프로판(C_3H_8)	2.2~9.5v %
에탄(C_2H_6)	3.0~12.5v %

㉯ 탄화수소에서 탄소(C)수가 증가하면 폭발범위 하한값과 상한값은 낮아지므로 폭발범위는 좁아진다.

55. 에틸렌 제조의 원료로 사용되지 않는 것은?
① 나프타 ② 에탄올
③ 프로판 ④ 염화메탄

56. 가연성 가스 정의에 대한 설명으로 맞는 것은?
① 폭발한계의 하한이 10 % 이하인 것과 폭발한계 상한과 하한의 차가 20 % 이상인 것을 말한다.
② 폭발한계의 하한이 20 % 이하인 것과 폭발한계 상한과 하한의 차가 10 % 이

정답 50. ③ 51. ① 52. ④ 53. ③ 54. ② 55. ④ 56. ①

상인 것을 말한다.
③ 폭발한계의 하한이 10 % 이하인 것과 폭발한계 상한과 하한의 차가 20% 이하인 것을 말한다.
④ 폭발한계의 하한이 10 % 이상인 것과 폭발한계 상한과 하한의 차가 10 % 이하인 것을 말한다.

해설 가연성 가스의 정의 : 공기 중에서 연소하는 가스로서 폭발한계(공기와 혼합된 경우 연소를 일으킬 수 있는 공기 중의 가스농도의 한계를 말한다)의 하한이 10 % 이하인 것과 폭발한계의 상한과 하한의 차가 20 % 이상인 것

57. 다음 중 비중이 가장 작은 가스는?
① 수소   ② 질소
③ 부탄   ④ 프로판

해설 ㉮ 가스 비중 = $\frac{분자량}{29}$ 이므로 분자량이 작은 가스가 비중이 작은 것이다.
㉯ 각 가스의 분자량

명칭	분자량
수소(H_2)	2
질소(N_2)	28
부탄(C_4H_{10})	58
프로판(C_3H_8)	44

58. 다음 중 아세틸렌의 발생방식이 아닌 것은?
① 주수식 : 카바이드에 물을 넣는 방법
② 투입식 : 물에 카바이드를 넣는 방법
③ 접촉식 : 물과 카바이드를 소량씩 접촉시키는 방법
④ 가열식 : 카바이드를 가열하는 방법

해설 아세틸렌 발생방식 : 주수식, 투입식, 접촉식

59. 암모니아가스의 특성에 대한 설명으로 옳은 것은?
① 물에 잘 녹지 않는다.
② 무색의 기체이다.
③ 상온에서 아주 불안정하다.
④ 물에 녹으면 산성이 된다.

해설 암모니아의 특성
㉮ 물에 800배 정도로 잘 용해되며, 알칼리성이 된다.
㉯ 자극성의 무색 기체이며 가연성(15 ~ 28 v%), 독성(TLV-TWA 25 ppm)가스이다.
㉰ 상온에서 안정하나 1000 ℃에서 분해하여 질소와 수소가 된다.
㉱ 액체암모니아는 할로겐, 강산과 접촉하면 심하게 반응하여 폭발, 비산하는 경우가 있다.
㉲ 액화가 쉽고(비점 : -33.3 ℃), 증발잠열(301.8 kcal/kg)이 커서 냉동기 냉매로 사용된다.
㉳ 동과 접촉 시 부식의 우려가 있다. (동 함유량 62 % 미만 사용가능)

60. 질소에 대한 설명으로 틀린 것은?
① 질소는 다른 원소와 반응하지 않아 기기의 기밀시험용 가스로 사용된다.
② 촉매 등을 사용하여 상온(35 ℃)에서 수소와 반응시키면 암모니아를 생성한다.
③ 주로 액체공기를 비점 차이로 분류하여 산소와 같이 얻는다.
④ 비점이 대단히 낮아 극저온의 냉매로 이용된다.

해설 고온 고압하에서 수소와 반응하여 암모니아를 생성한다.
$N_2 + 3H_2 \rightarrow 2NH_3 + 23$ kcal

정답 57. ① 58. ④ 59. ② 60. ②

가스기능사

2012년 4월 8일 시행 (제2회)

1. 도시가스 사용시설 중 가스계량기의 설치 기준으로 틀린 것은?

① 가스계량기는 화기(자체 화기는 제외)와 2 m 이상의 우회 거리를 유지하여야 한다.
② 가스계량기($30 m^3/h$ 미만)의 설치 높이는 바닥으로부터 1.6 m 이상 2 m 이내이어야 한다.
③ 가스계량기를 보호상자 내에 설치하는 경우에는 바닥으로부터 2m 이내에 설치한다.
④ 가스계량기는 절연조치를 하지 아니한 전선과 30 cm 이상의 거리를 유지하여야 한다.

[해설] 가스계량기 설치기준
㉮ 화기와 2 m 이상의 우회거리를 유지할 것
㉯ 설치 높이는 바닥으로부터 1.6~2 m 이내에 수직, 수평으로 설치할 것 (단, 보호상자 내에 설치할 경우 바닥으로부터 2m 이내에 설치한다.)
㉰ 전기계량기, 전기개폐기와 60 cm 이상 유지
㉱ 단열조치를 하지 않은 굴뚝, 전기 점멸기, 전기 접속기와 30 cm 이상 유지
㉲ 절연조치를 하지 않은 전선과 15 cm 이상 유지

2. 지상에 설치하는 액화석유가스의 저장탱크 안전밸브에 가스 방출관을 설치하고자 한다. 저장탱크의 정상부가 8 m일 경우 방출관의 방출구 높이는 지상에서 얼마 이상의 높이에 설치하여야 하는가?

① 5 m　② 8 m　③ 10 m　④ 12 m

[해설] 저장탱크 안전밸브 방출관 방출구 위치
㉮ 지상설치 : 지면에서 5 m 또는 저장탱크 정상부로부터 2 m 높이 중 높은 위치
㉯ 지하설치 : 지면에서 5 m 이상
∴ 저장탱크 방출구 높이 = 8 + 2 = 10 m

3. 다음 중 산업통상자원부령이 정하는 특정 설비가 아닌 것은?

① 저장탱크
② 저장탱크의 안전밸브
③ 조정기
④ 기화기

[해설] 고압가스 관련설비(특정설비) 종류 : 안전밸브, 긴급차단장치, 기화장치, 독성가스 배관용 밸브, 자동차용 가스 자동주입기, 역화방지기, 압력용기, 고압가스용 실린더 캐비닛, 자동차용 압축천연가스 완속충전설비, 액화석유가스용 용기 잔류가스 회수장치, 차량에 고정된 탱크

4. 지하에 매설된 도시가스 배관의 전기방식 기준으로 틀린 것은?

① 전기방식전류가 흐르는 상태에서 토양 중에 있는 배관 등의 방식전위 상한값은 포화황산동 기준전극으로 −0.85 V 이하일 것
② 전기방식전류가 흐르는 상태에서 자연 전위와의 전위변화가 최소한 −300 mV 이하일 것
③ 배관에 대한 전위측정은 가능한 한 배관 가까운 위치에서 실시할 것
④ 전기방식시설의 관대지전위 등을 2년에 1회 이상 점검할 것

정답 1. ④　2. ③　3. ③　4. ④

[해설] 전기방식시설의 관대지전위(管對地電位) 등은 1년에 1회 이상 점검하여야 한다.

5. 가스용 폴리에틸렌관의 굴곡허용반지름은 바깥지름의 몇 배 이상으로 하여야 하는가?

① 10　　② 20　　③ 30　　④ 50

6. 압력용기의 내압부분에 대한 비파괴시험으로 실시되는 초음파탐상시험 대상은?

① 두께가 35 mm인 탄소강
② 두께가 5 mm인 9 % 니켈강
③ 두께가 15 mm인 2.5 % 니켈강
④ 두께가 30 mm인 저합금강

[해설] 초음파탐상시험 대상
㉮ 두께가 50 mm 이상인 탄소강
㉯ 두께가 38 mm 이상인 저합금강
㉰ 두께가 19 mm 이상이고, 최소인장강도가 568.4N/mm² 이상인 강(오스테나이트계 스테인리스강 제외)
㉱ 두께가 19 mm 이상인 저온에 사용되는 강(오스테나이트계 스테인리스강 제외)
㉲ 두께가 13 mm 이상인 2.5 % 니켈강 및 3.5 % 니켈강
㉳ 두께가 6 mm 이상인 9 % 니켈강

7. 프로판 15 v%와 부탄 85 v%로 혼합된 가스의 공기 중 폭발하한값은 약 몇 %인가? (단, 프로판의 폭발하한값은 2.1 v%이고, 부탄은 1.8v %이다.)

① 1.81　② 1.83　③ 1.94　④ 1.95

[해설] $\dfrac{100}{L} = \dfrac{V_1}{L_1} + \dfrac{V_2}{L_2}$ 에서

$\therefore L = \dfrac{100}{\dfrac{V_1}{L_1} + \dfrac{V_2}{L_1}} = \dfrac{100}{\dfrac{15}{2.1} + \dfrac{85}{1.8}} = 1.839$

8. 고압가스용 실린더 캐비닛 제조설비가 아닌 것은?

① 가공설비　　② 세척설비
③ 패널설비　　④ 용접설비

[해설] ㉮ 제조설비 종류 : 가공설비, 용접설비, 조립설비, 세척설비, 그 밖에 제조에 필요한 설비 및 기구
㉯ 검사설비 종류 : 초음파 두께 측정기, 나사게이지, 버니어캘리퍼스 등 두께 측정기, 내압시험설비, 기밀시험설비, 표준이 되는 압력계, 표준이 되는 온도계, 마이크로시험설비, 그 밖에 실린더 캐비닛 검사에 필요한 설비 및 기구

9. 가스 설비를 수리할 때 산소의 농도가 약 몇 % 이하가 되면 산소 결핍 현상을 초래하게 되는가?

① 8 %　② 12 %　③ 16 %　④ 20 %

10. 인체용 에어졸 제품의 용기에 기재하여야 할 사항으로 틀린 것은?

① 특정 부위에 계속하여 장시간 사용하지 말 것
② 가능한 한 인체에서 10 cm 이상 떨어져서 사용할 것
③ 온도가 40 ℃ 이상 되는 장소에 보관하지 말 것
④ 불 속에 버리지 말 것

[해설] (1) 에어졸 용기에 기재할 사항
㉮ 불꽃을 향하여 사용하지 말 것
㉯ 난로, 풍로 등 화기 부근에서 사용하지 말 것
㉰ 화기를 사용하고 있는 실내에서 사용하지 말 것
㉱ 온도가 40 ℃ 이상의 장소에 보관하지 말 것

[정답] 5. ②　6. ③　7. ②　8. ③　9. ③　10. ②

㉫ 밀폐된 실내에서 사용한 후에는 반드시 환기를 실시할 것
㉬ 불 속에 버리지 말 것
㉭ 사용 후 잔가스가 없도록 하여 버릴 것
㉮ 밀폐된 장소에 보관하지 말 것

(2) 인체용 에어졸 제품 용기 기재사항 : 상기 (1)항 내용 외에 다음 사항을 추가로 기재한다.
㉮ 인체용
㉯ 특정 부위에 계속하여 장시간 사용하지 말 것
㉰ 가능한 인체에서 20 cm 이상 떨어져 사용할 것

11. 도시가스의 유해성분 측정에 있어 암모니아는 도시가스 1 m³당 몇 g을 초과해서는 안 되는가?

① 0.02 ② 0.2 ③ 0.5 ④ 1.0

해설 도시가스 유해성분 측정기준
㉮ 기준 : 건조한 도시가스 1m³, 0℃ 101325Pa
㉯ 황전량 : 0.5g 초과 금지
㉰ 황화수소(H_2S) : 0.02g 초과 금지
㉱ 암모니아(NH_3) : 0.2g 초과 금지
※ 도시가스 유해성분 측정은 현재 규정에는 삭제된 사항임

12. 이음매 없는 용기 동판의 최대 두께와 최소 두께와의 차이는 평균 두께의 몇 % 이하로 하여야 하는가?

① 5% ② 10% ③ 20% ④ 30%

해설 ㉮ 용접 용기 : 10% 이하
㉯ 이음매 없는 용기 : 20% 이하

13. 저장능력 300 m³ 이상인 2개의 가스홀더 A, B 간에 유지해야 할 거리는? (단, A와 B의 최대 지름은 각각 8 m, 4 m이다.)

① 1 m ② 2 m
③ 3 m ④ 4 m

해설 $L = \dfrac{D_1 + D_2}{4} = \dfrac{8+4}{4} = 3\,m$

14. 다음 중 가연성이면서 유독한 가스는?

① NH_3 ② H_2 ③ Cl_2 ④ N_2

해설 가연성 가스이며 독성 가스인 것 : 아크릴로니트릴, 일산화탄소, 벤젠, 산화에틸렌, 모노메틸아민, 염화메탄, 브롬화메탄, 이황화탄소, 황화수소, 암모니아, 석탄가스, 시안화수소, 트리메틸아민

15. 부취제의 구비조건으로 적합하지 않은 것은?

① 연료가스 연소 시 완전연소될 것
② 일상생활의 냄새와 확연히 구분될 것
③ 토양에 쉽게 흡수될 것
④ 물에 녹지 않을 것

해설 부취제의 구비조건 : ①, ②, ④ 외
㉮ 화학적으로 안정할 것
㉯ 저농도에서도 냄새를 알 수 있을 것
㉰ 배관이나 가스미터에 흡착되지 않을 것
㉱ 배관을 부식시키지 않을 것
㉲ 독성이 없고, 토양에 대한 투과성이 클 것

16. 가스보일러의 설치기준 중 자연배기식 보일러의 배기통 설치방법으로 옳지 않은 것은?

① 배기통의 굴곡수는 6개 이하로 한다.
② 배기통의 끝은 옥외로 뽑아낸다.
③ 배기통의 입상 높이는 원칙적으로 10 m 이하로 한다.
④ 배기통의 가로 길이는 5 m 이하로 한다.

해설 배기통의 굴곡수는 4개 이하로 한다.

정답 11. ② 12. ③ 13. ③ 14. ① 15. ③ 16. ①

17. 가스누출 자동차단장치 및 가스누출 자동차단기의 설치기준에 대한 설명으로 틀린 것은?

① 가스공급이 불시에 자동차단됨으로써 재해 및 손실이 클 우려가 있는 시설에는 가스누출 경보차단장치를 설치하지 않을 수 있다.
② 가스누출 자동차단기를 설치하여도 설치 목적을 달성할 수 없는 시설에는 가스누출 자동차단기를 설치하지 않을 수 있다.
③ 월 사용예정량이 1000 m³ 미만으로서 연소기에 소화안전장치가 부착되어 있는 경우에는 가스누출 경보차단장치를 설치하지 않을 수 있다.
④ 지하에 있는 가정용 가스사용시설은 가스누출 경보차단장치의 설치 대상에서 제외된다.

[해설] 월 사용예정량이 2000 m³ 미만으로서 연소기가 연결된 각 배관에 퓨즈콕, 상자콕 또는 이와 같은 수준 이상의 성능을 가지는 안전장치가 설치되어 있고, 각 연소기에 소화안전장치가 부착되어 있는 경우에는 가스누출 경보차단장치나 가스누출 자동차단기를 설치하지 아니할 수 있다.

18. 다음 가스 중 독성이 가장 강한 것은?
① 염소   ② 불소
③ 시안화수소 ④ 암모니아

[해설] 각 가스의 허용농도(TLV-TWA)

가스 명칭	허용농도(TLV-TWA)
염소(Cl_2)	5 ppm
불소(F_2)	0.1 ppm
시안화수소(HCN)	10 ppm
암모니아(NH_3)	25 ppm

19. 도시가스 배관을 지하에 설치 시공 시 다른 배관이나 타 시설물과의 이격거리 기준은?
① 30 cm 이상   ② 50 cm 이상
③ 1 m 이상   ④ 1.2 m 이상

20. 고압가스 충전용기의 적재기준으로 틀린 것은?
① 차량의 최대 적재량을 초과하여 적재하지 아니한다.
② 충전용기를 차량에 적재하는 때에는 뉘어서 적재한다.
③ 차량의 적재함을 초과하여 적재하지 아니한다.
④ 밸브가 돌출한 충전용기는 밸브의 손상을 방지하는 조치를 한다.

[해설] 충전용기를 차량에 적재하여 운반할 때에는 적재함에 세워서 운반하여야 한다.

21. 방류둑에는 계단, 사다리 또는 토사를 높이 쌓아올림 등에 의한 출입구를 둘레 몇 m마다 1개 이상을 두어야 하는가?
① 30   ② 50   ③ 75   ④ 100

[해설] 출입구는 50 m마다 1개 이상을 설치하되 둘레가 50 m 미만일 때는 2개 이상을 분산 설치하여야 한다.

22. 아세틸렌가스 압축 시 희석제로서 적당하지 않은 것은?
① 질소   ② 메탄
③ 일산화탄소 ④ 산소

[해설] 희석제의 종류
㉮ 안전관리규정에 정한 것 : 질소, 메탄, 일산화탄소, 에틸렌

정답 17. ③ 18. ② 19. ① 20. ② 21. ② 22. ④

㉯ 희석제로 가능한 것 : 수소, 프로판, 이산화탄소

23. 가스가 누출된 경우 제2의 누출을 방지하기 위하여 방류둑을 설치한다. 방류둑을 설치하지 않아도 되는 저장탱크는?
① 저장능력 1000톤의 액화질소 탱크
② 저장능력 10톤의 액화암모니아 탱크
③ 저장능력 1000톤의 액화산소 탱크
④ 저장능력 5톤의 액화염소 탱크

해설 방류둑 설치기준(저장능력별)
(1) 고압가스 특정제조
  ㉮ 가연성 가스 : 500톤 이상
  ㉯ 독성 가스 : 5톤 이상
  ㉰ 액화산소 : 1000톤 이상
(2) 고압가스 일반 제조
  ㉮ 가연성 가스, 액화산소 : 1000톤 이상
  ㉯ 독성 가스 : 5톤 이상
(3) 냉동제조 : 수액기 내용적 10000 L 이상 (단, 독성 가스 냉매 사용)
  ※ 불연성, 불활성 가스의 경우 방류둑 설치 대상에서 제외된다.

24. 냉동기 제조시설에서 내압성능을 확인하기 위한 시험압력의 기준은?
① 설계압력 이상
② 설계압력의 1.25배 이상
③ 설계압력의 1.5배 이상
④ 설계압력의 2배 이상

해설 냉동 제조시설의 시험압력
  ㉮ 기밀시험 : 설계압력 이상
  ㉯ 내압시험 : 설계압력의 1.5배 이상

25. 충전용기를 차량에 적재하여 운반 시 차량의 앞뒤 보기 쉬운 곳에 표시하는 경계표시의 글씨 색깔 및 내용으로 적합한 것은?

① 노랑 글씨 – 위험고압가스
② 붉은 글씨 – 위험고압가스
③ 노랑 글씨 – 주의고압가스
④ 붉은 글씨 – 주의고압가스

해설 (1) 경계표시 : 붉은 글씨로 "위험고압가스" 차량 앞뒤에 부착, 전화번호 표시, 운전석 외부에 적색삼각기 게시 (독성 가스 : "위험고압가스", "독성 가스"와 위험을 알리는 도형 및 전화번호 표시)
(2) 경계표시(위험고압가스)의 크기
  ㉮ 가로 : 차체 폭의 30 % 이상
  ㉯ 세로 : 가로 치수의 20 % 이상
  ㉰ 차량 구조상 정사각형 또는 이에 가까운 형상 : 면적이 600 cm^2 이상

26. 고압가스 운반, 취급에 관한 안전사항 중 염소와 동일 차량에 적재하여 운반이 가능한 가스는?
① 아세틸렌   ② 암모니아
③ 질소   ④ 수소

해설 혼합적재 금지
  ㉮ 염소와 아세틸렌, 암모니아, 수소는 동일차량에 혼합적재 운반 금지
  ㉯ 가연성 가스와 산소를 동일 차량에 적재 운반 시 충전용기 밸브가 서로 마주 보지 않도록 적재하면 혼합적재 가능
  ㉰ 충전용기와 위험물안전관리법이 정하는 위험물
  ㉱ 독성 가스 중 가연성 가스와 조연성 가스는 동일 차량에 혼합적재 운반 금지

27. 사고를 일으키는 장치의 이상이나 운전자 실수의 조합을 연역적으로 분석하는 정량적 위험성 평가기법은?
① 사건수 분석(ETA)기법
② 결함수 분석(FTA)기법

정답 23. ① 24. ③ 25. ② 26. ③ 27. ②

③ 위험과 운전분석(HAZOP)기법
④ 이상위험도 분석(FMECA)기법

28. 가스배관의 주위를 굴착하고자 할 때에는 가스배관의 좌우 얼마 이내의 부분은 인력으로 굴착해야 하는가?
① 30 cm 이내   ② 50 cm 이내
③ 1 m 이내   ④ 1.5 m 이내

29. 천연가스의 발열량이 10400 kcal/Sm³이다. SI단위인 MJ/Sm³으로 나타내면?
① 2.47   ② 43.68
③ 2476   ④ 43660

해설 1 kcal는 약 4.2 kJ에 해당하고, 1 MJ는 1000 kJ에 해당한다.
$$\therefore MJ = \frac{10400 \times 4.2}{1000} = 43.68 \, MJ/Sm^3$$

30. 시안화수소 충전 시 한 용기에서 60일을 초과할 수 있는 경우는?
① 순도가 90 % 이상으로서 착색이 된 경우
② 순도가 90 % 이상으로서 착색되지 아니한 경우
③ 순도가 98 % 이상으로서 착색이 된 경우
④ 순도가 98 % 이상으로서 착색되지 아니한 경우

31. 액화가스의 고압가스설비에 부착되어 있는 스프링식 안전밸브는 상용의 온도에서 그 고압가스설비 내의 액화가스의 상용의 체적이 그 고압가스설비 내의 몇 %까지 팽창하게 되는 온도에 대응하는 그 고압가스설비 안의 압력에서 작동하는 것으로 하여야 하는가?
① 90   ② 95   ③ 98   ④ 99.5

32. 안정된 불꽃으로 완전연소를 할 수 있는 염공의 단위 면적당 인풋(in put)을 무엇이라고 하는가?
① 염공부하   ② 연소실부하
③ 연소효율   ④ 배기열손실

해설 염공부하 단위 : kcal/h·mm²

33. 자동교체식 조정기 사용 시 장점으로 틀린 것은?
① 전체 용기 수량이 수동식보다 적어도 된다.
② 배관의 압력손실을 크게 해도 된다.
③ 잔액이 거의 없어질 때까지 소비된다.
④ 용기 교환주기의 폭을 좁힐 수 있다.

해설 용기 교환주기의 폭을 넓힐 수 있다.

34. 저장능력 50톤인 액화산소 저장탱크 외면에서 사업소 경계선까지의 최단거리가 50 m일 경우 이 저장탱크에 대한 내진설계 등급은?
① 내진 특등급   ② 내진 1등급
③ 내진 2등급   ④ 내진 3등급

해설 독성 가스나 가연성 가스 이외의 비가연성인 고압가스 및 액화가스의 중요도는 내진 2등급으로 분류한다. – KGS GC203 가스시설 내진설계기준

35. 다음 중 흡수분석법의 종류가 아닌 것은?
① 헴펠법
② 활성알루미나겔법

정답 28. ③ 29. ② 30. ④ 31. ③ 32. ① 33. ④ 34. ③ 35. ②

③ 오르사트법
④ 게겔법

[해설] 흡수분석법의 종류 : 오르사트법, 헴펠법, 게겔법

36. LPG 기화장치의 작동원리에 따른 구분으로 저온의 액화가스를 조정기를 통하여 감압 후 열교환기에 공급해 강제 기화시켜 공급하는 방식은?
① 해수가열 방식
② 가온감압 방식
③ 감압가열 방식
④ 중간매체 방식

37. 특정 가스제조시설에 설치한 가연성, 독성 가스 누출검지 경보장치에 대한 설명으로 틀린 것은?
① 누출된 가스가 체류하기 쉬운 곳에 설치한다.
② 설치 수는 신속하게 감지할 수 있는 숫자로 한다.
③ 설치 위치는 눈에 잘 보이는 위치로 한다.
④ 기능은 가스의 종류에 적합한 것으로 한다.

38. 열전대 온도계는 열전쌍회로에서 두 접점의 발생되는 어떤 현상의 원리를 이용한 것인가?
① 열기전력
② 열팽창계수
③ 체적 변화
④ 탄성계수

[해설] 열전대 온도계의 원리 : 2종류의 금속선을 접속하여 하나의 회로를 만들어 2개의 접점에 온도차를 부여하면 회로에 접점의 온도에 거의 비례한 전류(열기전력)가 흐르는 제베크(Seebeck) 효과를 이용한 것이다.

39. 도시가스 제조의 공정에서 사용되는 촉매의 열화와 가장 거리가 먼 것은?
① 유황화합물에 의한 열화
② 불순물의 표면 피복에 의한 열화
③ 단체와 니켈과의 반응에 의한 열화
④ 불포화탄화수소에 의한 열화

[해설] 촉매 열화의 원인 : ①, ②, ③ 외 카본의 생성

40. 액화천연가스(LNG) 저장탱크 중 액화천연가스의 최고 액면을 지표면과 동등 또는 그 이하가 되도록 설치하는 형태의 저장탱크는?
① 지상식 저장탱크(aboveground storage tank)
② 지중식 저장탱크(inground storage tank)
③ 지하식 저장탱크(underground storage tank)
④ 단일방호식 저장탱크(single containment tank)

41. 모듈 3, 잇수 10개, 기어의 폭이 12 mm인 기어펌프를 1200 rpm으로 회전할 때 송출량은 약 얼마인가?
① 9030 cm³/s
② 11260 cm³/s
③ 12160 cm³/s
④ 13570 cm³/s

[해설] $Q = 2\pi Z M^2 B N \eta_v$
$= 2 \times \pi \times 10 \times 3^2 \times 1.2 \times \dfrac{1200}{60} \times 1$
$= 13571.68 \, cm^3/s$

여기서, Q : 기어펌프 송출량(cm³/min)
Z : 잇수
M : 모듈
B : 기어의 폭(cm)
N : 회전수(rpm)
η_v : 체적효율

정답 36. ③ 37. ③ 38. ① 39. ④ 40. ② 41. ④

42. 고압가스 배관재료로 사용되는 동관의 특징에 대한 설명으로 틀린 것은?

① 가공성이 좋다.
② 열전도율이 적다.
③ 시공이 용이하다.
④ 내식성이 크다.

해설 동관의 특징
(1) 장점
  ㉮ 담수(淡水)에 대한 내식성이 우수하다.
  ㉯ 열전도율이 좋고, 가공성이 좋아 배관시공이 용이하다.
  ㉰ 아세톤, 프레온 가스 등 유기약품에 침식되지 않는다.
  ㉱ 관 내부에서 마찰저항이 적다.
(2) 단점
  ㉮ 연수(軟水)에는 부식된다.
  ㉯ 외부의 기계적 충격에 약하다.
  ㉰ 가격이 비싸다.
  ㉱ 암모니아(NH_3), 초산, 진한황산(H_2SO_4)에는 심하게 부식된다.

43. 공기보다 비중이 가벼운 도시가스의 공급시설로서 공급시설이 지하에 설치된 경우의 통풍구조에 대한 설명으로 옳은 것은?

① 환기구를 2방향 이상 분산하여 설치한다.
② 배기구는 천장 면으로부터 50 cm 이내에 설치한다.
③ 흡입구 및 배기구의 관지름은 80 mm 이상으로 한다.
④ 배기가스 방출구는 지면에서 5 m 이상의 높이에 설치한다.

해설 공기보다 비중이 가벼운 도시가스의 공급시설이 지하에 설치된 경우의 통풍구조
㉮ 통풍구조는 환기구를 2방향 이상으로 분산하여 설치한다.
㉯ 배기구는 천장 면으로부터 30 cm 이내에 설치한다.
㉰ 흡입구 및 배기구의 관지름은 100 mm 이상으로 하되, 통풍이 양호하도록 한다.
㉱ 배기가스 방출구는 지면에서 3 m 이상의 높이에 설치하되, 화기가 없는 안전한 장소에 설치한다.

44. 원통형의 관을 흐르는 물의 중심부의 유속을 피토관으로 측정하였더니 수주의 높이가 10 m이었다. 이때 유속은 약 몇 m/s인가?

① 10 ② 14 ③ 20 ④ 26

해설 $V = \sqrt{2gh} = \sqrt{2 \times 9.8 \times 10} = 14 \, m/s$

45. 실린더 중에 피스톤과 보조 피스톤이 있고 양 피스톤의 작용으로 상부에 팽창기가 있는 액화 사이클은?

① 클라우드 액화 사이클
② 캐피자 액화 사이클
③ 필립스 액화 사이클
④ 캐스케이드 액화 사이클

해설 필립스(Philips) 액화 사이클 : 실린더 중에 피스톤과 보조 피스톤이 있고, 양 피스톤의 작용으로 상부에 팽창기, 하부에 압축기가 구성된다. 냉매는 수소, 헬륨을 사용한다.

46. 다음 중 메탄의 제조법이 아닌 것은?

① 석유를 크래킹하여 제조한다.
② 천연가스를 냉각시켜 분별 증류한다.
③ 초산나트륨에 소다회를 가열하여 얻는다.
④ 니켈을 촉매로 하여 일산화탄소에 수소를 작용시킨다.

정답 42. ② 43. ① 44. ② 45. ③ 46. ①

47. 아세틸렌의 특징에 대한 설명으로 옳은 것은?
① 압축 시 산화폭발한다.
② 고체 아세틸렌은 용해하지 않고 승화한다.
③ 금과는 폭발성 화합물을 생성한다.
④ 액체 아세틸렌은 안정하다.

해설 아세틸렌의 특징
㉮ 압축하면 분해폭발의 위험성이 있다.
㉯ 동(Cu), 은(Ag), 수은(Hg) 등의 금속과 접촉 반응하여 폭발성의 아세틸드가 생성된다.
㉰ 액체 아세틸렌은 불안정하나, 고체 아세틸렌은 비교적 안정하다.
㉱ 무색의 기체이고 불순물로 인한 특유의 냄새가 있다.
㉲ 15℃에서 물 1L에 1.1L, 아세톤 1L에 25L 녹는다.

48. 도시가스의 주원료인 메탄(CH_4)의 비점은 약 얼마인가?
① -50℃ ② -82℃
③ -120℃ ④ -162℃

49. 다음 중 휘발분이 없는 연료로서 표면연소를 하는 것은?
① 목탄, 코크스 ② 석탄, 목재
③ 휘발유, 등유 ④ 경유, 유황

해설 표면연소 : 고체 가연물이 열분해나 증발을 하지 않고 표면에서 산소와 반응하여 연소하는 것으로 목탄(숯), 코크스 등의 연소가 이에 해당된다.

50. 다음 가스 중 상온에서 가장 안정한 것은?
① 산소 ② 네온
③ 프로판 ④ 부탄

해설 희가스 : 상온에서 기체이고 불활성 기체로 주기율표 0족에 속하는 원소이다. (He, Ne, Ar, Kr, Xe, Rn)

51. 다음 중 카바이드와 관련이 없는 성분은?
① 아세틸렌(C_2H_2) ② 석회석($CaCO_3$)
③ 생석회(CaO) ④ 염화칼슘($CaCl_2$)

해설 아세틸렌 제조원료 : 석회석($CaCO_3$) → 생석회(CaO) → 카바이드(CaC_2) → 아세틸렌(C_2H_2) 가스 생산

52. 설비나 장치 및 용기 등에서 취급 또는 운용되고 있는 통상의 온도를 무슨 온도라 하는가?
① 상용온도 ② 표준온도
③ 화씨온도 ④ 켈빈온도

53. 다음 화합물 중 탄소의 함유율이 가장 많은 것은?
① CO_2 ② CH_4
③ C_2H_4 ④ CO

해설 탄소함유율(%) = $\dfrac{탄소량}{분자량}$ 이므로
각 가스의 함유율을 계산하면 다음과 같다.
① CO_2 →
  탄소함유율 = $\dfrac{12}{44} \times 100 = 27.27\%$
② CH_4 →
  탄소함유율 = $\dfrac{12}{16} \times 100 = 75\%$
③ C_2H_4 →
  탄소함유율 = $\dfrac{12 \times 2}{28} \times 100 = 85.71\%$
④ CO →
  탄소함유율 = $\dfrac{12}{28} \times 100 = 42.85\%$

정답 47. ② 48. ④ 49. ① 50. ② 51. ④ 52. ① 53. ③

54. 어떤 물질의 질량은 30 g이고 부피는 600 cm³이다. 이것의 밀도(g/cm³)는 얼마인가?
① 0.01   ② 0.05
③ 0.5   ④ 1

해설 $\rho = \dfrac{m}{V} = \dfrac{30}{600} = 0.05\,\mathrm{g/cm^3}$

55. 브롬화메탄에 대한 설명으로 틀린 것은?
① 용기가 열에 노출되면 폭발할 수 있다.
② 알루미늄을 부식하므로 알루미늄 용기에 보관할 수 없다.
③ 가연성이며 독성 가스이다.
④ 용기의 충전구 나사는 왼나사이다.

해설 브롬화메탄(CH_3Br)은 가연성 가스이지만 예외적으로 충전구 나사는 오른나사이다.

56. 대기압이 1.0332 kgf/cm²이고 계기압력이 10 kgf/cm²일 때 절대압력은 약 몇 kgf/cm²인가?
① 8.9668   ② 10.332
③ 11.0332   ④ 103.32

해설 절대압력 = 대기압 + 게이지압력
= 1.0332 + 10
= 11.0332 kgf/cm²·a

57. 도시가스 정압기의 특성으로 유량이 증가됨에 따라 가스가 송출될 때 출구측 배관(밸브 등)의 마찰로 인하여 압력이 약간 저하되는 상태를 무엇이라 하는가?
① 히스테리시스(hysteresis) 효과
② 로크업(lock-up) 효과
③ 충돌(impingement) 효과
④ 형상(body-configuration) 효과

58. 0℃ 물 10 kg을 100℃ 수증기로 만드는데 필요한 열량은 약 몇 kcal인가?
① 5390   ② 6390
③ 7390   ④ 8390

해설 ㉮ 0℃ 물 → 100℃ 물 : 현열
$Q_1 = G \cdot C \cdot \Delta t$
$= 10 \times 1 \times (100-0) = 1000\,\mathrm{kcal}$
㉯ 100℃ 물 → 100℃ 수증기 : 잠열
$Q_2 = G \cdot \gamma = 10 \times 539 = 5390\,\mathrm{kcal}$
㉰ $Q = Q_1 + Q_2 = 1000 + 5390 = 6390\,\mathrm{kcal}$

59. 다음 중 압력단위의 환산이 잘못된 것은?
① 1 kgf/cm² ≒ 14.22 psi
② 1 psi ≒ 0.0703 kgf/cm²
③ 1 mbar ≒ 14.7 psi
④ 1 kgf/cm² ≒ 98.07 kPa

해설 1 mbar를 psi 단위로 환산
∴ $\dfrac{1\,\mathrm{mbar}}{1013.25\,\mathrm{mbar}} \times 14.7\,\mathrm{psi} = 0.0145\,\mathrm{psi}$

60. 다음 중 온도의 단위가 아닌 것은?
① °F   ② ℃
③ °R   ④ °T

해설 온도의 단위
㉮ 섭씨온도 : ℃
㉯ 화씨온도 : °F
㉰ 랭킨온도 : °R
㉱ 켈빈온도 : K

정답 54. ② 55. ④ 56. ③ 57. ① 58. ② 59. ③ 60. ④

■ 가스기능사 2012년 7월 22일 시행 (제4회)

1. 안전관리자가 상주하는 사무소와 현장사무소와의 사이 또는 현장사무소 상호간 신속히 통보할 수 있도록 통신시설을 갖추어야 하는데 이에 해당되지 않는 것은?
① 구내방송설비   ② 메가폰
③ 인터폰   ④ 페이징설비

해설 통신시설

구분	통신시설
사무소와 사무소	구내전화, 구내방송설비, 인터폰, 페이징설비
사업소 전체	구내방송설비, 사이렌, 휴대용 확성기, 페이징설비, 메가폰
종업원 상호간	페이징설비, 휴대용 확성기, 트랜시버, 메가폰

2. 1몰의 아세틸렌가스를 완전연소하기 위하여 몇 몰의 산소가 필요한가?
① 1몰   ② 1.5몰
③ 2.5몰   ④ 3몰

해설 아세틸렌의 완전연소 반응식
$C_2H_2 + 2.5O_2 \rightarrow 2CO_2 + H_2O$
∴ 아세틸렌 1몰이 완전연소 할 때 산소는 2.5몰이 필요하다.

3. 고압가스의 용어에 대한 설명으로 틀린 것은?
① 액화가스란 가압, 냉각 등의 방법에 의하여 액체 상태로 되어 있는 것으로서 대기압에서의 끓는점이 섭씨 40도 이하 또는 상용의 온도 이하의 것을 말한다.
② 독성 가스란 공기 중에 일정량이 존재하는 경우 인체에 유해한 독성을 가진 가스로서 허용농도가 100만분의 2000 이하인 가스를 말한다.
③ 초저온저장탱크라 함은 섭씨 영하 50도 이하의 액화가스를 저장하기 위한 저장탱크로서 단열재로 씌우거나 냉동설비로 냉각하는 등의 방법으로 저장탱크 내의 가스온도가 상용의 온도를 초과하지 아니하도록 한 것을 말한다.
④ 가연성 가스라 함은 공기 중에서 연소하는 가스로서 폭발한계의 하한이 10% 이하인 것과 폭발한계의 상한과 하한의 차가 20 % 이상인 것을 말한다.

해설 ㉮ 독성 가스의 정의 : 공기 중에 일정량 이상 존재하는 경우 인체에 유해한 독성을 가진 가스로서 허용농도가 100만분의 5000 이하인 것을 말한다.
㉯ 허용농도 : 해당 가스를 성숙한 흰쥐 집단에 대기 중에서 1시간 동안 계속하여 노출시킨 경우 14일 이내에 그 흰쥐의 2분의 1 이상이 죽게 되는 가스의 농도를 말한다.
→ LC50 (치사농도(致死濃度) 50 : Lethal concentration 50)으로 표시

4. 고압가스 안전관리법에서 정하고 있는 특수고압가스에 해당되지 않는 것은?
① 아세틸렌   ② 포스핀
③ 압축모노실란 ④ 디실란

해설 특정고압가스 및 특수고압가스의 종류
㉮ 법에서 정한 특정고압가스(고법 제20조) : 수소, 산소, 액화암모니아, 아세틸렌, 액화염소, 천연가스, 압축모노실란, 압축디보란, 액화알진, 그밖에 대통령령이 정하는 고압가스

정답 1. ② 2. ③ 3. ② 4. ①

㉯ 대통령령이 정하는 특정고압가스(고법 시행령 제16조) : 포스핀, 셀렌화수소, 게르만, 디실란, 오불화비소, 오불화인, 삼불화인, 삼불화질소, 삼불화붕소, 사불화유황, 사불화규소

㉰ 특수고압가스(고법 시행규칙 제2조) : 압축모노실란, 압축디보란, 액화알진, 포스핀, 셀렌화수소, 게르만, 디실란 그 밖에 반도체의 세정 등 산업통상자원부장관이 인정하는 특수한 용도에 사용하는 고압가스

5. 다음 중 동일차량에 적재하여 운반할 수 없는 경우는?

① 산소와 질소
② 질소와 탄산가스
③ 탄산가스와 아세틸렌
④ 염소와 아세틸렌

[해설] 혼합 적재 금지
㉮ 염소와 아세틸렌, 암모니아, 수소는 동일차량에 혼합 적재 운반 금지
㉯ 가연성 가스와 산소를 동일 차량에 적재 운반 시 충전용기 밸브가 서로 마주보지 않도록 적재하면 혼합 적재 가능
㉰ 충전용기와 위험물안전관리법이 정하는 위험물
㉱ 독성 가스 중 가연성 가스와 조연성가스는 동일차량에 혼합 적재 운반 금지

6. 천연가스 지하 매설 배관의 퍼지용으로 주로 사용되는 가스는?

① N_2 ② Cl_2 ③ H_2 ④ O_2

[해설] 지하 매설 배관의 퍼지용 가스 : 불연성가스인 질소(N_2)가 일반적으로 사용된다.

7. 독성 가스 제조시설 식별표지의 글씨 색상은? (단, 가스의 명칭은 제외한다.)

① 백색 ② 적색 ③ 황색 ④ 흑색

[해설] 독성 가스 식별표지 기준
㉮ 식별표지 예 : 독성 가스 ○○ 제조시설
㉯ 문자의 크기 : 가로, 세로 10cm 이상, 30m에서 식별 가능할 것
㉰ 바탕색 : 백색, 글씨 색 : 흑색
㉱ 가스 명칭 : 적색

8. 다음 중 폭발성이 예민하므로 마찰 타격으로 격렬히 폭발하는 물질에 해당되지 않는 것은?

① 메틸아민 ② 유화질소
③ 아세틸라이드 ④ 염화질소

[해설] 폭발성이 극히 예민하여 마찰, 타격으로 격렬히 폭발하는 물질에는 아지화은(AgN_2), 질화수은(HgN_2), 아세틸드(아세틸라이드), 염화질소, 황화질소[유화질소](N_4S_4), 옥화질소, 테트라젠 등이 있다.

9. 고압가스를 제조하는 경우 가스를 압축해서는 아니되는 경우에 해당하지 않는 것은?

① 가연성 가스(아세틸렌, 에틸렌 및 수소 제외) 중 산소용량이 전체 용량의 4 % 이상인 것
② 산소 중의 가연성 가스의 용량이 전체 용량의 4 % 이상인 것
③ 아세틸렌, 에틸렌 또는 수소 중의 산소용량이 전체 용량의 2 % 이상인 것
④ 산소 중의 아세틸렌, 에틸렌 및 수소의 용량 합계가 전체용량의 4 % 이상인 것

[해설] 압축금지 기준
㉮ 가연성 가스(C_2H_2, C_2H_4, H_2 제외) 중 산소용량이 전용량의 4 % 이상의 것

㉯ 산소 중 가연성 가스(C_2H_2, C_2H_4, H_2 제외) 용량이 전용량의 4 % 이상의 것
㉰ C_2H_2, C_2H_4, H_2 중의 산소용량이 전용량의 2 % 이상의 것
㉱ 산소 중 C_2H_2, C_2H_4, H_2의 용량 합계가 전용량의 2 % 이상의 것

10. 지하에 설치하는 지역정압기에서 시설의 조작을 안전하고 확실하게 하기 위하여 필요한 조명도는 얼마를 확보하여야 하는가?
① 100 lux
② 150 lux
③ 200 lux
④ 250 lux

11. 공기 중에서의 폭발 하한값이 가장 낮은 가스는?
① 황화수소
② 암모니아
③ 산화에틸렌
④ 프로판

해설 각 가스의 공기 중에서의 폭발범위

가스 명칭	폭발범위(vol %)
황화수소(H_2S)	4.3~45
암모니아(NH_3)	15~28
산화에틸렌(C_2H_4O)	3~80
프로판(C_3H_8)	2.2~9.5

12. 가스도매사업의 가스공급시설 중 배관을 지하에 매설할 때의 기준으로 틀린 것은?
① 배관은 그 외면으로부터 수평거리로 건축물까지 1.0 m 이상을 유지한다.
② 배관은 그 외면으로부터 지하의 다른 시설물과 0.3 m 이상의 거리를 유지한다.
③ 배관을 산과 들에 매설할 때는 지표면으로부터 배관의 외면까지의 매설깊이를 1.0 m 이상으로 한다.
④ 배관은 지반 동결로 손상을 받지 아니하는 깊이로 매설한다.

해설 건축물과의 수평거리 : 1.5 m 이상

13. 아세틸렌을 용기에 충전하는 때에 사용하는 다공질물에 대한 설명으로 옳은 것은?
① 다공도가 55 % 이상 75 % 미만의 석회를 고루 채운다.
② 다공도가 65 % 이상 82 % 미만의 목탄을 고루 채운다.
③ 다공도가 75 % 이상 92 % 미만의 규조토를 고루 채운다.
④ 다공도가 95 % 이상인 다공성 플라스틱을 고루 채운다.

해설 ㉮ 다공도 기준 : 75 % 이상 92 % 미만
㉯ 다공물질의 종류 : 규조토, 목탄, 석회, 산화철, 탄산마그네슘, 다공성 플라스틱 등

14. 고압가스안전관리법에서 정하고 있는 보호시설이 아닌 것은?
① 의원
② 학원
③ 가건축물
④ 주택

해설 (1) 제1종 보호시설
㉮ 학교, 유치원, 어린이집, 놀이방, 어린이놀이터, 학원, 병원(의원을 포함), 도서관, 청소년수련시설, 경로당, 시장, 공중목욕탕, 호텔, 여관, 극장, 교회 및 공회당(公會堂)
㉯ 사람을 수용하는 건축물(가설건축물은 제외)로서 사실상 독립된 부분의 연면적이 1000㎡ 이상인 것
㉰ 예식장, 장례식장 및 전시장, 그 밖에 이와 유사한 시설로서 300명 이상 수용할 수 있는 건축물
㉱ 아동복지시설 또는 장애인복지시설로서 20명 이상 수용할 수 있는 건축물

정답 10. ② 11. ④ 12. ① 13. ③ 14. ③

㉒ 「문화재보호법」에 따라 지정문화재로 지정된 건축물

(2) 제2종 보호시설
㉮ 주택
㉯ 사람을 수용하는 건축물(가설건축물은 제외)로서 사실상 독립된 부분의 연면적이 100 m² 이상 1000 m² 미만인 것

15. 다음 가스폭발의 위험성 평가기법 중 정량적 평가방법은?
① HAZOP(위험성운전 분석기법)
② FTA(결함수 분석기법)
③ checklist법
④ 사고예상질문 분석기법

[해설] 위험성 평가기법의 분류
㉮ 정성적 평가기법 : 체크리스트(checklist) 기법, 사고 예상 질문 분석(WHAT-IF) 기법, 위험과 운전 분석(HAZOP) 기법
㉯ 정량적 평가기법 : 작업자 실수 분석(human error analysis) 기법, 결함수 분석(FTA) 기법, 사건수 분석(ETA) 기법, 원인 결과 분석(CCA) 기법
㉰ 기타 평가기법 : 상대 위험순위 결정 기법, 이상 위험도 분석(FMECA) 기법

16. 도시가스 사업법령에 따른 안전관리자의 종류에 포함되지 않는 것은?
① 안전관리 총괄자
② 안전관리 책임자
③ 안전관리 부책임자
④ 안전점검원

[해설] 도시가스 사업법령에 따른 안전관리자의 종류[도법 시행령 제15조] : 안전관리 총괄자, 안전관리 부총괄자, 안전관리 책임자, 안전관리원, 안전점검원

17. 독성 가스 배관은 2중관 구조로 하여야 한다. 이 때 외층관 안지름은 내층관 바깥지름의 몇 배 이상을 표준으로 하는가?
① 1.2
② 1.5
③ 2
④ 2.5

18. 액화석유가스 충전사업자의 영업소에 설치하는 용기저장소 용기보관실 면적의 기준은?
① 9 m² 이상
② 12 m² 이상
③ 19 m² 이상
④ 21 m² 이상

[해설] ㉮ 용기보관실 면적 : 19 m² 이상
㉯ 사무실 면적 : 9 m² 이상

19. 자연발화의 열의 발생속도에 대한 설명으로 틀린 것은?
① 초기온도가 높은 쪽이 일어나기 쉽다.
② 표면적이 작을수록 일어나기 쉽다.
③ 발열량이 큰 쪽이 일어나기 쉽다.
④ 촉매 물질이 존재하면 반응속도가 빨라진다.

[해설] 표면적이 넓을수록 산소와 접촉되는 부분이 많기 때문에 일어나기 쉽다.

20. 암모니아 충전용기로서 내용적이 1000 L 이하인 것은 부식 여유치가 A이고, 염소 충전용기로서 내용적이 1000 L 초과하는 것은 부식여유치가 B이다. A와 B항의 알맞은 부식 여유치는?
① A : 1 mm, B : 2 mm
② A : 1 mm, B : 3 mm
③ A : 2 mm, B : 5 mm
④ A : 1 mm, B : 5 mm

[정답] 15. ② 16. ③ 17. ① 18. ③ 19. ② 20. ④

[해설] 부식여유 수치(mm)

용기의 종류		부식여유 수치
암모니아 충전용기	내용적 1000 L 이하	1
	내용적 1000 L 초과	2
염소 충전용기	내용적 1000 L 이하	3
	내용적 1000 L 초과	5

21. 다음 중 고압가스관련설비가 아닌 것은?
① 일반압축가스배관용 밸브
② 자동차용 압축천연가스 완속충전설비
③ 액화석유가스용 용기잔류가스회수장치
④ 안전밸브, 긴급차단장치, 역화방지장치

[해설] 고압가스 관련설비(특정설비) 종류 : 안전밸브, 긴급차단장치, 기화장치, 독성가스 배관용 밸브, 자동차용 가스 자동주입기, 역화방지기, 압력용기, 고압가스용 실린더 캐비닛, 자동차용 압축천연가스 완속 충전설비, 액화석유가스용 용기 잔류가스 회수장치, 차량에 고정된 탱크

22. 아황산가스의 제독제로 갖추어야 할 것이 아닌 것은?
① 가성소다수용액 ② 소석회
③ 탄산소다수용액 ④ 물

[해설] 독성 가스 제독제

가스 종류	제독제의 종류
염소	가성소다 수용액, 탄산소다 수용액, 소석회
포스겐	가성소다 수용액, 소석회
황화수소	가성소다 수용액, 탄산소다 수용액
시안화수소	가성소다 수용액
아황산가스	가성소다 수용액, 탄산소다 수용액, 물
암모니아, 산화에틸렌, 염화메탄	물

23. 고압가스 일반제조시설의 저장탱크 지하 설치기준에 대한 설명으로 틀린 것은?
① 저장탱크 주위에는 마른모래를 채운다.
② 지면으로부터 저장탱크 정상부까지의 깊이는 30 cm 이상으로 한다.
③ 저장탱크를 매설한 곳의 주위에는 지상에 경계표지를 한다.
④ 저장탱크에 설치한 안전밸브는 지면에서 5 m 이상 높이에 방출구가 있는 가스방출관을 설치한다.

[해설] 지면으로부터 저장탱크 정상부까지의 깊이는 60 cm 이상으로 한다.

24. 산소압축기의 윤활유로 사용되는 것은?
① 석유류   ② 유지류
③ 글리세린 ④ 물

[해설] 산소압축기 내부 윤활제
㉮ 사용이 가능한 것 : 물 또는 묽은 글리세린수(10 % 정도)
㉯ 사용이 금지된 것 : 석유류, 유지류, 농후한 글리세린

25. 아세틸렌이 은, 수은과 반응하여 폭발성의 금속 아세틸라이드를 형성하여 폭발하는 형태는?
① 분해폭발 ② 화합폭발
③ 산화폭발 ④ 압력폭발

[해설] 아세틸렌의 폭발 종류
㉮ 산화폭발 : $C_2H_2 + 2.5O_2 \rightarrow 2CO_2 + H_2O$
㉯ 분해폭발 : $C_2H_2 \rightarrow 2C + H_2O + 54.2$ kcal
㉰ 화합폭발 : 아세틸렌이 동(Cu), 은(Ag), 수은(Hg) 등의 금속과 화합 시 폭발성의 아세틸드를 생성하여 폭발한다.

26. 가연성 가스 또는 독성 가스의 제조시설에서 자동으로 원재료의 공급을 차단시

[정답] 21. ① 22. ② 23. ② 24. ④ 25. ② 26. ①

키는 등 제조설비 안의 제조를 제어할 수 있는 장치를 무엇이라고 하는가?

① 인터로크 기구
② 벤트스택
③ 플레어스택
④ 가스 누출검지경보장치

해설 인터로크(interlock) 기구 : 가연성 가스, 독성 가스의 제조설비 또는 이들 제조설비와 관련 있는 계장회로에는 제조하는 고압가스의 종류, 온도, 압력과 제조설비의 상황에 따라 안전 확보를 위한 주요 부문에 설비가 잘못 조작되거나 정상적인 제조를 할 수 없는 경우에 자동으로 원재료의 공급을 차단하는 장치이다.

27. 지상에 설치하는 정압기실 방호벽의 높이와 두께 기준으로 옳은 것은?

① 높이 2 m, 두께 7 cm 이상의 철근콘크리트
② 높이 1.5 m, 두께 12 cm 이상의 철근콘크리트
③ 높이 2 m, 두께 12 cm 이상의 철근콘크리트
④ 높이 1.5 m, 두께 15 cm 이상의 철근콘크리트

해설 방호벽의 종류와 규격

구분	규격	
	두께	높이
철근 콘크리트	12 cm 이상	2 m 이상
콘크리트 블록	15 cm 이상	2 m 이상
박강판	3.2 mm 이상	2 m 이상
후강판	6 mm 이상	2 m 이상

28. 도시가스 도매사업제조소에 설치된 비상공급시설 중 가스가 통하는 부분은 최고사용압력의 몇 배 이상의 압력으로 기밀시험이나 누출검사를 실시하여 이상이 없는 것으로 하는가?

① 1.1   ② 1.2   ③ 1.5   ④ 2.0

해설 비상공급시설 중 가스가 통하는 부분은 최고사용압력의 1.1배 이상의 압력으로 기밀시험이나 누출검사를 실시하여 이상이 없는 것으로 한다.

29. 용기 종류별 부속품의 기호 중 압축가스를 충전하는 용기의 부속품을 나타낸 것은?

① LG   ② PG   ③ LT   ④ AG

해설 용기부속품에 대한 표시
㉮ AG : 아세틸렌용기 부속품
㉯ PG : 압축가스용기 부속품
㉰ LG : 액화석유가스 외 액화가스용기 부속품
㉱ LPG : 액화석유가스용기 부속품
㉲ LT : 초저온 및 저온용기 부속품

30. 다음 (　) 안에 알맞은 말은?

"시·도지사는 도시가스를 사용하는 자에게 퓨즈 콕 등 가스안전장치의 설치를 (　)할 수 있다."

① 권고   ② 강제   ③ 위탁   ④ 시공

해설 가스안전장치의 보급 : 도법 제43조의 2

31. 고압식 액화산소 분리장치에서 원료공기는 압축기에서 어느 정도 압축되는가?

① 40~60 atm   ② 70~100 atm
③ 80~120 atm   ④ 150~200 atm

32. 수은을 이용한 U자관 압력계에서 액주높이(h) 600 mm, 대기압(P_1)은 1 kgf/cm² 일 때 P_2는 약 몇 kgf/cm²인가?

① 0.22   ② 0.92   ③ 1.82   ④ 9.16

해설 $P_2 = P_1 + \gamma \cdot h$
$= 1 + (13.6 \times 1000 \times 0.6 \times 10^{-4})$
$= 1.816 \, \text{kgf/cm}^2 \cdot \text{a}$

33. 조정기를 사용하여 공급가스를 감압하는 2단 감압방법의 장점이 아닌 것은?

① 공급압력이 안정하다.
② 중간배관이 가늘어도 된다.
③ 각 연소기구에 알맞은 압력으로 공급이 가능하다.
④ 장치가 간단하다.

해설 2단 감압식 특징(장단점)
(1) 장점
  ㉮ 입상배관에 의한 압력손실을 보정할 수 있다.
  ㉯ 가스 배관이 길어도 공급압력이 안정된다.
  ㉰ 각 연소기구에 알맞은 압력으로 공급이 가능하다.
  ㉱ 중간 배관의 지름이 작아도 된다.
(2) 단점
  ㉮ 설비가 복잡하고, 검사방법이 복잡하다.
  ㉯ 조정기 수가 많아서 점검 부분이 많다.
  ㉰ 부탄의 경우 재액화의 우려가 있다.
  ㉱ 시설의 압력이 높아서 이음방식에 주의하여야 한다.

34. LNG의 주성분인 CH_4의 비점과 임계온도를 절대온도(K)로 바르게 나타낸 것은?

① 435K, 355K ② 111K, 355K
③ 435K, 283K ④ 111K, 283K

해설 메탄(CH_4)의 대기압상태의 비점과 임계온도

구분	섭씨온도	절대온도
비점	-161.5℃	111.5K
임계온도	-82.1℃	190.9K

35. 재료의 저온하에서의 성질에 대한 설명으로 가장 거리가 먼 것은?

① 강은 암모니아 냉동기용 재료로서 적당하다.
② 탄소강은 저온도가 될수록 인장강도가 감소한다.
③ 구리는 액화분리 장치용 금속재료로서 적당하다.
④ 18-8 스테인리스강은 우수한 저온장치용 재료이다.

해설 탄소강은 상온 이하로 온도가 내려갈수록 강도와 경도가 증가되지만 충격값이 크게 감소하게 된다.

36. 수소취성을 방지하는 원소로 옳지 않은 것은?

① 텅스텐(W)   ② 바나듐(V)
③ 규소(Si)   ④ 크롬(Cr)

해설 ㉮ 수소취성 : 고온, 고압 하에서 강제 중의 탄소와 반응하여 생성된 메탄(CH_4)이 결정입계에 축적하여 높은 응력이 발생하고, 연신율, 충격치가 감소되는 현상이다.
$Fe_3C + 2H_2 \rightarrow 3Fe + CH_4$
㉯ 수소취성 방지원소 : 텅스텐(W), 바나듐(V), 몰리브덴(Mo), 티타늄(Ti), 크롬(Cr)

37. 온도계의 선정방법에 대한 설명 중 틀린 것은?

① 지시 및 기록 등을 쉽게 행할 수 있을 것
② 견고하고 내구성이 있을 것
③ 취급하기가 쉽고 측정하기 간편할 것
④ 피측온체의 화학반응 등으로 온도계에 영향이 있을 것

해설 온도계 선정 시 주의사항
  ㉮ 온도계의 측정범위 및 정밀도가 적당

정답 33. ④ 34. 정답 없음 35. ② 36. ③ 37. ④

할 것
㉯ 지시 및 기록 등을 쉽게 행할 수 있을 것
㉰ 피측온 물체의 크기가 온도계 크기에 비해 적당할 것
㉱ 견고하고 내구성이 있을 것
㉲ 취급이 쉽고, 측정이 간편할 것
㉳ 피측온 물체의 화학반응 등으로 온도계에 영향이 없을 것

38. 펌프의 캐비테이션에 대한 설명으로 옳은 것은?
① 캐비테이션은 펌프 임펠러의 출구부근에 더 일어나기 쉽다.
② 유체 중에 그 액온의 증기압보다 압력이 낮은 부분이 생기면 캐비테이션이 발생한다.
③ 캐비테이션은 유체의 온도가 낮을수록 생기기 쉽다.
④ 이용NPSH＞필요NPSH일 때 캐비테이션이 발생한다.

[해설] 캐비테이션(cavitation) 현상 : 유수 중에 그 수온의 증기압력보다 낮은 부분이 생기면 물이 증발을 일으키고 기포를 다수 발생하는 현상이며 발생조건은 다음과 같다.
㉮ 흡입양정이 지나치게 클 경우
㉯ 흡입관의 저항이 증대될 경우
㉰ 과속으로 유량이 증대될 경우
㉱ 관로내의 온도가 상승될 경우

[참고] NPSH(Net Positive Suction Head : 유효흡입수두) : 펌프 흡입에서의 전체수두(전압력)가 그 수온에 상당하는 증기압력(포화증기압 수두)보다 얼마나 높은가를 표시하는 것으로 펌프 운전 중에 발생하는 캐비테이션현상으로부터 얼마나 안정된 상태로 운전될 수 있는가를 나타내는 척도이다.
∴ NPSH = 펌프 흡입구에서의 전체수두 － 포화증기압 수두

39. LP가스를 자동차용 연료로 사용할 때의 특징에 대한 설명 중 틀린 것은?
① 완전연소가 쉽다.
② 배기가스에 독성이 적다.
③ 기관의 부식 및 마모가 적다.
④ 시동이나 급가속이 용이하다.

[해설] LP가스를 자동차용 연료로 사용할 때의 특징
㉮ 배기가스에는 독성이 적다.
㉯ 완전연소가 되기 때문에 열효율이 높다.
㉰ 황 성분이 적어 기관의 부식 및 마모가 적다.
㉱ 엔진의 수명이 연장된다.
㉲ 용기의 무게와 설치장소가 필요하다.
㉳ 시동 시 급가속은 곤란하다.
㉴ 누설 시 가스가 차내에 들어오지 않도록 차실간을 밀폐시켜야 한다.

40. 원거리 지역에 대량의 가스를 공급하기 위하여 사용되는 가스 공급 방식은?
① 초저압 공급
② 저압 공급
③ 중압 공급
④ 고압 공급

[해설] 도시가스 공급 방식의 특징
㉮ 저압 공급방식 : 공급압력 0.1 MPa 미만으로 공급량이 적고, 공급구역이 좁은 소규모 사업소에 적당
㉯ 중압 공급방식 : 공급압력 0.1~1 MPa 미만으로 공급량이 많거나 공급거리가 길어 저압 공급으로는 배관비용이 많을 경우에 적합
㉰ 고압 공급방식 : 공급압력 1 MPa 이상으로 공급구역이 넓고, 대량의 가스를 먼거리에 공급할 경우에 적당

41. 공기의 액화 분리에 대한 설명 중 틀린 것은?
① 질소가 정류탑의 하부로 먼저 기화되어 나간다.

[정답] 38. ② 39. ④ 40. ④ 41. ①

② 대량의 산소, 질소를 제조하는 공업적 제조법이다.
③ 액화의 원리는 임계온도 이하로 냉각시키고 임계압력 이상으로 압축하는 것이다.
④ 공기액화 분리장치에서는 산소가 가장 먼저 액화된다.

[해설] 정류탑 하부에서 액체 공기가 정류되고 하부탑 위쪽에서는 액체 질소가, 아래에서는 순도 40% 정도의 산소가 액체 공기에서 분리된다.

42. 다음은 무슨 압력계에 대한 설명인가?

"주름관이 내압변화에 따라서 신축되는 것을 이용한 것으로 진공압 및 차압 측정에 주로 사용된다."

① 벨로스 압력계
② 다이어프램 압력계
③ 부르동관 압력계
④ U자관식 압력계

[해설] 벨로스(bellows) 압력계의 특징
㉮ 벨로스의 재질은 인청동, 스테인리스강을 사용하며, 측정범위는 $0.01 \sim 10\ kgf/cm^2$ 정도이다.
㉯ 압력변동에 대한 적응성이 떨어진다.
㉰ 유체 내의 먼지 등 이물질의 영향을 적게 받는다.
㉱ 히스테리시스(hysteresis)오차가 발생한다.
㉲ 자동제어 장치의 압력 검출용 등에 사용한다.

43. 증기 압축식 냉동기에서 실제적으로 냉동이 이루어지는 곳은?

① 증발기
② 응축기
③ 팽창기
④ 압축기

[해설] 증기 압축 냉동사이클 과정
㉮ 압축기 : 단열압축과정-엔트로피 일정
㉯ 응축기 : 정압(등압)응축과정 - 열방출 과정
㉰ 팽창밸브 : 단열팽창과정(교축팽창과정) - 엔탈피 일정
㉱ 증발기 : 정온(등온)팽창과정 - 열흡수 과정

44. 직동식 정압기의 기본 구성요소가 아닌 것은?

① 안전밸브
② 스프링
③ 메인밸브
④ 다이어프램

45. 가연성 가스의 제조설비 내에 설치하는 전기기기에 대한 설명으로 옳은 것은?

① 1종 장소에는 원칙적으로 전기설비는 설치해서는 안 된다.
② 안전증 방폭구조는 전기기기의 불꽃이나 아크를 발생하여 착화원이 될 염려가 있는 부분을 기름 속에 넣은 것이다.
③ 2종 장소는 정상의 상태에서 폭발성 분위기가 연속하여 또는 장시간 생성되는 장소를 말한다.
④ 가연성 가스가 존재할 수 있는 위험장소는 1종 장소, 2종 장소 및 0종 장소로 분류하고 위험장소에서는 방폭형 전기기기를 설치하여야 한다.

[해설] ① 1종 장소에 전기설비를 설치할 경우에는 기준에 적합한 방폭전기기기를 선정하여 설치한다.
② 안전증 방폭구조 : 정상운전 중에 가연성 가스의 점화원이 될 전기불꽃, 아크 또는 고온부분 등의 발생을 방지하기 위하여 기계적, 전기적 구조상 또는 온도 상승에 대하여 특히 안전도를 증가시킨 구조

[정답] 42. ① 43. ① 44. ① 45. ④

※ ②항은 유입방폭구조에 대한 설명이다.
③ 2종 위험장소
 ㉮ 밀폐된 용기 또는 설비 내에 밀봉된 가연성 가스가 그 용기 또는 설비의 사고로 인해 파손되거나 오조작의 경우에만 누출할 위험이 있는 장소
 ㉯ 확실한 기계적 환기조치에 의하여 가연성 가스가 체류하지 않도록 되어 있으나 환기장치에 이상이나 사고가 발생한 경우에는 가연성 가스가 체류하여 위험하게 될 우려가 있는 장소
 ㉰ 1종 장소의 주변 또는 인접한 실내에서 위험한 농도의 가연성 가스가 종종 침입할 우려가 있는 장소

46. 다음 중 온도가 가장 높은 것은?
① 450°R
② 220 K
③ 2°F
④ −5℃

[해설] 각 온도를 모두 섭씨온도로 환산하여 비교

① $450°R \to ℃ = \dfrac{°R}{1.8} - 273$
$= \dfrac{450}{1.8} - 273 = -23℃$

② $220K \to ℃ = K - 273 = 220K - 273$
$= -53℃$

③ $2°F \to ℃ = \dfrac{5}{9} \times (°F - 32)$
$= \dfrac{5}{9} \times (2-32) = -16.6℃$

④ −5℃

47. 다음 중 염소의 용도로 적합하지 않은 것은?
① 소독용으로 사용된다.
② 염화비닐 제조의 원료이다.
③ 표백제로 사용된다.
④ 냉매로 사용된다.

[해설] 염소(Cl_2)의 용도 : ①, ②, ③ 외
 ㉮ 염화수소(HCl), 포스겐($COCl_2$)의 제조 원료
 ㉯ 종이, 펄프공업, 알루미늄 공업용으로 사용

48. 부탄(C_4H_{10}) 용기에서 액체 580g이 대기 중에 방출되었다. 표준상태에서 부피는 몇 L가 되는가?
① 150 ② 210 ③ 224 ④ 230

[해설] 부탄(C_4H_{10})의 분자량은 58 g이므로 아보가드로의 법칙을 적용하여 풀이하면 된다.
$58 g : 22.4 L = 580 g : xL$
$\therefore x = \dfrac{22.4 \times 580}{58} = 224 L$

49. 다음 중 비점이 가장 낮은 기체는?
① NH_3
② C_3H_8
③ N_2
④ H_2

[해설] 대기압 상태에서 각 기체의 비점

기체 종류	비점
암모니아(NH_3)	−33.4℃
프로판(C_3H_8)	−42.1℃
질소(N_2)	−195.8℃
수소(H_2)	−252℃

50. 도시가스에 첨가되는 부취제 선정 시 조건으로 틀린 것은?
① 물에 잘 녹고 쉽게 액화될 것
② 토양에 대한 투과성이 좋을 것
③ 독성 및 부식성이 없을 것
④ 가스배관에 흡착되지 않을 것

[해설] 부취제의 구비조건
 ㉮ 화학적으로 안정하고 독성이 없을 것
 ㉯ 보통 존재하는 냄새(생활취)와 명확하게 식별될 것
 ㉰ 극히 낮은 농도에서도 냄새가 확인될 수 있을 것

[정답] 46. ④ 47. ④ 48. ③ 49. ④ 50. ①

㉣ 가스관이나 가스미터 등에 흡착되지 않을 것
㉤ 배관을 부식시키지 않을 것
㉥ 물에 잘 녹지 않고 토양에 대하여 투과성이 클 것
㉦ 완전연소가 가능하고 연소 후 냄새나 유해한 성질이 남지 않을 것

51. 가연성 가스 배관의 출구 등에서 공기 중으로 유출하면서 연소하는 경우는 어느 연소 형태에 해당되는가?
① 확산연소 ② 증발연소
③ 표면연소 ④ 분해연소

해설 가연성 물질의 연소 형태 종류
㉮ 표면연소 : 목탄, 코크스와 같이 표면에서 산소와 반응하여 연소하는 것
㉯ 분해연소 : 열분해에 의해 연소가 일어나는 것으로 종이, 석탄, 목재 등의 고체연료의 연소
㉰ 증발연소 : 가연성 액체의 연소
㉱ 확산연소 : 가연성 가스의 연소
㉲ 자기연소 : 산소 공급 없이 연소하는 것으로 제5류 위험물이 해당된다.

52. 다음 중 수소가스와 반응하여 격렬히 폭발하는 원소가 아닌 것은?
① O_2 ② N_2 ③ Cl_2 ④ F_2

해설 수소에서 폭명기 종류
㉮ 수소폭명기 : 수소와 산소의 비가 2 : 1로 반응하여 물을 생성한다.
㉯ 염소폭명기 : 수소와 염소의 혼합가스는 빛(직사광선)과 접촉하면 심하게 반응하는 것으로 할로겐족 원소(Cl_2, F_2, I_2, Br_2 등)와 폭발적인 반응을 한다.

53. 액화석유가스에 관한 설명 중 틀린 것은?

① 무색투명하고 물에 잘 녹지 않는다.
② 탄소의 수가 3~4개로 이루어진 화합물이다.
③ 액체에서 기체로 될 때 체적은 150배로 증가한다.
④ 기체는 공기보다 무거우며, 천연고무를 녹인다.

해설 액체에서 기체로 될 때 프로판은 250배, 부탄은 230배로 체적이 증가한다.

54. 다음에서 설명하는 법칙은?

"모든 기체 1몰의 체적(V)은 같은 온도(T), 같은 압력(P)에서는 모두 일정하다."

① Dalton의 법칙 ② Henry의 법칙
③ Avogadro의 법칙 ④ Hess의 법칙

55. 0℃에서 온도를 상승시키면 가스의 밀도는?
① 높게 된다.
② 낮게 된다.
③ 변함이 없다.
④ 일정하지 않다.

해설 온도가 상승되면 가스의 체적이 증가하므로 밀도는 낮아진다.
참고 밀도 : 단위체적당 질량(단위 : kg/m^3)

56. 이상기체에 잘 적용될 수 있는 조건에 해당되지 않는 것은?
① 온도가 높고 압력이 낮다.
② 분자 간 인력이 작다.
③ 분자 크기가 작다.
④ 비열이 작다.

해설 비열비는 온도에 관계없이 일정하다.

정답 51. ① 52. ② 53. ③ 54. ③ 55. ② 56. ④

57. 60℃의 물 300 kg과 20℃의 물 800 kg을 혼합하면 약 몇 ℃의 물이 되겠는가?

① 28.2　　② 30.9
③ 33.1　　④ 37

해설 $t_m = \dfrac{G_1 C_1 t_1 + G_2 C_2 t_2}{G_1 C_1 + G_2 C_2}$

$= \dfrac{300 \times 1 \times 60 + 800 \times 1 \times 20}{300 \times 1 + 800 \times 1}$

$= 30.909\,℃$

58. 착화원이 있을 때 가연성액체나 고체의 표면에 연소하한계 농도의 가연성 혼합기가 형성되는 최저온도는?

① 인화온도　　② 임계온도
③ 발화온도　　④ 포화온도

해설 ㉮ 인화점 : 점화원에 의하여 연소가 개시되는 최저온도로 위험성의 척도이다.
㉯ 착화점(착화온도, 발화온도, 발화점) : 온도가 상승할 때 점화원 없이 스스로 연소를 개시할 수 있는 최저의 온도로 인화점보다는 온도가 높다.

59. 암모니아의 성질에 대한 설명으로 옳은 것은?

① 상온에서 약 8.46 atm이 되면 액화한다.
② 불연성의 맹독성 가스이다.
③ 흑갈색의 기체로 물에 잘 녹는다.
④ 염화수소와 만나면 검은 연기를 발생한다.

해설 암모니아의 특징
㉮ 상온, 상압에서 강한 자극성을 가진 무색의 기체이다.
㉯ 가연성 가스(폭발범위 : 15~28 v %)이며, 독성 가스(허용농도 : TLV-TWA 25 ppm)이다.
㉰ 물에 잘 녹는다. (상온, 상압에서 물 1 cc에 대하여 800 cc가 용해)
㉱ 액화가 쉽고(비점 : -33.4℃), 증발잠열(301.8 kcal/kg)이 커서 냉동기 냉매로 사용된다.
㉲ 20℃에서 8.46 atm이면 액화암모니아가 된다.
㉳ 동과 접촉 시 부식의 우려가 있다. (동 함유량 62 % 미만 사용 가능)
㉴ 액체암모니아는 할로겐, 강산에 접촉하면 심하게 반응하여 폭발, 비산하는 경우가 있다.
㉵ 염소(Cl_2), 염화수소(HCl), 황화수소(H_2S)와 반응하면 백색연기가 발생한다.
㉶ 산소 중에서 황색 불꽃을 발생하며 연소하고 질소와 물을 생성한다.
㉷ 금속이온(구리, 아연, 은, 코발트)과 반응하여 착이온을 생성한다.
㉸ 염소가 과잉상태로 접촉하면 폭발성의 3염화질소(NCl_3)를 만든다.
㉹ 상온에서는 안정하나 1000℃ 정도에서 분해하여 질소와 수소로 된다.
㉺ 건조제로 염기성인 소다석회를 사용한다.

60. 표준상태에서 에탄 2 mol, 프로판 5 mol, 부탄 3 mol로 구성된 LPG에서 부탄의 중량은 몇 %인가?

① 13.2　　② 24.6
③ 38.3　　④ 48.5

해설 ㉮ 혼합가스의 평균분자량 계산
$M = 30 \times \dfrac{2}{10} + 44 \times \dfrac{5}{10} + 58 \times \dfrac{3}{10}$
$= 45.4$

㉯ 부탄의 중량 비율(%) 계산
$W_t = \dfrac{58 \times \dfrac{3}{10}}{45.4} = 38.32\,\%$

정답　57. ②　58. ①　59. ①　60. ③

가스기능사
2012년 10월 20일 시행 (제5회)

1. 고압가스 배관에 대하여 수압에 의한 내압시험을 하려고 한다. 이 때 압력은 얼마 이상으로 하는가?
① 사용압력×1.1배 ② 사용압력×2배
③ 상용압력×1.5배 ④ 상용압력×2배

해설 내압시험 압력
㉮ 수압에 의한 방법 : 상용압력의 1.5배 이상
㉯ 기체에 의한 방법 : 상용압력의 1.25배 이상

2. 일반 도시가스 사업자는 공급권역을 구역별로 분할하고 원격조작에 의한 긴급차단장치를 설치하여 대형가스 누출, 지진발생 등 비상 시 가스차단을 할 수 있도록 하고 있는데 이 구역의 설정기준은?
① 수요자의 수가 20만 미만이 되도록 설정
② 수요자의 수가 25만 미만이 되도록 설정
③ 배관길이가 20 km 미만이 되도록 설정
④ 배관길이가 25 km 미만이 되도록 설정

해설 구역설정 방법(KGS FS551) : 긴급차단장치에 의하여 가스공급을 차단할 수 있는 구역의 설정은 수요자 수가 20만 이하가 되도록 하여야 한다. 다만, 구역을 설정한 후 수요자 수가 증가하여 20만을 초과하게 되는 경우에는 25만 미만으로 할 수 있다.

3. 고압가스 특정제조시설에서 배관을 해저에 설치하는 경우의 기준으로 틀린 것은?
① 배관은 해저면 밑에 매설한다.
② 배관은 원칙적으로 다른 배관과 교차하지 아니하여야 한다.
③ 배관은 원칙적으로 다른 배관과 수평거리로 20 m 이상을 유지하여야 한다.
④ 배관의 입상부에는 방호시설물을 설치한다.

해설 배관은 원칙적으로 다른 배관과 30 m 이상의 수평거리를 유지하여야 한다.

4. 고압가스 특정제조시설 중 비가연성 가스의 저장탱크는 몇 m^3 이상일 경우에 지진영향에 대한 안전한 구조로 설계하여야 하는가?
① 300 ② 500 ③ 1000 ④ 2000

해설 내진설계 대상
㉮ 저장탱크 및 압력용기

구분	비가연성, 비독성	가연성, 독성	탑류
압축가스	1000 m^3 이상	500 m^3 이상	동체부 높이 5 m 이상
액화가스	10000 kg 이상	5000 kg 이상	

㉯ 세로방향으로 설치한 동체의 길이가 5 m 이상인 원통형 응축기 및 내용적 5000 L 이상인 수액기, 지지구조물 및 기초와 연결부
㉰ 제㉮호 중 저장탱크를 지하에 매설한 경우에 대하여는 내진설계를 한 것으로 본다.

5. 가스도매사업의 가스공급시설에서 배관을 지하에 매설할 경우의 기준으로 틀린 것은?
① 배관을 시가지 외의 도로 노면 밑에 매설할 경우 노면으로부터 배관 외면까지 1.2 m 이상 이격할 것
② 배관의 깊이는 산과 들에서는 1 m 이

정답 1.③ 2.① 3.③ 4.③ 5.④

상으로 할 것
③ 배관을 시가지의 도로 노면 밑에 매설할 경우 노면으로부터 배관 외면까지 1.5 m 이상 이격할 것
④ 배관을 철도부지에 매설할 경우 배관 외면으로부터 궤도 중심까지 5 m 이상 이격할 것

해설 배관을 철도부지에 매설할 경우 배관 외면으로부터 궤도 중심까지 4 m 이상, 그 철도부지의 경계까지는 1 m 이상의 거리를 유지한다.

6. 액화석유가스 저장탱크에 가스를 충전하고자 한다. 내용적이 15m³인 탱크에 안전하게 충전할 수 있는 가스의 최대 용량은 몇 m³인가?
① 12.75 ② 13.5 ③ 14.25 ④ 14.7

해설 액화석유가스는 내용적의 90 %까지 충전할 수 있다.
∴ 충전 최대용량=15×0.9=13.5 m³

7. 가연성 가스 및 방폭전기기기의 폭발등급 분류 시 사용하는 최소점화전류비는 어느 가스의 최소 점화전류를 기준으로 하는가?
① 메탄   ② 프로판
③ 수소   ④ 아세틸렌

해설 최소점화전류비는 메탄가스의 최소점화전류를 기준으로 나타낸다.

8. 도시가스사업법상 제1종 보호시설이 아닌 것은?
① 아동 50명이 다니는 유치원
② 수용인원이 350명인 예식장
③ 객실 20개를 보유한 여관
④ 250세대 규모의 개별난방 아파트

해설 제1종 보호시설의 종류
㉮ 학교, 유치원, 어린이집, 놀이방, 어린이놀이터, 학원, 병원(의원을 포함), 도서관, 청소년수련시설, 경로당, 시장, 공중목욕탕, 호텔, 여관, 극장, 교회 및 공회당(公會堂)
㉯ 사람을 수용하는 건축물(가설건축물은 제외)로서 사실상 독립된 부분의 연면적이 1000 m² 이상인 것
㉰ 예식장, 장례식장 및 전시장, 그 밖에 이와 유사한 시설로서 300명 이상 수용할 수 있는 건축물
㉱ 아동복지시설 또는 장애인복지시설로서 20명 이상 수용할 수 있는 건축물
㉲ 「문화재보호법」에 따라 지정문화재로 지정된 건축물

9. 아세틸렌 제조설비의 기준에 대한 설명으로 틀린 것은?
① 압축기와 충전장소 사이에는 방호벽을 설치한다.
② 아세틸렌 충전용 교체밸브는 충전장소와 격리하여 설치한다.
③ 아세틸렌 충전용 지관에는 탄소 함유량이 0.1 % 이하의 강을 사용한다.
④ 아세틸렌에 접촉하는 부분에는 동 또는 동함유량이 72 % 이하의 것을 사용한다.

해설 아세틸렌에 접촉하는 부분에는 동 또는 동함유량이 62 %를 초과하는 동합금은 사용하지 아니한다.

10. 다음 중 가연성이면서 독성인 가스는?
① 아세틸렌, 프로판
② 수소, 이산화탄소
③ 암모니아, 산화에틸렌
④ 아황산가스, 포스겐

해설 가연성 가스이며 독성 가스인 것 : 아크릴로니트릴, 일산화탄소, 벤젠, 산화에틸렌, 모노메틸아민, 염화메탄, 브롬화메

정답 6. ② 7. ① 8. ④ 9. ④ 10. ③

탄, 이황화탄소, 황화수소, 암모니아, 석탄가스, 시안화수소, 트리메틸아민

11. 다음 가스 중 폭발범위의 하한값이 가장 높은 것은?
① 암모니아 ② 수소
③ 프로판   ④ 메탄

해설 각 가스의 공기 중 폭발범위

가스 명칭	폭발범위
암모니아(NH_3)	15~28 vol%
수소(H_2)	4~75 vol%
프로판(C_3H_8)	2.2~9.5 vol%
메탄(CH_4)	5~15 vol%

12. 고압가스 충전용기를 차량에 적재하여 운반하는 때의 기준에 대한 설명으로 옳은 것은?
① 염소와 아세틸렌 충전용기는 동일 차량에 적재하여 운반이 가능하다.
② 염소와 수소 충전용기는 동일차량에 적재하여 운반이 가능하다.
③ 독성 가스가 아닌 300 m^3의 압축 가연성 가스를 차량에 적재하여 운반하는 때에는 운반책임자를 동승시켜야 한다.
④ 독성 가스가 아닌 2000 kg의 액화 조연성 가스를 차량에 적재하여 운반하는 때에는 운반책임자를 동승시켜야 한다.

해설 (1) 혼합 적재 금지
  ㉮ 염소와 아세틸렌, 암모니아, 수소는 동일차량에 혼합 적재 운반 금지
  ㉯ 가연성 가스와 산소를 동일 차량에 적재 운반시 충전용기 밸브가 서로 마주보지 않도록 적재하면 혼합 적재 가능
  ㉰ 충전용기와 소방기본법이 정하는 위험물
  ㉱ 독성 가스 중 가연성 가스와 조연성 가스는 동일 차량에 혼합 적재 운반 금지

(2) 운반책임자 동승 기준
  ㉮ 비독성 고압가스

가스의 종류		기준
압축 가스	가연성	300 m^3 이상
	조연성	600 m^3 이상
액화 가스	가연성	3000 kg 이상 (납붙임 및 접합용기 : 2000 kg 이상)
	조연성	6000 kg 이상

  ㉯ 독성 고압가스

가스의 종류	허용농도	기준
압축 가스	100만분의 200 이하	10 m^3 이상
	100만분의 200 초과 100만분의 5000 이하	100 m^3 이상
액화 가스	100만분의 200 이하	100 kg 이상
	100만분의 200 초과 100만분의 5000 이하	1000 kg 이상

13. 다음 중 풍압대와 관계없이 설치할 수 있는 방식의 가스보일러는?
① 자연배기식(CF) 단독배기통 방식
② 자연배기식(CF) 복합배기통 방식
③ 강제배기식(FE) 단독배기통 방식
④ 강제배기식(FE) 공동배기구 방식

해설 ①, ②, ④ 항의 가스보일러는 배기톱 및 공동배기구 톱은 풍압대 밖에 있도록 설치한다.

14. 도시가스 사용시설에서 입상관과 화기 사이에 유지하여야 하는 거리는 우회거리 몇 m 이상인가?
① 1 m ② 2 m ③ 3 m ④ 5 m

해설 입상관은 화기(그 시설에 사용되는 자체화기를 제외한다.)와 2 m 이상의 우회거리를 유지하여야 한다.

정답 11. ① 12. ③ 13. ③ 14. ②

15. 일반 도시가스 공급시설의 시설기준으로 틀린 것은?
  ① 가스공급 시설을 설치한 곳에는 누출된 가스가 머물지 아니하도록 환기설비를 설치한다.
  ② 공동구 안에는 환기장치를 설치하며 전기설비가 있는 공동구에는 그 전기설비를 방폭구조로 한다.
  ③ 저장탱크의 안전장치인 안전밸브나 파열판에는 가스방출관을 설치한다.
  ④ 저장탱크의 안전밸브는 다이어프램식 안전밸브로 한다.
  [해설] 저장탱크의 안전밸브는 스프링식 안전밸브로 한다.

16. 방류둑의 성토는 수평에 대하여 몇 도 이하의 기울기를 하여야 하는가?
  ① 30° ② 45° ③ 60° ④ 75°
  [해설] 방류둑의 성토 기울기 : 수평에 대하여 45° 이하

17. 고압가스 저장탱크 및 가스홀더의 가스방출장치는 가스 저장량이 몇 m^3 이상인 경우 설치하여야 하는가?
  ① $1 m^3$ ② $3 m^3$
  ③ $5 m^3$ ④ $10 m^3$
  [해설] 저장설비 구조 : 저장탱크 및 가스홀더는 가스가 누출하지 아니하는 구조로 하고 $5 m^3$ 이상의 가스를 저장하는 것에는 가스방출장치를 설치한다.

18. 다음 중 LNG의 주성분은?
  ① CH_4 ② CO
  ③ C_2H_4 ④ C_2H_2
  [해설] LNG (액화천연가스)의 주성분 : 메탄 (CH_4)

19. 가스제조시설에 설치하는 방호벽의 규격으로 옳은 것은?
  ① 철근콘크리트 벽으로 두께 12 cm 이상, 높이 2 m 이상
  ② 철근콘크리트블록 벽으로 두께 20 cm 이상, 높이 2 m 이상
  ③ 박강판 벽으로 두께 3.2 cm 이상, 높이 2 m 이상
  ④ 후강판 벽으로 두께 10 mm 이상, 높이 2.5 m 이상
  [해설] 방호벽의 종류 및 규격

구분	규격	
	두께	높이
철근 콘크리트	12 cm 이상	2 m 이상
콘크리트 블록	15 cm 이상	2 m 이상
박강판	3.2 mm 이상	2 m 이상
후강판	6 mm 이상	2 m 이상

20. 고압가스 특정제조시설에서 플레어스택의 설치기준으로 틀린 것은?
  ① 파일럿버너를 항상 꺼두는 등 플레어스택에 관련된 폭발을 방지하기 위한 조치가 되어 있는 것으로 한다.
  ② 긴급이송설비로 이송되는 가스를 안전하게 연소시킬 수 있는 것으로 한다.
  ③ 플레어스택에서 발생하는 복사열이 다른 제조시설에 나쁜 영향을 미치지 아니하도록 안전한 높이 및 위치에 설치한다.
  ④ 플레어스택에서 발생하는 최대열량에 장시간 견딜 수 있는 재료 및 구조로 되어 있는 것으로 한다.
  [해설] 파일럿 버너를 항상 점화하여 두는 등 플레어스택에 관련된 폭발을 방지하기 위한 조치가 되어 있는 것으로 한다.

정답 15. ④ 16. ② 17. ③ 18. ① 19. ① 20. ①

21. 다음은 어떤 안전설비에 대한 설명인가?

> 설비가 잘못 조작되거나 정상적인 제조를 할 수 없는 경우 자동으로 원재료의 공급을 차단시키는 등 고압가스 제조설비 안의 제조를 제어하는 기능을 한다.

① 안전밸브　　② 긴급차단장치
③ 인터로크 기구　④ 벤트스택

22. 독성 가스 용기 운반차량은 몇 km 이상의 거리를 운행할 때 중간에 충분한 휴식을 취한 후 운행하여야 하는가?

① 100 km　　② 200 km
③ 300 km　　④ 400 km

해설 독성가스 용기 운반차량은 200km 이상의 거리를 운행하는 경우 중간에 충분한 휴식을 취하고 운행한다.

23. 방폭전기 기기의 구조별 표시방법으로 틀린 것은?

① 내압방폭구조 - s
② 유입방폭구조 - o
③ 압력방폭구조 - p
④ 본질안전방폭구조 - ia

해설 방폭구조의 종류 및 표시기호

명칭	기호
내압 방폭구조	d
유입 방폭구조	o
압력 방폭구조	p
안전증 방폭구조	e
본질안전 방폭구조	ia, ib
특수 방폭구조	s

24. 고압가스에 대한 사고예방설비기준으로 옳지 않은 것은?

① 가연성 가스의 가스설비 중 전기설비는 그 설치장소 및 그 가스의 종류에 따라 적절한 방폭성능을 가지는 것일 것
② 고압가스설비에는 그 설비 안의 압력이 내압압력을 초과하는 경우 즉시 그 압력을 내압압력 이하로 되돌릴 수 있는 안전장치를 설치하는 등 필요한 조치를 할 것
③ 폭발 등의 위해가 발생할 가능성이 큰 특수반응설비에는 그 위해의 발생을 방지하기 위하여 내부반응 감시설비 및 위험사태발생 방지설비의 설치 등 필요한 조치를 할 것
④ 저장탱크 및 배관에는 그 저장탱크 및 배관이 부식되는 것을 방지하기 위하여 필요한 조치를 할 것

해설 고압가스설비에는 그 설비 안의 압력이 상용의 압력을 초과하는 경우 즉시 상용의 압력 이하로 되돌릴 수 있도록 하기 위하여 과압안전장치를 설치한다.

25. 고압용기에 각인되어 있는 내용적의 기호는?

① V　② FP　③ TP　④ W

해설 용기의 각인 기호
㉮ V : 내용적(L)
㉯ W : 용기 질량(kg)
㉰ TW : 아세틸렌 용기질량에 다공물질, 용제, 용기부속품의 질량을 합한 질량(kg)
㉱ TP : 내압시험압력(MPa)
㉲ FP : 압축가스의 최고충전압력(MPa)

26. 고압가스 냉동제조의 시설 및 기술기준에 대한 설명으로 틀린 것은?

① 냉동제조시설 중 냉매설비에는 자동제어장치를 설치할 것
② 가연성 가스 또는 독성 가스를 냉매로

사용하는 냉매설비 중 수액기에 설치하는 액면계는 환형유리관 액면계를 사용할 것
③ 냉매설비에는 압력계를 설치할 것
④ 압축기 최종단에 설치한 안전장치는 1년에 1회 이상 점검을 실시할 것

해설 액면계 설치 : 냉매설비의 안전을 확보하기 위하여 액면계를 설치한다. 다만, 가연성 가스 또는 독성 가스 냉매를 사용하는 수액기의 경우에는 환형유리관 액면계 외의 액면계를 설치한다.

27. 도시가스 공급시설에 대하여 공사가 실시하는 정밀안전진단의 실시시기 및 기준에 의거 본관 및 공급관에 대하여 최초로 시공감리증명서를 받은 날부터 ( )년이 지난 날이 속하는 해 및 그 이후 매 ( )년이 지난 날이 속하는 해에 받아야 한다. ( ) 안에 각각 들어갈 숫자는?
① 10, 5　　② 15, 5
③ 10, 10　　④ 15, 10

해설 도법 시행규칙 제27조의 3

28. 0℃, 1atm에서 6 L인 기체가 273℃, 1 atm일 때 몇 L가 되는가?
① 4　　② 8
③ 12　　④ 24

해설 $\dfrac{P_1 V_1}{T_1} = \dfrac{P_2 V_2}{T_2}$에서 $P_1 = P_2$이므로

$\therefore V_2 = \dfrac{V_1 T_2}{T_1} = \dfrac{6 \times (273 + 273)}{273} = 12 \text{ L}$

29. 다음 중 2중관으로 하여야 하는 고압가스가 아닌 것은?
① 수소　　② 아황산가스
③ 암모니아　　④ 황화수소

해설 2중관으로 하여야 하는 독성 가스 : 포스겐, 황화수소, 시안화수소, 아황산가스, 산화에틸렌, 암모니아, 염소, 염화메탄

30. 도시가스 사용시설에서 배관의 용접부 중 비파괴시험을 하여야 하는 것은?
① 가스용 폴리에틸렌관
② 호칭지름 65 mm인 매몰된 저압배관
③ 호칭지름 150 mm인 노출된 저압배관
④ 호칭지름 65 mm인 노출된 중압배관

해설 용접부 비파괴시험에서 제외하는 경우
㉮ 가스용 폴리에틸렌관
㉯ 지하에 매설하는 호칭지름 80mm 미만인 저압배관
㉰ 노출된 저압배관

31. 펌프의 축봉장치에서 아웃사이드 형식이 쓰이는 경우가 아닌 것은?
① 구조재, 스프링재가 액의 내식성에 문제가 있을 때
② 점성계수가 100 cP를 초과하는 고점도 액일 때
③ 스타핑 복스 내가 고진공일 때
④ 고 응고점 액일 때

해설 외장형(아웃사이드형) : ①, ②, ③ 외 저응고점액일 때 사용

32. 자유 피스톤식 압력계에서 추와 피스톤의 무게가 15.7 kg일 때 실린더 내의 액압과 균형을 이루었다면 게이지 압력은 몇 kgf/cm²이 되겠는가? (단, 피스톤의 지름은 4 cm이다.)
① 1.25 kgf/cm²
② 1.57 kgf/cm²
③ 2.5 kgf/cm²
④ 5 kgf/cm²

정답 27. ②　28. ③　29. ①　30. ④　31. ④　32. ①

해설 $P = \dfrac{W+W'}{a} = \dfrac{15.7}{\dfrac{\pi}{4} \times 4^2}$

$= 1.249 \, \text{kgf/cm}^2$

33. 왕복식 압축기에서 피스톤과 크랭크 샤프트를 연결하여 왕복운동을 시키는 역할을 하는 것은?
① 크랭크　　② 피스톤링
③ 커넥팅로드　④ 톱클리어런스

34. 액화천연가스(LNG) 저장탱크 중 내부 탱크의 재료로 사용되지 않는 것은?
① 자기 지지형(self supporting) 9% 니켈강
② 알루미늄 합금
③ 멤브레인식 스테인리스강
④ 프리스트레스트 콘크리트(PC, prestressed concrete)

35. 유리 온도계의 특징에 대한 설명으로 틀린 것은?
① 일반적으로 오차가 적다.
② 취급은 용이하나 파손이 쉽다.
③ 눈금 읽기가 어렵다.
④ 일반적으로 연속 기록 자동제어를 할 수 있다.

해설 유리온도계는 연속 기록이나 자동제어를 할 수 없다.

36. 자동차에 혼합 적재가 가능한 것끼리 연결된 것은?
① 염소 - 아세틸렌
② 염소 - 암모니아
③ 염소 - 산소
④ 염소 - 수소

해설 혼합 적재 금지
㉮ 염소와 아세틸렌, 암모니아, 수소는 동일차량에 혼합 적재 운반 금지
㉯ 가연성 가스와 산소를 동일 차량에 적재 운반 시 충전용기 밸브가 서로 마주보지 않도록 적재하면 혼합 적재 가능
㉰ 충전용기와 위험물안전관리법이 정하는 위험물
㉱ 독성 가스 중 가연성 가스와 조연성가스는 동일차량에 혼합 적재 운반 금지

37. 고압식 액체산소분리장치에서 원료공기는 압축기에서 압축된 후 압축기의 중간단에서는 몇 atm 정도로 탄산가스 흡수기에 들어가는가?
① 5 atm　　② 7 atm
③ 15 atm　 ④ 20 atm

38. 실린더의 단면적 50cm², 행정 10 cm, 회전수 200 rpm, 체적효율 80%인 왕복 압축기의 토출량은?
① 60 L/min　② 80 L/min
③ 120 L/min　④ 140 L/min

해설 $V = \dfrac{\pi}{4} D^2 \cdot L \cdot n \cdot N \cdot \eta_v$
$= 50 \times 10 \times 1 \times 200 \times 0.8 \times 10^{-3}$
$= 80 \, \text{L/min}$
※ 1 L 는 1000 cm³ 이다.

39. C₄H₁₀의 제조시설에 설치하는 가스 누출 경보기는 가스 누출 농도가 얼마일 때 경보를 울려야 하는가?
① 0.45% 이상
② 0.53% 이상
③ 1.8% 이상
④ 2.1% 이상

정답　33. ③　34. ④　35. ④　36. ③　37. ③　38. ②　39. ①

해설 (1) 경보농도 설정 값
  ㉮ 가연성 가스 : 폭발하한계의 1/4 이하
  ㉯ 독성 가스 : TLV-TWA 기준농도 이하
  ㉰ NH_3를 실내에서 사용하는 경우 : 50 ppm
(2) 부탄(C_4H_{10})의 폭발범위는 1.8~8.4 % 이므로
  ∴ 부탄의 경보농도 $= 1.8 \times \dfrac{1}{4} = 0.45$ %

40. 커플러 안전기구와 과류차단안전기구가 부착된 것으로서 배관과 커플러를 연결하는 구조의 콕은?
① 퓨즈 콕
② 상자 콕
③ 노즐 콕
④ 커플 콕

해설 콕의 종류 및 구조
  ㉮ 퓨즈 콕 : 가스유로를 볼로 개폐, 과류차단 안전기구 부착, 배관과 호스, 호스와 호스, 배관과 배관, 배관과 커플러를 연결하는 구조
  ㉯ 상자 콕 : 커플러 안전기구 및 과류차단 안전기구 부착, 배관과 커플러를 연결하는 구조
  ㉰ 주물연소기용 노즐 콕 : 볼로 개폐하는 구조

41. 재료에 하중을 작용하여 항복점 이상의 응력을 가하면, 하중을 제거하여도 본래의 형상으로 돌아가지 않도록 하는 성질을 무엇이라고 하는가?
① 피로
② 크리프
③ 소성
④ 탄성

42. 관 도중에 조리개(교축기구)를 넣어 조리개 전후의 차압을 이용하여 유량을 측정하는 계측기기는?
① 오벌식 유량계
② 오리피스 유량계
③ 막식 유량계
④ 터빈 유량계

해설 차압식 유량계
  ㉮ 측정원리 : 베르누이 방정식
  ㉯ 종류 : 오리피스미터, 플로 노즐, 벤투리미터

43. 펌프가 운전 중에 한숨을 쉬는 것과 같은 상태가 되어 토출구 및 흡입구에서 압력계의 바늘이 흔들리며 동시에 유량이 변화하는 현상을 무엇이라고 하는가?
① 캐비테이션
② 워터해머링
③ 바이브레이션
④ 서징

해설 서징(surging) 현상 : 펌프를 운전 중 주기적으로 운동, 양정, 토출량이 규칙 바르게 변동하는 현상으로 맥동 현상이라고 한다.

44. 공기에 의한 전열은 어느 압력까지 내려가면 급히 압력에 비례하여 적어지는 성질을 이용하는 저온장치에 사용되는 진공 단열법은?
① 고진공 단열법
② 분말 진공 단열법
③ 다층진공 단열법
④ 자연진공 단열법

45. 다음 중 저온장치의 가스액화 사이클이 아닌 것은?
① 린데식 사이클
② 클라우드식 사이클
③ 필립스식 사이클
④ 카자레식 사이클

해설 저온장치의 가스액화 사이클 종류
  ㉮ 린데식 액화 사이클
  ㉯ 클라우드식 액화 사이클
  ㉰ 캐피자 액화 사이클

정답 40. ② 41. ③ 42. ② 43. ④ 44. ① 45. ④

㉣ 필립스식 액화 사이클
㉤ 캐스케이드 액화 사이클

46. 다음 중 암모니아 가스의 검출방법이 아닌 것은?
① 네슬러시약을 넣어 본다.
② 초산연 시험지를 대어본다.
③ 진한 염산에 접촉시켜 본다.
④ 붉은 리트머스지를 대어본다.

해설 암모니아 가스의 검출방법
㉮ 자극성이 있어 냄새로서 알 수 있다.
㉯ 유황, 염산과 접촉 시 흰연기가 발생한다.
㉰ 적색 리트머스지가 청색으로 변한다.
㉱ 페놀프탈레인 시험지가 백색에서 갈색으로 변한다.
㉲ 네슬러시약이 미색 → 황색 → 갈색으로 변한다.

47. 가스의 비열비의 값은?
① 언제나 1보다 작다.
② 언제나 1보다 크다.
③ 1보다 크기도 하고, 작기도 하다.
④ 0.5와 1 사이의 값이다.

해설 정압비열(C_p)이 정적비열(C_v)보다 항상 크기 때문에 가스의 비열비$\left(k = \dfrac{C_p}{C_v}\right)$ 값은 언제나 1보다 크다.

48. 염소의 특징에 대한 설명 중 틀린 것은?
① 염소 자체는 폭발성, 인화성은 없다.
② 상온에서 자극성의 냄새가 있는 맹독성 기체이다.
③ 염소와 산소의 1 : 1 혼합물을 염소폭명기라고 한다.
④ 수분이 있으면 염산이 생성되어 부식성이 강해진다.

해설 염소폭명기 : 수소와 염소의 혼합가스는 빛(직사광선)과 접촉하면 심하게 반응한다.
참고 반응식 : $H_2 + Cl_2 \rightarrow 2HCl + 44\,kcal$

49. 국가표준기본법에서 정의하는 기본단위가 아닌 것은?
① 질량 – kg
② 시간 – s
③ 전류 – A
④ 온도 – ℃

해설 기본단위

기본량	길이	질량	시간	전류	물질량	온도	광도
기본단위	m	kg	s	A	mol	K	cd

50. 다음 중 불꽃의 표준온도가 가장 높은 연소방식은?
① 분젠식
② 적화식
③ 세미분젠식
④ 전 1차 공기식

해설 분젠식 : 가스를 노즐로부터 분출시켜 주위의 공기를 1차 공기로 흡입하는 방식으로 연소속도가 빠르고, 선화현상 및 소화음, 연소음이 발생한다. 일반가스기구에 사용된다.

51. 10 %의 소금물 500g을 증발시켜 400g으로 농축하였다면 이 용액은 몇 %의 용액인가?
① 10 ② 12.5 ③ 15 ④ 20

해설 10 %의 소금물 500 g에는 소금이 50 g 포함되어 있는 경우이므로
$$\therefore 증발\ 후\ 용액(\%) = \dfrac{소금의\ 양}{소금물의\ 양} \times 100$$
$$= \dfrac{50}{400} \times 100 = 12.5\,\%$$

정답 46. ② 47. ② 48. ③ 49. ④ 50. ① 51. ②

52. 다음 중 드라이아이스의 제조에 사용되는 가스는?

① 일산화탄소　② 이산화탄소
③ 아황산가스　④ 염화수소

53. 다음 중 표준상태에서 비점이 가장 높은 것은?

① 나프타　② 프로판
③ 에탄　④ 부탄

해설 표준상태에서의 비점

명칭	비점
나프타(Naphtha)	200℃ 이하
프로판(C_3H_8)	-42.1℃
에탄(C_2H_6)	-88.6℃
부탄(C_4H_{10})	-0.5℃

54. 도시가스의 유해성분을 측정하기 위한 도시가스 품질검사의 성분분석은 주로 어떤 기기를 사용하는가?

① 기체크로마토그래피
② 분자흡수분광기
③ NVR
④ ICP

55. 가스 누출 자동차단기의 내압시험 조건으로 맞는 것은?

① 고압부 1.8 MPa 이상, 저압부 8.4~10 kPa
② 고압부 1 MPa 이상, 저압부 0.1 MPa 이상
③ 고압부 2 MPa 이상, 저압부 0.2 MPa 이상
④ 고압부 3 MPa 이상, 저압부 0.3 MPa 이상

해설 가스 누출 자동차단기의 성능

구분	고압부	저압부
내압성능	3 MPa 이상	0.3 MPa 이상
기밀성능	1.8 MPa 이상	8.4 kPa 이상 10 kPa 이하

56. 47 L 고압가스 용기에 20℃의 온도로 15 MPa의 게이지압력으로 충전하였다. 40℃로 온도를 높이면 게이지압력은 약 얼마가 되겠는가?

① 16.031 MPa　② 17.132 MPa
③ 18.031 MPa　④ 19.03 MPa

해설 $\dfrac{P_1 V_1}{T_1} = \dfrac{P_2 V_2}{T_2}$ 에서 $V_1 = V_2$ 이고 대기압은 0.101325 MPa이다.

$$\therefore P_2 = \dfrac{P_1 T_2}{T_1}$$
$$= \dfrac{(15+0.101325) \times (273+40)}{273+20}$$
$$= 16.132132 \, \text{MPa} \cdot a - 0.101325$$
$$= 16.0308 \, \text{MPa}$$

57. 염화수소(HCl)의 용도가 아닌 것은?

① 강판이나 강재의 녹 제거
② 필름 제조
③ 조미료 제조
④ 향료, 염료, 의약 등의 중간물 제조

해설 염화수소(HCl)의 용도 : ①, ③, ④ 외 기타 공업약품외 제조

58. 다음 중 독성도 없고 가연성도 없는 기체는?

① NH_3　② C_2H_4O
③ CS_2　④ $CHClF_2$

해설 $CHClF_2$: 프레온가스의 한 종류로 비독성, 비가연성 가스이다.

정답 52. ②　53. ①　54. ①　55. ④　56. ①　57. ②　58. ④

59. 절대온도 300K는 랭킨온도(°R)로 약 몇 도인가?

① 27
② 167
③ 541
④ 572

해설 °R = 1.8 K = 1.8 × 300 = 540 °R

60. 천연가스(NG)의 특징에 대한 설명으로 틀린 것은?

① 메탄이 주성분이다.
② 공기보다 가볍다.
③ 연소에 필요한 공기량은 LPG에 비해 적다.
④ 발열량(kcal/m³)은 LPG에 비해 크다.

해설 천연가스의 발열량은 약 9000~9500 kcal/m³ 정도이지만, LPG(프로판)의 경우 약 24000 kcal/m³ 정도이다.

정답 59. ③ 60. ④

2013년도 출제문제

■ 가스기능사　　　　　　　　　　2013년 1월 27일 시행 (제1회)

1. 액화석유가스 또는 도시가스용으로 사용되는 가스용 염화비닐호스는 그 호스의 안전성, 편리성 및 호환성을 확보하기 위하여 안지름 치수를 규정하고 있는데 그 치수에 해당하지 않는 것은?
① 4.8 mm　② 6.3 mm
③ 9.5 mm　④ 12.7 mm

[해설] 가스용 염화비닐호스
㉮ 안지름 치수 : 6.3 mm, 9.5 mm, 12.7 mm
㉯ 허용차 : ±0.7 mm
㉰ 구조 : 안층, 보강층, 바깥층

2. 가스 누출 자동차단장치의 검지부 설치 금지 장소에 해당하지 않는 것은?
① 출입구 부근 등으로서 외부의 기류가 통하는 곳
② 가스가 체류하기 좋은 곳
③ 환기구 등 공기가 들어오는 곳으로부터 1.5 m 이내의 곳
④ 연소기의 폐가스에 접촉하기 쉬운 곳

[해설] 검지부 실지 금지 장소
㉮ 출입구 부근 등으로서 외부의 기류가 통하는 곳
㉯ 환기구 등 공기가 들어오는 곳으로부터 1.5 m 이내의 곳
㉰ 연소기의 폐가스가 접촉하기 쉬운 곳
※ ②항은 검지부를 설치하여야 하는 장소에 해당

3. 가연성 고압가스 제조소에서 다음 중 착화원인이 될 수 없는 것은?
① 정전기
② 베릴륨 합금제 공구에 의한 타격
③ 사용 촉매의 접촉
④ 밸브의 급격한 조작

[해설] 베릴륨 합금제 공구 : 타격, 마찰, 충격에 의하여 불꽃이 발생하지 않는 금속으로 만든 공구이다.

4. LP가스의 일반적인 성질에 대한 설명 중 옳은 것은?
① 공기보다 무거워 바닥에 고인다.
② 액의 체적 팽창률이 적다.
③ 증발잠열이 적다.
④ 기화 및 액화가 어렵다.

[해설] LP가스의 일반적인 성질
㉮ LP가스는 공기보다 무겁다.
㉯ 액상의 LP가스는 물보다 가볍다.
㉰ 액화, 기화가 쉽다.
㉱ 기화하면 체적이 커진다.
㉲ 기화열(증발잠열)이 크다.
㉳ 무색무취, 무미하나.
㉴ 용해성이 있다.
㉵ 정전기 발생이 쉽다.
㉶ 액의 체적 팽창률이 크다.

5. 도시가스 사용시설에서 배관의 호칭지름이 25 mm인 배관은 몇 m 간격으로 고정하여야 하는가?

[정답] 1. ①　2. ②　3. ②　4. ①　5. ②

① 1 m 마다 ② 2 m 마다
③ 3 m 마다 ④ 4 m 마다

해설 배관의 고정장치 설치기준
㉮ 호칭지름 13 mm 미만 : 1 m마다
㉯ 호칭지름 13 mm 이상 33mm 미만 : 2 m마다
㉰ 호칭지름 33 mm 이상 : 3 m마다
㉱ 호칭지름 100 mm 이상의 것에는 적절한 방법에 따라 3 m를 초과하여 설치할 수 있다.

호칭지름	지지간격(m)
100 A	8
150 A	10
200 A	12
300 A	16
400 A	19
500 A	22
600 A	25

6. 액화석유가스는 공기 중의 혼합비율의 용량이 얼마인 상태에서 감지할 수 있도록 냄새가 나는 물질을 섞어 용기에 충전하여야 하는가?

① $\dfrac{1}{10}$ ② $\dfrac{1}{100}$
③ $\dfrac{1}{1000}$ ④ $\dfrac{1}{10000}$

해설 부취제의 공기 중 착취농도 : 1/1000 이하 (0.1 % 이하)

7. 다음 중 천연가스(LNG)의 주성분은?
① CO ② CH_4
③ C_2H_4 ④ C_2H_2

해설 천연가스(NG) 및 액화천연가스(LNG)의 주성분은 메탄(CH_4)이다.

8. 건축물 안에 매설할 수 없는 도시가스 배관의 재료는?
① 스테인리스강관
② 동관
③ 가스용 금속플렉시블호스
④ 가스용 탄소강관

해설 실내에 배관 설치 기준
㉮ 건축물 안의 배관은 노출하여 시공할 것 (단, 스테인리스강, 보호조치를 한 동관, 가스용 금속플렉시블호스를 이음매 없이 설치하는 경우 매설할 수 있음)
㉯ 환기가 잘되지 아니하는 천장, 벽, 바닥, 공동구 등에는 설치하지 아니할 것

9. 고압가스용 용접용기 동판의 최대 두께와 최소 두께와의 차이는?
① 평균두께의 5 % 이하
② 평균두께의 10 % 이하
③ 평균두께의 20 % 이하
④ 평균두께의 25 % 이하

해설 용접 용기 동판의 최대 두께와 최소 두께와의 차이는 평균두께의 10 % 이하로 하여야 한다 (단, 이음매 없는 용기는 20 % 이하).

10. 공기 중에서 폭발범위가 가장 넓은 가스는?
① 메탄 ② 프로판
③ 에탄 ④ 일산화탄소

해설 각 가스의 공기 중 폭발범위

명칭	폭발범위(vol %)
메탄(CH_4)	5~15
프로판(C_3H_8)	2.2~9.5
에탄(C_2H_6)	3.0~12.5
일산화탄소(CO)	12.5~74

11. 다음 중 마찰, 타격 등으로 격렬히 폭

정답 6. ③ 7. ② 8. ④ 9. ② 10. ④ 11. ②

발하는 예민한 폭발물질로서 가장 거리가 먼 것은?

① AgN₂   ② H₂S
③ Ag₂C₂   ④ N₄S₄

해설 폭발성이 극히 예민하여 마찰, 타격으로 격렬히 폭발하는 물질에는 아지화은(AgN₂), 질화수은(HgN₂), 아세틸드(Ag₂C₂ : 은 아세틸드), 염화질소, 황화질소[유화질소](N₄S₄), 옥화질소, 테트라젠 등이 있다.

12. 독성 가스 용기 운반기준에 대한 설명으로 틀린 것은?

① 차량의 최대 적재량을 초과하여 적재하지 아니한다.
② 충전 용기는 자전거나 오토바이에 적재하여 운반하지 아니한다.
③ 독성 가스 중 가연성 가스와 조연성 가스는 같은 차량의 적재함으로 운반하지 아니한다.
④ 충전 용기를 차량에 적재하여 운반할 때에는 적재함에 넘어지지 않게 뉘어서 운반한다.

해설 충전용기를 차량에 적재하여 운반할 때에는 적재함에 세워서 운반하여야 한다.

13. 도시가스 계량기와 화기 사이에 유지하여야 하는 거리는?

① 2 m 이상   ② 4 m 이상
③ 5 m 이상   ④ 8 m 이상

해설 화기와 유지거리
㉮ 가스계량기와 화기(그 시설 안에서 사용하는 자체 화기를 제외한다.) 사이에 유지하여야 하는 거리는 우회거리 2 m 이상으로 한다.
㉯ 입상관과 화기(그 시설 안에서 사용하는 자체 화기를 제외한다.) 사이에 유지하여야 하는 거리는 우회거리 2 m 이상으로 한다.

14. 용기 밸브 그랜드너트의 6각 모서리에 V형의 홈을 낸 것은 무엇을 표시하기 위한 것인가?

① 왼나사임을 표시
② 오른나사임을 표시
③ 암나사임을 표시
④ 수나사임을 표시

해설 용기 밸브 그랜드너트의 6각 모서리에 V형의 홈을 낸 것은 충전구가 왼나사임을 표시한 것이다.

15. 부탄가스용 연소기의 명판에 기재할 사항이 아닌 것은?

① 연소기명
② 제조자의 형식호칭
③ 연소기 재질
④ 제조(로트)번호

해설 부탄가스용 연소기의 명판에 기재할 사항
㉮ 연소기명(부탄가스용 연소기)
㉯ 제조자의 형식호칭(모델번호)
㉰ 사용가스명(액화부탄가스)
㉱ 제조(로트)번호 및 제조연월 또는 그 약호(수입품은 수입연월)
㉲ 품질보증기간 및 용도
㉳ 제조자명 또는 그 약호(수입품은 수입판매자명)
㉴ 정격전압[V] 및 소비전력[W] (전기를 사용하는 연소기만을 말한다.)

16. 도시가스 도매사업자가 제조소에 다음 시설을 설치하고자 한다. 다음 중 내진 설계를 하지 않아도 되는 시설은?

① 저장능력이 2톤인 지상식 액화천연가

정답 12. ④ 13. ① 14. ① 15. ③ 16. ①

스 저장탱크의 지지구조물
② 저장능력이 300 m³인 천연가스 홀더의 지지구조물
③ 처리능력이 10 m³인 압축기의 지지구조물
④ 처리능력이 15 m³인 펌프의 지지구조물

해설 내진설계 적용대상 시설 : 저장탱크, 가스홀더, 압축기, 펌프, 기화기, 열교환기 및 냉동설비의 지지구조물 및 기초는 가스시설 내진설계 기준에 따라 설계하고, 지진의 영향으로부터 안전한 구조로 설치한다. 다만, 다음 어느 하나에 해당하는 시설은 내진설계 대상에서 제외한다.
㉮ 건축법령에 따라 내진설계를 하여야 하는 것으로서 같은 법령이 정하는 바에 따라 내진설계를 한 시설
㉯ 저장능력 3톤 (압축가스의 경우에는 300 m³) 미만인 저장탱크 또는 가스홀더
㉰ 지하에 설치되는 시설

17. 저장탱크의 지하설치기준에 대한 설명으로 틀린 것은?
① 천장, 벽 및 바닥의 두께가 각각 30 cm 이상인 방수조치를 한 철근콘크리트로 만든 곳에 설치한다.
② 지면으로부터 저장탱크의 정상부까지의 깊이는 1 m 이상으로 한다.
③ 저장탱크에 설치한 안전밸브에는 지면에서 5 m 이상의 높이에 방출구가 있는 가스방출관을 설치한다.
④ 저장탱크를 매설한 곳의 주위에는 지상에 경계표지를 설치한다.

해설 지면으로부터 저장탱크의 정상부까지의 깊이는 60 cm 이상으로 한다.

18. 가스 중 음속보다 화염전파 속도가 큰 경우 충격파가 발생하는데 이 때 가스의 연소 속도로서 옳은 것은?
① 0.3~100 m/s
② 100~300 m/s
③ 700~800 m/s
④ 1000~3500 m/s

해설 ㉮ 폭굉 : 가스 중의 음속보다도 화염전파속도가 큰 경우로서 파면선단에 충격파라고 하는 압력파가 생겨 격렬한 파괴작용을 일으키는 현상이다.
㉯ 폭굉의 속도는 가스인 경우 1000~3500 m/s 정도이다.

19. 도시가스 사용시설의 가스계량기 설치기준에 대한 설명으로 옳은 것은?
① 시설 안에서 사용하는 자체 화기를 제외한 화기와 가스계량기와 유지하여야 하는 거리는 3 m 이상이어야 한다.
② 시설 안에서 사용하는 자체 화기를 제외한 화기와 입상관과 유지하여야 하는 거리는 3 m 이상이어야 한다.
③ 가스계량기와 단열조치를 하지 아니한 굴뚝과의 거리는 10 cm 이상 유지하여야 한다.
④ 가스계량기와 전기개폐기와의 거리는 60 cm 이상 유지하여야 한다.

해설 (1) 화기와의 거리
㉮ 시설 안에서 사용하는 자체 화기를 제외한 화기와 가스계량기와 유지하여야 하는 거리는 우회거리 2 m 이상으로 한다.
㉯ 시설 안에서 사용하는 자체 화기를 제외한 화기와 입상관과 유지하여야 하는 거리는 우회거리 2 m 이상으로 한다.
(2) 가스계량기와 유지거리
㉮ 전기계량기, 전기개폐기 : 60 cm 이상
㉯ 단열조치를 하지 않은 굴뚝, 전기점

멸기, 전기접속기 : 30 cm 이상
㉰ 절연조치를 하지 않은 전선 : 15 cm 이상

20. 비등액체팽창증기폭발(BLEVE)이 일어날 가능성이 가장 낮은 곳은?
① LPG 저장탱크
② 액화가스 탱크로리
③ 천연가스 지구정압기
④ LNG 저장탱크

해설 비등액체팽창증기폭발(BLEVE) : 가연성 액체 저장탱크 주변에서 화재가 발생하여 기상부의 탱크가 국부적으로 가열되면 그 부분이 강도가 약해져 탱크가 파열된다. 이때 내부의 액화가스가 급격히 유출 팽창되어 화구(fire ball)를 형성하여 폭발하는 형태를 말한다.

21. 액화석유가스를 탱크로리로부터 이·충전할 때 정전기를 제거하는 조치로 접지하는 접지접속선의 규격은?
① 5.5 mm² 이상
② 6.7 mm² 이상
③ 9.6 mm² 이상
④ 10.5 mm² 이상

해설 정전기 접지선 규격 : 단면적 5.5 mm² 이상

22. 가연성 가스, 독성 가스 및 산소설비의 수리 시 설비 내의 가스 치환용으로 주로 사용되는 가스는?
① 질소
② 수소
③ 일산화탄소
④ 염소

해설 설비 내의 가스 치환용으로 주로 사용되는 가스는 불연성이고 상온에서 안정된 가스인 질소를 가장 많이 사용한다.

23. 다음 중 지연성 가스에 해당되지 않는 것은?
① 염소
② 불소
③ 이산화질소
④ 이황화탄소

해설 이황화탄소(CS_2) : 폭발범위가 1.25~44 %인 가연성 가스이다.

24. 내용적이 300 L인 용기에 액화암모니아를 저장하려고 한다. 이 저장설비의 저장능력은 얼마인가? (단, 액화암모니아의 충전정수는 1.86이다.)
① 161 kg
② 232 kg
③ 279 kg
④ 558 kg

해설 $G = \dfrac{V}{C} = \dfrac{300}{1.86} = 161.29$ kg

25. 다음 중 방류둑을 설치하여야 할 기준으로 옳지 않은 것은?
① 저장능력이 5톤 이상인 독성 가스 저장탱크
② 저장능력이 300톤 이상인 가연성 가스 저장탱크
③ 저장능력이 1000톤 이상인 액화석유가스 저장탱크
④ 저장능력이 1000톤 이상인 액화산소 저장탱크

해설 방류둑 설치 기준(저장능력별)
(1) 고압가스 특정제조
㉮ 가연성 가스 : 500톤 이상
㉯ 독성 가스 : 5톤 이상
㉰ 액화산소 : 1000톤 이상
(2) 고압 가스 일반제조
㉮ 가연성 가스, 액화산소 : 1000톤 이상
㉯ 독성 가스 : 5톤 이상
(3) 냉동제조 : 수액기 내용적 10000 L 이상 (단, 독성 가스 냉매 사용)
(4) 액화석유가스 저장탱크 : 1000톤 이상

정답 20. ③ 21. ① 22. ① 23. ④ 24. ① 25. ②

26. 다음은 도시가스사용시설의 월사용예정량을 산출하는 식이다. 이 중 기호 "A"가 의미하는 것은?

$$Q = \frac{\{(A \times 240) + (B \times 90)\}}{11000}$$

① 월사용예정량
② 산업용으로 사용하는 연소기의 명판에 기재된 가스소비량의 합계
③ 산업용이 아닌 연소기의 명판에 기재된 가스소비량의 합계
④ 가정용 연소기의 가스소비량 합계

[해설] ① Q
③ B

27. LPG용 압력조정기 중 1단 감압식 저압조정기의 조정압력의 범위는?

① 2.3~3.3 kPa
② 2.55~3.3 kPa
③ 57~83 kPa
④ 5.0~30 kPa 이내에서 제조자가 설정한 기준압력의 ±20 %

[해설] 1단 감압식 저압조정기의 압력 범위
㉮ 입구압력 : 0.07~1.56 MPa
㉯ 출구압력(조정압력) : 2.3~3.3 kPa

28. 산소가스 설비의 수리를 위한 저장탱크 내의 산소를 치환할 때 산소측정기 등으로 치환 결과를 수시로 측정하여 산소의 농도가 원칙적으로 몇 % 이하가 될 때까지 치환하여야 하는가?

① 18 % ② 20 %
③ 22 % ④ 24 %

[해설] 치환농도
㉮ 가연성 가스 : 폭발하한값의 1/4 이하
㉯ 독성 가스 : TLV-TWA 기준농도 이하
㉰ 산소 : 22 % 이하
㉱ 작업원이 작업할 때의 산소농도 : 18~22 %

29. 용기의 내용적 40 L에 내압시험 압력의 수압을 걸었더니 내용적이 40.24 L로 증가하였고, 압력을 제거하여 대기압으로 하였더니 용적은 40.02 L가 되었다. 이 용기의 항구증가량과 또 이 용기의 내압시험에 대한 합격 여부는?

① 1.6 %, 합격   ② 1.6 %, 불합격
③ 8.3 %, 합격   ④ 8.3 %, 불합격

[해설] ㉮ 항구증가량 계산
∴ 항구증가량(%) = $\frac{항구증가량}{전증가량} \times 100$
= $\frac{40.02 - 40}{40.24 - 40} \times 100$
= 8.33 %

㉯ 합격 여부 판단 : 합격기준인 항구증가량 10 %를 넘지 않으므로 이 용기는 합격이다.

30. 최근 시내버스 및 청소차량 연료로 사용되는 CNG 충전소 설계 시 고려하여야 할 사항으로 틀린 것은?

① 압축장치와 충전설비 사이에는 방호벽을 설치한다.
② 충전기에는 90 kgf 미만의 힘에서 분리되는 긴급분리장치를 설치한다.
③ 자동차 충전기(디스펜서)의 충전호스 길이는 8 m 이하로 한다.
④ 펌프 주변에는 1개 이상 가스 누출검지 경보장치를 설치한다.

[해설] 긴급분리장치는 각 충전기마다 설치하며, 수평방향으로 당길 때 666.4 N (68 kgf) 미만의 힘으로 분리되는 것으로 한다.

정답 26. ② 27. ① 28. ③ 29. ③ 30. ②

31. 다이어프램식 압력계의 특징에 대한 설명 중 틀린 것은?

① 정확성이 높다.
② 반응속도가 빠르다.
③ 온도에 따른 영향이 적다.
④ 미소압력을 측정할 때 유리하다.

해설 다이어프램식 압력계 특징
㉮ 응답속도가 빠르나 온도의 영향을 받는다.
㉯ 차압 측정이 가능하다.
㉰ 극히 미세한 압력측정이 가능하다.
㉱ 부식성 유체의 측정이 가능하다.
㉲ 압력계가 파손되어도 위험이 적다.

32. 어떤 도시가스의 발열량이 15000 kcal / Sm³일 때 웨버지수는 얼마인가? (단, 가스의 비중은 0.5로 한다.)

① 12121　　② 20000
③ 21213　　④ 30000

해설 $WI = \dfrac{H_g}{\sqrt{d}} = \dfrac{15000}{\sqrt{0.5}} = 21213.203$

33. 전위측정기로 관대지전위(pipe to soil potential) 측정 시 측정방법으로 적합하지 않은 것은? (단, 기준전극은 포화황산동 전극이다.)

① 측정선 말단의 부식부분을 연마 후에 측정한다.
② 전위측정기의 (+)는 T/B(test box), (-)는 기준전극에 연결한다.
③ 콘크리트 등으로 기준전극을 토양에 접지할 수 없을 경우에는 물에 적신 스펀지 등을 사용하여 측정한다.
④ 전위 측정은 가능한 한 배관에서 먼 위치에서 측정한다.

해설 전위 측정은 가능한 한 배관에서 가까운 위치에서 측정한다.

34. 염화팔라듐지로 검지할 수 있는 가스는?

① 아세틸렌　　② 황화수소
③ 염소　　　　④ 일산화탄소

해설 가스검지 시험지법

검지가스	시험지	반응(변색)
암모니아(NH₃)	적색리트머스지	청색
염소(Cl₂)	KI-전분지	청갈색
포스겐(COCl₂)	해리슨시험지	유자색
시안화수소(HCN)	초산벤젠지	청색
일산화탄소(CO)	염화팔라듐지	흑색
황화수소(H₂S)	연당지	회흑색
아세틸렌(C₂H₂)	염화제1구리 착염지	적갈색

35. 주로 탄광 내에서 CH₄의 발생을 검출하는 데 사용되며 청염(푸른 불꽃)의 길이로써 그 농도를 알 수 있는 가스 검지기는?

① 안전등형　　② 간섭계형
③ 열선형　　　④ 흡광 광도형

해설 안전등형 : 탄광 내에서 메탄(CH₄)가스를 검출하는 데 사용되는 석유램프의 일종으로 메탄이 존재하면 불꽃의 모양이 커지며, 푸른 불꽃(청염) 길이로 메탄의 농도를 대략적으로 알 수 있다.

36. 다음 중 용적식 유량계에 해당하는 것은?

① 오리피스 유량계
② 플로노즐 유량계
③ 벤투리관 유량계
④ 오벌 기어식 유량계

해설 유량계의 구분 및 종류
㉮ 용적식 : 오벌기어식, 루트(roots)식, 로터리 피스톤식, 로터리 베인식, 습식 가스미터, 막식 가스미터 등

정답 31. ③　32. ③　33. ④　34. ④　35. ①　36. ④

㉯ 간접식 : 차압식(오리피스, 플로노즐, 벤투리미터), 유속식, 면적식, 전자식, 와류식 등

37. 가스난방기의 명판에 기재하지 않아도 되는 것은?
① 제조자의 형식호칭(모델번호)
② 제조자명이나 그 약호
③ 품질보증기간과 용도
④ 열효율

해설 가스난방기의 명판에 기재할 사항
  ㉮ 연소기명(난방기)
  ㉯ 제조자의 형식호칭(모델번호)
  ㉰ 사용 가스명(도시가스용은 사용가능한 가스그룹) 및 사용 가스압력
  ㉱ 가스소비량 : kW (액화석유가스는 kg/h, 도시가스는 kcal/h)
  ㉲ 제조(로트)번호 및 제조연월 또는 그 약호(수입품은 수입연월)
  ㉳ 품질보증기간과 용도
  ㉴ 제조자명이나 그 약호(수입품은 수입판매자명)
  ㉵ 정격전압[V] 및 소비전력[W] (전기를 사용하는 가스난방기만을 말한다.)

38. 진탕형 오토클레이브의 특징에 대한 설명으로 틀린 것은?
① 가스 누출의 가능성이 적다.
② 고압력에 사용할 수 있고 반응물의 오손이 적다.
③ 장치 전체가 진동하므로 압력계는 본체로부터 떨어져 설치한다.
④ 뚜껑판에 뚫어진 구멍에 촉매가 끼어들어갈 염려가 없다.

해설 진탕형 오토클레이브의 특징 : ①, ②, ③ 외에 뚜껑판에 뚫어진 구멍에 촉매가 끼어들어갈 염려가 있다.

39. 송수량 12000 L/min, 전양정 45 m인 벌류트 펌프의 회전수를 1000 rpm에서 1100 rpm으로 변화시킨 경우 펌프의 축동력은 약 몇 PS인가? (단, 펌프의 효율은 80 %이다.)
① 165 ② 180 ③ 200 ④ 250

해설 ㉮ 현재의 축동력 계산
$$PS = \frac{\gamma QH}{75\eta} = \frac{1000 \times 12 \times 45}{75 \times 0.8 \times 60} = 150\,PS$$
㉯ 회전수 변화 후 축동력 계산
$$L_2 = L_1 \times \left(\frac{N_2}{N_1}\right)^3 = 150 \times \left(\frac{1100}{1000}\right)^3 = 199.65\,PS$$

40. 펌프의 실제 송출유량을 Q, 펌프 내부에서의 누설 유량을 ΔQ, 임펠러 속을 지나는 유량을 $Q + \Delta Q$라 할 때 펌프의 체적효율(η_v)을 구하는 식은?
① $\eta_v = \dfrac{Q}{Q + \Delta Q}$ ② $\eta_v = \dfrac{Q + \Delta Q}{Q}$
③ $\eta_v = \dfrac{Q - \Delta Q}{Q + \Delta Q}$ ④ $\eta_v = \dfrac{Q + \Delta Q}{Q - \Delta Q}$

해설 체적효율(%) = $\dfrac{\text{실제 송출유량}}{\text{이론적 송출유량}}$
$= \dfrac{Q}{Q + \Delta Q}$

41. 염화메탄을 사용하는 배관에 사용하지 못하는 금속은?
① 주강   ② 강
③ 동합금 ④ 알루미늄 합금

해설 냉매가스 종류에 따른 사용금속 제한
  ㉮ 암모니아(NH₃) : 동 및 동합금(단, 동 함유량 62 % 미만일 때 사용 가능)
  ㉯ 염화메탄(CH₃Cl) : 알루미늄 합금
  ㉰ 프레온 : 2 %를 넘는 마그네슘을 함유한 알루미늄 합금

정답 37. ④ 38. ④ 39. ③ 40. ① 41. ④

42. 고압가스 용기의 관리에 대한 설명으로 틀린 것은?
① 충전 용기는 항상 40℃ 이하를 유지하도록 한다.
② 충전 용기는 넘어짐 등으로 인한 충격을 방지하는 조치를 하여야 하며, 사용한 후에는 밸브를 열어둔다.
③ 충전 용기 밸브는 서서히 개폐한다.
④ 충전 용기 밸브 또는 배관을 가열하는 때에는 열습포나 40℃ 이하의 더운물을 사용한다.

해설 사용한 후에는 용기 밸브를 잠근다.

43. 저온장치의 분말진공 단열법에서 충진용 분말로 사용되지 않는 것은?
① 펄라이트 ② 알루미늄분말
③ 글라스울 ④ 규조토

해설 충진용 분말 : 샌다셀, 펄라이트, 규조토, 알루미늄 분말

44. 다음 중 저온을 얻는 기본적인 원리는?
① 등압 팽창 ② 단열 팽창
③ 등온 팽창 ④ 등적 팽창

해설 ㉮ 저온을 얻는 기본 원리 : 줄-톰슨 효과를 이용한 단열팽창 방법이다.
㉯ 줄-톰슨 효과 : 단열을 한 배관 중에 작은 구멍을 내고 이 관에 압력이 있는 유체를 흐르게 하면 유체가 작은 구멍을 통할 때 유체의 압력이 하강함과 동시에 온도가 변화하는 현상이다.

45. 압축기를 이용한 LP가스 이·충전 작업에 대한 설명으로 옳은 것은?
① 충전시간이 길다.
② 잔류가스를 회수하기 어렵다.
③ 베이퍼 로크 현상이 일어난다.
④ 드레인 현상이 일어난다.

해설 압축기를 이용한 특징
㉮ 펌프에 비해 이송시간이 짧다.
㉯ 잔가스 회수가 가능하다.
㉰ 베이퍼 로크 현상이 없다.
㉱ 부탄의 경우 재액화 현상이 일어난다.
㉲ 압축기 오일이 유입되어 드레인의 원인이 된다.

46. 다음 중 가장 높은 압력은?
① 1 atm ② 100 kPa
③ 10 mH₂O ④ 0.2 MPa

해설 각 압력을 kgf/cm² 단위로 환산하여 비교
① 1atm : 1.0332 kgf/cm²
② 100kPa : $\frac{100}{101.325} \times 1.0332$
= 1.0196 gf/cm²
③ 10mH₂O : $\frac{10}{10.332} \times 1.0332$
= 1 kgf/cm²
④ 0.2MPa : $\frac{0.2}{0.101325} \times 1.0332$
= 2.0393 kgf/cm²

47. 다음 중 비점이 가장 낮은 것은?
① 수소 ② 헬륨 ③ 산소 ④ 네온

해설 대기압 상태에서 각 기체의 비점

명칭	비점
수소(H₂)	-252.2℃
헬륨(He)	-269℃
산소(O₂)	-183℃
네온(Ne)	-246℃

48. 공기 중에 10 vol % 존재 시 폭발의 위험성이 없는 가스는?

정답 42. ② 43. ③ 44. ② 45. ④ 46. ④ 47. ② 48. ①

① CH₃Br ② C₂H₆
③ C₂H₄O ④ H₂S

해설 각 가스의 공기 중 폭발범위(vol %)

명칭	폭발범위
브롬화메탄(CH₃Br)	10~16 %
에탄(C₂H₆)	3.0~12.5 %
산화에틸렌(C₂H₄O)	3~80 %
황화수소(H₂S)	4.3~45 %

참고 브롬화메탄은 잘 연소하지 않지만 심하게 착화시키면 좁은 범위에서 화염이 전파된다.

49. 다음 중 LP가스의 일반적인 연소 특성이 아닌 것은?
① 연소 시 다량의 공기가 필요하다.
② 발열량이 크다.
③ 연소속도가 늦다.
④ 착화온도가 낮다.

해설 LP가스의 연소 특징
㉮ 타 연료와 비교하여 발열량이 크다.
㉯ 연소 시 공기량이 많이 필요하다.
㉰ 폭발범위(연소범위)가 좁다.
㉱ 연소속도가 느리다.
㉲ 발화온도(착화온도)가 높다.

50. LNG의 특징에 대한 설명 중 틀린 것은?
① 냉열을 이용할 수 있다.
② 천연에서 산출한 천연가스를 약 -162℃까지 냉각하여 액화시킨 것이다.
③ LNG는 도시가스, 발전용 이외에 일반 공업용으로도 사용된다.
④ LNG로부터 기화한 가스는 부탄이 주성분이다.

해설 천연가스(NG) 및 액화천연가스(LNG)의 주성분은 메탄(CH₄)이다.

51. 가정용 가스보일러에서 발생하는 가스 중독사고의 원인은 배기가스의 어떤 성분에 의하여 주로 발생하는가?
① CH₄ ② CO₂
③ CO   ④ C₃H₈

해설 가스보일러에서 불완전연소로 발생되는 일산화탄소(CO)는 독성이 강한 가스(TLV-TWA 50ppm)로 중독사고의 위험성이 크다.

52. 순수한 물 1 g을 온도 14.5℃에서 15.5℃까지 높이는 데 필요한 열량을 의미하는 것은?
① 1 cal ② 1 BTU
③ 1 J   ④ 1 CHU

해설 1 cal : 표준 대기압상태에서 순수한 물 1 g의 온도를 14.5℃에서 15.5℃까지 높이는 데 필요한 열량을 의미한다.
(1 kcal = 물 1 kg)

53. 물질이 융해, 응고, 증발, 응축 등과 같은 상의 변화를 일으킬 때 발생 또는 흡수하는 열을 무엇이라 하는가?
① 비열   ② 현열
③ 잠열   ④ 반응열

해설 현열과 잠열
㉮ 현열(감열) : 상태 불변, 온도 변화에 소요된 열량
㉯ 잠열(숨은열) : 온도 불변, 상태 변화에 소요된 열량

54. 에틸렌(C₂H₄)의 용도가 아닌 것은?
① 폴리에틸렌의 제조
② 산화에틸렌의 원료
③ 초산비닐의 제조

정답 49. ④ 50. ④ 51. ③ 52. ① 53. ③ 54. ④

④ 메탄올 합성의 원료

해설 에틸렌(C_2H_4)의 용도
㉮ 합성수지, 합성섬유, 합성고무 등의 제조용 기초 원료로 사용된다.
㉯ 폴리에틸렌의 제조 원료로 사용된다.
㉰ 아세트알데히드, 산화에틸렌, 스티렌, 에탄올, 이산화에틸렌 등의 원료로 사용된다.

55. 공기 100 kg 중에는 산소가 약 몇 kg 포함되어 있는가?
① 12.3 kg ② 23.2 kg
③ 31.5 kg ④ 43.7 kg

해설 공기 중에 산소는 체적으로 21 %, 질량으로는 23.2 %를 함유하고 있다.
∴ 100×0.232=23.2 kg

56. 100°F를 섭씨온도로 환산하면 약 몇 ℃ 인가?
① 20.8 ② 27.8
③ 37.8 ④ 50.8

해설 $℃ = \dfrac{5}{9}(°F - 32)$
$= \dfrac{5}{9} \times (100-32) = 37.777 ℃$

57. 0℃, 2기압 하에서 1 L의 산소와 0℃, 3기압 2 L의 질소를 혼합하여 2 L로 하면 압력은 몇 기압이 되는가?
① 2기압 ② 4기압
③ 6기압 ④ 8기압

해설 $P = \dfrac{P_1V_1 + P_2V_2}{V}$
$= \dfrac{(2\times 1)+(3\times 2)}{2} = 4$ 기압

58. 다음 중 상온에서 비교적 낮은 압력으로 가장 쉽게 액화되는 가스는?
① CH_4 ② C_3H_8
③ O_2 ④ H_2

해설 프로판의 비점은 -42.1℃이므로 상온에서 압력을 가하면 쉽게 액화할 수 있다. 메탄(비점 : -161.5℃), 산소(-183℃), 수소(-252.2℃)는 비점이 매우 낮아 상온에서 액화시키기 어려워 일반적으로 압축가스로 취급되고 있다.

59. 완전연소 시 공기량이 가장 많이 필요로 하는 가스는?
① 아세틸렌 ② 메탄
③ 프로판 ④ 부탄

해설 탄화수소(C_mH_n)에서 탄소수가 많은 것이 완전연소 시 필요한 공기량이 가장 많다. 탄화수소의 완전연소 반응식은 다음과 같다.
$C_mH_n + \left(m + \dfrac{n}{4}\right)O_2 \rightarrow mCO_2 + \dfrac{n}{2}H_2O$

60. 산소의 물리적 성질에 대한 설명 중 틀린 것은?
① 물에 녹지 않으며 액화산소는 담녹색이다.
② 기체, 액체, 고체 모두 자성이 있다.
③ 무색무취, 무미의 기체이다.
④ 강력한 조연성 가스로서 자신은 연소하지 않는다.

해설 물에는 약간 녹으며, 액화산소는 담청색(담녹색)을 나타낸다.

정답 55. ② 56. ③ 57. ② 58. ② 59. ④ 60. ①

가스기능사

2013년 4월 14일 시행 (제2회)

1. LPG 충전시설의 충전소에 기재한 "화기엄금"이라고 표시한 게시판의 색깔로 옳은 것은?

① 황색 바탕에 흑색 글씨
② 황색 바탕에 적색 글씨
③ 흰색 바탕에 흑색 글씨
④ 흰색 바탕에 적색 글씨

해설 LPG 자동차 충전소 표지판
㉮ 충전 중 엔진정지 : 황색 바탕에 흑색 글씨
㉯ 화기엄금 : 백색 바탕에 적색 글씨

2. 특정고압가스 사용시설 중 고압가스 저장량이 몇 kg 이상인 용기보관실에 있는 벽을 방호벽으로 설치하여야 하는가?

① 100 ② 200 ③ 300 ④ 500

해설 특정고압가스 사용시설 시설기준
㉮ 안전거리 유지 : 저장능력 500 kg 이상인 액화염소 사용시설
㉯ 방호벽 설치 : 저장능력 300 kg 이상인 용기보관실
㉰ 안전밸브 설치 : 저장능력 300 kg 이상인 용기 접합장치가 설치된 곳
㉱ 화기와의 거리
 ⓐ 가연성 가스 저장설비, 기화장치 : 8 m 이상
 ⓑ 산소 저장설비 : 5 m 이상
㉲ 역화방지장치 설치 : 수소화염, 산소-아세틸렌 화염을 사용하는 시설

3. 도시가스 중 음식물쓰레기, 가축·분뇨, 하수슬러지 등 유기성 폐기물로부터 생성된 기체를 정제한 가스로서 메탄이 주성분인 가스를 무엇이라 하는가?

① 천연가스 ② 나프타부생가스
③ 석유가스 ④ 바이오가스

해설 도시가스의 종류 : 도법 시행령 제1조의2
(1) 천연가스 : 지하에서 자연적으로 생성되는 가연성 가스로서 메탄을 주성분으로 하는 가스로서 액화한 것을 포함한다.
(2) 천연가스와 일정량을 혼합하거나 이를 대체하여도 가스공급시설 및 가스사용시설의 성능과 안전에 영향을 미치지 않는 것으로서 산업통상자원부장관이 정하여 고시하는 품질기준에 적합한 다음 가스 중 배관을 통하여 공급되는 가스
㉮ 석유가스 : 액화석유가스 및 석유가스를 공기와 혼합하여 제조한 가스
㉯ 나프타부생(副生)가스 : 나프타 분해공정을 통해 에틸렌, 프로필렌 등을 제조하는 과정에서 부산물로 생성되는 가스로서 메탄이 주성분인 가스 및 이를 다른 도시가스와 혼합하여 제조한 가스
㉰ 바이오가스 : 유기성 폐기물 등 바이오매스로부터 생성된 기체를 정제한 가스로서 메탄이 주성분인 가스 및 이를 다른 도시가스와 혼합하여 제조한 가스
㉱ 그 밖에 메탄이 주성분인 가스로서 도시가스 수급 안정과 에너지 이용 효율 향상을 위해 보급할 필요가 있다고 인정하여 산업통상자원부령으로 정하는 가스

4. 방폭전기기기의 용기 내부에서 가연성 가스의 폭발이 발생할 경우 그 용기가 폭발압력에 견디고, 접합면, 개구부 등을 통해 외부의 가연성 가스에 인화되지 않도록 한 방폭구조는?

정답 1. ④ 2. ③ 3. ④ 4. ①

① 내압(耐壓) 방폭구조
② 유입(油入) 방폭구조
③ 압력(壓力) 방폭구조
④ 본질안전 방폭구조

해설 방폭구조의 종류 및 표시기호

명칭	기호
내압 방폭구조	d
유입 방폭구조	o
압력 방폭구조	p
안전증 방폭구조	e
본질안전 방폭구조	ia, ib
특수 방폭구조	s

5. 독성 가스 여부를 판정할 때 기준이 되는 "허용농도"를 바르게 설명한 것은?

① 해당 가스를 성숙한 흰쥐 집단에게 대기 중에서 1시간 동안 계속하여 노출시킨 경우 7일 이내에 그 흰쥐의 1/2 이상이 죽게 되는 가스의 농도를 말한다.
② 해당 가스를 성숙한 흰쥐 집단에게 대기 중에서 24시간 동안 계속하여 노출시킨 경우 7일 이내에 그 흰쥐의 1/2 이상이 죽게 되는 가스의 농도를 말한다.
③ 해당 가스를 성숙한 흰쥐 집단에게 대기 중에서 1시간 동안 계속하여 노출시킨 경우 14일 이내에 그 흰쥐의 1/2 이상이 죽게 되는 가스의 농도를 말한다.
④ 해당 가스를 성숙한 흰쥐 집단에게 대기 중에서 24시간 동안 계속하여 노출시킨 경우 14일 이내에 그 흰쥐의 1/2 이상이 죽게 되는 가스의 농도를 말한다.

해설 ㉮ 독성 가스의 정의 : 공기 중에 일정량 이상 존재하는 경우 인체에 유해한 독성을 가진 가스로서 허용농도가 100만분의 5000 이하인 것을 말한다.
㉯ 허용농도 : 해당 가스를 성숙한 흰쥐 집단에게 대기 중에서 1시간 동안 계속하여 노출시킨 경우 14일 이내에 그 흰쥐의 2분의 1 이상이 죽게 되는 가스의 농도를 말한다. → LC50(치사농도[致死濃度] 50 : Lethal concentration 50)으로 표시

6. 다음 [보기]의 독성 가스 중 독성(LC_{50})이 가장 강한 것과 가장 약한 것을 바르게 나열한 것은?

┤보기├
㉮ 염화수소   ㉯ 암모니아
㉰ 황화수소   ㉱ 일산화탄소

① ㉮, ㉯   ② ㉮, ㉱
③ ㉰, ㉯   ④ ㉰, ㉱

해설 〈보기〉의 독성 가스 허용농도(ppm)

명칭	TLV-TWA	LC_{50}
염화수소	5	3124
암모니아	25	7388
황화수소	10	444
일산화탄소	50	3760

7. 다음 가연성 가스 중 공기 중에서 폭발범위가 가장 좁은 것은?

① 아세틸렌   ② 프로판
③ 수소   ④ 일산화탄소

해설 각 가스의 공기 중에서 폭발범위

명칭	폭발범위
아세틸렌(C_2H_2)	2.5~81%
프로판(C_3H_8)	2.2~9.5%
수소(H_2)	4~75%
일산화탄소(CO)	12.5~74%

8. 산소 가스설비의 수리 및 청소를 위한 저장탱크 내의 산소를 치환할 때 산소측정기

정답 5. ③ 6. ③ 7. ② 8. ③

등으로 치환결과를 측정하여 산소의 농도가 최대 몇 % 이하가 될 때까지 계속하여 치환작업을 하여야 하는가?
① 18 % ② 20 %
③ 22 % ④ 24 %

해설 치환농도
㉮ 가연성 가스 : 폭발하한값의 1/4 이하
㉯ 독성 가스 : TLV-TWA 기준농도 이하
㉰ 산소 : 22 % 이하
㉱ 작업원이 작업할 때의 산소농도 : 18~22 %

9. 원심압축기를 사용하는 냉동설비는 그 압축기의 원동기 정격출력 몇 kW를 1일의 냉동능력 1톤으로 산정하는가?
① 1.0 ② 1.2
③ 1.5 ④ 2.0

해설 1일의 냉동능력 1톤 계산
㉮ 원심식 압축기 : 압축기의 원동기 정격 출력 1.2 kW
㉯ 흡수식 냉동설비 : 발생기를 가열하는 1시간의 입열량 6640 kcal
㉰ 그 밖의 것은 다음 산식에 의함
$R = \dfrac{V}{C}$
여기서, R : 1일의 냉동능력(톤)
V : 피스톤 압출량(m³/h)
C : 냉매 종류에 따른 상수

10. 다음의 고압가스의 용량을 차량에 적재하여 운반할 때 운반책임자를 동승시키지 않아도 되는 것은?
① 아세틸렌 : 400 m³
② 일산화탄소 : 700 m³
③ 액화염소 : 6500 kg
④ 액화석유가스 : 2000 kg

해설 운반책임자 동승 기준
㉮ 비독성 고압가스

가스의 종류		기준
압축 가스	가연성	300 m³ 이상
	조연성	600 m³ 이상
액화 가스	가연성	3000 kg 이상 (납붙임 및 접합용기 : 2000 kg 이상)
	조연성	6000 kg 이상

㉯ 독성 고압가스

가스의 종류	허용농도	기준
압축 가스	100만분의 200 이하	10 m³ 이상
	100만분의 200 초과 100만분의 5000 이하	100 m³ 이상
액화 가스	100만분의 200 이하	100 kg 이상
	100만분의 200 초과 100만분의 5000 이하	1000 kg 이상

11. 고압가스 제조시설에 설치되는 피해저감설비로 방호벽을 설치해야 하는 경우가 아닌 것은?
① 압축기와 충전장소 사이
② 압축기와 가스충전용기 보관장소 사이
③ 충전장소와 충전용 주관밸브 조작밸브 사이
④ 압축기와 저장탱크 사이

해설 방호벽 설치 장소 : 아세틸렌가스 또는 압력이 9.8 MPa 이상인 압축가스를 용기에 충전하는 경우
㉮ 압축기와 충전장소 사이
㉯ 압축기와 그 가스충전용기 보관 장소 사이
㉰ 압축가스 충전장소와 그 가스 충전용기 보관 장소 사이

㉣ 충전장소와 그 충전용 주관밸브 조작 장소 사이

12. 고압가스의 제조시설에서 실시하는 가스설비의 점검 중 사용개시 전에 점검할 사항이 아닌 것은?
① 기초의 경사 및 침하
② 인터로크, 자동제어장치의 기능
③ 가스설비의 전반적인 누출 유무
④ 배관 계통의 밸브 개폐 상황

해설 제조설비 등의 사용개시 전 점검사항
㉮ 제조설비 등에 있는 내용물 상황
㉯ 계기류 및 인터로크(interlock)의 기능, 긴급용 시퀀스, 경보 및 자동제어장치의 기능
㉰ 긴급차단 및 긴급방출장치, 통신설비, 제어설비, 정전기방지 및 제거설비 그 밖에 안전설비 기능
㉱ 각 배관계통에 부착된 밸브 등의 개폐 상황 및 맹판의 탈착, 부착상황
㉲ 회전기계의 윤활유 보급상황 및 회전 구동 상황
㉳ 제조설비 등 당해 설비의 전반적인 누출 유무
㉴ 가연성 가스 및 독성 가스가 체류하기 쉬운 곳의 당해 가스농도
㉵ 전기, 물, 증기, 공기 등 유틸리티시설의 준비상황
㉶ 안전용 불활성가스 등의 준비상황
㉷ 비상전력 등의 준비상황
㉸ 그 밖에 필요한 사항의 이상 유무
※ 기초의 경사 및 침하는 사용종료 시 점검사항임

13. 액화가스를 운반하는 탱크로리(차량에 고정된 탱크)의 내부에 설치하는 것으로서 탱크 내 액화가스 액면요동을 방지하기 위해 설치하는 것은?
① 폭발방지장치
② 방파판
③ 압력방출장치
④ 다공성 충진제

해설 방파판 설치기준
㉮ 면적 : 탱크 횡단면적의 40 % 이상
㉯ 위치 : 상부 원호부면적이 탱크 횡단면의 20 % 이하가 되는 위치
㉰ 두께 : 3.2 mm 이상
㉱ 설치 수 : 탱크 내용적 5 m^3 이하마다 1개씩

14. 가스공급 배관 용접 후 검사하는 비파괴 검사방법이 아닌 것은?
① 방사선투과검사
② 초음파탐상검사
③ 자분탐상검사
④ 주사전자현미경검사

해설 비파괴 검사방법의 종류 : 음향검사, 침투검사, 자분검사(자분탐상검사), 방사선투과검사, 초음파탐상검사, 전위차법, 설파 프린트 등

15. 산소 저장설비에서 저장능력이 9000 m^3일 경우 1종 보호시설 및 2종 보호시설과의 안전거리는?
① 8 m, 5 m
② 10 m, 7 m
③ 12 m, 8 m
④ 14 m, 9 m

해설 산소 저장설비와 보호시설별 안전거리

저장능력(m^3)	제1종	제2종
1만 이하	12	8
1만 초과 2만 이하	14	9
2만 초과 3만 이하	16	11
3만 초과 4만 이하	18	13
4만 초과	20	14

∴ 저장능력 1만 m^3 이하의 경우 제1종 보호시설과 12 m, 제2종 보호시설과 8 m 안전거리를 유지하여야 한다.

정답 12. ① 13. ② 14. ④ 15. ③

16. 액화석유가스의 시설기준 중 저장탱크의 설치 방법으로 틀린 것은?
① 천장, 벽 및 바닥의 두께가 각각 30 cm 이상의 방수조치를 한 철근콘크리트구조로 한다.
② 저장탱크실 상부 윗면으로부터 저장탱크 상부까지의 깊이는 60 cm 이상으로 한다.
③ 저장탱크에 설치한 안전밸브에는 지면으로부터 5 m 이상의 방출관을 설치한다.
④ 저장탱크 주위 빈 공간에는 세립분을 25 % 이상 함유한 마른 모래를 채운다.
[해설] 저장탱크 주위 빈 공간에는 세립분을 함유하지 않은 것으로서 손으로 만졌을 때 물이 손에서 흘러내리지 않는 상태의 모래를 채운다.

17. 다음 중 고압가스의 성질에 따른 분류에 속하지 않는 것은?
① 가연성 가스   ② 액화 가스
③ 조연성 가스   ④ 불연성 가스
[해설] 가스의 종류(분류)
㉮ 상태에 의한 분류 : 압축가스, 액화가스, 용해가스
㉯ 연소성(성질)에 의한 분류 : 가연성 가스, 조연성 가스, 불연성 가스
㉰ 독성에 의한 분류 : 독성 가스, 비독성 가스

18. 다음 중 화학적 폭발로 볼 수 없는 것은?
① 증기폭발   ② 중합폭발
③ 분해폭발   ④ 산화폭발
[해설] 폭발의 종류
㉮ 물리적 폭발 : 증기폭발, 금속선 폭발, 고체상 전이 폭발, 압력폭발 등
㉯ 화학적 폭발의 종류 : 산화폭발, 분해폭발, 촉매폭발, 중합폭발 등

19. 가연성 가스의 위험성에 대한 설명으로 틀린 것은?
① 누출 시 산소결핍에 의한 질식의 위험성이 있다.
② 가스의 온도 및 압력이 높을수록 위험성이 커진다.
③ 폭발한계가 넓을수록 위험하다.
④ 폭발하한이 높을수록 위험하다.
[해설] 폭발하한이 낮고, 폭발범위가 넓을수록 위험성이 크다.

20. 시안화수소의 중합폭발을 방지할 수 있는 안정제로 옳은 것은?
① 수증기, 질소   ② 수증기, 탄산가스
③ 질소, 탄산가스   ④ 아황산가스, 황산
[해설] 안정제의 종류 : 아황산가스, 황산 외 동, 동망, 염화칼슘, 인산, 오산화인

21. LPG를 수송할 때의 주의사항으로 틀린 것은?
① 운전 중이나 정차 중에도 허가된 장소를 제외하고는 담배를 피워서는 안 된다.
② 운전자는 운전기술 외에 LPG의 취급 및 소화기 사용 등에 관한 지식을 가져야 한다.
③ 주차할 때는 안전한 장소에 주차하며, 운반책임자와 운전자는 동시에 차량에서 이탈하지 않는다.
④ 누출됨을 알았을 때는 가까운 경찰서, 소방서까지 직접 운행하여 알린다.
[해설] 가스 누출이 있는 경우에는 그 누출 부분의 확인 및 수리를 할 것

정답 16. ④ 17. ② 18. ① 19. ④ 20. ④ 21. ④

22. 염소의 성질에 대한 설명으로 틀린 것은?
① 상온, 상압에서 황록색의 기체이다.
② 수분 존재 시 철을 부식시킨다.
③ 피부에 닿으면 손상의 위험이 있다.
④ 암모니아와 반응하여 푸른 연기를 생성한다.

해설 암모니아와 반응하여 백색 연기[白煙]가 발생된다.

23. 수소에 대한 설명 중 틀린 것은?
① 수소용기의 안전밸브는 가용전식과 파열판식을 병용한다.
② 용기 밸브는 오른나사이다.
③ 수소 가스는 피로카롤 시약을 사용한 오르사트법에 의한 시험법에서 순도가 98.5 % 이상이어야 한다.
④ 공업용 용기의 도색은 주황색으로 하고 문자의 표시는 백색으로 한다.

해설 수소는 가연성 가스이므로 충전용기 밸브(충전구) 나사형식은 왼나사이다.

24. 다음 중 폭발성이 예민하므로 마찰 및 타격으로 격렬히 폭발하는 물질에 해당되지 않는 것은?
① 황화질소   ② 메틸아민
③ 염화질소   ④ 아세틸라이드

해설 폭발성이 극히 예민하여 마찰, 타격으로 격렬히 폭발하는 물질에는 아지화은(AgN_3), 질화수은(HgN_2), 아세틸드, 염화질소, 황화질소[유화질소](N_4S_4), 옥화질소, 테트라젠 등이 있다.

25. 고압가스 특정제조시설 중 철도부지 밑에 매설하는 배관에 대한 설명으로 틀린 것은?

① 배관의 외면으로부터 그 철도부지의 경계까지는 1 m 이상의 거리를 유지한다.
② 지표면으로부터 배관의 외면까지의 깊이를 60 cm 이상 유지한다.
③ 배관은 그 외면으로부터 궤도 중심과 4 m 이상 유지한다.
④ 지하철도 등을 횡단하여 매설하는 배관에는 전기방식조치를 강구한다.

해설 철도부지 매설배관 깊이 : 1.2 m 이상

26. 다음 중 같은 저장실에 혼합 저장이 가능한 것은?
① 수소와 염소가스
② 수소와 산소
③ 아세틸렌가스와 산소
④ 수소와 질소

해설 저장실에는 가연성 가스, 독성 가스 및 산소를 각각 구분하여 저장하여야 하며 수소와 불연성인 질소는 혼합 저장이 가능하다.

27. 용기 부속품에 각인하는 문자 중 질량을 나타내는 것은?
① TP   ② W   ③ AG   ④ V

해설 용기의 각인 기호 및 내용
㉮ V : 내용적(L)
㉯ W : 용기 질량(kg)
㉰ TW : 아세틸렌 용기질량에 다공물질, 용제, 용기부속품의 질량을 합한 질량(kg)
㉱ TP : 내압시험압력(MPa)
㉲ FP : 압축가스의 최고충전압력(MPa)

28. 고압가스 특정제조시설에서 지하매설 배관은 그 외면으로부터 지하의 다른 시설물과 몇 m 이상 거리를 유지하여야 하는가?

① 0.1   ② 0.2   ③ 0.3   ④ 0.5

29. 도시가스 사용시설 중 가스계량기와 다음 설비와의 안전거리의 기준으로 옳은 것은?

① 전기계량기와는 60 cm 이상
② 전기접속기와는 60 cm 이상
③ 전기점멸기와는 60 cm 이상
④ 절연조치를 하지 않은 전선과는 30 cm 이상

[해설] 가스계량기와 안전거리 기준
㉮ 전기계량기, 전기개폐기 : 60 cm 이상
㉯ 단열조치를 하지 않은 굴뚝, 전기점멸기, 전기접속기 : 30 cm 이상
㉰ 절연조치를 하지 않은 전선 : 15 cm 이상

30. 고압가스 제조설비에서 누출된 가스의 확산을 방지할 수 있는 제해조치를 하여야 하는 가스가 아닌 것은?

① 이산화탄소   ② 암모니아
③ 염소   ④ 염화메틸

[해설] 확산방지조치 대상 가스 : 포스겐, 황화수소, 시안화수소, 아황산가스, 산화에틸렌, 암모니아, 염소, 염화메틸

31. 흡수식 냉동기에서 냉매로 물을 사용할 경우 흡수제로 사용하는 것은?

① 암모니아   ② 사염화에탄
③ 리듐브로마이드 ④ 파라핀유

[해설] 흡수식 냉동기의 냉매 및 흡수제

냉매	흡수제
암모니아	물
물	리듐브로마이드
염화메틸	사염화에탄
톨루엔	파라핀유

32. 다음 중 이음매 없는 용기의 특징이 아닌 것은?

① 독성 가스를 충전하는 데 사용한다.
② 내압에 대한 응력 분포가 균일하다.
③ 고압에 견디기 어려운 구조이다.
④ 용접용기에 비해 값이 비싸다.

[해설] 이음매 없는 용기의 특징 : ①, ②, ④ 외
㉮ 고압에 견디기 쉬운 구조이다.
㉯ 두께가 균일하지 못할 수 있다.

33. 부유 피스톤형 압력계에서 실린더 지름 5 cm, 추와 피스톤의 무게가 130 kg일 때 이 압력계에 접속된 부르동관의 압력계 눈금이 7 kgf/cm²를 나타내었다. 이 부르동관 압력계의 오차는 약 몇 %인가?

① 5.7   ② 6.6   ③ 9.7   ④ 10.5

[해설] ㉮ 부유 피스톤형 압력계 압력 계산 : 참값에 해당

$$P = \frac{W+W'}{A} = \frac{130}{\frac{\pi}{4} \times 5^2} = 6.62 \text{ kgf/cm}^2$$

㉯ 오차(%) 계산 : 부르동관 압력계의 눈금이 측정값에 해당

$$오차(\%) = \frac{측정값 - 참값}{참값} \times 100$$
$$= \frac{7-6.62}{6.62} \times 100 = 5.74 \%$$

34. 다음 고압가스 설비 중 축열식 반응기를 사용하여 제조하는 것은?

① 아크릴 클로라이드
② 염화비닐
③ 아세틸렌
④ 에틸벤젠

[해설] 석유관계 반응장치의 사용 예
㉮ 조식 반응기 : 아크릴 클로라이드의 합성, 디클로로에탄의 합성

정답 29. ① 30. ① 31. ③ 32. ③ 33. ① 34. ③

㉯ 탑식 반응기 : 에틸벤젠의 제조, 벤졸의 염소화
㉰ 관식 반응기 : 에틸렌의 제조, 염화비닐의 제조
㉱ 내부 연소식 반응기 : 아세틸렌의 제조, 합성용가스의 제조
㉲ 축열식 반응기 : 아세틸렌의 제조, 에틸렌의 제조
㉳ 고정촉매 사용 기상접촉 반응기 : 석유의 접촉개질, 에틸알코올 제조
㉴ 유동층식 반응기 : 석유개질
㉵ 이동상식 반응기 : 에틸렌의 제조

35. 열기전력을 이용한 온도계가 아닌 것은?

① 백금 – 백금·로듐 온도계
② 동 – 콘스탄탄 온도계
③ 철 – 콘스탄탄 온도계
④ 백금 – 콘스탄탄 온도계

해설 (1) 열기전력을 이용한 온도계(제베크 효과) : 열전대 온도계
(2) 열전대 온도계의 종류 및 측정온도

열전대의 종류	측정온도
백금 – 백금 로듐	0~1600℃
크로멜 – 알루멜	-20~1200℃
철 – 콘스탄탄	-20~800℃
동 – 콘스탄탄	-200~350℃

36. 다음 중 유체의 흐름 방향을 한 방향으로만 흐르게 하는 밸브는?

① 글로브 밸브   ② 체크 밸브
③ 앵글 밸브   ④ 게이트 밸브

해설 체크 밸브(check valve) : 역류방지밸브라 하며 유체를 한 방향으로만 흐르게 하고 역류를 방지하는 목적에 사용하는 것으로 스윙식과 리프트식이 있다.

37. 다음 가스 분석 중 화학분석법에 속하지 않는 방법은?

① 가스크로마토그래피법
② 중량법
③ 분광광도법
④ 요오드적정법

해설 분석계의 종류
(1) 화학적 가스 분석계
   ㉮ 연소열을 이용한 것
   ㉯ 용액흡수제를 이용한 것
   ㉰ 고체 흡수제를 이용한 것
(2) 물리적 가스 분석계
   ㉮ 가스의 열전도율을 이용한 것
   ㉯ 가스의 밀도, 점도 차를 이용한 것
   ㉰ 빛의 간섭을 이용한 것
   ㉱ 전기전도도를 이용한 것
   ㉲ 가스의 자기적 성질을 이용한 것
   ㉳ 가스의 반응성을 이용한 것
   ㉴ 적외선 흡수를 이용한 것

참고 가스크로마토그래피법 : 흡착제를 충전한 관속에 혼합시료를 넣고, 용제를 유동시켜 흡수력(시료 기체의 확산속도) 차이에 따라 성분의 분리가 일어나는 것을 이용한 것으로 물리적 가스 분석계에 해당된다.

38. 다음 고압장치의 금속재료 사용에 대한 설명으로 옳은 것은?

① LNG 저장탱크 – 고장력강
② 아세틸렌 압축기 실린더 – 주철
③ 암모니아 압력계 도관 – 농
④ 액화산소 저장탱크 – 탄소강

해설 고압장치의 금속재료
㉮ LNG 및 액화산소 저장탱크 : 18-8 스테인리스강
㉯ 암모니아 압력계 도관 : 동 및 동합금 사용 금지(연강재를 사용한다.)

정답 35. ④ 36. ② 37. ① 38. ②

39. 고압가스 설비의 안전장치에 관한 설명 중 옳지 않은 것은?

① 고압가스 용기에 사용되는 가용전은 열을 받으면 가용합금이 용해되어 내부의 가스를 방출한다.
② 액화가스용 안전밸브의 토출량은 저장탱크 등의 내부의 액화가스가 가열될 때의 증발량 이상이 필요하다.
③ 급격한 압력 상승이 있는 경우에는 파열판은 부적당하다.
④ 펌프 및 배관에는 압력 상승 방지를 위해 릴리프 밸브가 사용된다.

해설 파열판은 급격한 압력 상승, 독성 가스의 누출, 유체의 부식성 또는 반응생성물의 성상 등에 따라 안전밸브를 설치하는 것이 부적당한 경우에 설치한다.

40. 다음 중 압력계 사용 시 주의사항으로 틀린 것은?

① 정기적으로 점검한다.
② 압력계의 눈금판은 조작자가 보기 쉽도록 안면을 향하게 한다.
③ 가스의 종류에 적합한 압력계를 선정한다.
④ 압력의 도입이나 배출은 서서히 행한다.

41. LPG(C_4H_{10}) 공급방식에서 공기를 3배 희석했다면 발열량은 약 몇 kcal/Sm³이 되는가? (단, C_4H_{10}의 발열량은 30000 kcal/Sm³으로 가정한다.)

① 5000　　② 7500
③ 10000　　④ 11000

해설 $Q_2 = \dfrac{Q_1}{1+x} = \dfrac{30000}{1+3}$
$= 7500 \, \text{kcal/Sm}^3$

42. 고압가스 제조소의 작업원은 얼마의 기간 이내에 1회 이상 보호구의 사용훈련을 받아 사용방법을 숙지하여야 하는가?

① 1개월　　② 3개월
③ 6개월　　④ 12개월

해설 보호구 사용 훈련 : 3개월마다 1회 이상

43. 고점도 액체나 부유 현탁액의 유체 압력 측정에 가장 적당한 압력계는?

① 벨로스　　② 다이어프램
③ 부르동관　　④ 피스톤

해설 다이어프램식 압력계의 특징
㉮ 응답속도가 빠르나 온도의 영향을 받는다.
㉯ 극히 미세한 압력 측정에 적당하다.
㉰ 부식성 유체의 측정이 가능하다.
㉱ 압력계가 파손되어도 위험이 적다.
㉲ 연소로의 통풍계(draft gauge)로 사용한다.
㉳ 측정범위는 20~5000 mmH₂O이다.

44. 내산화성이 우수하고 양파 썩는 냄새가 나는 부취제는?

① T.H.T　　② T.B.M
③ D.M.S　　④ NAPHTHA

해설 부취제의 종류 및 특징
㉮ TBM(tertiary butyl mercaptan) : 양파 썩는 냄새가 나며 내산화성이 우수하고 토양투과성이 우수하며 토양에 흡착되기 어렵다.
㉯ THT(tetra hydro thiophen) : 석탄가스 냄새가 나며 산화, 중합이 일어나지 않는 안정된 화합물이다. 토양의 투과성이 보통이며, 토양에 흡착되기 쉽다.
㉰ DMS(dimethyl sulfide) : 마늘 냄새가 나며 안정된 화합물이다. 내산화성

정답 39. ③　40. ②　41. ②　42. ②　43. ②　44. ②

이 우수하며 토양의 투과성이 아주 우수하며 토양에 흡착되기 어렵다.

45. 계측기기의 구비조건으로 틀린 것은?

① 설치장소 및 주위조건에 대한 내구성이 클 것
② 설비비 및 유지비가 적게 들 것
③ 구조가 간단하고 정도(精度)가 낮을 것
④ 원거리 지시 및 기록이 가능할 것

해설 계측기기의 구비조건
㉮ 경년 변화가 적고, 내구성이 있을 것
㉯ 견고하고 신뢰성이 있을 것
㉰ 정도가 높고 경제적일 것
㉱ 구조가 간단하고 취급, 보수가 쉬울 것
㉲ 원격 지시 및 기록이 가능할 것
㉳ 연속측정이 가능할 것

46. 다음 중 화씨온도와 가장 관계가 깊은 것은?

① 표준대기압에서 물의 어는점을 0으로 한다.
② 표준대기압에서 물의 어는점을 12로 한다.
③ 표준대기압에서 물의 끓는점을 100으로 한다.
④ 표준대기압에서 물의 끓는점을 212로 한다.

해설 ㉮ 섭씨온도 : 표준 대기압하에서 물의 빙점(어는점)을 0℃, 비점(끓는점)을 100℃로 정하고, 그 사이를 100등분하여 하나의 눈금을 1℃로 표시하는 온도이다.
㉯ 화씨온도 : 표준 대기압하에서 물의 빙점(어는점)을 32℉, 비점(끓는점)을 212℉로 정하고, 그 사이를 180등분하여 하나의 눈금을 1℉로 표시하는 온도이다.

47. 다음 중 부탄가스의 완전연소 반응식은?

① $C_3H_8 + 4O_2 \rightarrow 3CO_2 + 5H_2O$
② $C_3H_8 + 5O_2 \rightarrow 3CO_2 + 4H_2O$
③ $C_4H_{10} + 6O_2 \rightarrow 4CO_2 + 5H_2O$
④ $2C_4H_{10} + 13O_2 \rightarrow 8CO_2 + 10H_2O$

해설 (1) 탄화수소(C_mH_n)의 완전연소 반응식
$$C_mH_n + \left(m + \frac{n}{4}\right)O_2 \rightarrow mCO_2 + \frac{n}{2}H_2O$$

(2) 부탄의 완전연소 반응식
㉮ 1몰의 반응식
$C_4H_{10} + 6.5O_2 \rightarrow 4CO_2 + 5H_2O$
㉯ 2몰의 반응식
$2C_4H_{10} + 13O_2 \rightarrow 8CO_2 + 10H_2O$

48. LP가스의 성질에 대한 설명으로 틀린 것은?

① 온도 변화에 따른 액 팽창률이 크다.
② 석유류 또는 동, 식물유나 천연고무를 잘 용해시킨다.
③ 물에 잘 녹으며 알코올과 에테르에 용해된다.
④ 액체는 물보다 가볍고, 기체는 공기보다 무겁다.

해설 물에 녹지 않으나 알코올과 에테르에는 용해된다.

49. 가스배관 내 잔류물질을 제거할 때 사용하는 것이 아닌 것은?

① 피그   ② 거버너
③ 압력계   ④ 컴프레서

해설 가스배관 내 잔류물질 제거 방법 : 피그(pig)를 압축기(compresor)의 공기압을 이용하여 배관 내의 수분, 먼지 등 이물질을 제거한다.

정답 45. ③ 46. ④ 47. ④ 48. ③ 49. ②

50. 염소에 대한 설명 중 틀린 것은?
① 황록색을 띠며 독성이 강하다.
② 표백작용이 있다.
③ 액상은 물보다 무겁고, 기상은 공기보다 가볍다.
④ 비교적 쉽게 액화된다.

해설 액상은 물보다 무겁고(액비중 1.57), 기상은 공기보다 무겁다.(염소의 분자량이 71이므로 기체비중은 2.45 정도이다.)

51. 도시가스 제조공정 중 접촉분해 공정에 해당하는 것은?
① 저온수증기 개질법
② 열분해 공정
③ 부분연소 공정
④ 수소화분해 공정

해설 접촉분해 공정(steam reforming process) : 촉매를 사용해서 반응온도 400~800℃에서 탄화수소와 수증기를 반응시켜 메탄(CH_4), 수소(H_2), 일산화탄소(CO), 이산화탄소(CO_2)로 변환하는 공정으로 수증기 개질공정, 고온수증기 개질공정, 저온수증기 개질공정 등으로 분류된다.

52. -10℃인 얼음 10 kg을 1기압에서 증기로 변화시킬 때 필요한 열량은 약 몇 kcal 인가? (단, 얼음의 비열은 0.5 kcal/kg·℃, 얼음의 융해열은 80 kcal/kg, 물의 기화열은 539 kcal/kg이다.)
① 5400 ② 6000
③ 6240 ④ 7240

해설 ㉮ -10℃ 얼음 → 0℃ 얼음 : 현열량
$Q_1 = G \cdot C \cdot \Delta t = 10 \times 0.5 \times 10 = 50$ kcal
㉯ 0℃ 얼음 → 0℃ 물 : 잠열량
$Q_2 = G \cdot \gamma = 10 \times 80 = 800$ kcal
㉰ 0℃ 물 → 100℃ 물 : 현열량
$Q_3 = G \cdot C \cdot \Delta t = 10 \times 1 \times (100-0)$
$= 1000$ kcal
㉱ 100℃ 물 → 100℃ 증기 : 잠열량
$Q_4 = G \cdot \gamma = 10 \times 539 = 5390$ kcal
㉲ 전체열량
$Q = Q_1 + Q_2 + Q_3 + Q_4$
$= 50 + 800 + 1000 + 5390 = 7240$ kcal

53. 다음 중 1 atm과 다른 것은?
① 9.8 N/m² ② 101325 Pa
③ 14.7 lb/in² ④ 10.332 mH₂O

해설 1 atm=760 mmHg=76 cmHg=0.76 mHg
=29.9 inHg=760 torr=10332 kgf/m²
=1.0332 kgf/cm²=10.332 mH₂O
=10332 mmH₂O=101325 N/m²
=101325 Pa=1013.25 hPa=101.325 kPa
=0.101325 MPa=1.01325 bar
=1013.25 mbar=14.7 lb/in²=14.7 psi

54. 산소 가스의 품질검사에 사용되는 시약은?
① 동·암모니아 시약
② 피로갈롤 시약
③ 브롬 시약
④ 하이드로설파이드 시약

해설 품질검사 기준

구분	시약	검사법	순도
산소	동·암모니아	오르사트법	99.5 % 이상
수소	피로갈롤, 하이드로설파이드	오르사트법	98.5 % 이상
아세틸렌	발연황산	오르사트법	98 % 이상
	브롬시약	뷰렛법	
	질산은시약	정성시험	

55. 표준상태에서 산소의 밀도는 몇 g/L인

정답 50. ③ 51. ① 52. ④ 53. ① 54. ① 55. ②

가?

① 1.33　② 1.43　③ 1.53　④ 1.63

해설 표준상태에서 기체의 밀도 계산
$$\rho = \frac{분자량(g)}{22.4(L)} = \frac{32}{22.4} = 1.428 \text{ g/L}$$

56. 공기 중에 누출 시 폭발 위험이 가장 큰 가스는?

① C_3H_8　② C_4H_{10}
③ CH_4　④ C_2H_2

해설 각 가스의 공기 중 폭발범위

명칭	폭발범위
프로판(C_3H_8)	2.2~9.5 %
부탄(C_4H_{10})	1.9~8.5 %
메탄(CH_4)	5~15 %
아세틸렌(C_2H_2)	2.5~81%

※ 폭발범위가 넓은 것이 위험이 가장 큰 가스에 해당된다.

57. 표준물질에 대한 어떤 물질의 밀도의 비를 무엇이라고 하는가?

① 비중　② 비중량
③ 비용　④ 비열

해설 ㉮ 기체의 비중 : 표준상태(STP : 0℃, 1기압 상태)의 공기 일정 부피당 질량과 같은 부피의 기체 질량과의 비를 말한다.

$$\text{기체 비중} = \frac{\text{기체 분자량(질량)}}{\text{공기의 평균분자량(29)}}$$

㉯ 액체의 비중 : 특정온도에 있어서 4℃ 순수한 물의 밀도에 대한 액체의 밀도 비를 말한다.

$$\text{액체 비중} = \frac{t℃의 \text{ 물질의 밀도}}{4℃ \text{ 물의 밀도}}$$

58. LP가스가 증발할 때 흡수하는 열을 무엇이라 하는가?

① 현열　② 비열
③ 잠열　④ 융해열

해설 현열과 잠열
㉮ 현열(감열) : 상태불변, 온도변화에 소요된 열량
㉯ 잠열(숨은열) : 온도불변, 상태변화에 소요된 열량

59. LP가스를 자동차연료로 사용할 때의 장점이 아닌 것은?

① 배기가스의 독성이 가솔린보다 적다.
② 완전연소로 발열량이 높고 청결하다.
③ 옥탄가가 높아서 녹킹현상이 없다.
④ 균일하게 연소되므로 엔진수명이 연장된다.

해설 LP가스를 자동차연료로 사용할 때의 특징
(1) 장점 : ①, ②, ④ 외 황성분이 적어 엔진의 부식 및 마모가 적다.
(2) 단점
㉮ 용기를 부착하므로 무게와 장소(공간)를 차지한다.
㉯ 누설 시 가스가 차내에 들어오지 않도록 하여야 한다.
㉰ 시동 시 급가속은 피한다.

60. 다음 중 염소의 주된 용도가 아닌 것은?

① 표백　② 살균
③ 연화비닐 합선　④ 강재이 녹 제거용

해설 염소의 용도
㉮ 염화수소(HCl), 염화비닐(C_2H_3Cl), 포스겐($COCl_2$)의 제조에 사용한다.
㉯ 종이, 펄프공업, 알루미늄 공업 등에 사용한다.
㉰ 수돗물의 살균에 사용한다.
㉱ 섬유의 표백에 사용한다.

정답 56. ④　57. ①　58. ③　59. ③　60. ④

가스기능사 2013년 7월 21일 시행 (제4회)

1. 용기에 의한 고압가스 판매시설 저장실 설치 기준으로 틀린 것은?
① 고압가스의 용적이 300 m³을 넘는 저장설비는 보호시설과 안전거리를 유지하여야 한다.
② 용기보관실 및 사무실을 동일 부지 내에 구분하여 설치한다.
③ 사업소의 부지는 한 면이 폭 5 m 이상의 도로에 접하여야 한다.
④ 가연성 가스 및 독성 가스를 보관하는 용기보관실의 면적은 각 고압가스별로 10 m² 이상으로 한다.

해설 사업소의 부지는 고압가스 운반차량의 통행에 지장이 없도록 폭 4 m 이상의 도로와 접하는 곳으로 한다.

2. 가연성 가스의 제조설비 또는 저장설비 중 전기설비 방폭구조를 하지 않아도 되는 가스는?
① 암모니아, 시안화수소
② 암모니아, 염화메탄
③ 브롬화메탄, 일산화탄소
④ 암모니아, 브롬화메탄

해설 암모니아, 브롬화메탄 및 공기 중에서 자기 발화하는 가스는 제외한다.

3. 재검사 용기에 대한 파기방법의 기준으로 틀린 것은?
① 절단 등의 방법으로 파기하여 원형으로 가공할 수 없도록 할 것
② 허가관청에 파기의 사유, 일시, 장소 및 인수시한 등에 대한 신고를 하고 파기할 것
③ 잔가스를 전부 제거한 후 절단할 것
④ 파기하는 때에는 검사원이 검사 장소에서 직접 실시할 것

해설 검사신청인에게 파기의 사유, 일시, 장소 및 인수시한 등을 통지하고 파기한다.

4. LP가스가 누출될 때 감지할 수 있도록 첨가하는 냄새가 나는 물질의 측정방법이 아닌 것은?
① 유취실법
② 주사기법
③ 냄새주머니법
④ 오더(odor)미터법

해설 부취제 냄새 측정방법 : 오더미터법(냄새측정기법), 주사기법, 냄새주머니법, 무취실법

5. 고압가스 공급자 안전 점검 시 가스누출 검지기를 갖추어야 할 대상은?
① 산소 ② 가연성 가스
③ 불연성 가스 ④ 독성 가스

해설 가스종류별 점검장비

구분	산소	불연성 가스	가연성 가스	독성 가스
가스누출 검지기			○	
가스누출 시험지				○
가스누출 검지액	○	○	○	○
그 밖의 시설 및 기구	○	○	○	○

6. 신규검사에 합격된 용기의 각인사항과 그 기호의 연결이 틀린 것은?

정답 1. ③ 2. ④ 3. ② 4. ① 5. ② 6. ④

① 내용적 : V
② 최고충전압력 : FP
③ 내압시험압력 : TP
④ 용기의 질량 : M

해설 용기의 각인 기호
㉮ V : 내용적(L)
㉯ W : 용기 질량(kg)
㉰ TW : 아세틸렌 용기질량에 다공물질, 용제, 용기부속품의 질량을 합한 질량(kg)
㉱ TP : 내압시험압력(MPa)
㉲ FP : 압축가스의 최고충전압력(MPa)

7. 독성 가스의 저장탱크에는 그 가스의 용량이 탱크 내용적의 몇 %까지 채워야 하는가?

① 80 % ② 85 % ③ 90 % ④ 95 %

해설 아황산가스, 암모니아, 염소, 염화메탄, 산화에틸렌, 시안화수소, 포스겐 또는 황화수소의 저장탱크에는 그 가스의 용량이 그 저장탱크 내용적의 90 %를 초과하는 것을 방지하기 위하여 과충전 방지조치를 강구한다.

8. 역화방지장치를 설치하지 않아도 되는 곳은?

① 가연성 가스 압축기와 충전용 주관 사이의 배관
② 가연성 가스 압축기와 오토클레이브 사이의 배관
③ 아세틸렌 충전용 지관
④ 아세틸렌 고압건조기와 충전용 교체밸브 사이의 배관

해설 (1) 역화방지장치 설치 장소
㉮ 가연성 가스를 압축하는 압축기와 오토클레이브와의 사이 배관
㉯ 아세틸렌의 고압건조기와 충전용 교체밸브 사이 배관
㉰ 아세틸렌 충전용 지관

(2) 역류방지밸브 설치 장소
㉮ 가연성 가스를 압축하는 압축기와 충전용 주관과의 사이 배관
㉯ 아세틸렌을 압축하는 압축기의 유분리기와 고압건조기와의 사이 배관
㉰ 암모니아 또는 메탄올의 합성탑 및 정제탑과 압축기와의 사이 배관

9. 독성가스 허용농도의 종류가 아닌 것은?

① 시간가중 평균농도 (TLV-TWA)
② 단시간 노출허용농도 (TLV-STEL)
③ 최고허용농도 (TLV-C)
④ 순간 사망허용농도 (TLV-D)

10. 고압가스 설비에 설치하는 압력계의 최고눈금의 범위는?

① 상용압력의 1배 이상, 1.5배 이하
② 상용압력의 1.5배 이상, 2배 이하
③ 상용압력의 2배 이상, 3배 이하
④ 상용압력의 3배 이상, 5배 이하

해설 압력계의 최고눈금 범위 : 상용압력의 1.5배 이상, 2배 이하

11. 가스의 폭발에 대한 설명 중 틀린 것은?

① 폭발범위가 넓은 것은 위험하다.
② 폭굉은 화염전파속도가 음속보다 크다.
③ 안전간격이 큰 것일수록 위험하다.
④ 가스의 비중이 큰 것은 낮은 곳에 체류할 위험이 있다.

해설 안전간격이 작을수록 위험성이 크다.

12. 내용적 94L인 액화프로판 용기의 저장능력은 몇 kg인가? (단, 충전상수 C는 2.35이다.)

① 20 ② 40 ③ 60 ④ 80

정답 7. ③ 8. ① 9. ④ 10. ② 11. ③ 12. ②

해설 $G = \dfrac{V}{C} = \dfrac{94}{2.35} = 40\,kg$

13. 액화석유가스 충전사업장에서 가스충전 준비 및 충전작업에 대한 설명으로 틀린 것은?
① 자동차에 고정된 탱크는 저장탱크의 외면으로부터 3 m 이상 떨어져 정지한다.
② 안전밸브에 설치된 스톱밸브는 항상 열어둔다.
③ 자동차에 고정된 탱크(내용적이 1만 L 이상의 것에 한한다.)로부터 가스를 이입받을 때에는 자동차가 고정되도록 자동차정지목 등을 설치한다.
④ 자동차에 고정된 탱크로부터 저장탱크에 액화석유가스를 이입받을 때에는 5시간 이상 연속하여 자동차에 고정된 탱크를 저장탱크에 접속하지 아니한다.

해설 자동차에 고정된 탱크(내용적이 5000 L 이상인 것만을 말한다.)로부터 가스를 이입받을 때에는 자동차가 고정되도록 자동차정지목 등을 설치한다.

14. 고압가스 특정제조시설에서 고압가스설비의 설치기준에 대한 설명으로 틀린 것은?
① 아세틸렌의 충전용 교체밸브는 충전하는 장소에 직접 설치한다.
② 에어로졸 제조시설에는 정량을 충전할 수 있는 자동충전기를 설치한다.
③ 공기액화 분리기로 처리하는 원료공기의 흡입구는 공기가 맑은 곳에 설치한다.
④ 공기액화 분리에 설치하는 피트는 양호한 환기구조로 한다.

해설 아세틸렌의 충전용 교체밸브는 충전하는 장소에서 격리하여 설치한다.

15. 저장량이 10000 kg인 산소저장설비는 제1종 보호시설과의 거리가 얼마 이상이면 방호벽을 설치하지 아니할 수 있는가?
① 9 m ② 10 m
③ 11 m ④ 12 m

해설 특정고압가스 사용시설 방호벽 설치 : 고압가스 저장량이 300 kg(압축가스의 경우 1 m³를 5 kg으로 본다.) 이상인 용기보관실의 벽은 방호벽으로 설치한다. 다만 용기보관실 외면으로부터 보호시설까지 표에서 정한 거리를 유지한 경우에는 방호벽을 설치하지 아니할 수 있다.

구분	제1종 보호시설	제2종 보호시설
산소	12 m	8 m
독성, 가연성	17 m	12 m
그 밖의 가스	8 m	5 m

[비고] 동일 사업소 안에 2개 이상의 저장설비가 있는 경우에는 각각 안전거리를 유지한다.

16. 고압가스 특정제조시설에서 상용압력 0.2 MPa 미만의 가연성 가스 배관을 지상에 노출하여 설치 시 유지하여야 할 공지의 폭 기준은?
① 2 m 이상 ② 5 m 이상
③ 9 m 이상 ④ 15 m 이상

해설 공지 유지 기준

상용압력	공지의 폭
0.2MPa 미만	5 m 이상
0.2MPa 이상 1MPa 미만	9 m 이상
1MPa 이상	15 m 이상

[비고] 공지의 폭은 배관 양쪽 외면으로부터 계산하되 전용공업지역 또는 일반공업지역, 산업통상자원부장관이 지정하는 지역은 위 표에서 정한 폭의 1/3 로 할 수 있다.

정답 13. ③ 14. ① 15. ④ 16. ②

17. 액화석유가스 용기를 실외저장소에 보관하는 기준으로 틀린 것은?
① 용기보관장소의 경계 안에서 용기를 보관할 것
② 용기는 눕혀서 보관할 것
③ 충전용기는 항상 40℃ 이하를 유지할 것
④ 충전용기는 눈, 비를 피할 수 있도록 할 것

[해설] 용기는 세워서 보관할 것

18. 수소와 다음 중 어떤 가스를 동일 차량에 적재하여 운반하는 때에 그 충전용기와 밸브가 서로 마주보지 않도록 적재하여야 하는가?
① 산소   ② 아세틸렌
③ 브롬화메탄   ④ 염소

[해설] 혼합 적재 금지
㉮ 염소와 아세틸렌, 암모니아, 수소는 동일차량에 혼합 적재 운반 금지
㉯ 가연성 가스와 산소를 동일 차량에 적재 운반 시 충전용기 밸브가 서로 마주보지 않도록 적재하면 혼합 적재 가능
㉰ 충전용기와 소방기본법이 정하는 위험물
㉱ 독성 가스 중 가연성 가스와 조연성 가스는 동일 차량에 혼합 적재 운반 금지

19. 아세틸렌 용접용기의 내압시험압력으로 옳은 것은?
① 최고충전압력의 1.5배
② 최고충전압력의 1.8배
③ 최고충전압력의 5/3배
④ 최고충전압력의 3배

[해설] 아세틸렌 용접용기 시험압력
㉮ 최고충전압력 : 15℃에서 용기에 충전할 수 있는 가스의 압력 중 최고압력 (1.5 MPa)
㉯ 기밀시험압력 : 최고충전압력의 1.8배
㉰ 내압시험압력 : 최고충전압력의 3배

20. 고압가스 특정제조시설에서 안전구역 설정 시 사용하는 안전구역 안의 고압가스 설비 연소열량수치(Q)의 값은 얼마 이하로 정해져 있는가?
① 6×10^8 ② 6×10^9
③ 7×10^5 ④ 7×10^9

[해설] 안전구역 안의 고압가스설비 연소열량수치(Q)는 연소열량수치 산정기준 중 어느 하나에 따라 산정한 것으로서, 6×10^8 이하로 한다.

21. 도시가스 사용시설에 정압기를 2013년에 설치하였다. 다음 중 이 정압기의 분해점검 만료시기로 옳은 것은?
① 2015년   ② 2016년
③ 2017년   ④ 2018년

[해설] 분해점검 주기
㉮ 일반도시가스사업 정압기 : 2년에 1회 이상
㉯ 일반도시가스사업 정압기 필터 : 가스 공급개시 후 1개월 이내 및 매년 1회 이상
㉰ 도시가스 사용시설의 정압기 및 필터 : 설치 후 3년까지는 1회 이상, 그 이후에는 4년에 1회 이상
∴ 2013년 이후 3년차에 해당하는 2016년에 만료시점이 되어 분해점검을 받아야 한다.

22. 운전 중인 액화석유가스 충전설비의 작동상황에 대하여 주기적으로 점검하여야 한다. 점검주기는?
① 1일에 1회 이상   ② 1주일에 1회 이상
③ 3월에 1회 이상   ④ 6월에 1회 이상

정답 17. ②   18. ①   19. ④   20. ①   21. ②   22. ①

[해설] 액화석유가스 충전설비의 작동상황 점검주기 : 1일 1회 이상

23. 가스계량기와 전기계량기와는 최소 몇 cm 이상의 거리를 유지하여야 하는가?
① 15 cm   ② 30 cm
③ 60 cm   ④ 80 cm

[해설] 가스계량기와 이격거리 기준
㉮ 전기계량기, 전기개폐기 : 60 cm 이상
㉯ 단열조치를 하지 않은 굴뚝, 전기점멸기, 전기접속기 : 30 cm 이상
㉰ 절연조치를 하지 않은 전선 : 15 cm 이상

24. 시내버스의 연료로 사용되고 있는 CNG의 주요 성분은?
① 메탄(CH_4)   ② 프로판(C_3H_8)
③ 부탄(C_4H_{10})   ④ 수소(H_2)

[해설] CNG : 압축천연가스로 주성분은 메탄(CH_4)이다.

25. 액상의 염소가 피부에 닿았을 경우의 조치로서 가장 적절한 것은?
① 암모니아로 씻어낸다.
② 이산화탄소로 씻어낸다.
③ 소금물로 씻어낸다.
④ 맑은 물로 씻어낸다.

[해설] 액상의 염소에 노출 시 응급조치
㉮ 피부 : 맑은 물로 씻어낸다.
㉯ 눈 : 3 % 붕산수로 씻어낸다.

26. 아세틸렌 용기에 다공질 물질을 고루 채운 후 아세틸렌을 충전하기 전에 침윤시키는 물질은?
① 알코올   ② 아세톤
③ 규조토   ④ 탄산마그네슘

[해설] 용제의 종류 : 아세톤, DMF(디메틸포름아미드)

27. 가연성 가스의 제조설비 중 1종 장소에서의 변압기의 방폭구조는?
① 내압 방폭구조   ② 안전증 방폭구조
③ 유입 방폭구조   ④ 압력 방폭구조

[해설] 변압기의 방폭구조

구분	1종 장소	2종 장소
유입 변압기	–	유입 방폭구조
건식 변압기	내압 방폭구조	내압 방폭구조, 안전증 방폭구조

28. 액화석유가스의 냄새측정 기준에서 사용하는 용어에 대한 설명으로 옳지 않은 것은?
① 시험가스란 냄새를 측정할 수 있도록 액화석유가스를 기화시킨 가스를 말한다.
② 시험자란 미리 선정한 정상적인 후각을 가진 사람으로서 냄새를 판정하는 자를 말한다.
③ 시료기체란 시험가스를 청정한 공기로 희석한 판정용 기체를 말한다.
④ 희석배수란 시료기체의 양을 시험가스의 양으로 나눈 값을 말한다.

[해설] ②항 : 패널의 설명
[참고] 시험자 : 냄새농도 측정에 있어서 희석조작을 하여 냄새농도를 측정하는 자

29. 산소에 대한 설명 중 옳지 않은 것은?
① 고압의 산소와 유지류의 접촉은 위험하다.
② 과잉의 산소는 인체에 유해하다.
③ 내산화성 재료로는 주로 납(Pb)이 사용된다.

정답 23. ③   24. ①   25. ④   26. ②   27. ①   28. ②   29. ③

④ 산소의 화학반응에서 과산화물은 위험성이 있다.

해설 내산화성 재료 : 크롬(Cr)

30. LP가스사용시설에서 호스의 길이는 연소기까지 몇 m 이내로 하여야 하는가?
① 3 m ② 5 m ③ 7 m ④ 9 m

해설 호스설치 기준 : 호스(금속플렉시블호스 제외)의 길이는 연소기까지 3 m 이내(용접 또는 용단작업용 시설을 제외)로 하고, 호스는 T형으로 연결하지 아니한다.

31. 오리피스미터로 유량을 측정할 때 갖추지 않아도 되는 조건은?
① 관로가 수평일 것
② 정상류 흐름일 것
③ 관속에 유체가 충만되어 있을 것
④ 유체의 전도 및 압축의 영향이 클 것

해설 유체의 전도 및 압축의 영향이 적어야 한다.

32. 액화천연가스(LNG)저장탱크의 지붕 시공 시 지붕에 대한 좌굴강도(Buckling strength)를 검토하는 경우 반드시 고려하여야 할 사항이 아닌 것은?
① 가스압력
② 탱크의 지붕판 및 지붕뼈대의 중량
③ 지붕부위 단열재의 중량
④ 내부탱크 재료 및 중량

33. 압력계의 측정 방법에는 탄성을 이용하는 것과 전기적 변화를 이용하는 방법 등이 있다. 다음 중 전기적 변화를 이용하는 압력계는?
① 부르동관 압력계
② 벨로스 압력계
③ 스트레인 게이지
④ 다이어프램 압력계

해설 전기식 압력계의 종류 : 전기저항 압력계, 피에조 전기 압력계, 스트레인 게이지

34. 염화메탄을 사용하는 배관에 사용해서는 안 되는 금속은?
① 철 ② 강
③ 동합금 ④ 알루미늄

해설 냉매종류에 따른 사용재료의 제한
㉮ 암모니아(NH_3) : 동 및 동합금
㉯ 염화메탄(CH_3Cl) : 알루미늄 합금
㉰ 프레온 : 2%를 넘는 마그네슘을 함유한 알루미늄 합금

35. 회전펌프의 특징에 대한 설명으로 틀린 것은?
① 고압에 적당하다.
② 점성이 있는 액체에 성능이 좋다.
③ 송출량의 맥동이 거의 없다.
④ 왕복펌프와 같은 흡입, 토출밸브가 있다.

해설 회전식 펌프의 특징
㉮ 왕복펌프와 같은 흡입, 토출밸브가 없다.
㉯ 연속으로 송출하므로 맥동현상이 없다.
㉰ 점성이 있는 유체의 이송에 적합하다.
㉱ 고압 유압펌프로 사용된다. (안전밸브를 반드시 부착한다.)

36. 고압식 액화산소분리 장치의 원료공기에 대한 설명 중 틀린 것은?
① 탄산가스가 제거된 후 압축기에서 압축된다.
② 압축된 원료공기는 예랭기에서 열교환

정답 30. ① 31. ④ 32. ④ 33. ③ 34. ④ 35. ④ 36. ④

하여 냉각된다.
③ 건조기에서 수분이 제거된 후에는 팽창기와 정류탑의 하부로 열교환하며 들어간다.
④ 압축기로 압축한 후 물로 냉각한 다음 축랭기에 보내진다.

해설 ④ : 저압식 공기액화 분리장치의 설명

37. 연소기의 설치방법에 대한 설명으로 틀린 것은?
① 가스온수기나 가스보일러는 목욕탕에 설치할 수 있다.
② 배기통이 가연성 물질로 된 벽 또는 천장 등을 통과하는 때에는 금속 외의 불연성 재료로 단열조치를 한다.
③ 배기팬이 있는 밀폐형 또는 반밀폐형의 연소기를 설치한 경우 그 배기팬의 배기가스와 접촉하는 부분은 불연성재료로 한다.
④ 개방형 연소기를 설치한 실에는 환풍기 또는 환기구를 설치한다.

해설 가스보일러와 가스온수기는 목욕탕이나 환기가 잘되지 아니하는 곳에 설치하지 아니한다.

38. 관내를 흐르는 유체의 압력강하에 대한 설명으로 틀린 것은?
① 가스 비중에 비례한다.
② 관 길이에 비례한다.
③ 관 안지름의 5승에 반비례한다.
④ 압력에 비례한다.

해설 배관 내의 압력손실
㉮ 유속의 2승에 비례한다. (유속이 2배이면 압력손실은 4배이다.)
㉯ 관의 길이에 비례한다. (길이가 2배이면 압력손실은 2배이다.)
㉰ 관 안지름의 5승에 반비례한다. (지름이 1/2로 작아지면 압력손실은 32배이다.)
㉱ 관 내벽의 상태와 관계있다. (내면의 상태가 거칠면 압력손실이 커진다.)
㉲ 유체의 점도와 관계있다. (유체의 점도가 커지면 압력손실이 커진다.)
㉳ 압력과는 관계없다.

39. 공기액화 분리기에서 이산화탄소 7.2 kg을 제거하기 위해 필요한 건조제 (NaOH)의 양은 약 몇 kg인가?
① 6 ② 9 ③ 13 ④ 15

해설 $2NaOH + CO_2 \rightarrow Na_2CO_3 + H_2O$
2×40 kg : 44 kg = x[kg] : 7.2 kg
$\therefore x = \dfrac{2 \times 40 \times 7.2}{44} = 13.09$ kg

참고 CO_2 1 kg 제거에 가성소다(NaOH) 1.82 kg이 소요된다.

40. LP가스 수송관의 이음부분에 사용할 수 있는 패킹 재료로 적합한 것은?
① 종이 ② 천연고무
③ 구리 ④ 실리콘 고무

해설 LP가스는 천연고무를 용해하는 성질이 있으므로 실리콘 고무(합성고무)를 패킹 재료로 사용하여야 한다.

41. 금속 재료에서 고온일 때 가스에 의한 부식으로 틀린 것은?
① 산소 및 탄산가스에 의한 산화
② 암모니아에 의한 강의 질화
③ 수소가스에 의한 탈탄작용
④ 아세틸렌에 의한 황화

해설 가스에 의한 고온부식 : ①, ②, ③ 외
㉮ 황화수소에 의한 황화
㉯ 일산화탄소에 의한 침탄 및 카르보닐화
㉰ 오산화바나듐에 의한 바나듐어택

정답 37. ① 38. ④ 39. ③ 40. ④ 41. ④

42. 액화석유가스용 강제용기란 액화석유가스를 충전하기 위한 내용적이 얼마 미만인 용기를 말하는가?

① 30 L ② 50 L ③ 100 L ④ 125 L

[해설] 액화석유가스용 강제용기란 액화석유가스를 충전하기 위한 내용적 20 L 이상 125 L 미만의 강으로 만든 용접용기를 말한다.

43. 저온장치에 사용하는 금속재료로 적합하지 않은 것은?

① 탄소강
② 18-8 스테인리스강
③ 알루미늄
④ 크롬-망간강

[해설] 탄소강은 온도가 감소함에 따라 인장강도, 항복점, 경도는 증가하지만 연신율, 충격치는 감소하며 -70℃ 정도에서는 충격치가 0에 가깝게 되어 저온장치의 재료로 부적합하다.

44. 고압가스설비는 그 고압가스의 취급에 적합한 기계적 성질을 가져야 한다. 충전용 지관에는 탄소 함유량이 얼마 이하의 강을 사용하여야 하는가?

① 0.1 %   ② 0.33 %
③ 0.5 %   ④ 1 %

[해설] 아세틸렌이 접촉하는 부분에 사용하는 재료
㉮ 동 또는 동함유량이 62 %를 초과하는 동합금은 사용하지 아니한다.
㉯ 충전용 지관에는 탄소의 함유량이 0.1 % 이하의 강을 사용한다.

45. 나사압축기에서 숫로터의 지름 150 mm, 로터 길이 100 mm, 회전수가 350 rpm이라고 할 때 이론적 토출량은 약 몇 m³/min인가? (단, 로터 형상에 의한 계수 (C_v)는 0.476이다.)

① 0.11 ② 0.21 ③ 0.37 ④ 0.47

[해설] $Q = C_v \cdot D^2 \cdot L \cdot N$
$= 0.476 \times 0.15^2 \times 0.1 \times 350$
$= 0.374 \, m^3/min$

46. 다음 중 액화석유가스의 주성분이 아닌 것은?

① 부탄   ② 헵탄
③ 프로판   ④ 프로필렌

[해설] 액화석유가스의 조성 : 석유계 저급 탄화수소의 혼합물로 탄소 수가 3개에서 5개 이하의 것을 말하며 프로판(C_3H_8), 부탄(C_4H_{10}), 프로필렌(C_3H_6), 부틸렌(C_4H_8), 부타디엔(C_4H_6) 등이 포함되어 있으며 가장 많이 함유된 것은 프로판(C_3H_8)과 부탄(C_4H_{10})이다.

[참고] 헵탄(C_7H_{16})은 탄소수가 7개로 LPG 성분에는 포함되지 않는다.

47. 도시가스에 사용되는 부취제 중 DMS의 냄새는?

① 석탄가스 냄새   ② 마늘 냄새
③ 양파 썩는 냄새 ④ 암모니아 냄새

[해설] 부취제의 종류 및 냄새
㉮ TBM : 양파 썩는 냄새
㉯ THT : 석탄가스 냄새
㉰ DMS : 마늘 냄새

48. '자연계에 아무런 변화도 남기지 않고 어느 열원의 열을 계속해서 일로 바꿀 수 없다. 즉 고온물체의 열을 계속해서 일로 바꾸려면 저온물체로 열을 버려야만 한다.'라고 표현되는 법칙은?

[정답] 42. ④ 43. ① 44. ① 45. ③ 46. ② 47. ② 48. ③

① 열역학 제0법칙 ② 열역학 제1법칙
③ 열역학 제2법칙 ④ 열역학 제3법칙

해설 열역학 법칙
㉮ 열역학 제0법칙 : 열평형의 법칙
㉯ 열역학 제1법칙 : 에너지보존의 법칙
㉰ 열역학 제2법칙 : 방향성의 법칙
㉱ 열역학 제3법칙 : 어느 열기관에서나 절대온도 0도로 이르게 할 수 없다.

49. 브로민화수소의 성질에 대한 설명으로 틀린 것은?
① 독성 가스이다.
② 기체는 공기보다 가볍다.
③ 유기물 등과 격렬하게 반응한다.
④ 가열 시 폭발 위험성이 있다.

해설 브로민화수소(HBr)의 특징 : ①,③,④ 외
㉮ 융점 −86.8℃, 비점 −66.7℃, 액비중 2.8이며, 분자량이 81로 기체는 공기보다 무겁다.
㉯ 불연성인 무색의 기체로 자극적인 냄새가 나며, 부식성이 있다.
㉰ 공기 중에서 습기에 의하여 흰 연기를 발생한다.
㉱ 산소를 함유하는 유기용매에 잘 녹는다.
㉲ 산소와 반응하여 물과 브로민을 생성한다.
㉳ 오존과는 폭발적으로 반응하여 수소를 발생한다.
㉴ 환원제, 유기합성의 촉매, 의약품 원료 등에 사용된다.

50. 압력에 대한 설명으로 옳은 것은?
① 절대압력= 게이지압력+대기압이다.
② 절대압력= 대기압+진공압이다.
③ 대기압은 진공압보다 낮다.
④ 1 atm은 1033.2 kgf/m²이다.

해설 ② 절대압력=대기압 − 진공압력
③ 대기압은 진공압보다 높다. (진공압은 대기압 이하의 압력을 나타내는 것이다.)
④ 1 atm은 10332 kgf/m²이다.

51. 천연가스(NG)를 공급하는 도시가스의 주요 특성이 아닌 것은?
① 공기보다 가볍다.
② 메탄이 주성분이다.
③ 발전용, 일반공업용 연료로도 널리 사용된다.
④ LPG보다 발열량이 높아 최근 사용량이 급격히 많아졌다.

해설 천연가스(NG)의 발열량은 약 9000~9500kcal/m³ 정도이지만, LPG(프로판)의 경우 약 24000kcal/m³ 정도이다.

52. 0℃, 1 atm인 표준상태에서 공기와의 같은 부피에 대한 무게비를 무엇이라고 하는가?
① 비중 ② 비체적 ③ 밀도 ④ 비열

해설 ㉮ 기체의 비중 : 표준상태(STP : 0℃, 1기압 상태)의 공기 일정 부피당 질량과 같은 부피의 기체 질량과의 비를 말한다.

$$기체\ 비중 = \frac{기체\ 자량(질량)}{공기의\ 평균분자량(29)}$$

㉯ 액체의 비중 : 특정온도에 있어서 4℃ 순수한 물의 밀도에 대한 액체의 밀도비를 말한다.

$$액체\ 비중 = \frac{t℃의\ 물질의\ 밀도}{4℃\ 물의\ 밀도}$$

53. 절대온도 40K를 랭킨온도로 환산하면 몇 °R인가?
① 36 ② 54 ③ 72 ④ 90

해설 °R = 1.8 × K = 1.8 × 40 = 72°R

54. 수분이 존재할 때 일반 강재를 부식시키는 가스는?

① 황화수소　　② 수소
③ 일산화탄소　④ 질소

해설 수분 존재 시 강재를 부식시키는 가스
: 염소(Cl_2), 황화수소(H_2S), 이산화탄소(CO_2), 포스겐($COCl_2$)

55. 다음 중 엔트로피의 단위는?
① kcal/h　　　　② kcal/kg
③ kcal/kg·m　　④ kcal/kg·K

해설 (1) 엔트로피 : 열역학 제2법칙에서 얻어진 상태량(엔탈피)이며 그 상태량을 절대온도로 나눈 값이다.
(2) 엔트로피 단위
㉮ 공학단위 : kcal/kg·K
㉯ SI단위 : kJ/kg·K

56. 공기 중에서의 프로판의 폭발범위(하한과 상한)를 바르게 나타낸 것은?
① 1.8~8.4 %　　② 2.2~9.5 %
③ 2.1~8.4 %　　④ 1.8~9.5 %

해설 공기 중 프로판의 폭발범위 : 2.2 ~ 9.5 vol%

57. 고압가스 안전관리법령에 따라 "상용의 온도에서 압력이 1 MPa 이상이 되는 압축가스로서 실제로 그 압력이 1 MPa 이상이 되는 경우에는 고압가스에 해당한다." 여기에서 압력은 어떠한 압력을 말하는가?
① 대기압　　　② 게이지압력
③ 절내압력　　④ 진공압력

해설 법령에서 나타내는 압력은 게이지압력을 기준으로 표시된다.

58. 증기압이 낮고 비점이 높은 가스는 기화가 쉽게 되지 않는다. 다음 가스 중 기화가 가장 안 되는 가스는?

① CH_4　　　② C_2H_4
③ C_3H_8　　④ C_4H_{10}

해설 각 가스의 비점

가스 명칭	비점
메탄(CH_4)	-161.5℃
에틸렌(C_2H_4)	-103.7℃
프로판(C_3H_8)	-42.1℃
부탄(C_4H_{10})	-0.5℃

59. 가스를 그대로 대기 중에 분출시켜 연소에 필요한 공기를 전부 불꽃의 주변에 취하는 연소방식은?
① 적화식　　　② 분젠식
③ 세미분젠식　④ 전1차 공기식

해설 연소방식의 분류
㉮ 적화식 : 연소에 필요한 공기를 2차 공기로 모두 취하는 방식
㉯ 분젠식 : 가스를 노즐로부터 분출시켜 주위의 공기를 1차 공기로 취한 후 나머지는 2차 공기를 취하는 방식
㉰ 세미분젠식 : 적화식과 분젠식의 혼합형으로 1차 공기율이 40 % 이하를 취하는 방식
㉱ 전1차 공기식 : 완전연소에 필요한 공기를 모두 1차 공기로 하여 연소하는 방식

60. 비중병의 무게가 비었을 때는 0.2 kg이고, 액체로 충만되어 있을 때에는 0.8 kg이었다. 액체의 체적이 0.4 L이라면 비중량(kgf/m^3)은 얼마인가?
① 120　　② 150
③ 1200　④ 1500

해설 $\gamma = \dfrac{W_2 - W_1}{V}$
$= \dfrac{0.8 - 0.2}{0.4} \times 1000 = 1500\,kg/m^3$

가스기능사   2013년 10월 12일 시행 (제5회)

1. 다음 가스 저장시설 중 환기구를 갖추는 등의 조치를 반드시 하여야 하는 곳은?
① 산소 저장소   ② 질소 저장소
③ 헬륨 저장소   ④ 부탄 저장소

해설 가연성가스의 가스설비실 및 저장설비실에는 누출된 가스가 체류하지 아니하도록 환기설비를 설치하고 환기가 잘 되지 아니하는 곳에는 강제환기설비를 갖춘다.

2. 다음 중 폭발범위의 상한 값이 가장 낮은 가스는?
① 암모니아   ② 프로판
③ 메탄   ④ 일산화탄소

해설 각 가스의 폭발범위

가스 명칭	공기 중 폭발범위
암모니아(NH_3)	15~28%
프로판(C_3H_8)	2.2~9.5%
메탄(CH_4)	5~15%
일산화탄소(CO)	12.5~74%

3. 고압가스 냉매설비의 기밀시험 시 압축공기를 공급할 때 공기의 온도는 몇 ℃ 이하로 할 수 있는가?
① 40℃ 이하   ② 70℃ 이하
③ 100℃ 이하   ④ 140℃ 이하

해설 기밀시험에 사용하는 가스는 공기 또는 불연성가스(산소 및 독성가스 제외)로 하며, 기밀시험에 공기압축기를 사용하여 압축공기를 공급할 때 공기의 온도는 140℃ 이하로 한다.

4. C_2H_2 제조설비에서 제조된 C_2H_2를 충전용기에 충전 시 위험한 경우는?
① 아세틸렌이 접촉되는 설비 부분에 동 함량 72%의 동합금을 사용하였다.
② 충전 중의 압력을 2.5MPa 이하로 하였다.
③ 충전 후에 압력이 15℃에서 1.5MPa 이하로 될 때까지 정치하였다.
④ 충전용 지관은 탄소함유량 0.1% 이하의 강을 사용하였다.

해설 아세틸렌 제조설비에 사용되는 동 및 동합금은 동 함유량 62%를 초과하는 것을 사용하지 않는다.

5. 고압가스 특정제조시설에서 안전구역 안의 고압가스설비는 그 외면으로부터 다른 안전구역 안에 있는 고압가스설비의 외면까지 몇 m 이상의 거리를 유지하여야 하는가?
① 5m   ② 10m   ③ 20m   ④ 30m

해설 안전구역 안의 고압가스설비의 외면으로부터 다른 안전구역 안에 있는 고압가스 설비의 외면까지 유지하여야 할 거리는 30m 이상으로 한다.

6. 일반 도시가스 배관의 설치기준 중 하천 등을 횡단하여 매설하는 경우로서 적합하지 않은 것은?
① 하천을 횡단하여 배관을 설치하는 경우에는 배관의 외면과 계획하상(河床 : 하천의 바닥) 높이와의 거리는 원칙적으로 4.0m 이상으로 한다.
② 소하천, 수로를 횡단하여 배관을 매설하는 경우 배관의 외면과 계획하상(河床 : 하천의 바닥) 높이와의 거리는 원칙적으로 2.5m 이상으로 한다.
③ 그 밖의 좁은 수로를 횡단하여 배관을 매설하는 경우 배관의 외면과 계획하상

정답 1. ④   2. ②   3. ④   4. ①   5. ④   6. ③

(河床 : 하천의 바닥) 높이와의 거리는 원칙적으로 1.5m 이상으로 한다.
④ 하상변동, 패임, 닻내림 등의 영향을 받지 아니하는 깊이에 매설한다.

해설 ③항 : 1.2m 이상

7. 염소의 일반적인 성질에 대한 설명으로 틀린 것은?
① 암모니아와 반응하여 염화암모늄을 생성한다.
② 무색의 자극적인 냄새를 가진 독성, 가연성가스이다.
③ 수분과 작용하면 염산을 생성하여 철강을 심하게 부식시킨다.
④ 수돗물의 살균 소독제, 표백분 제조에 이용된다.

해설 염소는 황록색의 자극적인 냄새를 가진 독성, 조연성 가스이다.

8. 차량에 고정된 탱크로서 고압가스를 운반할 때 그 내용적의 기준으로 틀린 것은?
① 수소 : 18000L
② 액화 암모니아 : 12000L
③ 산소 : 18000L
④ 액화 염소 : 12000L

해설 차량에 고정된 탱크 내용적 제한
㉮ 가연성가스(LPG 제외), 산소 : 18000L 초과 금지
㉯ 독성가스(액화암모니아 제외) : 12000L 초과 금지

9. 가연성가스 제조설비 중 전기설비는 방폭성능을 가지는 구조이어야 한다. 다음 중 반드시 방폭성능을 가지는 구조로 하지 않아도 되는 가연성 가스는?
① 수소   ② 프로판
③ 아세틸렌 ④ 암모니아

해설 위험장소 안에 있는 전기설비에는 그 전기설비가 누출된 가스의 점화원이 되는 것을 방지하기 위하여 가연성가스(암모니아, 브롬화메탄 및 공기 중에서 자기발화하는 가스를 제외)의 제조설비 또는 저장설비 중 전기설비는 방폭성능을 갖도록 설치한다.

10. 저장탱크에 의한 LPG 사용시설에서 가스계량기의 설치 기준에 대한 설명으로 틀린 것은?
① 가스계량기와 화기와의 우회거리 확인은 계량기의 외면과 화기를 취급하는 설비의 외면을 실측하여 확인한다.
② 가스계량기는 화기와 3m 이상의 우회거리를 유지하는 곳에 설치한다.
③ 가스계량기의 설치높이는 1.6m 이상, 2m 이내에 설치하여 고정한다.
④ 가스계량기와 굴뚝 및 전기점멸기와의 거리는 30cm 이상의 거리를 유지한다.

해설 가스계량기는 화기와 2m 이상의 우회거리를 유지하는 곳에 설치한다.

11. LP가스 저장탱크를 수리할 때 작업원이 저장탱크 속으로 들어가서는 아니 되는 탱크 내의 산소농도는?
① 16% ② 19% ③ 20% ④ 21%

해설 치환농도
㉮ 가연성가스 : 폭발하한 값의 1/4 이하
㉯ 독성가스 : TLV-TWA 기준농도 이하
㉰ 산소 : 22% 이하
㉱ 작업원이 작업할 때의 산소농도 : 18~22%

12. 가스보일러의 공통 설치기준에 대한 설명으로 틀린 것은?
① 가스보일러는 전용보일러실에 설치한다.

정답 7. ② 8. ② 9. ④ 10. ② 11. ① 12. ③

② 가스보일러는 지하실 또는 반지하실에 설치하지 아니한다.
③ 전용보일러실에는 반드시 환기팬을 설치한다.
④ 전용보일러실에는 사람이 거주하는 곳과 통기될 수 있는 가스레인지 배기 덕트를 설치하지 아니한다.

해설 전용보일러실에는 부압(대기압보다 낮은 압력) 형성의 원인이 되는 환기팬을 설치하지 아니한다.

13. 다음 중 독성가스에 해당하지 않는 것은?
① 아황산가스   ② 암모니아
③ 일산화탄소   ④ 이산화탄소

해설 각 가스의 성질

가스 명칭	연소성	독성(허용농도)
아황산가스(SO_2)	불연성	독성(5ppm)
암모니아(NH_3)	가연성	독성(25ppm)
일산화탄소(CO)	가연성	독성(50ppm)
이산화탄소(CO_2)	불연성	비독성

※ 독성가스 허용농도는 TLV-TWA 기준임

14. LP가스 저온 저장탱크에 반드시 설치하지 않아도 되는 장치는?
① 압력계   ② 진공안전밸브
③ 감압밸브   ④ 압력경보설비

해설 부압을 방지하는 조치
㉮ 압력계
㉯ 압력경보설비
㉰ 진공 안전밸브
㉱ 다른 시설로부터의 가스도입배관 (균압관)
㉲ 압력과 연동하는 긴급차단장치를 설치한 냉동제어설비
㉳ 압력과 연동하는 긴급차단장치를 설치한 송액설비

15. 무색, 무미, 무취의 폭발범위가 넓은 가연성가스로서 할로겐원소와 격렬하게 반응하여 폭발반응을 일으키는 가스는?
① H_2 ② Cl_2 ③ HCl   ④ C_6H_6

해설 염소폭명기 : 수소와 염소의 혼합가스는 빛(직사광선)과 접촉하면 심하게 반응한다.
$H_2 + Cl_2 \rightarrow 2HCl + 44\,kcal$

16. 포스겐의 취급 방법에 대한 설명 중 틀린 것은?
① 환기시설을 갖추어 작업한다.
② 취급 시에는 반드시 방독마스크를 착용한다.
③ 누출 시 용기가 부식되는 원인이 되므로 약간의 누출에도 주의한다.
④ 포스겐을 함유한 폐기액은 염화수소로 충분히 처리한 후 처분한다.

해설 포스겐($COCl_2$)은 산성이므로 알칼리성 물질을 이용한다.

17. 가스 사용시설의 연소기 각각에 대하여 퓨즈 콕을 설치하여야 하나, 연소기 용량이 몇 kcal/h를 초과할 때 배관용 밸브로 대용할 수 있는가?
① 12500   ② 15500
③ 19400   ④ 25500

해설 가스 사용시설에는 연소기 각각에 대하여 퓨즈 콕을 설치한다. 다만, 연소기가 배관(가스용 금속플렉시블호스 포함)에 연결된 경우 또는 가스소비량이 19400 kcal/h를 초과하거나 사용압력이 3.3kPa을 초과하는 연소기가 연결된 배관에는 배관용 밸브를 설치할 수 있다.

18. 독성가스인 염소를 운반하는 차량에 반드시 갖추어야 할 용구나 물품에 해당되지

정답 13. ④   14. ③   15. ①   16. ④   17. ③   18. ①

않는 것은?
① 소화장비   ② 제독제
③ 내산장갑   ④ 누출검지기

해설 독성가스 운반 시 갖추어야 할 용구 및 물품
(1) 보호구 : 방독마스크, 공기호흡기, 보호의, 보호장갑, 보호장화
(2) 자재 : 적색기, 휴대용 손전등, 메가폰 또는 휴대용 확성기, 로프, 멍석 또는 쥬트포, 물통, 누출검지액, 차바퀴 고정목, 비상통신설비
(3) 제독제 : 누출 시 응급조치 약제로 액화독성가스(염소, 염화수소, 포스겐, 아황산가스)에 적용
  ㉮ 1000 kg 미만 운반 : 소석회(생석회) 20kg 이상 휴대
  ㉯ 1000 kg 이상 운반 : 소석회(생석회) 40 kg 이상 휴대
(4) 공구
  ㉮ 공작용 공구 : 해머 또는 나무망치, 벤치, 몽키 스패너, 가위, 칼, 밸브개폐용 핸들, 밸브 그랜드 스패너
  ㉯ 누출방지 공구 : 나무마개, 고무마개, 납 마개, 고무시트 또는 납 패킹, 자전거용 고무튜브, 실 테이프, 철사, 헝겊, 용기 밸브용 플러그 너트
※ 소화 장비는 가연성가스, 산소의 경우에 해당

19. 다음 중 연소기구에서 발생할 수 있는 역화(back fire)의 원인이 아닌 것은?
① 염공이 적게 되었을 때
② 가스의 압력이 너무 낮을 때
③ 콕이 충분히 열리지 않았을 때
④ 버너 위에 큰 용기를 올려서 장시간 사용할 경우

해설 역화(back fire)의 원인
㉮ 염공이 크게 되었을 때
㉯ 노즐의 구멍이 너무 크게 된 경우
㉰ 콕이 충분히 개방되지 않은 경우
㉱ 가스의 공급압력이 저하되었을 때
㉲ 버너 위에 큰 용기를 올려서 장시간 사용할 경우(버너가 과열된 경우)

20. 고압가스 설비의 내압 및 기밀시험에 대한 설명으로 옳은 것은?
① 내압시험은 상용압력의 1.1배 이상의 압력으로 실시한다.
② 기체로 내압시험을 하는 것은 위험하므로 어떠한 경우라도 금지된다.
③ 내압시험을 할 경우에는 기밀시험을 생략할 수 있다.
④ 기밀시험은 상용압력 이상으로 하되 0.7 MPa을 초과하는 경우 0.7 MPa 이상으로 한다.

해설 고압가스 설비의 내압 및 기밀시험
㉮ 내압시험은 원칙적으로 수압시험으로 실시한다. 다만, 부득이한 경우 물을 채우는 것이 부적당한 경우에는 공기 또는 위험성이 없는 기체의 압력으로 할 수 있다.
㉯ 내압시험 압력은 상용압력의 1.5배 이상의 압력(기체로 하는 경우 상용압력의 1.25배 이상)으로 한다.
㉰ 기밀시험은 원칙적으로 공기 또는 위험성이 없는 기체의 압력으로 실시한다.
㉱ 기밀시험압력은 상용압력 이상으로 하되 0.7 MPa을 초과하는 경우 0.7 MPa 압력 이상으로 한다.

21. 고압가스 용기를 내압시험한 결과 전 증가량은 400mL, 영구 증가량이 20mL이었다. 영구 증가율은 얼마인가?
① 0.2% ② 0.5% ③ 5% ④ 20%

정답 19. ① 20. ④ 21. ③

[해설] 영구 증가율 = $\dfrac{\text{영구 증가율}}{\text{전 증가율}} \times 100$
= $\dfrac{20}{400} \times 100 = 5\%$

22. 다음 중 제독제로 다량의 물을 사용하는 가스는?
① 일산화탄소 ② 이황화탄소
③ 황화수소   ④ 암모니아

[해설] 독성가스 제독제

가스 종류	제독제의 종류
염소	가성소다 수용액, 탄산소다 수용액, 소석회
포스겐	가성소다 수용액, 소석회
황화수소	가성소다 수용액, 탄산소다 수용액
시안화수소	가성소다 수용액
아황산가스	가성소다 수용액, 탄산소다 수용액, 물
암모니아, 산화에틸렌, 염화메탄	다량의 물

23. 고압가스용기 등에서 실시하는 재검사 대상이 아닌 것은?
① 충전할 고압가스 종류가 변경된 경우
② 합격표시가 훼손된 경우
③ 용기밸브를 교체한 경우
④ 손상이 발생된 경우

[해설] 재검사를 받아야 할 용기
㉮ 일정한 기간이 경과된 용기
㉯ 합격표시가 훼손된 용기
㉰ 손상이 발생된 용기
㉱ 충전가스 명칭을 변경할 용기
㉲ 열영향을 받은 용기

24. 도시가스 품질검사 시 허용기준 중 틀린 것은?

① 전유황 : 30 mg/m³ 이하
② 암모니아 : 10 mg/m³ 이하
③ 할로겐 총량 : 10 mg/m³ 이하
④ 실록산 : 10 mg/m³ 이하

[해설] 도시가스 품질검사 기준 : 도법 제25조 및 통합고시
㉮ 열량 : 도법 제20조 제1항에 따라 산업통상자원부장관 또는 시·지사의 승인을 받은 공급규정에서 정하는 열량 (MJ/m³)
㉯ 웨버지수 : 51.50 ~ 56.52 (12300 ~ 13500 kcal/m³)
㉰ 전유황 : 30 mg/m³ 이하
㉱ 부취농도 : 40~30 mg/m³ (TBM+THT), 3~13 mg/m³ (MES+DMS+TBM+THT)
㉲ 이산화탄소 : 2.5 mol% 이하
㉳ 산소 : 0.03 mol% 이하
㉴ 질소 : 1.0 mol% 이하
㉵ 암모니아 : 검출되지 않음
㉶ 탄화수소 이슬점 : −5℃ 이하
㉷ 수분 이슬점 : −12℃ 이하
㉸ 할로겐 총량 : 10 mg/m³ 이하
㉹ 실록산 : 10 mg/m³ 이하
㉺ 기타 (수소, 아르곤, 일산화탄소 등) : 1.0 mol% 이하

25. 다음 중 특정고압가스에 해당되지 않는 것은?
① 이산화탄소   ② 수소
③ 산소   ④ 천연가스

[해설] 특정고압가스의 종류 : 수소, 산소, 액화암모니아, 아세틸렌, 액화염소, 천연가스, 압축모노실란, 압축디보란, 액화알진 그 밖에 대통령령이 정하는 고압가스

26. 일반 공업지역의 암모니아를 사용하는 A 공장에서 저장능력 25톤의 저장탱크를

[정답] 22. ④ 23. ③ 24. ② 25. ① 26. ③

지상에 설치하고자 한다. 저장설비 외면으로부터 사업소 외의 주택까지 몇 m 이상의 안전거리를 유지하여야 하는가?

① 12m ② 14m ③ 16m ④ 18m

[해설] 가연성, 독성가스의 보호시설별 안전거리

저장능력 (m³, kg)	제1종	제2종
1만 이하	17	12
1만 초과 ~ 2만 이하	21	14
2만 초과 ~ 3만 이하	24	16
3만 초과 ~ 4만 이하	27	18
4만 초과 ~ 5만 이하	30	20
5만 초과 ~ 99만 이하	30	20

∴ 암모니아는 독성, 가연성가스이고 주택은 제2종 보호시설에 해당되므로 25톤(25000kg) 저장설비와 유지하여야 할 안전거리는 16m 이상이다.

27. 독성가스 용기 운반차량의 경계표지를 정사각형으로 할 경우 그 면적의 기준은?

① 500 cm² 이상 ② 600 cm² 이상
③ 700 cm² 이상 ④ 800 cm² 이상

[해설] 경계표시(위험 고압가스)의 크기
㉮ 가로 : 차체 폭의 30% 이상
㉯ 세로 : 가로치수의 20% 이상
㉰ 차량 구조상 정사각형 또는 이에 가까운 형상 : 면적이 600cm² 이상

28. 가스가 누출되었을 때 조치로써 가장 적당한 것은?

① 용기 밸브가 열려서 누출 시 부근 화기를 멀리하고 즉시 밸브를 잠근다.
② 용기 밸브 파손으로 누출 시 전부 대피한다.
③ 용기 안전밸브 누출 시 그 부위를 열습포로 감싸준다.
④ 가스 누출로 실내에 가스 체류 시 그냥 놔두고 밖으로 대피한다.

29. 액화석유가스 용기충전시설의 저장탱크에 폭발방지장치를 의무적으로 설치하여야 하는 경우는?

① 상업지역에 저장능력 15톤 저장탱크를 지상에 설치하는 경우
② 녹지지역에 저장능력 20톤 저장탱크를 지상에 설치하는 경우
③ 주거지역에 저장능력 5톤 저장탱크를 지상에 설치하는 경우
④ 녹지지역에 저장능력 30톤 저장탱크를 지상에 설치하는 경우

[해설] 폭발방지장치 설치
㉮ 주거지역, 상업지역에 저장능력 10톤 이상인 LPG 저장탱크를 지상에 설치하는 경우
㉯ LPG 이송용 탱크로리 탱크

30. 수소 가스의 위험도(H)는 약 얼마인가?

① 13.5 ② 17.8 ③ 19.5 ④ 21.3

[해설] ㉮ 수소(H)의 폭발범위 : 4~75%
㉯ 위험도(H) 계산

$$\therefore H = \frac{U-L}{L} = \frac{75-4}{4} = 17.75$$

31. 다음 유량 측정방법 중 직접법은?

① 습식가스미터 ② 벤투리미터
③ 오리피스미터 ④ 피토튜브

[해설] 유량계의 구분 및 종류
㉮ 직접식(용적식) : 오벌기어식, 루트(roots)식, 로터리 피스톤식, 회전 원판식, 로터리 베인식, 습식 가스미터, 막식 가스미터 등
㉯ 간접식 : 차압식(오리피스미터, 플로노즐, 벤투리미터), 유속식(피토관), 면적식, 전자식, 와류식 등

정답 27. ② 28. ① 29. ① 30. ② 31. ①

32. 산소용기의 최고 충전압력이 15MPa일 때 이 용기의 내압시험압력은 얼마인가?
① 15MPa ② 20MPa
③ 22.5MPa ④ 25MPa

해설 산소용기는 압축가스용기이다.
∴ 내압시험압력 = 최고 충전압력 × $\frac{5}{3}$
$= 15 \times \frac{5}{3} = 25$ MPa

33. 긴급차단장치의 동력원으로 가장 부적당한 것은?
① 스프링 ② X선
③ 기압 ④ 전기

해설 긴급차단장치(밸브) 동력원: 액압, 기압, 전기, 스프링

34. 초저온용기의 단열성능 검사 시 측정하는 침입열량의 단위는?
① kcal/h·L·℃ ② kcal/m²·h·℃
③ kcal/m·h·℃ ④ kcal/m·h·bar

해설 초저온용기 침입열량 계산식
$$Q = \frac{W \cdot q}{H \cdot \Delta t \cdot V}$$
Q : 침입열량(kcal/h·L·℃)
W : 측정 중의 기화가스량(kg)
q : 시험용 액화가스의 기화잠열(kcal/kg)
H : 측정시간(h)
Δt : 시험용 액화가스의 비점과 외기와의 온도차(℃)
V : 용기 내용적(L)

35. 펌프에서 유량을 Q [m³/min], 양정을 H [m], 회전수 N [rpm]이라 할 때 1단 펌프에서 비교회전도 η_s를 구하는 식은?
① $\eta_s = \frac{Q^2\sqrt{N}}{H^{3/4}}$ ② $\eta_s = \frac{N^2\sqrt{Q}}{H^{3/4}}$
③ $\eta_s = \frac{N\sqrt{Q}}{H^{3/4}}$ ④ $\eta_s = \frac{\sqrt{NQ}}{H^{3/4}}$

해설 비교회전도(비속도) : 토출량이 1m³/min, 양정 1m가 발생하도록 설계한 경우의 판상 임펠러의 분당 회전수를 나타낸다.
∴ $\eta_s = \frac{N\sqrt{Q}}{\left(\frac{H}{n}\right)^{\frac{3}{4}}}$ [m³/min·m·rpm]

여기서, n : 단수

36. 다음 [보기]의 특징을 가지는 펌프는?

┤ 보기 ├
• 고압, 소유량에 적당하다.
• 토출량이 일정하다.
• 송수량의 가감이 가능하다.
• 맥동이 일어나기 쉽다.

① 원심 펌프 ② 왕복 펌프
③ 축류 펌프 ④ 사류 펌프

해설 왕복식 펌프의 특징
㉮ 소형으로 고압, 고점도 유체에 적당하다.
㉯ 회전수가 변하여도 토출압력의 변화가 적다.
㉰ 토출량이 일정하여 정량토출이 가능하고 수송량을 가감할 수 있다.
㉱ 송출이 단속적이라 맥동이 일어나기 쉽고 진동이 있다. (맥동현상을 방지하기 위하여 공기실을 설치한다.)
㉲ 고압으로 액의 성질이 변할 수 있고, 밸브의 그랜드패킹이 고장이 많다.

37. 내용적 47L인 LP가스 용기의 최대 충전량은 몇 kg인가? (단, LP가스 정수는 2.35이다.)
① 20 ② 42 ③ 50 ④ 110

해설 $G = \frac{V}{C} = \frac{47}{2.35} = 20$ kg

정답 32. ④ 33. ② 34. ① 35. ③ 36. ② 37. ①

38. 기화기에 대한 설명으로 틀린 것은?
① 기화기 사용 시 장점은 LP가스 종류에 관계없이 한랭 시에도 충분히 기화시킨다.
② 기화 장치의 구성요소 중에는 기화부, 제어부, 조압부 등이 있다.
③ 감압가열 방식은 열교환기에 의해 액상의 가스를 기화시킨 후 조정기로 감압시켜 공급하는 방식이다.
④ 기화기를 증발형식에 의해 분류하면 순간 증발식과 유입 증발식이 있다.

해설 ③항 : 가온감압 방식의 설명
참고 감압가열(가온) 방식 : 액상의 LP가스를 액체 조정기 등을 이용하여 감압시킨 후 열교환기에 유입시켜 대기 또는 온수 등으로 기화시켜 공급하는 방식이다.

39. 다음 중 1차 압력계는?
① 부르동관 압력계
② 전기저항식 압력계
③ U자관형 마노미터
④ 벨로스 압력계

해설 압력계의 구분
㉮ 1차 압력계의 종류 : 액주식(U자관, 단관식, 경사관식, 호루단형, 폐관식), 자유피스톤형, 표준 분동식
㉯ 2차 압력계 : 탄성식 압력계(부르동관식, 벨로스식, 다이어프램식), 전기식 압력계(전기저항 압력계, 피에조 압력계, 스트레인 게이지)

40. 터보식 펌프로서 비교적 저양정에 적합하며, 효율 변화가 비교적 급한 펌프는?
① 원심 펌프   ② 축류 펌프
③ 왕복 펌프   ④ 베인 펌프

해설 축류 펌프 : 터보식 펌프로서 임펠러에서 물을 안내 베인에 유도하여 회전방향 성분을 축방향으로 바꿔 이것에 의한 수력손실을 적게 하여 축방향으로 토플하는 형식의 펌프이다.

41. 고압식 공기액화 분리장치의 복식정류탑 하부에서 분리되어 액체산소 저장탱크에 저장되는 액체 산소의 순도는 약 얼마인가?
① 99.6~99.8%   ② 96~98%
③ 90~92%   ④ 88~90%

해설 고압식 및 저압식 공기액화 분리장치에서 생산되는 산소 순도는 99.6~99.8%이다.

42. 압축기의 윤활에 대한 설명으로 옳은 것은?
① 산소 압축기의 윤활유로는 물을 사용한다.
② 염소 압축기의 윤활유로는 양질의 광유가 사용된다.
③ 수소 압축기의 윤활유로는 식물성유가 사용된다.
④ 공기 압축기의 윤활유로는 식물성유가 사용된다

해설 각종 가스 압축기의 내부 윤활유
㉮ 산소 압축기 : 물 또는 묽은 글리세린수 (10% 정도)
㉯ 공기 압축기, 아세틸렌 압축기, 수소 압축기 : 양질의 광유
㉰ 염소 압축기 : 진한 황산
㉱ LP가스 압축기 : 식물성유
㉲ 이산화황 가스 압축기 : 화이트유
㉳ 염화메탄(메틸클로라이드) 압축기 : 화이트유

43. 저장능력 10톤 이상의 저장탱크에는 폭발방지장치를 설치한다. 이때 사용되는 폭발방지제의 재질로서 가장 적당한 것은?

정답 38. ③ 39. ③ 40. ② 41. ① 42. ① 43. ④

① 탄소강 ② 구리
③ 스테인리스 ④ 알루미늄

해설 폭발방지제의 열전달 매체 : 다공성 벌집형 알루미늄합금박판

44. 다음 중 정압기의 부속설비가 아닌 것은?

① 불순물 제거장치
② 이상압력상승 방지장치
③ 검사용 맨홀
④ 압력기록장치

해설 정압기 부속설비 : 불순물 제거장치(필터), 이상압력 상승 방지장치, 압력기록장치(자기압력기록계), 과압안전장치(정압기 안전밸브), 긴급차단장치, 가스누출경보기

45. 다음 금속재료 중 저온재료로 가장 부적당한 것은?

① 탄소강 ② 니켈강
③ 스테인리스강 ④ 황동

해설 탄소강은 $-70℃$ 이하에서 저온취성이 발생하므로 저온장치 재료로 부적당하다.

46. 다음 중 압력단위가 아닌 것은?

① Pa ② atm ③ bar ④ N

해설 N(Newton) : SI단위에서 힘의 단위이다.

47. 압력 환산 값을 서로 가장 바르게 나타낸 것은?

① $1lb/ft^2 ≒ 0.142kgf/cm^2$
② $1kgf/cm^2 ≒ 13.7lb/in^2$
③ $1atm ≒ 1033gf/cm^2$
④ $76cmHg ≒ 1013dyn/cm^2$

해설 각 단위의 환산 값
① $1lb ≒ 2.205kgf$, $1ft$(피트) $≒ 30.48cm$ 이다.

∴ $1lb/ft^2 × 2.205kgf/lb × 1ft^2/(30.48cm)^2$
  $= 0.00237kgf/cm^2$

② $1kgf/cm^2 → \dfrac{1}{1.0332} × 14.7$
  $≒ 14.22lb/in^2$

④ $76cmHg = 1atm = 101325N/m^2$
  $≒ 1013×10^3 \, dyn/cm^2$

48. LPG에 대한 설명 중 틀린 것은?

① 액체 상태는 물(비중 1)보다 가볍다.
② 기화열이 커서 액체가 피부에 닿으면 동상의 우려가 있다.
③ 공기와 혼합시켜 도시가스 원료로도 사용된다.
④ 가정에서 연료용으로 사용하는 LPG는 올레핀계 탄화수소이다.

해설 가정에서 연료용으로 사용하는 LPG는 파라핀계 탄화수소이다.

49. 27℃, 1기압 하에서 메탄가스 80g이 차지하는 부피는 약 몇 L인가?

① 112 ② 123 ③ 224 ④ 246

해설 $PV = \dfrac{W}{M}RT$ 에서

$V = \dfrac{WRT}{PM}$
$= \dfrac{80 × 0.082 × (273+27)}{1 × 16}$
$= 123L$

50. 다음 중 보관 시 유리를 사용할 수 없는 것은?

① HF ② C_6H_6
③ $NaHCO_3$ ④ KBr

해설 HF(불화수소) : 무색의 자극적인 냄새가 있는 독성가스(TLV-TWA 3ppm, LC50 966ppm)로 불화수소가 물과 접촉되면 불산이 되고 유리를 녹이는 성질이 있으므로 보관 시 유리를 사용할 수 없다.

정답 44. ③ 45. ① 46. ④ 47. ③ 48. ④ 49. ② 50. ①

51. 다음 [보기]에서 설명하는 가스는?

| 보기 |
- 독성이 강하다.
- 연소시키면 잘 탄다.
- 물에 매우 잘 녹는다.
- 각종 금속에 작용한다.
- 가압, 냉각에 의해 액화가 쉽다.

① HCl ② NH_3 ③ CO ④ C_2H_2

해설 암모니아(NH_3)의 특징
㉮ 가연성가스(폭발범위 : 15~28%)이며, 독성가스(TLV-TWA 25ppm)이다.
㉯ 물에 잘 녹는다. (상온, 상압에서 물 1cc에 대하여 800cc가 용해)
㉰ 액화가 쉽고(비점 : -33.3℃), 증발잠열(301.8kcal/kg)이 커서 냉동기 냉매로 사용된다.
㉱ 동과 접촉 시 부식의 우려가 있다.
㉲ 액체암모니아는 할로겐, 강산과 접촉하면 심하게 반응하여 폭발, 비산하는 경우가 있다.
㉳ 염소(Cl_2), 염화수소(HCl), 황화수소(H_2S)와 반응하면 백색연기가 발생한다.

52. 공기비가 클 경우 나타나는 현상이 아닌 것은?

① 통풍력이 강하여 배기가스에 의한 열손실 증대
② 불완전연소에 의한 매연발생이 심함
③ 연소가스 중 SO_3의 양이 증대되어 저온부식 촉진
④ 연소가스 중 NO_2의 발생이 심하여 대기오염 유발

해설 공기비의 영향
(1) 공기비가 클 경우
㉮ 연소실 내의 온도가 낮아진다.
㉯ 배기가스로 인한 손실열이 증가한다.
㉰ 배기가스 중 질소산화물(NOx)이 많아져 대기오염을 초래하고, SO_3의 양이 증대되어 저온부식 촉진한다.
㉱ 연료소비량이 증가한다.
(2) 공기비가 작을 경우
㉮ 불완전연소가 발생하기 쉽다.
㉯ 미연소 가스로 인한 역화의 위험이 있다.
㉰ 연소효율이 감소한다(열손실이 증가한다).

[참고] 공기비 : 실제공기량과 이론공기량의 비

53. 산소 농도의 증가에 대한 설명으로 틀린 것은?

① 연소속도가 빨라진다.
② 발화온도가 올라간다.
③ 화염온도가 올라간다.
④ 폭발력이 세어진다.

해설 산소농도나 분압이 높아질 때 나타나는 현상
㉮ 증가(상승) : 연소속도, 화염온도, 발열량 증가, 폭발범위, 화염길이
㉯ 감소(저하) : 발화온도, 발화에너지

54. 절대온도 0K는 섭씨온도로 약 몇 ℃인가?

① -273 ② 0 ③ 32 ④ 273

해설 절대온도(K) = 섭씨온도 + 273에서
섭씨온도 = 절대온도 - 273
= 0 - 273
= -273℃

55. 질소의 용도가 아닌 것은?

① 비료에 이용
② 질산제조에 이용
③ 연료용에 이용
④ 냉매로 이용

정답 51. ② 52. ② 53. ② 54. ① 55. ③

해설 질소(N_2)는 불연성가스이므로 연료용에 이용할 수 없다.

56. 액체 산소의 색깔은?
① 담황색 ② 담적색
③ 회백색 ④ 담청색

해설 산소의 색깔 : 기체상태의 산소는 무색이지만 액체 산소는 담청색을 나타낸다.

57. 수소와 산소 또는 공기와의 혼합기체에 점화하면 급격히 화합하여 폭발하므로 위험하다. 이 혼합기체를 무엇이라고 하는가?
① 염소 폭명기 ② 수소 폭명기
③ 산소 폭명기 ④ 공기 폭명기

해설 수소 폭명기 : 수소와 산소의 비가 2 : 1로 반응하여 물을 생성한다.
$2H_2 + O_2 \rightarrow 2H_2O + 136.6 kcal$

58. "기체의 온도를 일정하게 유지할 때 기체가 차지하는 부피는 절대 압력에 반비례한다."라는 법칙은?
① 보일의 법칙
② 샤를의 법칙
③ 헨리의 법칙
④ 아보가드로의 법칙

해설 보일 및 샤를의 법칙
㉮ 보일의 법칙 : 일정온도 하에서 일정량의 기체가 차지하는 부피는 압력에 반비례한다.
㉯ 샤를의 법칙 : 일정압력 하에서 일정량의 기체가 차지하는 부피는 절대온도에 비례한다.
㉰ 보일-샤를의 법칙 : 일정량의 기체가 차지하는 부피는 압력에 반비례하고, 절대온도에 비례한다.

59. 표준상태에서 1몰의 아세틸렌이 완전 연소될 때 필요한 산소의 몰 수는?
① 1몰 ② 1.5몰
③ 2몰 ④ 2.5몰

해설 아세틸렌(C_2H_2)의 완전연소 반응식
$C_2H_2 + 2.5O_2 \rightarrow 2CO_2 + H_2O$
∴ 아세틸렌 1몰이 완전연소하는 데 필요한 산소는 2.5몰이다.

60. 기체연료의 일반적인 특징에 대한 설명으로 틀린 것은?
① 완전연소가 가능하다.
② 고온을 얻을 수 있다.
③ 화재 및 폭발의 위험성이 적다.
④ 연소조절 및 점화, 소화가 용이하다.

해설 기체연료의 특징
(1) 장점
㉮ 연소효율이 높고 연소제어가 용이하다.
㉯ 회분 및 황성분이 없어 전열면 오손이 없다.
㉰ 적은 공기비로 완전연소가 가능하다.
㉱ 저발열량의 연료로 고온을 얻을 수 있다.
㉲ 완전연소가 가능하여 공해문제가 없다.
(2) 단점
㉮ 저장 및 수송이 어렵다.
㉯ 가격이 비싸고 시설비가 많이 소요된다.
㉰ 누설 시 화재, 폭발의 위험이 크다.

2014년도 출제문제

■ 가스기능사　　　　　2014년 1월 26일 시행 (제1회)

1. 도시가스 배관이 하천을 횡단하는 배관 주위의 흙이 사질토의 경우 방호구조물의 비중은?
① 배관 내 유체 비중 이상의 값
② 물의 비중 이상의 값
③ 토양의 비중 이상의 값
④ 공기의 비중 이상의 값

[해설] 하천이나 수로를 횡단하는 배관에 설치하는 방호구조물은 가스 배관의 부양 또는 선박의 닻 내림에 따른 손상을 방지하기 위한 안전 조치
㉮ 보호관 또는 방호구조물의 비중은 주위의 흙이 사질토인 경우에는 물의 비중 이상이 되도록 하고 점토질인 경우에는 KS F 2303에 따른 액성 한계에서 흙의 단위 체적 중량 이상으로 한다.
㉯ 앵커 등을 사용하여 보호관이나 방호구조물을 고정한다.
㉰ 흙의 교란이나 크리프에 의해 부상될 우려가 없는 깊이에 보호관이나 방호구조물을 설치한다.
㉱ 방호구조물은 충분한 깊이에 케이싱턴넬 등을 설치하는 것으로 한다.

2. 용기 종류별 부속품의 기호 중 아세틸렌을 충전하는 용기의 부속품 기호는?
① AT　② AG　③ AA　④ AB

[해설] 용기 부속품에 대한 표시
㉮ AG : 아세틸렌 용기 부속품
㉯ PG : 압축가스 용기 부속품
㉰ LG : 액화석유가스 외 액화 가스 용기 부속품
㉱ LPG : 액화석유가스 용기 부속품
㉲ LT : 초저온 및 저온 용기 부속품

3. 다음 중 폭발 방지 대책으로서 가장 거리가 먼 것은?
① 압력계 설치
② 정전기 제거를 위한 접지
③ 방폭성능 전기 설비 설치
④ 폭발 하한 이내로 불활성 가스에 의한 희석

[해설] 폭발 방지 대책 : ②, ③, ④ 외 비활성화 (iner-ting : 퍼지 작업)
[참고] 비활성화 : 가연성 혼합 가스에 불활성 가스(아르곤, 질소 등) 등을 주입하여 산소의 농도를 최소 산소 농도(MOC) 이하로 낮추는 작업이다.

4. 도시가스를 배관을 노출하여 설치하고자 할 때 배관 손상 방지를 위한 방호조치 기준으로 옳은 것은?
① 방호철판 두께는 최소 10 mm 이상으로 한다.
② 방호철판의 크기는 1 m 이상으로 한다.
③ 철근 콘크리트재 방호 구조물은 두께가 15 cm 이상이어야 한다.
④ 철근 콘크리트재 방호 구조물은 높이가 1.5 m 이상이어야 한다.

[정답] 1. ②　2. ②　3. ①　4. ②

해설 도시가스 노출 배관의 손상 방지 방호조치
㉮ 방호철판 두께는 4 mm 이상이고 재료는 KS D 3503(일반 구조용 압연 강재) 또는 이와 동등 이상의 기계적 강도가 있는 것으로 한다.
㉯ 방호철판의 크기는 1 m 이상으로 하고 앵커볼트 등에 의해 건축물 외벽에 견고하게 고정 설치한다.
㉰ 방호파이프는 호칭 지름 50 A 이상으로 하고 KS D 3507(배관용 탄소강관) 또는 이와 동등 이상의 기계적 강도가 있는 것으로 한다.
㉱ 철근 콘크리트재는 두께 10 cm 이상, 높이 1 m 이상으로 한다.

5. 가스 사용 시설에서 원칙적으로 PE 배관을 노출 배관으로 사용할 수 있는 경우는?
① 지상 배관과 연결하기 위하여 금속관을 사용하여 보호조치를 한 경우로서 지면에서 20 cm 이하로 노출하여 시공하는 경우
② 지상 배관과 연결하기 위하여 금속관을 사용하여 보호조치를 한 경우로서 지면에서 30 cm 이하로 노출하여 시공하는 경우
③ 지상 배관과 연결하기 위하여 금속관을 사용하여 보호조치를 한 경우로서 지면에서 50 cm 이하로 노출하여 시공하는 경우
④ 지상 배관과 연결하기 위하여 금속관을 사용하여 보호조치를 한 경우로서 지면에서 1 cm 이하로 노출하여 시공하는 경우

해설 폴리에틸렌관 설치 제한 : 폴리에틸렌관(PE배관)은 노출 배관으로 사용하지 아니한다. 다만, 지상 배관과 연결을 위하여 금속관을 사용하여 보호조치를 한 경우로서 지면에서 30 cm 이하로 노출하여 시공하는 경우에는 노출배관으로 사용할 수 있다.

6. 다음 중 누출 시 다량의 물로 제독할 수 있는 가스는?
① 산화에틸렌
② 염소
③ 일산화탄소
④ 황화수소

해설 독성 가스 제독제
㉮ 물을 사용할 수 없는 것 : 염소, 포스겐, 황화 수소, 시안화수소
㉯ 물을 사용할 수 있는 것 : 아황산가스, 암모니아, 산화에틸렌, 염화 메탄

7. 가연물의 종류에 따른 화재의 구분이 잘못된 것은?
① A급 : 일반 화재
② B급 : 유류 화재
③ C급 : 전기 화재
④ D급 : 식용유 화재

해설 화재의 구분
㉮ A급 화재 : 일반 가연물의 화재
㉯ B급 화재 : 유류 및 가연성 가스의 화재
㉰ C급 화재 : 전기 합선에 의한 화재
㉱ D급 화재 : 마그네슘(Mg) 분말, 알루미늄(Al) 분말과 같은 금속 화재

8. 정전기에 대한 설명 중 틀린 것은?
① 습도가 낮을수록 정전기를 축적하기 쉽다.
② 화학 섬유로 된 의류는 흡수성이 높으므로 정전기가 대전하기 쉽다.
③ 액상의 LP 가스는 전기 절연성이 높으므로 유동 시에는 대전하기 쉽다.
④ 재료 선택 시 접촉 전위차를 적게 하여 정전기 발생을 줄인다.

해설 화학 섬유로 된 의류는 흡수성이 낮아 정

정답 5. ② 6. ① 7. ④ 8. ②

전기가 대전하기 쉽다.

9. 아세틸렌 용기를 제조하고자 하는 자가 갖추어야 하는 설비가 아닌 것은?
① 원료 혼합기   ② 건조로
③ 원료 충전기   ④ 소결로

[해설] 아세틸렌 용기 제조 설비
㉮ 단조 설비 또는 성형 설비
㉯ 아랫부분 접합 설비
㉰ 열처리로 및 그 노 내의 온도를 측정하여 자동으로 기록하는 장치
㉱ 세척 설비
㉲ 쇼트브라스팅 및 도장 설비
㉳ 밸브 탈·부착기
㉴ 용기 내부 건조 설비 및 진공 흡입 설비
㉵ 용접 설비
㉶ 넥크링 가공 설비
㉷ 원료 혼합기
㉸ 건조로
㉹ 원료 충전기
㉺ 자동 부식방지 도장 설비
㉻ 아세톤 또는 디메틸포름아미드 충전 설비
㉾ 그 밖의 제조에 필요한 설비 및 기구

10. 고압가스 배관의 설치 기준 중 하천과 병행하여 매설하는 경우에 대한 설명으로 틀린 것은?
① 배관은 견고하고 내구력을 갖는 방호구조물 안에 설치한다.
② 배관의 외면으로부터 2.5m 이상의 매설 심도를 유지한다.
③ 하상(河床, 하천의 바닥)을 포함한 하천 구역에 하천과 병행하여 설치한다.
④ 배관 손상으로 인한 가스 누출 등 위급한 상황이 발생한 때에 그 배관에 유입되는 가스를 신속히 차단할 수 있는 장치를 설치한다.

[해설] 하천과 병행하여 매설하는 경우 설치 지역은 하상(河床, 하천의 바닥)이 아닌 곳으로 한다.

11. 액화석유가스를 저장하기 위하여 지상 또는 지하에 고정 설치된 탱크로서 액화석유가스의 안전 관리 및 사업법에서 정한 "소형 저장 탱크"는 그 저장 능력이 얼마인 것을 말하는가?
① 1톤 미만   ② 3톤 미만
③ 5톤 미만   ④ 10톤 미만

[해설] 액화석유가스 저장 탱크 구분
㉮ 저장 탱크 : 저장 능력 3톤 이상
㉯ 소형 저장 탱크 : 저장 능력 3톤 미만

12. 도시가스 사업자는 가스 공급 시설을 효율적으로 관리하기 위하여 배관, 정압기에 대하여 도시가스 배관망을 전산화하여야 한다. 이때 전산관리 대상이 아닌 것은?
① 설치도면   ② 시방서
③ 시공자   ④ 배관 제조자

[해설] 도시가스 배관망의 전산화 대상 : 배관·정압기 등의 설치도면, 시방서(관 지름 및 재질 등에 관한 사항 기재), 시공자, 시공 연월일 등

13. LPG 사용 시설에서 가스 누출 경보장치 검지부 설치 높이의 기준으로 옳은 것은?
① 지면에서 30 cm 이내
② 지면에서 60 cm 이내
③ 천장에서 30 cm 이내
④ 천장에서 60 cm 이내

[해설] 검지부 설치 높이 : LPG는 공기보다 무거운 가스이므로 바닥면으로부터 검지부 상단까지 30 cm 이내로 설치한다.

[정답] 9. ④ 10. ③ 11. ② 12. ④ 13. ①

14. 겨울철 LP 가스 용기 표면에 성에가 생겨 가스가 잘 나오지 않을 경우 가스를 사용하기 위한 가장 적절한 조치는?

① 연탄불로 쪼인다.
② 용기를 힘차게 흔든다.
③ 열습포를 사용한다.
④ 90℃ 정도의 물을 용기에 붓는다.

[해설] 고압가스 용기의 밸브 또는 충전용 지관을 가열할 때에는 열습포 또는 40℃ 이하의 물을 사용한다.

15. 가스계량기와 전기 개폐기와의 최소 안전거리는?

① 15 cm   ② 30 cm
③ 60 cm   ④ 80 cm

[해설] 가스계량기와 이격 거리 기준
㉮ 전기 계량기, 전기 개폐기 : 60 cm 이상
㉯ 단열 조치를 하지 않은 굴뚝, 전기 점멸기, 전기 접속기 : 30 cm 이상
㉰ 절연 조치를 하지 않은 전선 : 15 cm 이상

16. 다음 중 동일 차량에 적재하여 운반할 수 없는 가스는?

① 산소와 질소
② 염소와 아세틸렌
③ 질소와 탄산가스
④ 탄산가스와 아세틸렌

[해설] 혼합 적재 금지
㉮ 염소와 아세틸렌, 암모니아, 수소는 동일차량에 혼합 적재 운반 금지
㉯ 가연성 가스와 산소를 동일 차량에 적재 운반 시 충전 용기 밸브가 서로 마주보지 않도록 적재하면 혼합 적재 가능
㉰ 충전 용기와 위험물 안전관리법이 정하는 위험물
㉱ 독성 가스 중 가연성 가스와 조연성 가스는 동일 차량에 혼합 적재 운반 금지

17. 냉동기란 고압가스를 사용하여 냉동하기 위한 기기로서 냉동 능력 산정 기준에 따라 계산된 냉동 능력 몇 톤 이상인 것을 말하는가?

① 1   ② 1.2   ③ 2   ④ 3

[해설] 제조등록 대상 범위(고법 시행령 제2조) : 냉동기 제조는 냉동 능력이 3톤 이상인 냉동기를 제조하는 것

18. 비중이 공기보다 커서 바닥에 체류하는 가스로만 나열된 것은?

① 프로판, 염소, 포스겐
② 프로판, 수소, 아세틸렌
③ 염소, 암모니아, 아세틸렌
④ 염소, 포스겐, 암모니아

[해설] 각 가스의 분자 기호 및 분자량
㉮ 프로판(C_3H_8) : 44
㉯ 염소(Cl_2) : 71
㉰ 포스겐($COCl_2$) : 99
㉱ 수소(H_2) : 2
㉲ 아세틸렌(C_2H_2) : 26
㉳ 암모니아(NH_3) : 17

[참고] 분자량이 공기의 평균 분자량 29보다 큰 가스가 공기보다 비중이 커서 바닥에 체류하는 가스이다.

19. 에어졸 제조 설비와 인화성 물질과의 최소 우회거리는?

① 3 m 이상   ② 5 m 이상
③ 8 m 이상   ④ 10 m 이상

[해설] 에어졸 제조 설비, 충전 용기 저장소와 화기, 인화성 물질과의 우회거리 : 8 m 이상

[정답] 14. ③   15. ③   16. ②   17. ④   18. ①   19. ③

20. 아세틸렌을 용기에 충전 시 미리 용기에 다공 물질을 채우는데 이때 다공도의 기준은?

① 75 % 이상 92 % 미만
② 80 % 이상 95 % 미만
③ 95 % 이상
④ 98 % 이상

[해설] 다공도 기준 : 75 % 이상 92 % 미만

21. 가스의 연소 한계에 대하여 가장 바르게 나타낸 것은?

① 착화 온도의 상한과 하한
② 물질이 탈 수 있는 최저 온도
③ 완전 연소가 될 때의 산소 공급 한계
④ 연소가 가능한 가스의 공기와의 혼합 비율의 상한과 하한

[해설] 연소 한계(폭발 한계) : 공기와 혼합된 경우 연소(폭발)를 일으킬 수 있는 공기 중의 가스 농도의 한계로 연소(폭발)하는 최고 농도를 연소(폭발) 상한계, 최저 농도를 연소(폭발) 하한계라 하며 그 차이를 연소 범위(폭발 범위)라 한다.

22. 시안화수소의 충전 시 사용되는 안정제가 아닌 것은?

① 암모니아   ② 황산
③ 염화칼슘   ④ 인산

[해설] 안정제의 종류 : 황산, 아황산가스, 동, 동망, 염화칼슘, 인산, 오산화인

23. 다음 중 공동 주택 등에 도시가스를 공급하기 위한 것으로서 압력 조정기의 설치가 가능한 경우는?

① 가스 압력이 중압으로서 전체 세대수가 100세대인 경우
② 가스 압력이 중압으로서 전체 세대수가 150세대인 경우
③ 가스 압력이 저압으로서 전체 세대수가 250세대인 경우
④ 가스 압력이 저압으로서 전체 세대수가 300세대인 경우

[해설] 공동 주택 등에 압력 조정기 설치 세대수
㉮ 저압 : 250세대 미만(249세대까지 가능)
㉯ 중압 : 150세대 미만(149세대까지 가능)

24. 지상 배관은 안전을 확보하기 위해 그 배관의 외부에 다음의 항목들을 표기하여야 한다. 해당하지 않는 것은?

① 사용 가스명
② 최고 사용 압력
③ 가스의 흐름 방향
④ 공급 회사명

[해설] 배관 외부에 사용 가스명, 최고 사용 압력 및 가스의 흐름 방향을 표시할 것. 다만, 지하에 매설하는 배관의 경우에는 흐름 방향을 표시하지 아니할 수 있다.

25. 도로 굴착 공사에 의한 도시가스 배관 손상 방지 기준으로 틀린 것은?

① 착공 전 도면에 표시된 가스 배관과 기타 지장물 매설 유무를 조사하여야 한다.
② 도로 굴착자의 굴착 공사로 인하여 노출된 배관 길이가 10 m 이상인 경우에는 점검 통로 및 조명 시설을 하여야 한다.
③ 가스 배관이 있을 것으로 예상되는 지점으로부터 2 m 이내에서 줄파기를 할 때에는 안전 관리 전담자의 입회하에 시행하여야 한다.
④ 가스 배관의 주위를 굴착하고자 할 때에는 가스 배관의 좌우 1 m 이내의 부분

[정답] 20. ① 21. ④ 22. ① 23. ① 24. ④ 25. ②

은 인력으로 굴착한다.

해설 굴착으로 노출된 배관의 점검 통로 기준
㉮ 노출된 배관 길이 : 15 m 이상
㉯ 점검 통로 폭 : 80 cm 이상
㉰ 가드레일 높이 : 90 cm 이상
㉱ 등기구 조명도 : 70 lux 이상

26. 차량에 고정된 탱크로 염소를 운반할 때 탱크의 최대 내용적은?
① 12000 L ② 18000 L
③ 20000 L ④ 38000 L

해설 차량에 고정된 탱크의 내용적 제한
㉮ 가연성 가스(LPG 제외), 산소 : 18000 L 초과 금지
㉯ 독성 가스(액화 암모니아 제외) : 12000 L 초과 금지

27. 고압가스 제조 시설에서 가연성 가스 가스설비 중 전기 설비를 방폭 구조로 하여야 하는 가스는?
① 암모니아
② 브롬화메탄
③ 수소
④ 공기 중에서 자기 발화하는 가스

해설 가연성 가스 가스 설비 중 전기 설비를 방폭구조로 하여야 하는 가스에서 암모니아, 브롬화메탄 및 공기 중에서 자기 발화하는 가스는 제외한다.

28. 도시가스 제조소 저장 탱크의 방류둑에 대한 설명으로 틀린 것은?
① 지하에 묻은 저장 탱크 내의 액화 가스가 전부 유출된 경우에 그 액면이 지면보다 낮도록 된 구조는 방류둑을 설치한 것으로 본다.
② 방류둑의 용량은 저장탱크 저장 능력의 90 %에 상당하는 용적 이상이어야 한다.
③ 방류둑의 재료는 철근 콘크리트, 금속, 흙, 철골·철근 콘크리트 또는 이들을 혼합하여야 한다.
④ 방류둑은 액밀한 것이어야 한다.

해설 방류둑 용량은 저장 탱크의 저장 능력에 상당하는 용적 이상의 용적으로 한다.

29. 굴착으로 인하여 도시가스 배관이 65 m가 노출되었을 경우 가스 누출 경보기의 설치 개수로 알맞은 것은?
① 1개 ② 2개 ③ 3개 ④ 4개

해설 굴착으로 20 m 이상 노출된 배관에는 20 m마다 가스 누출 경보기를 설치한다.
∴ 65 m 노출된 배관에 설치 개수 : 4개

30. 액화석유가스 사용 시설에서 LPG 용기 집합 설비의 저장 능력이 얼마 이하일 때 용기, 용기 밸브, 압력 조정기가 직사광선, 눈 또는 빗물에 노출되지 않도록 해야 하는가?
① 50 kg 이하 ② 100 kg 이하
③ 300 kg 이하 ④ 500 kg 이하

해설 액화석유가스 사용시설 기준
㉮ 저장 능력 100 kg 이하 : 용기, 용기 밸브, 조정기가 직사광선, 빗물에 노출되지 않도록 조치
㉯ 저장 능력 100 kg 초과 : 용기 보관실 설치
㉰ 저장 능력 250 kg 이상 : 고압 배관에 안전장치 설치
㉱ 저장 능력 500 kg 초과 : 저장 탱크 또는 소형 저장 탱크 설치

31. 아세틸렌 용기에 주로 사용되는 안전밸브의 종류는?
① 스프링식 ② 가용전식

정답 26. ① 27. ③ 28. ② 29. ④ 30. ② 31. ②

③ 파열판식 ④ 압전식

해설 충전 용기 안전장치(안전밸브)
㉮ LPG 용기 : 스프링식 안전밸브
㉯ 염소, 아세틸렌 : 가용전식 안전밸브
㉰ 산소, 수소, 질소, 액화 이산화탄소 용기 : 파열판식 안전밸브
㉱ 초저온 용기 : 스프링식과 파열판식의 2중 안전밸브

32. 저온 액체 저장 설비에서 열의 침입 요인으로 가장 거리가 먼 것은?
① 단열재를 직접 통한 열대류
② 외면으로부터의 열복사
③ 연결 파이프를 통한 열전도
④ 밸브 등에 의한 열전도

해설 저온 액체 저장 설비에서 열의 침입 요인
㉮ 단열재를 충전한 공간에 남은 가스 분자의 열전도
㉯ 외면으로부터의 열복사
㉰ 연결 파이프를 통한 열전도
㉱ 지지 요크에서의 열전도
㉲ 밸브, 안전밸브 등에 의한 열전도

33. 다음 중 왕복동 압축기의 특징이 아닌 것은?
① 압축하면 맥동이 생기기 쉽다.
② 기체의 비중에 관계없이 고압이 얻어진다.
③ 용량 조절의 폭이 넓다.
④ 비용적식 압축기이다.

해설 왕복통식 압축기의 특징
㉮ 고압이 쉽게 형성된다.
㉯ 급유식, 무급유식이다.
㉰ 용량 조정 범위가 넓다.
㉱ 압축 효율이 높다.
㉲ 형태가 크고 설치 면적이 크다.
㉳ 배출 가스 중 오일이 혼입될 우려가 크다.
㉴ 압축이 단속적이고, 맥동 현상이 발생된다.
㉵ 접촉 부분이 많아 고장 발생이 쉽고 수리가 어렵다.
㉶ 반드시 흡입 토출밸브가 필요하다.
㉷ 왕복동 압축기는 용적식 압축기이다.

34. 다음 중 고압 배관용 탄소강 강관의 KS 규격 기호는?
① SPPS ② SPHT
③ STS ④ SPPH

해설 배관용 강관의 기호 및 명칭

KS 기호	배관 명칭
SPP	배관용 탄소강관
SPPS	압력 배관용 탄소강관
SPPH	고압 배관용 탄소강관
SPHT	고온 배관용 탄소강관
SPLT	저온 배관용 탄소강관
SPW	배관용 아크용접 탄소강관
SPA	배관용 합금강관
STS×T	배관용 스테인리스 강관
SPPG	연료 가스 배관용 탄소강관

35. 강관의 녹을 방지하기 위해 페인트를 칠하기 전에 먼저 사용되는 도료는?
① 알루미늄 도료 ② 산화철 도료
③ 합성수지 도료 ④ 광명단 도료

해설 광명단 : 연단에 아마인유를 배합한 것으로 밀착력이 강하고 막이 굳어서 풍화에 대하여도 강하므로, 다른 착색 도료의 밑칠용으로 사용하기에 가장 적합하다.

36. "압축된 가스를 단열 팽창시키면 온도가 강하한다."는 것은 무슨 효과라고 하는가?
① 단열 효과 ② 줄 – 톰슨 효과
③ 정류 효과 ④ 팽윤 효과

해설 줄-톰슨 효과 : 단열을 한 배관 중에 작은 구멍을 내고 이 관에 압력이 있는 유체를 흐

정답 32. ① 33. ④ 34. ④ 35. ④ 36. ②

르게 하면 유체가 작은 구멍을 통할 때 유체의 압력이 하강함과 동시에 온도가 변화하는 현상으로 저온을 얻는 기본적인 원리이다.

37. 저온 장치용 재료 선정에 있어서 가장 중요하게 고려해야 하는 사항은?
① 고온 취성에 의한 충격치의 증가
② 저온 취성에 의한 충격치의 감소
③ 고온 취성에 의한 충격치의 감소
④ 저온 취성에 의한 충격치의 증가

해설 저온 취성 : 온도가 저하함에 따라 인장 강도, 항복점, 경도는 증가하지만 연신율, 단면 수축률, 충격치는 감소한다. 특히 탄소강의 경우 −70℃ 부근에서는 충격치가 거의 0에 가깝게 되어 소성 변형을 일으키는 성질이 없어진다. 이와 같은 성질을 저온 취성이라 한다.

38. 다음 중 저온 장치 재료로서 가장 우수한 것은?
① 13 % 크롬강   ② 9 % 니켈강
③ 탄소강   ④ 주철

해설 저온 장치 재료 : 18-8 스테인리스강 (오스테나이트계 스테인리스강), 동 및 동합금, 알루미늄 합금, 9 % 니켈강

39. 재료에 인장과 압축 하중을 오랜 시간 반복적으로 작용시키면 그 응력이 인장 강도보다 작은 경우에도 파괴되는 현상은?
① 인성 파괴   ② 피로 파괴
③ 취성 파괴   ④ 크리프 파괴

해설 피로 : 반복 하중에 의한 재료의 저항력이 저하하는 현상을 피로라 하며 파괴 강도보다 상당히 낮은 응력이 반복 작용을 하는 경우 재료가 파괴된다. 재료가 파괴되는 현상을 피로 파괴라 한다.

40. 다음 곡률 반지름(r)이 50 mm일 때 90° 구부림 곡선 길이는 얼마인가?
① 48.75 mm   ② 58.75 mm
③ 68.75 mm   ④ 78.75 mm

해설 $L = \dfrac{90}{360} \times \pi D$

$= \dfrac{90}{360} \times \pi \times (2 \times 50) = 78.539 \, \text{mm}$

41. 다음 펌프 중 시동하기 전에 프라이밍이 필요한 펌프는?
① 기어 펌프   ② 원심 펌프
③ 축류 펌프   ④ 왕복 펌프

해설 프라이밍 : 원심 펌프를 운전할 때 펌프 내에 액이 충만하지 않으면 공회전하여 펌핑이 이루어지지 않는다. 이러한 현상을 방지하기 위하여 펌프 내에 액을 충만시키는 것을 프라이밍이라 한다.

42. LP 가스 이송 설비 중 압축기의 부속 장치로서 토출 측과 흡입 측을 전환시키며 액 이송과 가스 회수를 한 동작으로 할 수 있는 것은?
① 액트랩   ② 액가스 분리기
③ 전자 밸브   ④ 사방 밸브

해설 사방 밸브 : 사로 밸브, 4-way valve라 하며 압축기 흡입 측과 토출 측을 전환하여 액 이송과 가스 회수를 한 동작으로 할 수 있다.

43. 펌프의 회전수를 1000 rpm에서 1200 rpm으로 변화시키면 동력은 약 몇 배가 되는가?
① 1.3   ② 1.5   ③ 1.7   ④ 2.0

해설 $L_2 = L_1 \times \left(\dfrac{N_2}{N_1}\right)^3$

$= L_1 \times \left(\dfrac{1200}{1000}\right)^3 = 1.728 \, L_1$

정답 37. ② 38. ② 39. ② 40. ④ 41. ② 42. ④ 43. ③

44. 다음 가연성 가스 검출기 중 가연성 가스의 굴절률 차이를 이용하여 농도를 측정하는 것은?
① 열선형 ② 안전등형
③ 검지관형 ④ 간섭계형

해설 간섭계형 : 가스의 굴절률 차이를 이용하여 가연성 가스의 농도를 측정하는 검출기이다.

45. 다량의 메탄을 액화시키려면 어떤 액화 사이클을 사용해야 하는가?
① 캐스케이드 사이클
② 필립스 사이클
③ 캐피자 사이클
④ 클라우드 사이클

해설 캐스케이드 액화 사이클 : 비점이 점차 낮은 냉매를 사용하여 저비점의 기체를 액화하는 사이클로 다원액화 사이클이라고 부르며, 공기액화 및 천연가스를 액화시키는데 사용하고 있다.

46. 어떤 액의 비중을 측정하였더니 2.5이었다. 이 액의 액주 6 m의 압력은 몇 kgf/cm² 인가?
① 15 kgf/cm² ② 1.5 kgf/cm²
③ 0.15 kgf/cm² ④ 0.015 kgf/cm²

해설 $P = \gamma \times h$
$= 2.5 \times 10^3 \times 6 \times 10^{-4} = 1.5\,kgf/cm^2$

47. 다음 중 1 atm에 해당하지 않는 것은?
① 760 mmHg ② 14.7 psi
③ 29.92 inHg ④ 1013 kgf/m²

해설 1 atm = 760 mmHg = 76 cmHg = 0.76 mHg
= 29.9 inHg = 760 torr = 10332 kgf/m²
= 1.0332 kgf/cm² = 10.332 mH₂O = 10332 mmH₂O
= 101325 N/m² = 101325 Pa = 101.325 kPa
= 0.101325 MPa = 1.01325 bar = 1013.25 mbar
= 14.7 lb/in² = 14.7 psi

48. 밀도의 단위로 옳은 것은?
① g/s² ② L/g
③ g/cm³ ④ lb/in²

해설 가스 밀도 : 가스의 단위 체적당 질량
∴ 가스 밀도 = $\dfrac{분자량}{22.4}$
※ 단위 : kg/m³, g/L, g/cm³

49. 다음 가스 1몰을 완전 연소시키고자 할 때 공기가 가장 적게 필요한 것은?
① 수소 ② 메탄
③ 아세틸렌 ④ 에탄

해설 각 가스의 1몰의 완전 연소 반응식
㉮ 수소 : $H_2 + \dfrac{1}{2}O_2 \rightarrow H_2O$
㉯ 메탄 : $CH_4 + 2O_2 \rightarrow CO_2 + 2H_2O$
㉰ 아세틸렌 : $C_2H_2 + 2.5O_2 \rightarrow 2CO_2 + H_2O$
㉱ 에탄 : $C_2H_6 + 3.5O_2 \rightarrow 2CO_2 + 3H_2O$

[참고] 완전 연소 반응식에서 산소의 몰수가 작은 것이 공기량이 가장 적게 필요한 것이다.

50. 무색의 복숭아 냄새가 나는 독성 가스는?
① Cl₂ ② HCN ③ NH₃ ④ PH₃

해설 시안화수소(HCN)의 특징
㉮ 독성 가스(허용 농도 : TLV-TWA 10 ppm)이며, 가연성 가스 (폭발 범위 : 6~41 v%)이다.
㉯ 액체는 무색, 투명하고 감, 복숭아 냄새가 난다.
㉰ 액화가 용이하여(비점 : 25.7℃) 액화 가스로 취급된다.
㉱ 소량의 수분 존재 시 중합 폭발을 일으킬 우려가 있다.
㉲ 알칼리성 물질(암모니아, 소다)을 함유

정답 44. ④ 45. ① 46. ② 47. ④ 48. ③ 49. ① 50. ②

하면 중합이 촉진된다.
㉥ 중합 폭발을 방지하기 위하여 안정제를 사용한다(황산, 아황산가스, 동, 동망, 염화칼슘, 인산, 오산화인).
㉦ 물에 잘 용해하고 약산성을 나타낸다.

51. 다음 가스 중 기체 밀도가 가장 작은 것은?
① 프로판　　② 메탄
③ 부탄　　　④ 아세틸렌

해설 각 가스의 분자량

명칭	분자량
프로판(C_3H_8)	44
메탄(CH_4)	16
부탄(C_4H_{10})	58
아세틸렌(C_2H_2)	26

∴ 가스 밀도 = $\frac{분자량}{22.4}$ 이므로 분자량이 작은 것이 밀도가 작은 것이다.

52. 다음 중 열(熱)에 대한 설명이 틀린 것은?
① 비열이 큰 물질은 열용량이 크다.
② 1 cal는 약 4.2 J 이다.
③ 열은 고온에서 저온으로 흐른다.
④ 비열은 물보다 공기가 크다.

해설 물의 비열은 1 kcal/kg·℃, 공기의 비열은 0.24 kcal/kg·℃로 물의 비열이 크다.

53. 수소의 성질에 대한 설명 중 틀린 것은?
① 무색, 무미, 무취의 가연성 기체이다.
② 밀도가 아주 작아 확산 속도가 빠르다.
③ 열전도율이 작다.
④ 높은 온도일 때에는 강재, 기타 금속 재료라도 쉽게 투과한다.

해설 열전도율이 대단히 크고, 열에 대해 안정하다.

54. 다음 각 가스의 성질에 대한 설명으로 옳은 것은?
① 질소는 안정한 가스로서 불활성 가스라고도 하고, 고온에서도 금속과 화합하지 않는다.
② 염소는 반응성이 강한 가스로 강재에 대하여 상온에서도 무수(無水) 상태로 현저한 부식성을 갖는다.
③ 암모니아는 동을 부식하고 고온·고압에서는 강재를 침식한다.
④ 산소는 액체 공기를 분류하여 제조하는 반응성이 강한 가스로 그 자신이 잘 연소한다.

해설 각 가스의 성질
㉮ 질소 : 불연성 가스이고 상온에서 안정된 가스이나, 고온에서 금속과 반응한다.
㉯ 염소 : 건조한 상태에서는 강에 대한 부식성이 없으나 수분이 존재하면 염산이 생성되어 강에 대한 부식성을 갖는다.
㉰ 산소 : 조연성(지연성) 가스로 그 자체는 연소하지 않는다.

55. 불완전 연소 현상의 원인으로 옳지 않은 것은?
① 가스 압력에 비하여 공급 공기량이 부족할 때
② 환기가 불충분한 공간에 연소기가 설치되었을 때
③ 공기와의 접촉 혼합이 불충분할 때
④ 불꽃의 온도가 증대되었을 때

해설 연소 기구에서 불완전 연소의 원인
㉮ 공기 공급량 부족
㉯ 배기 불충분
㉰ 환기 불충분
㉱ 가스 조성의 불량

정답　51. ②　52. ④　53. ③　54. ③　55. ④

㉮ 연소 기구의 부적합
㉯ 프레임의 냉각

56. 다음 중 무색, 무취의 가스가 아닌 것은?

① O_2　② N_2　③ CO_2　④ O_3

해설 오존(O_3)의 특징
㉮ 기체는 청색, 액체는 흑청색, 고체는 암자색을 나타낸다.
㉯ 자극성의 악취가 있다.
㉰ 허용 농도가 TLV-TWA 0.1 ppm으로 흡입 시 치명적일 가능성이 있다.
㉱ 용기가 열에 노출되면 파열되거나 폭발할 가능성이 있다.
㉲ 가연성 물질을 점화할 수 있으며, 실온에서 격렬하게 분해될 수 있다.
㉳ 액체 질소, 사염화탄소, 클로로포름에 잘 녹으며, 테레빈유, 계피유에 흡수된다.
㉴ 공기의 정화에 이용되며, 살균 작용을 이용한 음료수 소독, 표백, 유기 화합물의 구조 결정 등에 사용된다.

57. 다음 중 액화석유가스의 일반적인 특성이 아닌 것은?

① 기화 및 액화가 용이하다.
② 공기보다 무겁다.
③ 액상의 액화석유가스는 물보다 무겁다.
④ 증발 잠열이 크다.

해설 LPG의 일반적인 특징
㉮ LP 가스는 공기보다 무겁다.
㉯ 액상의 LP 가스는 물보다 가볍다.
㉰ 액화, 기화가 쉽다.
㉱ 기화하면 체적이 커진다.
㉲ 기화열(증발 잠열)이 크다.
㉳ 무색, 무취, 무미하다.
㉴ 용해성이 있다.
㉵ 정전기 발생이 쉽다.

58. 액화 천연 가스(LNG)의 폭발성 및 인화성에 대한 설명으로 틀린 것은?

① 다른 지방족 탄화수소에 비해 연소 속도가 느리다.
② 다른 지방족 탄화수소에 비해 최소 발화 에너지가 낮다.
③ 다른 지방족 탄화수소에 비해 폭발 하한 농도가 높다.
④ 전기 저항이 작으며 유동 등에 의한 정전기 발생은 다른 가연성 탄화수소류 보다 크다.

해설 다른 지방족 탄화수소에 비해 최소 발화 에너지가 높다.

59. 수돗물의 살균과 섬유의 표백용으로 주로 사용되는 가스는?

① F_2　② Cl_2　③ O_2　④ CO_2

해설 염소(Cl_2)의 용도
㉮ 염화수소(HCl), 염화비닐(C_2H_3Cl), 포스겐($COCl_2$)의 제조 원료
㉯ 종이, 펄프 공업, 알루미늄 공업용으로 사용
㉰ 수돗물의 살균에 사용
㉱ 섬유의 표백용으로 사용

60. 100℃를 화씨온도로 단위 환산하면 몇 °F인가?

① 212　② 234　③ 248　④ 273

해설 °F = $\dfrac{9}{5}$ ℃ + 32
= $\dfrac{9}{5} \times 100 + 32 = 212$ °F

[참고] 대기압 상태에서 물의 끓는점을 섭씨온도는 100℃로, 화씨온도는 212°F로 한 것이므로 100℃ = 212°F가 된다.

정답 56. ④　57. ③　58. ②　59. ②　60. ①

가스기능사 — 2014년 4월 6일 시행 (제2회)

1. 다음 중 가연성이면서 독성 가스인 것은?
① NH_3 ② H_2 ③ CH_4 ④ N_2

[해설] 가연성 가스이며 독성 가스인 것 : 아크릴로니트릴, 일산화탄소, 벤젠, 산화에틸렌, 모노메틸아민, 염화 메탄, 브롬화메탄, 이황화탄소, 황화수소, 암모니아, 석탄 가스, 시안화수소, 트리메틸아민

2. 가연성 물질을 공기로 연소시키는 경우 공기 중의 산소 농도를 높게 하면 연소 속도와 발화온도는 어떻게 변하는가?
① 연소 속도는 빠르게 되고, 발화 온도는 높아진다.
② 연소 속도는 빠르게 되고, 발화 온도는 낮아진다.
③ 연소 속도는 느리게 되고, 발화 온도는 높아진다.
④ 연소 속도는 느리게 되고, 발화 온도는 낮아진다.

[해설] 공기 중의 산소 농도를 높게 하면(산소량이 많은 경우) 연소는 잘 되므로 연소 속도는 빠르게 되고, 발화 온도는 낮아진다.

3. 고압가스 특정제조 시설에서 긴급 이송 설비에 의하여 이송되는 가스를 안전하게 연소시킬 수 있는 장치는?
① 플레어 스택 ② 벤트 스택
③ 인터로크 기구 ④ 긴급 차단 장치

[해설] 긴급 이송 설비에 의하여 이송되는 가스를 안전하게 처리하는 시설
㉮ 벤트 스택 : 가연성 가스 또는 독성 가스의 설비에서 이상 상태가 발생한 경우 설비 내의 내용물을 대기 중으로 방출하는 장치
㉯ 플레어 스택 : 긴급 이송 설비에 의하여 이송되는 가연성 가스를 연소에 의하여 처리하는 시설

4. 도시가스로 천연가스를 사용하는 경우 가스 누출 경보기의 검지부 설치 위치로 가장 적합한 것은?
① 바닥에서 15cm 이내
② 바닥에서 30cm 이내
③ 천장에서 15cm 이내
④ 천장에서 30cm 이내

[해설] 천연가스의 주성분은 메탄(CH_4)이고, 메탄은 공기보다 가벼운 가스이므로 검지부는 천장에서 30 cm 이내에 설치한다.

5. 다음 중 독성(LC50)이 가장 강한 가스는?
① 염소 ② 시안화수소
③ 산화에틸렌 ④ 불소

[해설] 각 가스의 허용 농도

명칭	TLV-TWA	LC50
염소(Cl_2)	1ppm	293ppm
시안화수소(HCN)	10ppm	140ppm
산화에틸렌(C_2H_4O)	50ppm	2900ppm
불소(F_2)	0.1ppm	185ppm

6. LPG 저장탱크 지하 설치 시 저장 탱크실 상부 윗면으로부터 저장 탱크 상부까지의 깊이는 얼마 이상으로 하여야 하는가?
① 0.6 m ② 0.8 m
③ 1 m ④ 1.2 m

정답 1. ① 2. ② 3. ① 4. ④ 5. ② 6. ①

[해설] 저장 탱크 정상부와 지면과의 거리는 60 cm 이상으로 하여야 한다.

7. 차량에 고정된 충전 탱크는 그 온도를 항상 몇 ℃ 이하로 유지하여야 하는가?

① 20 ② 30 ③ 40 ④ 50

[해설] 차량에 고정된 탱크는 그 온도를 항상 40℃ 이하로 유지하여야 한다.

8. 초저온 용기나 저온 용기의 부속품에 표시하는 기호는?

① AG ② PG ③ LG ④ LT

[해설] 용기 종류별 부속품 기호
- ㉮ AG : 아세틸렌가스를 충전하는 용기의 부속품
- ㉯ PG : 압축가스를 충전하는 용기의 부속품
- ㉰ LG : 액화석유가스 외 액화 가스를 충전하는 용기 부속품
- ㉱ LPG : 액화석유가스를 충전하는 용기의 부속품
- ㉲ LT : 초저온 용기 및 저온 용기의 부속품

9. 상용의 온도에서 사용 압력이 1.2 MPa인 고압가스 설비에 사용되는 배관의 재료로서 부적합 것은?

① KS D 3562(압력 배관용 탄소강관)
② KS D 3570(고온 배관용 탄소강관)
③ KS D 3507(배관용 탄소강관)
④ KS D 3576(배관용 스테인리스 강관)

[해설] KS D 3507(배관용 탄소강관 : SPP) : 사용 압력 1 MPa (10 kgf/cm²) 이하에 사용한다.

10. 도시가스 사용 시설의 지상 배관은 표면 색상을 무슨 색으로 도색하여야 하는가?

① 황색 ② 적색 ③ 회색 ④ 백색

[해설] 도시가스 배관 표면 색상
- ㉮ 지상 배관 : 황색
- ㉯ 지하 매설관 : 적색(중압), 황색(저압)

11. 액화석유가스 충전 시설 중 충전 설비는 그 외면으로부터 사업소 경계까지 몇 m 이상의 거리를 유지하여야 하는가?

① 5 ② 10 ③ 15 ④ 24

[해설] 충전 설비는 그 외면으로부터 사업소 경계까지 24 m 이상의 거리를 유지하여야 한다.

12. 다음 중 의료용 가스 용기의 도색 구분이 틀린 것은?

① 산소 – 백색
② 액화 탄산가스 – 회색
③ 질소 – 흑색
④ 에틸렌 – 갈색

[해설] 주요 가스 용기의 도색

가스 종류	공업용	의료용
산소	녹색	백색
수소	주황색	–
액화 탄산가스	청색	회색
LPG	회색	–
아세틸렌	황색	–
암모니아	백색	–
염소	갈색	–
질소	회색	흑색
아산화질소	회색	청색
헬륨	회색	갈색
에틸렌	회색	자색
사이클로 프로판	회색	주황색
기타	회색	–

13. 가스의 경우 폭굉(detonation)의 연소 속도는 약 몇 m/s 정도인가?

① 0.03~10 ② 10~50

③ 100~600   ④ 1000~3000

해설 폭굉과 폭속
㉮ 폭굉의 정의 : 가스 중의 음속보다 화염 전파 속도가 큰 경우로 파면 선단에 충격파라고 하는 솟구치는 압력파가 생겨 격렬한 파괴 작용을 일으키는 현상이다.
㉯ 폭속 : 폭굉이 전하는 속도로 가스의 경우 1000~3500 m/s에 달한다.

14. 다음 가스 중 위험도(H)가 가장 큰 것은?
① 프로판   ② 일산화탄소
③ 아세틸렌   ④ 암모니아

해설 ㉮ 각 가스의 폭발 범위 및 위험도

명칭	폭발 범위	위험도
프로판(C_3H_8)	2.2~9.5%	3.32
일산화탄소(CO)	12.5~74%	4.92
아세틸렌(C_2H_2)	2.5~81%	31.4
암모니아(NH_3)	15~28%	0.87

㉯ 위험도 계산식
$$\therefore H = \frac{\text{폭발 범위 상한값}(U) - \text{폭발 범위 하한값}(L)}{\text{폭발 범위 하한값}(L)}$$

15. 용기의 안전 점검 기준에 대한 설명으로 틀린 것은?
① 용기의 도색 및 표시 여부를 확인
② 용기의 내·외면을 점검
③ 재검사 기간의 도래 여부를 확인
④ 열 영향을 받은 용기는 재검사와 상관이 없이 새 용기로 교환

해설 용기의 안전 점검 및 유지 관리 기준
㉮ 용기의 내, 외면에 위험한 부식, 금, 주름이 있는지 확인할 것
㉯ 용기는 도색 및 표시가 되어 있는지 확인할 것
㉰ 용기의 스커트에 찌그러짐이 있는지 확인할 것
㉱ 유통 중 열 영향을 받았는지 점검하고, 열 영향을 받은 용기는 재검사를 받아야 한다.
㉲ 용기 캡이 씌워져 있거나 프로텍터가 부착되어 있는지 확인할 것
㉳ 재검사 기간의 도래 여부를 확인할 것
㉴ 용기 아랫부분의 부식 상태를 확인할 것
㉵ 밸브의 몸통, 충전구 나사, 안전밸브에 홈, 주름, 스프링의 부식 등이 있는지 확인할 것
㉶ 밸브의 그랜드너트가 고정핀에 의하여 이탈 방지 조치가 있는지 여부를 확인할 것
㉷ 밸브의 개폐 조작이 쉬운 핸들이 부착되어 있는지 확인할 것
㉸ 충전 가스의 종류에 맞는 용기 부속품이 부착되어 있는지 확인할 것

16. 다음 각 독성 가스 누출 시 사용하는 제독제로서 적합하지 않은 것은?
① 염소 : 탄산소다 수용액
② 포스겐 : 소석회
③ 산화에틸렌 : 소석회
④ 황화수소 : 가성 소다수 용액

해설 독성 가스 제독제

가스 종류	제독제의 종류
염소	가성 소다 수용액, 탄산소다 수용액, 소석회
포스겐	가성 소다 수용액, 소석회
황화수소	가성 소다 수용액, 탄산소다 수용액
시안화수소	가성 소다 수용액
아황산가스	가성 소다 수용액, 탄산소다 수용액, 물
암모니아, 산화에틸렌, 염화 메탄	물

17. 에어졸 시험 방법에서 불꽃길이 시험을

정답 14. ③   15. ④   16. ③   17. ①

위해 채취한 시료의 온도 조건은?
① 24℃ 이상, 26℃ 이하
② 26℃ 이상, 30℃ 미만
③ 46℃ 이상, 50℃ 미만
④ 60℃ 이상, 66℃ 미만

해설 에어졸 시험 방법 중 시료 채취
㉮ 시료는 같은 에어졸 제조소에서 같은 충전연월일에 내용물 조성을 같게 한 같은 로트에서 에어졸을 충전한 용기를 1조로 하여 그 조에서 임의로 에어졸이 충전된 용기 3개를 채취한다.
㉯ 채취된 시료는 24℃ 이상 26℃ 이하가 되도록 온도를 유지하여 불꽃길이 시험을 실시한다.
㉰ 시험 측정 결과는 시험 시마다 로트 번호, 시험 연월일, 불꽃 길이, 측정자, 에어졸 제품 등을 기록하여 보존한다.

18. 교량에 도시가스 배관을 설치하는 경우 보호조치 등 설계·시공에 대한 설명으로 옳은 것은?
① 교량 첨가 배관은 강관을 사용하며 기계적 접합을 원칙으로 한다.
② 제3자의 출입이 용이한 교량 설치 배관의 경우 보행 방지 철조망 또는 방호 철조망을 설치한다.
③ 지진 발생 시 등 비상 시 긴급 차단을 목적으로 첨가 배관의 길이가 200 m 이상인 경우 교량 양단의 가까운 곳에 밸브를 설치도록 한다.
④ 교량 첨가 배관에 가해지는 여러 하중에 대한 합성 응력이 배관의 허용 응력을 초과하도록 설계한다.

해설 교량 등에 설치하는 배관의 기준 중 설계 기준
㉮ 교량 첨가 배관에 가해지는 여러 하중 및 발생 응력에 대한 합성 응력을 구한 후 이 합성 응력이 배관의 허용 응력을 초과하지 않도록 설계한다.
㉯ 배관은 강관을 사용하며 접합 방법은 용접을 원칙으로 한다.
㉰ 배관의 하중에 충분히 견딜 수 있는 지지방법 및 지지구의 강도(볼트 등)를 갖도록 설계한다.
㉱ 열응력에 의한 신축 흡수는 유동성 배관, 곡관 또는 신축 이음매로 한다. 유동성 배관은 응력 계산 선도를 이용한 간편 해석법으로 설계가 가능하며 곡관에 발생하는 열변위 합성 응력은 도시가스 안전 관리 기준 통합고시에 규정된 열변위 합성 응력의 허용값 이하가 되도록 설계한다.
㉲ 첨가되는 배관의 하중에 의해 교량이 안전한 구조인지 검토가 이루어져야 하며 교량관리자의 인가를 받아야 한다.
㉳ 지진 발생 시 등 비상 시 긴급 차단을 목적으로 첨가 배관의 길이가 300 m 이상인 경우 교량 양단의 가까운 곳에 밸브를 설치토록 한다.
㉴ 교대는 일반적으로 지면으로부터 높이가 낮고 제3자의 출입이 용이하므로 교량 설치 배관 부근에 보행 방지 철조망 또는 방호 철조망을 설치하여 한다.

19. 고압가스 저장실 등에 설치하는 경계책과 관련된 기준으로 틀린 것은?
① 저장 설비, 처리 설비 등을 설치한 장소의 주위에는 높이 1.5 m 이상의 철책 또는 철망 등의 경계표지를 설치하여야 한다.
② 건축물 내에 설치하였거나, 차량의 통행 등 조업 시행이 현저히 곤란하여 위해 요인이 가중될 우려가 있는 경우에는 경계책 설치를 생략할 수 있다.
③ 경계책 주위에는 외부 사람이 무단출입을 금하는 내용의 경계표지를 보기 쉬운 장소에 부착하여야 한다.

정답 18. ② 19. ④

④ 경계책 안에는 불가피한 사유 발생 등 어떠한 경우라도 화기, 발화 또는 인화하기 쉬운 물질을 휴대하고 들어가서는 아니된다.

해설 경계책 안에는 누구도 화기, 발화 또는 인화하기 쉬운 물질을 휴대하고 들어갈 수 없도록 필요한 조치를 강구한다. 다만, 해당 설비의 정비 수리 등 불가피한 사유가 발생한 경우에 한하여 안전 관리 책임자의 감독하에 휴대 조치할 수 있다.

20. 아세틸렌의 성질에 대한 설명으로 틀린 것은?
① 색이 없고 불순물이 있을 경우 악취가 난다.
② 융점과 비점이 비슷하여 고체 아세틸렌은 융해하지 않고 승화한다.
③ 발열 화합물이므로 대기에 개방하면 분해 폭발할 우려가 있다.
④ 액체 아세틸렌보다 고체 아세틸렌이 안정하다.

해설 흡열 화합물이므로 압축하면 분해 폭발을 일으킬 수 있다.

21. 고압가스용 이음매 없는 용기의 재검사 시 내압시험 합격 판정의 기준이 되는 영구 증가율은?
① 0.1 % 이하 ② 3 % 이하
③ 5 % 이하 ④ 10 % 이하

해설 내압 시험 합격 기준 영구 증가율
㉮ 신규 검사 : 10% 이하
㉯ 재검사
 - 질량 검사 95 % 이상 : 10 % 이하
 - 질량 검사 90 % 이상 95 % 미만 : 6 % 이하

22. 독성 가스 사용 시설에서 처리 설비의 저장 능력이 45000 kg인 경우 제2종 보호 시설까지 안전거리는 얼마 이상 유지하여야 하는가?
① 14 m ② 16 m ③ 18 m ④ 20 m

해설 가연성, 독성 가스의 보호 시설별 안전거리

저장 능력 (m^3, kg)	제1종	제2종
1만 이하	17	12
1만 초과 ~ 2만 이하	21	14
2만 초과 ~ 3만 이하	24	16
3만 초과 ~ 4만 이하	27	18
4만 초과 ~ 5만 이하	30	20
5만 초과 ~ 99만 이하	30	20

[참고] 저장 능력 45000 kg인 독성 가스와 제2종 보호 시설과 유지거리(안전거리)는 20 m 이상이다.

23. 프로판을 사용하고 있던 버너에 부탄을 사용하려고 한다. 프로판의 경우보다 약 몇 배의 공기가 필요한가?
① 1.2배 ② 1.3배 ③ 1.5배 ④ 2.0배

해설 프로판(C_3H_8)과 부탄(C_4H_{10})의 완전 연소 반응식 비교
㉮ $C_3H_8 + 5O_2 \rightarrow 3CO_2 + 4H_2O$
㉯ $C_4H_{10} + 6.5O_2 \rightarrow 4CO_2 + 5H_2O$

$$\therefore 이론 공기량 비 = \frac{C_4H_{10} 공기량}{C_3H_8 공기량}$$
$$= \frac{6.5}{5} = 1.3 배$$

즉, 부탄(C_4H_{10})이 프로판(C_3H_8)보다 1.3배 많은 공기가 소요된다.

24. 가스의 연소에 대한 설명으로 틀린 것은?
① 인화점은 낮을수록 위험하다.
② 발화점은 낮을수록 위험하다.
③ 탄화수소에서 착화점은 탄소수가 많은 분자일수록 낮아진다.

정답 20. ③ 21. ④ 22. ④ 23. ② 24. ④

④ 최소 점화 에너지는 가스의 표면 장력에 의해 주로 결정된다.

해설 (1) 최소 점화 에너지(MIE) : 가연성 혼합가스에 전기적 스파크로 점화시킬 때 점화하기 위한 최소한의 전기적 에너지를 말하는 것이다.
(2) 최소 점화 에너지가 낮아지는 조건
㉮ 연소 속도가 클수록
㉯ 열전도율이 적을수록
㉰ 산소 농도가 높을수록
㉱ 압력이 높을수록
㉲ 가연성 기체의 온도가 높을수록

25. 아세틸렌의 취급 방법에 대한 설명으로 가장 부적절한 것은?
① 저장소는 화기 엄금을 명기한다.
② 가스 출구 동결 시 60℃ 이하의 온수로 녹인다.
③ 산소용기와 같이 저장하지 않는다.
④ 저장소는 통풍이 양호한 구조이어야 한다.

해설 가스 출구 동결 시 40℃ 이하의 온수나 열습포를 사용한다.

26. 가스 폭발을 일으키는 영향 요소로 가장 거리가 먼 것은?
① 온도   ② 매개체
③ 조성   ④ 압력

해설 가스 폭발이 일어날 수 있는 조건 : 온도, 압력, 조성, 용기의 크기 및 형태

27. 어떤 도시가스의 웨버 지수를 측정하였더니 36.52 MJ/m³이었다. 품질 검사 기준에 의한 합격 여부는?
① 웨버 지수가 허용 기준보다 높으므로 합격이다.
② 웨버 지수가 허용 기준보다 낮으므로 합격이다.
③ 웨버 지수가 허용 기준보다 높으므로 불합격이다.
④ 웨버 지수가 허용 기준보다 낮으므로 불합격이다.

해설 2012년 7월 이후 도시가스 열량이 최고 44.4MJ/m³(10600kcal/m³), 최저 41.0MJ/m³(9800kcal/m³)이므로 측정된 열량이 허용 기준보다 낮으므로 불합격이다.

28. 300 kg의 액화 프레온(R-12) 가스를 내용적 50 L 용기에 충전할 때 필요한 용기의 개수는? (단, 가스 정수 C는 0.86이다.)
① 5개 ② 6개 ③ 7개 ④ 8개

해설 ㉮ 용기 1개당 충전량 계산
∴ $G = \dfrac{V}{C} = \dfrac{50}{0.86} = 58.139 = 58.14\,kg$
㉯ 충전 용기 수 계산
∴ 용기 수 = $\dfrac{전체\ 가스양}{용기\ 1개당\ 충전량}$
= $\dfrac{300}{58.14} = 5.159 = 6\,개$

29. 저장 탱크에 의한 액화석유가스 사용 시설에서 가스계량기는 화기와 몇 m 이상의 우회거리를 유지해야 하는가?
① 2 m ② 3 m ③ 5 m ④ 8 m

해설 가스계량기와 화기와의 우회거리 : 2 m 이상

30. 가스 사고가 발생하면 산업 통상 자원부령에서 정하는 바에 따라 관계 기관에 가스 사고를 통보해야 한다. 다음 중 사고 통보 내용이 아닌 것은?
① 통보자의 소속, 직위, 성명 및 연락처
② 사고 원인자 인적 사항

정답 25. ② 26. ② 27. ④ 28. ② 29. ① 30. ②

③ 사고 발생 일시 및 장소
④ 시설 현황 및 피해 현황(인명 및 재산)

해설 통보 내용에 포함되어야 할 사항
㉮ 통보자의 소속, 직위, 성명 및 연락처
㉯ 사고 발생 일시
㉰ 사고 발생 장소
㉱ 사고 내용
㉲ 시설 현황
㉳ 피해 현황(인명 및 재산)
→ 속보인 경우 ㉲, ㉳의 내용을 생략할 수 있다.

[참고] 속보 : 전화 또는 팩스를 이용한 통보
상보 : 서면으로 제출하는 상세한 통보

31. 가스 크로마토그래피의 구성 요소가 아닌 것은?
① 광원   ② 컬럼
③ 검출기   ④ 기록계

해설 장치 구성 요소 : 캐리어 가스, 압력 조정기, 유량 조절 밸브, 압력계, 분리관(컬럼), 검출기, 기록계 등

32. 도시가스 공급 시설에서 사용되는 안전 제어 장치와 관계가 없는 것은?
① 중화 장치
② 압력 안전 장치
③ 가스 누출 검지 경보장치
④ 긴급 차단 장치

해설 중화 장치는 고압가스 제조 및 충전 시설에서 누설된 독성 가스를 중화시키기 위한 시설에 해당되므로 도시가스와는 관련이 없는 시설이다.

33. LPG나 액화 가스와 같이 비점이 낮고 내압이 0.4~0.5 MPa 이상인 액체에 주로 사용되는 펌프의 메커니컬 실의 형식은?

① 더블 실형   ② 인사이드 실형
③ 아웃사이드 실형   ④ 밸런스 실형

해설 밸런스 실 : LPG나 액화 가스와 같이 저비점이고 내압이 0.4~0.5 MPa 이상인 액체에 주로 사용되는 펌프의 메커니컬 실의 형식이다.

34. 유량을 측정하는 데 사용하는 계측 기기가 아닌 것은?
① 피토관   ② 오리피스
③ 벨로스   ④ 벤투리

해설 벨로스는 탄성식 압력계에 해당되는 기기이다.

35. 기화기의 성능에 대한 설명으로 틀린 것은?
① 온수 가열 방식은 그 온수의 온도가 90℃ 이하일 것
② 증기 가열 방식은 그 증기의 온도가 120℃ 이하일 것
③ 압력계는 그 최고 눈금이 상용 압력의 1.5~2배일 것
④ 기화통 안의 가스액이 토출 배관으로 흐르지 않도록 적합한 자동 제어 장치를 설치할 것

해설 온수 가열 방식은 그 온수의 온도가 80℃ 이하일 것

36. 고압장치의 재료로서 가장 적합하게 연결된 것은?
① 액화 염소 용기 – 화이트메탈
② 압축기의 베어링 – 13 % 크롬강
③ LNG 탱크 – 9 % 니켈강
④ 고온고압의 수소 반응탑 – 탄소강

해설 LNG 탱크 : LNG는 초저온 액화 가스이므로 18-8 스테인리스강이나 9 % 니켈강 등을 사용한다.

정답 31. ① 32. ① 33. ④ 34. ③ 35. ① 36. ③

37. 구조에 따라 외치식, 내치식, 편심 로터리식 등이 있으며 베이퍼 로크 현상이 일어나기 쉬운 펌프는?
① 제트 펌프 ② 기포 펌프
③ 왕복 펌프 ④ 기어 펌프

해설 기어 펌프 : 두 개의 기어가 맞물려 회전할 때 액체를 이송하는 것으로 고점도 액의 이송에 적합하고 회전 펌프 중에서 흡입 양정이 크다. LPG 이송용 펌프로 사용하므로 베이퍼 로크 현상이 발생할 수 있다.

38. 다음 중 터보(turbo)형 펌프가 아닌 것은?
① 원심 펌프 ② 사류 펌프
③ 축류 펌프 ④ 플런저 펌프

해설 (1) 터보형 펌프의 종류 : 원심 펌프, 사류 펌프, 축류 펌프
(2) 용적형 펌프의 종류
㉮ 왕복식 펌프 : 피스톤 펌프, 플런저 펌프, 다이어프램 펌프
㉯ 회전 펌프 : 기어 펌프, 나사 펌프, 베인 펌프

39. 가스 액화 분리 장치에서 냉동 사이클과 액화 사이클을 응용한 장치는?
① 한랭 발생 장치 ② 정유 분출 장치
③ 정유 흡수 장치 ④ 불순물 제거 장치

해설 가스 액화 분리 장치의 구성
㉮ 한랭 발생 장치 : 냉동 사이클, 가스 액화 사이클의 응용으로 가스 액화 분리 장치의 열 제거를 돕고 액화 가스를 채취할 때에는 그것에 필요한 한랭을 보급한다.
㉯ 정류(분출, 흡수) 장치 : 원료 가스를 저온에서 분리, 정제하는 장치이며 목적에 따라 선정된다.
㉰ 불순물 제거 장치 : 저온이 되면 동결이 되어 장치의 배관 및 밸브를 폐쇄하는 원료 가스 중의 수분, 탄산가스 등을 제거하기 위한 장치이다.

40. 저압가스 수송 배관의 유량 공식에 대한 설명으로 틀린 것은?
① 배관 길이에 반비례한다.
② 가스 비중에 비례한다.
③ 허용 압력 손실에 비례한다.
④ 관 지름에 의해 결정되는 계수에 비례한다.

해설 저압배관 유량식 $Q = K\sqrt{\dfrac{D^5 H}{SL}}$ 에서 유량(Q)은
㉮ 배관 길이(L)의 평방근에 반비례한다.
㉯ 가스 비중(S)의 평방근에 반비례한다.
㉰ 유량 계수(K)에 비례한다.
㉱ 관 안지름(D) 5승의 평방근에 비례한다.
㉲ 압력 손실(H)의 평방근에 비례한다.

41. 탄소강 중에 저온 취성을 일으키는 원소로 옳은 것은?
① P ② S ③ Mo ④ Cu

해설 저온 취성(상온 취성)의 원인 : P(인)

42. 가스의 연소 방식이 아닌 것은?
① 적화식 ② 세미분젠식
③ 분젠식 ④ 원지식

해설 연소 방식의 분류
㉮ 적화식 : 연소에 필요한 공기를 2차 공기로 모두 취하는 방식
㉯ 분젠식 : 가스를 노즐로부터 분출시켜 주위의 공기를 1차 공기로 취한 후 나머지는 2차 공기를 취하는 방식
㉰ 세미분젠식 : 적화식과 분젠식의 혼합형으로 1차 공기율이 40 % 이하를 취하는 방식
㉱ 전1차 공기식 : 완전 연소에 필요한 공기를 모두 1차 공기로 하여 연소하는 방식

정답 37. ④ 38. ④ 39. ① 40. ② 41. ① 42. ④

43. 양정 90 m, 유량이 90 m³/h인 송수 펌프의 소요 동력은 약 몇 kW인가? (단, 펌프의 효율은 60 %이다.)

① 30.6   ② 36.8
③ 50.2   ④ 56.8

해설 $kW = \dfrac{\gamma \cdot Q \cdot H}{102\eta}$

$= \dfrac{1000 \times 90 \times 90}{102 \times 0.6 \times 3600} = 36.76 \, kW$

44. 재료가 일정 온도 이상에서 응력이 작용할 때 시간이 경과함에 따라 변형이 증대되고 때로는 파괴되는 현상을 무엇이라 하는가?

① 피로   ② 크리프
③ 에로숀 ④ 탈탄

해설 크리프(creep) 현상 : 어느 온도 이상에서 재료에 일정한 하중을 가하여 그대로 방치하면 시간의 경과와 더불어 변형이 증대하고 때로는 파괴되는 현상을 말한다.

45. LP 가스 공급 방식 중 강제 기화 방식의 특징에 대한 설명 중 틀린 것은?

① 기화량 가감이 용이하다.
② 공급 가스의 조성이 일정하다.
③ 계량기를 설치하지 않아도 된다.
④ 한랭 시에도 충분히 기화시킬 수 있다.

해설 기화기 사용 시 장점
 ㉮ 한랭 시에도 연속적으로 가스 공급이 가능하다.
 ㉯ 공급 가스의 조성이 일정하다.
 ㉰ 설치 면적이 적어진다.
 ㉱ 기화량을 가감할 수 있다.
 ㉲ 설비비 및 인건비가 절약된다.

46. 다음 설명과 관계있는 법칙은?

> 열은 스스로 저온의 물체에서 고온의 물체로 이동하는 것은 불가능하다.

① 에너지 보존의 법칙
② 열역학 제2법칙
③ 평형 이동의 법칙
④ 보일-샤를의 법칙

해설 열역학 제2법칙 : 열은 고온도의 물질로부터 저온도의 물질로 옮겨질 수 있지만, 그 자체는 저온도의 물질로부터 고온도의 물질로 옮겨갈 수 없다. 또 일이 열로 바뀌는 것은 쉽지만 반대로 열이 일로 바뀌는 것은 힘을 빌리지 않는 한 불가능한 일이다. 이와 같이 열역학 제2법칙은 에너지 변환의 방향성을 명시한 것으로 방향성의 법칙이라 한다.

47. 산소(O_2)에 대한 설명 중 틀린 것은?

① 무색, 무취의 기체이며, 물에는 약간 녹는다.
② 가연성 가스이나 그 자체는 연소하지 않는다.
③ 용기의 도색은 일반 공업용이 녹색, 의료용이 백색
④ 저장 용기는 무계목 용기를 사용한다.

해설 산소는 조연성 가스로 그 자체는 연소하지 않는다.

48. 다음과 같은 성질을 갖는 것은?

> • 공기보다 무거워서 누출 시 낮은 곳에 체류한다.
> • 기화 및 액화가 용이하며, 발열량이 크다.
> • 증발 잠열이 크기 때문에 냉매로도 이용된다.

① O_2 ② CO
③ LPG   ④ C_2H_4

정답 43. ② 44. ② 45. ③ 46. ② 47. ② 48. ③

해설 ① 산소(O_2) : 비점이 -183℃로 액화가 어렵고, 조연성 가스이다.
② 일산화탄소(CO) : 비점이 -192℃로 액화가 어렵고 분자량이 28이므로 공기보다 가벼운 기체이다.
④ 에틸렌(C_2H_4) : 분자량이 28이므로 공기보다 가벼운 기체이다.

49. 다음 중 암모니아 건조제로 사용되는 것은?
① 진한 황산   ② 할로겐 화합물
③ 소다 석회   ④ 황산동 수용액

해설 ㉮ 암모니아의 건조제 : 소다 석회
㉯ 염소, 포스겐의 건조제 : 진한 황산

50. 10 L 용기에 들어 있는 산소의 압력이 10 MPa이었다. 이 기체를 20 L 용기에 옮겨 놓으면 압력은 몇 MPa로 변하는가?
① 2   ② 5   ③ 10   ④ 20

해설 $\dfrac{P_1 V_1}{T_1} = \dfrac{P_2 V_2}{T_2}$ 에서 $T_1 = T_2$ 이다.

∴ $P_2 = \dfrac{P_1 V_1}{V_2} = \dfrac{10 \times 10}{20} = 5\,\text{MPa}$

51. 다음 압력 중 가장 높은 압력은?
① 1.5 kgf/cm²   ② 10 mH₂O
③ 745 mmHg   ④ 0.6 atm

해설 각 압력을 kgf/cm² 단위로 환산하여 비교
① 1.5 kgf/cm²
② $\dfrac{10}{10.332} \times 1.0332 = 1\,\text{kg/cm}^2$
③ $\dfrac{745}{760} \times 1.0332 = 1.0128\,\text{kg/cm}^2$
④ 0.6×1.0332=0.61992 kgf/cm²

52. 같은 조건일 때 액화시키기 가장 쉬운 가스는?
① 수소   ② 암모니아
③ 아세틸렌   ④ 네온

해설 대기압 상태에서 각 가스의 비점

명칭	비점
수소(H_2)	-252℃
암모니아(NH_3)	-33.4℃
아세틸렌(C_2H_2)	-75℃
네온(Ne)	-246℃

참고 4가지 가스 중에서 비점이 높은 암모니아가 액화시키기 가장 쉬운 가스에 해당된다.

53. 다음 중 게이지 압력을 옳게 표시한 것은?
① 게이지 압력 = 절대 압력 - 대기압
② 게이지 압력 = 대기압 - 절대 압력
③ 게이지 압력 = 대기압 + 절대 압력
④ 게이지 압력 = 절대 압력 + 진공 압력

해설 절대 압력 = 대기압 + 게이지 압력
= 대기압 - 진공 압력
∴ 게이지 압력 = 절대 압력 - 대기압

54. 가스 분석 시 이산화탄소의 흡수제로 사용되는 것은?
① KOH   ② H_2SO_4
③ NH_4Cl ④ $CaCl_2$

해설 흡수 분석법에서 이산화탄소 흡수제로 사용하는 것이 수산화 칼륨(KOH) 30% 수용액이다.

55. 나프타(naphtha)의 가스화 효율이 좋으려면?
① 올레핀계 탄화수소의 함량이 많을수록 좋다.
② 파라핀계 탄화수소의 함량이 많을수록 좋다.

정답 49. ③ 50. ② 51. ① 52. ② 53. ① 54. ① 55. ②

③ 나프텐계 탄화수소의 함량이 많을수록 좋다.
④ 방향족계 탄화수소의 함량이 많을수록 좋다.

해설 나프타(naphtha)의 가스화 효율이 좋으려면 분해가 쉬운 파라핀계 탄화수소의 함량이 많은 것이 좋다.

56. 연소기 연소상태 시험에 사용되는 도시가스 중 역화하기 쉬운 가스는?
① 13A-1　② 13A-2
③ 13A-3　④ 13A-R

해설 시험가스의 종류

기호	시험 가스의 종류
1	불완전 연소하기 쉬운 가스
2	역화하기 쉬운 가스
3	불어서 꺼지기 쉬운 가스
Rb	성능을 시험하는 가스
S	1, 2, 3 또는 R 중의 가스

57. 순수한 물 1kg을 1℃ 높이는 데 필요한 열량을 무엇이라 하는가?
① 1 kcal　② 1 BTU
③ 1 CHU　④ 1 kJ

해설 열량의 단위
㉮ kcal : 물 1kg을 1℃ 상승시키는 데 소요된 열량
㉯ BTU : 물 1lb를 1°F 상승시키는 데 소요된 열량
㉰ CHU : 물 1lb를 1℃ 상승시키는 데 소요된 열량

58. 기체의 성질을 나타내는 보일의 법칙(Boyle's law)에서 일정한 값으로 가정한 인자는?
① 압력　② 온도　③ 부피　④ 비중

해설 보일의 법칙 : 일정 온도하에서 일정량의 기체가 차지하는 부피는 압력에 반비례한다.

59. 섭씨온도(℃)의 눈금과 일치하는 화씨온도(°F)는?
① 0　② -10　③ -30　④ -40

해설 $°F = \frac{9}{5}°C + 32$에서 °F와 ℃가 같으므로 x로 놓으면 $x = \frac{9}{5}x + 32$가 된다.

$$\therefore x - \frac{9}{5}x = 32$$

$$x\left(1 - \frac{9}{5}\right) = 32$$

$$\therefore x = \frac{32}{1 - \frac{9}{5}} = -40$$

60. 다음 중 폭발 범위가 가장 넓은 가스는?
① 암모니아　② 메탄
③ 황화수소　④ 일산화탄소

해설 각 가스의 공기 중에서의 폭발 범위

명칭	폭발 범위
암모니아(NH_3)	15~28 %
메탄(CH_4)	5~15 %
황화수소(H_2S)	4.3~45 %
일산화탄소(CO)	12.5~74 %

정답 56. ②　57. ①　58. ②　59. ④　60. ④

가스기능사

2014년 7월 20일 시행 (제4회)

1. 다음 중 가연성이면서 유독한 가스는?
① NH_3 ② H_2 ③ CH_4 ④ N_2

[해설] 가연성이면서 유독한 가스 (독성 가스) : 아크릴로니트릴, 일산화탄소, 벤젠, 산화에틸렌, 모노메틸아민, 염화 메탄, 브롬화메탄, 이황화탄소, 황화수소, 암모니아, 석탄 가스, 시안화수소, 트리메틸아민

2. 시안화수소 (HCN)의 위험성에 대한 설명으로 틀린 것은?
① 인화 온도가 아주 낮다.
② 오래된 시안화수소는 자체 폭발할 수 있다.
③ 용기에 충전한 후 60일을 초과하지 않아야 한다.
④ 호흡 시 흡입하면 위험하나 피부에 묻어도 아무 이상이 없다.

[해설] 피부에 접촉 시 인체에 흡수되어 치명상을 입는다.

3. 도시가스 배관의 지하 매설 시 사용하는 침상재료 (bedding)는 배관 하단에서 배관 상단 몇 cm까지 포설하는가?
① 10 ② 20 ③ 30 ④ 50

[해설] 굴착 및 되메우기 방법
㉮ 기초 재료 (foundation) : 모래 또는 19 mm 이상의 큰 입자가 포함되지 않은 양질의 흙
㉯ 침상 재료 (bedding) : 배관에 작용하는 하중을 수직 방향 및 횡방향에서 지지하고 하중을 기초 아래로 분산시키기 위하여 배관하단에서 배관 상단 30 cm까지 포설하는 재료

㉰ 되메움 공사 완료 후 3개월 이상 침하 유무 확인

4. 다음은 이동식 압축도시가스 자동차 충전시설을 점검한 내용이다. 이 중 기준에 부적합한 경우는?
① 이동충전 차량과 가스 배관구를 연결하는 호스의 길이가 6 m였다.
② 가스 배관구 주위에는 가스 배관구를 보호하기 위하여 높이 40 cm, 두께 13 cm인 철근 콘크리트 구조물이 설치되어 있었다.
③ 이동충전 차량과 충전 설비 사이의 거리는 8 m였고 이동충전 차량과 충전 설비 사이에 강판제 방호벽이 설치되어 있었다.
④ 충전 설비 근처 및 충전 설비에서 6 m 떨어진 장소에 수동 긴급 차단 장치가 각각 설치되어 있었으며 눈에 잘 띄었다.

[해설] 이동충전 차량과 가스 배관구를 연결하는 호스의 길이는 5 m 이내로 한다.

[참고] 각 항의 기준 내용
② 가스 배관구 주위에는 이동충전 차량의 충돌로부터 가스 배관구를 보호하기 위하여 높이 30 cm 이상, 두께 12 cm 이상인 철근 콘크리트 또는 이와 동등 이상의 강도를 가진 구조물을 설치한다.
③ 가스 배관구와 가스 배관구 사이 또는 이동충전 차량과 충전 설비 사이는 8 m 이상의 거리를 유지한다. 다만, 가스 배관구와 가스 배관 사이 또는 이동충전 차량과 충전 설비 사이에 방호벽을 설치한 경우에는 그러하지 아니한다.
④ 충전 설비 근처 및 충전 설비로부터 5 m 이상 떨어진 장소에는 수동 긴급 차단 장치를 각각 설치하며 쉽게 식별할 수 있도록 한다.

[정답] 1. ① 2. ④ 3. ③ 4. ①

5. 고정식 압축도시가스 자동차 충전의 저장 설비, 처리 설비, 압축 가스 설비 외부에 설치하는 경계책의 설치 기준으로 틀린 것은?
① 긴급 차단 장치를 설치할 경우는 설치하지 아니할 수 있다.
② 방호벽(철근 콘크리트로 만든 것)을 설치할 경우는 설치하지 아니할 수 있다.
③ 처리 설비 및 압축가스 설비가 밀폐형 구조물 안에 설치된 경우는 설치하지 아니할 수 있다.
④ 저장 설비 및 처리 설비가 액 확산 방지 시설 내에 설치된 경우는 설치하지 아니할 수 있다.

[해설] 경계책 설치 기준 : ②, ③, ④ 외
㉮ 경계책의 높이는 1.5 m 이상으로 한다.
㉯ 경계책의 재료는 철책 또는 철망 등으로 한다.
㉰ 경계책 주위에는 외부 사람의 무단출입을 금하는 내용의 경계표지를 보기 쉬운 장소에 부착한다.
㉱ 경계책 안에는 누구도 화기, 발화 또는 인화하기 쉬운 물질을 휴대하고 들어갈 수 없도록 필요한 조치를 강구한다. 다만, 해당 설비의 정비 수리 등에 한정하여 안전관리책임자의 감독하에 휴대 조치할 수 있다.

6. 일반 도시가스 사업 가스 공급 시설의 입상관 밸브는 분리가 가능한 것으로서 바닥으로부터 몇 m 범위에 설치하여야 하는가?
① 0.5~1 m   ② 1.2~1.5 m
③ 1.6~2.0 m   ④ 2.5~3.0 m

[해설] 입상관 밸브는 바닥으로부터 1.6~2 m 이내에 설치한다. 이 경우 입상관의 밸브 높이는 밸브 핸들이 부착된 부분(중심)을 기준으로 측정한다.

7. 연소에 대한 일반적인 설명 중 옳지 않은 것은?
① 인화점이 낮을수록 위험성이 크다.
② 인화점보다 착화점의 온도가 낮다.
③ 발열량이 높을수록 착화 온도는 낮아진다.
④ 가스의 온도가 높아지면 연소 범위는 넓어진다.

[해설] ㉮ 인화점 : 점화원에 의하여 연소가 개시되는 최저 온도로 위험성의 척도이다.
㉯ 착화점(착화 온도, 발화 온도, 발화점) : 온도가 상승할 때 점화원 없이 스스로 연소를 개시할 수 있는 최저의 온도로 인화점보다는 온도가 높다.

8. 독성 가스 저장 시설의 제독 조치로 옳지 않은 것은?
① 흡수, 중화 조치
② 흡착 제거 조치
③ 이송 설비로 대기 중에 배출
④ 연소 조치

[해설] 독성 가스 제독 조치 방법
㉮ 물 또는 흡수제로 흡수 또는 중화하는 조치
㉯ 흡착제로 흡착 제거하는 조치
㉰ 저장 탱크 주위에 설치된 유도구에 의하여 집액구, 피트 등에 고인 액화 가스를 펌프 등의 이송 설비를 이용하여 안전하게 제조 설비로 반송하는 조치
㉱ 연소 설비(플레어 스택, 보일러 등)에서 안전하게 연소시키는 조치

9. 다음 굴착 공사 중 굴착 공사를 하기 전에 도시가스 사업자와 협의하여야 하는 것은 어느 것인가?
① 굴착 공사 예정 지역 범위에 묻혀 있는 도시가스 배관의 길이가 110 m인 굴착 공사

② 굴착 공사 예정 지역 범위에 묻혀 있는 송유관의 길이가 200 m인 굴착 공사
③ 해당 굴착 공사로 인하여 압력이 3.2 kPa인 도시가스 배관의 길이가 30 m 노출될 것으로 예상되는 굴착 공사
④ 해당 굴착 공사로 인하여 압력이 0.8 MPa인 도시가스 배관의 길이가 8 m 노출될 것으로 예상되는 굴착 공사

해설 굴착 공사 협의 대상 : 도법 시행규칙 55조
㉮ 굴착 공사 예정 지역 범위에 묻혀 있는 도시가스 배관의 길이가 100 m 이상인 굴착 공사
㉯ 해당 굴착 공사로 인하여 최고 사용 압력이 중압 이상인 배관이 10 m 이상 노출될 것으로 예상되는 굴착 공사

10. 고압가스 제조 설비에 설치하는 가스 누출 경보 및 자동 차단 장치에 대한 설명으로 틀린 것은?
① 계기실 내부에도 1개 이상 설치한다.
② 잡가스에는 경보하지 아니하는 것으로 한다.
③ 누출을 검지하여 그 농도를 지시함과 동시에 경보를 울리는 방식으로 한다.
④ 가연성 가스의 제조 설비에 격막 갈바니 전지 방식의 것을 설치한다.

해설 가스 누출 검지 경보장치의 종류 및 적용 가스
㉮ 접촉 연소 방식 : 가연성 가스
㉯ 격막 갈바니 전지 방식 : 산소
㉰ 반도체 방식 : 가연성, 독성 가스

11. 건축물 내 도시가스 매설 배관으로 부적합한 것은?
① 동관
② 강관
③ 스테인리스강
④ 가스용 금속플렉시블호스

해설 건축물 내 도시가스 매설 배관 : 동관, 스테인리스강, 가스용 금속 플렉시블 호스

12. 시안화수소를 충전한 용기는 충전 후 몇 시간 정치한 뒤 가스 누출 검사를 해야 하는가?
① 6 ② 12 ③ 18 ④ 24

해설 시안화수소를 충전한 용기는 충전 후 24시간 정치하고, 그 후 1일 1회 이상 질산구리 벤젠지 등의 시험지로 가스 누출 검사를 하여야 한다.

13. 도시가스 공급 시설의 공사 계획 승인 및 신고 대상에 대한 설명으로 틀린 것은?
① 제조소 안에서 액화 가스용 저장 탱크의 위치 변경 공사는 공사 계획 신고 대상이다.
② 밸브 기지의 위치 변경 공사는 공사 계획 신고 대상이다.
③ 호칭 지름 50 mm 이하인 저압의 공급관을 설치하는 공사는 공사 계획 신고 대상에서 제외한다.
④ 저압인 사용자 공급관 50 m를 변경하는 공사는 공사 계획 신고 대상이다.

해설 밸브 기지의 설치 공사, 위치 변경 공사, 배관공사 (중압 또는 고압인 배관을 20 m 이상 설치, 증설, 교체 또는 이설하는 공사만 해당)는 공사 계획 승인 대상이다.

14. 염소(Cl_2)의 재해 방지용으로서 흡수제 및 제해제가 아닌 것은?
① 가성 소다 수용액
② 소석회
③ 탄산소다 수용액
④ 물

정답 10. ④ 11. ② 12. ④ 13. ② 14. ④

해설 독성 가스 제독제

가스 종류	제독제의 종류
염소	가성 소다 수용액, 탄산소다 수용액, 소석회
포스겐	가성 소다 수용액, 소석회
황화수소	가성 소다 수용액, 탄산소다 수용액
시안화수소	가성 소다 수용액
아황산가스	가성 소다 수용액, 탄산소다 수용액, 물
암모니아, 산화에틸렌, 염화 메탄	물

15. 고압가스용 냉동기에 설치하는 안전장치의 구조에 대한 설명으로 틀린 것은?
① 고압 차단 장치는 그 설정 압력을 눈으로 판별할 수 있는 것으로 한다.
② 고압 차단 장치는 원칙적으로 자동 복귀 방식으로 한다.
③ 안전밸브는 작동 압력을 설정한 후 봉인될 수 있는 구조로 한다.
④ 안전밸브 각부의 가스통과 면적은 안전밸브의 구경 면적 이상으로 한다.

해설 고압 차단 장치는 원칙적으로 수동 복귀 방식으로 한다. 다만, 가연성 가스와 독성 가스 이외의 가스를 냉매로 하는 유닛식의 냉매 설비로서 운전 및 정지가 자동적으로 되어도 위험이 생길 우려가 없는 구조의 것은 그러하지 아니한다.

16. 아세틸렌은 폭발 형태에 따라 크게 3가지로 분류된다. 이에 해당되지 않는 폭발은?
① 화합 폭발 ② 중합 폭발
③ 산화 폭발 ④ 분해 폭발

해설 아세틸렌의 폭발 종류 : 산화 폭발, 화합 폭발, 분해 폭발

17. 고압가스 안전 관리법의 적용을 받는 가스는?
① 철도 차량의 에어컨디셔너 안의 고압가스
② 냉동 능력 3톤 미만인 냉동 설비 안의 고압가스
③ 용접용 아세틸렌가스
④ 액화 브롬화메탄 제조 설비 외에 있는 액화브롬화메탄

해설 고압가스 안전 관리법의 적용 범위에서 제외되는 고압가스 : 고법 시행령 제2조, 별표 1
※ "용접용 아세틸렌가스"는 법 적용을 받는 고압가스이고, "등화용의 아세틸렌가스"가 법 적용 범위에서 제외되는 고압가스이다.

18. 액화석유가스 사용시설을 변경하여 도시가스를 사용하기 위해 실시해야 하는 안전 조치 중 잘못 설명한 것은?
① 일반 도시가스 사업자는 도시가스를 공급한 이후에 연소기 열량의 변경 사실을 확인하여야 한다.
② 액화석유가스의 배관 양단에 막음 조치를 하고 호스를 철거하여 설치하려는 도시가스 배관과 구분되도록 한다.
③ 용기 및 부대설비가 액화석유가스 공급자의 소유인 경우에는 도시가스 공급 예정일까지 용기 등을 철거해 줄 것을 공급자에게 요청해야 한다.
④ 도시가스로 연료를 전환하기 전에 액화석유가스 안전 공급 계약을 해지하고 용기 등의 철거와 안전 조치를 확인하여야 한다.

해설 가스 사용시설 변경에 따른 안전 조치(도법 시행규칙 제48조) : ②, ③, ④ 외
㉮ 액화석유가스의 용기는 압력 조정기로부터 분리한 후 용기의 밸브 충전구에 막음

정답 15. ② 16. ② 17. ③ 18. ①

조치를 하여 안전한 장소에 보관하고 공급자에게 통보할 것
㉰ 일반 도시가스 사업자는 도시가스를 공급하기 전에 연소기 열량의 변경 사실을 확인할 것

19. 고압가스 설비에 장치하는 압력계의 눈금은?
① 상용 압력의 2.5배 이상 3배 이하
② 상용 압력의 2배 이상 2.5배 이하
③ 상용 압력의 1.5배 이상 2배 이하
④ 상용 압력의 1배 이상 1.5배 이하

해설 고압가스 설비에 장치하는 압력계의 최고눈금 범위는 상용 압력의 1.5배 이상 2배 이하이다.

20. LP 가스 충전 설비의 작동 상황 점검 주기로 옳은 것은?
① 1일 1회 이상   ② 1주일 1회 이상
③ 1월 1회 이상   ④ 1년 1회 이상

해설 LP 가스 충전 설비의 작동 상황 점검 주기 : 1일 1회 이상

21. 다음은 어떤 안전 설비에 대한 설명인가?

> 설비가 잘못 조작되거나 정상적인 제조를 할 수 없는 경우 자동으로 원재료의 공급을 차단시키는 등 고압가스 제조 설비 안의 제조를 제어하는 기능을 한다.

① 긴급 이송 설비   ② 인터로크 기구
③ 안전밸브   ④ 벤트스택

22. 일반 도시가스 사업자의 가스 공급 시설 중 정압기의 분해 점검 주기의 기준은?
① 1년에 1회 이상   ② 2년에 1회 이상
③ 3년에 1회 이상   ④ 5년에 1회 이상

해설 정압기 및 필터의 분해 점검 주기
(1) 일반 도시가스 사업자
  ㉮ 정압기 : 2년에 1회 이상
  ㉯ 정압기 필터 : 가스 공급 개시 후 1월 이내 및 매년 1회 이상
(2) 가스 사용 시설(단독 사용자 시설)의 정압기 및 필터 : 설치 후 3년까지는 1회 이상, 그 이후에는 4년에 1회 이상

23. 공기 중 폭발 범위에 따른 위험도가 가장 큰 가스는?
① 암모니아   ② 황화수소
③ 석탄 가스 ④ 이황화탄소

해설 ㉮ 각 가스의 공기 중 폭발 범위

가스 명칭	폭발 범위(v%)	위험도
암모니아 (NH_3)	15~28	0.87
황화수소 (H_2S)	4.3~45	9.47
석탄 가스	5.3~31	4.85
이황화탄소 (CS_2)	1.25~44	34.2

㉯ 위험도 계산식
$$H = \frac{U-L}{L}$$
※ 폭발 범위($U-L$)가 넓고 하한값(L)이 작은 것이 위험도가 큰 물질이다.

24. 공기 중에서 폭발 하한치가 가장 낮은 것은 어느 것인가?
① 시안화수소   ② 암모니아
③ 에틸렌   ④ 부탄

해설 각 가스의 공기 중 폭발 범위

가스 명칭	폭발 범위(v%)
시안화수소 (HCN)	6~41
암모니아 (NH_3)	15~28
에틸렌 (C_2H_4)	3.1~32
부탄 (C_4H_{10})	1.9~8.5

정답 19. ③ 20. ① 21. ② 22. ② 23. ④ 24. ④

25. 폭발 등급은 안전 간격에 따라 구분한다. 폭발 등급이 1등급이 아닌 것은?

① 일산화탄소　② 메탄
③ 암모니아　　④ 수소

해설 폭발 등급 및 안전 간격

폭발 등급	안전 간격	가스의 종류
1등급	0.6mm 이상	일산화탄소, 에탄, 프로판, 암모니아, 아세톤, 에틸에테르, 가솔린, 벤젠, 메탄 등
2등급	0.4~0.6mm	석탄 가스, 에틸렌 등
3등급	0.4mm 미만	아세틸렌, 이황화탄소, 수소, 수성 가스

26. 다음 ( ) 안의 ⓐ와 ⓑ에 들어갈 명칭은 어느 것인가?

"아세틸렌을 용기에 충전할 때에는 미리 용기에 다공 물질을 고루 채워 다공도가 75 % 이상, 92 % 미만이 되도록 한 후 (ⓐ) 또는 (ⓑ)를[을] 고루 침윤시키고 충전하여야 한다."

① ⓐ 아세톤, ⓑ 알코올
② ⓐ 아세톤, ⓑ 물 (H_2O)
③ ⓐ 아세톤, ⓑ 디메틸포름아미드
④ ⓐ 알코올, ⓑ 물 (H_2O)

해설 용제의 종류 : 아세톤, DMF (디메틸포름아미드)

27. 고압가스 용기의 파열 사고 원인으로서 가장 거리가 먼 내용은?

① 압축 산소를 충전한 용기를 차량에 눕혀서 운반하였을 때
② 용기의 내압이 이상 상승하였을 때
③ 용기 재질의 불량으로 인하여 인장 강도가 떨어졌을 때
④ 균열되었을 때

28. 도시가스 사용 시설 중 자연 배기식 반밀폐식 보일러에서 배기통의 옥상 돌출부는 지붕면으로부터 수직 거리를 몇 cm 이상으로 하여야 하는가?

① 30　② 50　③ 90　④ 100

해설 배기통의 옥상 돌출부는 지붕면으로부터 수직 거리를 1 m 이상으로 하고 배기통 상단으로부터 수평 거리 1 m 이내에 건축물이 있는 경우에는 그 건축물의 처마보다 1 m 이상 높게 한다.

29. 자동차용 압축 천연가스 완속 충전 설비에서 실린더 안지름이 100 mm, 실린더의 행정이 200 mm, 회전수가 100 rpm일 때 처리 능력(m^3/h)은 얼마인가?

① 9.42　② 8.21　③ 7.05　④ 6.15

해설 $V = \dfrac{\pi}{4} \times D^2 \times L \times n \times N \times 60$

$= \dfrac{\pi}{4} \times 0.1^2 \times 0.2 \times 1 \times 100 \times 60$

$= 9.424 \, m^3/h$

30. 공정과 설비의 고장 형태 및 영향, 고장 형태별 위험도 순위 등을 결정하는 안전성 평가 기법은?

① 위험과 운전 분석(HAZOP)
② 예비 위험 분석(PHA)
③ 결함수 분석(FTA)
④ 이상 위험도 분석(FMECA)

해설 이상 위험도 분석(failure modes effect and criticality analysis : FMECA) 기법 : 공정 및 설비 고장의 형태 및 영향, 고장 형태별 위험도 순위를 결정하는 것이다.

정답 25. ④　26. ③　27. ①　28. ④　29. ①　30. ④

31. 3단 토출 압력이 2 MPa·g이고, 압축비가 2인 4단 공기 압축기에서 1단 흡입 압력은 약 몇 MPa·g인가? (단, 대기압은 0.1 MPa로 한다.)
① 0.16 MPa·g   ② 0.26 MPa·g
③ 0.36 MPa·g   ④ 0.46 MPa·g

해설 3단 토출 압력을 기준으로 1단 흡입 압력을 계산하면
$a = \sqrt[n]{\dfrac{P_{03}}{P_1}}$ 에서 $a^3 = \dfrac{P_{03}}{P_1}$ 이다.

$\therefore P_1 = \dfrac{P_{03}}{a^3} = \dfrac{2+0.1}{2^3}$
$= 0.2625 \text{ MPa} \cdot a - 0.1$
$= 0.1625 \text{ MPa} \cdot g$

32. 다음 [보기]에서 설명하는 정압기의 종류는?

┌─ 보기 ─
㉮ Unloading형이다.
㉯ 본체는 복좌 밸브로 되어 있어 상부에 다이어프램을 가진다.
㉰ 정특성은 아주 좋으나 안정성은 떨어진다.
㉱ 다른 형식에 비하여 크기가 크다.
└─

① 레이놀즈 정압기
② 엠코 정압기
③ 피셔식 정압기
④ 엑셀 플로우식 정압기

해설 레이놀즈(Reynolds)식 정압기 : 정압기 본체는 복좌 밸브(double valve)로 되어 있으며 상부에 다이어프램이 있다. 밸브의 작동은 언로딩(unloading)형이며 정특성은 극히 좋으나 안정성이 부족하다.

33. 대형 저장 탱크 내를 가는 스테인리스관으로 상하로 움직여 관내에서 분출하는 가스 상태와 액체 상태의 경계면을 찾아 액면을 측정하는 액면계로 옳은 것은?
① 슬립 튜브식 액면계
② 유리관식 액면계
③ 클링커식 액면계
④ 플로트식 액면계

해설 슬립 튜브식 액면계 : 저장 탱크 정상부에서 탱크 밑면까지 지름이 작은 스테인리스관을 부착하여 이 관을 상하로 움직여 관내에서 분출하는 가스 상태와 액체 상태의 경계면을 찾아 액면을 측정하는 것으로 고정 튜브식, 회전 튜브식, 슬립 튜브식이 있다.

34. 다음 배관 재료 중 사용 온도 350℃ 이하, 압력이 10 MPa 이상의 고압관에 사용되는 것은?
① SPP   ② SPPH
③ SPPW   ④ SPPG

해설 배관용 강관의 KS 기호

KS 기호	배관 명칭
SPP	배관용 탄소강관
SPPS	압력 배관용 탄소강관
SPPH	고압 배관용 탄소강관
SPHT	고온 배관용 탄소강관
SPLT	저온 배관용 탄소강관
SPW	배관용 아크용접 탄소강관
SPA	배관용 합금강관
STS×T	배관용 스테인리스 강관
SPPG	연료 가스 배관용 탄소강관

35. 반복 하중에 의해 재료의 저항력이 저하하는 현상을 무엇이라고 하는가?
① 교축   ② 크리프
③ 피로   ④ 응력

정답 31. ①   32. ①   33. ①   34. ②   35. ③

해설: 피로 : 반복 하중에 의한 재료의 저항력이 저하하는 현상을 피로라 하며 파괴 강도보다 상당히 낮은 응력이 반복 작용을 하는 경우 재료가 파괴된다. 재료가 파괴되는 현상을 '피로 파괴'라 한다.

36. 다음 중 왕복식 펌프에 해당하는 것은?
① 기어 펌프 ② 베인 펌프
③ 터빈 펌프 ④ 플런저 펌프

해설: 용적식 펌프의 종류
㉮ 왕복식 펌프 : 피스톤 펌프, 플런저 펌프, 다이어프램 펌프
㉯ 회전 펌프 : 기어 펌프, 나사 펌프, 베인 펌프

37. LP 가스 공급 방식 중 자연 기화 방식의 특징에 대한 설명으로 틀린 것은?
① 기화 능력이 좋아 대량 소비 시에 적당하다.
② 가스 조성의 변화량이 크다.
③ 설비 장소가 크게 된다.
④ 발열량의 변화량이 크다.

해설: 자연 기화 방식 : 용기 내의 LP 가스가 대기 중의 열을 흡수하여 기화하는 방식으로 기화 능력에 한계가 있고 가스 조성 및 발열량 변화가 크다.

38. 다음 중 LPG를 탱크로리에서 저장 탱크로 이송 시 작업을 중단해야 되는 경우가 아닌 것은?
① 과충전이 되는 경우
② 충전기에서 자동차에 충전하고 있을 경우
③ 작업 중 주변에서 화재가 발생할 경우
④ 누출이 생길 경우

해설: 이입·충전 작업을 중단해야 하는 경우
㉮ 과충전이 되는 경우
㉯ 충전 작업 중 주변에서 화재가 발생할 경우
㉰ 탱크로리와 저장 탱크를 연결한 호스 등에서 누설이 되는 경우
㉱ 압축기 사용 시 워터해머(액 압축)가 발생하는 경우
㉲ 펌프 사용 시 액배관 내에서 베이퍼 로크(vapor lock)가 심한 경우

39. 저온 액화 가스 탱크에서 발생할 수 있는 열의 침입 현상으로 가장 거리가 먼 것은?
① 연결된 배관을 통한 열전도
② 단열재를 충전한 공간에 남은 가스 분자의 열전도
③ 내면으로부터의 열전도
④ 외면의 열복사

해설: 저온 액화 가스 탱크에서 열의 침입 원인
㉮ 단열재를 충전한 공간에 남은 가스 분자의 열전도
㉯ 외면으로부터의 열복사
㉰ 연결 파이프를 통한 열전도
㉱ 지지 요크에서의 열전도
㉲ 밸브, 안전밸브 등에 의한 열전도

40. 내압이 0.4~0.5 MPa 이상이고, LPG나 액화 가스와 같이 낮은 비점의 액체일 때 사용되는 터보식 펌프의 메커니컬 실 형식은 어느 것인가?
① 더블 실 ② 아웃사이드 실
③ 밸런스 실 ④ 언밸런스 실

해설: 밸런스 실 : 펌프의 내압이 큰 경우 고압이 실의 습동면에 직접 접촉하지 않게 한 것으로 LPG, 액화 가스와 같이 저비점 액체일 때 사용한다.

41. 펌프의 실제 송출 유량을 Q, 펌프 내부에서의 누설 유량을 $0.6Q$, 임펠러 속을 지

정답 36. ④ 37. ① 38. ② 39. ③ 40. ③ 41. ④

나는 유량을 $1.6Q$라 할 때 펌프의 체적 효율(η_v)은?

① 37.5 % ② 40 %
③ 60 %   ④ 62.5 %

해설 체적 효율(%)
$= \dfrac{\text{실제 송출 유량}}{\text{이론적 송출 유량}} \times 100$
$= \dfrac{1.6Q - 0.6Q}{1.6Q} \times 100 = 62.5\ \%$

42. 도시가스 측정 사항에 있어서 반드시 측정하지 않아도 되는 것은?

① 농도 측정   ② 연소성 측정
③ 압력 측정   ④ 열량 측정

해설 도시가스 측정 사항 (항목) : 연소성, 압력, 열량, 유해 성분

43. 가연성 가스를 냉매로 사용하는 냉동 제조 시설의 수액기에는 액면계를 설치한다. 다음 중 수액기의 액면계로 사용할 수 없는 것은?

① 환형 유리관 액면계
② 차압식 액면계
③ 초음파식 액면계
④ 방사선식 액면계

해설 냉매 설비의 안전을 확보하기 위하여 액면계를 설치한다. 다만, 가연성 가스 또는 독성 가스를 냉매로 사용하는 수액기의 경우에는 환형 유리관 액면계 외의 액면계를 설치한다.

44. 가연성 가스 검출기 중 탄광에서 발생하는 CH_4의 농도를 측정하는 데 주로 사용하는 것은?

① 간섭계형   ② 안전등형
③ 열선형   ④ 반도체형

해설 안전등형 : 탄광 내에서 메탄(CH_4) 가스를 검출하는 데 사용하는 석유램프의 일종으로 메탄이 존재하면 불꽃의 모양이 커지며, 푸른 불꽃(청염) 길이로 메탄의 농도를 대략적으로 알 수 있다.

45. LP 가스 자동차 충전소에서 사용하는 디스펜서(dispenser)에 대하여 옳게 설명한 것은?

① LP 가스 충전소에서 용기에 일정량의 LP 가스를 충전하는 충전 기기이다.
② LP 가스 충전소에서 용기에 충전하는 가스 용적을 계량하는 기기이다.
③ 압축기를 이용하여 탱크로리에서 저장 탱크로 LP 가스를 이송하는 장치이다.
④ 펌프를 이용하여 LP 가스를 저장 탱크로 이송할 때 사용하는 안전장치이다.

해설 디스펜서(dispenser) : LPG 자동차용 충전용기에 충전하는 충전 기기

46. 고압가스의 성질에 따른 분류가 아닌 것은?

① 가연성 가스   ② 액화 가스
③ 조연성 가스   ④ 불연성 가스

해설 가스의 종류 (분류)
㉮ 상태에 의한 분류 : 압축가스, 액화 가스, 용해 가스
㉯ 연소성(성질)에 의한 분류 : 가연성 가스, 조연성 가스, 불연성 가스
㉰ 독성에 의한 분류 : 독성 가스, 비독성 가스

47. 다음 중 확산 속도가 가장 빠른 것은?

① O_2 ② N_2

정답 42. ① 43. ① 44. ② 45. ① 46. ② 47. ③

③ CH_4 ④ CO_2

해설 각 가스의 분자량

명칭	분자량
산소 (O_2)	32
질소 (N_2)	28
메탄 (CH_4)	16
이산화탄소 (CO_2)	44

참고 모든 조건이 동일할 때 분자량이 작은 가스가 가스 비중이 작으므로 확산 속도가 빠르게 된다.

48. 다음 각 온도의 단위 환산 관계로 틀린 것은?

① 0℃ = 273 K ② 32°F = 492°R
③ 0 K = -273℃ ④ 0 K = 460°R

해설 각 온도의 환산 관계식
㉮ $℃ = \frac{5}{9}(°F - 32)$
㉯ $°F = \frac{9}{5}℃ + 32$
㉰ $K = \frac{t[°F] + 460}{1.8} = \frac{°R}{1.8}$
㉱ $°R = 1.8(t[℃] + 273) = 1.8 \cdot K$

참고 0℃ = 273 K = 32°F = 492°R
0 K = -273℃ = -460°F = 0°R

49. 수소의 공업적 용도가 아닌 것은?

① 수증기의 합성 ② 경화유의 제조
③ 메탄올의 합성 ④ 암모니아 합성

해설 수소(H_2)의 용도
㉮ 암모니아(NH_3), 염산(HCl), 메탄올(CH_3OH) 등의 합성 원료로 사용
㉯ 환원성을 이용한 금속 제련에 사용
㉰ 백금, 석영 등의 세공에 사용
㉱ 기구나 풍선의 부양용 가스로 사용
㉲ 연료 전지의 연료나 로켓의 연료로 사용

㉳ 경화유 제조 원료로 사용

50. 압력이 일정할 때 기체의 절대 온도와 체적은 어떤 관계가 있는가?

① 절대 온도와 체적은 비례한다.
② 절대 온도와 체적은 반비례한다.
③ 절대 온도는 체적의 제곱에 비례한다.
④ 절대 온도는 체적의 제곱에 반비례한다.

해설 샤를의 법칙 : 압력이 일정할 때 일정량의 기체가 차지하는 부피는 절대 온도에 비례한다.

51. 다음 중 수소(H_2)의 제조법이 아닌 것은 어느 것인가?

① 공기 액화 분리법
② 석유 분해법
③ 천연가스 분해법
④ 일산화탄소 전화법

해설 수소의 공업적 제조법
㉮ 물의 전기 분해법(수전해법[水電解法])
㉯ 수성 가스법
㉰ 석유 분해법
㉱ 천연가스 분해법
㉲ 일산화탄소 전화법

참고 공기액화 분리법은 산소, 질소를 제조하는 방법이다.

52. 다음 중 프로판의 완전 연소 반응식으로 옳은 것은?

① $C_3H_8 + 4O_2 \rightarrow 3CO_2 + 2H_2O$
② $C_3H_8 + 5O_2 \rightarrow 3CO_2 + 4H_2O$
③ $C_3H_8 + 2O_2 \rightarrow 3CO + H_2O$
④ $C_3H_8 + O_2 \rightarrow CO_2 + H_2O$

해설 탄화수소(C_mH_n)의 완전연소 반응식
$C_mH_n + (m + \frac{n}{4})O_2 \rightarrow mCO_2 + \frac{n}{2}H_2O$

정답 48. ④ 49. ① 50. ① 51. ① 52. ②

53. 도시가스 제조 방식 중 촉매를 사용하여 사용 온도 400~800℃에서 탄화수소와 수증기를 반응시켜 수소, 메탄, 일산화탄소, 탄산 가스 등의 저급 탄화수소로 변환시키는 프로세스는?

① 열분해 프로세스
② 접촉 분해 프로세스
③ 부분 연소 프로세스
④ 수소화 분해 프로세스

해설 접촉 분해 공정(steam reforming pro-cess) : 촉매를 사용하여 반응 온도 400~800℃에서 탄화수소와 수증기를 반응시켜 메탄 (CH_4), 수소 (H_2), 일산화탄소 (CO), 이산화탄소 (CO_2)로 변환하는 공정이다.

54. 다음 중 저장소의 바닥부 환기에 가장 중점을 두어야 하는 가스는?

① 메탄   ② 에틸렌
③ 아세틸렌 ④ 부탄

해설 각 가스의 분자량

명칭	분자량
메탄 (CH_4)	16
에틸렌 (C_2H_4)	28
아세틸렌 (C_2H_2)	26
부탄 (C_4H_{10})	58

[참고] 공기의 평균 분자량 29보다 분자량이 큰 가스가 공기보다 무거운 가스로 누설 시 바닥에 체류할 위험이 있으므로 바닥부 환기에 가장 중점을 두어야 한다.

55. 일산화탄소의 성질에 대한 설명 중 틀린 것은?

① 산화성이 강한 가스이다.
② 공기보다 약간 가벼우므로 수상 치환으로 포집한다.
③ 개미산에 진한 황산을 작용시켜 만든다.
④ 혈액 속의 헤모글로빈과 반응하여 산소의 운반력을 저하시킨다.

해설 일산화탄소는 환원성이 강한 가스이다.

56. 표준 상태에서 분자량이 44인 기체의 밀도는?

① 1.96 g/L   ② 1.96 kg/L
③ 1.55 g/L   ④ 1.55 kg/L

해설 가스 밀도 = $\dfrac{분자량}{22.4}$

$= \dfrac{44}{22.4} = 1.964 \, g/L$

57. 수은주 760 mmHg 압력은 수주로는 얼마가 되는가?

① 9.33 mH_2O
② 10.33 mH_2O
③ 11.33 mH_2O
④ 12.33 mH_2O

해설 1atm = 760mmHg = 76cmHg = 0.76mHg
= 29.9 inHg = 760 torr = 10332 kgf/m^2
= 1.0332 kgf/cm^2 = 10.332 mH_2O
= 10332 mmH_2O = 101325 N/m^2
= 101325 Pa = 101.325 kPa
= 0.101325 MPa = 1.01325 bar
= 1013.25 mbar = 14.7 lb/in^2 = 14.7 psi

58. 고압가스 종류별 발생 현상 또는 작용으로 틀린 것은?

① 수소 - 탈탄 작용
② 염소 - 부식
③ 아세틸렌 - 아세틸라이드 생성
④ 암모니아 - 카르보닐 생성

정답 53. ② 54. ④ 55. ① 56. ① 57. ② 58. ④

해설 고온, 고압일 때 고압가스 종류별 발생하는 현상
- ㉮ 암모니아(NH) : 질화 및 수소 취성(탈탄 작용) 발생
- ㉯ 일산화탄소(CO) : 철족(Fe, Ni, Co)의 금속에 대하여 금속 카르보닐이 생성

59. 100 J의 일의 양을 cal 단위로 나타내면 약 얼마인가?

① 24　　② 40
③ 240　　④ 400

해설 1 J = 0.24 cal에 해당된다.
(1 cal = 4.2 J)
∴ 100×0.24 = 24 cal

60. 정압 비열(C_p)과 정적 비열(C_v)의 관계를 나타내는 비열비(k)를 옳게 나타낸 것은 어느 것인가?

① $k = \dfrac{C_p}{C_v}$　　② $k = \dfrac{C_v}{C_p}$
③ $k < 1$　　④ $k = C_v - C_p$

해설 비열비(k)는 정압 비열(C_p)과 정적 비열(C_v)의 비로 비열비는 항상 1보다 크다.
∴ $k = \dfrac{C_p}{C_v} > 1$

정답 59. ①　60. ①

■ 가스기능사　　　　　2014년 10월 11일 시행 (제5회)

1. 다음 각 가스의 정의에 대한 설명으로 틀린 것은?
① 압축가스란 일정한 압력에 의하여 압축되어 있는 가스를 말한다.
② 액화 가스란 가압, 냉각 등의 방법에 의하여 액체 상태로 되어 있는 것으로서 대기압에서의 끓는점이 40℃ 이하 또는 상용 온도 이하인 것을 말한다.
③ 독성 가스란 인체에 유해한 독성을 가진 가스로서 허용 농도가 100만분의 3000 이하인 것을 말한다.
④ 가연성 가스란 공기 중에서 연소하는 가스로서 폭발 한계의 하한이 10 % 이하인 것과 폭발 한계의 상한과 하한의 차가 20 % 이상인 것을 말한다.

[해설] ㉮ 독성 가스 : 공기 중에 일정량 이상 존재하는 경우 인체에 유해한 독성을 가진 가스로서 허용 농도가 100만분의 5000 이하인 것을 말한다.
㉯ 허용 농도 : 해당 가스를 대기 중에서 1시간 동안 계속하여 성숙한 흰 쥐 집단에 노출시킨 경우 14일 이내에 그 흰 쥐의 2분의 1 이상이 죽게 되는 가스의 농도를 말한다. → LC50(치사 농도 [致死濃度] 50 : Lethal concentration 50)으로 표시

2. 용기 신규 검사에 합격된 용기 부속품 각인에서 초저온 용기나 저온 용기의 부속품에 해당하는 기호는?
① LT　② PT　③ MT　④ UT

[해설] 용기 부속품 기호
㉮ AG : 아세틸렌 가스 용기 부속품
㉯ PG : 압축가스 충전 용기 부속품
㉰ LG : 액화석유가스 외의 액화 가스 용기 부속품
㉱ LPG : 액화석유가스 용기 부속품
㉲ LT : 초저온, 저온 용기 부속품

3. 용기의 재검사 주기에 대한 기준으로 맞는 것은?
① 압력 용기는 1년마다 재검사
② 저장 탱크가 없는 곳에 설치한 기화기는 2년마다 재검사
③ 500 L 이상 이음매 없는 용기는 5년마다 재검사
④ 용접 용기로서 신규 검사 후 15년 이상 20년 미만인 용기는 3년마다 재검사

[해설] 재검사 주기
㉮ 용기

구분		재검사 주기		
		15년 미만	15년 이상 20년 미만	20년 이상
용접 용기 (LPG용 용접 용기 제외)	500 L 이상	5	2	1
	500 L 미만	3	2	1
LPG용 용접 용기	500 L 이상	5	2	1
	500 L 미만	5		2
이음매 없는 용기 또는 복합 재료 용기	500 L 이상	5년마다		
	500 L 미만	신규 검사 후 10년 이하인 것은 5년마다, 10년 초과한 것은 3년마다		

㉯ 압력 용기 재검사 주기 : 4년

[정답] 1. ③　2. ①　3. ③

㉰ 기화 장치

구분		재검사 주기
기화 장치	저장 탱크와 함께 설치된 것	2년 경과하여 해당 탱크의 재검사 시마다
	저장 탱크가 없는 곳에 설치된 것	3년
	설치되지 않은 것	2년

4. 가스 사용 시설인 가스보일러의 급·배기 방식에 따른 구분으로 틀린 것은?
① 반밀폐형 자연 배기식(CF)
② 반밀폐형 강제 배기식(FE)
③ 밀폐형 자연 배기식(RF)
④ 밀폐형 강제 급·배기식(FF)

해설 밀폐형 자연 배기식의 구분
㉮ 밸런스 외벽식(BF-W) : 급배기통을 외기에 접하는 벽을 관통하여 옥외로 내보내고, 자연 통기력에 의하여 급배기를 시키는 방식
㉯ 밸런스 챔버식(BF-C) : 급배기통을 전용 급배기통(chamber) 내에 접속하고, 자연 통기력에 의하여 복도에 급배기를 시키는 방식
㉰ 밸런스 덕트식(BF-D) : 급배기통을 공용 급배기통 내에 접속하고, 자연 통기력에 의하여 급배기를 시키는 방식

5. 도시가스 배관을 지상에 설치 시 검사 및 보수를 위하여 지면으로부터 몇 cm 이상의 거리를 유지하여야 하는가?
① 10 cm ② 15 cm ③ 20 cm ④ 30 cm

해설 지상에 설치하는 배관은 배관의 부식 방지와 검사 및 보수를 위하여 지면으로부터 30 cm 이상의 거리를 유지하며 배관의 손상 방지를 위하여 주위의 상황에 따라 방책이나 가드레일 등의 방호조치를 한다.

6. 차량에 고정된 산소용기 운반 차량에는 일반인이 쉽게 식별할 수 있도록 경계표시 설치를 해야 한다. 운반 차량에 표시하여야 하는 것은?
① 위험 고압가스, 회사명
② 위험 고압가스, 전화번호
③ 화기 엄금, 회사명
④ 화기 엄금, 전화번호

해설 경계표시 설치 : 위험 고압가스, 전화번호 (독성 가스의 경우 "독성 가스"와 "위험을 알리는 도형"을 추가로 표시)

7. LPG 충전·집단공급 저장 시설의 공기에 의한 내압시험 시 상용 압력의 일정 압력 이상으로 승압한 후 단계적으로 승압시킬 때, 상용압력의 몇 %씩 증가시켜 내압시험 압력에 도달하였을 때 이상이 없어야 하는가?
① 5 % ② 10 % ③ 15 % ④ 20 %

해설 상용 압력의 50 %까지 압력을 올리고 그 후 상용 압력의 10 %씩 단계적으로 압력을 올려 내압시험 압력에 도달하였을 때 이상이 없어야 한다.

8. 도시가스 도매 사업자가 제조소 내에 저장 능력이 20만 톤인 지상식 액화 천연가스 저장탱크를 설치하고자 한다. 이때 처리 능력이 30만 m³인 압축기와 얼마 이상의 거리를 유지하여야 하는가?
① 10 m ② 24 m ③ 30 m ④ 50 m

해설 액화 천연가스의 저장 탱크는 그 외면으로부터 처리 능력 20만 m³ 이상인 압축기까지 30 m 이상의 거리를 유지한다.

정답 4. ③ 5. ④ 6. ② 7. ② 8. ③

9. 특정 고압가스 사용 시설에서 독성 가스 감압 설비와 그 가스의 반응 설비 간의 배관에 반드시 설치하여야 하는 설비는?
① 안전밸브 ② 역화 방지 장치
③ 중화 장치 ④ 역류 방지 장치

해설 특정 고압가스 사용 시설에서 독성 가스의 감압 설비와 그 가스의 반응 설비 간의 배관에는 반드시 역류 방지 장치를 설치한다.

10. 과압 안전장치 형식에서 용전의 용융 온도로서 옳은 것은? (단, 저압부에 사용하는 것은 제외한다.)
① 40℃ 이하 ② 60℃ 이하
③ 75℃ 이하 ④ 105℃ 이하

해설 용전의 용융 온도 기준(고압가스 냉동 제조 기준 KGS FP113) : 용전 (저압부에 사용하는 것 제외)의 용융 온도는 75℃ 이하로 한다.

11. 차량에 고정된 탱크 중 독성 가스는 내용적을 얼마 이하로 하여야 하는가?
① 12000 L ② 15000 L
③ 16000 L ④ 18000 L

해설 탱크 내용적 제한
㉮ 가연성 가스 (LPG 제외), 산소 : 18000 L 초과 금지
㉯ 독성 가스 (액화 암모니아 제외) : 12000 L 초과 금지

12. 다음 중 2중관으로 하여야 하는 가스가 아닌 것은?
① 일산화탄소 ② 암모니아
③ 염화 메탄 ④ 염소

해설 2중관으로 하여야 하는 독성 가스
㉮ 고압가스 특정 제조 : 포스겐, 황화수소, 시안화수소, 아황산가스, 아세트알데히드, 염소, 불소
㉯ 고압가스 일반 제조 : 포스겐, 황화수소, 시안화수소, 아황산가스, 산화에틸렌, 암모니아, 염소, 염화 메탄

13. LPG 저장 탱크에 설치하는 압력계는 상용압력 몇 배 범위의 최고 눈금이 있는 것을 사용하여야 하는가?
① 1~1.5배 ② 1.5~2배
③ 2~2.5배 ④ 2.5~3배

해설 저장 설비와 가스 설비에 설치하는 압력계는 상용 압력의 1.5배 이상 2배 이하의 최고눈금이 있는 것으로 한다.

14. 암모니아 취급 시 피부에 닿았을 때 조치 방법으로 가장 적당한 것은?
① 열습포로 감싸준다.
② 아연화 연고를 바른다.
③ 산으로 중화시키고 붕대로 감는다.
④ 다량의 물로 세척 후 붕산수를 바른다.

해설 응급조치 방법
㉮ 피부에 노출 시 : 물로 세척 후 2 % 붕산수를 바른다.
㉯ 눈에 노출 시 : 물로 세척 후 붕산수로 씻고 의사의 처치를 받는다.

15. 압축, 액화 등의 방법으로 처리할 수 있는 가스의 용적이 1일 100 m³ 이상인 사업소에는 표준이 되는 압력계를 몇 개 이상 비치하여야 하는가?
① 1개 ② 2개 ③ 3개 ④ 4개

해설 국가 표준 기본법에 의한 제품 인증을 받은 압력계를 2개 이상 비치한다.

16. 압력 조정기 출구에서 연소기 입구까지의 호스는 얼마 이상의 압력으로 기밀시험

정답 9. ④ 10. ③ 11. ① 12. ① 13. ② 14. ④ 15. ② 16. ④

을 실시하는가?

① 2.3 kPa ② 3.3 kPa
③ 5.63 kPa ④ 8.4 kPa

해설 기밀시험 압력
㉮ LPG 사용 시설 : 8.4 kPa 이상
㉯ 도시가스 사용 시설 : 8.4 kPa 또는 최고 사용 압력의 1.1배 중 높은 압력 이상으로 실시

17. 가연성 가스 및 독성 가스의 충전 용기 보관실에 대한 안전거리 규정으로 옳은 것은?

① 충전 용기 보관실 1 m 이내에 발화성 물질을 두지 말 것
② 충전 용기 보관실 2 m 이내에 인화성 물질을 두지 말 것
③ 충전 용기 보관실 5 m 이내에 발화성 물질을 두지 말 것
④ 충전 용기 보관실 8 m 이내에 인화성 물질을 두지 말 것

해설 용기 보관실의 주위 2 m 이내에는 화기 또는 인화성 물질이나 발화성 물질을 두지 않는다.

18. 액화 염소 가스 1375 kg을 용량 50 L인 용기에 충전하려면 몇 개의 용기가 필요한가? (단, 액화 염소 가스의 정수 C는 0.8이다.)

① 20 ② 22 ③ 35 ④ 37

해설 ㉮ 용기 1개당 충전량 계산

$$G = \frac{V}{C} = \frac{50}{0.8} = 62.5 \text{ kg}$$

㉯ 용기 수 계산

$$\text{용기 수} = \frac{\text{전체 가스량}}{\text{용기 1개당 충전량}}$$
$$= \frac{1375}{62.5} = 22 \text{개}$$

19. 고압가스 품질 검사에 대한 설명으로 틀린 것은?

① 품질 검사 대상 가스는 산소, 아세틸렌, 수소이다.
② 품질 검사는 안전 관리 책임자가 실시한다.
③ 산소는 동·암모니아 시약을 사용한 오르사트법에 의한 시험 결과 순도가 99.5 % 이상이어야 한다.
④ 수소는 하이드로설파이드 시약을 사용한 오르사트법에 의한 시험 결과 순도가 99.0 % 이상이어야 한다.

해설 품질 검사 기준

구분	시약	검사법	순도
산소	동·암모니아	오르사트법	99.5 % 이상
수소	피로갈롤, 하이드로설파이드	오르사트법	98.5 % 이상
아세틸렌	발연 황산	오르사트법	98 % 이상
	브롬	뷰렛법	
	질산은	정성 시험	

20. 저장 탱크 방류둑 용량은 저장 능력에 상당하는 용적 이상의 용적이어야 한다. 다만, 액화 산소 저장 탱크의 경우에는 저장 능력 상당 용적의 몇 % 이상으로 할 수 있는가?

① 40 ② 60 ③ 80 ④ 90

해설 방류둑 용량
㉮ 액화 가스 : 저장 능력에 상당하는 용적
㉯ 액화 산소 : 저장 능력 상당 용적의 60 % 이상
㉰ 집합 방류둑 : 최대 저장 능력+잔여 총용적의 10 %
㉱ 냉동 제조 : 수액기 내용적의 90 % 이상

정답 17. ② 18. ② 19. ④ 20. ②

21. 도시가스 중압 배관을 매몰할 경우 다음 중 적당한 색상은?

① 회색 ② 청색 ③ 녹색 ④ 적색

해설 도시가스 배관 도색
㉮ 지상 배관 : 황색
㉯ 지하 매설관 : 적색(중압), 황색(저압)

22. 가연성 가스를 취급하는 장소에서 공구의 재질로 사용하였을 경우 불꽃이 발생할 가능성이 가장 큰 것은?

① 고무 ② 가죽
③ 알루미늄 합금 ④ 나무

해설 방폭 공구 : 가연성 가스를 취급하는 장소에서 사용하는 공구 중 충격, 마찰 등에 의하여 불꽃이 발생할 가능성이 적은 것으로 베릴륨 합금 공구, 고무 공구, 플라스틱 공구 및 가죽 등이 해당된다.

23. 고압가스 저장 능력 산정 기준에서 액화가스의 저장 탱크 저장 능력을 구하는 식은? (단, Q, W는 저장 능력, P는 최고 충전 압력, V는 내용적, C는 가스 종류에 따른 정수, d는 가스의 비중이다.)

① $W = 0.9\,dV$ ② $Q = 10\,PV$
③ $W = \dfrac{V}{C}$ ④ $Q = (10P + 1)V$

해설 저장 능력 산정식
① 액화 가스 저장 탱크
③ 액화 가스 용기 및 차량에 고정된 탱크
④ 압축가스 용기 및 저장 탱크

24. 도시가스 공급 시설의 안전 조작에 필요한 조명등의 조도는 몇 럭스 이상이어야 하는가?

① 100 ② 150 ③ 200 ④ 300

해설 조명등의 조도 : 150럭스 (lx) 이상

25. 도시가스 사업법에서 정한 특정 가스 사용시설에 해당하지 않는 것은?

① 제1종 보호 시설 내 월 사용 예정량 1000 m^3 이상인 가스 사용시설
② 제2종 보호 시설 내 월 사용 예정량 2000 m^3 이상인 가스 사용시설
③ 월 사용 예정량 2000 m^3 이하인 가스 사용시설 중 많은 사람이 이용하는 시설로 시·도지사가 지정하는 시설
④ 전기 사업법, 에너지 이용 합리화법에 의한 가스 사용시설

해설 특정 가스 사용시설(도법 시행규칙 제20조의 2) : ①, ②, ③ 외
㉮ 도시가스를 연료로 사용하는 자동차의 가스 사용시설
㉯ 자동차용 압축천연가스 완속 충전 설비를 갖추고 도시가스를 자동차에 충전하는 가스 사용시설
㉰ 액화 천연가스 저장 탱크를 설치하고 천연가스를 사용하는 가스 사용시설
※ ④항은 특정 가스 사용시설 적용 범위에서 제외되는 시설임

26. 가연성 가스용 가스 누출 경보 및 자동 차단 장치의 경보 농도 설정치의 기준은?

① ±5 % 이하 ② ±10 % 이하
③ ±15 % 이하 ④ ±25 % 이하

해설 (1) 경보 농도
㉮ 가연성 가스 : 폭발 하한계의 1/4 이하
㉯ 독성 가스 : TLV-TWA 기준 농도 이하
㉰ NH_3를 실내에서 사용 : 50 ppm
(2) 경보기의 정밀도는 경보 농도 설정치에 대하여 가연성 가스용에서는 ±25 % 이하, 독성 가스용에서는 ±30 % 이하로 한다.

정답 21. ④ 22. ③ 23. ① 24. ② 25. ④ 26. ④

27. 액화 가스를 충전하는 탱크는 그 내부에 액면 요동을 방지하기 위하여 무엇을 설치하여야 하는가?
① 방파판 ② 안전밸브
③ 액면계 ④ 긴급 차단 장치

해설 방파판 설치 기준
㉮ 면적 : 탱크 횡단 면적의 40 % 이상
㉯ 위치 : 상부 원호부 면적이 탱크 횡단면의 20 % 이하가 되는 위치
㉰ 두께 : 3.2 mm 이상
㉱ 설치 수 : 탱크 내용적 5 m³ 이하마다 1개씩

28. 고압가스 충전용 밸브를 가열할 때의 방법으로 가장 적당한 것은?
① 60℃ 이상의 더운물을 사용한다.
② 열습포를 사용한다.
③ 가스버너를 사용한다.
④ 복사열을 사용한다.

해설 충전용 밸브의 가열 : 고압가스를 용기에 충전하기 위하여 밸브 또는 충전용 지관을 가열할 때에는 열습포 또는 40℃ 이하의 물을 사용한다.

29. 일반 도시가스 사업 정압기실에 설치되는 기계 환기 설비 중 배기구의 관 지름은 얼마 이상으로 하여야 하는가?
① 10 cm ② 20 cm ③ 30 cm ④ 50 cm

해설 흡입구 및 배기구의 관 지름은 100 mm 이상으로 하되 통풍이 양호하도록 한다.

30. 도시가스 공급 시설을 제어하기 위한 기기를 설치한 계기실의 구조에 대한 설명으로 틀린 것은?
① 계기실의 구조는 내화 구조로 한다.
② 내장재는 불연성 재료로 한다.
③ 창문은 망입(網入)유리 및 안전유리 등으로 한다.
④ 출입구는 1곳 이상에 설치하고 출입문은 방폭문으로 한다.

해설 계기실의 구조
㉮ 계기실의 구조는 내화 구조로 한다.
㉯ 내장재는 불연성 재료로 한다. 다만, 바닥재료는 난연성 재료를 사용할 수 있다.
㉰ 출입구는 2곳 이상에 설치하고 출입문은 방화문으로 하며, 그중 1곳은 위험한 장소로 향하지 아니하도록 설치한다. 또한 출입문은 쉽게 열리지 아니하도록 조치를 한다.
㉱ 창문은 망입(網入)유리 및 안전유리로 한다.

31. 가스계량기의 설치 장소로 가장 부적당한 곳은?
① 통풍이 양호한 곳
② 전기 공작물 주변의 직사광선이 비치는 곳
③ 가능한 한 배관의 길이가 짧고 꺾이지 않는 곳
④ 화기와 습기에서 멀리 떨어져 있고 청결하며 진동이 없는 곳

해설 가스계량기 설치 제한
㉮ 공동 주택의 대피 공간, 방, 거실 및 주방 등으로서 사람이 거처하는 곳
㉯ 진동의 영향을 받는 장소
㉰ 석유류 등 위험물을 저장하는 장소
㉱ 수전실, 변전실 등 고압 전기 설비가 있는 장소
㉲ 직사광선 또는 빗물을 받을 우려가 있는 곳에 설치하는 경우에는 보호상자 안에 설치한다.

32. 액주식 압력계에 사용되는 액체의 구비 조건으로 틀린 것은?

① 화학적으로 안정되어야 한다.
② 모세관 현상이 없어야 한다.
③ 점도와 팽창 계수가 작아야 한다.
④ 온도 변화에 의한 밀도 변화가 커야 한다.

해설 액주식 액체의 구비 조건
㉮ 점성이 작을 것
㉯ 열팽창 계수가 작을 것
㉰ 항상 액면은 수평을 만들 것
㉱ 온도에 따라 밀도 변화가 작을 것
㉲ 증기에 대한 밀도 변화가 작을 것
㉳ 모세관 현상 및 표면 장력이 작을 것
㉴ 화학적으로 안정될 것
㉵ 휘발성 및 흡수성이 작을 것
㉶ 액주의 높이를 정확히 읽을 수 있을 것

33. 고압가스 안전 관리 법령에 따라 고압가스 판매 시설에서 갖추어야 할 계측 설비가 바르게 짝지어진 것은?
① 압력계, 계량기
② 온도계, 계량기
③ 압력계, 온도계
④ 온도계, 가스 분석계

해설 고압가스 판매 시설에는 압력계 및 계량기를 갖춘다.

34. 사용 압력이 2 MPa, 관의 인장 강도가 20 kgf/mm²일 때의 스케줄 번호(Sch No)는? (단, 안전율은 4로 한다.)
① 10   ② 20   ③ 40   ④ 80

해설 Sch No $= 10 \times \dfrac{P}{S} = 10 \times \dfrac{2 \times 10}{\frac{20}{4}} = 40$

※ 1 MPa는 약 10 kgf/cm²에 해당됨

35. 부취제 주입 용기를 가스압으로 밸런스 시켜 중력에 의해 부취제를 가스 흐름 중에 주입하는 방식은?

① 적하 주입 방식
② 펌프 주입 방식
③ 위크 증발식 주입 방식
④ 미터 연결 바이패스 주입 방식

해설 적하 주입 방식 : 부취제 용기를 배관 상부에 설치하여 중력에 의해 부취제가 가스 배관으로 흘러내려 오게 하여 주입하는 방법

36. 도시가스 품질 검사 시 가장 많이 사용되는 검사 방법은?
① 원자 흡광광도법
② 가스 크로마토그래피법
③ 자외선, 적외선 흡수 분광법
④ ICP법

해설 도시가스 품질 검사(도법 제25조 및 통합 고시) : 열량 및 웨버지수 계산 시 성분 분석, 황화수소, 전유황, 부취 농도, 이산화탄소, 산소, 질소 등의 성분 분석을 할 때 가스 크로마토그래피 분석 장치를 이용한다.

37. 도시가스 시설 중 입상관에 대한 설명으로 틀린 것은?
① 입상관이 화기가 있을 가능성이 있는 주위를 통과하여 불연 재료로 차단 조치를 하였다.
② 입상관의 밸브는 분리 가능한 것으로서 바닥으로부터 1.7 m의 높이에 설치하였다.
③ 입상관의 밸브를 어린아이들이 만지지 못하도록 3 m의 높이에 설치하였다.
④ 입상관의 밸브 높이가 1 m여서 보호상자 안에 설치하였다.

해설 입상관은 환기가 양호한 장소에 설치하며 입상관의 밸브는 바닥으로부터 1.6 m 이상 2 m 이내에 설치한다. 다만, 보호상자 안에 설치하는 경우에는 1.6 m 이상 2 m 이내에 설치하지 아니할 수 있다.

정답 33. ①   34. ③   35. ①   36. ②   37. ③

38. 배관 속을 흐르는 액체의 속도를 급격히 변화시키면 물이 관벽을 치는 현상이 일어나는데 이런 현상을 무엇이라 하는가?
① 캐비테이션 현상 ② 워터 해머링 현상
③ 서징 현상 ④ 맥동 현상

해설 워터 해머링(water hammering) 현상 : 펌프에서 물을 압송하고 있을 때 정전 등으로 펌프가 급히 멈춘 경우 관내의 유속이 급변하여 물에 심한 압력 변화가 생기는 현상으로, 수격 작용이라 한다.

39. 연소기의 설치 방법으로 틀린 것은?
① 환기가 잘 되지 않는 곳에는 가스온수기를 설치하지 아니한다.
② 밀폐형 연소기는 급기구 및 배기통을 설치하여야 한다.
③ 배기통의 재료는 불연성 재료로 한다.
④ 개방형 연소기가 설치된 실내에는 환풍기를 설치한다.

해설 반밀폐형 연소기는 급기구 및 배기통을, 밀폐형 연소기는 급·배기통을 설치하여야 한다.

40. 오리피스 미터의 특징에 대한 설명으로 옳은 것은?
① 압력 손실이 매우 작다.
② 침전물이 관벽에 부착되지 않는다.
③ 내구성이 좋다.
④ 제작이 간단하고 교환이 쉽다.

해설 오리피스 미터의 특징
㉮ 구조가 간단하고 제작이 쉬워 가격이 저렴하다.
㉯ 협소한 장소에 설치가 가능하다.
㉰ 유량 계수의 신뢰도가 높다.
㉱ 오리피스 교환이 용이하다.
㉲ 차압식 유량계에서 압력 손실이 가장 크다.
㉳ 침전물의 생성 우려가 많다.
㉴ 동심 오리피스와 편심 오리피스가 있다.
㉵ 유량계 전후에 동일한 지름의 직관이 필요하다.

41. 압력 조정기의 종류에 따른 조정 압력이 틀린 것은?
① 1단 감압식 저압 조정기 : 2.3~3.3 kPa
② 1단 감압식 준저압 조정기 : 5~30 kPa 이내에서 제조자가 설정한 기준 압력의 ±20 %
③ 2단 감압식 2차용 저압 조정기 : 2.3~3.3 kPa
④ 자동 절체식 일체형 저압 조정기 : 2.3~3.3 kPa

해설 자동 절체식 일체형 저압 조정기 : 2.55~3.3 kPa

42. 용기의 내용적이 105 L인 액화 암모니아 용기에 충전할 수 있는 가스의 충전량은 약 몇 kg인가? (단, 액화 암모니아의 가스 정수 C는 1.86이다.)
① 20.5 ② 45.5 ③ 56.5 ④ 117.5

해설 $G = \dfrac{V}{C} = \dfrac{105}{1.86} = 56.451$ kg

43. 증기 압축식 냉동기에서 냉매가 순환되는 경로로 옳은 것은?
① 압축기 → 증발기 → 응축기 → 팽창 밸브
② 증발기 → 응축기 → 압축기 → 팽창 밸브
③ 증발기 → 팽창 밸브 → 응축기 → 압축기
④ 압축기 → 응축기 → 팽창 밸브 → 증발기

해설 증기 압축식 냉동기의 작동 순서 : 압축기 → 응축기 → 팽창 밸브 → 증발기

정답 38. ② 39. ② 40. ④ 41. ④ 42. ③ 43. ④

44. 도시가스 정압기에 사용되는 정압기용 필터의 제조 기술 기준으로 옳은 것은?
① 내가스 성능 시험의 질량 변화율은 5~8 % 이다.
② 입, 출구 연결부는 플랜지식으로 한다.
③ 기밀시험은 최고 사용 압력 1.25배 이상의 수압으로 실시한다.
④ 내압시험은 최고 사용 압력 2배의 공기압으로 실시한다.

[해설] 정압기용 필터의 제조 기술 기준
㉮ 내가스 성능 : 고무 및 합성수지 부품은 이소옥탄에 넣어 40~45℃로 70시간 유지하였을 때 연화, 팽창 등 이상이 없고 질량 변화율이 −8~5 % 이내인 것으로 한다.
㉯ 내압 성능 : 최고 사용 압력의 1.5배의 수압을 가하여 1분간 유지하였을 경우 이상이 없는 것으로 한다. 다만, 수압이 곤란할 경우에는 질소 등 불활성 가스로 할 수 있다.
㉰ 기밀 성능 : 최고 사용 압력의 1.1배 이상의 공기압을 가한 후 1분간 유지하였을 경우 누출이 없는 것으로 한다.
㉱ 입·출구 연결부는 플랜지식으로 한다.
㉲ 차압계는 필터의 허용 차압 초과 여부를 알 수 있는 것으로 사용한다.
㉳ 필터 엘리먼트는 50 kPa 미만의 차압에서 찌그러지지 아니하는 것으로 한다.
㉴ 필터는 이물질을 제거할 수 있도록 드레인 밸브를 설치한다.

45. 구조가 간단하고 고압, 고온 밀폐 탱크의 압력까지 측정이 가능하여 가장 널리 사용되는 액면계는?
① 크린카식 액면계 ② 벨로스식 액면계
③ 차압식 액면계   ④ 부자식 액면계

[해설] 부자식(浮子式) 액면계 : 탱크 내부의 액체에 뜨는 물체(플로트)를 넣어 액면의 위치에 따라 움직이는 플로트의 위치를 직접 확인하여 액면을 측정하는 방법이다.

46. 주기율표의 0족에 속하는 불활성 가스의 성질이 아닌 것은?
① 상온에서 기체이며 단원자 분자이다.
② 다른 원소와 잘 화합한다.
③ 상온에서 무색, 무미, 무취이다.
④ 방전관에 넣어 방전시키면 특유의 색을 낸다.

[해설] 주기율표의 0족에 속하는 불활성 가스는 화학적으로 불활성이므로 다른 원소와 반응하지 않는다.

47. LPG 1 L가 기화하여 약 250 L의 가스가 된다면 10 kg의 액화 LPG가 기화할 때 가스 체적은 얼마나 되는가? (단, 액화 LPG의 비중은 0.50이다.)
① 1.25 m³   ② 5.0 m³
③ 10.0 m³ ④ 25 m³

[해설] ㉮ LPG 10 kg의 체적 계산
$$체적 = \frac{액체\ 무게}{액\ 비중} = \frac{10}{0.5} = 20\ L$$
㉯ 기화한 가스 체적 계산 : 액체 1 L가 기화하여 기체 250 L가 되는 것이다.
$$기체\ 체적 = \frac{20 \times 250}{1000} = 5.0\ m^3$$

48. 공급 가스인 천연가스 비중이 0.6이라 할 때 45 m 높이의 아파트 옥상까지 압력 손실은 약 몇 mmH₂O인가?
① 18.0 ② 23.3 ③ 34.9 ④ 27.0

[해설] $H = 1.293 \times (s-1) \times h$
$= 1.293 \times (0.6 - 1) \times 45$
$= -23.274\ mmH_2O$
※ "−"값은 압력이 상승되는 것을 의미함

정답 44. ② 45. ④ 46. ② 47. ② 48. ②

49. 시안화수소 충전에 대한 설명 중 틀린 것은?
① 용기에 충전하는 시안화수소는 순도가 98 % 이상이어야 한다.
② 시안화수소를 충전한 용기는 충전 후 24시간 이상 정치한다.
③ 시안화수소는 충전 후 30일이 경과되기 전에 다른 용기에 옮겨 충전하여야 한다.
④ 시안화수소 충전용기는 1일 1회 이상 질산구리벤젠 등의 시험지로 가스 누출 검사를 한다.

해설 시안화수소를 충전한 용기에 충전 연월일을 명기한 표지를 붙이고, 충전한 후 60일이 경과되기 전에 다른 용기에 옮겨 충전한다. 다만, 순도가 98 % 이상으로서 착색되지 아니한 것은 다른 용기에 옮겨 충전하지 아니할 수 있다.

50. 다음 중 절대 압력을 정하는 데 기준이 되는 것은?
① 게이지 압력 ② 국소 대기압
③ 완전 진공   ④ 표준 대기압

해설 압력의 기준
㉮ 게이지 압력, 진공 압력 : 대기압
㉯ 절대 압력 : 완전 진공

51. 일산화탄소 전화법에 의해 얻고자 하는 가스는?
① 암모니아   ② 일산화탄소
③ 수소   ④ 수성 가스

해설 일산화탄소 전화법 : 일산화탄소와 수증기를 반응시켜 수소를 제조하는 공업적 제조법이다.
※ 반응식 : $CO + H_2O \rightarrow CO_2 + H_2 + 9.8\,kcal$

52. 도시가스는 무색, 무취이기 때문에 누출 시 중독 및 사고를 미연에 방지하기 위하여 부취제를 첨가하는데 그 첨가 비율의 용량이 얼마인 상태에서 냄새를 감지할 수 있어야 하는가?
① 0.1 %   ② 0.01 %
③ 0.2 %   ④ 0.02 %

해설 부취제의 공기 중 착취 농도 : 1/1000 이하 (0.1 % 이하)

53. 절대 영도로 표시한 것 중 가장 거리가 먼 것은?
① $-273.15\,℃$ ② 0 K
③ 0 °R   ④ 0 °F

해설 절대 0도는 인간이 내릴 수 없는 한계의 온도로 $-273.15\,℃$, 0 K, $-459.60\,°F$, 0 °R에 해당된다.

54. 염소 (Cl_2)에 대한 설명으로 틀린 것은?
① 황록색의 기체로 조연성이 있다.
② 강한 자극성의 취기가 있는 독성 기체이다.
③ 수소와 염소의 등량 혼합 기체를 염소 폭명기라 한다.
④ 건조 상태의 상온에서 강재에 대하여 부식성을 갖는다.

해설 완전 건조된 염소는 상온에서 철과 반응하지 않으나 수분이 존재하면 염산 (HCl)을 생성하여 철을 심하게 부식시킨다.

55. "효율이 100 %인 열기관은 제작이 불가능하다."라고 표현되는 법칙은?
① 열역학 제0법칙
② 열역학 제1법칙

정답 49. ③ 50. ③ 51. ③ 52. ① 53. ④ 54. ④ 55. ③

③ 열역학 제2법칙
④ 열역학 제3법칙

해설 영구 기관
㉮ 제1종 영구 기관 : 입력보다 출력이 더 큰 기관으로, 효율이 100 % 이상이므로 열역학 제1법칙에 위배된다.
㉯ 제2종 영구 기관 : 입력과 출력이 같은 기관으로, 효율이 100 %이므로 열역학 제2법칙에 위배된다.

56. 순수한 물의 증발 잠열은?
① 539 kcal/kg
② 79.68 kcal/kg
③ 539 cal/kg
④ 79.68 cal/kg

해설 물의 잠열
㉮ 물의 증발 잠열(수증기의 응축 잠열) : 539 kcal/kg
㉯ 얼음의 융해 잠열(물의 응고 잠열) : 79.68 kcal/kg

57. 게이지 압력 1520 mmHg는 절대 압력으로 몇 기압인가?
① 0.33 atm   ② 3 atm
③ 30 atm   ④ 33 atm

해설 1 atm은 760 mmHg이다.
절대 압력 = 대기압 + 게이지 압력
$= 1 + \dfrac{1520}{760} = 3$ atm

58. 압력 단위를 나타낸 것은?
① kgf/cm²   ② kL/m²
③ kcal/mm²   ④ kV/km²

해설 압력의 단위
㉮ 공학 단위 : kgf/m^2, kgf/cm^2
㉯ SI 단위 : N/m^2, Pa

59. A의 분자량은 B의 분자량의 2배이다. A와 B의 확산 속도의 비는?
① $\sqrt{2}$: 1   ② 4 : 1
③ 1 : 4   ④ 1 : $\sqrt{2}$

해설 ㉮ 혼합 가스의 확산 속도(그레이엄의 법칙) : 일정한 온도에서 기체의 확산 속도는 기체의 분자량(또는 밀도)의 평방근(제곱근)에 반비례한다.
㉯ 확산 속도비 계산
$\dfrac{U_B}{U_A} = \sqrt{\dfrac{M_A}{M_B}} = \dfrac{t_A}{t_B}$ 에서
$U_A : U_B = \sqrt{M_B} : \sqrt{M_A}$
$= \sqrt{1} : \sqrt{1 \times 2} = 1 : \sqrt{2}$

60. 부탄(C_4H_{10}) 가스의 비중은?
① 0.55   ② 0.9
③ 1.5   ④ 2

해설 기체 비중 = $\dfrac{\text{기체 분자량(질량)}}{\text{공기의 평균 분자량(29)}}$
$= \dfrac{58}{29} = 2$

정답 56. ① 57. ② 58. ① 59. ④ 60. ④

2015년도 출제문제

■ 가스기능사 2015년 1월 25일 시행 (제1회)

1. 도시가스 매설 배관에 설치하는 보호판은 누출 가스가 지면으로 확산되도록 구멍을 뚫는데 그 간격의 기준으로 옳은 것은?
① 1 m 이하 간격 ② 2 m 이하 간격
③ 3 m 이하 간격 ④ 5 m 이하 간격

해설 보호판의 설치 기준
㉮ 설치 위치 : 배관 정상부에서 30 cm 이상의 높이
㉯ 보호판 재질 : KS D 3503 (일반 구조용 압연 강재)
㉰ 보호판 두께 : 4 mm 이상(고압 배관 : 6 mm 이상)
㉱ 도막 두께 : 80 μm 이상
㉲ 누출 가스 확산 구멍 : 보호판에는 지름 30 mm 이상 50 mm 이하의 구멍을 3 m 이하 간격으로 뚫는다.

2. 도시가스 사업자가 굴착 공사 정보 지원 센터로부터 굴착 계획의 통보 내용을 통지받은 때에는 얼마 이내에 매설된 배관이 있는지를 확인하고 그 결과를 굴착 공사 정보 지원 센터에 통지해야 하는가?
① 24시간 ② 36시간
③ 48시간 ④ 60시간

해설 도시가스 배관 매설 상황 확인 등(도법 시행 규칙 제52조 5항) : 도시가스 사업자가 굴착 공사 정보 지원 센터로부터 굴착 계획의 통보 내용을 통지받은 때에는 그때부터 24시간 이내에 매설된 배관이 있는지 확인하고 그 결과를 굴착 공사 정보 지원 센터에 통지하여야 한다. 이 경우 토요일 및 공휴일은 통지 시간에 포함하지 아니한다.

3. 처리 능력이 1일 35000 m³인 산소 처리 설비의 위치가 전용 공업 지역이 아닐 경우 처리 설비 외면과 사업소 밖에 있는 병원과는 몇 m 이상 안전거리를 유지해야 하는가?
① 16 m ② 17 m ③ 18 m ④ 20 m

해설 보호 시설과의 안전거리(산소 처리 설비)

저장 능력(m³)	제1종	제2종
1만 이하	12	8
1만 초과~2만 이하	14	9
2만 초과~3만 이하	16	11
3만 초과~4만 이하	18	13
4만 초과	20	14

※ 병원은 1종 보호 시설이고, 처리 능력이 35000 m³이므로 안전거리는 18 m 이상을 유지한다.

4. 공기 중에서 폭발 범위가 가장 좁은 것은?
① 메탄 ② 프로판
③ 수소 ④ 아세틸렌

해설 각 가스의 공기 중에서의 폭발 범위

명칭	폭발 범위
메탄 (CH_4)	5~15 %
프로판 (C_3H_8)	2.2~9.5 %
수소 (H_2)	4~75 %
아세틸렌 (C_2H_2)	2.5~81 %

정답 1. ③ 2. ① 3. ③ 4. ②

5. 용기에 의한 액화석유가스 저장소에서 실외 저장소 주위의 경계 울타리와 용기 보관 장소 사이에는 얼마 이상의 거리를 유지해야 하는가?

① 2 m ② 8 m
③ 15 m ④ 20 m

[해설] 다른 설비와의 거리 : 실외 저장소 주위의 경계 울타리와 용기 보관 장소 사이에는 20 m 이상의 거리를 유지한다.

6. 다음 중 고압가스 특정제조 허가의 대상이 아닌 것은?

① 석유 정제 시설에서 고압가스를 제조하는 것으로서 그 저장 능력이 100톤 이상인 것
② 석유 화학 공업 시설에서 고압가스를 제조하는 것으로서 그 처리 능력이 1만 세제곱미터 이상인 것
③ 철강 공업 시설에서 고압가스를 제조하는 것으로서 그 처리 능력이 1만 세제곱미터 이상인 것
④ 비료 제조 시설에서 고압가스를 제조하는 것으로서 그 저장 능력이 100톤 이상인 것

[해설] 고압가스 특정제조 허가 대상
㉮ 석유 정제업자 : 저장 능력 100톤 이상
㉯ 석유화학공업자 : 저장 능력 100톤 이상, 처리 능력 1만 m^3 이상
㉰ 철강공업자 : 처리 능력 10만 m^3 이상
㉱ 비료 생산업자 : 저장 능력 100톤 이상, 처리 능력 10만 m^3 이상
㉲ 산업 통상 자원부 장관이 정하는 시설

7. 가연성 가스의 제조 설비 중 전기 설비를 방폭 성능을 가지는 구조로 갖추지 아니하여도 되는 가스는?

① 암모니아 ② 염화 메탄
③ 아크릴알데히드 ④ 산화에틸렌

[해설] 암모니아, 브롬화메탄 및 공기 중에서 자기 발화하는 가스는 제외한다.

8. 가스 도매 사업 제조소의 배관 장치에 설치하는 경보장치가 울려야 하는 시기의 기준으로 잘못된 것은?

① 배관 안의 압력이 상용 압력의 1.05배를 초과한 때
② 배관 안의 압력이 정상 운전 때의 압력보다 15 % 이상 강하한 경우 이를 검지한 때
③ 긴급 차단 밸브의 조작 회로가 고장난 때 또는 긴급 차단 밸브가 폐쇄된 때
④ 상용 압력이 5 MPa 이상인 경우 상용 압력에 0.5 MPa를 더한 압력을 초과한 때

[해설] 배관 안의 압력이 상용 압력의 1.05배를 초과한 때(단, 상용 압력이 4 MPa 이상인 경우에는 상용 압력에 0.2 MPa를 더한 압력) 경보장치가 울려야 한다.

9. 다음 중 상온에서 가스를 압축, 액화 상태로 용기에 충전시키기가 가장 어려운 가스는?

① C_3H_8 ② CH_4 ③ Cl_2 ④ CO_2

[해설] 상태에 의한 가스의 분류 및 종류
㉮ 압축가스의 종류 : 헬륨(He), 수소(H_2), 네온(Ne), 질소(N_2), 일산화탄소(CO), 불소(F_2), 아르곤(Ar), 산소(O_2), 산화질소(NO), 메탄(CH_4) 등
㉯ 액화 가스의 종류 : 프로판(C_3H_8), 부탄(C_4H_{10}), 염소(Cl_2), 암모니아(NH_3), 이산화탄소(CO_2), 산화에틸렌(C_2H_4O), 시안화수소(HCN), 황화수소(H_2S) 등
㉰ 용해 가스 : 아세틸렌(C_2H_2)

10. 일반 도시가스 사업의 가스 공급 시설 기준에서 배관을 지상에 설치할 경우 가스 배관의 표면 색상은?

정답 5. ④ 6. ③ 7. ① 8. ④ 9. ② 10. ④

① 흑색 ② 청색 ③ 적색 ④ 황색

[해설] 도시가스 배관 색상
㉮ 지상 배관 : 황색
㉯ 지하 매설관 : 적색(중압), 황색(저압)

11. 가스 도매 사업의 가스 공급 시설 중 배관을 지하에 매설할 때의 기준으로 틀린 것은?

① 배관은 그 외면으로부터 수평 거리로 건축물까지 1.0 m 이상을 유지한다.
② 배관은 그 외면으로부터 지하의 다른 시설물과 0.3 m 이상의 거리를 유지한다.
③ 배관을 산과 들에 매설할 때는 지표면으로부터 배관 외면까지의 매설 깊이를 1 m 이상으로 한다.
④ 배관은 지반 동결로 손상을 받지 아니하는 깊이로 매설한다.

[해설] 건축물과의 수평 거리 : 1.5 m 이상을 유지

12. 운반 책임자를 동승시키지 않고 운반하는 액화석유가스용 차량에서 고정된 탱크에 설치하여야 하는 장치는?

① 살수 장치 ② 누설 방지장치
③ 폭발 방지장치 ④ 누설 경보장치

[해설] 폭발 방지장치 설치 : 운반 책임자 동승을 제외하고자 하는 액화석유가스용 차량에 고정된 탱크에는 그 탱크의 외벽이 화염으로 인하여 국부적으로 가열될 경우 그 저장 탱크 벽면의 열을 신속히 흡수·분산시킴으로써 탱크 벽면의 국부적인 온도 상승으로 인한 탱크의 파열을 방지하기 위하여 탱크 내에 다공성 벌집형 알루미늄 박판(폭발 방지제)을 설치한다.

13. 다음 중 수소의 특징에 대한 설명으로 옳은 것은?

① 조연성 기체이다.
② 폭발 범위가 넓다.
③ 가스의 비중이 커서 확산이 느리다.
④ 저온에서 탄소와 수소 취성을 일으킨다.

[해설] 수소의 성질
㉮ 지구상에 존재하는 원소 중 가장 가볍다.
㉯ 무색, 무취, 무미의 가연성이다.
㉰ 확산 속도가 대단히 크다.
㉱ 고온에서 강재, 금속 재료를 쉽게 투과한다.
㉲ 폭굉 속도가 1400~3500 m/s에 달한다.
㉳ 폭발 범위가 넓다 (공기 중 : 4~75 %, 산소 중 : 4~94 %)
㉴ 고온, 고압의 상태에서 수소 취성을 일으킨다.

14. 다음 중 제1종 보호 시설이 아닌 것은?

① 가설 건축물이 아닌 사람을 수용하는 건축물로 사실상 독립된 부분의 연면적이 1500 m^2인 건축물
② 문화재 보호법에 의하여 지정 문화재로 지정된 건축물
③ 수용 능력이 100인(人) 이상인 공연장
④ 어린이집 및 어린이 놀이시설

[해설] 제1종 보호시설
㉮ 학교, 유치원, 어린이집, 놀이방, 어린이 놀이터, 학원, 병원(의원 포함), 도서관, 청소년 수련 시설, 경로당, 시장, 공중목욕탕, 호텔, 여관, 극장, 교회 및 공회당
㉯ 사람을 수용하는 건축물(가설 건축물 제외)로 사실상 독립된 부분의 연면적이 1000 m^2 이상인 건축물
㉰ 예식장, 장례식장 및 전시장, 그 밖에 이와 유사한 시설로 300명 이상 수용할 수 있는 건축물
㉱ 아동 복지 시설 또는 장애인 복지 시설로 20명 이상 수용할 수 있는 건축물
㉲ 문화재 보호법에 따라 지정 문화재로 지정된 건축물

정답 11. ① 12. ③ 13. ② 14. ③

15. 가연성 가스와 동일 차량에 적재하여 운반할 경우 충전 용기의 밸브가 서로 마주보지 않도록 적재해야 할 가스는?
① 수소 ② 산소
③ 질소 ④ 아르곤

해설 가연성 가스와 산소를 동일 차량에 적재 운반할 경우 충전 용기 밸브가 서로 마주보지 않도록 적재하여야 한다.

16. 천연가스의 발열량이 10400 kcal/Sm³이다. SI 단위인 MJ/Sm³으로 나타내면?
① 2.47 ② 43.68
③ 2476 ④ 43680

해설 1 kcal는 약 4.2 kJ이고, 1 MJ는 1000 kJ에 해당된다.
∴ $\dfrac{10400 \times 4.2}{1000} = 43.68$ MJ/Sm³

17. 다음 중 연소의 3요소가 아닌 것은?
① 가연물 ② 산소 공급원
③ 점화원 ④ 인화점

해설 연소의 3요소 : 가연물, 산소 공급원, 점화원

18. 다음 중 허가 대상 가스용품이 아닌 것은 어느 것인가?
① 용접 절단기용으로 사용되는 LPG 압력조정기
② 가스용 폴리에틸렌 플러그형 밸브
③ 가스 소비량이 132.6 kW인 연료 전지
④ 도시가스 정압기에 내장된 필터

해설 허가 대상 가스용품의 범위 : 액법 시행규칙 별표 4
㉮ 압력 조정기(용접 절단기용 액화석유가스 압력조정기를 포함)
㉯ 가스 누출 자동 차단 장치
㉰ 정압기용 필터(정압기에 내장된 것은 제외)
㉱ 매몰형 정압기
㉲ 호스
㉳ 배관용 밸브(볼밸브와 글로브 밸브만을 말함)→액화석유가스 또는 도시가스용 매몰형 폴리에틸렌 플러그 밸브 및 매몰형 폴리에틸렌 볼밸브
㉴ 콕(퓨즈콕, 상자콕 및 주물 연소기용 노즐콕만 말함)
㉵ 배관 이음관
㉶ 강제 혼합식 가스버너
㉷ 연소기(가스 소비량 232.6 kW (20만 kcal/h) 이하)
㉸ 다기능 가스 안전 계량기
㉹ 로딩암
㉺ 연료 전지(가스 소비량 232.6 kW (20만 kcal/h) 이하)
㉻ 다기능 보일러

19. 가연성 가스 충전 용기 보관실의 벽 재료의 기준은?
① 불연 재료
② 난연 재료
③ 가벼운 재료
④ 불연 또는 난연 재료

해설 충전 용기의 보관실은 불연 재료를 사용하고 불연성의 재료나 난연성의 재료를 사용한 가벼운 지붕을 설치한다.

20. 고압가스 안전 관리법상 독성 가스는 공기 중에 일정량 이상 존재하는 경우 인체에 유해한 독성을 가진 가스로서 허용 농도(해당 가스를 대기 중에서 1시간 동안 계속하여 성숙한 흰쥐 집단에 노출시킨 경우 14일 이내에 그 흰쥐의 2분의 1 이상이 죽게 되는 가

정답 15. ② 16. ② 17. ④ 18. ④ 19. ① 20. ④

스의 농도를 말한다)가 얼마인 것을 말하는가?

① 100만 분의 2000 이하
② 100만 분의 3000 이하
③ 100만 분의 4000 이하
④ 100만 분의 5000 이하

해설 독성 가스의 허용 농도 : 100만 분의 5000 이하

21. 고압가스 저장 시설에서 가연성 가스 시설에 설치하는 유동 방지 시설의 기준은?

① 높이 2 m 이상의 내화성 벽으로 한다.
② 높이 1.5 m 이상의 내화성 벽으로 한다.
③ 높이 2 m 이상의 불연성 벽으로 한다.
④ 높이 1.5 m 이상의 불연성 벽으로 한다.

해설 가연성 가스 시설에 대한 유동 방지 시설의 기준 : 높이 2 m 이상의 내화성 벽으로 하고, 가스 설비 등과 화기를 취급하는 장소는 우회 수평 거리 8 m 이상을 유지한다.

22. 고압가스 용기 재료의 구비 조건이 아닌 것은?

① 내식성, 내마모성을 가질 것
② 무겁고 충분한 강도를 가질 것
③ 용접성이 좋고 가공 중 결함이 생기지 않을 것
④ 저온 및 사용 온도에 견디는 연성과 점성 강도를 가질 것

해설 가볍고 충분한 강도를 가져야 한다.

23. LPG 충전소에는 시설의 안전 확보상 "충전 중 엔진 정지"를 주위의 보기 쉬운 곳에 설치해야 한다. 다음 중 이 표지판의 바탕색과 문자 색은?

① 흑색 바탕에 백색 글씨
② 흑색 바탕에 황색 글씨
③ 백색 바탕에 흑색 글씨
④ 황색 바탕에 흑색 글씨

해설 LPG 자동차 충전소 표지판
㉮ 충전 중 엔진 정지 : 황색 바탕에 흑색 글씨
㉯ 화기 엄금 : 백색 바탕에 적색 글씨

24. 지름이 15 mm인 도시가스 배관에 대한 고정장치의 설치 간격은 몇 m마다인가?

① 1 ② 2 ③ 3 ④ 4

해설 배관의 고정장치 설치 기준
㉮ 관 지름 13 mm 미만 : 1 m마다
㉯ 관 지름 13~33 mm 미만 : 2 m마다
㉰ 관 지름 33 mm 이상 : 3 m마다

25. 다음 중 가스 운반 시 차량 비치 항목이 아닌 것은?

① 가스 표시 색상
② 가스 특성(온도와 압력과의 관계, 비중, 색깔, 냄새)
③ 인체에 대한 독성 유무
④ 화재, 폭발의 위험성 유무

해설 휴대할 서면에 기재할 내용
㉮ 가스의 명칭
㉯ 가스의 특성(온도와 압력 관계, 비중, 색깔, 냄새)
㉰ 화재, 폭발의 위험성 유무
㉱ 인체에 대한 독성 유무
㉲ 운반 중의 주의 사항

26. 고압가스 판매자가 실시하는 용기의 안전 점검 및 유지 관리의 기준으로 틀린 것은?

① 용기 아랫부분의 부식 상태를 확인할 것
② 완성 검사 도래 여부를 확인할 것

정답 21. ① 22. ② 23. ④ 24. ② 25. ① 26. ②

③ 밸브의 그랜드 너트가 고정핀으로 이탈 방지를 위한 조치가 되어 있는지의 여부를 확인할 것
④ 용기 캡이 씌워져 있거나 프로텍터가 부착되어 있는지의 여부를 확인할 것

해설 용기의 안전 점검 기준 : ①, ③, ④ 외
㉮ 용기의 내·외면을 점검하여 사용할 때에 위험한 부식, 금, 주름 등이 있는지의 여부를 확인할 것
㉯ 용기에 도색 및 표시가 되어 있는지의 여부를 확인할 것
㉰ 용기의 스커트에 찌그러짐이 있는지, 사용할 때에 위험하지 않도록 적정 간격을 유지하고 있는지의 여부를 확인할 것
㉱ 유통 중 열 영향을 받았는지의 여부를 점검할 것(이 경우 열 영향을 받은 용기는 재검사를 받아야 한다.)
㉲ 재검사 기간의 도래 여부를 확인할 것
㉳ 밸브의 몸통, 충전구 나사, 안전밸브 사용에 지장을 주는 흠, 주름, 스프링의 부식 등이 있는지의 여부를 확인할 것
㉴ 밸브의 개폐 조작이 쉬운 핸들이 부착되어 있는지의 여부를 확인할 것
㉵ 용기에는 충전 가스의 종류에 맞는 용기부속품이 부착되어 있는지의 여부를 확인할 것

27. 독성 가스인 암모니아의 저장 탱크에는 그 가스의 용량이 그 저장 탱크 내용적의 몇 %를 초과하지 않아야 하는가?
① 80 %   ② 85 %
③ 90 %   ④ 95 %

해설 저장 탱크에는 가스의 용량이 그 저장 탱크 내용적의 90 %를 초과하지 않아야 한다.

28. 액화 암모니아 10 kg을 기화시키면 표준 상태에서 약 몇 m³의 기체로 되는가?

① 4   ② 5   ③ 13   ④ 26

해설 암모니아의 분자량은 17, 표준 상태는 0℃, 1 atm (101.325 kPa) 상태이다.
$PV = GRT$에서
$$V = \frac{GRT}{P}$$
$$= \frac{10 \times \frac{8.314}{17} \times 273}{101.325} = 13.1767 \text{ m}^3$$

29. 용기에 의한 고압가스 판매 시설의 충전 용기 보관실 기준으로 옳지 않은 것은?
① 가연성 가스 충전 용기 보관실은 불연성 재료나 난연성의 재료를 사용한 가벼운 지붕을 설치한다.
② 공기보다 무거운 가연성 가스의 용기 보관실에는 가스 누출 검지 경보장치를 설치한다.
③ 충전 용기 보관실은 가연성 가스가 새어 나오지 못하도록 밀폐 구조로 한다.
④ 용기 보관실의 주변에는 화기 또는 인화성 물질이나 발화성 물질을 두지 않는다.

해설 가연성 가스 용기 보관실에는 누출된 고압가스가 체류하지 않도록 환기구를 갖추는 등 필요한 조치를 마련하여야 한다.

30. 도시가스 배관의 용어에 대한 설명으로 틀린 것은?
① 배관이란 본관, 공급관, 내관 또는 그 밖의 관을 말한다.
② 본관이란 도시가스 제조 사업소의 부지 경계에서 정압기까지 이르는 배관을 말한다.
③ 사용자 공급관이란 공급관 중 정압기에서 가스 사용자가 구분하여 소유하는 건축물의 외벽에 설치된 계량기까지 이르

정답 27. ③   28. ③   29. ③   30. ③

는 배관을 말한다.
④ 내관이란 가스 사용자가 소유하거나 점유하고 있는 토지의 경계에서 연소기까지 이르는 배관을 말한다.

해설 사용자 공급관 : 공급관 중 가스 사용자가 소유하거나 점유하고 있는 토지의 경계에서 가스 사용자가 구분하여 소유하거나 점유하는 건축물의 외벽에 설치된 계량기의 전단 밸브(계량기가 건축물 내부에 설치된 경우에는 그 건축물의 외벽)까지 이르는 배관
※ ③항 : 공급관 중 공동 주택 등에 해당되는 경우

31. 측정 압력이 0.01~10 kgf/cm² 정도이고, 오차가 ±1~2 % 정도이며 유체 내의 먼지 등의 영향이 적으나, 압력 변동에 적응하기 어렵고 주위 온도 오차에 의한 충분한 주의를 요하는 압력계는?
① 전기 저항 압력계
② 벨로스(bellows)식 압력계
③ 부르동관(bourdon tube)식 압력계
④ 피스톤 압력계

해설 벨로스식 압력계 : 얇은 금속판으로 만들어진 원형 주름통(벨로스)의 탄성을 이용하여 압력을 측정하는 탄성식 압력계로 벨로스의 재질은 인청동, 스테인리스강을 사용한다. 압력 측정 범위가 0.1~1000 kPa 정도이고, 진공압 및 차압 측정용으로 주로 사용된다.

32. 1단 감압식 저압 조정기의 조정 압력(출구압력)은?
① 2.3~3.3 kPa
② 5~30 kPa
③ 32~83 kPa
④ 57~83 kPa

해설 1단 감압식 저압 조정기 압력

구분		압력
입구 압력		0.07~1.56 MPa
조정(출구) 압력		2.3~3.3 kPa
입구 측	기밀시험 압력	1.56 MPa 이상
	내압시험 압력	3 MPa 이상
출구 측	기밀시험 압력	5.5 kPa
	내압시험 압력	0.3 MPa 이상
안전밸브 작동 개시 압력		5.6~8.4 kPa

[참고] ②항 : 1단 감압식 준저압 조정기 및 2단 감압식 2차용 준저압 조정기 조정 압력
④항 : 2단 감압식 1차용 조정기 조정 압력

33. 초저온 저장 탱크에 주로 사용되며 차압에 의하여 측정하는 액면계는?
① 시창식
② 햄프슨식
③ 부자식
④ 회전 튜브식

해설 차압식 액면계 : 기상부와 액상부의 압력차를 이용하여 액면을 지시하는 것으로 햄프슨식 액면계라 한다.

34. 분말 진공 단열법에서 충진용 분말로 사용되지 않는 것은?
① 탄화 규소
② 펄라이트
③ 규조토
④ 알루미늄 분말

해설 충진용 분말 : 샌다셀, 펄라이트, 규조토, 알루미늄 분말

35. 압축기에서 다단 압축을 하는 목적으로 틀린 것은?
① 소요 일량의 감소
② 이용 효율의 증대
③ 힘의 평형 향상
④ 토출 온도 상승

정답 31. ② 32. ① 33. ② 34. ① 35. ④

해설 다단 압축의 목적
㉮ 1단 단열 압축과 비교한 일량 절약
㉯ 이용 효율의 증가
㉰ 힘의 평형이 양호해진다.
㉱ 가스의 온도 상승을 피할 수 있다.

36. 1000 L의 액산 탱크에 액산을 넣고 방출 밸브를 개방하여 12시간 방치하였더니 탱크 내의 액산이 4.8 kg 방출되었다면 1시간당 탱크에 침입하는 열량은 약 몇 kcal인가? (단, 액산의 증발 잠열은 60 kcal/kg이다.)

① 12 ② 24 ③ 70 ④ 150

해설 침입 열량 = $\dfrac{증발\ 잠열량}{측정\ 시간}$
= $\dfrac{4.8 \times 60}{12}$ = 24 kcal/h

37. 도시가스용 압력 조정기에 대한 설명으로 옳은 것은?

① 유량 성능은 제조자가 제시한 설정 압력의 ±10 % 이내로 한다.
② 합격 표시는 바깥지름 5 mm의 "K"자 각인을 한다.
③ 입구 측 연결 배관 관 지름은 50 A 이상의 배관에 연결되어 사용되는 조정기이다.
④ 최대 표시 유량이 300 Nm³/h 이상인 사용처에 사용되는 조정기이다.

해설 도시가스용 압력 조정기
㉮ 유량 성능은 제조자가 제시한 설정 압력의 ±20 % 이내로 한다.
㉯ 합격 표시는 도시가스용 압력 조정기는 바깥지름 5 mm의 "K"자 각인을, 정압기용 압력 조정기는 바깥지름 10 mm의 "K"자 각인을 한다.
㉰ 도시가스용 압력 조정기는 입구 쪽 호칭 지름이 50 A 이하이고, 최대 표시 유량이 300 Nm³/h 이하인 것이다.

38. 오리피스 유량계는 어떤 형식의 유량계인가?

① 차압식 ② 면적식
③ 용적식 ④ 터빈식

해설 차압식 유량계
㉮ 측정 원리 : 베르누이 방정식
㉯ 종류 : 오리피스 미터, 플로 노즐, 벤투리미터
㉰ 측정 방법 : 조리개 전후에 연결된 액주계의 압력차를 이용하여 유량을 측정

39. 질소를 취급하는 금속 재료에서 내질화성을 증대시키는 원소는?

① Ni ② Al ③ Cr ④ Ti

해설 내질화성(耐窒化性)을 증대시키는 원소 : 니켈(Ni)

40. 다음 각 가스에 의한 부식 현상 중 틀린 것은?

① 암모니아에 의한 강의 질화
② 황화수소에 의한 철의 부식
③ 일산화탄소에 의한 금속의 카르보닐화
④ 수소 원자에 의한 강의 탈수소화

해설 가스에 의한 고온 부식의 종류
㉮ 산화 : 산소 및 탄산 가스
㉯ 황화 : 황화수소 (H_2S)
㉰ 질화 : 암모니아 (NH_3)
㉱ 침탄 및 카르보닐화 : 일산화탄소 (CO)가 많은 환원 가스
㉲ 바나듐 어택 : 오산화 바나듐 (V_2O_5)
㉳ 탈탄 작용 : 수소 (H_2)

41. 다음 중 아세틸렌과 치환 반응을 하지 않는 것은?

① Cu ② Ag
③ Hg ④ Ar

정답 36. ② 37. ② 38. ① 39. ① 40. ④ 41. ④

해설 아르곤(Ar)은 불활성 기체로 다른 원소와 반응하지 않는다.

42. 비점이 점차 낮은 냉매를 사용하여 저비점의 기체를 액화하는 사이클은?
① 클라우드 액화 사이클
② 필립스 액화 사이클
③ 캐스케이드 액화 사이클
④ 캐피자 액화 사이클

해설 캐스케이드 액화 사이클 : 비점이 점차 낮은 냉매를 사용하여 저비점의 기체를 액화하는 사이클로 다원액화 사이클이라고 부르며, 공기 액화 및 천연가스를 액화시키는 데 사용하고 있다.

43. 유체가 5 m/s의 속도로 흐를 때 이 유체의 속도 수두는 약 몇 m인가? (단, 중력 가속도는 9.8 m/s²이다.)
① 0.98
② 1.28
③ 12.2
④ 14.1

해설 $h = \dfrac{V^2}{2g} = \dfrac{5^2}{2 \times 9.8} = 1.275 \, m$

44. 고압가스용 이음매 없는 용기에서 내력비란?
① 내력과 압궤 강도의 비를 말한다.
② 내력과 파열 강도의 비를 말한다.
③ 내력과 압축 강도의 비를 말한다.
④ 내력과 인장 강도의 비를 말한다.

해설 내력비 : 내력과 인장 강도의 비

45. 빙점 이하의 낮은 온도에서 사용되며 LPG 탱크, 저온에서도 인성이 감소되지 않는 화학공업 배관 등에 주로 사용되는 관의 종류는?

① SPLT
② SPHT
③ SPPH
④ SPPS

해설 배관용 강관의 KS 기호

KS 기호	배관 명칭
SPP	배관용 탄소강관
SPPS	압력 배관용 탄소강관
SPPH	고압 배관용 탄소강관
SPHT	고온 배관용 탄소강관
SPLT	저온 배관용 탄소강관
SPW	배관용 아크용접 탄소강관
SPA	배관용 합금강관
STS×T	배관용 스테인리스 강관
SPPG	연료 가스 배관용 탄소강관

46. 섭씨온도로 측정할 때 상승된 온도가 5℃였다. 이때 화씨온도로 측정하면 상승 온도는 몇 도인가?
① 7.5
② 8.3
③ 9.0
④ 41

해설 섭씨온도와 화씨온도는 1.8배의 관계가 있으므로 상승 온도는 5℃의 1.8배가 화씨온도로 상승된 온도가 된다.
∴ 상승 온도(°F) = 5 × 1.8 = 9.0°F

참고 문제에서 질문한 것은 5℃를 화씨온도로 전환하는 문제가 아니고, 5℃ 상승한 온도를 화씨온도로 계산하는 것임

47. 어떤 물질의 고유의 양으로, 측정하는 장소에 따라 변함이 없는 물리량은?
① 질량
② 중량
③ 부피
④ 밀도

해설 질량은 측정하는 장소에 따라 변함이 없는 물리량이지만 중량, 부피, 밀도 등은 측정하는 장소의 중력 가속도, 온도, 압력 등에 따라 변한다.

정답 42. ③ 43. ② 44. ④ 45. ① 46. ③ 47. ①

48. 하버-보슈법으로 암모니아 44 g을 제조하려면 표준 상태에서 수소는 몇 L가 필요한가?

① 22 ② 44
③ 87 ④ 100

해설 암모니아 생성 반응식
$N_2+3H_2 \rightarrow 2NH_3$에서 암모니아 2×17 g이 생성될 때 수소는 3×22.4 L가 필요하다.
$\therefore 3\times22.4$ L : 2×17 g $= x$ [L] : 44 g
$\therefore x = \dfrac{3\times22.4\times44}{2\times17} = 86.964$ L

49. 기체 연료의 연소 특성으로 틀린 것은?

① 소형의 버너도 매연이 적고 완전 연소가 가능하다.
② 하나의 연료 공급원으로부터 다수의 연소로와 버너에 쉽게 공급된다.
③ 미세한 연소 조정이 어렵다.
④ 연소율의 가변 범위가 넓다.

해설 기체 연료는 미세한 연소 조정이 가능하다.

50. 비중이 13.6인 수은은 76 cm의 높이를 갖는다. 비중이 0.5인 알코올로 환산하면 그 수주는 몇 m인가?

① 20.67 ② 15.2
③ 13.6   ④ 5

해설 $\gamma_1 \cdot h_1 = \gamma_1 \cdot h_2$에서
$h_2 = \dfrac{\gamma_1 \cdot h_1}{\gamma_2} = \dfrac{13.6\times10^3\times0.76}{0.5\times10^3}$
$= 20.672$ m

51. 다음 중 SNG에 대한 설명으로 가장 적당한 것은?

① 액화석유가스 ② 액화 천연가스
③ 정유 가스   ④ 대체 천연가스

해설 SNG (Substitute Natural Gas) : 대체 천연가스, 합성 천연가스

52. 액체는 무색 투명하고, 특유의 복숭아향을 가진 맹독성 가스는?

① 일산화탄소 ② 포스겐
③ 시안화수소 ④ 메탄

해설 시안화수소 (HCN) : 가연성(6~41%), 독성(TLV-TWA 10 ppm) 가스로 호흡은 물론 피부에 노출되어도 인체로 침입되어 치명상을 입히는 맹독성 가스이다.

53. 단위 체적당 물체의 질량은 무엇을 나타내는 것인가?

① 중량   ② 비열
③ 비체적 ④ 밀도

해설 밀도 : 단위 체적당 물체의 질량
※ 가스 밀도 $= \dfrac{분자량}{22.4}$

54. 다음 중 지연성 가스로만 구성되어 있는 것은?

① 일산화탄소, 수소
② 질소, 아르곤
③ 산소, 이산화 질소
④ 석탄 가스, 수성 가스

해설 지연성(조연성) 가스의 종류 : 산소 (O_2), 오존 (O_3), 불소 (F_2), 염소 (Cl_2), 산화 질소 (NO), 아산화 질소 (N_2O), 이산화 질소 (NO_2) 등

55. 메탄가스의 특성에 대한 설명으로 틀린 것은?

① 메탄은 프로판에 비해 연소에 필요한 산

정답 48. ③ 49. ③ 50. ① 51. ④ 52. ③ 53. ④ 54. ③ 55. ①

소량이 많다.
② 폭발 하한 농도가 프로판보다 높다.
③ 무색, 무취이다.
④ 폭발 상한 농도가 부탄보다 높다.

[해설] 메탄(CH_4)과 프로판(C_3H_8)의 비교
㉮ 완전 연소 반응식
 - 메탄 : $CH_4 + 2O_2 \rightarrow CO_2 + 2H_2O$
 - 프로판 : $C_3H_8 + 5O_2 \rightarrow 3CO_2 + 4H_2O$
㉯ 폭발 범위
 - 메탄 : 5~15 %
 - 프로판 : 2.2~9.5 %

56. 암모니아의 성질에 대한 설명으로 옳지 않은 것은?
① 가스일 때 공기보다 무겁다.
② 물에 잘 녹는다.
③ 구리에 대하여 부식성이 강하다.
④ 자극성 냄새가 있다.

[해설] 암모니아(NH_3)의 분자량이 17이므로 가스일 때 공기보다 가볍다.

57. 수소에 대한 설명으로 틀린 것은?
① 상온에서 자극성을 갖는 가연성 기체이다.
② 폭발 범위는 공기 중에서 약 4~75 %이다.
③ 염소와 반응하여 폭명기를 형성한다.
④ 고온, 고압에서 강재 중 탄소와 반응하여 수소 취성을 일으킨다.

[해설] 13번 해설 참고

58. 다음 중 표준 상태에서 가스상 탄화수소의 점도가 가장 높은 가스는?
① 에탄   ② 메탄
③ 부탄   ④ 프로판

[해설] 각 가스의 점도

명칭	점도(MPa·s)
에탄 (C_2H_6)	0.00852
메탄 (CH_4)	0.01118
부탄 (C_4H_{10})	0.00735
프로판 (C_3H_8)	0.00790

59. 도시가스의 원료인 메탄가스를 완전 연소시켰다. 이때 어떤 가스가 주로 발생되는가?
① 부탄   ② 암모니아
③ 콜타르   ④ 이산화탄소

[해설] 메탄의 완전 연소 반응식
$CH_4 + 2O_2 \rightarrow CO_2 + 2H_2O$
※ 탄화수소류(C_mH_n)가 완전 연소하면 이산화탄소(CO_2)와 수증기(H_2O)가 생성된다.

60. 표준 대기압하에서 물 1 kg의 온도를 1℃ 올리는 데 필요한 열량은 얼마인가?
① 0 kcal
② 1 kcal
③ 80 kcal
④ 539 kcal/kg·℃

[해설] 열량의 단위
㉮ 1 kcal : 물 1 kg을 1℃ 변화시키는 데 소요되는 열량
㉯ 1 BTU : 물 1 lb를 1°F 변화시키는 데 소요되는 열량
㉰ 1 CHU : 물 1 lb를 1℃ 변화시키는 데 소요되는 열량

가스기능사
2015년 4월 4일 시행 (제2회)

1. 방류둑의 내측 및 그 외면으로부터 몇 m 이내에 그 저장 탱크의 부속설비 외의 것을 설치하지 못하도록 되어 있는가?
① 3 m ② 5 m ③ 8 m ④ 10 m

[해설] 방류둑의 내측 및 그 외면으로부터 10 m 이내에는 그 저장 탱크의 부속설비 외의 것을 설치하지 아니한다.

2. 가스의 성질에 대하여 옳은 것으로만 나열된 것은?

> ㉠ 일산화탄소는 가연성이다.
> ㉡ 산소는 조연성이다.
> ㉢ 질소는 가연성도 조연성도 아니다.
> ㉣ 아르곤은 공기 중에 함유되어 있는 가스로서 가연성이다.

① ㉠, ㉡, ㉣ ② ㉠, ㉡, ㉢
③ ㉡, ㉢, ㉣ ④ ㉠, ㉢, ㉣

[해설] 아르곤은 공기 중에 0.93 % 함유되어 있는 불활성 기체이다.

3. 고압가스 일반 제조 시설 중 에어졸의 제조 기준에 대한 설명으로 틀린 것은?
① 에어졸의 분사제는 독성 가스를 사용하지 아니한다.
② 35℃에서 그 용기의 내압을 0.8 MPa 이하로 한다.
③ 에어졸 제조 설비는 화기 또는 인화성 물질과 5 m 이상의 우회 거리를 유지한다.
④ 내용적이 30 cm³ 이상인 용기는 에어졸의 제조에 재사용하지 아니한다.

[해설] 에어졸 제조 설비 및 에어졸 충전 용기 저장소는 화기 또는 인화성 물질과 8 m 이상의 우회 거리를 유지한다.

4. 도시가스 사용 시설에서 PE 배관은 온도가 몇 ℃ 이상 되는 장소에 설치하지 아니하는가?
① 25℃ ② 30℃ ③ 40℃ ④ 60℃

[해설] PE 배관 설치장소 제한 : PE 배관은 온도가 40℃ 이상 되는 장소에 설치하지 아니한다. 다만, 파이프 슬리브 등을 이용하여 단열 조치를 한 경우에는 온도가 40℃ 이상 되는 장소에 설치할 수 있다.

5. 0종 장소에는 원칙적으로 어떤 방폭 구조의 것을 사용하여야 하는가?
① 내압 방폭 구조
② 본질 안전 방폭 구조
③ 특수 방폭 구조
④ 안전증 방폭 구조

[해설] 0종 장소에는 원칙적으로 본질 안전 방폭구조의 것을 사용한다.

6. 용기에 의한 고압가스 운반 기준으로 틀린 것은?
① 3000 kg의 액화 조연성 가스를 차량에 적재하여 운반할 때에는 운반책임자가 동승하여야 한다.
② 허용 농도가 500 ppm인 액화 독성 가스 1000 kg을 차량에 적재하여 운반할 때에는 운반책임자가 동승하여야 한다.
③ 충전 용기와 위험물 안전 관리법에서 정하는 위험물과는 동일 차량에 적재하여

[정답] 1. ④ 2. ② 3. ③ 4. ③ 5. ② 6. ①

운반할 수 없다.
④ 300 m³의 압축 가연성 가스를 차량에 적재하여 운반할 때에는 운전자가 운반책임자의 자격을 가진 경우 자격이 없는 사람을 동승시킬 수 있다.

해설 운반책임자 동승 기준
㉮ 비독성 고압가스

가스의 종류		기준
압축 가스	가연성	300 m³ 이상
	조연성	600 m³ 이상
액화 가스	가연성	3000 kg 이상 (납붙임 및 접합용기: 2000 kg 이상)
	조연성	6000 kg 이상

㉯ 독성 고압가스

가스의 종류	허용농도	기준
압축 가스	100만분의 200 이하	10 m³ 이상
	100만분의 200 초과 100만분의 5000 이하	100 m³ 이상
액화 가스	100만분의 200 이하	100 kg 이상
	100만분의 200 초과 100만분의 5000 이하	1000 kg 이상

7. 공기와 혼합된 가스가 압력이 높아지면 폭발 범위가 좁아지는 가스는?
① 메탄 ② 프로판
③ 일산화탄소 ④ 아세틸렌

해설 대부분의 가연성 가스는 압력이 상승하면 폭발 범위가 넓어지나 일산화탄소(CO)와 수소(H_2)는 압력이 상승하면 폭발 범위가 좁아진다. 단, 수소는 압력이 10 atm 이상으로 상승하면 폭발 범위가 다시 넓어지는 특징이 있다.

8. 다음 중 아세틸렌(C_2H_2)에 대한 설명으로 틀린 것은?
① 폭발 범위는 수소보다 넓다.
② 공기보다 무겁고 황색의 가스이다.
③ 공기와 혼합되지 않아도 폭발하는 수가 있다.
④ 구리, 은, 수은 및 그 합금과 폭발성 화합물을 만든다.

해설 아세틸렌은 분자량이 26이므로 공기보다 가볍고 무색의 가스이다.

9. 지하에 매설된 도시가스 배관의 전기방식 기준으로 틀린 것은?
① 전기방식 전류가 흐르는 상태에서 토양 중에 있는 배관 등의 방식 전위 상한값은 포화 황산동 기준 전극으로 -0.85 V 이하일 것
② 전기방식 전류가 흐르는 상태에서 자연 전위와의 전위 변화가 최소한 -300 mV 이하일 것
③ 배관에 대한 전위 측정은 가능한 한 배관 가까운 위치에서 실시할 것
④ 전기방식 시설의 관대지 전위 등을 2년에 1회 이상 점검할 것

해설 전기방식 시설 점검 기준
㉮ 관대지 전위(菅對地電位) : 1년에 1회 이상
㉯ 외부 전원법 계기류 : 3개월에 1회 이상
㉰ 배류법 계기류 : 3개월에 1회 이상
㉱ 절연 부속품, 역전류 방지 장치, 결선 및 보호 절연체 효과 : 6개월에 1회 이상

10. 천연가스 지하 매설 배관의 퍼지용으로 주로 사용되는 가스는?
① N_2 ② Cl_2 ③ H_2 ④ O_2

해설 질소(N_2)는 불연성 기체로 가스 관련 장치, 배관 등의 퍼지용 가스로 사용된다.

정답 7. ③ 8. ② 9. ④ 10. ①

11. 고압가스 충전 용기는 항상 몇 ℃ 이하의 온도를 유지하여야 하는가?

① 10℃ ② 30℃ ③ 40℃ ④ 50℃

해설 고압가스 충전 용기는 보관, 사용, 이동 중에 항상 40℃ 이하의 온도를 유지하여야 한다.

12. 액화석유가스 저장 탱크 벽면의 국부적인 온도 상승에 따른 저장 탱크의 파열을 방지하기 위하여 저장 탱크 내벽에 설치하는 폭발 방지장치의 재료로 맞는 것은?

① 다공성 철판
② 다공성 알루미늄판
③ 다공성 아연판
④ 오스테나이트계 스테인리스판

해설 폭발 방지장치 재료 : 다공성 벌집형 알루미늄 박판

13. 최대 지름이 6 m인 가연성 가스 저장 탱크 2개가 서로 유지하여야 할 최소 거리는?

① 0.6m ② 1m ③ 2m ④ 3m

해설 $L = \dfrac{D_1 + D_2}{4} = \dfrac{6+6}{4} = 3 \text{ m}$

14. 방호벽을 설치하지 않아도 되는 곳은?

① 아세틸렌가스 압축기와 충전 장소 사이
② 판매소의 용기 보관실
③ 고압가스 저장 설비와 사업소 안의 보호시설과의 사이
④ 아세틸렌가스 발생 장치와 당해 가스 충전용기 보관 장소 사이

해설 방호벽 설치 : 아세틸렌가스 또는 압력이 9.8 MPa 이상인 압축가스를 용기에 충전하는 경우에는 압축기와 그 충전 장소 사이, 압축기와 그 가스 충전용기 보관 장소 사이, 충전 장소와 그 가스 충전용기 보관 장소 사이, 충전 장소와 그 충전용 주관 밸브 조작 밸브 사이에는 방호벽을 설치한다.

15. 다음 중 연소의 형태가 아닌 것은?

① 분해 연소 ② 확산 연소
③ 증발 연소 ④ 물리 연소

해설 연소의 형태
㉮ 표면 연소 : 목탄, 코크스와 같이 표면에서 산소와 반응하여 연소하는 것
㉯ 분해 연소 : 열분해에 의해 연소가 일어나는 것으로 종이, 석탄, 목재 등의 고체 연료의 연소
㉰ 증발 연소 : 가연성 액체의 연소
㉱ 확산 연소 : 가연성 가스의 연소
㉲ 자기 연소 : 산소 공급 없이 연소하는 것으로 제5류 위험물이 해당된다.

16. 가스 누출 검지 경보장치의 설치에 대한 설명으로 틀린 것은?

① 통풍이 잘 되는 곳에 설치한다.
② 가스의 누출을 신속하게 검지하고 경보하기에 충분한 개수 이상으로 설치한다.
③ 장치의 기능은 가스의 종류에 적절한 것으로 한다.
④ 가스가 체류할 우려가 있는 장소에 적절하게 설치한다.

해설 누출한 가스가 체류하기 쉬운 장소에 설치한다.

17. 신규 검사 후 20년이 경과한 용접 용기(액화석유가스용 용기는 제외한다)의 재검사 주기는?

① 3년마다 ② 2년마다
③ 1년마다 ④ 6개월마다

정답 11. ③ 12. ② 13. ④ 14. ④ 15. ④ 16. ① 17. ③

해설 용기의 재검사 주기

구분		재검사 주기		
		15년 미만	15년 이상 20년 미만	20년 이상
용접 용기 (LPG용 용접 용기 제외)	500 L 이상	5	2	1
	500 L 미만	3	2	1
LPG용 용접 용기	500 L 이상	5	2	1
	500 L 미만		5	2
이음매 없는 용기 또는 복합 재료 용기	500 L 이상	5년마다		
	500 L 미만	신규 검사 후 10년 이하인 것은 5년마다, 10년을 초과한 것은 3년마다		

18. 액화석유가스의 안전 관리 및 사업법에서 정한 용어에 대한 설명으로 틀린 것은?

① 저장 설비란 액화석유가스를 저장하기 위한 설비로서 각종 저장 탱크 및 용기를 말한다.
② 저장 탱크란 액화석유가스를 저장하기 위하여 지상 또는 지하에 고정 설치된 탱크로서 그 저장 능력이 3톤 이상인 탱크를 말한다.
③ 용기 집합 설비란 2개 이상의 용기를 집합하여 액화석유가스를 저장하기 위한 설비를 말한다.
④ 충전 용기란 액화석유가스 충전 질량의 90 % 이상이 충전되어 있는 상태의 용기를 말한다.

해설 충전 용기의 구분
㉮ 충전 용기 : 충전 질량의 2분의 1 이상이 충전되어 있는 상태의 용기
㉯ 잔 가스 용기 : 충전 질량의 2분의 1 미만이 충전되어 있는 상태의 용기

19. 도시가스 사용시설에서 안전을 확보하기 위하여 최고 사용 압력의 1.1배 또는 얼마의 압력 중 높은 압력으로 실시하는 기밀시험에 이상이 없어야 하는가?

① 5.4 kPa   ② 6.4 kPa
③ 7.4 kPa   ④ 8.4 kPa

해설 가스 사용시설 기밀시험 압력
㉮ LPG 사용시설 : 8.4 kPa 이상
㉯ 도시가스 사용시설 : 최고 사용 압력의 1.1배 또는 8.4 kPa 중 높은 압력 이상

20. 충전 용기 등을 적재한 차량의 운반 개시 전 용기 적재상태의 점검 내용이 아닌 것은?

① 차량의 적재중량 확인
② 용기 고정상태 확인
③ 용기 보호 캡의 부착 유무 확인
④ 운반계획서 확인

해설 운반 개시 전 용기 적재상태 점검 내용
㉮ 차량의 적재중량 확인
㉯ 용기 고정상태 확인
㉰ 용기 보호 캡의 부착 유무 확인
㉱ 용기 및 밸브 등에서 가스 누출 확인
※ "운반계획서의 확인"은 운반 개시 전 휴대품 등의 점검 내용에 해당됨

21. 산화에틸렌 취급 시 주로 사용되는 제독제는?

① 가성 소다 수용액
② 탄산소다 수용액
③ 소석회 수용액
④ 물

정답 18. ④   19. ④   20. ④   21. ④

해설 독성 가스 제독제

가스 종류	제독제의 종류
염소	가성 소다 수용액, 탄산소다 수용액, 소석회
포스겐	가성 소다 수용액, 소석회
황화수소	가성 소다 수용액, 탄산소다 수용액
시안화수소	가성 소다 수용액
아황산가스	가성 소다 수용액, 탄산소다 수용액, 물
암모니아, 산화에틸렌, 염화 메탄	물

22. 가스 용기의 취급 및 주의 사항에 대한 설명으로 틀린 것은?

① 충전 시 용기는 용기 재검사 기간이 지나지 않았는지 확인한다.
② LPG 용기나 밸브를 가열할 때는 뜨거운 물(40℃ 이상)을 사용한다.
③ 충전한 후에는 용기 밸브의 누출 여부를 확인한다.
④ 용기 내에 잔류물이 있을 때에는 잔류물을 제거하고 충전한다.

해설 용기나 밸브를 가열할 때에는 열습포 또는 40℃ 이하의 물을 사용한다.

23. 공기 중으로 누출 시 냄새로 쉽게 알 수 있는 가스로만 나열된 것은?

① Cl_2, NH_3 ② CO, Ar
③ C_2H_2, CO   ④ O_2, Cl_2

해설 각 가스의 냄새
㉮ 염소(Cl), 암모니아(NH_3) : 자극성의 냄새
㉯ 아세틸렌(C_2H_2) : 순수한 것은 에테르와 같은 향기가 있지만 불순물로 인한 특유의 냄새가 있음
㉰ 일산화탄소(CO), 아르곤(Ar), 산소(O_2) : 무취

24. 일반 액화석유가스 압력조정기에 표시하는 사항이 아닌 것은?

① 제조자명이나 그 약호
② 제조 번호나 로트 번호
③ 입구 압력(기호 : P, 단위 : MPa)
④ 검사 연월일

해설 일반 액화석유가스 압력조정기 표시 사항
㉮ 품명
㉯ 제조자명이나 그 약호
㉰ 제조 번호나 로트 번호
㉱ 제조 연월
㉲ 품질 보증 기간
㉳ 입구 압력(기호 : P, 단위 : MPa)
㉴ 용량(기호 : Q, 단위 : kg/h)
㉵ 조정 압력(기호 : R, 단위 : kPa, MPa)
㉶ 가스 흐름 방향
㉷ 핸들의 조임 및 풀림 방향(핸들 연결식만을 말함)
㉸ 권장 사용 기간 : 6년
㉹ 제조국

25. 산소 압축기의 내부 윤활유제로 주로 사용되는 것은?

① 석유   ② 물
③ 유지   ④ 황산

해설 산소 압축기 내부 윤활유
㉮ 사용되는 것 : 물 또는 10 % 이하의 묽은 글리세린수
㉯ 금지되는 것 : 석유류, 유지류, 농후한 글리세린

26. 다음 각 폭발의 종류와 그 관계로 맞지 않

정답 22. ② 23. ① 24. ④ 25. ② 26. ③

은 것은?
① 화학 폭발 : 화약의 폭발
② 압력 폭발 : 보일러의 폭발
③ 촉매 폭발 : C_2H_2의 폭발
④ 중합 폭발 : HCN의 폭발

[해설] ㉮ 아세틸렌 폭발성 : 산화 폭발, 분해 폭발, 화합 폭발
㉯ 촉매 폭발 : 수소 및 염소의 혼합 가스에 직사광선이 촉매로 작용하여 일어나는 폭발로 염소 폭명기라 한다.
(반응식 : $H_2 + Cl_2 \rightarrow 2HCl + 44\ kcal$)

27. 용기 신규 검사에 합격된 용기 부속품 기호 중 압축가스를 충전하는 용기 부속품의 기호는?
① AG
② PG
③ LG
④ LT

[해설] 용기 부속품 기호
㉮ AG : 아세틸렌가스 용기 부속품
㉯ PG : 압축가스 충전 용기 부속품
㉰ LG : 액화석유가스 외의 액화 가스 용기 부속품
㉱ LPG : 액화석유가스 용기 부속품
㉲ LT : 초저온, 저온 용기 부속품

28. 일반 도시가스 사업자가 설치하는 가스 공급 시설 중 정압기의 설치에 대한 설명으로 틀린 것은?
① 건축물 내부에 설치된 도시가스 사업자의 정압기로서 가스 누출 경보기와 연동하여 작동하는 기계 환기 설비를 설치하고 1일 1회 이상 안전 점검을 실시하는 경우에는 건축물의 내부에 설치할 수 있다.
② 정압기에 설치되는 가스 방출관의 방출구는 주위에 불 등이 없는 안전한 위치로 지면으로부터 3 m 이상의 높이에 설치하여야 하며, 전기 시설물과의 접촉 등으로 사고의 우려가 있는 장소에서는 5 m 이상의 높이로 설치한다.
③ 정압기에 설치하는 가스 차단 장치는 정압기의 입구 및 출구에 설치한다.
④ 정압기는 2년에 1회 이상 분해 점검을 실시하고 필터는 가스 공급 개시 후 1월 이내 및 가스 공급 개시 후 매년 1회 이상 분해 점검을 실시한다.

[해설] 과압 안전장치 가스 방출관 설치 : 안전밸브는 가스 방출관이 설치된 것으로 하고 그 방출관의 방출구는 주위에 불 등이 없는 안전한 위치로 지면으로부터 5 m 이상의 높이에 설치한다. 다만, 전기 시설물과의 접촉 등으로 사고의 우려가 있는 장소에서는 3 m 이상으로 할 수 있다.

29. 충전용 주관의 압력계는 정기적으로 표준 압력계로 그 기능을 검사하여야 한다. 다음 중 검사의 기준으로 옳은 것은?
① 매월 1회 이상
② 3개월에 1회 이상
③ 6개월에 1회 이상
④ 1년에 1회 이상

[해설] 압력계의 기능 검사 주기
㉮ 충전용 주관의 압력계 : 매월 1회 이상
㉯ 그 밖의 압력계 : 3개월에 1회 이상

30. 고압가스 설비에 설치하는 압력계의 최고 눈금에 대한 측정 범위의 기준으로 옳은 것은?
① 상용 압력의 1.0배 이상 1.2배 이하
② 상용 압력의 1.2배 이상 1.5배 이하
③ 상용 압력의 1.5배 이상 2.0배 이하

정답 27. ② 28. ② 29. ① 30. ③

④ 상용 압력의 2.0배 이상 3.0배 이하

해설 고압가스 설비에 설치하는 압력계의 최고 눈금 범위 : 상용 압력의 1.5배 이상 2배 이하

31. 백금-백금 로듐 열전대 온도계의 온도 측정 범위로 옳은 것은?
① -180~350℃ ② -20~800℃
③ 0~1600℃   ④ 300~2000℃

해설 열전대 온도계의 온도 측정 범위

열전대 종류	측정 온도
백금-백금 로듐	0~1600℃
크로멜-알루멜	-20~1200℃
철-콘스탄트	-20~800℃
동-콘스탄트	-200~350℃

32. 상용 압력 15 MPa, 배관 안지름 15 mm, 재료의 인장 강도 480 N/mm², 관내면 부식 여유 1 mm, 안전율 4, 바깥지름과 안지름의 비가 1.2 미만인 경우 배관의 두께는?
① 2 mm   ② 3 mm
③ 4 mm   ④ 5 mm

해설 $t = \dfrac{PD}{2\dfrac{f}{s} - P} + C$

$= \dfrac{15 \times 15}{2 \times \dfrac{480}{4} - 15} + 1 = 2\,mm$

[참고] 바깥지름과 안지름의 비가 1.2 이상인 경우

$t = \dfrac{D}{2}\left(\sqrt{\dfrac{\dfrac{f}{s} + P}{\dfrac{f}{s} - P}} - 1\right) + C$

33. 정압기(governor)의 기능을 모두 옳게 나열한 것은?

① 감압 기능
② 정압 기능
③ 감압 기능, 정압 기능
④ 감압 기능, 정압 기능, 폐쇄 기능

해설 정압기의 기능
㉮ 감압 기능 : 도시가스 압력을 사용처에 맞게 낮추는 기능
㉯ 정압 기능 : 2차 측의 압력을 허용 범위 내의 압력으로 유지하는 기능
㉰ 폐쇄 기능 : 가스의 흐름이 없을 때는 밸브를 완전히 폐쇄하여 압력 상승을 방지하는 기능

34. 고압식 액화 분리 장치의 작동 개요에 대한 설명이 아닌 것은?
① 원료 공기는 여과기를 통하여 압축기로 흡입하여 약 150~200 kgf/cm²로 압축시킨다.
② 압축기를 빠져 나온 원료 공기는 열교환기에서 약간 냉각되고 건조기에서 수분이 제거된다.
③ 압축 공기는 수세정탑을 거쳐 축냉기로 송입되어 원료 공기와 불순 질소류가 서로 교환된다.
④ 액체 공기는 상부 정류탑에서 약 0.5 atm 정도의 압력으로 정류된다.

해설 ③항은 저압식 공기 액화 분리 장치의 작동 개요에 대한 설명이다.

35. 압축기에 사용하는 윤활유 선택 시 주의 사항으로 틀린 것은?
① 인화점이 높을 것
② 잔류 탄소의 양이 적을 것
③ 점도가 적당하고 항유화성이 적을 것
④ 사용 가스와 화학 반응을 일으키지 않을 것

정답 31. ③ 32. ① 33. ④ 34. ③ 35. ③

해설 압축기 윤활유의 구비 조건(선택 시 주의 사항)
⑦ 화학 반응을 일으키지 않을 것
㉯ 인화점은 높고 응고점은 낮을 것
㉰ 점도가 적당하고 항유화성이 클 것
㉱ 불순물이 적을 것
㉲ 잔류 탄소의 양이 적을 것
㉳ 열에 대한 안정성이 있을 것

36. 금속 재료의 저온에서의 성질에 대한 설명으로 가장 거리가 먼 것은?
① 강은 암모니아 냉동기용 재료로서 적당하다.
② 탄소강은 저온도가 될수록 인장 강도가 감소한다.
③ 구리는 액화 분리장치용 금속 재료로서 적당하다.
④ 18-8 스테인리스강은 우수한 저온 장치용 재료이다.

해설 탄소강은 저온이 되면 인장 강도, 항복점, 경도는 증가하고 연신율, 충격치는 감소하며, $-70℃$ 이하에서는 충격치가 0에 가깝게 되어 저온 취성이 발생하므로 저온 장치의 재료로는 부적당하다.

37. 압력 배관용 탄소강관의 사용 압력 범위로 가장 적당한 것은?
① 1~2 MPa ② 1~10 MPa
③ 10~20 MPa ④ 10~50 MPa

해설 압력 배관용 탄소강관(SPPS) : 350℃ 이하의 온도에서 압력 1~10 MPa까지의 배관에 사용한다. 호칭은 6 A~500 A로 호칭 지름과 두께(스케줄 번호)에 의한다.

38. 수소 불꽃을 이용하여 탄화수소의 누출을 검지할 수 있는 가스 누출 검출기는?
① FID ② OMD
③ 접촉 연소식 ④ 반도체식

해설 수소염 이온화 검출기(FID : Flame Ionization Detector) : 불꽃으로 시료 성분이 이온화됨으로써 불꽃 중에 놓인 전극 간의 전기 전도도가 증대하는 것을 이용한 것으로 탄화수소에서 감도가 최고이고 H_2, O_2, CO_2, SO_2 등은 감도가 없다.

39. 부유 피스톤형 압력계에서 실린더 지름이 0.02 m, 추와 피스톤의 무게가 20000 g일 때 이 압력계에 접속된 부르동관의 압력계 눈금이 7 kgf/cm²를 나타내었다. 이 부르동관 압력계의 오차는 약 몇 %인가?
① 5 ② 10 ③ 15 ④ 20

해설 ⑦ 참값 계산
$$P = \frac{W + W'}{A} = \frac{20}{\frac{\pi}{4} \times 2^2} = 6.366 \text{ kgf/cm}^2$$

㉯ 오차 (%) 계산
$$오차 = \frac{측정값 - 참값}{참값} \times 100$$
$$= \frac{7 - 6.366}{6.366} \times 100 = 9.959 \%$$

40. 부취제를 외기로 분출하거나 부취 설비로부터 부취제가 흘러나오는 경우 냄새를 감소시키는 방법으로 가장 거리가 먼 것은?
① 연소법
② 수동 조절
③ 화학적 산화 처리
④ 활성탄에 의한 흡착

해설 부취제 누설 시 제거 방법
⑦ 활성탄에 의한 흡착
㉯ 화학적 산화 처리
㉰ 연소법

정답 36. ② 37. ② 38. ① 39. ② 40. ②

41. 고압가스 매설 배관에 실시하는 전기 방식 중 외부 전원법의 장점이 아닌 것은?

① 과방식의 염려가 없다.
② 전압, 전류의 조정이 용이하다.
③ 전식에 대해서도 방식이 가능하다.
④ 전극의 소모가 적어서 관리가 용이하다.

해설 외부 전원법의 특징
(1) 장점
㉮ 효과 범위가 넓다.
㉯ 평상시의 관리가 용이하다.
㉰ 전압, 전류의 조성이 일정하다.
㉱ 전식에 대해서도 방식이 가능하다.
(2) 단점
㉮ 초기 시설비가 많이 소요된다.
㉯ 다른 매설 금속체로의 장해에 대하여 검토가 필요하다.
㉰ 전원을 필요로 한다.
㉱ 과방식의 우려가 있다.

42. 1단 감압식 저압 조정기의 성능에서 조정기 최대 폐쇄 압력은?

① 2.5 kPa 이하 ② 3.5 kPa 이하
③ 4.5 kPa 이하 ④ 5.5 kPa 이하

해설 조정기 최대폐쇄압력 성능
㉮ 1단 감압식 저압 조정기, 2단 감압식 2차용 조정기, 자동 절체식 일체형 저압 조정기 : 3.5 kPa 이하
㉯ 2단 감압식 1차용 조정기 : 95.0 kPa 이하
㉰ 1단 감압식 준저압 조정기, 자동 절체식 일체형 준저압 조정기, 그 밖의 압력 조정기 : 조정 압력의 1.25배 이하

43. 저비점(低沸點) 액체용 펌프 사용상의 주의 사항으로 틀린 것은?

① 밸브와 펌프 사이에 기화 가스를 방출할 수 있는 안전밸브를 설치한다.
② 펌프와 흡입 토출관에는 신축 조인트를 장치한다.
③ 펌프는 가급적 저장 용기(貯槽)로부터 멀리 설치한다.
④ 운전 개시 전에는 펌프를 청정(淸淨)하여 건조한 다음 펌프를 충분히 예랭(豫冷)한다.

해설 저비점 액체용 펌프 사용 시 주의 사항
㉮ 펌프는 가급적 저장 탱크 가까이 설치한다.
㉯ 펌프의 흡입, 토출관에는 신축 이음 장치를 설치한다.
㉰ 밸브와 펌프 사이에 기화 가스를 방출할 수 있는 안전밸브를 설치한다.
㉱ 운전 개시 전 펌프를 청정하여 건조시킨 다음 예랭하여 사용한다.

44. 정압기의 분해 점검 및 고장에 대비하여 예비 정압기를 설치하여야 한다. 다음 중 예비 정압기를 설치하지 않아도 되는 경우는?

① 캐비닛형 구조의 정압기실에 설치된 경우
② 바이패스관이 설치되어 있는 경우
③ 단독 사용자에게 가스를 공급하는 경우
④ 공동 사용자에게 가스를 공급하는 경우

해설 예비 정압기 설치 : 정압기의 분해 점검 및 고장에 대비하여 예비 정압기를 설치하고 이상압력 발생 시에는 자동으로 기능이 전환되는 구조로 한다. 다만, 단독 사용자에게 가스를 공급하는 경우에는 예비 정압기를 설치하지 아니할 수 있다.

45. 공기에 의한 전열은 어느 압력까지 내려가면 급히 압력에 비례하여 적어지는 성질을 이용하는 저온 장치에 사용되는 진공 단열법은?

① 고진공 단열법
② 분말 진공 단열법

정답 41. ① 42. ② 43. ③ 44. ③ 45. ①

③ 다층진공 단열법
④ 자연 진공 단열법

해설 고진공 단열법 : 압력이 10^{-3} torr 정도까지 내려가면 공기에 의한 전열이 압력에 비례하여 적어지는 성질을 이용한 것으로, 단열을 하여야 할 공간을 고진공으로 하여 열침입을 차단하는 방법이다.

46. 다음 [보기]에서 압력이 높은 순서대로 나열된 것은?

┌─ 보기 ─────────┐
│ ㉠ 100 atm
│ ㉡ 2 kgf/mm²
│ ㉢ 15 m 수은주
└───────────────┘

① ㉠ > ㉡ > ㉢   ② ㉡ > ㉢ > ㉠
③ ㉢ > ㉠ > ㉡   ④ ㉡ > ㉠ > ㉢

해설 각 압력을 kgf/cm²로 환산하여 비교
㉠ 1 atm = 1.0332 kgf/cm²
∴ 100 atm × 1.0332 = 103.32 kgf/cm²
㉡ $2\,kgf/mm^2 \times \dfrac{1\,mm^2}{\left(\dfrac{1}{10}cm\right)^2}$
$= (2 \times 10^2)\,kgf/cm^2 = 200\,kgf/cm^2$
㉢ $\dfrac{15\,mHg}{0.76\,mHg} \times 1.0332\,kgf/cm^2$
$= 20.392\,kgf/cm^2$

47. 산소에 대한 설명으로 옳은 것은?
① 안전밸브는 파열판식을 주로 사용한다.
② 용기는 탄소강으로 된 용접 용기이다.
③ 의료용 용기는 녹색으로 도색한다.
④ 압축기 내부 윤활유는 양질의 광유를 사용한다.

해설 각 항목의 옳은 설명
② 용기는 이음매 없는 용기이다.
③ 일반 공업용은 녹색, 의료용은 백색으로 도색한다.
④ 산소 압축기 내부 윤활유는 물 또는 10 % 이하의 묽은 글리세린수를 사용한다.

48. 에틸렌 (C_2H_4)이 수소와 반응할 때 일으키는 반응은?
① 환원 반응   ② 분해 반응
③ 제거 반응   ④ 첨가 반응

해설 에틸렌은 2중 결합을 가지므로 각종 부가 반응(첨가 반응)을 일으킨다.

49. 황화수소의 주된 용도는?
① 도료   ② 냉매
③ 형광 물질 원료   ④ 합성고무

해설 황화수소 (H_2S)의 용도
㉮ 금속 분석용이나 형광 물질의 원료 등에 사용
㉯ 의약품이나 공업 약품의 제조 원료로 사용

50. 비열에 대한 설명 중 틀린 것은?
① 단위는 kcal/kg · ℃이다.
② 비열비는 항상 1보다 크다.
③ 정적 비열은 정압 비열보다 크다.
④ 물의 비열은 얼음의 비열보다 크다.

해설 비열비는 정압 비열과 정적 비열의 비로 정압 비열이 정적 비열보다 크기 때문에 항상 1보다 크다.

51. 다음 중 가장 높은 온도는?
① -35℃   ② -45°F
③ 213 K   ④ 450 °R

해설 각 온도를 섭씨온도로 환산하여 비교
② ℃ = $\dfrac{5}{9}$(°F - 32)
$= \dfrac{5}{9} \times (-45 - 32) = -42.77$℃

정답 46. ④ 47. ① 48. ④ 49. ③ 50. ③ 51. ④

③ ℃ = K − 273 = 213 − 273 = −60℃

④ ℃ = K − 273 = $\frac{°R}{1.8}$ − 273
   = $\frac{450}{1.8}$ − 273 = −23℃

52. 현열에 대한 가장 적절한 설명은?

① 물질이 상태 변화 없이 온도가 변할 때 필요한 열이다.
② 물질이 온도 변화 없이 상태가 변할 때 필요한 열이다.
③ 물질이 상태와 온도가 모두 변할 때 필요한 열이다.
④ 물질이 온도 변화 없이 압력이 변할 때 필요한 열이다.

해설 현열과 잠열
㉮ 현열(감열) : 상태 불변, 온도 변화에 소요된 열량
㉯ 잠열(숨은열) : 온도 불변, 상태 변화에 소요된 열량

53. 수소(H_2)에 대한 설명으로 옳은 것은?

① 3중 수소는 방사능을 갖는다.
② 밀도가 크다.
③ 금속 재료를 취화시키지 않는다.
④ 열전달률이 아주 낮다.

해설 수소의 성질
㉮ 지구상에 존재하는 원소 중 가장 가볍다.
㉯ 무색, 무취, 무미의 가연성이다.
㉰ 밀도가 작고 확산 속도가 대단히 크다.
㉱ 고온에서 강재, 금속 재료를 쉽게 투과한다.
㉲ 폭굉 속도가 1400~3500 m/s에 달한다.
㉳ 폭발 범위가 넓다 (공기 중 : 4~75 %, 산소 중 : 4~94 %).
㉴ 고온, 고압의 상태에서 수소 취성을 일으킨다.

54. 샤를의 법칙에서 기체의 압력이 일정할 때 모든 기체의 부피는 온도가 1℃ 상승함에 따라 0℃ 때의 부피보다 어떻게 되는가?

① 22.4배씩 증가한다.
② 22.4배씩 감소한다.
③ $\frac{1}{273}$씩 증가한다.
④ $\frac{1}{273}$씩 감소한다.

해설 온도가 1℃ 상승되는 것은 절대온도로 1 K 상승되는 것과 같으며, 0℃ 상태는 절대온도로 273 K이다.

∴ $V_2 = \frac{T_2}{T_1} \times V_1 = \frac{1}{273} \times V_1$

∴ 온도가 1℃ 상승함에 따라 부피는 $\frac{1}{273}$씩 증가한다.

55. 다음 화합물 중 탄소의 함유율이 가장 높은 것은?

① CO_2 ② CH_4 ③ C_2H_4 ④ CO

해설 탄소 함유율 = $\frac{탄소량}{분자량}$ 이다.

① $\frac{12}{44} = 0.272$
② $\frac{12}{16} = 0.75$
③ $\frac{12 \times 2}{28} = 0.857$
④ $\frac{12}{28} = 0.428$

56. 다음에 설명하는 열역학 법칙은?

어떤 물체의 외부에서 일정량의 열을 가하면 물체는 이 열량의 일부분을 소비하여 외부에 대하여 일을 하고 남은 부분은 전부 내부 에너지로 내부에 저장되는데, 그 사이에 소비된 열은 발생되는 일과 같다.

정답 52. ① 53. ① 54. ③ 55. ③ 56. ②

① 열역학 제0법칙
② 열역학 제1법칙
③ 열역학 제2법칙
④ 열역학 제3법칙

해설 열역학 제1법칙 : 에너지 보존의 법칙이라 하며 기계적 일이 열로 변하거나 열이 기계적 일로 변할 때 이들의 비는 일정한 관계가 성립된다.

57. 다음 가스 중 가장 무거운 것은?
① 메탄　　② 프로판
③ 암모니아　④ 헬륨

해설 각 가스의 분자량

명칭	분자량
메탄 (CH_4)	16
프로판 (C_3H_8)	44
암모니아 (NH_3)	17
헬륨 (He)	4

※ 분자량이 큰 것이 무겁고 작은 것이 가벼운 것이다.

58. 대기압하에서 0℃일 때 기체의 부피가 500 mL였다. 이 기체의 부피가 2배가 될 때의 온도는 몇 ℃인가? (단, 압력은 일정하다.)
① −100　　② 32
③ 273　　　④ 500

해설 $\dfrac{P_1 V_1}{T_1} = \dfrac{P_2 V_2}{T_2}$ 에서 $P_1 = P_2$ 이다.

$\therefore T_2 = \dfrac{T_1 V_2}{V_1} = \dfrac{273 \times (2 \times 500)}{500}$
$= 546K - 273 = 273℃$

59. 다음 중 불연성 가스는?
① CO_2
② C_3H_6
③ C_2H_2
④ C_2H_4

해설 불연성 가스의 종류 : 헬륨(He), 네온(Ne), 질소(N_2), 아르곤(Ar), 이산화탄소(CO_2) 등

60. 일산화탄소와 염소가 반응하였을 때 주로 생성되는 것은?
① 포스겐
② 카르보닐
③ 포스핀
④ 사염화탄소

해설 포스겐($COCl_2$) 제조법 : 일산화탄소와 염소를 반응시켜 제조
㉮ 반응식 : $CO + Cl_2 \rightarrow COCl_2$ (포스겐)
㉯ 촉매 : 활성탄

정답 57. ②　58. ③　59. ①　60. ①

가스기능사   2015년 7월 19일 시행 (제4회)

1. 압축 또는 액화 그 밖의 방법으로 처리할 수 있는 가스의 용적이 1일 100 m³ 이상인 사업소는 압력계를 몇 개 이상 비치하도록 되어 있는가?

① 1   ② 2   ③ 3   ④ 4

해설 압축 또는 액화 그 밖의 방법으로 처리할 수 있는 가스의 용적이 1일 100 m³ 이상인 사업소에는 국가 표준 기본법에 의한 제품 인증을 받은 압력계를 2개 이상 비치한다.

2. 고압가스의 충전 용기는 항상 몇 ℃ 이하의 온도를 유지해야 하는가?

① 15   ② 20   ③ 30   ④ 40

해설 용기는 항상 40℃ 이하의 온도를 유지하고, 직사광선을 받지 않도록 조치한다.

3. 암모니아 200 kg을 내용적 50 L 용기에 충전할 경우, 필요한 용기의 개수는? (단, 충전 정수를 1.86으로 한다.)

① 4개   ② 6개   ③ 8개   ④ 12개

해설 ㉮ 용기 1개당 충전량 계산

$$G = \frac{V}{C} = \frac{50}{1.86} = 26.88 \text{ kg}$$

㉯ 용기 수 계산

$$\text{용기 수} = \frac{\text{전체 가스양}}{\text{용기 1개당 충전량}}$$

$$= \frac{200}{26.88} = 7.44 = 8\text{개}$$

4. 가스 도매 사업자 가스 공급 시설의 시설 기준 및 기술 기준에 의한 배관의 해저 설치의 기준에 대한 설명으로 틀린 것은?

① 배관은 원칙적으로 다른 배관과 교차하지 않는다.
② 두 개 이상의 배관을 동시에 설치하는 경우에는 배관이 서로 접촉하지 않도록 필요한 조치를 한다.
③ 배관이 부양하거나 이동할 우려가 있는 경우에는 이를 방지하기 위한 조치를 한다.
④ 배관은 원칙적으로 다른 배관과 20 m 이상의 수평 거리를 유지한다.

해설 배관은 원칙적으로 다른 배관과 30 m 이상의 수평 거리를 유지한다.

5. 도시가스 제조 시설의 플레어 스택 기준에 적합하지 않은 것은?

① 스택에서 방출된 가스가 지상에서 폭발 한계에 도달하지 않도록 할 것
② 연소 능력은 긴급 이송 설비로 이송되는 가스를 안전하게 연소시킬 수 있을 것
③ 스택에서 발생하는 최대 열량에 장시간 견딜 수 있는 재료 및 구조로 되어 있을 것
④ 폭발을 방지하기 위한 조치가 되어 있을 것

해설 플레어 스택 기준 〈②, ③, ④ 외〉
㉮ 플레어 스택에서 발생하는 복사열이 다른 가스 공급 시설에 나쁜 영향을 미치지 않도록 안전한 높이 및 위치에 설치한다.
㉯ 플레어 스택의 설치 위치 및 높이는 플레어스택 바로 밑의 지표면에 미치는 복사열이 4000 kcal/m²·h 이하가 되도록 한다.

정답 1. ②   2. ④   3. ③   4. ④   5. ①

6. 초저온 용기에 대한 정의로 옳은 것은?

① 임계 온도가 50℃ 이하인 액화 가스를 충전하기 위한 용기
② 강판과 동판으로 제조된 용기
③ −50℃ 이하인 액화 가스를 충전하기 위한 용기로서 용기 내의 가스 온도가 상용의 온도를 초과하지 않도록 한 용기
④ 단열재로 피복하여 용기 내의 가스 온도가 상용의 온도를 초과하도록 조치된 용기

해설 초저온 용기의 정의 : −50℃ 이하의 액화 가스를 충전하기 위한 용기로서 단열재를 씌우거나 냉동 설비로 냉각시키는 등의 방법으로 용기 내의 가스 온도가 상용 온도를 초과하지 않도록 한 것을 말한다.

7. 다음 중 독성 가스의 제독제로 물을 사용하는 가스는?

① 염소   ② 포스겐
③ 황화수소   ④ 산화에틸렌

해설 독성 가스 제독제

가스 종류	제독제 종류
염소	가성 소다 수용액, 탄산소다 수용액, 소석회
포스겐	가성 소다 수용액, 소석회
황화수소	가성 소다 수용액, 탄산소다 수용액
시안화수소	가성 소다 수용액
아황산가스	가성 소다 수용액, 탄산소다 수용액, 물
암모니아, 산화에틸렌, 염화메탄	물

8. 특정 설비 중 압력 용기의 재검사 주기는?

① 3년마다   ② 4년마다
③ 5년마다   ④ 10년마다

해설 압력 용기의 재검사 주기는 경과 연수에 관계없이 4년마다 실시한다.

9. 아세틸렌 제조 설비의 방호벽 설치 기준으로 틀린 것은?

① 압축기와 충전용 주관밸브 조작밸브 사이
② 압축기와 가스 충전용기 보관 장소 사이
③ 충전 장소와 가스 충전용기 보관 장소 사이
④ 충전 장소와 충전용 주관밸브 조작밸브 사이

해설 방호벽 설치 : 아세틸렌가스 또는 압력이 9.8 MPa 이상인 압축가스를 용기에 충전하는 경우는 압축기와 그 충전 장소 사이, 압축기와 그 가스 충전용기 보관 장소 사이, 충전 장소와 그 가스 충전용기 보관 장소 사이 및 충전 장소와 그 충전용 주관밸브 조작밸브 사이에는 방호벽을 설치한다.

10. 용기 파열 사고의 원인으로 가장 거리가 먼 것은?

① 용기 내압력 부족
② 용기 내 규정 압력의 초과
③ 용기 내에서 폭발성 혼합 가스에 의한 발화
④ 안전밸브의 작동

해설 용기에 설치된 안전밸브는 용기 내압의 이상 고압 상승 시 작동하여 압력을 정상화하기 위한 것이므로 용기 파열을 방지하는 역할을 한다.

11. 액화 산소 저장탱크 저장능력이 1000 m^3 일 때 방류둑 용량은 얼마 이상으로 설치해야 하는가?

① 400 m^3 ② 500 m^3
③ 600 m^3 ④ 1000 m^3

정답 6. ③ 7. ④ 8. ② 9. ① 10. ④ 11. ③

해설 방류둑 용량
㉮ 액화 가스 : 저장능력에 상당하는 용적
㉯ 액화 산소 : 저장능력 상당 용적의 60% 이상
㉰ 집합 방류둑 : 최대 저장 능력+잔여 총 능력의 10%
㉱ 냉동 제조 : 수액기 내용적의 90% 이상
∴ 액화 산소 방류둑 용량
= 1000×0.6 = 600 m³

12. 당해 설비 내의 압력이 상용 압력을 초과할 경우, 즉시 상용 압력 이하로 되돌릴 수 있는 안전장치의 종류에 해당하지 않는 것은?
① 안전밸브   ② 감압 밸브
③ 바이패스 밸브   ④ 파열판

해설 안전장치의 종류 : 안전밸브, 파열판, 릴리프밸브, 바이패스 밸브, 자동 압력 제어 장치 등

13. 일반 도시가스 배관을 지하에 매설하는 경우에는 표지판을 설치해야 하는데 몇 m 간격으로 1개 이상을 설치해야 하는가?
① 100 m   ② 200 m
③ 500 m   ④ 1000 m

해설 표지판 설치 간격
㉮ 일반 도시가스 사업의 배관 : 200 m 간격
㉯ 가스 도매 사업자의 배관 : 500 m 간격

14. 도시가스 보일러 중 반드시 전용 보일러실에 설치해야 하는 것은?
① 밀폐식 보일러
② 옥외에 설치하는 가스보일러
③ 반밀폐형 자연 배기식 보일러
④ 전용 급기통을 부착시키는 구조로 검사에 합격한 강제 배기식 보일러

해설 가스보일러는 전용 보일러실에 설치하되, 다음 각각의 경우에는 전용 보일러실에 설치하지 아니할 수 있다.
㉮ 밀폐식 보일러
㉯ 가스보일러를 옥외에 설치한 경우
㉰ 전용 급기통을 부착시키는 구조로 검사에 합격한 강제 배기식 보일러

15. 다음 중 산소 압축기의 내부 윤활제로 적당한 것은?
① 광유   ② 유지류   ③ 물   ④ 황산

해설 산소 압축기의 내부 윤활유
㉮ 사용되는 것 : 물 또는 10% 이하의 묽은 글리세린수
㉯ 금지되는 것 : 석유류, 유지류, 농후한 글리세린

16. 고압가스 용기 제조의 시설 기준에 대한 설명으로 옳은 것은?
① 용접 용기 동판의 최대 두께와 최소 두께의 차이는 평균 두께의 5% 이하로 한다.
② 초저온 용기는 고압 배관용 탄소 강관으로 제조한다.
③ 아세틸렌 용기에 충전하는 다공질물은 다공도가 72% 이상 95% 미만으로 한다.
④ 용접 용기에는 그 용기의 부속품을 보호하기 위하여 프로텍터 또는 캡을 고정식 또는 체인식으로 부착한다.

해설 ① : 10% 이하 (단, 이음매 없는 용기 20% 이하)
② : 초저온 용기의 재료는 오스테나이트계 스테인리스강 또는 알루미늄 합금으로 한다.
③ : 다공도 기준 75% 이상 92% 미만

17. 도시가스 배관 이음부와 전기 점멸기, 전기접속기와는 몇 cm 이상의 거리를 유지해야 하는가?
① 10 cm   ② 15 cm   ③ 30 cm   ④ 40 cm

정답 12. ② 13. ② 14. ③ 15. ③ 16. ④ 17. ②

해설 도시가스 배관 이음부와 거리
(1) 일반 도시가스 사업
㉮ 전기 계량기, 전기 개폐기 : 60 cm 이상
㉯ 전기 점멸기, 전기 접속기 : 30 cm 이상
㉰ 절연 조치를 하지 않은 전선, 단열 조치를 하지 않은 굴뚝 : 15 cm 이상
㉱ 절연 전선 : 10 cm 이상
(2) 도시가스 사용 시설
㉮ 전기 계량기, 전기 개폐기 : 60 cm 이상
㉯ 전기 점멸기, 전기 접속기 : 15 cm 이상
㉰ 절연 조치를 하지 않은 전선, 단열 조치를 하지 않은 굴뚝 : 15 cm 이상
㉱ 절연 전선 : 10 cm 이상

18. 용기 종류별 부속품의 기호 표시로 틀린 것은?
① AG : 아세틸렌가스를 충전하는 용기의 부속품
② PG : 압축가스를 충전하는 용기의 부속품
③ LG : 액화석유가스를 충전하는 용기의 부속품
④ LT : 초저온 용기 및 저온 용기의 부속품

해설 용기 부속품에 대한 표시
㉮ AG : 아세틸렌 용기 부속품
㉯ PG : 압축가스 용기 부속품
㉰ LG : 액화석유가스 외 액화 가스 용기 부속품
㉱ LPG : 액화석유가스 용기 부속품
㉲ LT : 초저온 및 저온 용기 부속품

19. 독성 가스 제독 작업에 필요한 보호구의 보관에 대한 설명으로 틀린 것은?
① 독성 가스가 누출될 우려가 있는 장소에서 가까우면서 관리하기 쉬운 장소에 보관한다.
② 긴급 시 독성 가스에 접하고 반출할 수 있는 장소에 보관한다.
③ 정화통 등의 소모품은 정기적 또는 사용 후에 점검하여 교환 및 보충한다.
④ 항상 청결하고 그 기능이 양호한 장소에 보관한다.

해설 보호구의 보관 기준〈①, ③, ④ 외〉: 긴급 시 독성 가스에 접하지 않고 반출할 수 있는 장소에 보관한다.

20. 일반 공업용 용기의 도색 기준으로 틀린 것은?
① 액화 염소 – 갈색
② 액화 암모니아 – 백색
③ 아세틸렌 – 황색
④ 수소 – 회색

해설 주요 가스 용기의 도색

가스 종류	공업용	의료용
산소	녹색	백색
수소	주황색	–
액화 탄산가스	청색	회색
LPG	밝은 회색	–
아세틸렌	황색	–
암모니아	백색	–
염소	갈색	–
질소	회색	흑색
아산화질소	회색	청색
헬륨	회색	갈색
에틸렌	회색	자색
사이클로 프로판	회색	주황색
기타	회색	–

21. 액화석유가스의 안전 관리 및 사업법에 규정된 용어의 정의에 대한 설명으로 틀린 것은?
① 저장 설비라 함은 액화석유가스를 저장하기 위한 설비로서 저장 탱크, 마운드형 저장

탱크, 소형 저장 탱크 및 용기를 말한다.
② 자동차에 고정된 탱크라 함은 액화석유가스의 수송, 운반을 위하여 자동차에 고정 설치된 탱크를 말한다.
③ 소형 저장 탱크라 함은 액화석유가스를 저장하기 위하여 지상 또는 지하에 고정 설치된 탱크로서 그 저장 능력이 3톤 미만인 탱크를 말한다.
④ 가스 설비란 저장 설비 외의 설비로서 액화석유가스가 통하는 설비(배관을 포함한다)와 그 부속설비를 말한다.

[해설] 가스 설비 : 저장 설비 외의 설비로서 액화석유가스가 통하는 설비(배관 제외)와 그 부속설비를 말한다.

22. 1%에 해당하는 ppm의 값은?
① 10^2 ppm
② 10^3 ppm
③ 10^4 ppm
④ 10^5 ppm

[해설] 퍼센트(%)는 $\frac{1}{100}$에 해당하고, ppm은 100만분의 1에 해당하므로 ppm으로 표시할 때는 100만을 곱한다.

∴ $\frac{1}{100} \times 10^6 = 10^4$ ppm

23. 다음 중 가스 배관의 시공 신뢰성을 높이는 일환으로 실시하는 비파괴 검사 방법 중 내부선원법, 이중벽 이중상법 등을 이용하는 방법은?
① 초음파 딤싱 시험
② 자분 탐상 시험
③ 방사선 투과 시험
④ 침투 탐상 시험

[해설] 방사선 투과 시험 : X선 또는 γ선으로 투과하여 용접부의 결함 유무를 조사하는 방법으로 비파괴 검사 방법 중 신뢰성이 가장 높고 널리 사용하는 방법이다. 내부선원법, 이중벽 이중상법 등으로 분류된다.

24. 차량에 고정된 저장 탱크로 염소를 운반할 때 용기의 내용적(L)은 얼마 이하가 되어야 하는가?
① 10000
② 12000
③ 15000
④ 18000

[해설] 차량에 고정된 탱크 내용적 제한
㉮ 가연성 가스(LPG 제외), 산소 : 18000 L 초과 금지
㉯ 독성 가스(액화암모니아 제외) : 12000 L 초과 금지

[참고] 염소는 독성 가스이므로 차량에 고정된 탱크 내용적은 12000 L 이하가 되어야 한다.

25. 일산화탄소와 공기의 혼합 가스는 압력이 높아지면 폭발 범위는 어떻게 되는가?
① 변함없다.
② 좁아진다.
③ 넓어진다.
④ 일정치 않다.

[해설] 대부분의 가연성 가스는 압력이 높아지면 폭발 범위가 넓어지나 일산화탄소(CO)와 수소(H_2)는 압력이 높아지면 폭발 범위가 좁아진다. 단, 수소는 압력이 10 atm 이상으로 높아지면 폭발 범위가 다시 넓어지는 특징이 있다.

26. 도시가스 배관을 폭 8 m 이상의 도로에서 지하에 매설 시 지표면에서 배관의 외면까지의 매설 깊이의 기준은?
① 0.6 m 이상
② 1.0 m 이상
③ 1.2 m 이상
④ 1.5 m 이상

[해설] 도시가스 배관의 매설 깊이
㉮ 공동 주택 부지 내 : 0.6 m 이상
㉯ 폭 8 m 이상인 도로 : 1.2 m 이상
㉰ 폭 4~8 m 미만 도로 : 1 m 이상
㉱ ㉮~㉰에 해당되지 않는 곳 : 0.8 m 이상

[정답] 22. ③   23. ③   24. ②   25. ②   26. ③

27. 도시가스 시설의 설치 공사 또는 변경 공사를 하는 때에 이루어지는 주요 공정 시공감리 대상은?

① 도시가스 사업자 외의 가스 공급시설 설치자의 배관 설치 공사
② 가스 도매 사업자의 가스 공급시설 설치 공사
③ 일반 도시가스 사업자의 정압기 설치 공사
④ 일반 도시가스 사업자의 제조소 설치 공사

해설 주요 공정 시공감리와 일부 공정 시공감리 대상 : 도법 시행규칙 제23조 4항
(1) 주요 공정 시공감리 대상
  ㉮ 일반 도시가스 사업자 및 도시가스 사업자 외의 가스 공급시설 설치자의 배관(그 부속시설을 포함한다.)
  ㉯ 나프타 부생가스·바이오가스 제조 사업자 및 합성 천연가스 제조 사업자의 배관(그 부속시설을 포함한다.)
(2) 일부 공정 시공감리 대상
  ㉮ 가스 도매 사업자의 가스 공급 시설
  ㉯ 일반 도시가스 사업자, 나프타 부생가스·바이오가스 제조 사업자, 합성 천연가스 제조 사업자 및 도시가스 사업자 외의 가스 공급시설 설치자의 가스 공급시설 중 주요 공정 시공감리 대상의 시설을 제외한 가스 공급시설
  ㉰ 시행규칙 제21조 제1항에 따른 시공감리의 대상이 되는 사용자 공급관(그 부속시설을 포함한다.)

28. 고압가스 공급자의 안전 점검 항목이 아닌 것은?

① 충전 용기의 설치 위치
② 충전 용기의 운반 방법 및 상태
③ 충전 용기와 화기와의 거리
④ 독성 가스의 경우 흡수 장치, 제해 장치 및 보호구 등에 대한 적합 여부

해설 고압가스 공급자의 안전 점검 항목
  ㉮ 충전 용기의 설치 위치
  ㉯ 충전 용기와 화기와의 거리
  ㉰ 충전 용기 및 배관의 설치 상태
  ㉱ 충전 용기, 충전 용기로부터 압력 조정기·호스 및 가스 사용 기기에 이르는 각 접속부와 배관 또는 호스에서의 누출 여부 및 그 가스의 적합 여부
  ㉲ 독성 가스의 경우 흡수 장치·제해 장치 및 보호구 등에 대한 적합 여부
  ㉳ 시설 기준에의 적합 여부(정기 점검에 한한다.)

29. 액화석유가스 판매업소의 충전용기 보관실에 강제 통풍장치 설치 시 통풍능력의 기준은?

① 바닥 면적 $1\,m^2$당 $0.5\,m^3$/분 이상
② 바닥 면적 $1\,m^2$당 $1.0\,m^3$/분 이상
③ 바닥 면적 $1\,m^2$당 $1.5\,m^3$/분 이상
④ 바닥 면적 $1\,m^2$당 $2.0\,m^3$/분 이상

해설 강제 통풍장치 통풍능력 기준 : 바닥 면적 $1\,m^2$당 $0.5\,m^3$/분 이상

30. 다음 중 동일 차량에 적재하여 운반할 수 없는 가스는?

① 산소와 질소
② 질소와 탄산가스
③ 탄산가스와 아세틸렌
④ 염소와 아세틸렌

해설 혼합 적재 금지
  ㉮ 염소와 아세틸렌, 암모니아, 수소는 동일차량에 혼합 적재 운반 금지
  ㉯ 가연성 가스와 산소를 동일 차량에 적재 운반 시 충전 용기 밸브가 서로 마주보지 않도록 적재하면 혼합 적재 가능

정답 27. ① 28. ② 29. ① 30. ④

㉰ 충전 용기와 소방 기본법이 정하는 위험물
㉱ 독성 가스 중 가연성 가스와 조연성 가스는 동일 차량에 혼합 적재 운반 금지

31. 액화 가스의 이송 펌프에서 발생하는 캐비테이션(cavitation) 현상을 방지하기 위한 대책으로서 틀린 것은?
① 흡입 배관을 크게 한다.
② 펌프의 회전수를 크게 한다.
③ 펌프의 설치 위치를 낮게 한다.
④ 펌프의 흡입구 부근을 냉각한다.

[해설] 캐비테이션 현상 방지법
㉮ 펌프의 위치를 낮춘다 (흡입 양정을 짧게 한다).
㉯ 수직축 펌프를 사용하여 회전차를 수중에 완전히 잠기게 한다.
㉰ 양흡입 펌프를 사용한다.
㉱ 펌프의 회전수를 낮춘다.
㉲ 두 대 이상의 펌프를 사용한다.
㉳ 흡입 배관을 크게 한다.
㉴ 펌프의 흡입구 부근을 냉각한다.

32. 다음 중 대표적인 차압식 유량계는?
① 오리피스 미터 ② 로터미터
③ 마노미터 ④ 습식 가스 미터

[해설] 차압식 유량계
㉮ 측정 원리 : 베르누이 방정식
㉯ 종류 : 오리피스 미터, 플로 노즐, 벤투리미터
㉰ 측정 방법 : 조리개 전후에 연결된 액주계의 압력차를 이용하여 유량을 측정

33. 공기 액화 분리기 내의 CO_2를 제거하기 위해 NaOH 수용액을 사용한다. 1.0 kg의 CO_2를 제거하기 위해서는 약 몇 kg의 NaOH를 가해야 하는가?
① 0.9 ② 1.8 ③ 3.0 ④ 3.8

[해설] ㉮ 가성 소다 (NaOH)를 이용한 CO_2 제거 반응식
$$2NaOH + CO_2 \rightarrow Na_2CO_3 + H_2O$$
㉯ CO_2 1 kg을 제거하기 위한 가성 소다 계산식
$$2 \times 40 \text{ kg} : 44 \text{ kg} = x \text{ kg} : 1 \text{ kg}$$
$$\therefore x = \frac{2 \times 40 \times 1}{44} = 1.818 \text{ kg}$$

34. 왕복동 압축기 용량 제어법 중 단계적으로 조절하는 방법에 해당되는 것은?
① 회전수를 변경하는 방법
② 흡입 주밸브를 폐쇄하는 방법
③ 타임드 밸브 제어에 의한 방법
④ 클리어런스 밸브에 의해 용적 효율을 낮추는 방법

[해설] 왕복동형 압축기 용량 제어법
(1) 연속적인 제어법
㉮ 타임드 밸브에 의한 방법
㉯ 회전수 변경에 의한 방법
㉰ 바이패스 밸브에 의하여 압축가스를 흡입 측에 복귀시키는 방법
㉱ 흡입 주밸브를 폐쇄하는 방법
(2) 단계적인 제어법
㉮ 클리어런스 밸브에 의한 방법
㉯ 흡입 밸브 개방에 의한 방법

35. LP 가스에 공기를 희석시키는 목적이 아닌 것은?
① 발열량 조질
② 연소 효율 증대
③ 누설 시 손실 감소
④ 재액화 촉진

[해설] 공기 희석 목적
㉮ 발열량 조절
㉯ 재액화 방지

정답 31. ② 32. ① 33. ② 34. ④ 35. ④

㉰ 누설 시 손실 감소
㉱ 연소 효율 증대

36. 다음 중 정압기의 부속 설비가 아닌 것은 어느 것인가?
① 불순물 제거 장치
② 이상압력 상승 방지 장치
③ 검사용 맨홀
④ 압력 기록 장치

해설 정압기 부속 설비 : 불순물 제거 장치(필터), 이상압력 상승 방지 장치, 압력 기록 장치, 차단 밸브, 긴급 차단 장치 등
※ 검사용 맨홀은 매설 배관의 부속 설비에 해당된다.

37. 금속 재료 중 저온 재료로 적당하지 않은 것은?
① 탄소강
② 황동
③ 9 % 니켈강
④ 18-8 스테인리스강

해설 탄소강은 저온이 되면 인장 강도, 항복점, 경도는 증가하고 연신율, 충격치는 감소하며, -70℃ 이하에서는 충격치가 0에 가깝게 되어 저온 취성이 발생하므로 저온 장치의 재료로서는 부적당하다.

38. 다음 중 터보 압축기에서 주로 발생할 수 있는 현상은?
① 수격 작용(water hammer)
② 베이퍼 로크(vapor lock)
③ 서징(surging)
④ 캐비테이션(cavitation)

해설 압축기 및 펌프에서 발생하는 이상 현상
㉮ 터보(원심)압축기 : 서징 현상
㉯ 원심 펌프 : 캐비테이션 현상, 서징 현상, 수격작용, 베이퍼 로크 현상

39. 파이프 커터로 강관을 절단하면 거스러미(burr)가 생긴다. 이것을 제거하는 공구는 어느 것인가?
① 파이프 벤더
② 파이프 렌치
③ 파이프 바이스
④ 파이프 리머

해설 파이프 리머 : 강관을 절단 후 내면에 생기는 거스러미를 제거하는 공구이다.

40. 고속 회전하는 임펠러의 원심력에 의해 속도 에너지를 압력 에너지로 바꾸어 압축하는 형식으로서 유량이 크고 설치 면적은 적게 차지하는 압축기의 종류는?
① 왕복식
② 터보식
③ 회전식
④ 흡수식

해설 터보식 압축기 : 임펠러의 회전 운동(원심력)을 압력과 속도 에너지로 전환하여 압력을 상승시키는 형식으로 원심식, 축류식, 혼류식으로 분류된다.

41. 가스 홀더의 압력을 이용하여 가스를 공급하며 가스 제조 공장과 공급 지역이 가깝거나 공급 면적이 좁을 때 적당한 가스 공급 방법은?
① 저압 공급 방식
② 중압 공급 방식
③ 고압 공급 방식
④ 초고압 공급 방식

해설 저압 공급 방식의 특징
㉮ 공급 압력이 0.1 MPa 미만이다.
㉯ 공급량이 적고, 공급 구역이 좁은 소규모 사업소에 적합하다.
㉰ 가스 홀더의 압력을 이용하여 공급할 수 있다.

42. 가스 종류에 따른 용기의 재질로 부적합한 것은?
① LPG : 탄소강
② 암모니아 : 동

정답 36. ③ 37. ① 38. ③ 39. ④ 40. ② 41. ① 42. ②

③ 수소 : 크롬강   ④ 염소 : 탄소강

해설 암모니아는 동 및 동합금과 접촉 시 부식의 우려가 있어 사용이 제한된다.

43. 오르사트법으로 시료 가스를 분석할 때의 성분 분석 순서로 옳은 것은?
① $CO_2 \rightarrow O_2 \rightarrow CO$ ② $CO \rightarrow CO_2 \rightarrow O_2$
③ $O_2 \rightarrow CO \rightarrow CO_2$ ④ $O_2 \rightarrow CO_2 \rightarrow CO$

해설 오르사트 분석기의 분석 순서 및 흡수액
㉮ CO_2 : KOH 30 % 수용액
㉯ O_2 : 알칼리성 피로갈롤 용액
㉰ CO : 암모니아성 염화 제일구리 용액

44. 수소염 이온화식 (FID) 가스 검출기에 대한 설명으로 틀린 것은?
① 감도가 우수하다.
② CO_2, NO_2는 검출할 수 없다.
③ 연소하는 동안 시료가 파괴된다.
④ 무기 화합물의 가스 검지에 적합하다.

해설 수소염 이온화 검출기(FID : flame ionization detector) : 불꽃으로 시료 성분이 이온화됨으로써 불꽃 중에 놓인 전극 간의 전기 전도도가 증대하는 것을 이용한 것으로 유기 화합물 검지에 적합하며 탄화수소에서 감도가 최고이지만 H_2, O_2, CO_2, SO_2 등은 감도가 없다.

45. 다음 [보기]와 관련 있는 분석 방법은?

┤보기├
㉮ 쌍극자 모멘트의 알짜 변화
㉯ 진동 짝지음
㉰ Nernst 백열등
㉱ Fourier 변환 분광계

① 질량 분석법
② 흡광 광도법
③ 적외선 분광 분석법
④ 킬레이트 적정법

해설 적외선 분광 분석법 : 분자의 진동 중 쌍극자 힘의 변화를 일으킬 진동에 의해 적외선의 흡수가 일어나는 것을 이용한 방법으로 He, Ne, Ar 등 단원자 분자 및 H_2, O_2, N_2, Cl_2 등 대칭 2원자 분자는 적외선을 흡수하지 않으므로 분석할 수 없다.

46. 표준 상태에서 1000 L의 체적을 갖는 가스 상태의 부탄은 약 몇 kg인가?
① 2.6   ② 3.1   ③ 5.0   ④ 6.1

해설 $PV = \dfrac{W}{M} RT$에서 표준 상태는 0℃, 1기압(atm)이고 부탄 (C_4H_{10})의 분자량은 58이다.

$\therefore W = \dfrac{PVM}{RT} = \dfrac{1 \times 1000 \times 58}{0.082 \times 273 \times 1000}$
$= 2.59$ kg

47. 다음 중 일반 기체 상수 (R)의 단위는?
① kgf · m/kmol · K
② kgf · m/kcal · K
③ kgf · m/m³ · K
④ kcal/kg · ℃

해설 $PV = GRT$에서
$\therefore R = \dfrac{P(\text{kgf/m}^2 \cdot \text{a}) \times V(\text{m}^3)}{G(\text{kmol}) \times T(\text{K})}$ 이므로
기체 상수 R의 단위는 "kgf · m/kmol · K"이다.

48. 다음 중 열역학 제1법칙에 대한 설명이 아닌 것은?
① 에너지 보존의 법칙이라고 한다.
② 열은 항상 고온에서 저온으로 흐른다.
③ 열과 일은 일정한 관계로 상호 교환된다.
④ 제1종 영구 기관이 영구적으로 일하는 것은 불가능하다는 것을 알려 준다.

해설 열역학 제1법칙 : 에너지 보존의 법칙으로 열과 일은 일정한 관계로 서로 교환되며,

정답 43. ①   44. ④   45. ③   46. ①   47. ①   48. ②

제1종 영구 기관을 만드는 것은 불가능하다는 것을 설명한다.
※ ②항은 열역학 제2법칙을 설명한 것이다.

49. 표준 상태의 가스 $1\,m^3$를 완전 연소시키기 위하여 필요한 최소한의 공기를 이론 공기량이라고 한다. 다음 중 이론 공기량으로 적합한 것은? (단, 공기 중에 산소는 21 % 존재한다.)
① 메탄 : 9.5배   ② 메탄 : 1.25배
③ 프로판 : 15배   ④ 프로판 : 30배

해설 ㉮ 메탄(CH_4)의 완전 연소 반응식 및 이론 공기량(A_0) 계산식
$$CH_4 + 2O_2 \rightarrow CO_2 + 2H_2O$$
$$22.4\,m^3 : 2 \times 22.4\,m^3 = 1\,m^3 : x(O_0)[m^3]$$
$$\therefore A_0 = \frac{O_0}{0.21} = \frac{2 \times 22.4 \times 1}{22.4 \times 0.21} = 9.523\,m^3$$
∴ 메탄 $1\,m^3$에 대하여 이론 공기량은 9.52배가 필요하다.

㉯ 프로판(C_3H_8)의 완전 연소 반응식 및 이론공기량(A_0) 계산
$$C_3H_8 + 5O_2 \rightarrow 3CO_2 + 4H_2O$$
$$22.4\,m^3 : 5 \times 22.4\,m^3 = 1\,m^3 : x(O_0)[m^3]$$
$$\therefore A_0 = \frac{O_0}{0.21} = \frac{5 \times 22.4 \times 1}{22.4 \times 0.21} = 23.809\,m^3$$
∴ 프로판 $1\,m^3$에 대하여 이론 공기량은 23.809배가 필요하다.

50. 다음 중 액화가 가장 어려운 가스는?
① H_2 ② He   ③ N_2 ④ CH_4

해설 대기압 상태에서의 각 가스의 비점

명칭	비점
수소 (H_2)	−252.2℃
헬륨 (He)	−269℃
질소 (N_2)	−196℃
메탄 (CH_4)	−161.5℃

※ 비점이 낮은 가스가 액화가 가장 어려운 가스이다.

51. 다음 중 아세틸렌의 발생 방식이 아닌 것은 어느 것인가?
① 주수식 : 카바이드에 물을 넣는 방법
② 투입식 : 물에 카바이드를 넣는 방법
③ 접촉식 : 물과 카바이드를 소량씩 접촉시키는 방법
④ 가열식 : 카바이드를 가열하는 방법

해설 아세틸렌 발생기의 종류 : 주수식, 투입식, 침지식(접촉식)

52. 이상 기체의 등온 과정에서 압력이 증가하면 엔탈피(H)는?
① 증가한다.
② 감소한다.
③ 일정하다.
④ 증가하다가 감소한다.

해설 등온 과정에서는 내부 에너지와 엔탈피 변화가 없는 일정한 과정이다.

53. 다음 중 1 kW의 열량을 환산한 것으로 옳은 것은?
① 536 kcal/h   ② 632 kcal/h
③ 729 kcal/h   ④ 860 kcal/h

해설 동력의 단위
㉮ 1 PS = 75 kgf·m/s = 632.2 kcal/h
  = 0.735 kW = 2664 kJ/h
㉯ 1 kW = 102 kgf·m/s = 860 kcal/h
  = 1.36 PS = 3600 kJ/h
㉰ 1 HP = 76 kgf·m/s = 640.75 kcal/h
  = 0.745 kW = 2685 kJ/h

54. 섭씨온도와 화씨온도가 같은 경우는?
① −40℃   ② 32°F
③ 273℃   ④ 45°F

해설 °F = $\frac{9}{5}$ ℃ + 32에서 °F와 ℃가 같으므로

정답 49. ①   50. ②   51. ④   52. ③   53. ④   54. ①

x로 놓으면 $x = \frac{9}{5}x + 32$가 된다.

$$\therefore x - \frac{9}{5}x = 32$$

$$x\left(1 - \frac{9}{5}\right) = 32$$

$$\therefore x = \frac{32}{1 - \frac{9}{5}} = -40$$

55. 다음 중 1기압(1 atm)과 같지 않은 것은 어느 것인가?

① 760 mmHg
② 0.9807 bar
③ 10.332 mH$_2$O
④ 101.3 kPa

해설 1 atm = 760 mmHg = 76 cmHg
= 0.76 mHg = 29.9 inHg = 760 torr
= 10332 kgf/m^2 = 1.0332 kgf/cm^2
= 10.332 mH$_2$O = 10332 mmH$_2$O
= 101325 N/m^2 = 101325 Pa
= 101.325 kPa = 0.101325 MPa
= 1013250 dyne/cm^2 = 1.01325 bar
= 1013.25 mbar = 14.7 lb/in^2
= 14.7 psi

56. 어떤 기구가 1 atm, 30℃에서 10000 L의 헬륨으로 채워져 있다. 이 기구가 압력이 0.6 atm이고 온도가 -20℃인 고도까지 올라갔을 때 부피는 약 몇 L가 되는가?

① 10000
② 12000
③ 14000
④ 16000

해설 $\frac{P_1 V_1}{T_1} = \frac{P_2 V_2}{T_2}$에서

$$V_2 = \frac{P_1 V_1 T_2}{P_2 T_1} = \frac{1 \times 10000 \times (273 - 20)}{0.6 \times (273 + 30)}$$
$$= 13916.391\ L$$

57. 다음 중 절대온도 단위는?
① K   ② °R   ③ °F   ④ ℃

해설 절대온도 : 열역학적 눈금으로 정의할 수 있으며 자연계에서는 그 이하의 온도로 내릴 수 없는 최저 온도를 절대온도라 한다.
㉮ 켈빈 온도 : K = t℃ + 273
㉯ 랭킨 온도 : °R = t°F + 460
※ 온도의 기본 단위는 절대온도이며 단위 "K"이다.

58. 이상 기체를 정적하에서 가열하면 압력과 온도의 변화는?

① 압력 증가, 온도 일정
② 압력 일정, 온도 일정
③ 압력 증가, 온도 상승
④ 압력 일정, 온도 상승

해설 이상 기체를 정적(체적이 일정한 상태)하에서 가열하면 압력은 증가하고, 온도는 상승한다.

59. 산소의 물리적 성질에 대한 설명으로 틀린 것은?

① 산소는 약 -183℃에서 액화한다.
② 액체 산소는 청색으로 비중이 약 1.13이다.
③ 무색, 무취의 기체이며 물에는 약간 녹는다.
④ 강력한 조연성 가스이므로 자체 연소한다.

해설 산소는 강력한 조연성(지연성) 가스이므로 자체적으로 연소하지 않고 가연성 물질의 연소를 돕는다.

60. 도시가스의 주원료인 메탄(CH$_4$)의 비점은 약 얼마인가?

① -50℃
② -82℃
③ -120℃
④ -162℃

해설 메탄 : 천연가스의 주성분으로 대기압 상태에서의 비점은 -161.5℃이다.

정답 55. ② 56. ③ 57. ① 58. ③ 59. ④ 60. ④

■ 가스기능사   2015년 10월 10일 시행 (제5회)

1. 다음 중 사용 신고를 해야 하는 특정 고압가스에 해당하지 않는 것은?
① 게르만
② 삼불화 질소
③ 사불화 규소
④ 오불화 붕소

해설 ㉮ 특정 고압가스 사용 신고대상 가스 (고법 제20조) : 수소, 산소, 액화 암모니아, 아세틸렌, 액화 염소, 천연가스, 압축 모노실란, 압축 디보레인, 액화 알진 그 밖에 대통령령이 정하는 고압가스 → 시장, 군수 또는 구청장에게 신고
㉯ 대통령령이 정하는 고압가스 (고법 시행령 제16조) : 포스핀, 셀렌화 수소, 게르만, 디실란, 오불화 비소, 오불화인, 삼불화인, 삼불화 질소, 삼불화 붕소, 사불화 유황, 사불화 규소

2. LP 가스 저장 탱크 지하에 설치하는 기준에 대한 설명으로 틀린 것은?
① 저장 탱크실 상부 윗면으로부터 저장 탱크 상부까지의 깊이는 1 m 이상으로 한다.
② 저장 탱크 주위 빈 공간에는 세립분을 함유하지 않은 것으로서 손으로 만졌을 때 물이 손에서 흘러내리지 않는 상태의 모래를 채운다.
③ 저장 탱크를 2개 이상 인접하여 설치하는 경우에는 상호 간에 1 m 이상의 거리를 유지한다.
④ 저장 탱크실은 천장, 벽 및 바닥의 두께가 각각 30 cm 이상의 방수 조치를 한 철근 콘크리트구조로 한다.

해설 저장 탱크실 상부 윗면으로부터 저장 탱크 상부까지의 깊이는 60 cm 이상으로 한다.

3. 용기의 설계단계 검사 항목이 아닌 것은?
① 단열 성능
② 내압 성능
③ 작동 성능
④ 용접부의 기계적 성능

해설 용기의 설계단계 검사 : 용기가 안전하게 설계되었는지 명확하게 판정할 수 있도록 다음의 성능에 대하여 적절한 방법으로 실시할 것
㉮ 재료의 기계적, 화학적 성능
㉯ 용접부의 기계적 성능
㉰ 단열 성능
㉱ 내압 성능
㉲ 기밀 성능
㉳ 그 밖에 용기의 안전 확보에 필요한 성능

4. 고압가스용 저장 탱크 및 압력용기 제조 시설에 대하여 실시하는 내압 검사에서 압력 용기 등의 재질이 주철인 경우 내압시험 압력의 기준은?
① 설계 압력의 1.2배의 압력
② 설계 압력의 1.5배의 압력
③ 설계 압력의 2배의 압력
④ 설계 압력의 3배의 압력

해설 저장 탱크 및 압력용기 내압시험 압력 기준
㉮ 압력용기 등의 내압시험 압력은 다음 식으로 계산한 압력으로 실시
$$\therefore P_t = \mu P \left(\frac{\sigma_t}{\sigma_d} \right)$$
P_t : 내압시험 압력(MPa)
P : 설계 압력(MPa)
σ_t : 수압시험 온도에서의 재료의 허용 응력(N/mm²)

정답 1. ④ 2. ① 3. ③ 4. ③

σ_d : 설계 온도에서의 재료의 허용 응력 (N/mm²)

μ : 압력용기 등의 설계 압력 범위에 따른 값

㉯ 압력용기 등의 재질이 주철인 경우에는 내압시험 압력을 설계 압력의 2배로 한다.

5. 초저온 용기의 단열 성능 시험에 있어 침입 열량 계산식은 다음과 같이 구해진다. 여기서 "q"가 의미하는 것은?

$$Q = \frac{W \cdot q}{H \cdot \Delta t \cdot V}$$

① 침입 열량
② 측정 시간
③ 기화된 가스량
④ 시험용 가스의 기화 잠열

해설 침입 열량 계산식 각 기호의 의미
㉮ Q : 침입 열량(kcal/h·℃·L)
㉯ W : 기화된 가스량(kg)
㉰ q : 시험용 가스의 기화 잠열(kcal/kg)
㉱ H : 측정 시간(h)
㉲ Δt : 시험용 가스의 비점과 대기 온도의 온도차(℃)
㉳ V : 초저온 용기의 내용적(L)

6. 인체용 에어졸 제품의 용기에 기재해야 할 사항으로 틀린 것은?

① 불 속에 버리지 말 것
② 가능한 한 인체에서 10 cm 이상 떨어져서 사용할 것
③ 온도가 40℃ 이상 되는 장소에 보관하지 말 것
④ 특정 부위에 계속하여 장시간 사용하지 말 것

해설 (1) 에어졸 용기에 기재할 사항
㉮ 불꽃을 향하여 사용하지 말 것
㉯ 난로, 풍로 등 화기 부근에서 사용하지 말 것
㉰ 화기를 사용하고 있는 실내에서 사용하지 말 것
㉱ 온도가 40℃ 이상의 장소에 보관하지 말 것
㉲ 밀폐된 실내에서 사용한 후에는 반드시 환기를 실시할 것
㉳ 불 속에 버리지 말 것
㉴ 사용 후 잔 가스가 없도록 하여 버릴 것
㉵ 밀폐된 장소에 보관하지 말 것

(2) 인체용 에어졸 제품 용기 기재 사항 : 상기 (1)항 내용 외에 다음 사항을 추가로 기재한다.
㉮ 인체용
㉯ 특정 부위에 계속하여 장시간 사용하지 말 것
㉰ 가능한 한 인체에서 20 cm 이상 떨어져 사용할 것

7. 비등 액체 팽창 증기 폭발(BLEVE)이 일어날 가능성이 가장 낮은 곳은?

① LPG 저장 탱크
② LNG 저장 탱크
③ 액화 가스 탱크로리
④ 천연가스 지구 정압기

해설 비등 액체 팽창 증기 폭발(BLEVE : Boiling Liquid Expanding Vapor Explosion) : 가연성 액체 저장 탱크 주변에서 화재가 발생하여 기상부의 탱크가 국부적으로 가열되면 그 부분의 강도가 약해져 탱크가 파열된다. 이때 내부의 액화 가스가 급격히 유출 팽창되어 화구(fire ball)를 형성하여 폭발하는 형태를 말한다. 화구로 인한 2차 피해(복사열로 인한 피해)와 저장 탱크 파열 시 비산되는 파열 물질로 인한 피해가 있다.

정답 5. ④ 6. ② 7. ④

[참고] "천연가스 지구 정압기"의 경우 기체 상태의 가스 압력을 낮추는 장치이므로 비등 액체 팽창 증기 폭발이 일어날 가능성은 없다.

8. 자연 발화의 열의 발생 속도에 대한 설명으로 틀린 것은?
① 발열량이 큰 쪽이 일어나기 쉽다.
② 표면적이 작을수록 일어나기 쉽다.
③ 초기 온도가 높은 쪽이 일어나기 쉽다.
④ 촉매 물질이 존재하면 반응 속도가 빨라진다.

[해설] 표면적이 클수록 일어나기 쉽다.

9. 다음 가스의 용기 보관실 중 그 가스가 누출된 때에 체류하지 않도록 통풍구를 갖추고, 통풍이 잘 되지 않는 곳에는 강제 환기 시설을 설치해야 하는 곳은?
① 질소 저장소
② 탄산가스 저장소
③ 헬륨 저장소
④ 부탄 저장소

[해설] 공기보다 무거운 가연성 가스의 경우 바닥면에 접하여 개구한 2방향 이상의 개구부 또는 바닥면 가까이에 흡입구를 갖춘 강제 환기 설비를 설치하거나 이들을 병설하여 바닥면에 접한 부분의 환기를 양호하게 한 구조로 한다.

[참고] 부탄 (C_4H_{10})의 경우 분자량이 58로 공기보다 무거운 가연성 가스에 해당된다.

10. 발열량이 9500 kcal/m³이고 가스 비중이 0.65인 (공기 1) 가스의 웨버 지수는 약 얼마인가?
① 6175
② 9500
③ 11780
④ 14615

[해설] $WI = \dfrac{Q}{\sqrt{d}} = \dfrac{9500}{\sqrt{0.65}} = 11783.299$

11. 도시가스 배관의 매설 심도를 확보할 수 없거나 타 시설물과 이격 거리를 유지하지 못하는 경우 등에는 보호판을 설치한다. 압력이 중압 배관일 경우 보호판의 두께 기준은?
① 3 mm
② 4 mm
③ 5 mm
④ 6 mm

[해설] 도시가스 보호판 두께 기준
㉮ 고압 배관 : 6 mm 이상
㉯ 고압 배관 외 : 4 mm 이상

12. 고압가스 안전 관리법의 적용을 받는 고압가스의 종류 및 범위로서 틀린 것은?
① 상용의 온도에서 압력이 1 MPa 이상 되는 압축가스
② 섭씨 35도의 온도에서 압력이 0 Pa을 초과하는 아세틸렌가스
③ 상용의 온도에서 압력이 0.2 MPa 이상 되는 액화 가스
④ 섭씨 35도의 온도에서 압력이 0 Pa을 초과하는 액화 가스 중 액화 시안화수소

[해설] 섭씨 15도의 온도에서 압력이 0 Pa을 초과하는 아세틸렌가스

13. 고압가스 제조 허가의 종류가 아닌 것은?
① 고압가스 특수 제조
② 고압가스 일반 제조
③ 고압가스 충전
④ 냉동 제조

[해설] 고압가스 제조 허가
(1) 고압가스 제조 허가 (고법 제4조) : 특별자치도지사, 시장, 군수 또는 구청장 (자치구의 구청장을 말하며 이하 시장, 군수 또는 구청장이라 한다)의 허가를 받아야 한다.
(2) 고압가스 제조 허가의 종류 (고법 시행령 제3조)
㉮ 고압가스 특정 제조

[정답] 8. ② 9. ④ 10. ③ 11. ② 12. ② 13. ①

㉯ 고압가스 일반 제조
㉰ 고압가스 충전
㉱ 냉동 제조 : 냉동 능력 20톤 이상

14. 암모니아 충전 용기로서 내용적이 1000 L 이하인 것은 부식여유 두께의 수치가 (A) mm이고, 염소 충전 용기로서 내용적이 1000 L 초과하는 것은 부식여유 두께의 수치가 (B) mm이다. A와 B에 알맞은 부식 여유치는?
① A : 1, B : 3 ② A : 2, B : 3
③ A : 1, B : 5 ④ A : 2, B : 5

[해설] 부식여유 수치

용기 종류		부식여유 수치
암모니아 충전 용기	내용적 1000 L 이하	1
	내용적 1000 L 초과	2
염소 충전 용기	내용적 1000 L 이하	3
	내용적 1000 L 초과	5

15. LPG 자동차에 고정된 용기 충전 시설에서 저장 탱크의 물분무 장치는 최대 수량을 몇 분 이상 연속해서 방사할 수 있는 수원에 접속되어 있도록 하여야 하는가?
① 20분 ② 30분 ③ 40분 ④ 60분

[해설] 물분무 장치는 동시에 방사할 수 있는 최대수량을 30분 이상 연속하여 방사할 수 있는 수원에 접속되어 있도록 한다.

16. 산화에틸렌 충전 용기에는 질소 또는 탄산가스를 충전하는 데 그 내부 가스 압력의 기준으로 옳은 것은?
① 상온에서 0.2 MPa 이상
② 35℃에서 0.2 MPa 이상
③ 40℃에서 0.4 MPa 이상
④ 45℃에서 0.4 MPa 이상

[해설] 산화에틸렌(C_2H_4O)의 충전 기준
㉮ 산화에틸렌 저장 탱크는 질소 가스 또는 탄산가스로 치환하고 5℃ 이하로 유지한다.
㉯ 산화에틸렌 용기에 충전 시에는 질소 또는 탄산가스로 치환한 후 산 또는 알칼리를 함유하지 않는 상태로 충전한다.
㉰ 산화에틸렌 저장 탱크는 45℃에 내부 압력이 0.4 MPa 이상이 되도록 질소 또는 탄산가스를 충전한다.

17. 다음 중 보일러 중독 사고의 주원인이 되는 가스는?
① 이산화탄소 ② 일산화탄소
③ 질소   ④ 염소

[해설] 보일러 연료용 가스의 불완전 연소에 의하여 발생하는 일산화탄소(CO)에 의하여 중독사고의 위험성이 있다.

18. 플레어 스택에 대한 설명으로 틀린 것은?
① 플레어 스택에서 발생하는 복사열이 다른 제조 시설에 나쁜 영향을 미치지 않도록 안전한 높이 및 위치에 설치한다.
② 플레어 스택에서 발생하는 최대 열량에 장시간 견딜 수 있는 재료 및 구조로 되어 있는 것으로 한다.
③ 파일럿 버너를 항상 점화하여 두는 등 플레어 스택에 관련된 폭발을 방지하기 위한 조치가 되어 있는 것으로 한다.
④ 특수 반응 설비 또는 이와 유사한 고압가스 설비에는 그 특수 반응 설비 또는 고압가스 설비마다 설치한다.

[해설] 특수 반응 설비 또는 이와 유사한 고압가스설비에는 그 설비 안의 내용물을 설비 밖으로 긴급하고도 안전하게 이송할 수 있는 설비를 설치하고 이송되는 설비 안의 내용

정답 14. ③ 15. ② 16. ④ 17. ② 18. ④

물은 다음 중 어느 하나의 방법으로 처리할 수 있는 것으로 한다.
㉮ 플레어 스택에서 안전하게 연소시킨다.
㉯ 안전한 장소에 설치되어 있는 저장 탱크 등에 임시 이송한다.
㉰ 벤트 스택에서 안전하게 방출시킨다.
㉱ 독성 가스는 제독 조치 후 안전하게 폐기시킨다.

19. 도시가스 사용 시설에서 도시가스 배관의 표시 등에 대한 기준으로 틀린 것은?
① 지하에 매설하는 배관은 그 외부에 사용 가스명, 최고 사용 압력, 가스의 흐름 방향을 표시한다.
② 지상 배관은 부식 방지 도장 후 황색으로 도색한다.
③ 지하 매설 배관에서 최고 사용 압력이 저압인 배관은 황색으로 한다.
④ 지하 매설 배관에서 최고 사용 압력이 중압 이상인 배관은 적색으로 한다.

[해설] 배관은 그 외부에 사용 가스명, 최고 사용 압력 및 가스의 흐름 방향을 표시한다. 다만, 지하에 매설하는 경우에는 흐름 방향을 표시하지 않을 수 있다.

20. 특정 고압가스 사용 시설에서 용기의 안전 조치 방법으로 틀린 것은?
① 고압가스의 충전 용기는 항상 40℃ 이하를 유지하도록 한다.
② 고압가스의 충전 용기 밸브는 서서히 개폐한다.
③ 고압가스의 충전 용기 밸브 또는 배관을 가열할 때에는 열습포나 40℃ 이하의 더운 물을 사용한다.
④ 고압가스의 충전 용기를 사용한 후에는 밸브를 열어 둔다.

[해설] 고압가스의 충전 용기를 사용한 후에는 밸브를 닫아 둔다.

21. 일반 도시가스의 배관을 철도부지 밑에 매설할 경우 배관의 외면과 지표면 사이의 거리는 몇 m 이상으로 하여야 하는가?
① 1.0 m ② 1.2 m
③ 1.3 m ④ 1.5 m

[해설] 철도부지 매설 기준
㉮ 배관의 외면으로부터 궤도 중심까지 4 m 이상
㉯ 철도부지 경계까지는 1 m 이상
㉰ 지표면으로부터 배관 외면까지의 깊이를 1.2 m 이상으로 한다.

22. 가스 도매 사업 시설에서 배관 지하 매설의 설치 기준으로 옳은 것은?
① 산과 들 이외의 지역에서 배관의 매설 깊이는 1.5 m 이상
② 산과 들에서의 배관의 매설 깊이는 1 m 이상
③ 배관은 그 외면으로부터 수평 거리로 건축물까지 1.2 m 이상 거리 유지
④ 배관은 그 외면으로부터 지하의 다른 시설물과 1.2 m 이상 거리 유지

[해설] 배관 지하 매설의 매설 깊이
㉮ 지표면으로부터 배관 외면까지의 매설 깊이는 산이나 들에서는 1 m 이상, 그 밖의 지역에서는 1.2 m 이상으로 한다.
㉯ 배관은 그 외면으로부터 수평 거리로 건축물까지 1.5 m 이상을 유지한다.
㉰ 배관은 그 외면으로부터 지하의 다른 시설물과 0.3 m 이상의 거리를 유지한다.

23. 인화 온도가 약 −30℃이고 발화 온도가 매우 낮아 전구 표면이나 증기 파이프 등의

정답 19. ① 20. ④ 21. ② 22. ② 23. ①

열에 의해 발화할 수 있는 가스는?

① CS_2 ② C_2H_2
③ C_2H_4 ④ C_3H_8

해설 이황화탄소(CS_2)의 성질
㉮ 허용 농도(TLV-TWA) : 20 ppm
㉯ 폭발 범위 : 1.25~44 %
㉰ 인화점 : -30℃
㉱ 발화점 : 100℃

24. 액화 가스를 충전하는 차량에 고정된 탱크는 액면 요동을 방지하기 위하여 그 내부에 액면 요동 방지 조치를 해야 한다. 다음 중 액면 요동 방지 조치로 올바른 것은?

① 방파판   ② 액면계
③ 온도계   ④ 스톱 밸브

해설 액면 요동 방지 조치 : 액화 가스를 충전하는 차량에 고정된 탱크는 그 내부에 액면 요동을 방지하기 위한 방파판 등을 설치한다.

25. 가연성 가스의 지상 저장탱크의 경우 외부에 바르는 도료의 색깔은 무엇인가?

① 청색   ② 녹색
③ 은·백색   ④ 검정색

해설 저장탱크 표시 : 지상에 설치하는 저장 탱크의 외부에는 은색·백색 도료를 바르고 주위에서 보기 쉽도록 가스의 명칭을 붉은 글씨로 표시한다.

26. 지하에 매몰하는 도시가스 배관의 재료로 사용할 수 없는 것은?

① 가스용 폴리에틸렌관
② 압력 배관용 탄소강관
③ 압출식 폴리에틸렌 피복강관
④ 분말 용착식 폴리에틸렌 피복강관

해설 지하에 매몰하는 배관
㉮ 폴리에틸렌 피복 강관 (KS D 3589)
㉯ 분말 용착식 폴리에틸렌 피복 강관 (KS D 3607)
㉰ 가스용 폴리에틸렌관 (KS M 3514)

27. 아르곤(Ar) 가스 충전 용기의 도색은 어떤 색상으로 하여야 하는가?

① 백색   ② 녹색   ③ 갈색   ④ 회색

해설 주요 가스 용기의 도색

가스 종류	공업용	의료용
산소	녹색	백색
수소	주황색	-
액화 탄산가스	청색	회색
LPG	밝은 회색	-
아세틸렌	황색	-
암모니아	백색	-
염소	갈색	-
질소	회색	흑색
아산화질소	회색	청색
헬륨	회색	갈색
에틸렌	회색	자색
사이클로 프로판	회색	주황색
기타	회색	-

28. 아세틸렌 용기에 대한 다공 물질 충전검사 적합 판정 기준은?

① 다공 물질은 용기 벽을 따라서 용기 안지름의 $\frac{1}{200}$ 또는 1 mm를 초과하는 틈이 없는 것으로 한다.
② 다공 물질은 용기 벽을 따라서 용기 안지름의 $\frac{1}{200}$ 또는 3 mm를 초과하는 틈이 없는 것으로 한다.
③ 다공 물질은 용기 벽을 따라서 용기 안지

정답 24. ①   25. ③   26. ②   27. ④   28. ②

름의 $\frac{1}{100}$ 또는 5 mm를 초과하는 틈이 없는 것으로 한다.

④ 다공 물질은 용기 벽을 따라서 용기 안지름의 $\frac{1}{100}$ 또는 10 mm를 초과하는 틈이 없는 것으로 한다.

[해설] 아세틸렌을 충전하는 용기는 밸브 바로 밑의 가스 취입, 취출 부분을 제외하고 다공물질을 빈틈없이 채운다. 다만, 다공 물질이 고형일 경우에는 아세톤 또는 디메틸 포름아미드를 충 전한 다음 용기 벽을 따라 용기 안지름의 $\frac{1}{200}$ 또는 3 mm를 초과하는 틈이 없는 것으로 한다.

29. 액화석유가스가 공기 중에 얼마의 비율로 혼합되었을 때 그 사실을 알 수 있도록 냄새가 나는 물질을 섞어 용기에 충전하여야 하는가?

① $\frac{1}{1000}$ ② $\frac{1}{10000}$
③ $\frac{1}{100000}$ ④ $\frac{1}{1000000}$

[해설] 냄새나는 물질의 첨가 : 액화석유가스는 공기 중의 혼합 비율의 용량이 $\frac{1}{1000}$ 의 상태에서 감지할 수 있도록 냄새가 나는 물질(공업용의 경우 제외)을 섞어 용기에 충전한다.

30. 가스누출 자동 차단 장치의 구성 요소에 해당하지 않는 것은?

① 지시부   ② 검지부
③ 차단부   ④ 제어부

[해설] 가스누출 자동 차단 장치의 구성 요소
㉮ 검지부 : 누출된 가스를 검지하여 제어부로 신호를 보내는 기능을 가진 것

㉯ 차단부 : 제어부로부터 보내진 신호에 따라 가스의 유로를 개폐하는 기능을 가진 것
㉰ 제어부 : 차단부에 자동 차단 신호를 보내는 기능, 차단부를 원격 개폐할 수 있는 기능 및 경보 기능을 가진 것

31. 도시가스 사용 시설의 정압기실에 설치된 가스 누출 경보기의 점검 주기는?

① 1일 1회 이상   ② 1주일에 1회 이상
③ 2주일 1회 이상   ④ 1개월 1회 이상

[해설] 정압기실에 설치된 가스 누출 경보기는 1주일에 1회 이상 작동 상황을 점검하고 작동 불량 시는 즉시 교체 또는 수리하여 항상 정상적인 작동이 되도록 한다.

32. 고압가스 제조 설비에서 정전기의 발생 또는 대전 방지에 대한 설명으로 옳은 것은?

① 가연성 가스 제조 설비의 탑류, 벤트 스택 등은 단독으로 접지한다.
② 제조 장치 등에 본딩용 접속선은 단면적이 5.5 mm² 미만의 단선을 사용한다.
③ 대전 방지를 위하여 기계 및 장치에 절연 재료를 사용한다.
④ 접지 저항치 총합이 100 Ω 이하의 경우에는 정전기 제거 조치가 필요하다.

[해설] ② 본딩용 접속선 및 접지 접속선은 단면적 5.5 mm² 이상인 것 (단선 제외)을 사용하고 경납 붙임, 용접, 접속 금구 등을 사용하여 확실히 접속한다.
③ 대전 방지를 위하여 기계 및 장치에는 접지 접속선을 사용한다.
④ 접지 저항치 총합이 100 Ω (피뢰 설비를 설치한 것은 총합 10 Ω) 이하의 것은 정전기 제거 설비를 설치하지 않을 수 있다.

33. 이동식 부탄 연소기의 용기 연결 방법에

정답 29. ① 30. ① 31. ② 32. ① 33. ①

따른 분류가 아닌 것은?
① 용기이탈식 ② 분리식
③ 카세트식 ④ 직결식

해설 연소기의 용기 연결 방법〈개정 15. 11. 4〉
㉮ 카세트식 : 거버너가 부착된 연소기 안에 용기를 수평으로 장착시키는 구조
㉯ 직결식 : 연소기에 1L 이하의 접합 용기를 직접 연결하는 구조
㉰ 분리식 : 연소기에 1L 이하의 접합 용기를 호스 등으로 연결하는 구조

34. 액화 산소, LNG 등에 일반적으로 사용될 수 있는 재질이 아닌 것은?
① Al 및 Al 합금
② Cu 및 Cu 합금
③ 고장력 주철강
④ 18-8 스테인리스강

해설 액화 산소, LNG 등 초저온 액화 가스에 사용할 수 있는 재질은 알루미늄(Al) 및 알루미늄 합금, 구리(Cu) 및 구리 합금, 18-8 스테인리스강(오스테나이트계 스테인리스강)이다.

35. 다음 중 저압식(Linde-Frankl식) 공기 액화 분리 장치의 정류탑 하부의 압력은 어느 정도인가?
① 1기압 ② 5기압
③ 10기압 ④ 20기압

해설 저압식 공기 액화 분리 장치의 복식 정류 딥에서는 하부탑에서 약 5 atm의 압력하에서 원료 공기가 정류되고, 동탑 상부에서는 98% 정도의 액체 질소가, 탑 하부에서는 40% 정도의 액체 공기가 분리된다.

36. LP 가스 저압 배관 공사를 완료하여 기밀 시험을 하기 위해 공기압을 1000 mmH₂O로 하였다. 이때 관 지름 25 mm, 길이 30 m로 할 경우 배관의 전체 부피는 약 몇 L인가?
① 5.7 L ② 12.7 L
③ 14.7 L ④ 23.7 L

해설 $1\,m^3 = 1000\,L$, $1\,m = 1000\,mm$의 관계이고, 배관의 내용적은 관 단면적에 배관 길이를 곱하면 된다.
$$\therefore V = \frac{\pi}{4} \times D^2 \times L$$
$$= \frac{\pi}{4} \times 0.025^2 \times 30 \times 10^3 = 14.726\,L$$

37. 저온, 고압의 액화석유가스 저장 탱크가 있다. 이 탱크를 퍼지하여 수리 점검 작업할 때에 대한 설명으로 옳지 않은 것은?
① 공기로 재치환하여 산소 농도가 최소 18%인지 확인한다.
② 질소 가스로 충분히 퍼지하여 가연성 가스의 농도가 폭발 하한계의 $\frac{1}{4}$ 이하가 될 때까지 치환을 계속한다.
③ 단시간에 고온으로 가열하면 탱크가 손상될 우려가 있으므로 국부 가열이 되지 않게 한다.
④ 가스는 공기보다 가벼우므로 상부 맨홀을 열어 자연적으로 퍼지가 되도록 한다.

해설 액화석유가스는 프로판과 부탄이 주성분이므로 공기보다 무거운 가스에 해당된다.

38. 연소에 필요한 공기를 전부 2차 공기로 취하며 불꽃의 길이가 길고, 온도가 가장 낮은 연소 방식은?
① 분젠식 ② 세미분젠식
③ 적화식 ④ 전1차 공기식

해설 연소 방식의 분류
㉮ 적화식 : 연소에 필요한 공기를 2차 공기

정답 34. ③ 35. ② 36. ③ 37. ④ 38. ③

로 모두 취하는 방식
- ㈎ 분젠식 : 가스를 노즐로부터 분출시켜 주위의 공기를 1차 공기로 취한 후 나머지는 2차 공기를 취하는 방식
- ㈐ 세미분젠식 : 적화식과 분젠식의 혼합형으로 1차 공기율 40 % 이하를 취하는 방식
- ㈑ 전1차 공기식 : 완전 연소에 필요한 공기를 모두 1차 공기로 하여 연소하는 방식

39. 다음 중 액주식 압력계에 대한 설명으로 틀린 것은?
① 경사관식은 정도가 좋다.
② 단관식은 차압계로도 사용된다.
③ 링 밸런스식은 저압 가스의 압력 측정에 적당하다.
④ U자관은 메니스커스의 영향을 받지 않는다.

[해설] U자관은 메니스커스의 영향을 받는다.
[참고] 메니스커스(meniscus) : 모세관 속의 액체 표면이 만드는 곡선으로 물의 경우 액면이 오목해지고, 수은의 경우 액면이 볼록해진다.

40. 압축 천연가스 자동차 충전소에 설치하는 압축가스 설비의 설계 압력이 25 MPa인 경우 이 설비에 설치하는 압력계의 지시 눈금은?
① 최소 25.0 MPa까지 지시할 수 있는 것
② 최소 27.5 MPa까지 지시할 수 있는 것
③ 최소 37.5 MPa까지 지시할 수 있는 것
④ 최소 50.0 MPa까지 지시할 수 있는 것

[해설] 압축 천연가스 자동차 충전소에 설치하는 압력계의 지시 눈금은 압력계가 부착되는 설비의 설계 압력의 최소 150 %까지 지시할 수 있는 것으로 한다.

∴ 압력계 지시 눈금 = 설계 압력×1.5
= 25×1.5 = 37.5 MPa

41. 저온 장치에서 열의 침입 원인으로 가장 거리가 먼 것은?
① 내면으로부터의 열전도
② 연결 배관 등에 의한 열전도
③ 지지 요크 등에 의한 열전도
④ 단열재를 넣은 공간에 남은 가스의 분자 열전도

[해설] 저온 장치의 열 침입 원인
- ㈎ 단열재를 충전한 공간에 남은 가스 분자의 열전도
- ㈏ 외면으로부터의 열전도
- ㈐ 연결되는 배관 등에 의한 열전도
- ㈑ 지지 요크 등에 의한 열전도
- ㈒ 밸브, 안전밸브 등에 의한 열전도

42. 저장 탱크 내부의 압력이 외부의 압력보다 낮아져 그 탱크가 파괴되는 것을 방지하기 위한 설비와 관계없는 것은?
① 압력계   ② 진공 안전밸브
③ 압력 경보 설비   ④ 벤트 스택

[해설] 부압을 방지하는 조치
- ㈎ 압력계
- ㈏ 압력 경보 설비
- ㈐ 진공 안전밸브
- ㈑ 다른 시설로부터의 가스 도입 배관(균압관)
- ㈒ 압력과 연동하는 긴급 차단 장치를 설치한 냉동 제어 설비
- ㈓ 압력과 연동하는 긴급 차단 장치를 설치한 송액 설비

43. 공기 액화 분리 장치에는 다음 중 어떤 가스 때문에 가연성 물질을 단열재로 사용할

정답 39. ④   40. ③   41. ①   42. ④   43. ③

수 없는가?
① 질소   ② 수소
③ 산소   ④ 아르곤

해설 공기 액화 분리 장치에는 산소 때문에 가연성 물질을 단열재로 만든 것을 사용할 수 없다 (불연성의 단열재를 사용하여야 한다).

44. 도시가스 공급 시설이 아닌 것은?
① 압축기   ② 홀더
③ 정압기   ④ 용기

해설 도시가스 공급 시설 : 가스 홀더, 압축기 (또는 압송기), 정압기
※ 용기는 액화석유가스에서 저장 설비에 해당된다.

45. 암모니아 용기의 재료로 주로 사용되는 것은?
① 동   ② 알루미늄 합금
③ 동합금   ④ 탄소강

해설 암모니아는 동 및 동합금, 알루미늄 합금에 대하여 부식이 발생하므로 탄소강으로 용접 용기로 제조된다.

46. 표준 상태에서 부탄가스의 비중은 약 얼마인가? (단, 부탄의 분자량은 58이다.)
① 1.6   ② 1.8
③ 2.0   ④ 2.2

해설 기체 비중 = $\dfrac{\text{기체의 분자량}}{\text{공기의 평균 분자량}(29)}$
$= \dfrac{58}{29} = 2$

47. 메탄(CH_4)의 공기 중 폭발 범위 값에 가장 가까운 것은?

① 5~15.4 %   ② 3.2~12.5 %
③ 2.4~9.5 %   ④ 1.9~8.4 %

해설 메탄의 공기 중 폭발 범위 : 5~15 %

48. 다음 중 가장 낮은 압력은?
① 1 atm   ② 1 kgf/cm^2
③ 10.33 mH$_2$O   ④ 1 MPa

해설 각 압력을 "kgf/cm^2" 단위로 환산하여 비교
① 1 atm = 1.0332 kgf/cm^2
② 1 kgf/cm^2
③ 1 atm = 10.332 mH$_2$O = 1.0332 kgf/cm^2 이므로 10.33 mH$_2$O는 약 1.033 kgf/cm^2 이다.
④ $\dfrac{1 \text{ MPa}}{0.101325 \text{ MPa}} \times 1.0332 \text{ kgf/cm}^2$
$= 10.19689 \text{ kgf/cm}^2$

49. 부탄가스의 주된 용도가 아닌 것은?
① 산화에틸렌 제조   ② 자동차 연료
③ 라이터 연료   ④ 에어졸 제조

해설 부탄(C_4H_{10})은 파라핀계 탄화수소로 연료용으로 주로 사용된다.

50. 포스겐의 화학식은?
① COCl$_2$ ② COCl$_3$
③ PH$_2$ ④ PH$_3$

해설 포스겐($COCl_2$)은 일산화탄소(CO)와 염소(Cl_2)를 활성탄 촉매하에서 반응시켜 제조한다.

51. 다음 중 헨리의 법칙에 잘 적용되지 않는 가스는?
① 암모니아   ② 수소
③ 산소   ④ 이산화탄소

정답 44. ④ 45. ④ 46. ③ 47. ① 48. ② 49. ① 50. ① 51. ①

해설 헨리의 법칙: 일정 온도에서 일정량의 액체에 녹는 기체의 질량은 압력에 정비례한다.
㉮ 수소(H_2), 산소(O_2), 질소(N_2), 이산화탄소(CO_2) 등과 같이 물에 잘 녹지 않는 기체만 적용된다.
㉯ 염화수소(HCl), 암모니아(NH_3), 이산화황(SO_2) 등과 같이 물에 잘 녹는 기체는 적용되지 않는다.

52. 착화원이 있을 때 가연성 액체나 고체의 표면에 연소 하한계 농도의 가연성 혼합기가 형성되는 최저 온도는?
① 인화 온도
② 임계 온도
③ 발화 온도
④ 포화 온도

해설 ㉮ 인화 온도: 점화원(착화원)에 의하여 연소가 개시되는 최저 온도로, 위험성의 척도이다.
㉯ 발화 온도(발화점, 착화 온도, 착화점): 온도가 상승할 때 점화원 없이 스스로 연소를 개시할 수 있는 최저의 온도로, 인화점보다는 온도가 높다.

53. 부양 기구의 수소 대체용으로 사용되는 가스는?
① 아르곤
② 헬륨
③ 질소
④ 공기

해설 헬륨(He)은 분자량이 4로 수소 다음으로 가벼운 불활성 가스이며, 부양 기구의 수소 대체용으로 사용된다.

54. 시안화수소를 충전한 용기는 충전 후 얼마를 정치해야 하는가?
① 4시간
② 8시간
③ 16시간
④ 24시간

해설 시안화수소(HCN)를 충전한 용기는 충전 후 24시간 정치하고, 그 후 1일 1회 이상 질산구리벤젠지 등의 시험지로 가스의 누출 검사를 한다.

55. 아세틸렌(C_2H_2)에 대한 설명 중 틀린 것은 어느 것인가?
① 공기보다 무거워 낮은 곳에 체류한다.
② 카바이트(CaC_2)에 물을 넣어 제조한다.
③ 공기 중 폭발 범위는 약 2.5~81%이다.
④ 흡열 화합물이므로 압축하면 폭발을 일으킬 수 있다.

해설 아세틸렌은 분자량이 26이므로 공기보다 가벼운 무색의 가스이다.

56. 황화수소에 대한 설명으로 틀린 것은?
① 무색이다.
② 유독하다.
③ 냄새가 없다.
④ 인화성이 아주 강하다.

해설 황화수소(H_2S)의 특징
㉮ 화산 분출 시 발생하는 가스이며, 유황 온천수에 녹아 용출한다.
㉯ 무색이며 특유의 계란 썩는 냄새가 난다.
㉰ 독성 가스(TLV-TWA 10 ppm)이며, 가연성 가스(4.3~45%)이다.
㉱ 비점이 -61.8℃로 액화 가스로 취급된다.
㉲ 공기 중에서 파란 불꽃을 발생하며 연소하고, 불완전 연소 시에는 황을 유리시킨다.
㉳ 건조한 상태에서는 부식성이 없으나 수분을 함유하면 금속을 심하게 부식시킨다.
㉴ 가열 시 격렬한 연소 또는 폭발을 일으키며, 알칼리 금속 및 일부 플라스틱과 반응한다.

정답 52. ① 53. ② 54. ④ 55. ① 56. ③

57. 표준 상태에서 산소의 밀도(g/L)는?

① 0.7
② 1.43
③ 2.72
④ 2.88

해설 산소의 분자량은 32이다.

$$\therefore \rho = \frac{분자량}{22.4} = \frac{32}{22.4} = 1.428 \text{ g/L}$$

58. 다음 가스 중 비중이 가장 작은 것은?

① CO
② C_3H_8
③ Cl_2
④ NH_3

해설 각 가스의 분자량

명칭	분자량
일산화탄소 (CO)	26
프로판 (C_3H_8)	44
염소 (Cl_2)	71
암모니아 (NH_3)	17

$$기체\ 비중 = \frac{기체\ 분자량}{공기의\ 평균\ 분자량(29)}$$

∴ 분자량이 가장 작은 것이 기체 비중이 가장 작다.

59. 이상 기체의 정압 비열(C_p)과 정적 비열(C_v)에 대한 설명 중 틀린 것은? (단, k는 비열비이고, R은 이상 기체 상수이다.)

① 정적 비열과 R의 합은 정압 비열이다.
② 비열비(k)는 $\frac{C_p}{C_v}$로 표현된다.
③ 정적 비열은 $\frac{R}{k-1}$로 표현된다.
④ 정압 비열은 $\frac{k-1}{k}$로 표현된다.

해설 기체 상수(R) 및 정압 비열(C_p), 정적 비열(C_v)의 관계

㉮ 비열비 $k = \frac{C_p}{C_v} > 1$

㉯ $C_p - C_v = R$

㉰ $C_p = \frac{k}{k-1} \cdot R$

㉱ $C_v = \frac{1}{k-1} \cdot R = \frac{R}{k-1}$

60. LNG의 주성분은?

① 메탄
② 에탄
③ 프로판
④ 부탄

해설 LNG (액화 천연가스)의 주성분은 메탄(CH_4)이고, 소량의 에탄(C_2H_6)이 포함되어 있다.

정답 57. ② 58. ④ 59. ④ 60. ①

2016년도 출제문제

■ 가스기능사　　　　　2016년 1월 24일 시행 (제1회)

1. 고압가스 제조 설비에서 기밀시험용으로 사용할 수 없는 것은?
① 산소　　② 질소
③ 공기　　④ 탄산가스

[해설] 고압가스 설비와 배관의 기밀시험은 원칙적으로 공기 또는 위험성이 없는 기체의 압력으로 실시한다(산소는 조연성 가스에 해당되므로 기밀시험용으로 사용할 수 없다).

2. 액화석유가스 자동차에 고정된 용기 충전시설에 설치하는 긴급 차단 장치에 접속하는 배관에 대하여 어떠한 조치를 하도록 되어 있는가?
① 워터 해머가 발생하지 않도록 조치
② 긴급 차단에 따른 정전기 등이 발생하지 않도록 하는 조치
③ 체크 밸브를 설치하여 과량 공급이 되지 않도록 조치
④ 바이패스 배관을 설치하여 차단 성능을 향상시키는 조치

[해설] 긴급 차단 장치 또는 역류 방지 밸브에는 차단에 따라 긴급 차단 장치 또는 역류 방지 밸브 및 접속하는 배관 등에 대하여 워터 해머(water hammer)가 발생하지 아니하는 조치를 강구한다.

3. 액화석유가스 자동차에 고정된 용기 충전시설에 게시한 '화기 엄금'이라 표시한 게시판의 색상은?
① 황색 바탕에 흑색 글씨
② 흑색 바탕에 황색 글씨
③ 백색 바탕에 적색 글씨
④ 적색 바탕에 백색 글씨

[해설] LPG 자동차 충전소 표지판
㉮ 충전 중 엔진 정지 : 황색 바탕에 흑색 글씨
㉯ 화기 엄금 : 백색 바탕에 적색 글씨

4. 특정 고압가스 사용 시설의 시설 기준 및 기술기준으로 틀린 것은?
① 가연성 가스의 사용 설비에는 정전기 제거 설비를 설치한다.
② 지하에 매설하는 배관에는 전기 부식 방지 조치를 한다.
③ 특정 가스의 저장 설비에는 가스가 누출될 때 이를 흡수 또는 중화할 수 있는 장치를 설치한다.
④ 산소를 사용하는 밸브에는 밸브가 잘 동작할 수 있도록 석유류 및 유지류를 주유하여 사용한다.

[해설] 산소를 사용하는 밸브에는 석유류, 유지류 등에 의한 사고를 방지하기 위하여 밸브 및 사용 기구에 부착된 석유류, 유지류, 그 밖의 가연성 물질을 제거한 후 사용한다.

5. 가연성 가스이면서 독성 가스인 것은?
① $CHClF_2$　　② HCl
③ C_2H_2　　　④ HCN

[정답] 1. ① 　2. ① 　3. ③ 　4. ④ 　5. ④

해설 가연성 가스이면서 독성 가스인 것 : 아크릴로니트릴(CH_2CHCN), 일산화탄소 (CO), 벤젠 (C_6H_6), 산화에틸렌 (C_2H_4O), 모노메틸아민, 염화 메탄 (CH_3Cl), 브롬화메탄 (CH_3Br), 이황화탄소 (CS_2), 황화수소 (H_2S), 암모니아 (NH_3), 석탄 가스, 시안화수소 (HCN), 트리메틸아민 [$(CH_3)_3N$]

6. 액화석유가스 집단공급 시설에서 가스 설비의 상용 압력이 1 MPa일 때 설비의 내압시험 압력은 몇 MPa로 하는가?
① 1 ② 1.25 ③ 1.5 ④ 2.0

해설 내압시험 압력은 상용 압력의 1.5배 이상으로 한다.
∴ 내압시험 압력 = 상용 압력×1.5
= 1×1.5 = 1.5 MPa

7. 아세틸렌가스 또는 압력이 9.8 MPa 이상인 압축가스를 용기에 충전하는 경우 방호벽을 설치하지 않아도 되는 곳은?
① 압축기와 충전 장소 사이
② 압축가스 충전 장소와 그 가스 충전용기 보관 장소 사이
③ 압축기와 그 가스 충전용기 보관 장소 사이
④ 압축가스를 운반하는 차량과 충전용기 사이

해설 방호벽 설치 : 아세틸렌가스 또는 압력이 9.8 MPa 이상인 압축가스를 용기에 충전하는 경우 압축기와 충전 장소 사이, 압축기와 가스 충전 용기 보관 장소 사이, 충전 장소와 가스 충전 용기 보관 장소 사이, 충전 장소와 충전용 주관밸브 조작 장소 사이에 방호벽을 설치한다.

8. 저장 탱크에 의한 액화석유가스 저장소에서 지상에 노출된 배관을 차량 등으로부터 보호하기 위하여 설치하는 방호철판의 두께는 얼마 이상으로 하여야 하는가?
① 2 mm ② 3 mm
③ 4 mm ④ 5 mm

해설 "ㄷ" 형태로 가공한 방호철판의 두께는 4 mm 이상이고, 재료는 KS D 3503 (일반 구조용 압연 강재) 또는 이와 같은 수준 이상의 기계적 강도가 있는 것으로 한다.

9. 가스 제조 시설에 설치하는 방호벽의 규격으로 옳은 것은?
① 박강판 벽으로 두께 3.2 cm 이상, 높이 3 m 이상
② 후강판 벽으로 두께 10 mm 이상, 높이 3 m 이상
③ 철근 콘크리트 벽으로 두께 12 cm 이상, 높이 2 m 이상
④ 철근 콘크리트 블록 벽으로 두께 20 cm 이상, 높이 2 m 이상

해설 방호벽의 규격

종류		두께	높이
철근 콘크리트		12 cm 이상	2 m 이상
콘크리트 블록		15 cm 이상	2 m 이상
강판제	후강판	6 mm 이상	2 m 이상
	박강판	3.2 mm 이상	2 m 이상

※ 3.2 mm 이상의 박강판은 30 mm×30 mm 이상의 앵글강을 가로·세로 400 mm 이하의 간격으로 용접 보강한다.

10. 고압가스 안전 관리법의 적용 범위에서 제외되는 고압가스가 아닌 것은?
① 섭씨 35℃의 온도에서 게이지 압력이 4.9 MPa 이하인 유니트형 공기 압축 장치 안의 압축 공기

정답 6. ③ 7. ④ 8. ③ 9. ③ 10. ②

② 섭씨 15℃의 온도에서 압력이 0 Pa을 초과하는 아세틸렌가스
③ 내연 기관의 시동, 타이어의 공기 충전, 리베팅, 착암 또는 토목 공사에 사용되는 압축 장치 안의 고압가스
④ 냉동 능력이 3톤 미만인 냉동 설비 안의 고압가스

[해설] 고압가스 안전 관리법 적용 범위에서 제외되는 고압가스 : 고법 시행령 제2조, 별표1
※ ②항은 법의 적용을 받는 고압가스이다.

11. 도시가스 배관에 설치하는 희생 양극법에 의한 전위 측정용 터미널은 몇 m 이내의 간격으로 하여야 하는가?
① 200 m ② 300 m
③ 500 m ④ 600 m

[해설] 전위 측정용 터미널 설치 간격
㉮ 희생 양극법, 배류법 : 300 m 이내
㉯ 외부 전원법 : 500 m 이내

12. 고압가스 용기를 취급 또는 보관할 때의 기준으로 옳은 것은?
① 충전 용기와 잔 가스 용기는 각각 구분하여 용기 보관 장소에 놓는다.
② 용기는 항상 60℃ 이하의 온도를 유지한다.
③ 충전 용기는 통풍이 잘 되고 직사광선을 받을 수 있는 따스한 곳에 둔다.
④ 용기 보관 장소의 주위 5 m 이내에는 화기, 인화성 물질을 두지 아니한다.

[해설] 고압가스 용기를 취급 또는 보관할 때의 기준
㉮ 충전 용기와 잔 가스 용기는 각각 구분하여 용기 보관 장소에 놓는다.
㉯ 용기는 항상 40℃ 이하의 온도를 유지하고 직사광선을 받지 않도록 조치한다.
㉰ 용기 보관 장소의 주위 2 m 이내에는 화기 또는 인화성 물질이나 발화성 물질을 두지 아니한다.
㉱ 가연성 가스, 독성 가스 및 산소의 용기는 각각 구분하여 용기 보관 장소에 놓는다.
㉲ 용기 보관 장소에는 계량기 등 작업에 필요한 물건 외에는 이를 두지 아니한다.
㉳ 가연성 가스 용기 보관 장소에는 방폭형 휴대용 손전등 외의 등화를 휴대하고 들어가지 아니한다.
㉴ 밸브가 돌출한 용기에는 고압가스를 충전한 후 용기의 넘어짐 및 밸브의 손상을 방지하기 위한 조치를 강구하고 난폭한 취급을 하지 않는다.

13. 도시가스에 대한 설명 중 틀린 것은?
① 국내에서 공급하는 대부분의 도시가스는 메탄을 주성분으로 하는 천연가스이다.
② 도시가스는 주로 배관을 통하여 수요자에게 공급된다.
③ 도시가스의 원료로 LPG를 사용할 수 있다.
④ 도시가스는 공기와 혼합만 되면 폭발한다.

[해설] 도시가스는 공급 열량을 조정하기 위하여 공기와 혼합한 가스를 공급할 수 있다 (단, 폭발범위 내에 들어가지 않도록 하여야 한다).

14. 고압가스의 용어에 대한 설명으로 틀린 것은?
① 액화 가스란 가압, 냉각 등의 방법에 의하여 액체 상태로 되어 있는 것으로서 대기압에서의 끓는점이 섭씨 40도 이하 또는 상용의 온도 이하인 것을 말한다.
② 독성 가스란 공기 중에 일정량이 존재하

[정답] 11. ② 12. ① 13. ④ 14. ②

는 경우 인체에 유해한 독성을 가진 가스로서 허용 농도가 100만분의 2000 이하인 가스를 말한다.
③ 초저온 저장 탱크라 함은 섭씨 영하 50도 이하의 액화 가스를 저장하기 위한 저장 탱크로서 단열재로 씌우거나 냉동 설비로 냉각하는 등의 방법으로 저장 탱크 내의 가스 온도가 상용의 온도를 초과하지 아니하도록 한 것을 말한다.
④ 가연성 가스라 함은 공기 중에서 연소하는 가스로서 폭발 한계의 하한이 10 % 이하인 것과 폭발 한계의 상한과 하한의 차가 20 % 이상인 것을 말한다.

해설 ㉮ 독성 가스의 정의 : 공기 중에 일정량 이상 존재하는 경우 인체에 유해한 독성을 가진 가스로서 허용 농도가 100만분의 5000 이하인 것을 말한다.
㉯ 허용 농도 : 해당 가스를 성숙한 흰쥐 집단에게 대기 중에서 1시간 동안 계속하여 노출시킨 경우 14일 이내에 그 흰쥐의 2분의 1 이상이 죽게 되는 가스의 농도를 말한다.
※ LC50 (치사 농도 [致死濃度] 50 : Lethal concentration 50)으로 표시한다.

15. 도시가스 배관에는 도시가스를 사용하는 배관임을 명확하게 식별할 수 있도록 표시를 한다. 다음 중 그 표시 방법에 대한 설명으로 옳은 것은?
① 지상에 설치하는 배관의 외부에는 사용 가스명, 최고 사용 압력 및 가스의 흐름 방향을 표시한다.
② 매설 배관의 표면 색상은 최고 사용 압력이 저압인 경우 녹색으로 도색한다.
③ 매설 배관의 표면 색상은 최고 사용 압력이 중압인 경우 황색으로 도색한다.
④ 지상 배관의 표면 색상은 백색으로 도색한다. 다만, 흑색으로 2중 띠를 표시한 경우 백색으로 하지 않아도 된다.

해설 도시가스 배관의 표시 방법
(1) 지상 배관 도색 : 황색
(2) 지하 매설관 도색
  ㉮ 중압 : 적색
  ㉯ 저압 : 황색
(3) 지상 배관의 표면 색상은 황색으로 한다. 단, 건축물의 내·외벽에 노출된 것으로서 바닥으로부터 1 m 높이에 폭 3 cm의 황색띠를 2중으로 표시한 경우에는 표면 색상을 황색으로 하지 아니할 수 있다.

16. 고압가스 특정 제조시설에서 선임하여야 하는 안전 관리원의 선임 인원 기준은?
① 1명 이상   ② 2명 이상
③ 3명 이상   ④ 5명 이상

해설 고압가스 특정 제조시설 안전 관리자 선임 기준 : 고법 시행령 제12조, 별표3
㉮ 안전 관리 총괄자 : 1명
㉯ 안전 관리 부총괄자 : 1명
㉰ 안전 관리 책임자 : 1명(가스 산업 기사)
㉱ 안전 관리원 : 2명 이상 (가스 기능사 또는 일반시설 안전 관리자 양성교육 이수자)

17. 일반 도시가스 공급 시설에 설치하는 정압기의 분해 점검 주기는?
① 1년에 1회 이상   ② 2년에 1회 이상
③ 3년에 1회 이상   ④ 1주일에 1회 이상

해설 분해 점검 주기
㉮ 정압기 : 2년에 1회 이상
㉯ 정압기 필터 : 가스 공급 개시 후 1월 이내 및 매년 1회 이상
㉰ 가스 사용자 시설의 정압기와 필터 : 설

정답 15. ① 16. ② 17. ②

치 후 3년까지는 1회 이상, 그 이후에는 4년에 1회 이상

18. 방폭 전기 기기 구조별 표시 방법 중 "e"의 표시는?
① 안전증 방폭 구조 ② 내압 방폭 구조
③ 유입 방폭 구조 ④ 압력 방폭 구조

해설 방폭 구조의 종류 및 표시 기호

종류	기호
내압 방폭 구조	d
유입 방폭 구조	o
압력 방폭 구조	p
안전증 방폭 구조	e
본질 안전 방폭 구조	ia, ib
특수 방폭 구조	s

19. 자연 환기설비 설치 시 LP 가스의 용기 보관실 바닥 면적이 3 m²라면 통풍구의 크기는 몇 cm² 이상으로 하도록 되어 있는가? (단, 철망 등이 부착되어 있지 않은 것으로 간주한다.)
① 500   ② 700
③ 900   ④ 1100

해설 통풍구의 크기는 바닥 면적 1 m²당 300 cm² 이상으로 하여야 한다.
∴ 통풍구 크기 = 3×300 = 900 cm²

20. 고속도로 휴게소에서 액화석유가스 저장 능력이 얼마를 초과하는 경우에 소형 저장 탱크를 설치하여야 하는가?
① 300 kg   ② 500 kg
③ 1000 kg   ④ 3000 kg

해설 고속도로 휴게소 중 액화석유가스 저장 능력이 500 kg 초과인 고속도로 휴게소에는 소형 저장 탱크를 설치한다.

21. 액화석유가스의 용기 보관소 시설 기준으로 틀린 것은?
① 용기 보관실은 사무실과 구분하여 동일 부지에 설치한다.
② 저장 설비는 용기 집합식으로 한다.
③ 용기 보관실은 불연 재료를 사용한다.
④ 용기 보관실 창의 유리는 망입유리 또는 안전유리로 한다.

해설 액화석유가스의 용기 보관소 시설 기준 : ①, ③, ④ 외 '저장 설비는 용기 집합식으로 하지 아니한다.'

22. 액화석유가스 사용 시설의 연소기 설치 방법으로 옳지 않은 것은?
① 밀폐형 연소기는 급기구, 배기통과 벽과의 사이에 배기 가스가 실내로 들어올 수 없게 한다.
② 반밀폐형 연소기는 급기구와 배기통을 설치한다.
③ 개방형 연소기를 설치한 실에는 환풍기 또는 환기구를 설치한다.
④ 배기통이 가연성 물질로 된 벽을 통과 시에는 금속 등 불연성 재료로 단열 조치를 한다.

해설 배기통이 가연성의 벽을 통과하는 부분은 방화 조치를 하고 배기 가스가 실내로 유입되지 아니하도록 한다.

23. 상용 압력이 10 MPa인 고압 설비의 안전밸브 작동 압력은 얼마인가?
① 10 MPa   ② 12 MPa
③ 15 MPa   ④ 20 MPa

해설 안전밸브 작동 압력은 내압시험 압력의 $\frac{8}{10}$배 이하에서 작동되어야 한다.

정답 18. ① 19. ③ 20. ② 21. ② 22. ④ 23. ②

∴ 안전밸브 작동 압력

$$= 내압시험 압력 \times \frac{8}{10}$$
$$= (상용 압력 \times 1.5) \times \frac{8}{10}$$
$$= (10 \times 1.5) \times \frac{8}{10} = 12 \text{ MPa}$$

24. 다음 가스 중에서 독성(LC_{50})이 가장 강한 것은?
① 암모니아 ② 디메틸아민
③ 브롬화메탄 ④ 아크릴로니트릴

해설 각 가스의 허용 농도 (ppm)

구분	LC_{50}	TLV-TWA
암모니아	7388	25
디메틸아민	11100	10
브롬화메탄	850	20
아크릴로니트릴	666	20

25. 특정 고압가스 사용 시설에서 취급하는 용기의 안전 조치 사항으로 틀린 것은?
① 고압가스 충전 용기는 항상 40℃ 이하를 유지한다.
② 고압가스 충전 용기 밸브는 서서히 개폐하고 밸브 또는 배관을 가열할 때에는 열습포나 40℃ 이하의 더운 물을 사용한다.
③ 고압가스 충전 용기를 사용한 후에는 폭발을 방지하기 위하여 밸브를 열어 둔다.
④ 용기 보관실에 충전 용기를 보관하는 경우에는 넘어짐 등으로 충격 및 밸브 등의 손상을 방지하는 조치를 한다.

해설 고압가스 충전 용기를 사용한 후에는 밸브를 닫아 둔다.

26. LPG 충전자가 실시하는 용기의 안전 점검기준에서 내용적 얼마 이하의 용기에 대하여 "실내 보관 금지" 표시 여부를 확인하여야 하는가?
① 15 L ② 20 L ③ 30 L ④ 50 L

해설 용기의 안전 점검 기준 (액법 시행규칙 별표17) : 내용적 15 L 이하의 용기(용기 내장형 가스난방기용 용기와 내용적 1 L 이하의 이동식 부탄 연소기용 용기는 제외)의 경우에는 "실내 보관 금지" 표시 여부를 확인한다.

27. 독성 가스 충전 용기를 차량에 적재할 때의 기준에 대한 설명으로 틀린 것은?
① 운반 차량에 세워서 운반한다.
② 차량의 적재함을 초과하여 적재하지 아니한다.
③ 차량의 최대 적재량을 초과하여 적재하지 아니한다.
④ 충전 용기는 2단 이상으로 겹쳐 쌓아 용기가 서로 이격되지 않도록 한다.

해설 충전 용기 등을 목재, 플라스틱 또는 강철제로 만든 팔레트(견고한 상자 또는 틀) 내부에 넣어 안전하게 적재하는 경우와 용량 10 kg 미만의 액화석유가스 충전 용기를 적재할 경우를 제외하고 모든 충전 용기는 1단으로 쌓는다.

28. 허용 농도가 100만분의 200 이하인 독성가스 용기 중 내용적이 얼마 미만인 충전 용기를 운반하는 차량의 적재함에 대하여 밀폐된 구조로 하여야 하는가?
① 500 L ② 1000 L
③ 2000 L ④ 3000 L

해설 허용 농도가 100만분의 200 이하인 독성 가스 충전 용기를 운반하는 경우에는 용기 승하차용 리프트와 밀폐된 구조의 적재함이 부착된 전용 차량으로 운반한다. 단,

정답 24. ④ 25. ③ 26. ① 27. ④ 28. ②

내용적이 1000 L 이상인 충전 용기를 운반하는 경우에는 그러하지 아니한다 (∴ 내용적 1000 L 미만인 충전 용기를 운반하는 경우에는 차량 적재함이 밀폐된 구조로 하여야 한다).

29. 도시가스 배관 굴착작업 시 배관의 보호를 위하여 배관 주위의 얼마 이내에는 인력으로 굴착하여야 하는가?
① 0.3 m ② 0.6 m
③ 1 m ④ 1.5 m

해설 도시가스 배관 주위를 굴착하는 경우 도시가스 배관의 좌우 1 m 이내에는 인력으로 굴착하여야 한다.

30. 차량에 고정된 고압가스 탱크를 운행할 경우 휴대하여야 할 서류가 아닌 것은?
① 차량 등록증
② 탱크 테이블(용량 환산표)
③ 고압가스 이동 계획서
④ 탱크 제조 시방서

해설 안전 운행 서류철에 포함할 사항
㉮ 고압가스 이동 계획서
㉯ 고압가스 관련 자격증 (양성 교육 및 정기교육 이수증)
㉰ 운전면허증
㉱ 탱크 테이블(용량 환산표)
㉲ 차량 운행일지
㉳ 차량 등록증
㉴ 그 밖에 필요한 서류

31. 다단 왕복동 압축기의 중간단의 토출온도가 상승하는 주된 원인이 아닌 것은?
① 압축비 감소
② 토출 밸브 불량에 의한 역류
③ 흡입 밸브 불량에 의한 고온 가스의 흡입
④ 전단 쿨러 불량에 의한 고온 가스의 흡입

해설 중간단의 토출온도 상승 원인
㉮ 압축비 증가
㉯ 토출 밸브 불량에 의한 역류
㉰ 흡입 밸브 불량에 의한 고온 가스의 흡입
㉱ 전단 쿨러 불량에 의한 고온 가스의 흡입

32. LP 가스의 자동 교체식 조정기 설치 시의 장점에 대한 설명 중 틀린 것은?
① 도관의 압력 손실을 적게 해야 한다.
② 용기 숫자가 수동식보다 적어도 된다.
③ 용기 교환 주기의 폭을 넓힐 수 있다.
④ 잔액이 거의 없어질 때까지 소비가 가능하다.

해설 자동 교체식 조정기 설치(사용) 시 장점
㉮ 전체 용기 수량이 수동 교체식의 경우보다 적어도 된다.
㉯ 잔액이 거의 없어질 때까지 소비된다.
㉰ 용기 교환 주기의 폭을 넓힐 수 있다.
㉱ 분리형을 사용하면 배관(도관)의 압력 손실을 크게 해도 된다.

33. 수은을 이용한 U자관 압력계에서 액주 높이(h) 600 mm, 대기압(P_1) 1 kgf/cm² 일 때 P_2는 약 몇 kgf/cm²인가?
① 0.22 ② 0.92
③ 1.82 ④ 9.16

해설 수은의 비중량은 13600 kgf/m³이다.
∴ 절대 압력 = 대기압 + 게이지 압력
  = 대기압 + $\gamma \times h$
  = $1 + (13600 \times 0.6 \times 10^{-4}$
  = 1.816 kgf/cm² · a

34. 오리피스 유량계의 특징에 대한 설명으로 옳은 것은?

① 내구성이 좋다.
② 저압, 저유량에 적당하다.
③ 유체의 압력 손실이 크다.
④ 협소한 장소에는 설치가 어렵다.

해설 오리피스 미터의 특징
㉮ 구조가 간단하고 제작이 쉬워 가격이 저렴하다.
㉯ 협소한 장소에 설치가 가능하다.
㉰ 유량 계수의 신뢰도가 크다.
㉱ 오리피스 교환이 용이하다.
㉲ 차압식 유량계에서 압력 손실이 가장 크다.
㉳ 침전물의 생성 우려가 많다.
㉴ 동심 오리피스와 편심 오리피스가 있다.
㉵ 유량계 전후에 동일한 지름의 직관이 필요하다.
㉶ 내구성이 양호하지 않고 고압, 대유량에 적당하다.

35. 공기 액화 분리 장치의 내부를 세척하고자 할 때 세정액으로 가장 적당한 것은?
① 염산(HCl)
② 가성 소다(NaOH)
③ 사염화탄소(CCl_4)
④ 탄산나트륨(Na_2CO_3)

해설 사염화탄소를 이용하여 1년에 1회 이상 공기 액화 분리 장치의 내부를 세척하여야 한다.

36. 가스 유량 2.03 kg/h, 관의 안지름 1.61 cm, 길이 20 m의 직관에서의 압력 손실은 약 몇 mm 수주인가? (단, 온도 15℃에서 비중 1.58, 밀도 2.04 kg/m³, 유량 계수 0.436이다.)
① 11.4
② 14.0
③ 15.2
④ 17.5

해설 ㉮ 질량 유량을 체적 유량으로 계산

∴ 체적 유량 = $\dfrac{질량\ 유량}{가스\ 밀도} = \dfrac{2.03}{2.04}$
= 0.995 m³/h

㉯ 저압 배관 유량식 $Q = K\sqrt{\dfrac{D^5 \cdot H}{S \cdot L}}$ 에서 압력 손실 계산

∴ $H = \dfrac{Q^2 SL}{K^2 D^5}$
$= \dfrac{0.995^2 \times 1.58 \times 20}{0.436^2 \times 1.61^5}$
= 15.213 mmH₂O

37. 암모니아를 사용하는 고온, 고압가스 장치의 재료로 가장 적당한 것은?
① 동
② PVC 코팅강
③ 알루미늄 합금
④ 18-8 스테인리스강

해설 암모니아는 고온, 고압의 상태에서 강재에 대하여 질화 작용과 수소 취성이 동시에 발생하고 동 및 동합금, 알루미늄 합금에는 부식이 발생하므로 18-8 스테인리스강을 사용한다.

38. 가스보일러의 본체에 표시된 가스 소비량이 100000 kcal/h이고, 버너에 표시된 가스소비량이 120000 kcal/h일 때 도시가스 소비량 산정은 얼마를 기준으로 하는가?
① 100000 kcal/h
② 105000 kcal/h
③ 110000 kcal/h
④ 120000 kcal/h

해설 도시가스 소비량 산정(가스 소비량 합계): 가스보일러 본체에 표시된 소비량과 버너에 표시된 소비량이 다를 경우에는 보일러 본체에 표시된 소비량으로 한다.

39. 다음 중 다공도를 측정할 때 사용되는 식은? (단, V: 다공 물질의 용적, E: 아세톤 침윤 잔용적이다.)

정답 35. ③ 36. ③ 37. ④ 38. ① 39. ②

① 다공도 $= \dfrac{V}{(V-E)}$

② 다공도 $= (V-E) \times \dfrac{100}{V}$

③ 다공도 $= (V+E) \times V$

④ 다공도 $= (V+E) \times \dfrac{V}{100}$

해설 아세틸렌 충전용기 다공도 계산식

$$\text{다공도}(\%) = \dfrac{V-E}{V} \times 100$$
$$= (V-E) \times \dfrac{100}{V}$$
$$= \left(1 - \dfrac{E}{V}\right) \times 100$$

40. 공기 액화 분리 장치의 부산물로 얻어지는 아르곤 가스는 불활성 가스이다. 아르곤 가스의 원자가는?

① 0   ② 1   ③ 3   ④ 8

해설 원자가 : 분자 내에서 한 원자가 다른 원자와 이루는 화학 결합의 수로 아르곤의 원자가는 0이다.

41. 로터미터는 어떤 형식의 유량계인가?

① 차압식   ② 터빈식
③ 회전식   ④ 면적식

해설 면적식 유량계

㉮ 측정 원리 : 배관 중에 있는 조리개 전후의 차압을 일정하게 유지할 수 있도록 조리개 면적의 변화로부터 유량을 측정하는 것이다.

㉯ 종류 : 부자식(플로트식), 로터미터

42. LP 가스 사용 시의 주의 사항으로 틀린 것은?

① 용기 밸브, 콕 등은 신속하게 열 것
② 연소 기구 주위에 가연물을 두지 말 것
③ 가스 누출 유무를 냄새 등으로 확인할 것
④ 고무호스의 노화, 갈라짐 등은 항상 점검할 것

해설 용기 밸브, 콕 등을 개방할 때에는 서서히 조작하여야 한다.

43. 원심 펌프의 양정과 회전 속도의 관계는? (단, N_1 : 처음 회전수, N_2 : 변화된 회전수)

① $\left(\dfrac{N_2}{N_1}\right)$ ② $\left(\dfrac{N_2}{N_1}\right)^2$

③ $\left(\dfrac{N_2}{N_1}\right)^3$ ④ $\left(\dfrac{N_2}{N_1}\right)^5$

해설 원심 펌프의 상사 법칙 : 회전수를 변화시키면 유량은 회전수 변화에 비례하고, 양정은 회전수 변화의 제곱에 비례하며, 동력은 회전수 변화의 3제곱에 비례한다.

$$\therefore H_2 = H_1 \times \left(\dfrac{N_2}{N_1}\right)^2$$

44. 조정 압력이 2.8 kPa인 액화석유가스 압력조정기의 안전장치 작동 표준 압력은?

① 5.0 kPa   ② 6.0 kPa
③ 7.0 kPa   ④ 8.0 kPa

해설 조정 압력이 3.3 kPa 이하인 압력조정기의 안전장치 압력

㉮ 작동 표준 압력 : 7 kPa
㉯ 작동 개시 압력 : 5.6~8.4 kPa (7±1.4 kPa)
㉰ 작동 정지 압력 : 5.04~8.4 kPa

45. 오스테나이트계 스테인리스강에 대한 설명으로 틀린 것은?

① Fe-Cr-Ni 합금이다.
② 내식성이 우수하다.
③ 강한 자성을 갖는다.

정답 40. ① 41. ④ 42. ① 43. ② 44. ③ 45. ③

④ 18-8 스테인리스강이 대표적이다.

해설 오스테나이트계 스테인리스강 : 18-8 스테인리스강이 대표적이며 크롬(Cr) 12~20 %, 니켈 8~16 %를 함유하고 열전도율이 낮으며, 냉간가공에 의한 경화성이 크고 비자성이다.

46. 임계 온도에 대한 설명으로 옳은 것은?
① 기체를 액화할 수 있는 절대 온도
② 기체를 액화할 수 있는 평균 온도
③ 기체를 액화할 수 있는 최저의 온도
④ 기체를 액화할 수 있는 최고의 온도

해설 ㉮ 액화의 조건 : 임계 온도 이하, 임계 압력 이상
㉯ 임계 온도 : 기체를 액화할 수 있는 최고의 온도
㉰ 임계 압력 : 기체를 액화할 수 있는 최저의 압력

47. 암모니아에 대한 설명 중 틀린 것은?
① 물에 잘 용해된다.
② 무색, 무취의 가스이다.
③ 비료의 제조에 이용된다.
④ 암모니아가 분해되면 질소와 수소가 된다.

해설 자극성의 무색 기체이며 가연성(15~28 %), 독성(TLV-TWA 25 ppm) 가스이다.

48. LNG의 특징에 대한 설명 중 틀린 것은?
① 냉열을 이용할 수 있다.
② 천연에서 산출한 천연가스를 약 -162℃까지 냉각하여 액화시킨 것이다.
③ LNG는 도시가스, 발전용 이외에 일반 공업용으로도 사용된다.
④ LNG로부터 기화한 가스는 부탄이 주성분이다.

해설 LNG의 주성분은 메탄 (CH_4)이다.

49. 불꽃의 끝이 적황색으로 연소하는 현상을 의미하는 것은?
① 리프트   ② 옐로 팁
③ 캐비테이션   ④ 워터 해머

해설 옐로 팁(yellow tip) : 불꽃 끝이 적황색으로 되어 연소하는 현상으로 연소 반응이 충분한 속도로 진행되지 않을 때, 1차 공기량이 부족하여 불완전 연소가 될 때 발생한다.

50. 랭킨 온도가 420°R일 경우 섭씨온도로 환산한 값으로 옳은 것은?
① -30℃   ② -40℃
③ -50℃   ④ -60℃

해설 ㉮ 랭킨 온도를 화씨온도로 계산
∴ °F = °R - 460 = 420 - 460 = -40 °F
㉯ 화씨온도를 섭씨온도로 계산
∴ ℃ = $\frac{5}{9}$ × (°F - 32)
= $\frac{5}{9}$ × (-40 - 32) = -40 ℃

별해
℃ = $\frac{°R}{1.8}$ - 273 = $\frac{420}{1.8}$ - 273
= -39.666 ≒ -40 ℃

51. 도시가스의 제조 공정이 아닌 것은?
① 열분해 공정
② 접촉 분해 공정
③ 수소화 분해 공정
④ 상압 증류 공정

해설 도시가스 제조 공정의 종류
㉮ 열분해 공정(thermal cracking process)
㉯ 접촉 분해 공정(steam reforming process)

정답 46. ④ 47. ② 48. ④ 49. ② 50. ② 51. ④

㉰ 부분 연소 공정(partial combustion process)
㉱ 수첨 분해 공정(hydrogenation cracking process)
㉲ 대체 천연가스 공정(substitute natural process)

52. 포화 온도에 대하여 가장 잘 나타낸 것은?
① 액체가 증발하기 시작할 때의 온도
② 액체가 증발 현상 없이 기체로 변하기 시작할 때의 온도
③ 액체가 증발하여 어떤 용기 안이 증기로 꽉 차 있을 때의 온도
④ 액체와 증기가 공존할 때 그 압력에 상당한 일정한 값의 온도

해설 포화 온도 : 액체를 가열하면 온도는 상승하고 액체의 종류와 액체에 가해지는 압력에 의해 결정되는 어떤 온도에 도달하면 증기를 발생시키고 비등이 시작되는 때의 온도이다.

53. 다음 중 1 MPa과 같은 것은?
① 10 N/cm²   ② 100 N/cm²
③ 1000 N/cm² ④ 10000 N/cm²

해설 ㉮ $1 \text{ N/m}^2 = \frac{1}{10000} \text{ N/cm}^2$
㉯ $1 \text{ MPa} = 1000000 \text{ N/m}^2$
$= 1000000 \times \frac{1}{10000} \text{ N/cm}^2$
$= 100 \text{ N/cm}^2$

54. 20℃의 물 50 kg을 90℃로 올리기 위하여 LPG를 사용하였다면 이때 필요한 LPG의 양은 몇 kg인가? (단, LPG 발열량은 10000 kcal/kg이고, 열효율은 50 %이다.)
① 0.5   ② 0.6
③ 0.7   ④ 0.8

해설 $G_f = \frac{G \cdot C \cdot \Delta t}{H_l \cdot \eta}$
$= \frac{50 \times 1 \times (90-20)}{10000 \times 0.5} = 0.7 \text{ kg}$

55. 다음 중 압축가스에 속하는 것은?
① 산소   ② 염소
③ 탄산가스   ④ 암모니아

해설 압축가스의 종류 : 헬륨 (He), 수소 (H_2), 네온 (Ne), 질소 (N_2), 일산화탄소 (CO), 불소 (F_2), 아르곤 (Ar), 산소 (O_2), 산화 질소 (NO), 메탄 (CH_4) 등

56. 진공도 200 mmHg는 절대 압력으로 약 몇 kgf/cm² · abs인가?
① 0.76   ② 0.80
③ 0.94   ④ 1.03

해설 진공도 200 mmHg는 진공 압력 200 mmHg이고 대기압은 760 mmHg = 1.0332 kgf/cm²이다.
∴ 절대 압력 = 대기압 − 진공 압력
$= 1.0332 - \left(\frac{200}{760} \times 1.0332\right)$
$= 0.7613 \text{ kgf/cm}^2 \cdot \text{abs}$

57. 다음 중 압력의 단위로 사용하지 않는 것은?
① kgf/cm²   ② Pa
③ mmH₂O   ④ kg/m³

해설 ④항은 밀도의 단위이다.

58. 다음 중 엔트로피의 단위는?
① kcal/h   ② kcal/kg
③ kcal/kg · m   ④ kcal/kg · K

정답 52. ④ 53. ② 54. ③ 55. ① 56. ① 57. ④ 58. ④

해설 엔트로피(entropy) : 엔트로피는 온도와 같이 감각으로 느낄 수도 없고 에너지와 같이 측정할 수도 없는 것으로, 어떤 물질에 열을 가하면 엔트로피는 증가하고 냉각시키면 감소하는 물리학상의 상태량이다.
㉮ 공학 단위 : kcal/kg·K
㉯ SI 단위 : kJ/kg·K

59. 다음 각 가스의 특성에 대한 설명으로 틀린 것은?

① 수소는 고온, 고압에서 탄소강과 반응하여 수소 취성을 일으킨다.
② 산소는 공기 액화 분리 장치를 통해 제조하며, 질소와 분리 시 비등점의 차이를 이용한다.
③ 일산화탄소는 담황색의 무취 기체로 허용 농도는 TLV-TWA 기준으로 50 ppm이다.
④ 암모니아는 붉은 리트머스를 푸르게 변화시키는 성질을 이용하여 검출할 수 있다.

해설 일산화탄소는 무색, 무취의 기체로 가연성 가스(폭발 범위 : 12.5~74 %), 독성 가스(TLV-TWA 50 ppm)이다.

60. 대기압하에서 다음 각 물질별 온도를 바르게 나타낸 것은?

① 물의 동결점 : -273K
② 질소의 비등점 : -183℃
③ 물의 동결점 : 32°F
④ 산소의 비등점 : -196℃

해설 ㉮ 물의 동결점 : 0℃, 32°F, 273K, 492°R
㉯ 물의 비등점 : 100℃, 212°F, 373K, 672°R
㉰ 질소의 비등점 : -196℃
㉱ 산소의 비등점 : -183℃

정답 59. ③ 60. ③

가스기능사 2016년 4월 2일 시행 (제2회)

1. 다음 중 전기설비 방폭 구조의 종류가 아닌 것은?
① 접지 방폭 구조 ② 유입 방폭 구조
③ 압력 방폭 구조 ④ 안전증 방폭 구조

해설 전기설비 방폭 구조의 종류
㉮ 내압 방폭 구조
㉯ 유입 방폭 구조
㉰ 압력 방폭 구조
㉱ 안전증 방폭 구조
㉲ 본질 안전 방폭 구조
㉳ 특수 방폭 구조

2. 다음 중 특정 고압가스에 해당되지 않는 것은?
① 이산화탄소 ② 수소
③ 산소 ④ 천연가스

해설 특정 고압가스의 종류 : 수소, 산소, 액화 암모니아, 아세틸렌, 액화 염소, 천연가스, 압축 모노실란, 압축 디보레인, 액화 알진, 그 밖에 대통령령이 정하는 고압가스

3. 내부 용적이 25000 L인 액화 산소 저장탱크의 저장 능력은 얼마인가? (단, 비중은 1.14이다.)
① 21930 kg ② 24780 kg
③ 25650 kg ④ 28500 kg

해설 $W = 0.9 \, dV$
$= 0.9 \times 1.14 \times 25000 = 25650 \text{ kg}$

4. 배관의 설치 방법으로 산소 또는 천연 메탄을 수송하기 위한 배관과 이에 접속하는 압축기와의 사이에 반드시 설치하여야 하는 것은?
① 방파판 ② 솔레노이드
③ 수취기 ④ 안전밸브

해설 산소 또는 천연 메탄을 수송하기 위한 배관과 이에 접속하는 압축기(산소를 압축하는 압축기는 물을 내부 윤활제로 사용하는 것에 한정한다)와의 사이에는 수취기를 설치한다.

5. 공정에 존재하는 위험 요소와 비록 위험하지는 않더라도 공정의 효율을 떨어뜨릴 수 있는 운전상의 문제를 파악하기 위한 안전성 평가기법은?
① 안전성 검토(safety review) 기법
② 예비 위험성 평가(preliminary hazard analysis) 기법
③ 사고 예상 질문(what if analysis) 기법
④ 위험과 운전 분석(HAZOP) 기법

해설 위험과 운전 분석(hazard and operability studies : HAZOP) 기법 : 공정에 존재하는 위험 요소들과 공정의 효율을 떨어뜨릴 수 있는 운전상의 문제점을 찾아내어 그 원인을 제거하는 것이다.

6. 다음 특정 설비 중 재검사 대상인 것은?
① 역화 방지 장치
② 차량에 고정된 탱크
③ 독성 가스 배관용 밸브
④ 자동차용 가스 자동 주입기

해설 재검사 대상에서 제외되는 특정 설비
㉮ 평저형 및 이중각형 진공단열형 저온 저장 탱크

정답 1. ① 2. ① 3. ③ 4. ③ 5. ④ 6. ②

㉯ 역화 방지 장치
㉰ 독성 가스 배관용 밸브
㉱ 자동차용 가스 자동 주입기
㉲ 냉동용 특정 설비
㉳ 초저온 가스용 대기식 기화 장치
㉴ 저장 탱크 또는 차량에 고정된 탱크에 부착되지 아니한 안전밸브 및 긴급 차단 밸브
㉵ 저장 탱크 및 압력 용기 중 다음에서 정한 것
  ㉠ 초저온 저장 탱크
  ㉡ 초저온 압력 용기
  ㉢ 분리할 수 없는 이중관식 열교환기
  ㉣ 그 밖에 산업 통상 자원부 장관이 재검사를 실시하는 것이 현저히 곤란하다고 인정하는 저장 탱크 또는 압력 용기
㉶ 특정 고압가스용 실린더 캐비닛
㉷ 자동차용 압축 천연가스 완속 충전 설비
㉸ 액화석유가스용 용기 잔류가스 회수 장치

7. 독성 가스 외의 고압가스 충전 용기를 차량에 적재하여 운반할 때 부착하는 경계표지에 대한 내용으로 옳은 것은?
① 적색 글씨로 "위험 고압가스"라고 표시
② 황색 글씨로 "위험 고압가스"라고 표시
③ 적색 글씨로 "주의 고압가스"라고 표시
④ 황색 글씨로 "주의 고압가스"라고 표시

해설 경계표지 설치 : 충전 용기 등을 차량에 적재하여 운반할 때에는 그 차량의 앞뒤 보기 쉬운 곳에 각각 붉은 글씨로 "위험 고압가스"라는 경계표지와 상호, 전화번호, 운반 기준 위반 행위를 신고할 수 있는 허가, 신고 또는 등록 관청의 전화번호 등이 표시된 안내문을 부착한다.

8. LP 가스 설비를 수리할 때에는 내부의 LP 가스를 질소 또는 물로 치환하고, 치환에 사용된 가스나 액체를 공기로 재치환하여야 하는데, 이때 공기에 의한 재치환 결과가 산소 농도 측정기로 측정하였을 때 산소 농도가 얼마 범위 내에 있을 때까지 공기로 재치환하여야 하는가?
① 4~6 %
② 7~11 %
③ 12~16 %
④ 18~22 %

해설 치환 농도
㉮ 가연성 가스 : 폭발 하한값의 1/4 이하
㉯ 독성 가스 : TLV-TWA 기준농도 이하
㉰ 산소 : 22 % 이하
㉱ 작업원이 작업할 때의 산소 농도 : 18~22 %

9. 고압가스 특정 제조 시설 중 도로 밑에 매설하는 배관의 기준에 대한 설명으로 틀린 것은?
① 시가지의 도로 밑에 배관을 설치하는 경우에는 보호판을 배관의 정상부로부터 30 cm 이상 떨어진 그 배관의 직상부에 설치한다.
② 배관은 그 외면으로부터 도로의 경계와 수평 거리로 1 m 이상을 유지한다.
③ 배관은 원칙적으로 자동차 등의 하중의 영향이 적은 곳에 매설한다.
④ 배관은 그 외면으로부터 도로 밑의 다른 시설물과 60 cm 이상의 거리를 유지한다.

해설 배관은 그 외면으로부터 도로 밑의 다른 시설물과 30 cm 이상의 거리를 유지한다.

10. 공기보다 비중이 가벼운 도시가스의 공급시설로서 공급 시설이 지하에 설치된 경우의 통풍 구조의 기준으로 틀린 것은?
① 통풍 구조는 환기구를 2방향 이상 분산하여 설치한다.
② 배기구는 천장면으로부터 30 cm 이내

정답 7. ① 8. ④ 9. ④ 10. ③

에 설치한다.
③ 흡입구 및 배기구의 관 지름은 500 mm 이상으로 하되, 통풍이 양호하도록 한다.
④ 배기가스 방출구는 지면에서 3 m 이상의 높이에 설치하되, 화기가 없는 안전한 장소에 설치한다.

해설 흡입구 및 배기구의 관 지름은 100 mm 이상으로 하되, 통풍이 양호하도록 한다.

11. 다음 중 폭발 한계의 범위가 가장 좁은 것은?
① 프로판   ② 암모니아
③ 수소   ④ 아세틸렌

해설 각 가스의 공기 중에서의 폭발 범위

명칭	폭발 범위
프로판(C_3H_8)	2.2~9.5 %
암모니아(NH_3)	15~28 %
수소(H_2)	4~75 %
아세틸렌(C_2H_2)	2.5~81 %

12. 도시가스 사용 시설에서 정한 액화 가스는 상용의 온도 또는 섭씨 35도의 온도에서 압력이 얼마 이상이 되는 것을 말하는가?
① 0.1 MPa   ② 0.2 MPa
③ 0.5 MPa   ④ 1 MPa

해설 액화 가스란 상용의 온도 또는 35℃의 온도에서 압력이 0.2 MPa 이상이 되는 것을 말한다.

13. 염소 가스 저장 탱크의 과충전 방지 장치는 가스 충전량이 저장 탱크 내용적의 몇 %를 초과할 때 가스 충전이 되지 않도록 동작하는가?
① 60 % ② 80 % ③ 90 % ④ 95 %

해설 아황산가스, 암모니아, 염소, 염화 메탄, 산화에틸렌, 시안화수소, 포스겐 또는 황화 수소의 저장 탱크에는 그 가스의 용량이 그 저장 탱크 내용적의 90 %를 초과하는 것을 방지하기 위하여 과충전 방지 조치를 강구한다.

14. 도시가스 사고의 사고 유형이 아닌 것은?
① 시설 부식   ② 시설 부적합
③ 보호포 설치 ④ 연결부 이완

해설 보호포는 도시가스 매설 배관의 안전을 확보하기 위해 그 배관이 매설되어 있음을 확인할 수 있도록 배관의 직상부에 설치하는 것이다.

15. 가연성 가스 저온 저장 탱크 내부의 압력이 외부의 압력보다 낮아져 저장 탱크가 파괴되는 것을 방지하기 위한 조치로서 갖추어야 할 설비가 아닌 것은?
① 압력계   ② 압력 경보 설비
③ 정전기 제거 설비 ④ 진공 안전밸브

해설 부압을 방지하는 조치
㉮ 압력계
㉯ 압력 경보 설비
㉰ 진공 안전밸브
㉱ 다른 시설로부터의 가스 도입 배관(균압관)
㉲ 압력과 연동하는 긴급 차단 장치를 설치한 냉동 제어 설비
㉳ 압력과 연동하는 긴급 차단 장치를 설치한 송액 설비

16. 일반 도시가스 배관 중 중압 이하의 배관과 고압 배관을 매설하는 경우 서로 간의 거리를 몇 m 이상 유지하여야 하는가?
① 1   ② 2   ③ 3   ④ 5

해설 고압 배관과 근접 설치 제한 : 중압 이하의

정답 11. ① 12. ② 13. ③ 14. ③ 15. ③ 16. ②

배관과 고압 배관을 매설하는 경우 서로 간의 거리를 2 m 이상으로 설치한다. 단, 기존에 설치된 배관의 지반 침하, 손상 등을 방지하기 위하여 철근 콘크리트 방호 구조물 안에 설치하는 경우에는 1 m 이상으로, 중압 이하의 배관과 고압 배관의 관리 주체가 같은 경우에는 0.3 m 이상으로 할 수 있다.

17. 초저온 용기의 단열 성능 시험용 저온 액화 가스가 아닌 것은?

① 액화 아르곤　② 액화 산소
③ 액화 공기　　④ 액화 질소

[해설] 단열 성능 시험용 저온 액화 가스 : 액화 산소, 액화 아르곤, 액화 질소

18. 고압가스 판매소의 시설 기준에 대한 설명으로 틀린 것은?

① 충전 용기 보관실은 불연 재료를 사용한다.
② 가연성 가스, 산소 및 독성 가스의 저장실은 각각 구분하여 설치한다.
③ 용기 보관실 및 사무실은 부지를 구분하여 설치한다.
④ 산소, 독성 가스 또는 가연성 가스를 보관하는 용기 보관실의 면적은 각 고압가스별로 10 m² 이상으로 한다.

[해설] 용기 보관실 및 사무실(사무실 면적 9 m² 이상)은 한 부지 안에 구분하여 설치한다.

19. 우전 중인 액화석유가스 충전 설비의 작동상황에 대하여 주기적으로 점검하여야 한다. 점검 주기는?

① 1일에 1회 이상　② 1주일에 1회 이상
③ 3월에 1회 이상　④ 6월에 1회 이상

[해설] 충전 설비의 작동 상황 점검 주기 : 1일 1회 이상

20. 재검사 용기 및 특정 설비의 파기 방법으로 틀린 것은?

① 잔 가스를 전부 제거한 후 절단한다.
② 절단 등의 방법으로 파기하여 원형으로 가공할 수 없도록 한다.
③ 파기 시에는 검사 장소에서 검사원 입회 하에 사용자가 실시할 수 있다.
④ 파기 물품은 검사 신청인이 인수 시한 내에 인수하지 아니한 때에도 검사인이 임의로 매각 처분하면 안 된다.

[해설] 파기한 물품은 검사 신청인이 인수 시한(통지한 날부터 1개월 이내) 내에 인수하지 아니하는 때에는 검사 기관으로 하여금 임의로 매각 처분하게 할 수 있다.

21. 도시가스 배관이 굴착으로 20 m 이상 노출되어 누출 가스가 체류하기 쉬운 장소일 때 가스 누출 경보기는 몇 m마다 설치해야 하는가?

① 5　② 10　③ 20　④ 30

[해설] 노출된 가스 배관의 길이가 20 m 이상인 경우에는 가스 누출 검지 경보장치 등을 설치한다.
㉮ 현장 관계자가 상주하는 장소에 경보음이 전달되도록 설치한다.
㉯ 작업장에는 현장 여건에 맞는 경광등을 설치한다.

22. 시안화수소의 중합 폭발을 방지하기 위하여 주로 사용할 수 있는 안정제는?

① 탄산 가스　② 황산
③ 질소　　　④ 일산화탄소

[해설] 용기에 충전하는 시안화수소는 순도가 98 % 이상이고 아황산가스 또는 황산 등의 안정제를 첨가한다.

정답 17. ③　18. ③　19. ①　20. ④　21. ③　22. ②

23. 고압가스 관련법에서 사용되는 용어의 정의에 대한 설명 중 틀린 것은?
① 가연성 가스란 공기 중에서 연소하는 가스로서 폭발 한계의 하한이 10 % 이하인 것과 폭발 한계의 상한과 하한의 차가 20 % 이상인 것을 말한다.
② 독성 가스란 인체에 유해한 독성을 가진 가스로서 허용 농도가 100만분의 100 이하인 것을 말한다.
③ 액화 가스란 가압, 냉각 등의 방법에 의하여 액체 상태로 되어 있는 것으로서 대기압에서의 비점이 섭씨 40도 이하 또는 상용의 온도 이하인 것을 말한다.
④ 초저온 저장 탱크란 섭씨 영하 50도 이하의 저장 탱크로서 단열재로 피복하거나 냉동 설비로 냉각하는 등의 방법으로 저장 탱크 내의 가스 온도가 상용의 온도를 초과하지 아니하도록 한 것을 말한다.

[해설] 독성 가스란 인체에 유해한 독성을 가진 가스로 허용 농도가 100만분의 5000 이하인 것을 말한다.

24. 고압가스 용접용기 동체의 안지름은 약 몇 mm인가?

- 동체 두께 : 2 mm
- 최고 충전 압력 : 2.5 MPa
- 인장 강도 : 480 N/mm²
- 부식 여유 : 0
- 용접 효율 : 1

① 190 mm ② 290 mm
③ 660 mm ④ 760 mm

[해설] 용접용기 동체 두께 계산식
$t = \dfrac{PD}{2S\eta - 1.2P} + C$ 에서
$t - C = \dfrac{PD}{2S\eta - 1.2P}$ 이다.

$\therefore D = \dfrac{(t-C) \times (2S\eta - 1.2P)}{P}$

$= \dfrac{(2-0) \times \left(2 \times 480 \times \dfrac{1}{4} - 1.2 \times 2.5\right)}{2.5}$

$= 189.6 \text{ mm}$

[참고] S는 허용 응력(N/mm²)이며 인장 강도 (N/mm²)를 안전율(4)로 나눈 값을 적용한다.

25. 다음 고압가스 압축 작업 중 작업을 즉시 중단해야 하는 경우는?
① 산소 중 아세틸렌, 에틸렌 및 수소의 용량 합계가 전체 용량의 2 % 이상인 것
② 아세틸렌 중 산소 용량이 전체 용량의 1 % 이하인 것
③ 산소 중인 가연성 가스 (아세틸렌, 에틸렌 및 수소를 제외한다)의 용량이 전체 용량의 2 % 이하인 것
④ 시안화수소 중 산소 용량이 전체 용량의 2 % 이상인 것

[해설] 압축금지 기준
㉮ 가연성 가스 (C_2H_2, C_2H_4, H_2 제외) 중 산소용량이 전용량의 4 % 이상인 것
㉯ 산소 중 가연성 가스 (C_2H_2, C_2H_4, H_2 제외) 용량이 전용량의 4 % 이상인 것
㉰ C_2H_2, C_2H_4, H_2 중 산소 용량이 전용량의 2 % 이상인 것
㉱ 산소 중 C_2H_2, C_2H_4, H_2의 용량 합계가 전용량의 2 % 이상인 것

26. 가스 사고를 분류하는 일반적인 방법이 아닌 것은?
① 원인에 따른 분류
② 사용처에 따른 분류
③ 사고 형태에 따른 분류
④ 사용자의 연령에 따른 분류

정답 23. ② 24. ① 25. ① 26. ④

27. 고압가스 저장 시설에 설치하는 방류둑에는 계단, 사다리 또는 토사를 높이 쌓아올린 형태 등으로 된 출입구를 둘레 몇 m마다 1개 이상 두어야 하는가?
① 30 ② 50 ③ 75 ④ 100

해설 방류둑에는 계단, 사다리 또는 토사를 높이 쌓아올린 형태 등으로 된 출입구를 둘레 50 m마다 1개 이상씩 설치하되, 그 둘레가 50 m 미만일 경우에는 2개 이상을 분산하여 설치한다.

28. LPG 용기 및 저장 탱크에 주로 사용되는 안전밸브의 형식은?
① 가용전식   ② 파열판식
③ 중추식   ④ 스프링식

해설 스프링식 안전밸브 : 기상부에 설치하여 스프링의 힘보다 내부 압력이 클 때 밸브 시트가 열려 내부 압력을 배출하며, 용기 및 저장 탱크 등에 일반적으로 가장 많이 사용되는 형식이다.

29. 가스 충전용기 운반 시 동일 차량에 적재할 수 없는 것은?
① 염소와 아세틸렌
② 질소와 아세틸렌
③ 프로판과 아세틸렌
④ 염소와 산소

해설 혼합 적재 금지
㉮ 염소와 아세틸렌, 암모니아, 수소는 동일차량에 혼합 적재 운반 금지
㉯ 가연성 가스와 산소를 동일 차량에 적재 운반 시 충전용기 밸브가 서로 마주보지 않도록 적재하면 혼합 적재 가능
㉰ 충전용기와 위험물 관리법이 정하는 위험물
㉱ 독성 가스 중 가연성 가스와 조연성 가스는 동일 차량에 혼합 적재 운반 금지

30. 다음 ( ) 안에 들어갈 수 있는 경우로 옳지 않은 것은?

"액화 천연가스의 저장 설비와 처리 설비는 그 외면으로부터 사업소 경계까지 일정 규모 이상의 안전거리를 유지하여야 한다. 이때 사업소 경계가 ( )의 경우에는 이들의 반대편 끝을 경계로 보고 있다."

① 산   ② 호수   ③ 하천   ④ 바다

해설 사업소의 경계가 다음 중 어느 하나의 시설이나 토지 등과 인접하고 있는 경우에는 이들의 반대편 끝을 경계로 본다.
㉮ 바다, 호수, 하천 (하천법에 따른 하천을 말함)
㉯ 전기 발전 사업, 가스 공급업 및 창고업의 부지 중에서 현재 사업용으로 사용하고 있는 부지
㉰ 도로 또는 철도
㉱ 수로 또는 공업용 수도
㉲ 연못

31. 비중이 0.5인 LPG를 제조하는 공장에서 1일 10만 L를 생산하여 24시간 정치 후 모두 산업 현장으로 보낸다. 이 회사에서 생산하는 LPG를 저장하려면 저장 용량이 5톤인 저장 탱크 몇 개를 설치해야 하는가?
① 2   ② 5   ③ 7   ④ 10

해설 ㉮ 생산된 LPG 10만 L를 무게로 계산
W = 체적×액 비중
  = 100000×0.5 = 50000 kg = 50톤
㉯ 저장 탱크 수 계산
탱크 수 = $\dfrac{\text{총 LPG량(톤)}}{\text{저장 탱크 1개당 저장량}}$
  = $\dfrac{50}{5}$ = 10개

32. 고압 용기나 탱크 및 라인(line) 등의 퍼지(purge)용으로 주로 쓰이는 기체는?

정답 27. ② 28. ④ 29. ① 30. ① 31. ④ 32. ④

① 산소　　② 수소
③ 산화 질소　④ 질소

해설 질소는 상온에서 안정적인 가스이고 불연성이므로 장치 내의 퍼지용, 기밀시험용으로 사용된다.

33. 고압가스 제조소의 작업원은 얼마의 기간 이내에 1회 이상 보호구의 사용 훈련을 받아 사용 방법을 숙지하여야 하는가?

① 1개월　　② 3개월
③ 6개월　　④ 12개월

해설 보호구 사용 훈련 : 작업원은 3개월마다 1회 이상 보호구의 사용 훈련을 받아 사용 방법을 숙지한다.

34. LPG 기화 장치의 작동 원리에 따른 구분으로 저온의 액화 가스를 조정기를 통하여 감압한 후 열교환기에 공급해 강제 기화시켜 공급하는 방식은?

① 해수 가열 방식　② 가온 감압 방식
③ 감압 가열 방식　④ 중간 매체 방식

해설 작동 원리에 따른 기화 장치 구분
㉮ 가온 감압 방식 : 열교환기에 액체 상태의 LP 가스를 보내고 여기서 기화된 가스를 조정기에 의해 감압하여 공급하는 방식
㉯ 감압 가열 방식 : 액체 상태의 LP 가스를 액체 조정기를 통하여 감압하여 열교환기에 공급해 온수 등으로 가열하여 기화시키는 방식

35. 도시가스 사업 법령에서는 도시가스를 압력에 따라 고압, 중압 및 저압으로 구분하고 있다. 중압의 범위로 옳은 것은? (단, 액화 가스가 기화되고 다른 물질과 혼합되지 않은 경우로 가정한다.)

① 0.1 MPa 이상 1 MPa 미만
② 0.2 MPa 이상 1 MPa 미만
③ 0.1 MPa 이상 0.2 MPa 미만
④ 0.01 MPa 이상 0.2 MPa 미만

해설 압력에 따른 도시가스의 구분
㉮ 고압 : 1 MPa 이상의 압력을 말한다. 다만, 액체 상태의 액화 가스는 고압으로 본다.
㉯ 중압 : 0.1 MPa 이상 1 MPa 미만의 압력을 말한다. 단, 액화 가스가 기화되고 다른 물질과 혼합되지 아니한 경우에는 0.01 MPa 이상 0.2 MPa 미만의 압력을 말한다.
㉰ 저압 : 0.1 MPa 미만의 압력을 말한다. 단, 액화 가스가 기화되고 다른 물질과 혼합되지 아니한 경우에는 0.01 MPa 미만의 압력을 말한다.

36. 가연성 가스 누출 검지 경보장치의 경보 농도는 얼마인가?

① 폭발 하한계 이하
② LC50 기준 농도 이하
③ 폭발 하한계 1/4 이하
④ TLV-TWA 기준 농도 이하

해설 경보 농도
㉮ 가연성 가스 : 폭발 하한계의 1/4 이하
㉯ 독성 가스 : TLV-TWA 기준 농도 이하
㉰ NH_3를 실내에서 사용 : 50 ppm

37. 내용적 47 L인 LP 가스 용기의 최대 충전량은 몇 kg인가? (단, LP 가스 정수는 2.35이다.)

① 20　② 42　③ 50　④ 110

해설 $G = \dfrac{V}{C} = \dfrac{47}{2.35} = 20\,kg$

38. 부식성 유체나 고점도의 유체 및 소량의 유체 측정에 가장 적합한 유량계는?

① 차압식 유량계　② 면적식 유량계

정답 33. ②　34. ③　35. ④　36. ③　37. ①　38. ②

③ 용적식 유량계 ④ 유속식 유량계

해설 면적식 유량계의 특징
㉮ 종류 : 부자식(플로트식), 로터미터
㉯ 유량에 따라 직선 눈금이 얻어진다.
㉰ 유량 계수는 레이놀즈수가 낮은 범위까지 일정하다.
㉱ 고점도 유체나 작은 유체에 대해서도 측정할 수 있다.
㉲ 차압이 일정하면 오차의 발생이 적다.
㉳ 압력 손실이 적다.
㉴ 정도는 ±1~2 %이다.
㉵ 용량 범위는 100~5000 m^3/h이다.

39. LP 가스 이송설비 중 압축기에 의한 이송방식에 대한 설명으로 틀린 것은?
① 베이퍼 로크 현상이 없다.
② 잔 가스 회수가 용이하다.
③ 펌프에 비해 이송 시간이 짧다.
④ 저온에서 부탄가스가 재액화되지 않는다.

해설 압축기에 의한 이송 방법의 특징
㉮ 펌프에 비해 이송 시간이 짧다.
㉯ 잔 가스 회수가 가능하다.
㉰ 베이퍼 로크(vapor lock) 현상이 없다.
㉱ 부탄의 경우 재액화 현상이 일어난다.
㉲ 압축기 오일이 유입되어 드레인의 원인이 된다.

40. 공기, 질소, 산소 및 헬륨 등과 같이 임계온도가 낮은 기체를 액화하는 액화 사이클의 종류가 아닌 것은?
① 구데 공기 액화 사이클
② 린데 공기 액화 사이클
③ 필립스 공기 액화 사이클
④ 캐스케이드 공기 액화 사이클

해설 가스 액화 사이클의 종류 : 린데식, 클라우드식, 캐피자식, 필립스식, 캐스케이드식

41. 다기능 가스 안전 계량기에 대한 설명으로 틀린 것은?
① 사용자가 쉽게 조작할 수 있는 테스트 차단 기능이 있는 것으로 한다.
② 통상의 사용 상태에서 빗물, 먼지 등이 침입할 수 없는 구조로 한다.
③ 차단 밸브가 작동한 후에는 복원 조작을 하지 아니하는 한 열리지 않는 구조로 한다.
④ 복원을 위한 버튼이나 레버 등은 조작을 쉽게 실시할 수 있는 위치에 있는 것으로 한다.

해설 사용자가 쉽게 조작할 수 없는 테스트 차단기능(제어부로부터의 신호를 받아 차단하는 것만을 말한다)이 있는 것으로 한다.

42. 계측 기기의 구비 조건으로 틀린 것은?
① 설비비 및 유지비가 적게 들 것
② 원거리 지시 및 기록이 가능할 것
③ 구조가 간단하고 정도(情度)가 낮을 것
④ 설치 장소 및 주위 조건에 대한 내구성이 클 것

해설 계측 기기의 구비 조건
㉮ 경년 변화가 적고 내구성이 있을 것
㉯ 견고하고 신뢰성이 있을 것
㉰ 정도가 높고 경제적일 것
㉱ 구조가 간단하고 취급, 보수가 쉬울 것
㉲ 원격 지시 및 기록이 가능할 것
㉳ 연속 측정이 가능할 것
㉴ 설비비 및 유지비가 적게 들 것

43. 압축기에서 두압이란?
① 흡입 압력이다.
② 증발기 내의 압력이다.
③ 피스톤 상부의 압력이다.

정답 39. ④ 40. ① 41. ① 42. ③ 43. ③

④ 크랭크 케이스 내의 압력이다.

해설 압축기 압력
㉮ 두압 : 피스톤 상부의 압력으로 토출 압력에 해당
㉯ 배압 : 흡입 압력에 해당

44. 반밀폐식 보일러의 급·배기 설비에 대한 설명으로 틀린 것은?
① 배기통의 끝은 옥외로 뽑아낸다.
② 배기통의 굴곡 수는 5개 이하로 한다.
③ 배기통의 가로 길이는 5 m 이하로서 될 수 있는 한 짧게 한다.
④ 배기통의 입상 높이는 원칙적으로 10 m 이하로 한다.

해설 배기통의 굴곡 수는 4개 이하로 한다.

45. 흡입 압력이 대기압과 같으며 최종 압력이 15 kgf/cm²·g인 4단 공기 압축기의 압축비는 약 얼마인가? (단, 대기압은 1 kgf/cm²로 한다.)
① 2   ② 4   ③ 8   ④ 16

해설 $a = \sqrt[n]{\dfrac{P_2}{P_1}} = \sqrt[4]{\dfrac{(15+1)}{1}} = 2$

46. 순수한 것은 안정하지만 소량의 수분이나 알칼리성 물질을 함유하면 중합이 촉진되며 독성이 매우 강한 가스는?
① 염소   ② 포스겐
③ 황화수소   ④ 시안화수소

해설 시안화수소 (HCN)의 특징
㉮ 독성 가스(허용 농도 : TLV-TWA 10 ppm)이며, 가연성 가스 (폭발 범위 : 6~41 v%)이다.
㉯ 액체는 무색, 투명하며 감, 복숭아 냄새가 난다.
㉰ 액화가 용이하여(비점 : 25.7℃) 액화 가스로 취급된다.
㉱ 소량의 수분 존재 시 중합 폭발을 일으킬 우려가 있다.
㉲ 알칼리성 물질(암모니아, 소다)을 함유하면 중합이 촉진된다.
㉳ 중합 폭발을 방지하기 위하여 안정제를 사용한다(황산, 아황산가스, 동, 동망, 염화칼슘, 인산, 오산화인).
㉴ 물에 잘 용해되고 약산성을 나타낸다.

47. 다음 중 비점이 가장 높은 가스는?
① 수소   ② 산소
③ 아세틸렌   ④ 프로판

해설 각 가스의 비점

가스 명칭	비점
수소 (H₂)	-252.2℃
산소 (O₂)	-183℃
아세틸렌 (C₂H₂)	-75℃
프로판 (C₃H₈)	-42.1℃

48. 단위 질량인 물질의 온도를 단위 온도차만큼 올리는 데 필요한 열량을 무엇이라고 하는가?
① 일률   ② 비열
③ 비중   ④ 엔트로피

해설 비열 : 어떤 물질 1 kg을 온도 1℃ 상승시키는 데 소요되는 열량으로, 비열은 정적 비열과 정압 비열이 있으며 물질의 종류마다 비열이 각각 다르다 (비열의 단위 : kcal/kg·℃).

49. LNG의 성질에 대한 설명 중 틀린 것은?
① LNG가 액화되면 체적이 약 1/600로 줄어든다.
② 무독, 무공해의 청정 가스로 발열량이 약 9500 kcal/m³ 정도이다.

정답 44. ②   45. ①   46. ④   47. ④   48. ②   49. ④

③ 메탄을 주성분으로 하며 에탄, 프로판 등이 포함되어 있다.
④ LNG는 기체 상태에서는 공기보다 가벼우나 액체 상태에서는 물보다 무겁다.

[해설] LNG는 기체 상태에서 공기보다 가볍고 액체 상태에서는 물보다 가볍다.

50. 압력에 대한 설명 중 틀린 것은?
① 게이지 압력은 절대 압력에 대기압을 더한 압력이다.
② 압력이란 단위 면적당 작용하는 힘의 세기를 말한다.
③ $1.0332\ kgf/cm^2$의 대기압을 표준 대기압이라고 한다.
④ 대기압은 수은주를 76 cm만큼의 높이로 밀어 올릴 수 있는 힘이다.

[해설] 게이지 압력은 절대 압력에서 대기압을 뺀 압력이다.
[참고] 절대 압력 = 대기압 + 게이지 압력
 게이지 압력 = 절대 압력 - 대기압

51. 프로판을 완전 연소시켰을 때 주로 생성되는 물질은?
① CO_2, H_2
② CO_2, H_2O
③ C_2H_4, H_2O
④ C_4H_{10}, CO

[해설] 프로판(C_3H_8)의 완전 연소 반응식
 $C_3H_8 + 4O_2 \rightarrow 3CO_2 + 5H_2O$
[참고] 탄화수소(C_mH_n)가 완전 연소하면 탄산가스(CO_2)와 수증기(H_2O)가 생성된다.

52. 요소비료 제조 시 주로 사용되는 가스는?
① 염화수소
② 질소
③ 일산화탄소
④ 암모니아

[해설] 암모니아(NH_3)의 용도
㉮ 요소비료, 유안 제조 원료
㉯ 소다회, 질산 제조용 원료
㉰ 냉동기 냉매로 사용

53. 수분이 존재할 때 일반 강재를 부식시키는 가스는?
① 황화수소
② 수소
③ 일산화탄소
④ 질소

[해설] 수분 존재 시 강재를 부식시키는 가스 : 염소(Cl_2), 황화수소(H_2S), 이산화탄소(CO_2), 포스겐($COCl_2$)

54. 폭발 위험에 대한 설명 중 틀린 것은?
① 폭발 범위의 하한값이 낮을수록 폭발 위험은 커진다.
② 폭발 범위의 상한값과 하한값의 차가 작을수록 폭발 위험은 커진다.
③ 프로판보다 부탄의 폭발 범위 하한값이 낮다.
④ 프로판보다 부탄의 폭발 범위 상한값이 낮다.

[해설] 폭발 범위의 상한값과 하한값의 차가 클수록(폭발 범위가 넓을수록) 폭발 위험은 커진다.

55. 액체가 기체로 변하기 위해 필요한 열은?
① 융해열
② 응축열
③ 승화열
④ 기화열

[해설] 필요한 열(잠열)
㉮ 기화열 : 액체가 기체로 변할 때 필요한 열
㉯ 융해열 : 고체가 액체로 변할 때 필요한 열
㉰ 승화열 : 고체가 기체로 변할 때 필요한 열 또는 기체가 고체로 변할 때 제거해야 할 열
㉱ 응축열 : 기체가 액체로 변할 때 제거해야 할 열
㉲ 응고열 : 액체가 고체로 변할 때 제거해야 할 열

[정답] 50. ① 51. ② 52. ④ 53. ① 54. ② 55. ④

56. 부탄 1 Nm³를 완전 연소시키는 데 필요한 이론 공기량은 약 몇 Nm³인가? (단, 공기 중의 산소 농도는 21 v%이다.)
① 5　　　　② 6.5
③ 23.8　　　④ 31

[해설] 부탄(C_4H_{10})의 완전 연소 반응식
$C_4H_{10} + 6.5O_2 \rightarrow 4CO_2 + 5H_2O$
$22.4 \text{ Nm}^3 : 6.5 \times 22.4 \text{ Nm}^3$
$= 1 \text{ Nm}^3 : x(O_0) \text{ Nm}^3$
$\therefore A_0 = \dfrac{O_0}{0.21} = \dfrac{1 \times 6.5 \times 22.4}{22.4 \times 0.21}$
$= 30.952 \text{ Nm}^3$

57. 온도 410°F를 절대 온도로 나타내면?
① 273 K　　　② 483 K
③ 512 K　　　④ 612 K

[해설] $K = \dfrac{°R}{1.8} = \dfrac{t°F + 460}{1.8}$
$= \dfrac{410 + 460}{1.8}$
$= 483.333 \text{ K}$

58. 도시가스에 사용되는 부취제 중 DMS의 냄새는?
① 석탄 가스 냄새
② 마늘 냄새
③ 양파 썩는 냄새
④ 암모니아 냄새

[해설] 부취제의 종류 및 특징
㉮ TBM(tertiary buthyl mercaptan) : 양파 썩는 냄새가 나며 내산화성이 우수하고 토양 투과성이 우수하여 토양에 흡착되기 어렵다.
㉯ THT(tetra hydro thiophen) : 석탄 가스 냄새가 나며 산화, 중합이 일어나지 않는 안정된 화합물이다. 토양의 투과성이 보통이며 토양에 흡착되기 쉽다.
㉰ DMS(dimethyl sulfide) : 마늘 냄새가 나며 안정된 화합물이다. 내산화성이 우수하고 토양의 투과성이 아주 우수하여 토양에 흡착되기 어렵다.

59. 내용적 47 L인 용기에 C_3H_8 15 kg이 충전되어 있을 때 용기 내 안전 공간은 약 몇 %인가? (단, C_3H_8의 액체 밀도는 0.5 kg/L이다.)
① 20　　　　② 25.2
③ 36.1　　　④ 40.1

[해설] ㉮ 프로판 액체 15 kg을 체적으로 계산
액체 체적 $= \dfrac{\text{액체 질량}}{\text{액체 밀도}} = \dfrac{15}{0.5} = 30 \text{ L}$
㉯ 안전 공간 계산
안전 공간 $= \dfrac{V - E}{V} \times 100$
$= \dfrac{47 - 30}{47} \times 100 = 36.17 \%$

60. 다음에서 설명하는 기체와 관련된 법칙은 무엇인가?

> 기체의 종류와 관계없이 모든 기체 1몰은 표준 상태(0℃, 1기압)에서 22.4 L의 부피를 차지한다.

① 보일의 법칙
② 헨리의 법칙
③ 아보가드로의 법칙
④ 아르키메데스의 법칙

[해설] 아보가드로(Avogadro)의 법칙 : 모든 기체 1 mol(몰)은 표준 상태(0℃, 1기압)에서 22.4 L의 부피를 차지하며, 그 속에는 6.02×10^{23}개의 분자가 들어 있다.

[정답] 56. ④　57. ②　58. ②　59. ③　60. ③

■ 가스기능사　　　　　　　　　　　2016년 7월 10일 시행 (제4회)

1. 가스보일러의 안전 사항에 대한 설명으로 틀린 것은?

① 가동 중 연소 상태, 화염 유무를 수시로 확인한다.
② 가동 중지 후 노내 잔류 가스를 충분히 배출한다.
③ 수면계의 수위는 적정한지 자주 확인한다.
④ 점화 전 연료 가스를 노내에 충분히 공급하여 착화를 원활하게 한다.

해설 점화 전에 노내 잔류 가스를 충분히 배출(프리퍼지)하여 폭발을 방지한다(점화 전에 노내에 연료 가스를 공급하여서는 안 된다).

2. 액화 독성 가스의 운반 질량이 1000 kg 미만을 이동할 때 휴대하여야 할 소석회는 몇 kg 이상이어야 하는가?

① 20 kg　　② 30 kg
③ 40 kg　　④ 50 kg

해설 약제 : 누출 시 응급조치 약제로 액화 독성 가스(염소, 염화수소, 포스겐, 아황산가스)에 적용
㉮ 1000 kg 미만 운반 : 소석회(생석회) 20 kg 이상 휴대
㉯ 1000 kg 이상 운반 : 소석회(생석회) 40 kg 이상 휴대

3. 고압가스 충전 용기를 운반할 때 운반책임자를 동승시키지 않아도 되는 경우는?

① 가연성 압축가스-300 m^3
② 조연성 액화 가스-5000 kg
③ 독성 압축가스(허용 농도가 100만분의 200 초과, 100만분의 5000 이하)-100 m^3
④ 독성 액화 가스(허용 농도가 100만분의 200 초과, 100만분의 5000 이하)-1000 kg

해설 운반책임자 동승 기준
㉮ 비독성 고압가스

가스의 종류		기준
압축 가스	가연성	300 m^3 이상
	조연성	600 m^3 이상
액화 가스	가연성	3000 kg 이상 (납붙임 및 접합용기 : 2000 kg 이상)
	조연성	6000 kg 이상

㉯ 독성 고압가스

가스의 종류	허용농도	기준
압축 가스	100만분의 200 이하	10 m^3 이상
	100만분의 200 초과 100만분의 5000 이하	100 m^3 이상
액화 가스	100만분의 200 이하	100 kg 이상
	100만분의 200 초과 100만분의 5000 이하	1000 kg 이상

4. LP GAS 사용 시 주의 사항에 대한 설명으로 틀린 것은?

① 중간 밸브 개폐는 서서히 한다.
② 사용 시 조정기 압력은 적당히 조절한다.
③ 완전 연소되도록 공기조절기를 조절한다.
④ 연소기는 급·배기가 충분히 행하여지는 장소에 설치하여 사용하도록 한다.

정답　1. ④　2. ①　3. ②　4. ②

해설 사용 시 압력조정기 출구 압력은 임의로 변동하지(조절하지) 않아야 한다.

5. 독성 가스 용기를 운반할 때에는 보호구를 갖추어야 한다. 비치하여야 하는 기준은?
① 종류별로 1개 이상
② 종류별로 2개 이상
③ 종류별로 3개 이상
④ 그 차량의 승무원 수에 상당한 수량

해설 독성 가스 용기를 운반할 때 보호구는 그 차량의 승무원 수에 상당한 수량으로 한다.

6. 다음 각 가스의 품질검사 합격 기준으로 옳은 것은?
① 수소 : 99.0 % 이상
② 산소 : 98.5 % 이상
③ 아세틸렌 : 98.0 % 이상
④ 모든 가스 : 99.5 % 이상

해설 품질검사 합격 기준

구분	시약	검사법	순도
산소	동·암모니아	오르사트법	99.5 % 이상
수소	피로갈롤, 하이드로설파이드	오르사트법	98.5 % 이상
아세틸렌	발연 황산	오르사트법	98 % 이상
	브롬	뷰렛법	
	질산은	정성 시험	

7. 도시가스 사용 시설에서 배관의 이음부와 절연 전선과의 이격 거리는 몇 cm 이상으로 하여야 하는가?
① 10 ② 15 ③ 30 ④ 60

해설 도시가스 배관 이음부와 이격 거리
(1) 일반 도시가스 사업
㉮ 전기 계량기, 전기 개폐기 : 60 cm 이상
㉯ 전기 점멸기, 전기 접속기 : 30 cm 이상
㉰ 절연 조치를 하지 않은 전선, 단열 조치를 하지 않은 굴뚝 : 15 cm 이상
㉱ 절연 전선 : 10 cm 이상
(2) 도시가스 사용 시설
㉮ 전기 계량기, 전기 개폐기 : 60 cm 이상
㉯ 전기 점멸기, 전기 접속기 : 15 cm 이상
㉰ 절연 조치를 하지 않은 전선, 단열 조치를 하지 않은 굴뚝 : 15 cm 이상
㉱ 절연 전선 : 10 cm 이상

8. 흡수식 냉동 설비의 냉동 능력 정의로 옳은 것은?
① 발생기를 가열하는 1시간의 입열량 3천 320 kcal를 1일의 냉동 능력 1톤으로 본다.
② 발생기를 가열하는 1시간의 입열량 6천 640 kcal를 1일의 냉동 능력 1톤으로 본다.
③ 발생기를 가열하는 24시간의 입열량 3천 320 kcal를 1일의 냉동 능력 1톤으로 본다.
④ 발생기를 가열하는 24시간의 입열량 6천 640 kcal를 1일의 냉동 능력 1톤으로 본다.

해설 1일의 냉동 능력 1톤 계산
㉮ 원심식 압축기 : 압축기의 원동기 정격 출력 1.2 kW
㉯ 흡수식 냉동 설비 : 발생기를 가열하는 1시간의 입열량 6640 kcal
㉰ 그 밖의 것은 다음 식에 의함
$$R = \frac{V}{C}$$
여기서, R : 1일의 냉동 능력(톤)
V : 피스톤 압출량 (m^3/h)
C : 냉매 종류에 따른 상수

9. 도시가스 도매 사업의 가스 공급시설 기준에 대한 설명으로 옳은 것은?
① 고압의 가스 공급시설은 안전 구획 안에 설치하고 그 안전 구역의 면적은 1만 m^2

정답 5. ④ 6. ③ 7. ① 8. ② 9. ③

미만으로 한다.
② 안전 구역 안의 고압인 가스 공급시설은 그 외면으로부터 다른 안전 구역 안에 있는 고압인 가스 공급시설의 외면까지 20 m 이상의 거리를 유지한다.
③ 액화 천연가스의 저장 탱크는 그 외면으로부터 처리 능력이 20만 m³ 이상인 압축기까지 30 m 이상의 거리를 유지한다.
④ 두 개 이상의 제조소가 인접하여 있는 경우의 가스 공급시설은 그 외면으로부터 그 제조소와 다른 제조소의 경계까지 10 m 이상의 거리를 유지한다.

해설 각 항목의 옳은 설명
① 고압인 가스 공급시설은 통로, 공지 등으로 구획된 안전 구역 안에 설치하되, 그 안전 구역의 면적은 20000 m² 미만으로 한다.
② 안전 구역 안의 고압인 가스 공급시설은 그 외면으로부터 다른 안전 구역 안에 있는 고압인 가스 공급시설의 외면까지 30 m 이상의 거리를 유지한다.
④ 둘 이상의 제조소가 인접하여 있는 경우의 가스 공급시설은 그 외면으로부터 그 제조소와 다른 제조소의 경계까지 20 m 이상의 거리를 유지한다.

10. 가스 공급시설의 임시사용 기준 항목이 아닌 것은?
① 공급 이익의 여부
② 도시가스의 공급이 가능한지의 여부
③ 가스 공급시설을 사용할 때 안전을 해질 우려가 있는지의 여부
④ 도시가스의 수급 상태를 고려할 때 해당지역에 도시가스의 공급이 필요한지의 여부

해설 가스 공급시설의 임시사용 (도시가스 사업법 시행령 제7조) 기준 항목
㉮ 도시가스의 공급이 가능한지의 여부
㉯ 가스 공급시설을 사용할 때 안전을 해칠 우려가 있는지의 여부
㉰ 도시가스 수급 상태를 고려할 때 해당 지역에 도시가스의 공급이 필요한지의 여부

11. 다음 [보기]의 독성 가스 중 독성(LC_{50})이 가장 강한 것과 가장 약한 것을 바르게 나열한 것은?

┤보기├
㉠ 염화수소   ㉡ 암모니아
㉢ 황화수소   ㉣ 일산화탄소

① ㉠, ㉡   ② ㉢, ㉡
③ ㉠, ㉣   ④ ㉢, ㉣

해설 각 가스의 허용 농도 (ppm)

명칭	TLV-TWA	LC_{50}
염화수소 (HCl)	5	3124
암모니아 (NH_3)	25	7388
황화수소 (H_2S)	10	444
일산화탄소 (CO)	50	3760

12. 20 kg LPG 용기의 내용적은 몇 L인가? (단, 충전 상수 C는 2.35이다.)
① 8.51   ② 20   ③ 42.3   ④ 47

해설 $G = \dfrac{V}{C}$ 에서
∴ $V = C \times G = 2.35 \times 20 = 47$ L

13. 고압가스 배관의 설치 기준 중 하천과 병행하여 매설하는 경우로서 적합하지 않은 것은?
① 배관은 견고하고 내구력을 갖는 방호 구조물 안에 설치한다.
② 매설 심도는 배관의 외면으로부터 1.5 m 이상 유지한다.

정답 10. ① 11. ② 12. ④ 13. ②

③ 설치 지역은 하상(下床, 하천의 바닥)이 아닌 곳으로 한다.
④ 배관 손상으로 인한 가스 누출 등 위급한 상황이 발생한 때에는 그 배관에 유입되는 가스를 신속히 차단할 수 있는 장치를 설치한다.

해설 매설 심도는 배관의 외면으로부터 2.5 m 이상 유지한다.

14. 가연성 가스의 발화점이 낮아지는 경우가 아닌 것은?
① 압력이 높을수록
② 산소 농도가 높을수록
③ 탄화수소의 탄소 수가 많을수록
④ 화학적으로 발열량이 낮을수록

해설 착화점이 낮아질 수 있는 조건
㉮ 압력이 높을 때
㉯ 발열량이 높을 때
㉰ 열전도율이 작을 때
㉱ 산소와 친화력이 클 때
㉲ 산소 농도가 클수록
㉳ 분자 구조가 복잡할수록
㉴ 반응 활성도가 클수록
㉵ 탄화수소의 탄소 수가 많을수록

15. 고압가스 특정 제조 시설에서 배관을 해저에 설치하는 경우의 기준으로 틀린 것은?
① 배관은 해저면 밑에 매설한다.
② 배관은 원칙적으로 다른 배관과 교차하지 아니하여야 한다.
③ 배관은 원칙적으로 다른 배관과 수평 거리를 30m 이상으로 유지하여야 한다.
④ 배관의 입상부에는 방호 시설물을 설치하지 아니한다.

해설 배관의 입상부에는 방호 시설물을 설치한다.

16. 가연성 가스의 폭발 등급 및 이에 대응하는 본질 안전 방폭 구조의 폭발등급 분류 시 사용하는 최소 점화 전류비는 어느 가스의 최소 점화 전류를 기준으로 하는가?
① 메탄
② 프로판
③ 수소
④ 아세틸렌

해설 가연성 가스의 폭발등급 및 이에 대응하는 본질 안전 방폭 구조의 폭발등급 분류 시 최소 점화 전류비는 메탄가스의 최소 점화 전류를 기준으로 나타낸다.

17. 공기 액화 분리 장치의 폭발 원인이 아닌 것은?
① 액체 공기 중 아르곤의 혼입
② 공기 취입구로부터 아세틸렌의 혼입
③ 공기 중 질소 화합물(NO, NO_2)의 혼입
④ 압축기용 윤활유 분해에 따른 탄화수소 생성

해설 공기액화 분리 장치의 폭발 원인
㉮ 공기 취입구로부터 아세틸렌(C_2H_2)의 혼입
㉯ 압축기용 윤활유 분해에 따른 탄화수소의 생성
㉰ 공기 중 질소 화합물(NO, NO_2)의 혼입
㉱ 액체 공기 중 오존(O_3)의 혼입

18. 고압가스 특정 제조 시설에서 플레어 스택의 설치 기준으로 틀린 것은?
① 파일럿 버너를 항상 점화하여 두는 등 플레어 스택에 관련된 폭발을 방지하기 위한 조치가 되어 있는 것으로 한다.
② 긴급 이송 설비로 이송되는 가스를 대기로 방출할 수 있는 것으로 한다.
③ 플레어 스택에서 발생하는 복사열이 다른 제조 시설에 나쁜 영향을 미치지 아니하도록 안전한 높이 및 위치에 설치한다.

정답 14. ④ 15. ④ 16. ① 17. ① 18. ②

④ 플레어 스택에서 발생하는 최대 열량에 장시간 견딜 수 있는 재료 및 구조로 되어 있는 것으로 한다.

[해설] 플레어 스택(flare stack)은 긴급 이송 설비로 이송되는 가스를 안전하게 연소시킬 수 있는 것으로 한다.

19. 수소의 성질에 대한 설명 중 옳지 않은 것은?
① 열전도도가 작다.
② 열에 대하여 안정적이다.
③ 고온에서 철과 반응한다.
④ 확산 속도가 빠른 무취의 기체이다.

[해설] 수소(H_2)의 성질
㉮ 열에 대하여 안정적이고 열전도율이 크다.
㉯ 무색, 무취, 무미의 가연성이다.
㉰ 확산 속도가 대단히 빠르다.
㉱ 고온에서 강재, 금속 재료를 쉽게 투과한다.
㉲ 폭굉 속도가 1400~3500 m/s에 달한다.
㉳ 폭발 범위가 넓다 (공기 중 : 4~75 %, 산소 중 : 4~94 %).
㉴ 고온, 고압의 상태에서 수소 취성을 일으킨다.

20. 고압가스 특정 제조 시설 중 비가연성 가스의 저장 탱크는 몇 m^3 이상일 경우에 지진 영향에 대한 안전한 구조로 설계하여야 하는가?
① 300 ② 500 ③ 1000 ④ 2000

[해설] 내진설계 대상
㉮ 저장 탱크 및 압력 용기

구분	비가연성, 비독성	가연성, 독성	탑류
압축가스	1000 m^3	500 m^3	동체부 높이 5 m 이상
액화가스	10000 kg	5000 kg	

㉯ 세로 방향으로 설치한 동체의 길이가 5 m 이상인 원통형 응축기 및 내용적 5000 L 이상인 수액기, 지지 구조물 및 기초와 연결부
㉰ 제㉮호 중 저장 탱크를 지하에 매설한 경우에 대하여는 내진 설계를 한 것으로 본다.

21. 고압가스를 취급하는 자가 용기 안전점검 시 하지 않아도 되는 것은?
① 도색 표시 확인
② 재검사 기간 확인
③ 프로텍터의 변형 여부 확인
④ 밸브의 개폐 조작이 쉬운 핸들 부착 여부 확인

[해설] 용기의 스커트에 찌그러짐이 있는지 용기 아랫부분의 부식 상태를 확인하여야 한다.

22. 용기 종류별 부속품 기호로 틀린 것은?
① AG : 아세틸렌가스를 충전하는 용기의 부속품
② LPG : 액화석유가스를 충전하는 용기의 부속품
③ TL : 초저온 용기 및 저온 용기의 부속품
④ PG : 압축가스를 충전하는 용기의 부속품

[해설] 용기 부속품 기호
㉮ AG : 아세틸렌가스 용기 부속품
㉯ PG : 압축가스 용기 부속품
㉰ LG : 액화석유가스 외의 액화 가스 용기 부속품
㉱ LPG : 액화석유가스 용기 부속품
㉲ LT : 초저온 및 저온 용기 부속품

23. 0°C에서 10 L의 밀폐된 용기 속에 32 g의 산소가 들어 있다. 온도를 150°C로 가열하면 압력은 약 얼마가 되는가?
① 0.11 atm   ② 3.47 atm

정답 19. ① 20. ③ 21. ③ 22. ③ 23. ②

③ 34.7 atm ④ 111 atm

해설) $PV = \dfrac{W}{M}RT$에서

$\therefore P = \dfrac{WRT}{VM} = \dfrac{32 \times 0.082 \times (273+150)}{10 \times 32}$

$= 3.4686 \text{ atm}$

24. 폭발 범위에 대한 설명으로 옳은 것은?
① 공기 중의 폭발 범위는 산소 중의 폭발 범위보다 넓다.
② 공기 중 아세틸렌가스의 폭발 범위는 약 4~71%이다.
③ 한계 산소 농도치 이하에서는 폭발성 혼합 가스가 생성된다.
④ 고온 고압일 때 폭발 범위는 대부분 넓어진다.

해설) 각 항목의 옳은 설명
① 공기 중의 폭발 범위는 산소 중의 폭발 범위보다 좁다(산소 중의 폭발 범위는 공기 중의 폭발 범위보다 넓다).
② 공기 중 아세틸렌가스의 폭발 범위는 2.5~81%, 산소 중 폭발 범위는 2.5~93%이다.
③ 한계 산소 농도치 이하에서는 폭발성 혼합가스가 생성되지 않는다.

25. 다음 중 폭발 범위의 상한값이 가장 낮은 가스는?
① 암모니아 ② 프로판
③ 메탄 ④ 일산화탄소

해설) 각 가스의 공기 중 폭발 범위

구분	폭발 범위
암모니아(NH_3)	15~28%
프로판(C_3H_8)	2.2~9.5%
메탄(CH_4)	5~15%
일산화탄소(CO)	12.5~74%

26. 압축기 최종단에 설치된 고압가스 냉동제조 시설의 안전밸브는 얼마마다 작동 압력을 조정하여야 하는가?
① 3개월에 1회 이상
② 6개월에 1회 이상
③ 1년에 1회 이상
④ 2년에 1회 이상

해설) 안전장치의 점검 : 안전밸브 점검 주기는 압축기 최종단에 설치된 것은 1년에 1회 이상, 그 밖의 시설에 설치된 것은 2년에 1회 이상으로 한다.

27. 도시가스 매설 배관의 주위에 파일 박기 작업 시 손상 방지를 위하여 유지하여야 할 최소 거리는?
① 30 cm ② 50 cm
③ 1 m ④ 2 m

해설) 도시가스 배관과 수평 거리 30 cm 이내에는 매설 배관의 손상 방지를 위하여 파일 박기를 하지 않아야 한다.

28. 염소에 다음 가스를 혼합하였을 때 가장 위험할 수 있는 가스는?
① 일산화탄소 ② 수소
③ 이산화탄소 ④ 산소

해설) 염소 폭명기 : 수소와 염소의 혼합 가스는 빛(직사광선)과 접촉하면 심하게 반응한다.
$H_2 + Cl_2 \rightarrow 2HCl + 44 \text{ kcal}$

29. 액화석유가스 판매 시설에 설치되는 용기 보관실에 대한 시설 기준으로 틀린 것은?
① 용기 보관실에는 가스가 누출될 경우 이를 신속히 검지하여 효과적으로 대응할 수 있도록 하기 위하여 반드시 일체형 가

정답 24. ④ 25. ② 26. ③ 27. ① 28. ② 29. ①

스 누출 경보기를 설치한다.
② 용기 보관실에 설치되는 전기 설비는 누출된 가스의 점화원이 되는 것을 방지하기 위하여 반드시 방폭 구조로 한다.
③ 용기 보관실에는 누출된 가스가 머물지 않도록 하기 위하여 그 용기 보관실의 구조에 따라 환기구를 갖추고 환기가 잘되지 아니하는 곳에는 강제 통풍 시설을 설치한다.
④ 용기 보관실에는 용기가 넘어지는 것을 방지하기 위하여 적절한 조치를 마련한다.

[해설] 용기 보관실 내에는 분리형 가스 누출 경보기를 설치한다.

30. 압축 도시가스 이동식 충전차량 충전 시설에서 가스 누출 검지 경보장치의 설치 위치가 아닌 것은?
① 펌프 주변
② 압축설비 주변
③ 압축가스설비 주변
④ 개별 충전설비 본체 외부

[해설] 가스 누출 검지 경보장치의 설치 위치
㉮ 압축설비 주변
㉯ 압축가스설비 주변
㉰ 개별 충전설비 본체 내부
㉱ 밀폐형 피트 내부에 설치된 배관 접속(용접접속 제외)부 주위
㉲ 펌프 주변

31. 고압가스 배관 재료로 사용되는 동관의 특징에 대한 설명으로 틀린 것은?
① 가공성이 좋다.
② 열전도율이 적다.
③ 시공이 용이하다.
④ 내식성이 크다.

[해설] 동관의 특징
㉮ 내식성이 우수하다.
㉯ 열전도율이 좋고 가공성이 좋아 배관 시공이 용이하다.
㉰ 아세톤, 프레온 가스 등 유기 약품에 침식되지 않는다.
㉱ 관 내부에서 마찰 저항이 작다.
㉲ 연수(軟水)에는 부식된다.
㉳ 외부의 기계적 충격에 약하다.
㉴ 가격이 비싸다.
㉵ 가성 소다, 가성칼리 등 알칼리성에는 내식성이 강하고, 암모니아수, 습한 암모니아(NH_3) 가스, 초산, 진한 황산(H_2SO_4)에는 심하게 침식된다.

32. 수소를 취급하는 고온, 고압 장치용 재료로서 사용할 수 있는 것은?
① 탄소강, 니켈강
② 탄소강, 망간강
③ 탄소강, 18-8 스테인리스강
④ 18-8 스테인리스강, 크롬-바나듐강

[해설] 수소를 취급하는 고온, 고압 장치용 재료 중 탄소강은 수소 취성을 발생하므로 부적합하고, 수소 취성에 견디는 18-8 스테인리스강, 크롬강, 크롬-바나듐강 등을 사용하여야 한다.

33. 정압기를 평가·선정할 경우 고려해야 할 특성이 아닌 것은?
① 정특성
② 동특성
③ 유량 특성
④ 압력 특성

[해설] 정압기의 특성
㉮ 정특성(靜特性) : 유량과 2차 압력의 관계
㉯ 동특성(動特性) : 부하 변동에 대한 응답의 신속성과 안전성이 요구됨
㉰ 유량 특성(流量特性) : 메인 밸브의 열림과 유량의 관계

㉰ 사용 최대 차압 : 메인 밸브에 1차와 2차 압력이 작용하여 최대로 되었을 때의 차압
㉱ 작동 최소 차압 : 정압기가 작동할 수 있는 최소 차압

34. 피토관을 사용하기에 적당한 유속은?
① 0.001 m/s 이상   ② 0.1 m/s 이상
③ 1 m/s 이상   ④ 5 m/s 이상

[해설] 피토관의 특징
㉮ 구조가 간단하고 제작비가 저렴하며 부착이 쉽다.
㉯ 피토관을 유체의 흐름 방향과 평행하게 설치하여야 한다.
㉰ 유속이 5 m/s 이하인 유체에는 측정이 불가능하다.
㉱ 불순물(슬러지, 분진 등)이 많은 유체에는 측정이 불가능하다.
㉲ 노즐 부분에 마모 현상이 있으면 오차가 발생한다.
㉳ 피토관은 유체의 압력에 견딜 수 있는 충분한 강도를 가져야 한다.
㉴ 유량 측정은 간단하지만 사용 방법이 잘 못되면 오차 발생이 크다.
㉵ 비행기의 속도 측정, 수력 발전소의 수량 측정, 송풍기의 풍량 측정에 사용된다.

35. 나사 압축기에서 수로터의 지름 150 mm, 로터 길이 100 mm, 회전수가 350 rpm이라고 할 때 이론적 토출량은 약 몇 m³/min인가? (단, 로터 형상에 의한 계수 [C_v]는 0.476이다.)
① 0.11   ② 0.21
③ 0.37   ④ 0.47

[해설] $V = K \times D_2^2 \times L \times N$
$= 0.476 \times 0.15^2 \times 0.1 \times 350$
$= 0.374 \, m^3/min$

36. 자동 절체식 일체형 저압조정기의 조정 압력은?
① 2.30~3.30 kPa
② 2.55~3.30 kPa
③ 57~83 kPa
④ 5.0~30 kPa 이내에서 제조자가 설정한 기준 압력의 ±20 %

[해설] 압력 조정기 종류에 따른 조정 압력
㉮ 1단 감압식 저압조정기 : 2.30 ~ 3.30 kPa
㉯ 1단 감압식 준저압조정기 : 5.0~30.0 이내에서 제조자가 설정한 기준 압력의 ±20 %
㉰ 2단 감압식 1차용 조정기 : 57.0~83.0 kPa
㉱ 2단 감압식 2차용 저압조정기 : 2.30~ 3.30 kPa
㉲ 2단 감압식 2차용 준저압조정기 : 5.0~ 30.0 이내에서 제조자가 설정한 기준 압력의 ±20 %
㉳ 자동 절체식 일체형 저압조정기 : 2.55~ 3.30 kPa
㉴ 자동 절체식 일체형 준저압조정기 : 5.0~ 30.0 이내에서 제조자가 설정한 기준 압력의 ±20 %
㉵ 그 밖의 압력조정기 : 5 kPa를 초과하는 압력 범위에서 상기 압력조정기의 종류에 따른 조정 압력에 해당하지 않는 것에 한하며, 제조자가 설정한 기준 압력의 ±20 %일 것

37. 다음 중 단별 최대 압축비를 가질 수 있는 압축기는?
① 원심식   ② 왕복식
③ 축류식   ④ 회전식

[해설] 왕복동식 압축기의 특징
㉮ 고압이 쉽게 형성된다.
㉯ 급유식, 무급유식이다.
㉰ 용량 조정 범위가 넓다.
㉱ 용적형이며 압축 효율이 높다.

[정답] 34. ④ 35. ③ 36. ② 37. ②

㉮ 형태가 크고 설치 면적이 크다.
㉯ 배출 가스 중 오일이 혼입될 우려가 크다.
㉰ 압축이 단속적이고 맥동 현상이 발생된다.
㉱ 접촉 부분이 많아 고장 발생이 쉽고 수리가 어렵다.
㉲ 반드시 흡입 토출밸브가 필요하다.
※ 최대 압축비를 갖는다는 것은 토출 압력이 고압으로 형성되는 것이므로 왕복동식에 해당된다.

38. 압력 변화에 의한 탄성 변위를 이용한 탄성압력계에 해당되지 않는 것은?
① 플로트식 압력계
② 부르동관식 압력계
③ 벨로스식 압력계
④ 다이어프램식 압력계
[해설] 탄성식 압력계의 종류 : 부르동관식, 다이어프램식, 벨로스식, 캡슐식

39. 아세틸렌의 정성 시험에 사용되는 시약은?
① 질산은   ② 구리암모니아
③ 염산   ④ 피로카롤
[해설] 아세틸렌 품질검사 시약
㉮ 발연 황산 : 오르사트(Orsat)법
㉯ 브롬 : 뷰렛(biure)법
㉰ 질산은 : 정성 시험

40. 가스 누출을 감지하고 차단하는 가스 누출 자동 차단기의 구성 요소가 아닌 것은?
① 제어부   ② 중앙 통제부
③ 검지부   ④ 차단부
[해설] 가스 누출 자동 차단장치의 구성 요소
㉮ 검지부 : 누출된 가스를 검지하여 제어부로 신호를 보내는 기능을 가진 것
㉯ 차단부 : 제어부로부터 보내진 신호에 따라 가스의 유로를 개폐하는 기능을 가진 것
㉰ 제어부 : 차단부에 자동 차단 신호를 보내는 기능, 차단부를 원격 개폐할 수 있는 기능 및 경보 기능을 가진 것

41. 액면 측정 장치가 아닌 것은?
① 임펠러식 액면계   ② 유리관식 액면계
③ 부자식 액면계   ④ 퍼지식 액면계
[해설] 액면계의 구분
㉮ 직접식 : 직관식(유리관식), 플로트식(부자식), 검척식
㉯ 간접식 : 압력식, 초음파식, 저항 전극식, 정전 용량식, 방사선식, 차압식, 다이어프램식, 편위식, 기포식(퍼지식), 슬립 튜브식 등

42. 터보 압축기의 구성이 아닌 것은?
① 임펠러   ② 피스톤
③ 디퓨져   ④ 증속기어장치
[해설] 터보 압축기의 구성 요소 : 임펠러, 디퓨져, 증속 기어 장치, 가이드 베인
[참고] 피스톤은 왕복동식 압축기의 구성 기기이다.

43. 액화석유가스 소형 저장 탱크가 바깥지름 1000 mm, 길이 2000 mm, 충전 상수 0.03125, 온도 보정 계수 2.15일 때의 자연 기화 능력(kg/h)은 얼마인가?
① 11.2   ② 13.2   ③ 15.2   ④ 17.2
[해설] 소형 저장 탱크의 자연 기화 능력 계산
$$\therefore PVC = \frac{D \times L \times K \times T (\text{kcal/h})}{12000 (\text{kcal/kg})}$$
$$= \frac{1000 \times 2000 \times 0.03125 \times 2.15}{12000}$$
$$= 11.197 \text{ kg/h}$$

44. 수소(H_2) 가스 분석 방법으로 가장 적당한 것은?

[정답] 38. ① 39. ① 40. ② 41. ① 42. ② 43. ① 44. ①

① 팔라듐관 연소법 ② 헴펠법
③ 황산바륨 침전법 ④ 흡광 광도법

해설 분별 연소법 : 탄화수소는 산화시키지 않고 H_2 및 CO만을 분별적으로 완전 산화시키는 방법
㉮ 팔라듐관 연소법 : H_2를 분석하는 데 적당한 방법이며, 촉매로 팔라듐 석면, 팔라듐 흑연, 백금, 실리카 겔 등이 사용된다.
㉯ 산화 구리법 : 산화 구리를 250℃로 가열하여 시료 가스 중 H_2 및 CO는 연소되고 메탄(CH_4)만 남는다. 메탄의 정량 분석에 적합하다.

45. 원심식 압축기 중 터보형 날개 출구 각도에 해당하는 것은?
① 90°보다 작다.   ② 90°이다.
③ 90°보다 크다.   ④ 평행이다.

해설 날개 출구 각도에 의한 원심식 압축기 분류
㉮ 레이디얼형 : 90°
㉯ 다익형 : 90°보다 크다.
㉰ 터보형 : 90°보다 작다.

46. 25℃의 물 10 kg을 대기압하에서 비등시켜 모두 기화시키는 데 약 몇 kcal의 열이 필요한가? (단, 물의 증발 잠열은 540 kcal/kg이다.)
① 750   ② 5400   ③ 6150   ④ 7100

해설 ㉮ 25℃ 물→100℃ 물 : 현열
∴ $Q_1 = G \cdot C \cdot \Delta t$
$= 10 \times 1 \times (100-25) = 750$ kcal
㉯ 100℃ 물→100℃ 수증기 : 잠열
∴ $Q_2 = G \cdot \gamma = 10 \times 540 = 5400$ kcal
㉰ 전체 열량 계산
∴ $Q = Q_1 + Q_2 = 750 + 5400 = 6150$ kcal

47. 프레온(Freon)의 성질에 대한 설명으로 틀린 것은?
① 불연성이다.
② 무색, 무취이다.
③ 증발 잠열이 적다.
④ 가압에 의해 액화되기 쉽다.

해설 프레온은 증발 잠열이 커서 냉동기 냉매로 사용된다.

48. LP 가스 제조법으로 가장 거리가 먼 것은?
① 원유를 정제하여 부산물로 생산
② 석유 정제 공정에서 부산물로 생산
③ 석탄을 건류하여 부산물로 생산
④ 나프타 분해 공정에서 부산물로 생산

해설 LP 가스 제조법
㉮ 습성 천연가스 및 원유에서 생산 : 압축 냉각법, 흡수법, 흡착법
㉯ 원유를 정제하는 과정에서 부산물로 생산
㉰ 나프타 분해 공정에서 부산물로 생산

49. C_3H_8 비중이 1.5라고 할 때 20 m 높이 옥상까지의 압력 손실은 약 몇 mmH$_2$O인가?
① 12.9   ② 16.9   ③ 19.4   ④ 21.4

해설 $H = 1.293(s-1)h$
$= 1.293 \times (1.5-1) \times 20$
$= 12.93$ mmH$_2$O

50. 압력에 대한 설명으로 틀린 것은?
① 수주 280 cm는 0.28 kgf/cm^{2}와 같다.
② 1 kgf/cm^{2}는 수은주 760 mm와 같다.
③ 160 kgf/mm^{2}는 16000 kgf/cm^{2}에 해당한다.
④ 1 atm이란 1 cm^{2}당 1.033 kgf의 무게와 같다.

해설 환산 압력
$= \dfrac{\text{주어진 압력}}{\text{주어진 압력의 표준 대기압}} \times$ 구하려

는 표준 대기압
① 1 atm = 10.332 mH₂O = 1033.2 cmH₂O 이다.
∴ $\frac{280}{1033.2} \times 1.0332 = 0.28 \text{ kgf/cm}^2$
② $\frac{1}{1.0332} \times 760 = 735.5 \text{ mmHg}$
③ 160 kgf/mm² × (10 mm)² / (1 cm)²
　= 16000 kgf/cm²
④ 1atm = 760 mmHg = 1.0332 kgf/cm²

51. 다음에서 설명하는 법칙은?

> 같은 온도(T)와 압력(P)에서 같은 부피(V)의 기체는 같은 분자 수를 가진다.

① Dalton의 법칙
② Henry의 법칙
③ Avogadro의 법칙
④ Hess의 법칙

해설 아보가드로의 법칙 : 모든 기체 1 mol(몰)에는 표준 상태(0℃, 1기압)에서 22.4 L의 부피를 차지하며, 그 속에는 6.02×10²³개의 분자가 들어 있다.

52. 실제 기체가 이상 기체의 상태식을 만족시키는 경우는?

① 압력과 온도가 높을 때
② 압력과 온도가 낮을 때
③ 압력이 높고 온도가 낮을 때
④ 압력이 낮고 온도가 높을 때

해설 실제 기체기 이상 기체 상내방성식을 만족시키는 경우는 압력이 낮고(저압), 온도가 높을 때(고온)이다.

53. 다음 중 가연성 가스가 아닌 것은?

① 일산화탄소　② 질소
③ 에탄　　　　④ 에틸렌

해설 질소는 불연성, 비독성 가스에 해당된다.

54. 다음 중 가장 낮은 온도는?

① -40°F　　　② 430°R
③ -50℃　　　④ 240 K

해설 각 온도를 섭씨온도로 환산하여 비교한다.
① ℃ = $\frac{5}{9}$ × (°F - 32)
　　= $\frac{5}{9}$ × (-40 - 32) = -40 ℃
② ℃ = $\frac{°R}{1.8}$ - 273 = $\frac{430}{1.8}$ - 273
　　= -34.111 ℃
③ -50℃
④ ℃ = K - 273 = 240 - 273 = -33 ℃

55. 아세틸렌가스 폭발의 종류로서 가장 거리가 먼 것은?

① 중합 폭발　② 산화 폭발
③ 분해 폭발　④ 화합 폭발

해설 아세틸렌의 폭발 종류
㉮ 산화 폭발 : 공기 중 산소와 반응하여 일으키는 폭발이다.
　C₂H₂ + 2.5O₂ → 2CO₂ + H₂O
㉯ 분해 폭발 : 가압, 충격에 의하여 탄소와 수소로 분해되면서 일으키는 폭발이다.
　C₂H₂ → 2C + H₂ + 54.2 kcal
㉰ 화합 폭발 : 아세틸렌이 동(Cu), 은(Ag), 수은(Hg) 등의 금속과 접촉 반응하여 폭발성의 아세틸드를 생성하여 일으키는 폭발이다.

56. 다음 중 유리병에 보관해서는 안 되는 가스는?

① O₂　② Cl₂　③ HF　④ Xe

해설 불화 수소(HF)의 특징
㉮ 플루오린과 수소의 화합물로 분자량 20.01이다.
㉯ 무색의 자극적인 냄새가 난다.

정답 51. ③　52. ④　53. ②　54. ③　55. ①　56. ③

㉰ 불연성 물질로 연소되지 않지만 열에 의해 분해되어 부식성 및 독성 증기(TLV-TWA 0.5 ppm)를 생성할 수 있다.
㉱ 강산으로 염기류와 격렬히 반응한다.
㉲ 무수물이 수용액보다 더 강산의 성질을 갖는다.
㉳ 금속과 접촉 시 인화성 수소가 생성될 수 있다.
㉴ 흡입 시 기침, 현기증, 두통, 메스꺼움, 호흡 곤란을 일으킬 수 있다.
㉵ 피부에 접촉 시 화학적 화상을, 액체 접촉 시 동상을 일으킬 수 있다.
㉶ 유리와 반응하기 때문에 유리병에 보관해서는 안 된다.

57. 나프타의 성상과 가스화에 미치는 영향 중 PONA 값의 각 의미에 대하여 잘못 나타낸 것은?

① P : 파라핀계 탄화수소
② O : 올레핀계 탄화수소
③ N : 나프텐계 탄화수소
④ A : 지방족 탄화수소

해설 A : 방향족 탄화수소로 벤젠(C_6H_6)이 해당된다.

58. 도시가스 제조 시 사용되는 부취제 중 T.H.T의 냄새는?

① 마늘 냄새
② 양파 썩는 냄새
③ 석탄 가스 냄새
④ 암모니아 냄새

해설 부취제의 종류 및 특징
㉮ TBM(tertiary buthyl mercaptan) : 양파 썩는 냄새가 나며 내산화성이 우수하고 토양 투과성이 우수하여 토양에 흡착되기 어렵다.
㉯ THT(tetra hydro thiophen) : 석탄 가스 냄새가 나며 산화, 중합이 일어나지 않는 안정된 화합물이다. 토양의 투과성이 보통이며 토양에 흡착되기 쉽다.
㉰ DMS(dimethyl sulfide) : 마늘 냄새가 나며 안정된 화합물이다. 내산화성이 우수하고 토양의 투과성이 아주 우수하여 토양에 흡착되기 어렵다.

59. 황화수소에 대한 설명으로 틀린 것은?

① 무색의 기체로서 유독하다.
② 공기 중에서 연소가 잘 된다.
③ 산화하면 주로 황산이 생성된다.
④ 형광 물질 원료의 제조 시 사용된다.

해설 황화수소(H_2S)의 특징
㉮ 화산 분출 시 발생하는 가스이며 유황 온천에 물에 녹아 용출한다.
㉯ 무색이며 계란 썩는 특유의 냄새가 난다.
㉰ 독성 가스(TLV-TWA 10 ppm)이며, 가연성 가스(4.3~45 %)이다.
㉱ 비점이 −61.8℃로 액화 가스로 취급된다.
㉲ 공기 중에서 파란 불꽃을 발생하며 연소하고, 불완전 연소 시에는 황을 유리시킨다.
㉳ 건조한 상태에서는 부식성이 없으나 수분을 함유하면 금속을 심하게 부식시킨다.
㉴ 가열 시 격렬한 연소 또는 폭발을 일으키며, 알칼리 금속 및 일부 플라스틱과 반응한다.

60. 가스의 연소와 관련하여 공기 중에서 점화원 없이 연소하기 시작하는 최저 온도를 무엇이라 하는가?

① 인화점
② 발화점
③ 끓는점
④ 융해점

해설 ㉮ 인화점 : 점화원에 의하여 연소가 개시되는 최저 온도로 위험성의 척도이다.
㉯ 착화점(착화 온도, 발화 온도, 발화점) : 온도가 상승할 때 점화원 없이 스스로 연소를 개시할 수 있는 최저의 온도로 인화점보다는 온도가 높다.

정답 57. ④ 58. ③ 59. ③ 60. ②

가스기능사

제 3 편

CBT 실전 테스트

- 2017년도 실전 테스트
- 2018년도 실전 테스트
- 2019년도 실전 테스트
- 2020년도 실전 테스트
- 2021년도 실전 테스트
- 2022년도 실전 테스트
- 2023년도 실전 테스트
- 2024년도 실전 테스트
- 2025년도 실전 테스트

2017년도 실전 테스트 (1)

1. LNG 지하 매설배관 퍼지용으로 널리 사용되는 가스는?
① Ar   ② Cl_2 ③ N_2 ④ O_2

해설 질소(N_2)는 불연성 가스에 해당되고 구입하기 쉽기 때문에 가연성 가스 배관의 퍼지용(치환용) 가스로 사용된다.

2. 부식성 유체의 압력 측정에 효과적인 압력계는?
① 벨로스식 압력계
② 다이어프램 압력계
③ 피에조 압력계
④ 전기저항식 압력계

해설 다이어프램식 압력계의 특징
㉮ 응답 속도가 빠르나 온도의 영향을 받는다.
㉯ 극히 미세한 압력 측정에 적당하다.
㉰ 부식성 유체의 측정이 가능하다.
㉱ 압력계가 파손되어도 위험이 적다.
㉲ 먼지를 함유한 액체나 점도가 높은 액체의 측정에 적합하다.
㉳ 배기 가스의 통풍계(draft gauge)로 사용한다.
㉴ 다이어프램의 재료로는 고무, 인청동, 스테인리스 등의 박판이 사용된다.
㉵ 측정 범위는 20~5000 mmH₂O이다.

3. 1 J(Joule)은 몇 cal의 열량에 해당하는가?
① 0.24   ② 2.4   ③ 4.2   ④ 42

해설 줄(J)과 cal의 관계
㉮ 1 J(Joule) = 0.24 cal
㉯ 1 cal = 4.185 J(약 4.2 J)

4. 자동차 용기 충전 시설에서 충전용 호스의 끝에 반드시 설치하여야 하는 것은?
① 긴급 차단 장치   ② 가스누출 경보기
③ 정전기 제거 장치   ④ 인터로크 장치

해설 충전기의 충전 호스의 길이는 5 m 이내로 하고, 그 끝에 축적되는 정전기를 유효하게 제거할 수 있는 정전기 제거 장치를 설치한다.

5. 부하 변화가 큰 곳에 사용되는 정압기의 특성은?
① 정특성   ② 동특성
③ 유량특성   ④ 속도특성

해설 정압기의 특성
㉮ 정특성 : 유량과 2차 압력과의 관계이다.
㉯ 동특성 : 부하 변화가 큰 곳에 사용되는 정압기의 특성으로 응답 속도 및 안전성이 요구된다.
㉰ 유량특성 : 메인밸브의 열림과 유량과의 관계이다.

6. 과산화수소와 동, 망간 등과 접촉 시 폭발은?
① 분해폭발   ② 중합폭발
③ 융합폭발   ④ 산화폭발

해설 과산화수소(H_2O_2)
㉮ 가열, 햇빛에 의하여 쉽게 분해하여 산소를 방출한다.
㉯ 은(Ag), 백금(Pt) 등의 금속분말 또는 산화망간(MnO_2), 산화납(PbO), 산화수은(HgO) 등의 산화물과 혼합하면 급격히 반응하여 산소를 방출하며 폭발한다.
㉰ 농도가 60 % 이상의 것은 충격에 의해

정답 1. ③   2. ②   3. ①   4. ③   5. ②   6. ①

단독 폭발의 가능성이 있다.
㉣ 위험물 안전관리법에서 제6류 위험물 (산화성 액체)로 분류한다.

7. 질소가스의 특징이 아닌 것은?
① 암모니아 합성원료
② 공기의 주성분
③ 방전용으로 사용
④ 산화방지제

해설 질소(N_2)의 용도
㉮ 암모니아 합성원료로 사용한다.
㉯ 설비의 치환용 가스 및 산화 방지제로 사용한다.
㉰ 액체 질소는 야채, 육류의 급속 냉각용으로 사용한다.
㉱ 공기 중에 체적비로 78% 함유하므로 공기의 주성분이다.

8. 다음 가스 중 충전구 나사가 오른나사인 것은?
① 염소(Cl_2)
② 프로판(C_3H_8)
③ 에틸렌(C_2H_4)
④ 아세틸렌(C_2H_2)

해설 용기 충전구 나사 형식
㉮ 왼나사 : 가연성 가스에 적용(단, 암모니아, 브롬화메틸은 오른나사이다.)
㉯ 오른나사 : 가연성 가스 이외의 것에 적용

9. 초저온 용기 부속품의 기호를 나타내는 것은?
① LG   ② PG   ③ LT   ④ LP

해설 용기 부속품 기호
㉮ AG : 아세틸렌가스를 충전하는 용기의 부속품
㉯ PG : 압축가스를 충전하는 용기의 부속품
㉰ LG : 액화석유가스외 액화가스를 충전하는 용기의 부속품
㉱ LPG : 액화석유가스를 충전하는 용기의 부속품
㉲ LT : 초저온용기 및 저온용기의 부속품

10. 고압가스 운반기준에서 후부취출식 탱크 외의 탱크는 탱크의 후면과 차량의 뒷범퍼와의 수평거리가 몇 cm 이상이 되도록 탱크를 차량에 고정시켜야 하는가?
① 30 cm 이상   ② 40 cm 이상
③ 60 cm 이상   ④ 1 m 이상

해설 뒷범퍼와의 수평거리 기준
㉮ 후부취출식 : 40 cm 이상
㉯ 후부취출식 외 : 30 cm 이상
㉰ 조작상자 : 20 cm 이상

11. 3중 결합을 가지는 불포화 탄화수소로서 공기보다 다소 가벼운 무색의 가스는?
① CH_4 ② C_2H_6 ③ C_2H_2 ④ C_3H_8

해설 아세틸렌(C_2H_2)
㉮ 알킨족 탄화수소의 가장 간단한 형태의 화합물로 3중 결합을 갖는다.
㉯ 아세틸렌 구조식 : $H-C \equiv C-H$

12. 압력에 대한 정의는?
① 단위체적에 작용하는 힘의 합
② 단위면적에 작용되는 모멘트의 합
③ 단위면적에 작용되는 힘의 합
④ 단위길이에 작용되는 모멘트의 합

해설 ㉮ 압력의 정의 : 단위면적에 작용되는 힘의 합이다.
㉯ 단위
  ㉠ SI단위 : N/m^2, Pa, kPa, MPa
  ㉡ 공학단위 : kgf/m^2, kgf/cm^2, mmH_2O

정답 7. ③ 8. ① 9. ③ 10. ① 11. ③ 12. ③

13. 다음 중 독성가스의 누출 시의 제독제로서 적합하지 않은 것은?

① 염소 : 탄산소다 수용액
② 포스겐 : 소석회
③ 산화에틸렌 : 소석회
④ 황화수소 : 가성소다 수용액

해설 독성가스 제독제

가스 종류	제독제의 종류
염소	가성소다 수용액 탄산소다 수용액, 소석회
포스겐	가성소다 수용액, 소석회
황화수소	가성소다 수용액, 탄산소다 수용액
시안화수소	가성소다 수용액
아황산가스	가성소다 수용액, 탄산소다 수용액, 물
암모니아, 산화에틸렌, 염화메탄	물

14. 금속재료의 저온특성에 관한 다음 기술 중 올바른 것은?

① 오스테나이트 스테인리스강은 어느 온도 이하가 되면 샤르피 충격치가 급격히 저하, 저온취성을 나타낸다.
② 알루미늄은 저온취성이 현저하므로 저온용 재료로서 부적당하다.
③ 탄소강은 저온이 되면 연신율이 떨어진다.
④ 탄소강은 저온이 되면 인장강도가 저하한다.

해설 탄소강은 저온이 되면 인장강도, 항복점, 경도는 증가하고 연신율, 충격치는 감소하며, 오스테나이트계 스테인리스강, 알루미늄은 저온에 강한 재료이다.

15. 순수한 것은 안정하나 소량의 수분이나 알칼리성 물질을 함유하면 중합이 촉진되고 독성이 매우 강한 가스는?

① 염소　　② 포스겐
③ 황화수소　　④ 시안화수소

해설 시안화수소(HCN)의 특징
㉮ 독성가스(허용농도 : TLV-TWA 10 ppm)이며, 가연성 가스(폭발범위 : 6~41 v%)이다.
㉯ 액체는 무색, 투명하고 감, 복숭아 냄새가 난다.
㉰ 액화가 용이하여(비점 : 25.7℃) 액화가스로 취급된다.
㉱ 소량의 수분 존재 시 중합폭발을 일으킬 우려가 있다.
㉲ 알칼리성 물질(암모니아, 소다)을 함유하면 중합이 촉진된다.
㉳ 중합폭발을 방지하기 위하여 안정제를 사용한다(황산, 아황산가스, 동, 동망, 염화칼슘, 인산, 오산화인).
㉴ 물에 잘 용해하고 약산성을 나타낸다.

16. 공기액화 분리장치에서 정상작업 중 액산펌프 폭발사고가 발생하였다. 주위 가까운 곳에는 카바이드 공장이 있었다면 어떤 주요 원인으로 폭발되었다고 판단되는가?

① LPG의 혼입　　② LNG의 혼입
③ C_2H_2의 혼입　　④ C_2H_4의 혼입

해설 공기액화 분리장치의 폭발원인
㉮ 공기 취입구로부터 아세틸렌의 혼입
㉯ 압축기용 윤활유 분해에 따른 탄화수소의 생성
㉰ 공기 중 질소화합물의 혼입
㉱ 액체 공기 중에 오존의 혼입

참고 카바이드는 아세틸렌 제조 원료에 해당되고 카바이드가 수분과 접촉되어 발생

정답 13. ③　14. ③　15. ④　16. ③

된 아세틸렌이 공기액화 분리장치에 혼입되어 폭발이 발생한 것이다.

17. 충전용기에 각인되어 있는 내용적의 기호는?

① V   ② FP   ③ TP   ④ W

해설 용기 각인 기호
㉮ V : 내용적(L)
㉯ W : 초저온 용기 외의 용기는 밸브 및 부속품을 포함하지 않은 용기의 질량(kg)
㉰ TW : 아세틸렌 용기는 용기의 질량에 다공물질, 용제 및 밸브의 질량을 합한 질량(kg)
㉱ TP : 내압시험압력(MPa)
㉲ FP : 압축가스를 충전하는 용기는 최고충전압력(MPa)

18. 왕복압축기의 흡입·토출밸브 구비조건에 해당되지 않는 것은?

① 누출물을 막기 위하여 밸브의 중량이 클 것
② 내구성이 있을 것
③ 밸브의 개폐가 정확할 것
④ 유체가 밸브를 지날 때의 저항을 최소한으로 할 것

해설 왕복압축기 흡입·토출밸브 구비조건
㉮ 개방 및 개폐 지연이 없고 작동이 양호할 것
㉯ 충분한 통과 단면을 갖고 유체저항이 적을 것
㉰ 중량이 가볍고 파손이 적을 것
㉱ 운전 중에 분해하는 경우가 없을 것

19. 액화석유가스를 탱크로리로부터 이·충전할 때 정전기를 제거하는 접지접속선의 단면적 규격으로 옳은 것은?

① $5.5 mm^2$ 이상   ② $6.7 mm^2$ 이상
③ $9.6 mm^2$ 이상   ④ $10.5 mm^2$ 이상

해설 정전기 제거조치
㉮ 본딩용 접속선 및 접지접속선은 단면적 $5.5 mm^2$ 이상인 것을 사용하고 경납붙임, 용접, 접속금구 등을 사용하여 확실히 접속한다.
㉯ 접지 저항치는 총합 100Ω(피뢰설비를 설치한 것은 총합 10Ω) 이하로 한다.

20. 메탄, 에탄 등 수소가 풍부한 가스와 혼합 시 폭발성이 있는 가스는?

① 질소   ② 염소
③ 아세틸렌   ④ 암모니아

해설 메탄(CH_4), 에탄(C_2H_6) 등 수소가 풍부한 가스는 가연성 가스에 해당되므로 조연성 가스인 염소(Cl_2)와 혼합 시 폭발위험성이 있다.

21. 연소가스 중에 있는 암모니아를 황산에 흡수시켜 나머지 황산을 가성소다 용액으로 적정하는 화학 분석법은?

① 요오드 적정법   ② 중화 적정법
③ 중량 적정법   ④ 킬레이트 적정법

해설 중화 적정법 : 연소가스 중의 암모니아(NH_3)를 황산(H_2SO_4)에 흡수시켜 남은 황산을 수산화나트륨(NaOH : 가성소다) 용액으로 적정하는 방법이다.

22. 일산화탄소 가스의 용도로 알맞은 것은?

① 메탄올 합성
② 용접 절단용
③ 암모니아 합성
④ 드라이아이스 제조

해설 일산화탄소(CO)의 용도
㉮ 메탄올(CH_3OH) 합성에 사용

㉯ 포스겐($COCl_2$)의 제조 원료에 사용
㉰ 개미산(의산)이나 화학공업용 원료에 사용
㉱ 공업적 연료, 환원제에 사용
[참고] 메탄올 합성 반응식
$CO + 2H_2 \rightarrow CH_3OH$

23. 가스계량기와 전기계량기 및 전기개폐기와의 거리는 몇 cm 이상의 거리를 유지해야 하는가?

① 15 ② 30 ③ 60 ④ 80

[해설] 가스계량기 설치 기준
㉮ 계량기 설치 높이 : 1.6 m 이상 2 m 이내
㉯ 전기계량기, 전기개폐기와의 거리 : 60 cm 이상
㉰ 단열조치가 되지 않은 굴뚝, 전기점멸기, 전기접속기와의 거리 : 30 cm 이상
㉱ 절연조치를 하지 않은 전선과의 거리 : 15 cm 이상

24. 가연성 가스를 제조하는 장치를 신설하여 기밀시험을 실시하는 경우에 사용되는 가스가 아닌 것은?

① 공기   ② 산소
③ 질소   ④ 이산화탄소

[해설] 고압가스설비와 배관의 기밀시험은 원칙적으로 공기 또는 위험성이 없는 기체의 압력으로 실시한다(산소는 조연성 가스에 해당되므로 기밀시험용으로 사용할 수 없다).

25. 용기 또는 용기밸브에 안전밸브를 설치하는 이유는?

① 규정량 이상의 가스를 충전시켰을 때 여분의 가스를 분출하기 위해
② 용기 내 압력이 이상 상승 시 용기파열을 방지하기 위해
③ 가스출구가 막혔을 때 가스출구로 사용하기 위해
④ 분석용 가스출구로 사용하기 위해

[해설] 충전용기 내부 압력이 이상 상승 시 용기파열을 방지하기 위해 용기 또는 용기밸브에 안전밸브를 설치한다.

26. LP가스를 용기에 의해 수송할 경우 이에 대한 설명으로 옳지 않은 것은?

① 용기가 소비자의 저장설비로 이용될 수 있다.
② 소량 수송의 경우 편리한 점이 많다.
③ 취급 부주의로 인한 사고의 위험 등이 수반된다.
④ 수송비가 적게 소요된다.

[해설] 용기에 의한 수송 특징
㉮ 충전용기 자체가 저장설비로 이용될 수 있다.
㉯ 소량 수송의 경우 편리한 점이 많다.
㉰ 취급 부주의로 인한 사고 위험성이 높다.
㉱ 수송비가 많이 소요되어 비경제적이다.

27. 고압가스 성질에 따른 분류가 아닌 것은?

① 가연성 가스   ② 액화가스
③ 조연성 가스   ④ 불연성 가스

[해설] 고압가스의 분류
㉮ 상태에 의한 분류 : 압축가스, 액화가스, 용해가스
㉯ 연소성(연소성질)에 의한 분류 : 가연성 가스, 조연성 가스, 불연성 가스
㉰ 독성에 의한 분류 : 독성가스, 비독성가스

28. 가연성 가스 제조공장에서 착화의 원인이 되지 않는 것은?

[정답] 23. ③ 24. ② 25. ② 26. ④ 27. ② 28. ④

① 정전기
② 사용촉매의 접촉작용
③ 밸브의 급격한 조작
④ 베릴륨 합금제 공구에 의한 충격

해설 베릴륨 합금제 공구는 충격, 마찰에 의한 불꽃이 발생하지 않는 방폭용 공구이다.

29. 폭발에 관한 가스의 성질을 설명한 것 중 틀린 것은?
① 폭발범위가 넓은 것은 위험하다.
② 가스 비중이 큰 것은 낮은 곳에 체류할 위험이 있다.
③ 안전간격이 큰 것일수록 위험하다.
④ 폭굉은 화염 전파속도가 음속보다 크다.

해설 안전간격이 작은 것일수록 위험하다.

30. 저온장치를 구성하는 재료로서 적당하지 않은 것은?
① LNG 저장탱크의 내조 : 18-8 스테인리스강
② -15°C로 되는 열교환기 : 강관
③ 액체산소 저장탱크의 내조 : 18-8 스테인리스강
④ 액체질소 저장탱크의 단열재 : 양모

해설 질소의 비점이 -196°C이므로 단열재는 불연성 재료를 사용해야 한다.

31. 온도가 일정할 때 일정량의 기체가 차지하는 체적은 절대압력에 반비례한다. 어떤 법칙인가?
① 보일의 법칙
② 샤를의 법칙
③ 보일-샤를의 법칙
④ 아보가드로의 법칙

해설
㉮ 보일의 법칙 : 온도가 일정할 때 일정량의 기체가 차지하는 부피는 절대압력에 반비례한다.
㉯ 샤를의 법칙 : 압력이 일정할 때 일정량의 기체가 차지하는 체적은 절대온도에 비례한다.
㉰ 보일-샤를의 법칙 : 일정량의 기체가 차지하는 부피는 압력에 반비례하고, 절대온도에 비례한다.
㉱ 아보가드로의 법칙 : 모든 기체 1 mol (몰)에는 표준상태(0°C, 1 기압)에서 22.4 L의 부피를 차지하며, 그 속에는 6.02×10^{23}개의 분자가 들어 있다.

32. 아세틸렌 용기에 충전하는 다공질물의 다공도(%)로 옳은 것은?
① 60 % 이상 70 % 미만
② 60 % 이상 80 % 미만
③ 75 % 이상 92 % 미만
④ 80 % 이상 100 % 미만

해설 다공도 기준 : 75 % 이상 92 % 미만
참고 '다공질물'과 '다공물질'은 같은 의미로 사용된다.

33. 다음 중 폭발범위가 가장 넓은 가스는?
① 아세틸렌
② 수소
③ 프로판
④ 부탄

해설 각 가스의 공기 중 폭발범위

명칭	폭발범위
아세틸렌(C_2H_2)	2.5 ~ 81 %
수소(H_2)	4 ~ 75 %
프로판(C_3H_8)	2.1 ~ 9.5 %
부탄(C_4H_{10})	1.9 ~ 8.5 %

참고 가연성 가스 중 폭발범위가 가장 넓은 것은 아세틸렌(C_2H_2)이다.

정답 29. ③ 30. ④ 31. ① 32. ③ 33. ①

34. 관내를 흐르는 도시가스의 압력강하에 관한 설명이 틀린 것은?
① 가스비중에 비례한다.
② 관 길이에 비례한다.
③ 관 안지름의 5승에 반비례한다.
④ 압력에 비례한다.

해설 배관 내의 압력손실 $H = \dfrac{Q^2 SL}{K^2 D^5}$ 이므로
㉮ 유량의 제곱에 비례한다(유속의 제곱에 비례한다).
㉯ 가스비중에 비례한다.
㉰ 배관 길이에 비례한다.
㉱ 관 안지름의 5승에 반비례한다.
㉲ 관 내면의 상태에 관련 있다.
㉳ 유체의 점도에 관련 있다.
㉴ 압력과는 관계없다.

35. 저장능력 1톤인 액화염소 용기의 내용적(L)은 얼마인가? (단, 액화염소 정수 $C = 0.80$ 이다.)
① 400 ② 600 ③ 800 ④ 1000

해설 액화가스 용기 충전량 계산 $G = \dfrac{V}{C}$ 이고 액화염소 1톤은 1000 kg이다.
∴ $V = C \times G = 0.80 \times 1000 = 800 \text{ L}$

36. 고압가스 용기 보관 장소에 충전 용기를 보관할 때의 기준으로 적합하지 않은 것은?
① 충전용기와 잔가스 용기는 각각 구분하여 용기보관 장소에 놓을 것
② 용기 보관 장소의 주위 12m 이내에는 화기 또는 인화성 물질이나 발화성 물질을 두지 않을 것
③ 충전 용기는 항상 40℃ 이하의 온도를 유지하고, 직사광선을 받지 않도록 조치할 것
④ 가연성 가스 용기 보관 장소에는 방폭형 휴대용 손전등 외의 등화를 휴대하고 들어가지 아니할 것

해설 용기 보관 장소의 주위 2 m 이내에는 화기 또는 인화성 물질이나 발화성 물질을 두지 아니한다.

37. 다음 중 LPG의 성질이 아닌 것은?
① 상온, 상압에서 액체로 존재한다.
② 기체의 무게는 공기의 1.5 ~ 2배이다.
③ 무색, 무취이므로 TBM을 첨가한다.
④ 프로판의 비점은 −42.1℃로 부탄보다 낮다.

해설 액화석유가스(LPG)의 일반적인 성질
㉮ LP가스는 공기보다 무겁다.
㉯ 액상의 LP가스는 물보다 가볍다.
㉰ 액화, 기화가 쉽고, 기화하면 체적이 커진다.
㉱ LNG보다 발열량이 크고, 연소 시 다량의 공기가 필요하다.
㉲ 기화열(증발잠열)이 크다.
㉳ 무색, 무취, 무미하다.
㉴ 용해성이 있다.
㉵ 액체의 온도 상승에 의한 부피변화가 크다.

참고 LPG는 상온, 상압에서 기체로 존재한다.

38. 고압가스 저장설비의 경계책 설치 높이는 몇 m 이상인가?
① 1 ② 1.2 ③ 1.5 ④ 3

해설 경계책
㉮ 고압가스시설의 안전을 확보하기 위하여 저장설비, 처리설비 및 감압설비를 설치한 장소 주위에는 외부인의 출입을 통제할 수 있도록 경계책을 설치한다.

정답 34. ④ 35. ③ 36. ② 37. ① 38. ③

㉯ 저장설비, 처리설비 및 감압설비가 건축물 안에 설치된 경우 또는 차량의 통행 등 조업시행이 현저히 곤란하여 위해 요인이 가중될 우려가 있는 경우에는 경계책을 설치하지 아니할 수 있다.
㉰ 경계책 높이는 1.5 m 이상으로 한다.
㉱ 경계책의 재료는 철책, 철망 등으로 한다.
㉲ 경계책 주위에는 외부사람이 무단출입을 금하는 내용의 경계표지를 보기 쉬운 장소에 부착한다.

39. N₂ 20 mol, O₂ 30 mol로 구성된 혼합가스가 용기에 8 kgf/cm²로 충전되었다. 질소와 산소의 분압은 각각 몇 kgf/cm²인가?

① N_2 : 5.5, O_2 : 2.5
② N_2 : 3.2, O_2 : 4.8
③ N_2 : 4.8, O_2 : 3.2
④ N_2 : 3.7, O_2 : 4.3

해설 분압 = 전압 × 성분몰/전몰

$$\therefore P_{N_2} = 8 \times \frac{20}{20+30} = 3.2\,kgf/cm^2$$

$$\therefore P_{O_2} = 8 \times \frac{30}{20+30} = 4.8\,kgf/cm^2$$

40. 아세틸렌 발생기의 압력이 1.5 kgf/cm² 이상 상승하면 위험한 이유로 옳은 것은?

① 중합폭발   ② 분해폭발
③ 화학폭발   ④ 촉매폭발

해설 ㉮ 아세틸렌 발생기의 압력이 1.5 kgf/cm² 이상 상승하면 분해폭발이 발생하고 흡열화합물이기 때문에 위험성이 크다.
㉯ 분해폭발 반응식
$C_2H_2 \rightarrow 2C + H_2 + 54.2\,kcal$

41. 계량기의 검정기준에서 정하는 가스미터의 사용공차의 범위는? (단, 최대유량이 1000 m³/h 이하이다.)

① 최대허용오차의 1배의 값으로 한다.
② 최대허용오차의 1.2배의 값으로 한다.
③ 최대허용오차의 1.5배의 값으로 한다.
④ 최대허용오차의 2배의 값으로 한다.

해설 가스미터(최대유량 1000 m³/h 이하인 것에 한함)의 사용공차 : 검정기준에서 정하는 최대허용오차의 2배 값으로 한다.

42. 고압가스 일반제조 시설기준으로 옳은 것은?

① 공기보다 가벼운 가연성 가스 제조시설에는 가스누출검지 경보장치를 설치한다.
② 독성가스의 가스설비 배관은 가급적 2중관을 설치하지 않도록 한다.
③ 독성가스 가스설비 시설에는 가스누출검지 경보장치를 설치한다.
④ 독성가스 제조시설에는 그 외부에 식별조치 및 펌프, 밸브 등 누출될 수 있는 장소에는 위험표지를 게시한다.

해설 고압가스 일반제조 시설 기준
㉮ 독성가스 가스설비실 및 저장설비실에는 그 가스가 누출된 경우에는 이를 중화설비로 이송시켜 흡수 또는 중화할 수 있는 설비를 설치하여야 하며, 독성가스 및 공기보다 무거운 가연성 가스 제조시설에는 가스가 누출될 경우 이를 신속히 검지하여 효과적으로 대응할 수 있도록 하기 위하여 가스누출검지경보장치를 설치한다.
㉯ 독성가스 배관 중 2중관으로 하여야 하는 가스의 대상은 포스겐, 황화수소, 시안화수소, 아황산가스, 산화에틸렌, 암모니아, 염소, 염화메탄으로 한다.

정답 39. ② 40. ② 41. ④ 42. ④

㉢ 2중관의 외층관 내경은 내층관 외경의 1.2배 이상을 표준으로 한다.
㉣ 2중관의 내층관과 외층관 사이에는 가스누출검지 경보설비의 검지부를 설치하여 가스누출을 검지하는 조치를 강구한다.

43. 염소는 몇 ℃ 이상인 고온에서 철과 직접 반응하는가?
① 30℃ ② 80℃
③ 100℃ ④ 120℃

해설 염소는 120℃를 넘으면 철과 직접 반응하여 부식이 진행되며 고온이 되면 급격히 반응하여 염화물이 된다.

44. 충전용 주관의 압력계는 정기적으로 표준압력계로 그 기능을 검사하여야 한다. 다음 중 옳은 것은?
① 1개월에 1회 이상 실시
② 3개월에 1회 이상 실시
③ 6개월에 1회 이상 실시
④ 1년에 1회 이상 실시

해설 압력계 기능검사 주기
㉮ 충전용 주관 압력계 : 매월 1회 이상
㉯ 그 밖의 압력계 : 3월에 1회 이상 (단, 액화석유가스용은 1년에 1회 이상)

45. 실린더 중에 피스톤과 보조피스톤이 있고, 양 피스톤의 작용으로 상부에 팽창기가 있는 액화 사이클 명칭은?
① 클라우드 공기액화 사이클
② 캐피자 공기액화 사이클
③ 필립스 공기액화 사이클
④ 캐스케이드 액화 사이클

해설 필립스(Phlips) 액화 사이클 : 실린더 중에 피스톤과 보조피스톤이 있고 냉매는 수소, 헬륨을 사용하는 액화 사이클이다.

46. 가스미터의 필요조건으로 옳은 것은?
① 소형이고 용량이 적을 것
② 오차 조정이 어려워 사용자가 임으로 조작하지 못할 것
③ 가격이 저렴하고 사용자 수리가 용이할 것
④ 감도가 예민하고 구조가 간단할 것

해설 가스미터의 필요조건
㉮ 구조가 간단하고, 수리가 용이할 것
㉯ 감도가 예민하고 압력손실이 적을 것
㉰ 소형이며 계량용량이 클 것
㉱ 기차의 조정이 용이할 것
㉲ 내구성이 클 것

47. 고압가스 특정제조의 기술기준 및 시설기준에서 설비 사이의 거리가 옳은 것은?
① 안전구역 내의 고압가스설비(배관을 제외한다)는 그 외면으로 부터 당해 안전구역에 인접하는 다른 안전구역 내에 있는 고압설비와 30 m 이상의 거리 유지
② 다른 저장탱크와 사이에는 두 저장탱크의 최대지름을 합산한 길이의 4분의 1이 1m 미만인 경우에는 1m 이하의 거리를 유지한다.
③ 가연성 가스 저장탱크의 외면으로부터 처리능력이 20만m³ 이상인 압축기까지 유지하여야 하는 거리는 20 m 이상으로 한다.
④ 제조설비의 외면으로부터 그 제조소의 경계까지 유지하여야 하는 거리는 15 m 이상으로 한다.

정답 43. ④ 44. ① 45. ③ 46. ④ 47. ①

해설 각 항목의 옳은 설명
② 다른 저장탱크와 사이에는 두 저장탱크의 최대지름을 합산한 길이의 4분의 1 이상에 해당하는 거리(두 저장탱크의 최대지름을 합산한 길이의 4분의 1이 1 m 미만인 경우에는 1 m 이상의 거리)를 유지한다.
③ 가연성 가스 저장탱크의 외면으로부터 처리능력이 20만 m^3 이상인 압축기까지 유지하여야 하는 거리는 30 m 이상으로 한다.
④ 제조설비의 외면으로부터 그 제조소의 경계까지 유지하여야 하는 거리는 20 m 이상으로 한다.

48. 유량측정법에는 직접측정법과 간접측정법이 있다. 간접측정법에 해당되지 않는 것은?

① 습식 가스미터   ② 피토관
③ 벤투리 미터   ④ 로터미터

해설 유량계의 구분 및 종류
㉮ 직접 측정법(용적식) : 오벌기어식, 루트(roots)식, 로터리 피스톤식, 회전 원판식, 로터리 베인식, 습식가스미터, 막식 가스미터 등
㉯ 간접 측정법 : 차압식(오리피스미터, 플로노즐, 벤투리미터), 유속식(피코관), 면적식, 전자식, 와류식 등

49. 고압가스를 차량에 직재 운반 시 운전자 외에 운반 책임자를 동승시켜야 하는 경우가 아닌 것은?

① 압축가스-독성가스(허용농도가 100만분의 200 초과) : 100 m^3 이상
② 액화가스-독성가스(허용농도가 100만분의 200 초과) : 1000 kg 이상
③ 액화가스-조연성 가스 : 3000 kg 이상
④ 압축가스-가연성 가스 : 300 m^3 이상

해설 운반책임자 동승 기준
㉮ 비독성 고압가스

가스의 종류		기준
압축가스	가연성	300 m^3 이상
	조연성	600 m^3 이상
액화가스	가연성	3000 kg 이상 (납붙임 및 접합용기 : 2000 kg 이상)
	조연성	6000 kg 이상

㉯ 독성 고압가스

가스의 종류	허용농도	기준
압축가스	100만분의 200 이하	10 m^3 이상
	100만분의 200 초과 100만분의 5000 이하	100 m^3 이상
액화가스	100만분의 200 이하	100 kg 이상
	100만분의 200 초과 100만분의 5000 이하	1000 kg 이상

㉰ 액화가스 – 조연성 가스는 6000 kg 이상 적재 운반할 때 운반책임자를 동승시켜야 한다.

50. 고압가스 공급자의 안전점검 기준에 속하지 않는 것은?

① 충전용기 및 부속품, 가스레인지의 합격표시 유무
② 충전용기와 화기와의 거리
③ 충전용기 및 배관 설치상태
④ 독성가스의 경우 흡수장치, 보호구 등에 대한 적합 여부

해설 고압가스 공급자의 안전점검 기준 [고법

정답 48. ① 49. ③ 50. ①

시행규칙 별표14]
㉮ 충전용기의 설치위치
㉯ 충전용기와 화기와의 거리
㉰ 충전용기 및 배관의 설치상태
㉱ 충전용기, 충전용기로부터 압력조정기·호스 및 가스사용기기에 이르는 각 접속부와 배관 또는 호스의 가스 누출여부 및 그 가스의 적합 여부
㉲ 독성가스의 경우 흡수장치·제해장치 및 보호구 등에 대한 적합 여부
㉳ 역화방지장치의 설치여부(용접 또는 용단 작업용으로 액화석유가스를 사용하는 시설에 산소를 공급하는 자에 한정한다)
㉴ 시설기준에의 적합 여부(정기점검만을 말한다)

51. 20℃, 6 atm 상태에 있는 메탄가스의 밀도(kg/m³)는?

① 0.8 ② 2 ③ 4 ④ 6

해설 ㉮ 밀도(ρ)는 단위체적(m³)당 질량(kg)이므로 표준상태(1기압, 0℃ 상태)가 아닌 조건의 밀도는 이상기체 상태방정식 $PV = GRT$를 이용하여 계산한다.
㉯ 메탄(CH₄)의 분자량(M)은 16, 1 atm=101.325 kPa 이다.

$$\therefore \rho = \frac{G}{V} = \frac{P}{R \times T} = \frac{P}{\frac{8.314}{M} \times T}$$

$$= \frac{6 \times 101.325}{\frac{8.314}{16} \times (273+20)}$$

$$= 3.993 \, kg/m^3$$

52. 아세틸렌 용기의 내용적이 10 L 이하이고, 다공물질의 다공도가 90 %일 때 디메틸포름아미드의 최대 충진량은 얼마인가?

① 43.5 % 이하 ② 41.8 % 이하
③ 38.7 % 이하 ④ 36.3 % 이하

해설 디메틸포름아미드(DMF) 충전량 (%)

용기구분 다공도(%)	내용적 10 L 이하	내용적 10 L 초과
90 이상 92 이하	43.5 % 이하	43.7 % 이하
85 이상 90 미만	41.1 % 이하	42.8 % 이하
80 이상 85 미만	38.7 % 이하	40.3 % 이하
75 이상 80 미만	36.3 % 이하	37.8 % 이하

53. 최고 사용압력이 저압인 가스정제설비에 압력의 이상상승을 방지하기 위해 설치하는 것은?

① 일류방지장치 ② 역류방지장치
③ 고압차단스위치 ④ 수봉기

해설 수봉기 : 안전장치가 작동되는 수두압에 해당하는 높이만큼 통 내부에 물을 넣어 안전밸브 역할을 하는 것으로 구조가 간단하고 작동이 확실하다. 방출가스 압력이 수위에 의하여 결정되기 때문에 200 ~ 500 mmH₂O(2~5 kPa) 정도의 낮은 압력범위에 사용된다.

54. 도시가스 배관 중 바깥지름 15 mm인 배관의 고정 장치는 몇 m마다 설치해야 하는가?

① 1 ② 2 ③ 3 ④ 4

해설 배관 고정 장치 설치 기준
㉮ 관 지름 13 mm 미만 : 1 m마다
㉯ 관 지름 13 mm 이상 33 mm 미만 : 2 m마다
㉰ 관 지름 33 mm 이상 : 3 m마다

정답 51. ③ 52. ① 53. ④ 54. ②

55. 암모니아 합성공정에서 중압법이 아닌 것은?
① 뉴파우더법　② 동공시법
③ IG법　④ 켈로그법

해설 암모니아 합성공정의 종류
㉮ 고압합성법 : 클라우드법, 카자레법
㉯ 중압합성법 : IG법, 뉴파우더법, 뉴데법, 동공시법, JCI법, 케미크법
㉰ 저압합성법 : 구데법, 켈로그법

56. 10 L의 밀폐된 용기 속에 32 g의 산소가 들어 있다. 이때 온도를 150℃로 가열하면 이때의 압력(atm)은?
① 1.11　② 0.11　③ 3.47　④ 34.7

해설 이상기체 상태방정식
$PV = \dfrac{W}{M}RT$ 에서 압력(P)을 구한다.

$\therefore P = \dfrac{WRT}{VM}$
$= \dfrac{32 \times 0.082 \times (273+150)}{10 \times 32}$
$= 3.468 \, atm$

57. 발화온도와 폭발등급에 의하여 위험성을 비교할 때 가장 위험성이 큰 가스는?
① 아세틸렌　② 이황화탄소
③ 수소　④ 수성가스

해설 ㉮ 발화온도 비교

명칭	발화온도
아세틸렌(C_2H_2)	345℃
이황화탄소 (CS_2)	100℃ (인화점 : -30℃)
수소(H_2)	585℃
수성가스 ($CO+H_2$)	-

㉯ 예제에서 주어진 4가지 가스는 모두 폭발등급 3등급에 해당하나, 발화온도가 가장 낮은 이황화탄소가 위험성이 가장 크다.

58. 다음 중 용적형 압축기에 해당하는 것은?
① 원심식　② 축류식
③ 왕복식　④ 혼류식

해설 ㉮ 용적형 압축기 : 일정 용적의 기체를 흡입하고 기체에 압력을 가하여 토출구로 압출하는 것을 반복하는 형식이다.
㉯ 종류
　㉠ 왕복식 : 피스톤의 왕복운동으로 기체를 흡입하여 압축한다.
　㉡ 회전식 : 회전체의 회전에 의해 일정 용적의 가스를 연속으로 흡입, 압축하는 것을 반복한다.
　㉢ 나사(screw)식 : 두 개의 암(female), 수(male) 치형을 가진 로터의 맞물림에 의해 압축한다.

59. LNG(액화천연가스)의 주성분은 어느 것인가?
① 메탄　② 헥산
③ 헵탄　④ 옥탄

해설 LNG(액화천연가스)의 주성분은 메탄(CH_4)이고, 소량의 에탄(C_2H_6)이 포함되어 있다.

60. 분자량이 44인 기체의 밀도는?
① 1.96 g/L　② 1.96 kg/L
③ 196 g/L　④ 196 kg/L

해설 기체의 밀도(ρ) : 단위체적당 질량이다.
$\therefore \rho = \dfrac{분자량(g)}{22.4(L)} = \dfrac{44}{22.4} = 1.96 \, g/L$

정답 55. ④　56. ③　57. ②　58. ③　59. ①　60. ①

2017년도 실전 테스트 (2)

1. 가연성 가스와 공기가 확산으로 급격히 혼합되어 일어나는 연소는?
① 증발연소 ② 확산연소
③ 분해연소 ④ 표면연소

해설 연소의 형태 분류
㉮ 표면연소 : 목탄, 코크스와 같이 표면에서 산소와 반응하여 연소하는 것
㉯ 분해연소 : 열분해에 의해 연소가 일어나는 것으로 종이, 석탄, 목재 등의 고체연료의 연소
㉰ 증발연소 : 가연성 액체의 연소
㉱ 확산연소 : 가연성 가스의 연소
㉲ 자기연소 : 산소공급 없이 연소하는 것으로 제5류 위험물이 해당된다.

2. 저온장치 단열법 중 분말진공 단열법에서 충진용 분말로 부적당한 것은?
① 펄라이트 ② 규조토
③ 알루미늄 ④ 글라스 울

해설 분말진공 단열법의 충진용 분말 : 샌다셀, 펄라이트, 규조토, 알루미늄 분말 등

3. 독성가스를 차량에 적재하여 운반할 경우 갖추어야 할 것이 아닌 것은?
① 소화장비 ② 고무장갑
③ 제독제 ④ 방독마스크

해설 독성가스 운반 시 갖추어야 할 용구 및 물품
㉮ 보호구 : 방독마스크, 공기호흡기, 보호의, 보호장갑, 보호장화
㉯ 자재 : 적색기, 휴대용 손전등, 메가폰 또는 휴대용 확성기, 자동안전바, 완충판, 물통, 누출검지기, 누출검지액, 차바퀴 고정목, 통신기기
㉰ 약제 : 누출 시 응급조치 약제로 액화 독성가스(염소, 염화수소, 포스겐, 아황산가스)에 적용
  ㉠ 1000 kg 미만 운반 : 소석회(생석회) 20 kg 이상 휴대
  ㉡ 1000 kg 이상 운반 : 소석회(생석회) 40 kg 이상 휴대
㉱ 공구
  ㉠ 공작용 공구 : 해머 또는 나무망치, 펜치, 몽키스패너, 가위 또는 칼, 밸브 개폐용 핸들, 밸브 그랜드 스패너, 가죽장갑
  ㉡ 누출방지 공구 : 고무시트 또는 납 패킹, 링 또는 실테이프, 헝겊, 용기 밸브용 플러그 너트

참고 소화장비는 가연성 가스, 산소의 경우에 해당된다.

4. 압력조정기 출구에서 연소기 입구까지의 배관 및 호스는 얼마 이내의 압력으로 기밀시험을 실시해야 하는가?
① 2.3~3.3 kPa ② 5~30 kPa
③ 5.6~8.4 kPa ④ 8.4 kPa 이상

해설 저압부 기밀시험압력
㉮ LPG 사용시설 : 8.4 kPa 이상
㉯ 도시가스 사용시설 : 8.4 kPa 또는 최고사용압력의 1.1배 중 높은 압력 이상으로 실시

5. 어떤 도시가스의 웨버지수를 측정하였더니 36.52 MJ/m³이었다. 품질검사기준에

정답 1. ② 2. ④ 3. ① 4. ④ 5. ④

의한 합격 여부는?

① 웨버지수가 허용기준보다 높으므로 합격이다.
② 웨버지수가 허용기준보다 낮으므로 합격이다.
③ 웨버지수가 허용기준보다 높으므로 불합격이다.
④ 웨버지수가 허용기준보다 낮으므로 불합격이다.

해설 ㉮ 도시가스 품질검사 기준 중 웨버지수: $52.75 \sim 57.77 \, MJ/m^3 (12600 \sim 13800 \, kcal/m^3)$
㉯ 측정된 웨버지수가 허용기준보다 낮으므로 불합격이다.

6. 고압가스의 분출에 대하여 정전기가 가장 발생되기 쉬운 경우는?

① 가스가 충분히 건조되어 있을 경우
② 가스 속에 액체나 고체의 미립자가 있을 경우
③ 가스분자량이 작은 경우
④ 가스비중이 큰 경우

해설 고압가스가 분출될 때 가스 속에 액체나 고체의 미립자가 섞여 있을 경우 정전기가 발생할 가능성이 높아진다.

7. 액화석유가스 충전설비의 점검, 확인 주기는?

① 1일에 1회   ② 1주일에 1회
③ 3월에 1회   ④ 6월에 1회

해설 액화석유가스 충전설비는 작동상황을 1일 1회 이상 점검하고, 이상이 있을 경우에는 정상적으로 작동될 수 있도록 필요한 조치를 한다.

8. 86°F는 절대온도로 몇 K인가?

① 233   ② 303   ③ 490   ④ 522

해설 ㉮ 화씨온도를 섭씨온도로 환산
$$℃ = \frac{5}{9}(°F - 32) = \frac{5}{9} \times (86 - 32) = 30℃$$
㉯ 섭씨온도를 켈빈온도로 환산
$$K = 273 + t℃ = 273 + 30 = 303K$$

별해 $T = \frac{°R}{1.8} = \frac{t°F + 460}{1.8}$
$= \frac{86 + 460}{1.8} = 303.33 \, K$

9. 독성가스를 냉매가스로 하는 냉매설비 중 수액기의 내용적이 얼마 이상일 때 가스유출을 방지할 수 있는 방류둑을 설치해야 하는가?

① 10000 L   ② 5000 L
③ 2000 L   ④ 1000 L

해설 방류둑 설치 대상(저장능력별)
㉮ 고압가스 특정제조
　㉠ 가연성 가스: 500톤 이상
　㉡ 독성가스: 5톤 이상
　㉢ 액화산소: 1000톤 이상
㉯ 고압가스 일반제조
　㉠ 가연성 가스, 액화산소: 1000톤 이상
　㉡ 독성가스: 5톤 이상
㉰ 냉동제조: 수액기 내용적 10000 L 이상 (단, 독성가스 냉매 사용)

10. 금속재료에서 고온일 때 가스에 의한 부식으로 옳지 않은 것은?

① 수소에 의한 탈탄
② 암모니아에 의한 강의 질화
③ 이산화탄소에 의한 금속 카르보닐화
④ 황화수소에 의한 부식

해설 가스에 의한 고온부식의 종류
㉮ 산화: 산소 및 탄산가스

㉯ 황화 : 황화수소(H_2S)
㉰ 질화 : 암모니아(NH_3)
㉱ 침탄 및 카르보닐화 : 일산화탄소(CO)
㉲ 바나듐 어택 : 오산화바나듐(V_2O_5)
㉳ 탈탄작용 : 수소(H_2)

[참고] 금속 카르보닐화는 일산화탄소에 의하여 철족(Fe, Ni, Co)의 금속에서 발생한다.

11. 액화가스 용기에 관한 설명 중 틀린 것은 무엇인가?

① 액화가스의 충전량은 액면계로 측정한다.
② 액화가스의 압력은 충전량에 관계없다.
③ 액화가스를 충전할 때는 펌프의 캐비테이션에 주의하여야 한다.
④ 에틸렌, 메탄 등의 가스는 단열된 용기가 아니면 충전할 수 없다.

[해설] 액화가스 용기의 충전량 측정은 질량으로 측정됨으로 저울을 이용한다.

12. 가스 유량계 중 그 측정원리가 다른 3개와 같지 않은 것은?

① 오리피스 미터　② 벤투리 미터
③ 피토관　　　　 ④ 로터미터

[해설] 베르누이 방정식을 이용한 유량계
㉮ 차압식 : 오리피스미터, 플로노즐, 벤투리미터
㉯ 유속식 : 피토관

[참고] 로터미터는 면적식 유량계에 해당된다.

13. 다음 중 암모니아 가스의 검출 방법이 아닌 것은?

① 네슬러 시약을 넣어 본다.
② 초산연(鉛) 시험지를 대어본다.
③ 진한 염산에 접촉시켜 본다.
④ 붉은 리트머스지를 대어본다.

[해설] 암모니아 가스의 검출 방법
㉮ 자극성이 있어 냄새로서 알 수 있다.
㉯ 유황, 염산과 접촉 시 흰연기가 발생한다.
㉰ 적색 리트머스지가 청색으로 변한다.
㉱ 페놀프탈렌 시험지가 백색에서 갈색으로 변한다.
㉲ 네슬러 시약이 미색 → 황색 → 갈색으로 변한다.

14. 공기액화 분리장치에서 폭발사고가 발생했다. 그 원인에 해당하지 않는 것은?

① 장치 내 질소산화물 생성
② 공기 중의 O_2 혼입
③ 공기 취입구로부터의 아세틸렌의 침입
④ 윤활유 열화에 의한 탄화수소의 생성

[해설] 공기액화 분리장치의 폭발 원인 및 대책
㉮ 폭발 원인
　㉠ 공기 취입구로부터 아세틸렌의 혼입
　㉡ 압축기용 윤활유 분해에 따른 탄화수소의 생성
　㉢ 공기 중 질소화합물(NO, NO_2)의 혼입
　㉣ 액체 공기 중에 오존(O_3)의 혼입
㉯ 폭발방지 대책
　㉠ 장치 내 여과기를 설치한다.
　㉡ 아세틸렌이 흡입되지 않는 장소에 공기 흡입구를 설치한다.
　㉢ 양질의 압축기 윤활유를 사용한다.
　㉣ 장치는 1년에 1회 정도 내부를 사염화탄소(CCl_4)를 사용하여 세척한다.

15. LPG 충전 및 저장시설 내압시험 시 공기를 사용하는 경우 우선 상용압력의 몇 % 까지 승압하는가?

① 상용압력의 30%까지
② 상용압력의 40%까지

[정답] 11. ①　12. ④　13. ②　14. ②　15. ③

③ 상용압력의 50%까지
④ 상용압력의 60%까지

해설 ㉮ 내압시험을 공기 등의 기체로 하는 경우에는 우선 상용압력의 50%까지 승압하고 그 후에는 상용압력의 10%씩 단계적으로 승압하여 내압시험압력에 달하였을 때 누출 등의 이상이 없으며, 그 후 압력을 내려 상용압력으로 하였을 때 팽창 누출 등의 이상이 없으면 합격으로 한다.
㉯ 내압시험압력은 상용압력의 1.5배(공기 등 기체로 실시하는 경우에는 1.25배) 이상으로 하고 규정압력 유지시간은 5분부터 20분까지를 표준으로 한다.

16. 고압가스 일반제조의 기술기준 중 에어졸 제조기준에 맞지 않는 것은?
① 에어졸의 분사제는 독성가스를 사용하지 않는다.
② 에어졸은 35℃에서 그 용기의 내압이 0.8 MPa 이하로 한다.
③ 에어졸 제조설비의 주위 4 m 이내에는 인화성 물질을 두지 않는다.
④ 에어졸을 충전하기 위한 충전용기를 가열할 때는 열습포 또는 40℃ 이하의 더운물을 사용한다.

해설 에어졸 제조설비 및 에어졸 충전용기 저장소는 화기 또는 인화성 물질과 8m 이상의 우회거리를 유지한다.

17. 고압가스 특정제조 설비는 그 외면으로부터 당해 제조소의 경계와 몇 m 이상의 거리를 유지하여야 하는가?
① 8 m   ② 12 m
③ 20 m   ④ 50 m

해설 사업소 경계와의 거리 : 제조설비의 외면으로부터 그 제조소의 경계까지 유지하여야 하는 거리는 20 m 이상으로 한다.

18. LNG의 성질을 설명한 것 중 틀린 것은?
① 메탄을 주성분으로 하며 에탄, 프로판, 부탄 등이 포함되어 있다.
② LNG가 액화되면 체적이 $\frac{1}{600}$로 줄어든다.
③ 무독, 무공해의 청정 가스로 발열량이 약 9500 kcal/m³ 정도로 높다.
④ LNG는 기체 상태에서는 공기보다 가벼우나, 액체 상태에서는 물보다 무겁다.

해설 메탄(CH_4)의 비중
㉮ 액비중(−164℃) : 0.415
㉯ 기체비중 : 0.55

[참고] LNG는 기체 상태에서는 공기보다 가볍고, 액체 상태에서는 물보다 가볍다.

19. 압축기 실린더 상부에 스프링을 지지시켜 실린더 내에 액이나 이물질이 침입하여 압축 시 압축기가 파손되는 것을 방지하는 보호 장치는?
① 안전밸브   ② 고압차단 스위치
③ 안전두   ④ 유압 보호 장치

해설 압축기 안전장치
㉮ 안전두
㉠ 압축기 실린더 상부에 설치
㉡ 실린더 내에 이물질이나 액이 들어와 액압축이 되어 압축기가 파손되는 것을 방지하며, 기체 압력에 의해서는 작동되지 않는다.
㉢ 작동압력 = 정상압력 + 3 kgf/cm²
㉯ 고압차단 스위치(HPS : high pressure cut out switch)
㉠ 압력이 고압으로 이상 상승하였을

정답 16. ③ 17. ③ 18. ④ 19. ③

때 작동하여 압축기용 전동기를 정지함으로써 이상 고압에 의한 위해를 방지한다.
ⓒ 작동압력 = 정상압력 + 4 kgf/cm²
㉰ 안전밸브
㉠ 압축기 중간단과 최종단의 가스배관에 설치
ⓒ 압력이 일정압력 이상 상승하면 작동하여 압력을 대기나 저압측으로 되돌려 보내 위해를 방지한다.
ⓒ 작동압력 = 정상압력 + 5 kgf/cm²
(또는 내압시험압력의 $\frac{8}{10}$ 이하)

20. 공기액화 사이클에서 관련이 없는 장치가 연결되어 있는 것은?
① 린데식 공기액화 사이클 – 액화기
② 클라우드 공기액화 사이클 – 축랭기
③ 필립스 공기액화 사이클 – 보조 피스톤
④ 캐피자 공기액화 사이클 – 압축기

해설 클라우드 공기액화 사이클 : 열교환기, 팽창기

21. 도시가스에는 가스 누출 시 신속한 인지를 위해 냄새가 나는 물질(부취제)를 첨가하고 정기적으로 농도를 측정하도록 하고 있다. 다음 중 농도 측정 방법이 아닌 것은?
① 오더(Odor) 미터법
② 주사기법
③ 냄새주머니법
④ 헴펠(Hempel)법

해설 패널에 의한 부취제 농도 측정 방법
㉮ 오더 미터법(냄새 측정 기법) : 공기와 시험가스의 유량조절이 가능한 장비를 이용하여 시료기체를 만들어 감지희석배수는 구하는 방법

㉯ 주사기법 : 채취용 주사기로 채취한 일정량의 시험가스를 희석용 주사기에 옮기는 방법으로 시료기체를 만들어 감지희석배수를 구하는 방법
㉰ 냄새주머니법 : 일정한 양의 깨끗한 공기가 들어 있는 주머니에 시험가스를 주사기로 첨가하여 시료기체를 만들어 감지희석배수를 구하는 방법

22. 합격한 공업용 용기의 도색 구분이 백색인 가스는?
① 염소   ② 질소
③ 산소   ④ 액화암모니아

해설 가스 종류별 용기 도색

가스 종류	용기도색	
	공업용	의료용
산소(O_2)	녹색	백색
수소(H_2)	주황색	–
액화탄산가스(CO_2)	청색	회색
액화석유가스	밝은회색	–
아세틸렌(C_2H_2)	황색	–
암모니아(NH_3)	백색	–
액화염소(Cl_2)	갈색	–
질소(N_2)	회색	흑색
아산화질소(N_2O)	회색	청색
헬륨(He)	회색	갈색
에틸렌(C_2H_4)	회색	자색
사이클로 프로판	회색	주황색
기타의 가스	회색	–

23. 임계온도의 설명으로 타당한 것은?
① 기체를 액화할 수 있는 최저의 온도
② 기체를 액화할 수 있는 절대온도
③ 기체를 액화할 수 있는 최고의 온도
④ 기체를 액화할 수 있는 평균온도

해설 액화의 조건 : 임계온도 이하, 임계압력 이상
∴ 임계온도는 기체를 액화할 수 있는 최고의 온도이다.

24. 가연성 물질을 공기로 연소시키는 경우에 공기 중의 산소 농도를 높게 하면 연소속도와 발화온도는 어떻게 변하는가?

① 연소속도는 크게 되고, 발화온도는 높아진다.
② 연소속도는 크게 되고, 발화온도는 낮아진다.
③ 연소속도는 낮게 되고, 발화온도도 높아진다.
④ 연소속도는 낮게 되고, 발화온도도 낮아진다.

해설 공기 중에 산소 농도를 증가시키면 (산소량이 많아지면) 연소속도는 빨라지고, 발화온도, 점화에너지는 낮아진다.

25. 압축기의 주요한 이상 현상의 원인 및 조치 중에서 윤활유의 압력저하 원인에 대한 조치가 잘못된 것은?

① 윤활유 펌프 불량 시 점검 및 수리한다.
② 관로기밀 불량으로 공기 혼입 시 점검 및 수리한다.
③ 윤활유의 온도 저하 시 온도를 높인다.
④ 관로의 오손 및 마멸 시 플러싱을 한다.

해설 윤활유의 압력 저하 원인 및 조치
㉮ 윤활유 펌프 불량 시 점검 및 수리한다.
㉯ 릴리프밸브가 작동 불량 시 점검 및 조정한다.
㉰ 윤활유의 온도가 높을 때 유로를 교환한다.
㉱ 관로의 오손 및 마멸 시 플러싱을 한다.
㉲ 관로기밀 불량으로 공기 혼입 시 점검 및 수리한다.

26. 아세틸렌 검지를 위한 시험지와 반응색은?

① KI 전분지 – 청색
② 염화 제1동착염지 – 적색
③ 염화팔라듐지 – 적색
④ 초산납시험지 – 흑색

해설 가스 검지 시험지법

가스명	시험지	반응
암모니아	적색리트머스지	청색
염소	KI 전분지	청갈색
포스겐	해리슨 시험지	유자색
시안화수소	초산벤젠지	청색
일산화탄소	염화팔라듐지	흑색
황화수소	연당지	회흑색
아세틸렌	염화 제1동 착염지	적갈색

[참고] 아세틸렌의 검지 시험지의 반응색을 '적색'으로 표현하는 경우도 있다.

27. 액화석유가스 용기보관소에 관한 설명 중 잘못된 것은?

① 용기보관소에는 보기 쉬운 곳에 경계표시를 할 것
② 용기보관소는 양호한 통풍구조로 할 것
③ 용기보관소의 지붕은 불연성, 난연성 재료를 사용할 것
④ 용기보관소에는 화재경보기를 설치할 것

해설 용기보관장소에는 가스누출검지기를 설치한다.

28. C_4H_{10}의 위험도로 옳은 것은?

① 1.23 ② 1.27 ③ 3.52 ④ 3.67

해설 ㉮ 부탄(C_4H_{10})의 폭발범위 : 1.8~8.4%
㉯ 위험도 계산
$$H = \frac{U-L}{L} = \frac{8.4-1.8}{1.8} = 3.67$$

[참고] 부탄의 폭발범위는 일반적으로 1.9~

정답 24. ② 25. ③ 26. ② 27. ④ 28. ④

8.5%가 사용되며, 위험도 계산에 적용한 1.8~8.4%도 함께 통용되고 있다.

29. 고압가스 운반기준에 대한 설명 중 틀린 것은?
① 밸브가 돌출한 충전용기는 고정식 프로텍터나 캡을 부착하여 밸브의 손상을 방지한다.
② 충전용기를 운반할 때 넘어짐 등으로 인한 충격을 방지하기 위하여 충전용기를 단단하게 묶는다.
③ 위험물 안전관리법이 정하는 위험물과 충전용기를 동일 차량에 적재 시는 1m 정도 이격시킨 후 운반한다.
④ 염소와 아세틸렌, 암모니아 또는 수소는 동일차량에 적재하여 운반하지 않는다.

해설 충전용기와 위험물 안전관리법이 정하는 위험물과는 동일차량에 적재하여 운반하지 않아야 한다.

30. 흡수식 냉동기에서 냉매로 물을 사용할 경우 흡수제로 사용하는 것은?
① 암모니아
② 사염화에탄
③ 리듐브롬마이드
④ 파라핀유

해설 흡수식 냉동기의 냉매 및 흡수제

냉매	흡수제
암모니아	물
물	리듐브롬마이드
염화메틸	사염화에탄
톨루엔	파라핀유

31. 고압가스 설비의 점검에 관한 다음 기술 중 잘못된 것은?
① 운전 중에 계기류의 지시, 경보, 제어 상황을 점검한다.
② 운전 중에 각 배관계통의 밸브 등의 개폐 상황 및 맹판의 탈착·부착 상황을 점검한다.
③ 사용 종료 시는 설비 내의 가스, 액 등의 불활성 가스등에 의한 치환상황을 점검한다.
④ 사용 개시 시는 인터로크, 긴급용 시퀀스의 경보 및 자동제어장치의 기능을 점검한다.

해설 운전 중에 가스설비 점검 사항
㉮ 가스설비로부터의 누출
㉯ 계기류의 지시, 경보, 제어의 상태
㉰ 가스설비의 온도, 압력, 유량 등 조업조건의 변동상황
㉱ 가스설비의 외부부식, 마모, 균열, 그 밖의 손상 유무
㉲ 회전기계의 진동, 이상음, 이상온도 상승, 그 밖의 작동상황
㉳ 탑류, 저장탱크류, 배관 등의 진동 및 이상음
㉴ 가스누출 경보장치 및 가스경보기의 상태
㉵ 저장탱크 액면의 지시
㉶ 접지접속선의 단선, 그 밖의 손상 유무
㉷ 그 밖에 필요한 사항의 이상 유무

참고 ②번 항목은 사용개시 전 점검사항에 해당된다.

32. 다음 가스 중 폭발범위가 넓은 것부터 좁은 쪽으로 순서가 나열된 것은?
① H_2, C_2H_2, CH_4, CO
② CH_4, CO, C_2H_2, H_2
③ C_2H_2, H_2, CO, CH_4
④ C_2H_2, CO, H_2, CH_4

정답 29. ③ 30. ③ 31. ② 32. ③

해설 각 가스의 공기 중 폭발범위

명칭	폭발범위
아세틸렌(C_2H_2)	2.5 ~ 81 %
수소(H_2)	4 ~ 75 %
일산화탄소(CO)	12.5 ~ 74 %
메탄(CH_4)	5 ~ 15 %

33. 방류둑의 성토는 수평에 대하여 얼마 이하의 기울기를 가져야 하는가?

① 75° ② 65° ③ 55° ④ 45°

해설 방류둑의 성토는 수평에 대하여 45° 이하의 기울기로 하여 쉽게 허물어지지 아니하도록 충분히 다져 쌓고, 강우 등으로 인하여 유실되지 아니하도록 그 표면에 콘크리트 등으로 보호하고, 성토 윗부분의 폭은 30 cm 이상으로 한다.

34. 차량에 고정된 탱크의 안전운행 기준상 운행 중 가스의 온도는 몇 ℃를 초과해서는 안 되는가?

① 40℃ ② 50℃ ③ 70℃ ④ 90℃

해설 차량에 고정된 탱크의 온도(가스온도를 계측할 수 있는 경우에는 가스의 온도)는 항상 40℃ 이하로 유지한다.

35. 시안화수소의 중합폭발을 방지할 수 있는 안정제는?

① 질소, 탄산가스
② 아황산가스, 염화칼슘
③ 수증기, 질소
④ 탄산가스, 일산화탄소

해설 ㉮ 용기에 충전하는 시안화수소는 순도가 98 % 이상이고, 아황산가스 또는 황산 등의 안정제를 첨가한 것으로 한다.
㉯ 안정제로 사용되는 것 : 황산, 아황산가스, 동, 동망, 염화칼슘, 인산, 오산화인 등

36. 다음은 고압가스 제조장치의 설계에 관한 설명이다. 틀린 것은?

① 탱크의 온도 상승을 방지하는 방법으로 살수장치를 한다.
② 가연성 가스를 로리차에 충전하는 설비에는 어스선을 부착한다.
③ 제조 장치로부터 배출되는 가스는 플레어스택에서 소각하거나 벤트스택을 통하여 대기 중에 배출한다.
④ 내압시험은 상용압력의 $\frac{8}{10}$ 배 압력으로 실시하도록 한다.

해설 내압시험 압력은 상용압력의 1.5배 압력으로 실시하도록 한다.

37. 독성가스의 제독제에 대하여 설명한 것 중 틀린 것은?

① 염소에는 가성소다 수용액을 사용
② 염화메탄에는 가성소다 수용액을 사용
③ 시안화수소에는 가성소다 수용액을 사용
④ 아황산가스에는 가성소다 수용액을 사용

해설 독성가스 제독제

가스 종류	제독제의 종류
염소	가성소다 수용액 탄산소다 수용액, 소석회
포스겐	가성소다 수용액, 소석회
황화수소	가성소다 수용액, 탄산소다 수용액
시안화수소	가성소다 수용액
아황산가스	가성소다 수용액, 탄산소다 수용액, 물
암모니아, 산화에틸렌, 염화메탄	물

38. 원심펌프를 병렬연결 운전할 때의 특

정답 33. ④ 34. ① 35. ② 36. ④ 37. ② 38. ④

성으로 올바른 것은?
① 유량은 불변이다. ② 양정은 증가한다.
② 유량은 감소한다. ④ 양정은 일정하다.

해설 원심펌프의 운전 특성
㉮ 직렬 운전 : 양정 증가, 유량 일정
㉯ 병렬 운전 : 유량 증가, 양정 일정

39. LP가스의 특징 설명으로 옳은 것은?
① LP가스의 액체는 물보다 가볍다.
② LP가스의 기체는 공기보다 가볍다.
③ LP가스는 푸른 색상을 띠며 강한 취기를 가졌다.
④ LP가스는 용해성은 없다.

해설 LP가스의 특징
㉮ LP가스는 공기보다 무겁다.
㉯ 액상의 LP가스는 물보다 가볍다.
㉰ 액화, 기화가 쉽다.
㉱ 기화하면 체적이 커진다.
㉲ 기화열(증발잠열)이 크다.
㉳ 무색, 무취, 무미하다.
㉴ 용해성이 있다.

40. 브롬화메틸 취급 시 주의사항으로 잘못된 것은?
① 400℃에서 열분해한다.
② 알루미늄을 부식하므로 알루미늄 용기에 보관할 수 없다.
③ 가연성이며 독성가스이다.
④ 용기의 충전구 나사는 왼나사이다.

해설 용기 충전구 나사
㉮ 가연성 가스 용기 충전구 나사는 왼나사이다.
㉯ 브롬화메틸과 암모니아는 가연성 가스에 해당되지만 용기 충전구 나사는 오른나사로 적용된다.

41. 냄새로 알 수 없는 가스는?
① 염소   ② 암모니아
③ 이산화탄소   ④ 시안화수소

해설 각 가스의 냄새(취기) 특징

명칭	냄새
염소(Cl_2)	자극성의 냄새
암모니아(NH_3)	자극성의 냄새
이산화탄소(CO_2)	무취
시안화수소(HCN)	복숭아 냄새

42. 산소 압축기의 내부 윤활제로 적당한 것은?
① 광유   ② 유지류
③ 물   ④ 글리세린

해설 각종 가스 압축기의 내부 윤활제
㉮ 공기 압축기 : 양질의 광유
㉯ 산소 압축기 : 물 또는 묽은 글리세린수(10 % 정도)
㉰ 염소 압축기 : 진한 황산
㉱ 아세틸렌 압축기 : 양질의 광유
㉲ 수소 압축기 : 양질의 광유
㉳ LP가스 압축기 : 식물성유
㉴ 이산화황 가스 압축기 : 화이트유
㉵ 염화메탄(메틸클로라이드) 압축기 : 화이트유

참고 산소 압축기 내부 윤활제로 석유류, 유지류, 농후한 글리세린은 사용이 금지된다.

43. 2000 rpm으로 회전하는 펌프를 3500 rpm으로 변환하는 경우 펌프의 유량과 양정은 몇 배가 되는가?
① 유량 : 2.65, 양정 : 4.12
② 유량 : 3.06, 양정 : 1.75
③ 유량 : 3.06, 양정 : 5.36
④ 유량 : 1.75, 양정 : 3.06

정답 39. ① 40. ④ 41. ③ 42. ③ 43. ④

해설 ㉮ 유량 변화량 계산

$$Q_2 = Q_1 \times \left(\frac{N_2}{N_1}\right) = Q_1 \times \left(\frac{3500}{2000}\right)$$
$$= 1.75\,Q_1$$

㉯ 양정 변화량 계산

$$H_2 = H_1 \times \left(\frac{N_2}{N_1}\right)^2 = H_1 \times \left(\frac{3500}{2000}\right)^2$$
$$= 3.06\,H_1$$

㉰ 회전수가 2000rpm에서 3500rpm으로 변경되면 유량은 1.75배, 양정은 3.06배 증가된다.

44. 다음 열전대 온도계 중 가장 저온 측정에 적합한 것은?

① 크로멜 – 알루멜 ② 백금 – 백금로듐
③ 철 – 콘스탄탄 ④ 구리 – 콘스탄탄

해설 열전대 온도계의 측정 범위

열전대 종류	측정 범위
백금-백금로듐	0 ~ 1600℃
크로멜-알루멜	-20 ~ 1200℃
철-콘스탄트	-20 ~ 800℃
구리(동)-콘스탄트	-200 ~ 350℃

45. 독성가스 배관을 지하에 매설할 경우 배관은 그 외면으로부터 수평거리로 건축물(지하가 내의 건축물을 제외한다)까지 몇 m 이상 유지하여야 하는가?

① 1.5 m ② 1.6 m ③ 1.4 m ④ 1.2 m

해설 사업소 밖의 배관 매몰설치 기준
㉮ 건축물과 1.5 m 이상, 지하도로 및 터널과는 10 m 이상의 거리 유지
㉯ 독성가스의 배관은 수도시설과 300 m 이상의 거리 유지
㉰ 지하의 다른 시설물과 0.3 m 이상의 거리를 유지
㉱ 매설 깊이는 산이나 들에서는 1 m 이상, 그 밖의 지역에서는 1.2 m 이상

46. 가스 흐름에 부취제를 액체 상태로 직접 주입시키는 방식이 아닌 것은?

① 적하 주입 방식
② 바이패스 증발식
③ 미터연결 바이패스 방식
④ 펌프 주입 방식

해설 부취제 주입 방식
㉮ 액체 주입 방식 : 펌프 주입 방식, 적하 주입 방식, 미터연결 바이패스 방식
㉯ 증발식 : 바이패스 증발식, 위크 증발식

47. LP가스 수송방법이 아닌 것은?

① 용기에 의한 방법
② 탱크로리에 의한 방법
③ 파이프라인에 의한 방법
④ 정압기에 의한 방법

해설 LPG 수송방법
㉮ 용기에 의한 방법
㉯ 탱크로리에 의한 방법
㉰ 철도차량에 의한 방법
㉱ 유조선에 의한 방법
㉲ 파이프 라인(pipe line)에 의한 방법

48. "초저온 용기"라 함은 몇 ℃ 이하의 액화가스를 충전하기 위한 용기를 말하는가?

① -50 ② -100
③ -150 ④ -186

해설 초저온 용기 : 섭씨 영하 50도(-50℃) 이하의 액화가스를 충전하기 위한 용기로서 단열재로 피복하거나 냉동설비로 냉각하는 등의 방법으로 용기 안의 가스온도가 상용의 온도를 초과하지 아니하도록 한 것이다.

정답 44. ④ 45. ① 46. ② 47. ④ 48. ①

49. [보기] 중 압력이 높은 순서대로 나열된 것은?

┌─ 보기 ─┐
ⓐ : 100 atm   ⓑ : 2 kgf/mm²
ⓒ : 15 m 수은주

① ⓐ < ⓑ < ⓒ
② ⓑ < ⓒ < ⓐ
③ ⓒ < ⓐ < ⓑ
④ ⓑ < ⓐ < ⓒ

해설 ㉮ 압력 환산식

환산 압력 $= \left(\dfrac{\text{주어진 압력}}{\text{주어진 압력 단위 표준대기압}}\right) \times \text{구하려 하는 단위 표준대기압}$

㉯ 보기의 압력을 kgf/cm² 으로 환산하여 비교
ⓐ $100 \times 1.0332 = 103.32 \text{ kgf/cm}^2$
ⓑ $2 \text{ [kgf/mm}^2] \times 10^2 \text{ [mm}^2/\text{cm}^2]$
  $= 200 \text{ kgf/cm}^2$
ⓒ $\dfrac{15}{0.76} \times 1.0332 = 20.392 \text{ kgf/cm}^2$

50. 산소의 성질에 대한 설명으로 틀린 것은?

① 자신은 연소하지 않고 연소를 돕는 가스이다.
② 물에 잘 녹으며 백금과 화합하여 산화물을 만든다.
③ 화학적으로 활성이 강하여 다른 원소와 반응하여 산화물을 만든다.
④ 무색, 무취의 기체이다.

해설 물에 약간 녹으며 화학적으로 활성이 강한 원소로 할로겐, 백금, 금 등을 제외한 원소와 직접 화합하여 산화물을 만든다.

51. 습식 아세틸렌 가스 발생기의 표면온도는 몇 ℃ 이하로 유지해야 하는가?

① 30℃   ② 40℃
③ 60℃   ④ 70℃

해설 습식 아세틸렌 발생기의 표면은 70℃ 이하의 온도로 유지하고, 그 부근에서는 불꽃이 튀는 작업을 하지 아니한다.

52. 다음 가스 중 상온에서 가장 안정된 것은?

① 산소   ② 네온
③ 프로판   ④ 부탄

해설 다른 원소와 반응하지 않는 불활성 기체인 네온(Ne)이 가장 안정된 화합물이다.

53. 저장탱크에 액화석유가스를 충전하는 때에는 가스의 용량이 상용의 온도에서 저장탱크 내용적의 몇 %를 넘지 아니하여야 하는가?

① 95   ② 90
③ 85   ④ 80

해설 저장탱크에 액화석유가스를 충전하려면 가스의 용량이 상용의 온도에서 저장탱크 내용적의 90%를 넘지 아니하도록 충전한다(단, 소형저장탱크의 경우 85%).

54. 땅속의 에노드에 강제 전압을 가하여 피방식 금속체를 캐소드로 하는 전기 방식법은?

① 희생 양극법   ② 외부 전원법
③ 선택 배류법   ④ 강제 배류법

해설 외부 전원법 : 외부 직류전원장치의 양극(+)은 매설배관이 설치되어 있는 토양이나 수중에 설치한 외부 전원용 전극에 접속하고, 음극(-)은 매설배관에 접속시켜 부식을 방지하는 방법이다.

[참고] 애노드(anode : 양극)
캐소드(cathode : 음극)

정답 49. ③   50. ②   51. ④   52. ②   53. ②   54. ②

55. 아세틸렌 용기 충전에 관한 내용으로 틀린 것은?

① 용기의 총 질량(TW)은 용기질량에 다공물질량, 밸브질량, 용제질량을 합한 질량이다.
② 충전 후에는 압력이 15℃에서 1.5 MPa 이하로 될 때까지 정치하여 둔다.
③ 충전은 가급적 단시간 내에 규정된 양을 충전하는 것이 좋다.
④ 충전 중의 압력은 2.5MPa 이하가 되도록 한다.

해설 아세틸렌 충전은 단시간 내에 충전하지 말고 2~3회에 걸쳐 서서히 한다.

56. 다음 가스 중 폭발하한계값이 5%보다 큰 가스는?

① 수소　　② 일산화탄소
③ 아세틸렌　　④ 에틸렌

해설 각 가스의 공기 중 폭발범위

명칭	폭발범위
수소(H_2)	4 ~ 75 %
일산화탄소(CO)	12.5 ~ 74 %
아세틸렌(C_2H_2)	2.5 ~ 81 %
에틸렌(C_2H_4)	3.1 ~ 32 %

57. 고압용기의 내용적이 105 L인 암모니아 용기에 법정 가스 충전량은 몇 kg인가?

① 20.5 kg　　② 45.5 kg
③ 56.5 kg　　④ 117.5 kg

해설 $G = \dfrac{V}{C} = \dfrac{105}{1.86} = 56.45\,kg$

58. 산소용기에 최고충전압력이 15 MPa일 때 이 용기의 내압시험압력은 얼마인가?

① 15 MPa　　② 20 MPa
③ 22.5 MPa　　④ 25 MPa

해설 압축가스 용기의 내압시험압력(TP)

$$TP = 최고충전압력 \times \dfrac{5}{3}$$
$$= 15 \times \dfrac{5}{3} = 25\,MPa$$

59. 펌프의 회전수를 변화시킬 때 변환되지 않는 것은?

① 토출량　　② 양정
③ 소요동력　　④ 효율

해설 상사의 법칙
㉮ 원심펌프에서 회전수를 변화시키면 유량(토출량)은 회전수 변화에 비례하고, 양정은 회전수 변화의 제곱에 비례하고, 소요동력은 회전수 변화의 3제곱에 비례한다.
㉯ 원심펌프에서 회전수를 변화시킬 때 효율은 변화가 없다.

60. 비체적과 밀도의 관계식 중 적절한 것은?

① 밀도 = $\dfrac{22.4}{분자량}$

② 비체적 = $\dfrac{분자량}{22.4}$

③ 밀도 = $\dfrac{1}{비체적}$

④ 비체적 = 분자량 × 22.4

해설 가스 밀도와 비체적의 관계
㉮ 밀도(g/L, kg/m^3) = $\dfrac{분자량}{22.4} = \dfrac{1}{비체적}$
㉯ 비체적(g/L, m^3/kg) = $\dfrac{22.4}{분자량} = \dfrac{1}{밀도}$

[참고] 밀도와 비체적은 서로 역수의 관계이다.

정답 55. ③　56. ②　57. ③　58. ④　59. ④　60. ③

2018년도 실전 테스트 (1)

1. 물을 전기분해하여 수소를 얻고자 할 때 전해액으로 무엇을 사용하는가?
① 묽은 염산
② 10 ~ 25%의 수산화나트륨 용액
③ 10 ~ 25%의 탄산칼슘 용액
④ 10 ~ 25%의 황산 용액

해설 물의 전기분해
㉮ 전해액으로 10 ~ 25 % 정도의 수산화나트륨(NaOH : 가성소다) 수용액을 사용한다.
㉯ 음극에서 수소(H_2)가, 양극에서 산소(O_2)가 2 : 1의 체적비율로 발생한다.

2. 동일 차량에 적재하여 운반이 가능한 것은?
① 염소와 수소
② 염소와 아세틸렌
③ 염소와 암모니아
④ 암모니아와 LPG

해설 혼합적재 금지 기준
㉮ 염소와 아세틸렌, 암모니아, 수소는 동일차량에 적재하여 운반하지 아니한다.
㉯ 가연성 가스와 산소를 동일차량에 적재하여 운반하는 때에는 그 충전용기의 밸브가 서로 마주보지 아니하도록 적재한다.
㉰ 충전용기와 위험물 안전관리법에서 정하는 위험물과는 동일 차량에 적재하여 운반하지 아니한다.
㉱ 독성가스 중 가연성 가스와 조연성 가스는 동일 차량 적재함에 운반하지 아니한다.

3. 고압가스 중 사용에 따른 위험성이 크기 때문에 특별히 법령에 정한 특정고압가스가 아닌 것은?
① 액화암모니아   ② 아세틸렌
③ 액화알진   ④ 액화석유가스

해설 특정고압가스
㉮ 고법 제20조에 정한 것 : 수소, 산소, 액화암모니아, 아세틸렌, 액화염소, 천연가스, 압축모노실란, 압축디보레인, 액화알진, 그 밖에 대통령령이 정하는 고압가스
㉯ 대통령령이 정하는 고압가스(고법 시행령 제16조) : 포스핀, 셀렌화수소, 게르만, 디실란, 오불화비소, 오불화인, 삼불화인, 삼불화질소, 삼불화붕소, 사불화유황, 사불화규소

4. 고압가스 용기의 안전밸브 중 밸브 부근의 온도가 일정 온도를 넘으면 퓨즈 메탈이 녹아 가스를 전부 방출시키는 방식은?
① 가용전식   ② 스프링식
③ 파열판식   ④ 수동식

해설 고압가스 용기 안전밸브 종류
㉮ 스프링식 : 기상부에 설치하여 스프링의 힘보다 용기내부의 압력이 클 때 밸브시트가 열려 내부의 압력을 배출하며 일반적으로 액화가스 용기에 사용한다.
㉯ 파열판식 : 얇은 평판 또는 돔 모양의 원판주위를 고정하여 용기나 설비에 설치하며, 구조가 간단하며 취급, 점검이 용이하다. 일반적으로 압축가스

정답 1. ② 2. ④ 3. ④ 4. ①

용기에 사용한다.
㉰ 가용전식 : 용기의 온도가 일정온도 이상이 되면 용전이 녹아 내부의 가스를 모두 배출하며 가용전의 재료는 구리, 주석, 납, 안티몬 등이 사용된다. 아세틸렌 용기, 염소 용기 등에 사용한다.

5. 고압가스 판매의 시설기준으로 옳지 않은 것은?
① 충전용기의 보관실은 불연재료를 사용할 것
② 판매시설에는 압력계 또는 계량기를 갖출 것
③ 용기 보관실은 그 경계를 명시하고 외부의 눈에 안 띄는 곳에 경계표지를 할 것
④ 가연성 가스의 충전 용기 보관실의 전기설비는 방폭성능을 가진 것일 것

[해설] 경계표지는 외부의 눈에 잘 띄는 곳에 설치하여야 한다.

6. 독성가스의 사용설비에서 가스누설에 대비하여 설치할 것은?
① 액화방지장치   ② 액회수장치
③ 살수장치   ④ 흡수장치

[해설] 중화 · 이송설비 설치
㉮ 독성가스의 가스설비실 및 저장설비실에는 그 가스가 누출된 경우에는 이를 중화설비로 이송시켜 흡수 또는 중화할 수 있는 설비를 설치한다. 다만, 중화조치가 불가능한 독성가스의 경우에는 중화설비를 설치하지 아니할 수 있다.
㉯ 독성가스를 제조하는 시설을 실내에 설치하는 경우에는 흡입장치와 연동시켜 중화설비에 이송시키는 설비를 설치한다.

7. 동일한 용량의 가스버너에서 프로판을 사용할 때에 비해 부탄을 사용하면 몇 배의 공기가 더 필요한가?
① 0.5배   ② 1.1배
③ 1.3배   ④ 1.6배

[해설] ㉮ 프로판과 부탄의 완전연소 반응식
$C_3H_8 + 5O_2 \rightarrow 3CO_2 + 4H_2O$
$C_4H_{10} + 6.5O_2 \rightarrow 4CO_2 + 5H_2O$
㉯ 공기량 비교 : 연소 반응식에서 필요로 하는 산소량이 공기량이다.
$\therefore$ 공기량 비 $= \dfrac{\text{부탄의 필요 산소량}}{\text{프로판의 필요 산소량}}$
$= \dfrac{6.5}{5} = 1.3$ 배

8. 공업용 산소 용기의 문자 색상은?
① 백색   ② 적색   ③ 흑색   ④ 녹색

[해설] 산소 용기의 도색 및 문자 색상

구분	도색	문자 색상
공업용	녹색	백색
의료용	백색	녹색

9. 폭발 등의 사고발생 원인을 기술한 것 중 틀린 것은?
① 산소의 고압배관 밸브를 급격히 열면 배관 내의 철, 금속 등이 급격히 움직여 발화의 원인이 된다.
② 염소와 암모니아를 접촉할 때 염소 과잉이 경우는 대단히 강한 폭발성 물질인 NCl_3를 생성하여 사고발생의 원인이 된다.
③ 아르곤은 수은과 접촉하면 위험한 성질인 아르곤-수은을 생성하여 사고발생의 원인이 된다.
④ 아세틸렌은 동(Cu) 금속과 반응하여

정답 5. ③   6. ④   7. ③   8. ①   9. ③

금속 아세틸드를 생성하여 사고발생의 원인이 된다.

해설 아르곤은 불활성 기체로 다른 원소와 반응하지 않으므로 폭발성 물질이 생성되지 않는다.

10. 아세틸렌가스 충전 시에 희석제로 부적합한 것은?
① 메탄 ② 프로판
③ 수소 ④ 이산화황

해설 희석제의 종류
㉮ 안전관리 규정에 정한 것 : 질소, 메탄, 일산화탄소, 에틸렌
㉯ 규정에서 정한 것 외 : 수소, 프로판, 이산화탄소

11. 고압가스 설비 내에서 이상사태가 발생한 경우 긴급이송 설비에 의하여 이송되는 가스를 안전하게 연소시킬 수 있는 안전장치는?
① 벤트스택 ② 플레어스택
③ 인터로크기구 ④ 긴급 차단 장치

해설 이상사태가 발생한 경우 처리설비
㉮ 벤트스택 : 설비 내의 내용물을 대기 중으로 방출하는 설비이다.
㉯ 플레어스택 : 긴급이송설비에 의하여 이송되는 가연성 가스를 연소에 의하여 처리하는 설비이다.

12. 에어졸의 제조에 사용하는 용기에 대한 설명 중 틀린 것은?
① 용기 내용적이 $100 cm^3$를 초과하는 용기의 재료는 강 또는 경금속을 사용한 것일 것
② 내용적이 $80 cm^3$를 초과하는 용기는 그 용기의 제조자의 명칭이 명시되어 있을 것
③ 내용적이 $30 cm^3$ 이상인 용기는 에어졸의 제조에 사용된 일이 없는 것일 것
④ 금속제의 용기는 그 두께가 0.125 mm 이상이고 내용물에 의한 부식을 방지할 수 있는 조치를 할 것

해설 용기의 제조자의 명칭 또는 기호가 표시되어 있는 것은 내용적이 $100cm^3$를 초과하는 용기이다.

13. 독성가스 제조시설 식별표지의 가스명칭 색상은?
① 노란색 ② 청색
③ 적색 ④ 백색

해설 독성가스 제조시설 식별표지
㉮ 독성가스 제조시설이라는 것을 식별할 수 있도록 게시(예 독성가스 ○○ 제조시설)
㉯ 식별거리 : 30 m 이상
㉰ 문자크기 : 가로, 세로 10 cm 이상
㉱ 바탕색은 백색, 글씨는 흑색, 가스 명칭은 적색으로 기재한다.

14. 고압가스 판매시설의 용기 보관실에 대한 기준으로 맞지 않은 것은?
① 충전용기의 넘어짐 및 충격을 방지하는 조치를 할 것
② 가연성 가스와 산소의 용기 보관실은 각각 구분하여 설치할 것
③ 가연성 가스의 충전용기 보관실 8 m 이내에 화기 또는 발화성 물질을 두지 말 것
④ 충전용기는 항상 40℃ 이하를 유지할 것

해설 용기 보관실 기준
㉮ 충전용기와 잔가스용기는 각각 구분하여 용기 보관실에 놓는다.
㉯ 가연성 가스·독성가스 및 산소의 용기

정답 10. ④ 11. ② 12. ② 13. ③ 14. ③

는 각각 구분하여 용기 보관실에 놓는다.
㈐ 용기 보관실에는 계량기 등 작업에 필요한 물건 외에는 두지 않는다.
㈑ 용기 보관실의 주위 2 m 이내에는 화기 또는 인화성 물질이나 발화성 물질을 두지 않는다.
㈒ 가연성 가스 용기 보관실에는 방폭형 휴대용 손전등 외의 등화를 휴대하고 들어가지 않는다.
㈓ 용기는 항상 40℃ 이하의 온도를 유지하고, 직사광선을 받지 아니하도록 조치한다.
㈔ 밸브가 돌출한 용기(내용적 5 L 미만인 용기 제외)에는 고압가스를 충전한 후 용기의 넘어짐 및 밸브의 손상을 방지하기 위한 조치를 강구하고 난폭한 취급을 하지 않는다.

15. 용기에 충전하는 시안화수소의 순도는 몇 % 이상이어야 하는가?
① 55 ② 75 ③ 87 ④ 98

해설 용기에 충전하는 시안화수소의 순도는 98% 이상이고 아황산가스 또는 황산 등의 안정제를 첨가한 것으로 한다.

16. 독성가스 검지 방법 중 암모니아수로 검지하는 가스는?
① SO_2 ② HCN ③ NH_3 ④ CO

해설 암모니아와 접촉 시 백연(白煙)이 발생하는 가스 종류 : 아황산가스(SO_2), 염소(Cl_2), 염화수소(HCl)

17. 시안화수소(HCN)를 장기간 저장하지 못하게 규정하는 이유로서 옳은 것은?
① 산화폭발 방지
② 중합폭발 방지
③ 분해폭발 방지
④ 압력폭발 방지

해설 시안화수소(HCN)는 중합폭발의 위험성 때문에 충전한 후 60일이 경과되기 전에 다른 용기에 옮겨 충전하도록 규정하고 있다(다만, 순도가 98% 이상으로서 착색되지 아니한 것은 다른 용기에 옮겨 충전하지 아니할 수 있다).

18. 액화질소 35톤을 저장하려고 할 때 사업소 밖의 제1종 보호시설과 유지하여야 하는 안전거리는 최소 몇 m인가?
① 8 ② 9 ③ 11 ④ 13

해설 가연성, 독성 및 산소 이외 것과 보호시설간 안전거리

처리능력(m^3) 및 저장능력(kg)	제1종	제2종
1만 이하	8 m	5 m
1만 초과 2만 이하	9 m	7 m
2만 초과 3만 이하	11 m	8 m
3만 초과 4만 이하	13 m	9 m
4만 초과	14 m	10 m

∴ 액화질소 35톤은 35000 kg이므로 유지하여야 할 안전거리는 13 m 이상이다.

19. 순수 아세틸렌을 압축하면 위험한 이유로 옳은 것은?
① 중합폭발 ② 분해폭발
③ 화학폭발 ④ 촉매폭발

해설 ㉮ 아세틸렌은 압축하면 탄소(C)와 수소(H_2)로 분해되는 분해폭발의 위험성이 있다.
㉯ 반응식 : $C_2H_2 \rightarrow 2C + H_2 + 54.2$ kcal

20. 특정고압가스 사용시설 중 화기취급 장소와의 사이에 8 m 이상의 우회거리를 유

정답 15. ④ 16. ① 17. ② 18. ④ 19. ② 20. ①

지하지 않아도 되는 것은?
① 방호벽   ② 저장설비
③ 기화장치 ④ 배관

해설 방호벽은 어느 한쪽에서 발생하는 위해요소가 다른 쪽으로 전이되는 것을 방지하는 것이므로 화기와 우회거리를 유지하지 않아도 된다.

21. 차량에 고정된 저장탱크에 고압가스를 운반할 경우 안전사항으로 옳지 않은 것은?
① 저장탱크는 그 온도를 항상 40℃ 이하로 유지하여야 한다.
② 액화 가연성 가스의 저장탱크에는 유리제품의 액면계를 부착한다.
③ 저장탱크에 설치된 밸브 및 콕에는 개폐상태를 외부에서 쉽게 확인할 수 있는 표시를 해야 한다.
④ 액화가스 충전 저장탱크에는 액면요동 방지용 방파판을 설치한다.

해설 차량에 고정된 탱크에는 슬립튜브식, 차압식 액면계를 설치한다.

22. 충전용 주관의 압력계는 정기적으로 표준 압력계로 그 기능을 검사하여야 한다. 다음 중 올바른 것은?
① 1개월에 1회 이상 실시
② 3개월에 1회 이상 실시
③ 6개월에 1회 이상 실시
④ 1년에 1회 이상 실시

해설 압력계 기능 검사 : 표준 압력계로 검사
㉮ 충전용 주관 압력계 : 매월 1회 이상 (또는 1개월에 1회 이상)
㉯ 그 밖의 압력계 : 3월에 1회 이상 (또는 3개월에 1회 이상) [단, 액화석유가스용은 1년에 1회 이상]

23. LPG 충전 시설의 잔가스 연소장치는 가스 배출설비와 유지해야 할 거리는? (단, 방출량은 30 g/분 이상이다.)
① 4 m 이상   ② 8 m 이상
③ 10 m 이상 ④ 12 m 이상

해설 잔가스 배출관과 화기취급시설과 유지거리

방출량	유지거리
30 g/분	8m 이상
60 g/분	10m 이상
90 g/분	12m 이상
120 g/분	14m 이상
150 g/분	16m 이상

24. 지상에 액화석유가스(LPG) 저장탱크를 설치하는 경우 냉각용 살수장치는 그 외면으로부터 몇 m 이상 떨어진 곳에서 조작할 수 있어야 하는가?
① 2   ② 3   ③ 5   ④ 7

해설 저장탱크 외면에서 조작 위치까지 거리
㉮ 냉각살수 장치 : 5 m 이상
㉯ 물분무 장치 : 15 m 이상

25. 아세틸렌(C_2H_2)에 대한 설명으로 옳지 않은 것은?
① 폭발범위는 수소보다 넓다.
② 공기보다 무겁고 황색의 가스이다.
③ 공기와 혼합되지 않아도 폭발하는 수가 있다.
④ 구리, 은, 수은 및 그 합금과 폭발성 화합물을 만든다.

해설 아세틸렌(C_2H_2)은 분자량이 26으로서 공기보다 약간 가볍고, 무색의 기체이다.

26. 압축기 크로스헤드의 본체 재료로 일반적으로 사용하지 않는 것은?

정답 21. ② 22. ① 23. ② 24. ③ 25. ② 26. ③

① 반주강 ② 단강
③ 청동주물 ④ 주강

해설 크로스 헤드 : 피스톤 로드의 한쪽 끝과 커넥팅 로드의 끝을 결부시킨 것으로 크랭크에 의한 회전 운동을 크로스 헤드를 통해서 피스톤에 직선 운동을 주는 곳이다. 크로스 헤드의 본체 재료는 반주강, 주강, 단강 등으로 만들어진다.

27. 수은을 이용한 U자관 액주계에서 액주 높이(h) 660 mm, 대기압은 101.3 kPa일 때 P_2는 몇 kPa·a인가?
① 87.9 ② 189.2
③ 91.6 ④ 191.6

해설 ㉮ 절대압력 = 대기압 + 게이지압력
㉯ 수은(Hg)의 비중은 13.6이므로 비중량 13.6×1000 kgf/m³이다.
㉰ 비중량(kgf/m³)×액주높이(m)×중력가속도(m/s²)는 파스칼(Pa = N/m²)이므로 1000으로 나눠주면 kPa이 된다.
∴ $P_2 = P_0 + \gamma \cdot h \cdot g$
$= 101.3 + \{(13.6 \times 10^3 \times 0.66 \times 9.8) \times 10^{-3}\}$
$= 189.26$ kPa·a

28. 나사이음과 비교한 용접이음의 장점이 아닌 것은?
① 품질검사 용이 ② 자재절감
③ 수밀, 기밀 유지 ④ 강도가 큼

해설 용접이음의 특징
㉮ 장점
㉠ 이음부 강도가 크고, 하자발생이 적다.
㉡ 이음부 관 두께가 일정하므로 마찰저항이 적다.
㉢ 배관의 보온, 피복시공이 쉽다.
㉣ 시공시간이 단축되고 유지비, 보수비가 절약된다.
㉯ 단점
㉠ 재질의 변형이 일어나기 쉽다.
㉡ 용접부의 변형과 수축이 발생한다.
㉢ 용접부의 잔류응력이 현저하다.
㉣ 품질검사(결함검사)가 어렵다.

29. 왕복동식 압축기의 특징이 아닌 것은?
① 무급유식, 오일교환 방식
② 저속회전
③ 연속적 압축으로 맥동 발생
④ 압축효율이 큼

해설 왕복동식 압축기의 특징
㉮ 급유식, 무급유식이고, 고압이 쉽게 형성된다.
㉯ 용량조정범위가 넓고, 압축효율이 높다.
㉰ 형태가 크고 설치면적이 크다.
㉱ 배출가스 중 오일이 혼입될 우려가 크다.
㉲ 압축이 단속적이므로 맥동현상이 발생하고, 진동 및 소음이 발생한다.
㉳ 접촉부분이 많아 고장 발생이 쉽고 수리가 어렵다.
㉴ 반드시 흡입 토출밸브가 필요하다.

30. 가스배관에서 가스의 마찰저항 압력손실에 대한 설명으로 틀린 것은?
① 관의 길이에 비례한다.
② 유속의 2승에 비례한다.
③ 가스비중에 비례한다.
④ 관 벽이 상태에 관계가 없다.

해설 배관 내의 압력손실 $H = \dfrac{Q^2 SL}{K^2 D^5}$이다.
㉮ 유량의 제곱에 비례한다(유속의 제곱에 비례한다).
㉯ 가스비중에 비례한다.
㉰ 배관 길이에 비례한다.
㉱ 관 안지름의 5승에 반비례한다.

정답 27. ② 28. ① 29. ③ 30. ④

㉮ 관 내면의 상태에 관련 있다(내면의 상태가 거칠면 압력손실이 커진다).
㉯ 유체의 점도에 관련 있다(유체의 점도가 커지면 압력손실이 커진다).
㉰ 압력과는 관계없다.

31. 도시가스의 가스화 종류 중 물리적 변화에 의한 것은?
① 열분해법 ② 기화법
③ 수첨분해법 ④ 부분연소법

해설 가스화 : 고체 및 액체를 이용하여 기체로 만드는 일련의 과정으로 물리적 변화에 의한 것은 기화법이 해당되고 열분해법, 수첨분해법, 부분연소법, 접촉수증기개질법 등은 화학적 변화에 의한 방법이다.

32. 고압가스 저장탱크 및 가스홀더의 가스방출장치는 가스 저장량이 몇 m³ 이상인 경우 설치하여야 하는가?
① 1m³ ② 3m³ ③ 5m³ ④ 10m³

해설 저장설비 구조 : 저장탱크 및 가스홀더는 가스가 누출하지 아니하는 구조로 하고 5 m³ 이상의 가스를 저장하는 것에는 가스방출장치를 설치한다.

33. 암모니아 취급 시 피부에 닿았을 때 조치사항은?
① 열습포로 감싸준다.
② 다량의 물로 세척 후 붕산수를 바른다.
③ 산으로 중화시키고 붕대로 감는다.
④ 아연화 연고를 바른다.

해설 응급조치 방법
㉮ 피부에 노출 시 : 물로 세척 후 2% 붕산수를 바른다.
㉯ 눈에 노출 시 : 물로 세척 후 붕산수로 씻고 의사의 처치를 받는다.

34. 고압가스 제조설비의 수리 완료 후의 확인사항 등에 관한 다음 설명 중 옳지 않은 것은?
① 수리 등을 하기 위해 설치한 맹판이 제거 되었는지 확인한다.
② 회전기계의 내부에 이물질이 없고 구동상태가 정상이며 이상 진동, 이상 음이 없는지 확인한다.
③ 내압시험은 실시할 필요가 있으나 기밀시험은 생략한다.
④ 가연성 가스설비에서는 그 내부를 불활성 가스로 치환하고 폭발한계의 $\frac{1}{4}$ 이하인지를 확인한다.

해설 내압시험 및 기밀시험은 반드시 실시하여야 한다.

35. 가스도매사업의 가스공급시설 중 배관을 지하에 매설할 때 기준 중 부적합한 것은?
① 배관은 그 외면으로부터 수평거리로 건축물까지 1.3 m 이상 유지하여야 한다.
② 배관은 그 외면으로부터 다른 시설물과 0.3 m 이상의 거리를 유지한다.
③ 배관의 깊이는 산과 들에서는 1 m 이상 유지한다.
④ 배관을 산과 들 이외에 매몰할 때는 그 깊이를 1.2 m 이상으로 한다.

해설 배관은 그 외면으로부터 수평거리로 건축물까지 1.5 m 이상을 유지한다.

36. 가연성 가스가 폭발할 위험이 있는 장소에 전기설비를 할 경우 위험의 정도에 따른 분류가 아닌 것은?
① 0종 장소 ② 1종 장소

정답 31. ② 32. ③ 33. ② 34. ③ 35. ① 36. ④

③ 2종 장소　　　④ 3종 장소

해설　위험 장소의 분류 : 0종 장소, 1종 장소, 2종 장소

37. 가스계량기와 전기계량기 및 전기개폐기와의 거리는 몇 cm 이상의 거리를 유지해야 하는가?

① 15 cm　　　② 30 cm
③ 60 cm　　　④ 80 cm

해설　가스계량기와 안전거리 기준
㉮ 전기계량기, 전기개폐기 : 60 cm 이상
㉯ 단열조치를 하지 않은 굴뚝, 전기점멸기, 전기접속기 : 30 cm 이상
㉰ 절연조치를 하지 않은 전선 : 15 cm 이상

38. 도로에 매설된 도시가스 배관의 누출여부를 검사하는 장비로서 적외선 흡광특성을 이용한 가스누출검지기는?

① FID　　　② OMD
③ CO 검지기　　　④ 반도체식 검지기

해설　OMD(optical methane detector) : 적외선 흡광방식으로 차량에 탑재하여 50 km/h로 운행하면서 도로상 누출과 반경 50 m 이내의 누출을 동시에 측정할 수 있고, GPS와 연동되어 누출지점 표시 및 실시간 데이터를 저장하고 위치를 표시하는 것으로 차량용 레이저 메탄 검지기(또는 광학 메탄 검지기)라 한다.

39. 액화산소 및 LNG 등에 사용할 수 없는 재질은?

① Al
② Cu
③ Cr강
④ 18-8 스테인리스강

해설　액화산소, LNG 등 초저온 액화가스에 사용할 수 있는 재질은 알루미늄(Al) 및 알루미늄 합금, 구리(Cu) 및 구리합금, 18-8 스테인리스강(오스테나이트계 스테인리스강)이다.

40. 캐피자(Kapitza) 공기액화 사이클에서 공기의 압축 압력은 얼마인가?

① 5 atm　　　② 7 atm
③ 9 atm　　　④ 15 atm

해설　캐피자(Kapitza) 공기액화 사이클 : 공기압축 압력 7 atm으로 낮고, 열교환기에 축랭기를 사용하여 원료공기를 냉각시킴과 동시에 수분과 탄산가스를 제거한다. 터빈식 팽창기를 사용한다.

41. 자유피스톤식 압력계의 피스톤의 지름이 4 cm, 추와 피스톤의 무게가 15.7 kg일 때 압력은? (단, π는 3.14로 계산한다.)

① 1.25 kgf/cm^2　　　② 1.57 kgf/cm^2
③ 2.5 kgf/cm^2　　　④ 5 kgf/cm^2

해설　$P = \dfrac{W + W'}{A}$
$= \dfrac{15.7}{\dfrac{3.14}{4} \times 4^2} = 1.25\,\text{kgf/cm}^2$

42. LP가스의 연소기에 관하여 바른 것은?

① 도시가스용으로 알맞다.
② 도시가스용보다 공기구멍이 크게 되어 있다.
③ 도시가스용보다 공기구멍이 작다.
④ 도시가스용보다 화구의 수를 적게 하면 좋다.

해설　㉮ 도시가스는 LNG를 이용하여 공급하는 경우가 일반적이므로 주성분이 메

정답　37. ③　38. ②　39. ③　40. ②　41. ①　42. ②

탄이 된다. 메탄(CH_4)과 프로판(C_3H_8)의 완전연소반응식을 비교하면 프로판이 메탄보다 2.5배의 산소(공기)를 필요로하므로 공기구멍이 도시가스용보다 커야 한다.
㉯ 메탄(CH_4)과 프로판(C_3H_8)의 완전연소반응식 비교
  ㉠ 메탄 : $CH_4 + 2O_2 \rightarrow CO_2 + 2H_2O$
  ㉡ 프로판 : $C_3H_8 + 5O_2 \rightarrow 3CO_2 + 4H_2O$

43. 고압가스 용기재료의 구비조건과 거리가 먼 것은?
① 경량이고 충분한 강도를 가질 것
② 내식성, 내마모성을 가질 것
③ 가공성, 용접성이 좋을 것
④ 저온 및 사용온도에 견디는 연성, 전성, 강도가 없을 것

해설 용기 재료의 구비조건
㉮ 내식성, 내마모성을 가질 것
㉯ 가볍고 충분한 강도를 가질 것
㉰ 저온 및 사용 중 충격에 견디는 연성, 전성, 강도를 가질 것
㉱ 가공성, 용접성이 좋고 가공 중 결함이 생기지 않을 것

44. 펌프의 성능에 대한 설명으로서 틀린 것은?
① 일반적으로 유량을 증가하면 펌프에 필요한 유효흡입 양정은 높아진다.
② 임펠러의 지름을 20% 적게 하면 펌프의 축동력은 거의 20% 감소한다.
③ 동일 성능의 회전펌프를 2대 병렬 운전을 하면 동일 양정에서는 유량은 2배로 된다.
④ 회전수를 2배로 올리면 펌프의 양정은 거의 4배로 된다.

해설 ㉮ 원심펌프의 상사법칙
  ㉠ 유량 $Q_2 = Q_1 \times \left(\dfrac{N_2}{N_1}\right) \times \left(\dfrac{D_2}{D_1}\right)^3$
  ㉡ 양정 $H_2 = H_1 \times \left(\dfrac{N_2}{N_1}\right)^2 \times \left(\dfrac{D_2}{D_1}\right)^2$
  ㉢ 동력 $L_2 = L_1 \times \left(\dfrac{N_2}{N_1}\right)^3 \times \left(\dfrac{D_2}{D_1}\right)^5$
㉯ 유량은 회전수에 비례하고, 양정은 회전수 변화의 제곱에 비례하고, 동력은 회전수 변화의 3제곱에 비례한다.
㉰ ②번 항목을 적용하면 : 회전수는 언급이 없으므로 제외한다.
$\therefore L_2 = L_1 \times \left(\dfrac{D_2}{D_1}\right)^5 = L_1 \times \left(\dfrac{0.8}{1}\right)^5$
$= 0.327 L_1$
$\therefore$ 임펠러 지름을 20% 적게 하면 축동력은 처음의 32.7% 정도 소요되는 것이므로 감소되는 축동력은 $100 - 32.7 = 67.3\%$이다.

45. 고압장치에 쓰이는 밸브에 관한 설명 중 올바른 것은?
① 밸브는 흐르는 방향에 관계없이 설치하여도 된다.
② 글로브 밸브는 압력손실이 적고 큰 지름의 배관에 적합하여 통상 유로의 차단용으로 완전히 개폐의 상태로 쓰인다.
③ 리프트식 역류밸브는 수평 및 수직의 어떠한 방향에도 설치할 수 있다.
④ 급격한 압력상승으로 고압가스 제조설비의 파기를 방지하기 위하여 릴리프 밸브가 쓰인다.

해설 각 항목의 옳은 설명
① 밸브는 흐르는 방향일 일치시켜 설치한다.
② 글로브 밸브는 압력손실이 크고 유량

정답 43. ④ 44. ② 45. ④

조절용으로 사용된다(②번 항목은 슬루스밸브의 설명이다).
③ 스윙식 체크밸브는 수평, 수직배관에 사용하고, 리프트식 체크밸브는 수평배관에 사용한다.

46. 다음 중 가스의 성질에 대한 설명으로 맞는 것은?

① 질소는 안정된 가스이며 불활성 가스라고도 하며, 고온에서도 금속과 화합하는 일은 없다.
② 암모니아는 산이나 할로겐과도 잘 화합한다.
③ 산소는 액체공기를 분류하여 제조하는 반응성이 강한 가스이며 그 자신으로서 연소된다.
④ 염소는 반응성이 강한 가스이며 강에 대해서 상온에서도 건조 상태에서 현저한 부식성이 있다.

[해설] 각 가스의 성질
㉮ 질소 : 불연성 가스이고 상온에서 안정된 가스이나, 고온에서 금속과 반응한다.
㉯ 산소 : 조연성(지연성) 가스로 그 자신은 연소하지 않는다.
㉰ 염소 : 건조한 상태에서는 강에 대한 부식성이 없다.

47. 산화에틸렌의 성질을 설명한 다음 사항 중 맞는 것은?

① 수화 반응에 의해 글리콜을 생성한다.
② 무색, 무미, 무취의 기체로 공기 중에 78 % 함유되어 있다.
③ 가장 간단한 올레핀계 탄화수소 가스로서 무색, 무독한 냄새가 있다.
④ 무색, 무취의 공기보다 무거운 기체로 대기 중에 약 0.03 % 함유되어 있다.

[해설] 산화에틸렌(C_2H_4O)의 특징
㉮ 액화가스로 무색의 가연성 가스이다 (폭발범위 : 3 ~ 80 %).
㉯ 독성가스(TLV-TWA 50 ppm)이며, 자극성의 냄새가 있다.
㉰ 물, 알코올, 에테르에 용해된다.
㉱ 산, 알칼리, 산화철, 산화알루미늄 등에 의해 중합폭발한다.
㉲ 액체 산화에틸렌은 연소하기 쉬우나 폭약과 같은 폭발은 없다.
㉳ 산화에틸렌 증기는 전기 스파크, 화염, 아세틸드, 충격 등에 의하여 분해 폭발할 수 있다.
㉴ 구리와 직접 접촉을 피하여야 한다.

[참고] 수화 반응에 의해 글리콜이 생성되는 반응식
$C_2H_4O + H_2O \rightarrow HOC_2H_4OH$

※ ②번 항목 : 질소(N_2)에 대한 설명
③번 항목 : 에틸렌(C_2H_4)의 설명
④번 항목 : 이산화탄소(CO_2)의 설명

48. 다음 중 압력이 제일 높은 것은?

① 1 atm ② 1 kgf/cm^2
③ 8 lb/in^2 ④ 700 mmHg

[해설] 각 항목을 kgf/cm^2 단위로 환산하여 비교
① 1 atm = 1.0332 kgf/cm^2
② 1 kgf/cm^2
③ 8 lb/in^2 :
$\frac{8}{14.7} \times 1.0332 = 0.562 \, kgf/cm^2$
④ 700 mmHg :
$\frac{700}{760} \times 1.0332 = 0.951 \, kgf/cm^2$

49. 절대온도 0K는 섭씨온도로 얼마인가?

① −273 ② 0 ③ 32 ④ 273

[정답] 46. ② 47. ① 48. ① 49. ①

해설 절대온도(K) = $t°C + 273$
∴ 섭씨온도(℃) = 절대온도(K) − 273
= 0 − 273 = −273℃

50. 고압가스 장치로부터 미량의 가스가 누설될 때 사용되는 시험지 명칭과 변색 상태를 설명한 것 중 연결이 옳은 것은?
① 시안화수소 – 초산 벤젠지 – 흑색
② 일산화탄소 – 요오드칼륨 전분지 – 흑색
③ 황화수소 – 초산연 시험지 – 회흑색
④ 포스겐 – 해리슨 시약 – 적색

해설 가스 검지 시험지법

가스명	시험지	반응
암모니아	적색리트머스지	청색
염소	KI 전분지	청갈색
포스겐	해리슨 시험지	유자색
시안화수소	초산 벤젠지	청색
일산화탄소	염화팔라듐지	흑색
황화수소	연당지	회흑색
아세틸렌	염화 제1동 착염지	적갈색

㈜ '연당지'는 '초산연 시험지'로 불려지고 있다.

51. 기체의 비중을 잴 때 기준 물질로 사용되는 것은?
① 0℃, 1기압의 공기
② 4℃, 1기압의 수소
③ 25℃, 1기압의 질소
④ −273℃, 1기압의 산소

해설 ㈎ 기체의 비중 기준 물질로 사용되는 것은 표준상태(0℃, 1기압)의 공기이다.
㈏ 기체 비중 계산식
∴ 기체의 비중 = $\dfrac{분자량}{29}$

52. 산소 가스가 27℃에서 13 MPa의 압력으로 50 kg이 충전되어 있다. 이때 부피는 몇 m^3 인가? (단, 산소의 기체상수는 0.26 kJ/kg·K, 대기압은 101.325 kPa이다.)
① 0.3 m^3
② 0.32 m^3
③ 0.4 m^3
④ 0.43 m^3

해설 $PV = GRT$ 에서 부피 V를 구하면, 1MPa = 1000kPa이다.
∴ $V = \dfrac{G \cdot R \cdot T}{P}$
$= \dfrac{50 \times 0.26 \times (273+27)}{(13 \times 10^3) + 101.325}$
$= 0.297\, m^3$

53. 다음 가스 중 액화시키기가 가장 어려운 가스는?
① H_2 ② He ③ N_2 ④ CH_4

해설 각 가스의 비점 비교

명칭	비점
수소(H_2)	−252.2℃
헬륨(He)	−268.9℃
질소(N_2)	−195.7℃
메탄(CH_4)	−161.5℃

[참고] 동일한 조건일 때 비점이 낮은 기체가 액화시키기 어렵다.

54. 표준상태에서 에탄 2 mol, 프로판 5 mol, 부탄 3 mol로 구성된 LPG에서 부탄의 질량은 몇 %인가?
① 13.2 %
② 24.6 %
③ 38.3 %
④ 48.5 %

해설 ㈎ 에탄(C_2H_6)의 분자량 30, 프로판(C_3H_8) 분자량 44, 부탄(C_4H_{10}) 분자량 58이고, 각 성분 기체의 분자량에 몰(mol)수를 곱한 값의 합이 전체 질량이 된다.

정답 50. ③ 51. ① 52. ① 53. ② 54. ③

㈏ 부탄의 질량 비율(%) 계산

$$질량\ 비율 = \frac{성분\ 질량}{전체\ 질량} \times 100$$
$$= \frac{58 \times 3}{(30 \times 2) + (44 \times 5) + (58 \times 3)} \times 100$$
$$= 38.325\%$$

55. 다음 기화기에 대한 설명 중 틀린 것은?

① 기화기 사용 시 이점은 가스 종류에 관계없이 한랭 시에도 충분히 기화시킨다.
② 기화장치의 구성요소 중에는 액상의 가스를 가스화시키는 열교환기도 있다.
③ 감압가온 방식은 열교환기에 의해 액상의 가스를 기화시킨 후 조정기로 감압시켜 공급하는 방식이다.
④ 기화기를 증발형식에 의해 분류하면 순간 증발식과 유입 증발식이 있다.

해설 작동원리에 따른 기화장치 구분
㈎ 가온감압 방식 : 열교환기에 액체 상태의 LP 가스를 보내 여기서 기화된 가스를 조정기에 의해 감압하여 공급하는 방식
㈏ 감압가열 방식 : 액체 상태의 LP 가스를 액체 조정기를 통하여 감압하여 열교환기에 공급해 온수 등으로 가열하여 기화시키는 방식

56. 수분이 존재하면 일반강재를 부식시키는 가스는?

① 일산화탄소
② 수소
③ 황화수소
④ 질소

해설 수분 존재 시 강재를 부식시키는 가스 : 염소(Cl_2), 황화수소(H_2S), 이산화탄소(CO_2), 포스겐($COCl_2$)

57. 도시가스 배관이 10 m 수직상승 했을 경우 배관 내의 압력 상승은 얼마나 되겠는가? (단, 가스 비중은 0.65이다.)

① 4.52 mmAq ② 6.52 mmAq
③ 8.75 mmAq ④ 10.75 mmAq

해설 $H = 1.293(S-1)h$
$= 1.293 \times (0.65 - 1) \times 10$
$= -4.525$ mmAq

참고 "-"값은 압력 상승을 의미하는 것이고, mmAq와 mmH₂O는 같은 단위이다.

58. 다음 중 열용량을 나타내는 것은?

① 비열×물질의 부피
② 비중×물질의 부피
③ 비열×물질의 질량
④ 비중×물질의 질량

해설 열용량 : 어떤 물체 온도를 1℃ 상승시키는 데 소요된 열량으로 kcal/℃, cal/℃, kJ/℃, J/℃의 단위를 사용한다.

59. 카바이드를 이용하여 아세틸렌을 제조할 때 건조제로 사용하는 것은?

① 염화칼슘   ② 사염화탄소
③ 진한 황산   ④ 활성알루미나

해설 제조된 아세틸렌가스 중의 수분을 제거하는 건조제로 염화칼슘($CaCl_2$)을 사용한다.

60. 공기 중에서의 폭발범위가 잘못된 것은?

① 메탄 : 5 ~ 15 %
② 프로판 : 2.1 ~ 9.5 %
③ 수소 : 4 ~ 45 %
④ 아세틸렌 : 2.5 ~ 81 %

해설 공기 중에서 수소(H_2)의 폭발범위 : 4 ~ 75 %

정답 55. ③ 56. ③ 57. ① 58. ③ 59. ① 60. ③

2018년도 실전 테스트 (2)

1. 아세틸렌 충전용 지관에는 탄소의 함유량이 얼마 이하의 강을 사용하는가?
① 0.1 ② 0.5 ③ 1.0 ④ 1.5

해설 아세틸렌에 접촉하는 부분에 사용하는 재료 기준
㉮ 구리 또는 구리의 함유량이 62%를 초과하는 동합금은 사용하지 아니한다.
㉯ 충전용 지관에는 탄소의 함유량이 0.1% 이하의 강을 사용한다.

2. 물의 비등점을 화씨온도(°F)로 나타내면 얼마인가?
① 100°F ② 180°F
③ 212°F ④ 32°F

해설 물의 빙점과 비등점 표시

구분	섭씨 온도	켈빈 온도	화씨 온도	랭킨 온도
빙점	0℃	273 K	32°F	492°R
비등점	100℃	373 K	212°F	672°R

3. 가스의 폭발범위에 영향을 주는 인자가 아닌 것은?
① 비열 ② 압력
③ 온도 ④ 가스량

해설 폭발범위에 영향을 주는 인자(요소)
㉮ 온도 : 온도가 높아지면 폭발범위는 넓어진다.
㉯ 압력 : 압력이 상승하면 일반적으로 폭발범위는 넓어진다.
㉰ 산소 농도 : 산소 농도가 증가하면 폭발범위는 넓어진다.
㉱ 불연성 가스 : 불연성 가스가 혼합되면 산소 농도를 낮추며 이로 인해 폭발범위는 좁아진다.

4. 액화암모니아 50 kg을 충전하기 위한 용기의 내용적은 몇 L인가? (단, 충전상수 C는 1.86이다.)
① 93 ② 70 ③ 40 ④ 27

해설 $W = \dfrac{V}{C}$ 에서
$V = C \times W = 1.86 \times 50 = 93\,L$

5. 가스 크로마토그래피에서 캐리어 가스로 쓰이는 가스가 아닌 것은?
① H_2 ② N_2 ③ He ④ CO_2

해설 캐리어 가스의 종류 : 수소(H_2), 헬륨(He), 아르곤(Ar), 질소(N_2)

6. LP가스 저장탱크를 수리할 때 작업원이 저장탱크 속으로 들어가서는 안 되는 탱크 속의 산소 농도는?
① 16% ② 19% ③ 20% ④ 21%

해설 저장탱크 수리할 때 작업원이 저장탱크 속으로 들어가는 경우 산소 농도 : 18~22%

7. [보기]와 같은 성질을 가진 가스는?

┤보기├
- 상온에서 심한 자극성을 가진 황록색의 기체이다.
- 34℃ 이하로 냉각하거나 6~7 atm의 압력을 가하면 쉽게 액화한다.

정답 1. ① 2. ③ 3. ① 4. ① 5. ④ 6. ① 7. ②

① N_2 ② Cl_2 ③ NH_3 ④ HCN

해설 염소(Cl_2)의 성질
㉮ 비점이 −34.05℃로 쉽게 액화한다.
㉯ 상온에서 기체는 황록색, 자극성이 강한 독성가스이다(TLV-TWA 1ppm).
㉰ 조연성(지연성) 가스이다.
㉱ 수분과 반응하여 염산(HCl)을 생성하고, 철을 심하게 부식시킨다.
㉲ 염소와 수소는 직사광선에 의하여 폭발한다(염소폭명기).
㉳ 염소와 암모니아가 접촉할 때 염소과잉의 경우는 대단히 강한 폭발성 물질인 삼염화질소(NCl_3)를 생성하여 사고 발생의 원인이 된다.

8. 다음 중 폭발범위가 가장 넓은 것은?
① 황화수소   ② 암모니아
③ 산화에틸렌   ④ 프로판

해설 각 가스의 공기 중 폭발범위

명칭	폭발범위
황화수소(H_2S)	4.3 ~ 45 %
암모니아(NH_3)	15 ~ 28 %
산화에틸렌(C_2H_4O)	3 ~ 80 %
프로판(C_3H_8)	2.2 ~ 9.5 %

9. 20 RT의 냉동능력을 갖는 냉동기에서 응축온도가 30℃, 증발온도가 −25℃일 때 냉동기의 성적계수(COP)는 얼마인가?
① 4.51   ② 14.51
③ 17.46   ④ 7.46

해설 $COP = \dfrac{Q_2}{Q_1 - Q_2} = \dfrac{T_2}{T_1 - T_2}$
$= \dfrac{273 - 25}{(273 + 30) - (273 - 25)} = 4.51$

10. 지연성 가스에 해당되지 않는 것은?
① 염소   ② 불소
③ 이산화질소   ④ 이황화탄소

해설 ㉮ 지연성(조연성) 가스의 종류 : 산소(O_2), 오존(O_3), 불소(F_2), 염소(Cl_2), 산화질소(NO), 아산화질소(N_2O), 이산화질소(NO_2) 등
㉯ 이황화탄소(CS_2) : 가연성 가스(1.25 ~ 44 %)이며, 독성가스(TLV-TWA 20 ppm)에 해당된다.

11. 양정 90 m, 유량 90 m³/h의 송수펌프의 소요 동력은 몇 kW인가? (단, 펌프의 효율은 60 %이다.)
① 30.6 kW   ② 36.7 kW
③ 50.0 kW   ④ 56.0 kW

해설 $kW = \dfrac{\gamma \cdot Q \cdot H}{102\eta}$
$= \dfrac{1000 \times 90 \times 90}{102 \times 0.6 \times 3600} = 36.76 \, kW$

[참고] 물의 비중량(γ)은 별도로 언급이 없으면 1000 kgf/m³을 적용한다.

12. LPG 충전, 집단공급 저장시설을 공기로 내압시험시 상용압력의 일정압력까지 승압 후 단계적으로 승압시킬 때 몇 %씩 증가시키는가?
① 상용압력의 5 %씩
② 상용압력의 10 %씩
③ 상용압력의 15 %씩
④ 상용압력의 20 %씩

해설 내압시험을 공기 등의 기체로 하는 경우에는 우선 상용압력의 50 %까지 승압하고 그 후에는 상용압력의 10 %씩 단계적으로 승압하여 내압시험압력에 달하였을 때 누출 등의 이상이 없으며, 그 후 압력

정답 8. ③ 9. ① 10. ④ 11. ② 12. ②

을 내려 상용압력으로 하였을 때 팽창, 누출 등의 이상이 없으면 합격으로 한다.

13. 일반 소비자들의 가정용 연료로 사용되는 LPG에 대한 설명 중 틀린 것은?
① 40℃에서 증기압은 1.53 MPa 이하이다.
② 1종 LPG에 포함되어 있는 황성분은 30 mg/kg 이하이어야 한다.
③ LPG에 포함된 에탄과 에틸렌의 전체 함유량은 증기압 저하를 방지하기 위하여 10 mol% 이하로 규정하고 있다.
④ LPG용기 내의 압력은 액량이 변함에 따라 압력도 변화한다.

해설 액화석유가스 품질기준 [액법 제27조]

구분		1호(가정, 상업용)	2호(자동차, 캐비넷히터용)
조성 (mol %)	C_3 탄화수소	90 이상	10 이하 25 이상 35 이하
	C_4 탄화수소	–	85 이상 60 이상
	부타디엔	0.10 미만	
황함량 (mg/kg)		30 이하	
증기압(40℃)		1.53 MPa 이하	1.27 MPa 이하
밀도(15℃)			500 ~ 620 kg/m³

14. 일반도시가스 공급시설에서 도로가 평탄할 경우 배관의 기울기는?
① $\dfrac{1}{50} \sim \dfrac{1}{100}$
② $\dfrac{1}{150} \sim \dfrac{1}{300}$
③ $\dfrac{1}{500} \sim \dfrac{1}{1000}$
④ $\dfrac{1}{1500} \sim \dfrac{1}{2000}$

해설 배관의 기울기는 도로의 기울기에 따르고 도로가 평탄한 경우에는 $\dfrac{1}{500} \sim \dfrac{1}{1000}$ 정도의 기울기로 한다.

15. 탄화수소에서 탄소(C)의 수가 증가할수록 높아지는 것은?
① 증기압
② 발화점
③ 비등점
④ 폭발하한계

해설 탄소(C) 수가 증가할 때 성질 변화
㉮ 증가하는 것 : 비등점, 융점, 비중, 발열량
㉯ 감소하는 것 : 증기압, 발화점, 폭발하한값, 폭발범위값, 증발잠열

16. 고압가스 공급자의 안전점검 기준에 속하지 않는 것은?
① 충전용기 및 부속품, 가스레인지의 합격표시 유무
② 충전용기와 화기와의 거리
③ 충전용기 및 배관의 설치 상태
④ 독성가스의 경우 흡수장치, 보호구 등에 대한 적합 여부

해설 고압가스 공급자의 안전점검 기준 [고법 시행규칙 별표14]
㉮ 충전용기의 설치위치
㉯ 충전용기와 화기와의 거리
㉰ 충전용기 및 배관의 설치 상태
㉱ 충전용기, 충전용기로부터 압력조정기·호스 및 가스사용기기에 이르는 각 접속부와 배관 또는 호스의 가스 누출 여부 및 그 가스의 적합 여부
㉲ 독성가스의 경우 흡수장치·제해장치 및 보호구 등에 대한 적합 여부
㉳ 역화방지장치의 설치 여부
㉴ 시설 기준에의 적합 여부(정기점검만을 말한다)

참고 가스레인지의 합격표시 유무는 LPG 및 도시가스 공급자 점검사항에 해당된다.

17. 염화메틸의 특성이 아닌 것은?

정답 13. ③ 14. ③ 15. ③ 16. ① 17. ①

① 8.25 ~ 18.7 vol%에서 폭발한다.
② 물에 잘 녹는다.
③ 가열하면 염화수소와 메탄올로 된다.
④ 유독성이다.

해설 염화메틸(CH_3Cl)의 특징
㉮ 상온에서 무색의 기체로 에테르 냄새가 난다.
㉯ 염화메틸이 수분이 존재할 때 가열하면 가수분해하여 메탄올과 염화수소가 된다.
$CH_3Cl + H_2O \rightarrow CH_3OH + HCl$
㉰ 건조된 염화메틸은 알칼리, 알칼리토금속, 마그네슘, 아연, 알루미늄 이외의 금속과는 반응하지 않는다.
㉱ 메탄과 염소 반응 시 생성되며 냉동기 냉매로 사용된다.
㉲ 독성가스(TLV-TWA 50 ppm), 가연성 가스(8.1 ~ 17.4 %)이다.

18. 압력단위 환산이 맞는 것은?
① 절대압력 = 게이지압력 + 대기압
② 게이지압력 = 절대압력 + 대기압
③ 수주 m은 mAq와 다르다.
④ 대기압은 14.2 psi이다.

해설 각 항목의 옳은 설명
② 게이지압력 = 절대압력 − 대기압
③ 수주(水主) m은 mAq, mH_2O와 같은 압력의 단위이다.
④ 대기압은 $14.7 lb/in^2 = 14.7 psi$이다.

19. LPG를 탱크로리에서 저장탱크로 이송 시 작업을 중단해야 되는 경우가 아닌 것은?
① 과충전이 되는 경우
② 압축기 이용 시 베이퍼 로크가 발생 시
③ 작업 중 주위에 화재 발생 시
④ 누출이 생길 경우

해설 이송작업을 중단해야 하는 경우
㉮ 과충전이 되는 경우
㉯ 충전작업 중 주변에서 화재 발생 시
㉰ 탱크로리와 저장탱크를 연결한 호스 등에서 누설이 되는 경우
㉱ 압축기 사용 시 워터해머(액 압축)가 발생하는 경우
㉲ 펌프 사용 시 액배관 내에서 베이퍼 로크(vapor-lock)가 심한 경우

20. 독성가스 배관 시 2중관으로 하는 가스가 아닌 것은?
① 암모니아   ② 염화메탄
③ 시안화수소   ④ 에틸렌

해설 2중관으로 해야 할 독성가스 : 포스겐, 황화수소, 시안화수소, 아황산가스, 산화에틸렌, 암모니아, 염소, 염화메탄(암기법 : 포황시 아산암에서 염소가 염메한다).

21. 다음 가스 분석법 중 흡수 분석법에 해당되지 않는 것은?
① 헴펠법   ② 산화동법
③ 오르사트법   ④ 게겔법

해설 흡수분석법의 종류 : 오르사트법, 헴펠법, 게겔법

22. 금속재료에 S, P, Ni, Mn과 같은 원소들이 함유하면 강에 영향을 미치는데 다음 설명 중 틀린 것은?
① S : 적열취성의 원인이 된다.
② P : 상온취성을 개선시킨다.
③ Mn : S와 결합하여 황에 의한 악영향을 완화시킨다.
④ Ni : 저온취성을 개선시킨다.

정답 18. ① 19. ② 20. ④ 21. ② 22. ②

해설 인(P)은 상온취성(저온취성)의 원인이 되는 원소이다.

23. 산소의 성질 설명 중 틀린 것은?

① 그 자신은 폭발위험이 없으나 연소를 돕는 조연성 가스이다.
② 탄소와 반응하면 일산화탄소를 만든다.
③ 화학적으로 활성이 강하여 많은 원소와 반응하여 산화물을 만든다.
④ 무색, 무취, 무미의 기체이다.

해설 탄소(C)와 반응 상태
㉮ 완전 연소하면 이산화탄소가 생성된다.
$C + O_2 \rightarrow CO_2$
㉯ 불완전 연소가 되면 일산화탄소가 발생한다.
$C + \frac{1}{2}O_2 \rightarrow CO$

참고 탄소와 반응하는 것은 완전연소가 되는 상태를 말한다.

24. 공기액화 분리장치에는 어떤 가스 때문에 가연성 단열재를 사용할 수 없다. 어느 가스 때문인가?

① 질소   ② 수소
③ 산소   ④ 아르곤

해설 액화산소가 접촉하는 부분의 외면을 단열재로 피복하는 때에는 불연성 재료를 사용한다.

25. 도시가스 배관을 도로에 매설하는 경우 보호포는 중압 이상의 배관의 경우에 보호판의 상부로부터 몇 cm 이상 떨어진 곳에 설치하는가?

① 20 cm   ② 30 cm
③ 40 cm   ④ 60 cm

해설 보호포 설치 기준
㉮ 설치위치 : 중압이상(보호판상부에서 30 cm 이상), 저압관(배관정상부에서 60 cm 이상)
㉯ 색상 : 중압이상(적색), 저압관(황색)
㉰ 표시사항 : 가스명, 사용압력, 공급자명

26. 다음 중 당해 설비 내의 압력이 상용압력을 초과할 경우 즉시 상용압력 이하로 되돌릴 수 있는 안전장치의 종류에 해당하지 않는 것은?

① 안전밸브   ② 감압밸브
③ 바이패스 밸브   ④ 파열판

해설 과압안전장치의 종류 및 선정
㉮ 기체 및 증기의 압력상승을 방지하기 위하여 설치하는 안전밸브
㉯ 급격한 압력상승, 독성가스의 누출, 유체의 부식성 또는 반응생성물의 성상 등에 따라 안전밸브를 설치하는 것이 부적당한 경우에 설치하는 파열판
㉰ 펌프 및 배관에서 액체의 압력 상승을 방지하기 위하여 설치하는 릴리프 밸브 또는 안전밸브
㉱ 고압가스설비 등의 내압이 상용의 압력을 초과한 경우 그 고압가스설비 등으로의 가스유입량을 감소시키는 방법으로 고압가스설비 등 안의 압력을 자동으로 제어하는 자동압력제어장치

참고 바이패스 밸브 : 릴리프밸브 등이 설치된 곳에 우회배관(바이패스 배관)을 설치하고 릴리프밸브가 작동하지 않았을 때 우회배관에 설치된 밸브를 수동으로 개방하여 상승된 압력을 다른 시설로 유도하는 기능을 갖는다.

참고 감압밸브 : 1차 측 압력에 관계없이 2차 측 압력을 일정하게 유지하는 기능을 갖는다.

정답 23. ② 24. ③ 25. ② 26. ②

27. 압력이 650 mmHg인 10 L의 질소는 압력 760 mmHg에서는 약 몇 L인가? (단, 온도는 일정하다.)

① 8.5   ② 10.5   ③ 15.5   ④ 20.5

해설 $P_1 V_1 = P_2 V_2$ 에서 압력이 변화된 후의 체적 V_2를 구한다.

$$\therefore V_2 = \frac{P_1 \cdot V_1}{P_2} = \frac{650 \times 10}{760} = 8.552 \, L$$

28. 도시가스 도매사업의 가스공급시설에서 가스누출 경보기의 설치기준이 아닌 것은?

① 가스가 체류할 우려가 있는 장소에 적절하게 설치할 것
② 가스누출 경보기 설치 수는 도시가스의 누출을 신속하게 검지하고 경보하기에 충분한 수량일 것
③ 가스누출 검지기의 기능은 가스 종류에 적합할 것
④ 가스누출 검지기는 높이와 관계없이 체류할 우려가 있는 장소에 설치할 것

해설 가스누출 검지기는 공기보다 가벼우면 천장에서 30 cm 이내, 공기보다 무거우면 바닥면에서 30 cm 이내에 설치하여야 한다.

29. 고압가스 냉매설비의 기밀시험 시 압축공기를 공급할 때 공기의 온도는?

① 40℃ 이하   ② 70℃ 이하
③ 100℃ 이하   ④ 140℃ 이하

해설 냉매설비에 대한 기밀시험에 사용하는 가스는 공기 또는 불연성 가스(산소 및 독성가스를 제외한다)로 한다. 이때 공기압축기로 압축공기를 공급하는 경우에는 공기의 온도를 140℃ 이하로 할 수 있다.

30. 사업소 내에서 긴급사태 발생 시 종업원 상호간 연락을 신속히 할 수 있는 통신시설 중 해당 없는 것은?

① 페이징 설비   ② 휴대용 확성기
③ 메가폰   ④ 구내전화

해설 사업소 내 통신시설
㉮ 사업소와 현장사업소 : 구내전화, 구내방송설비, 인터폰, 페이징설비
㉯ 사업소 내 전체 : 구내방송설비, 사이렌, 휴대용 확성기, 페이징설비, 메가폰
㉰ 종업원 상호간 : 페이징설비, 휴대용 확성기, 메가폰, 트랜시버

31. LPG나 액화가스와 같이 저비점이고 내압이 0.4~0.5 MPa 이상인 액체일 때 사용되는 펌프의 메커니컬 실 형식은?

① 더블 실형   ② 인사이드 실형
③ 아웃사이드 실형   ④ 밸런스 실형

해설 밸런스 실 : 펌프의 내압이 큰 경우 고압이 실의 습동면에 직접 접촉하지 않게 한 것으로 LPG, 액화가스와 같이 저비점 액체일 때 사용한다.

32. 도시가스 배관을 보호하기 위하여 설치하는 희생 양극법에 의한 전위 측정용 터미널은 몇 m 이내의 간격으로 설치하는가?

① 200 m   ② 300 m
③ 500 m   ④ 600 m

해설 전위 측정용 터미널 설치 간격
㉮ 희생양극법, 배류법 : 300 m 이내
㉯ 외부전원법 : 500 m 이내

33. 막식 가스미터의 특징으로 옳은 것은?

① 계량이 정확하다.

정답 27. ① 28. ④ 29. ④ 30. ④ 31. ④ 32. ② 33. ③

② 대량 수요에 용이하다.
③ 설치 후 유지관리가 편리하다.
④ 사용 중 기차의 변동이 거의 없다.

[해설] 막식 가스미터의 특징
  ㉮ 가격이 저렴하다.
  ㉯ 설치 후 유지관리에 시간을 요하지 않는다.
  ㉰ 대용량의 것은 설치면적이 크다.

[참고] ①, ④ : 습식가스미터 특징
  ② : 루츠형 가스미터 특징

34. 폭발범위에 대한 설명 중 옳지 않은 것은?
① 공기 중 아세틸렌가스의 폭발범위는 2.5~81%이다.
② 공기 중에서보다 산소 중에서의 폭발범위는 좁아진다.
③ 고온 고압일 때 폭발범위는 대부분 넓어진다.
④ 한계산소 농도치 이하에서는 폭발성 혼합가스를 생성하지 않는다.

[해설] 공기 중에서보다 산소 중에서 폭발범위는 넓어진다.

35. 수성가스는 어느 것인가?
① $CO_2 + H_2O$ ② $CO_2 + H_2$
③ $CO + H_2$ ④ $CO + H_2O$

[해설] 수성가스의 성분 : 일산화탄소(CO)와 수소(H_2)

36. 다음 가스 중 TLV-TWA 기준으로 독성이 가장 큰 것은?
① 일산화탄소 ② 산화질소
③ 황화수소 ④ 염소

[해설] 각 가스의 허용농도(TLV-TWA)

명칭	허용농도(TLV-TWA)
일산화탄소(CO)	50 ppm
산화질소(NO)	25 ppm
황화수소(H_2S)	10 ppm
염소(Cl_2)	1 ppm

37. 다음 가스용기의 밸브 중 충전구 나사를 왼나사로 정한 것은 어느 것인가?
① N_2O ② C_2H_2
③ CO_2 ④ O_2

[해설] 충전구 나사 형식
  ㉮ 왼나사 : 가연성 가스(단, NH_3, CH_3Br은 오른나사이다).
  ㉯ 오른나사 : 가연성 가스 이외의 것

38. 오토클레이브(autoclave)에 대한 설명 중 옳지 않은 것은?
① 압력은 일반적으로 부르동관식 압력계로 측정한다.
② 오토클레이브의 재질은 사용범위가 넓은 탄소강이 주로 사용된다.
③ 오토클레이브에는 정치형, 교반형, 진탕형 등이 있다.
④ 오토클레이브의 부속 장치로는 압력계, 온도계, 안전밸브 등이 있다.

[해설] 오토클레이브는 광범위한 액체를 취급하므로 재질은 오스테나이트계 스테인리스강을 사용한다.

39. 일산화탄소의 경우 가스누출검지 경보장치의 검지에서 발신까지 걸리는 시간은 경보농도의 1.6배 농도에서 몇 초 이내이어야 하는가?
① 10 ② 20 ③ 30 ④ 60

[정답] 34. ② 35. ③ 36. ④ 37. ② 38. ② 39. ④

해설 검지에서 발신까지 걸리는 시간
  ㉮ 경보농도의 1.6배 농도에서 30초 이내
  ㉯ NH_3, CO 또는 이와 유사한 가스 : 60초 이내

40. 압축기에 관한 설명 중 옳은 것은?
① 다단 압축기에 있어서의 압축한 가스를 중간에 냉각하는 장치를 중간냉각기라 한다.
② 압축한 가스를 냉각하기 전에 유수분리기에 의해 가스 중의 유분 및 수분을 분리한다.
③ 윤활유는 가능한 한 많이 급유한다.
④ 압축기 모터 측 풀리를 작게 하면 압축기의 회전수는 증가한다.

해설 각 항목의 옳은 내용
  ② 압축한 가스를 중간 냉각하면 가스 중의 수분이나 윤활유가 응축하기 때문에 냉각 중에 제거하여야 한다.
  ③ 공기 또는 가스압축기에 공급하는 윤활유는 윤활과 기밀을 유지하는 데 충분한 최소한의 양을 공급한다.
  ④ 압축기 풀리는 변경하지 않고 모터 측 풀리를 작게 하면 압축기의 회전수는 감소한다.

41. 차량에 고정된 고압가스 탱크를 운행할 경우에 휴대해야 할 서류가 아닌 것은?
① 차량등록증
② 탱크 테이블(용량 환산표)
③ 고압가스 이동 계획서
④ 탱크 제조 시방서

해설 안전운행 서류철에 포함할 사항
  ㉮ 고압가스 이동 계획서
  ㉯ 고압가스 관련 자격증(양성교육 및 정기교육 이수증)
  ㉰ 운전면허증
  ㉱ 탱크 테이블(용량 환산표)
  ㉲ 차량 운행일지
  ㉳ 차량등록증
  ㉴ 그 밖에 필요한 서류

42. 염소가스를 취급하다가 눈(目)에 들어가 충혈되었을 때 응급조치의 가장 이상적인 방법은?
① 알코올로 소독한다.
② 비누로 세수한다.
③ 붕산수 3 % 정도로 씻어낸다.
④ 눈을 감고 휴식을 취한다.

해설 액상의 염소에 노출 시 응급조치 방법
  ㉮ 피부 : 맑은 물로 씻어낸다.
  ㉯ 눈 : 3 % 붕산수로 씻어낸다.

43. 가연성 가스를 취급하는 장소에는 누출된 가스의 폭발사고를 방지하기 위하여 전기설비를 방폭구조로 한다. 다음 중 방폭구조가 아닌 것은?
① 안전증 방폭구조
② 내열 방폭구조
③ 압력 방폭구조
④ 내압 방폭구조

해설 방폭구조의 종류 : 내압 방폭구조, 유입 방폭구조, 압력 방폭구조, 안전증 방폭구조, 본질안전 방폭구조, 특수 방폭구조

44. 특정고압가스 사용시설의 시설기준 및 기술기준으로 틀린 것은?
① 사용시설에는 그 주위에 보기 쉽게 경계표시를 할 것
② 사용설비는 습기 등으로 인한 부식을 방지할 것

③ 독성가스의 감압설비와 당해 가스의 반응설비 간의 배관에는 역류방지장치를 할 것
④ 액화가스 저장량이 300 kg 이상인 용기 보관실의 벽은 방호벽으로 할 것

해설 특정고압가스 사용시설의 경계표지는 당해 용기보관소 또는 보관실의 출입구 등 외부로부터 보기 쉬운 곳에 게시한다.

45. 온도를 올리는 데 필요한 열량은?
① 잠열
② 숨은열
③ 현열
④ 기화열

해설 현열과 잠열
㉮ 현열(감열) : 상태불변, 온도변화
㉯ 잠열(숨은열) : 상태변화, 온도불변

46. LP가스의 제법으로 가장 거리가 먼 것은?
① 원유를 정제하여 부산물로 생산
② 석유정제공정에서 부산물로 생산
③ 석탄을 건류하여 부산물로 생산
④ 나프타 분해공정에서 부산물로 생산

해설 LP가스 제조법
㉮ 습성천연가스 및 원유에서 생산 : 압축냉각법, 흡수법, 흡착법
㉯ 원유를 정제하는 과정에서 부산물로 생산
㉰ 나프타 분해공정에서 부산물로 생산
㉱ 나프타의 수소화 분해에 의한 생산

47. 액화 독성가스의 질량 1000 kg 이상을 이동 시에 휴대하여야 할 제독제의 소석회는 상자에 몇 kg 이상을 넣어 휴대하여야 하는가?
① 20 kg 이상
② 30 kg 이상
③ 40 kg 이상
④ 50 kg 이상

해설 독성가스 운반 시 소석회 휴대 조건
㉮ 1000 kg 미만인 경우 : 20 kg 이상
㉯ 1000 kg 이상인 경우 : 40 kg 이상
㉰ 적용가스 : 염소, 염화수소, 포스겐, 아황산가스 등 효과가 있는 액화가스에 적용

48. 가스 중 음속보다도 화염전파속도가 큰 경우 충격파가 발생하는데, 이때 가스 연소속도로서 옳은 것은?
① 0.3 ~ 10 m/s
② 100 ~ 300 m/s
③ 700 ~ 800 m/s
④ 1000 ~ 3500 m/s

해설 폭굉(detonation)과 폭속
㉮ 폭굉의 정의 : 가스 중의 음속보다 화염전파속도가 큰 경우로 파면선단에 충격파라고 하는 솟구치는 압력파가 생겨 격렬한 파괴작용을 일으키는 현상이다.
㉯ 폭속 : 폭굉이 전하는 속도로, 가스의 경우 1000 ~ 3500 m/s에 달한다.

49. 가정에서 액화석유가스(LPG)가 누설될 때 가장 쉽게 식별할 수 있는 방법은?
① 리트머스 시험지 색깔로 식별
② 냄새로서 식별
③ 누출 시 발생되는 흰색연기로 식별
④ 성냥 등으로 점화시켜 봄으로써 식별

해설 액화석유가스(LPG)가 누설될 때 가장 쉽게 식별할 수 있는 방법은 냄새로 식별하는 방법이다.

50. 저온 저장탱크에는 그 저장탱크의 내부압력이 외부압력보다 저하함에 따라 그 저장탱크가 파괴되는 것을 방지할 수 있는 조치를 강구하여야 한다. 다음 중 옳

정답 45. ③ 46. ③ 47. ③ 48. ④ 49. ② 50. ④

지 아니한 것은?
① 진공안전밸브
② 다른 저장탱크 또는 시설로부터의 가스 도입배관(균압관)
③ 압력과 연동하는 긴급 차단 장치를 설치한 송액설비
④ 안전밸브

[해설] 가연성 가스 저온저장탱크 부압파괴 방지설비
㉮ 압력계
㉯ 압력경보설비
㉰ 진공안전밸브
㉱ 다른 저장탱크 또는 시설로부터의 가스도입배관(균압관)
㉲ 압력과 연동하는 긴급 차단 장치를 설치한 냉동제어설비
㉳ 압력과 연동하는 긴급 차단 장치를 설치한 송액설비

51. 고압가스 제조설비에 누설된 가스의 확산을 방지할 수 있는 등의 여러 가지 재해조치를 해야 하는 가스가 아닌 것은?
① 황화수소   ② 시안화수소
③ 아황산가스 ④ 탄산가스

[해설] 누출 확산방지조치를 하여야 할 가스 종류 : 포스겐, 황화수소, 시안화수소, 아황산가스, 산화에틸렌, 암모니아, 염소, 염화메틸

52. 천연가스에 대한 설명 중 틀린 것은?
① 주성분은 CH_4이다.
② 채굴된 천연가스에는 CO_2, C_3H_8 등이 포함되어 있다.
③ 천연가스는 액체 상태로 지하에 매장되어 있다.
④ 천연가스는 기화 시에 체적이 약 600배로 팽창된다.

[해설] 천연가스는 기체 상태로 지하에 매장되어 있다.

53. 액화염소의 1일 처리능력이 38000 kg일 때 수용정원이 350명인 공연장과의 안전거리는 얼마로 유지해야 하는가?
① 1 m   ② 18 m
③ 23 m   ④ 27 m

[해설] 독성가스의 보호시설별 안전거리

저장능력(kg)	제1종	제2종
1만 이하	17	12
1만 초과 ~ 2만 이하	21	14
2만 초과 ~ 3만 이하	24	16
3만 초과 ~ 4만 이하	27	18
4만 초과	30	20

[참고] 수용정원이 300인 이상인 공연장은 제1종 보호시설이며, 처리능력이 38000 kg이므로 27 m의 안전거리를 유지하여야 한다.

54. 저온장치 내부에서 수분과 탄산가스가 존재할 때 미치는 영향 중 옳은 것은?
① 얼음 및 드라이아이스가 생성된다.
② 수분은 윤활제로서 역할을 한다.
③ 가연성 가스가 침입될 시 안정제가 된다.
④ 오존이 들어오면 중화시킨다.

[해설] 수분은 얼음이 되고, 탄산가스는 드라이아이스가 되어 밸브 및 배관을 폐쇄시키는 악영향을 준다.

55. 압축·액화 그 밖의 방법으로 처리할 수 있는 가스의 용적이 1일 100 m³ 이상인 사업소에는 표준이 되는 압력계를 몇 개 이상 비치해야 하는가?

정답 51. ④ 52. ③ 53. ④ 54. ① 55. ②

① 1개   ② 2개
③ 3개   ④ 4개

해설 압력계 설치
㉮ 고압가스설비에 설치하는 압력계는 상용압력의 1.5배 이상 2배 이하의 최고 눈금이 있는 것으로 한다.
㉯ 압축·액화 그 밖의 방법으로 처리할 수 있는 가스의 용적이 1일 100 m^3 이상인 사업소에는 국가표준기본법에 의한 제품인증을 받은 압력계를 2개 이상 비치한다.

56. 다음 중 엔트로피의 단위로 올바른 것은?
① kcal/kgf
② kcal/kgf · ℃
③ kcal/kgf · K
④ kcal/℃

해설 각 단위의 의미
① 엔탈피 단위   ② 비열의 단위
③ 엔트로피 단위   ④ 열용량 단위

57. 강제 기화장치 중 온수를 매체로 하는 기화방식이 아닌 것은?
① 전기 가열식   ② 대기온 가열식
③ 증기 가열식   ④ 가스 가열식

해설 강제 기화장치의 가열방식에 의한 분류
㉮ 대기온 이용 방식
㉯ 간접 가열 방식(열매체 이용 방식)
   ㉠ 온수를 매체를 하는 것 : 전기 가열식, 가스 가열식, 증기 가열식
   ㉡ 기타의 것을 매체로 하는 것

58. 고압가스 운반책임자의 자격이 될 수 없는 자는?
① 안전관리원
② 안전관리 책임자
③ 안전관리 총괄자
④ 한국가스안전공사에서 운반에 관한 소정의 교육을 이수한 자

해설 운반책임자 : 안전관리 책임자, 안전관리원 자격을 가진자, 한국가스안전공사에서 실시하는 운반에 관한 소정의 교육을 이수한 자가 해당된다.

59. 액화석유가스의 주성분에 해당하지 않는 것은?
① 부탄
② 헵탄
③ 프로판
④ 프로필렌

해설 ㉮ 액화석유가스의 조성 : 석유계 저급 탄화수소의 혼합물로 탄소 수가 3개에서 5개 이하의 것을 말하며 프로판(C_3H_8), 부탄(C_4H_{10}), 프로필렌(C_3H_6), 부틸렌(C_4H_8), 부타디엔(C_4H_6) 등이 포함되어 있으며 가장 많이 함유된 것은 프로판(C_3H_8)과 부탄(C_4H_{10})이다.
㉯ 헵탄(C_7H_{16})은 탄소수가 7개로 LPG 성분에는 포함되지 않는다.

60. 비체적이란?
① 단위 체적당 질량이다.
② 어느 물체의 체적이다.
③ 단위 질량당 체적이다.
④ 단위 체적의 엔탈피이다.

해설 비체적과 밀도
㉮ 비체적(v) : 단위 질량당 체적으로 단위는 L/g, m^3/kg이다.
$$\therefore v = \frac{22.4}{분자량}$$
㉯ 밀도(ρ) : 단위 체적당 질량으로 단위는 g/L, kg/m^3이다.

정답 56. ③   57. ②   58. ③   59. ②   60. ③

2019년도 실전 테스트 (1)

1. 액화석유가스 사용 시설에 설치되는 조정압력 3.3 kPa 이하인 조정기의 안전장치 작동표준압력 기준은?

① 7 kPa   ② 5.6 ~ 8.4 kPa
③ 5.04 ~ 8.4 kPa   ④ 9.9 kPa

해설 안전장치 작동압력(조정압력 3.3 kPa 이하)
㉮ 작동 표준압력 : 7 kPa
㉯ 작동 개시압력 범위 : 5.6 ~ 8.4 kPa
㉰ 작동 정지압력 범위 : 5.04 ~ 8.4 kPa

2. 독성가스 제독작업에 갖추지 않아도 되는 보호구는?

① 공기호흡기
② 방독 마스크
③ 안전장갑, 안전화
④ 보호용 면수건

해설 독성가스 종류에 따라 구비하는 보호구 종류
㉮ 공기호흡기 또는 송기식 마스크(전면형)
㉯ 방독 마스크(농도에 따라 전면 고농도형, 중농도형, 저농도형 등)
㉰ 안전장갑 및 안전화(화학물질용 성능수준 2 이상의 것)
㉱ 보호복(화학물질용 보호복 1형식)

3. 다음은 염소에 대하여 기술한 것이다. 이 중 틀린 것은?

① 상온, 상압에서 황록색의 기체로 조연성이 있다.
② 강한 자극성의 취기가 있는 맹독성가스로 허용농도는 1 ppm이다.
③ 수소와 염소의 동량 혼합기체를 염소폭명기라 한다.
④ 건조 상태로 상온에서 강재에 대하여 부식성을 갖는다.

해설 완전 건조된 염소는 상온에서 철과 반응하지 않으나 수분이 존재하면 염산(HCl)을 생성하여 철을 심하게 부식시킨다.

4. 물질이 온도변화 없이 상태변화에만 소요된 열을 나타낸 것은?

① 비열   ② 잠열
③ 현열   ④ 열용량

해설 현열 및 잠열의 특징
㉮ 현열(감열) : 온도변화, 상태불변
㉯ 잠열(숨은열) : 상태변화, 온도불변

5. 가연성 물질의 연소와 직접 관계가 없는 것은?

① 연소열   ② 발화온도
③ 허용농도   ④ 최소점화에너지

해설 ㉮ 연소와 관련이 있는 것 : 인화온도(인화점), 발화온도(발화점), 폭발범위, 최소점화에너지, 연소열 등
㉯ 허용농도는 독성가스와 비독성가스를 구분한다.

6. 중합에 의한 폭발을 일으키는 것이 아닌 것은?

① 시안화수소   ② 염소산칼륨
③ 염화비닐   ④ 산화에틸렌

해설 ㉮ 중합반응에 의하여 중합폭발을 일으키는 물질 : 시안화수소(HCN), 산화

정답 1. ① 2. ④ 3. ④ 4. ② 5. ③ 6. ②

에틸렌(C_2H_4O), 염화비닐(C_2H_3Cl), 부타디엔(C_4H_6) 등

㉰ 염소산칼륨($KClO_3$) : 자신은 불연성인 무색의 고체 또는 백색 분말로 가연성이나 산화성 물질 및 중금속염과 혼합하면 폭발의 위험성이 있는 제1류 위험물이다.

7. 사업소 내에서 긴급사태 발생 시 종업원 상호 간 연락을 신속히 할 수 있는 통신시설 중에 해당 없는 것은?
① 페이징 설비
② 휴대용 확성기
③ 메가폰
④ 구내전화

[해설] 사업소 내 통신시설

구분	통신시설
사업소와 현장사업소	구내전화, 구내방송설비, 인터폰, 페이징설비
사업소 내 전체	구내방송설비, 사이렌, 휴대용 확성기, 페이징설비, 메가폰
종업원 상호 간	페이징설비, 휴대용 확성기, 트랜시버, 메가폰

8. 프로판 용기를 제조할 때 사용되는 재료로 옳은 것은?
① 주철
② 탄소강
③ 내산강
④ 두랄루민

[해설] 프로판 용기는 압력이 높지 않고, 비점이 -42.1℃로 다른 액화가스에 비해 높으므로 재료는 탄소강을 사용하고 용접 용기로 제조된다.

9. 방류둑을 설치해야 할 기준으로 옳지 않은 것은?
① 저장능력이 5톤 이상인 독성가스 저장탱크
② 저장능력이 300톤 이상인 가연성 가스 저장탱크
③ 저장능력이 1000톤 이상인 액화석유가스 저장탱크
④ 저장능력이 1000톤 이상인 액화산소 저장탱크

[해설] 방류둑 설치기준(저장능력)
㉮ 고압가스 특정제조
　㉠ 가연성 가스 : 500톤 이상
　㉡ 독성가스 : 5톤 이상
　㉢ 액화산소 : 1000톤 이상
㉯ 고압가스 일반제조
　㉠ 가연성 가스, 액화산소 : 1000톤 이상
　㉡ 독성가스 : 5톤 이상
㉰ 냉동제조시설(독성가스 냉매 사용) : 수액기 내용적 10000 L 이상
㉱ 액화석유가스 충전사업 : 1000톤 이상
㉲ 도시가스
　㉠ 가스도매사업 : 500톤 이상
　㉡ 일반도시가스사업 : 1000톤 이상

10. 아세틸렌 가스를 충전할 때 다공질 물질의 재료로 사용할 수 없는 것은?
① 규조토, 석면
② 알루미늄 분말, 활성탄
③ 석회, 산화철
④ 탄산마그네슘, 다공성 플라스틱

[해설] 다공물질의 종류 : 규조토, 석면, 목탄, 석회, 산화철, 탄산마그네슘, 다공성 플라스틱 등

11. 온도 상승에 따른 백금, 동, 니켈 등에서 전기 저항이 증가하는 현상을 이용한 온도계는?
① 베크만 온도계
② 바이메탈 온도계
③ 열전대 온도계
④ 저항 온도계

[정답] 7. ④ 8. ② 9. ② 10. ② 11. ④

해설 전기 저항식 온도계의 특징
㉮ 원격 측정에 적합하고 자동제어, 기록, 조절이 가능하다.
㉯ 비교적 낮은 온도(500℃ 이하)의 정밀 측정에 적합하다.
㉰ 검출 시간이 지연될 수 있다.
㉱ 측온 저항체가 가늘어($\phi 0.035$) 진동에 단선되기 쉽다.
㉲ 구조가 복잡하고 취급이 어려워 숙련이 필요하다.
㉳ 정밀한 온도 측정에는 백금 저항온도계가 쓰인다.
㉴ 측온 저항체에 전류가 흐르기 때문에 자기 가열에 의한 오차가 발생한다.
㉵ 일반적으로 온도가 증가함에 따라 금속의 전기저항이 증가하는 현상을 이용한 것이다(단, 서미스터는 온도가 상승에 따라 저항치가 감소한다).
㉶ 저항체는 저항온도계수가 커야 한다.
㉷ 저항체로서 백금(Pt), 니켈(Ni), 동(Cu)가 사용된다.

12. 다음 독성가스 중 제독제로 물을 사용할 수 없는 것은?
① 암모니아   ② 산화에틸렌
③ 염화메탄   ④ 황화수소

해설 독성가스 중 제독제
㉮ 물을 사용할 수 있는 독성가스 : 암모니아, 산화에틸렌, 염화메탄, 아황산가스
㉯ 물을 사용할 수 없는 독성가스 : 염소, 포스겐, 황화수소, 시안화수소

[참고] 황화수소의 제독제는 가성소다 수용액, 탄산소다 수용액이다.

13. 용기에 의한 고압가스를 운반할 때 운반책임자에 동승에 대한 (   ) 안에 알맞은 내용은? (단, 독성가스는 허용농도가 100만분의 200 초과이다.)

압축가스 중 가연성 가스는 (ⓐ), 독성가스는 (ⓑ) 이상의 고압가스를 운반할 때는 운반책임자를 동승시켜 운반에 대한 감독 또는 지원을 하도록 한다.

① ⓐ 100 m³ ⓑ 300 m³
② ⓐ 200 m³ ⓑ 500 m³
③ ⓐ 500 m³ ⓑ 200 m³
④ ⓐ 300 m³ ⓑ 100 m³

해설 운반책임자 동승 기준
㉮ 비독성 고압가스

가스의 종류		기준
압축 가스	가연성	300 m³ 이상
	조연성	600 m³ 이상
액화 가스	가연성	3000kg 이상 (납붙임 및 접합용기 : 2000 kg 이상)
	조연성	6000 kg 이상

㉯ 독성 고압가스

가스의 종류	허용농도	기준
압축 가스	100만분의 200 이하	10 m³ 이상
	100만분의 200 초과 100만분의 5000 이하	100 m³ 이상
액화 가스	100만분의 200 이하	100 kg 이상
	100만분의 200 초과 100만분의 5000 이하	1000 kg 이상

14. 고압가스 반응기 중 암모니아 합성탑의 구조로서 옳은 것은?
① 암모니아 합성탑은 내압용기와 내부구조물로 되어 있다.
② 암모니아 합성탑은 이음새 없는 둥근 용기로 되어 있다.
③ 암모니아 합성탑은 내부 가열식 용기와 내부 구조물로 되어 있다.
④ 암모니아 합성탑은 오토클레이브(autoclave) 내에 회전형 구조이다.

정답 12. ④   13. ④   14. ①

[해설] 암모니아 합성탑
㉮ 암모니아 합성탑은 내압용기와 내부 구조물로 되어 있다.
㉯ 내부 구조물은 촉매를 유지하고 반응과 열교환을 행한다.
㉰ 촉매는 산화철에 Al_2O_3 및 K_2O를 첨가한 것이나 CaO 또는 MgO 등을 첨가한 것을 사용한다.

15. 지름이 4 m인 가연성 가스의 저장탱크(저장능력 500 m³)와 지름이 6 m인 산소의 저장탱크가 상호 인접하여 있을 경우 저장탱크 간에 유지하여야 할 최소 직선거리는 얼마인가?

① 1 m ② 2.5 m ③ 4 m ④ 5.5 m

[해설] 저장탱크 간 거리(저장능력 300 m³ 이상) : 두 저장탱크의 최대지름을 합산한 길이의 $\frac{1}{4}$ 이상 또는 1 m 중 큰 수치의 거리 이상을 유지한다.

∴ 유지거리 $= \frac{L_1 + L_2}{4} = \frac{4+6}{4} = 2.5 \text{ m}$

16. 고온 배관용 탄소강관의 KS 규격 기호는?

① SPPH ② SPHT
③ SPLT ④ SPPW

[해설] 배관용 강관의 KS 기호

KS 기호	배관 명칭
SPP	배관용 탄소강관
SPPS	압력배관용 탄소강관
SPPH	고압배관용 탄소강관
SPHT	고온배관용 탄소강관
SPLT	저온배관용 탄소강관
SPW	배관용 아크용접 탄소강관
SPA	배관용 합금강관
STS×T	배관용 스테인리스강관
SPPG	연료가스 배관용 탄소강관

17. 독성가스를 운반하는 차량이 갖추어야 할 용구에 해당되지 않는 것은?

① 방독마스크
② 제독제
③ 고무장갑, 고무장화
④ 소화설비

[해설] 독성가스를 운반하는 차량이 갖추어야 할 용구
㉮ 보호구 : 방독마스크, 공기호흡기, 보호의, 보호장갑, 보호장화
㉯ 자재 : 비상삼각대, 비상신호봉, 휴대용 손전등, 메가폰 또는 휴대용 확성기, 자동안전바, 완충판, 물통, 누출검지기, 누출검지액, 차바퀴 고정목, 통신기기
㉰ 제독제 : 소석회(1000 kg 미만 : 20 kg 이상, 1000 kg 이상 : 40 kg 이상)

[참고] 소화설비(소화기)는 독성가스 중 가연성 가스를 차량에 적재하여 운반하는 경우에 휴대하여야 한다.

18. 공기 중에 누출 시 폭발위험이 가장 큰 가스는?

① C_3H_8 ② C_4H_{10} ③ CH_4 ④ C_2H_2

[해설] 각 가스의 공기 중 폭발범위

명칭	폭발범위
프로판(C_3H_8)	2.1 ~ 9.5 %
부탄(C_4H_{10})	1.9 ~ 8.5 %
메탄(CH_4)	5 ~ 15 %
아세틸렌(C_2H_2)	2.5 ~ 81 %

[참고] 폭발범위가 가장 넓은 아세틸렌(C_2H_2)이 폭발위험이 가장 크다.

19. 다음 가스 중 가연성 가스이며 독성가스인 가스는?

① $CHClF_2$ ② HCl

정답 15. ② 16. ② 17. ④ 18. ④ 19. ④

③ C_2H_2 ④ HCN

해설 ㉮ 가연성이며 독성가스인 것 : 아크릴로 니트릴, 일산화탄소, 벤젠, 산화에틸렌, 모노메틸아민, 염화메탄, 브롬화메탄, 이황화탄소, 황화수소, 암모니아, 석탄가스, 시안화수소, 트리메틸아민 등
㉯ 각 가스의 명칭

가스	명칭	성질
$CHClF_2$	프레온	불연성, 비독성
HCl	염화수소	불연성, 독성
C_2H_2	아세틸렌	가연성, 비독성
HCN	시안화수소	가연성, 독성

20. 가스의 폭발범위에 영향을 주는 인자가 아닌 것은?
① 비열   ② 압력
③ 온도   ④ 가스량

해설 폭발범위에 영향을 주는 요소
㉮ 온도 : 온도가 높아지면 폭발범위는 넓어진다.
㉯ 압력 : 압력이 상승하면 일반적으로 폭발범위는 넓어진다.
㉰ 산소 농도 : 산소 농도가 증가하면 폭발범위는 넓어진다.
㉱ 불연성 가스 : 불연성 가스가 혼합되면 산소농도를 낮추며 이로 인해 폭발범위는 좁아진다.

21. 다음 가스 중 독성(TLV-TWA)이 강한 것에서 약한 순서로 나열된 것은?

ⓐ NH_3 ⓑ HCN   ⓒ $COCl_2$ ⓓ Cl_2

① ⓓ → ⓒ → ⓑ → ⓐ
② ⓒ → ⓓ → ⓑ → ⓐ
③ ⓑ → ⓐ → ⓒ → ⓓ
④ ⓑ → ⓓ → ⓒ → ⓐ

해설 각 가스의 허용농도

명칭	허용농도(ppm)	
	LC_{50}	TLV-TWA
NH_3(암모니아)	293	25
HCN(시안화수소)	140	10
$COCl_2$(포스겐)	5	0.1
Cl_2(염소)	293	1

※ 문제에서 질문하는 허용농도 기준이 LC_{50}인지, TLV-TWA에 따라 정답이 변경될 수 있다.

22. LP가스 수송관의 이음부분에 사용할 수 있는 패킹재료로 적합한 것은?
① 종이   ② 천연고무
③ 구리   ④ 실리콘 고무

해설 LP가스는 용해성이 있어 천연고무, 윤활유, 그리스, 페인트 사용이 곤란하다.

23. 압력이 높아질수록 연소범위는 어떻게 변하는가?
① 좁아진다.   ② 넓어진다.
③ 변하지 않는다.   ④ 일정하지 않다.

해설 대부분의 가연성 가스는 압력이 상승하면 연소범위(폭발범위)는 넓어지지만, 일산화탄소(CO)와 수소(H_2)는 압력이 상승하면 연소범위(폭발범위)는 좁아진다. 단, 수소는 일정압력(10 atm) 이상 상승 시 연소범위(폭발범위)는 다시 넓어진다.

24. 압력이 일정할 때 기체의 체적은 절대온도와 어떤 관계가 있는가?
① 절대온도에 비례한다.
② 절대온도에 반비례한다.
③ 절대온도의 자승에 비례한다.
④ 절대온도의 자승에 반비례한다.

정답 20. ①   21. ②   22. ④   23. ②   24. ①

해설 샤를의 법칙 : 압력이 일정할 때 체적은 절대온도에 비례한다.
$$\frac{V_1}{T_1} = \frac{V_2}{T_2}$$

25. 2단 감압 조정기의 장점이 아닌 것은?
① 공급압력이 일정하다.
② 중간배관이 가늘어도 된다.
③ 장치가 간단하다.
④ 각 연소기구에 알맞은 압력으로 가스 공급이 가능하다.

해설 2단 감압 조정기 특징
㉮ 장점
  ㉠ 입상배관에 의한 압력손실을 보정할 수 있다.
  ㉡ 가스 배관이 길어도 공급압력이 안정된다.
  ㉢ 각 연소기구에 알맞은 압력으로 공급이 가능하다.
  ㉣ 중간 배관의 지름이 작아도 된다.
㉯ 단점
  ㉠ 설비가 복잡하고, 검사방법이 복잡하다.
  ㉡ 조정기 수가 많아서 점검 부분이 많다.
  ㉢ 부탄의 경우 재액화의 우려가 있다.
  ㉣ 시설의 압력이 높아서 이음방식에 주의하여야 한다.

26. 포화온도에 대한 설명 중 옳은 것은?
① 액체가 증발하기 시작할 때의 온도
② 액체가 증발현상 없이 기체로 변하기 시작할 때의 온도
③ 액체가 증발하여 어떤 용기 안이 증기가 꽉 차 있을 때의 온도
④ 액체와 증기가 공존할 때 그 압력에 상당한 일정한 값의 온도

해설 증기의 상태 변화
㉮ 포화온도 : 액체를 가열하면 온도는 상승하고 액체의 종류와 액체에 가해지는 압력에 의해 결정되는 어떤 온도에 도달하면 증기를 발생시키고 비등이 시작되는 때의 온도이다.
㉯ 포화증기 : 포화온도에 도달한 포화수가 증발하여 증기가 생성되는 것을 포화증기라 하며, 증기 속에 수분이 포함된 것이 습포화증기(습증기), 수분이 전혀 없는 건포화증기(건증기)가 된다.
㉰ 과열증기 : 습포화증기를 가열하여 건조증기가 된 건증기를 다시 가열할 때 압력은 오르지 않고 온도만 상승되는 증기이다.
㉱ 포화액 : 포화온도에 도달해 있는 물이며, 포화수에 도달하면 심하게 요동치는 현상이 일어난다.

27. 10000 kcal의 열로 0℃의 얼음 몇 kg을 융해시킬 수 있는가? (단, 열손실은 없는 것으로 가정한다.)
① 125 kg ② 140 kg
③ 155 kg ④ 170 kg

해설 얼음의 융해잠열은 79.68 kcal/kgf이다.
∴ 융해량 = 공급열/얼음의 융해잠열
= $\frac{10000}{79.68}$ = 125.50 kg

28. 공기액화 분리장치에서 액화되어 나오는 가스의 순서로 맞는 것은?
① O_2 – N_2 – Ar   ② N_2 – O_2 – Ar
③ O_2 – Ar – N_2 ④ N_2 – Ar – O_2

해설 공기액화 분리장치의 액화 및 기화 순서는 비점에 의하여 정해진다.
㉮ 액화 순서 : 산소(-183℃) → 아르곤

(-186℃) → 질소(-196℃)

㉯ 기화 순서 : 질소 → 아르곤 → 산소

29. 가스 사용시설의 배관을 움직이지 아니하도록 고정 부착하는 조치에 해당되지 않는 것은?

① 관지름이 13 mm 미만의 것에는 1000 mm 마다 고정부착하는 조치를 해야 한다.
② 관지름이 33 mm 이상의 것에는 3000 mm 마다 고정부착하는 조치를 해야 한다.
③ 관지름이 13 mm 이상 33 mm 미만의 것에는 2000 mm마다 고정부착하는 조치를 해야 한다.
④ 관지름이 43 mm 미만의 것에는 4000 mm마다 고정부착하는 조치를 해야 한다.

해설 배관 고정부착조치 기준
㉮ 관지름 13 mm 미만 : 1 m마다
㉯ 관지름 13 mm ~ 33 mm 미만 : 2 m마다
㉰ 관지름 33 mm 이상 : 3 m마다

30. 다음 기체 중에서 비점이 가장 낮은 것은?
① NH_3 ② C_3H_8
③ N_2 ④ H_2

해설 각 가스의 대기압 상태에서 비점

명칭	비점
암모니아(NH_3)	-33.3℃
프로판(C_3H_8)	-42.1℃
질소(N_2)	-195.8℃
수소(H_2)	-252.5℃

31. 다음 기술 중 가연성 가스의 연소, 폭발에 대하여 옳은 것은?

① 공기 중에 폭발범위는 산소 중의 것보다 넓다.
② 대기압 상태의 공기 중 폭발범위가 가장 넓은 것은 수소이다.
③ 폭발범위는 일반적으로 온도가 높으면 넓어진다.
④ 연소 시 화염길이는 산소보다 공기 중에 더 길어진다.

해설 각 항목의 옳은 설명
① 공기 중에서 폭발범위는 산소 중의 것보다 좁다(산소 중의 폭발범위가 넓다).
② 대기압 상태의 공기 중 폭발범위가 가장 넓은 것은 아세틸렌이다.
④ 연소 시 화염길이는 공기보다 산소 중에 더 길어진다.

32. 독성가스 여부를 판정할 때 기준이 되는 "허용농도"를 바르게 설명한 것은?

① 해당 가스를 성숙한 흰쥐 집단에게 대기 중에서 1시간 동안 계속하여 노출시킨 경우 7일 이내에 그 흰쥐의 $\frac{1}{2}$ 이상이 죽게 되는 가스의 농도를 말한다.
② 해당 가스를 성숙한 흰쥐 집단에게 대기 중에서 24시간 동안 계속하여 노출시킨 경우 7일 이내에 그 흰쥐의 $\frac{1}{2}$ 이상이 죽게 되는 가스의 농도를 말한다.
③ 해당 가스를 성숙한 흰쥐 집단에게 대기 중에서 1시간 동안 계속하여 노출시킨 경우 14일 이내에 그 흰쥐의 $\frac{1}{2}$ 이상이 죽게 되는 가스의 농도를 말한다.
④ 해당 가스를 성숙한 흰쥐 집단에게 대기 중에서 24시간 동안 계속하여 노출시킨 경우 14일 이내에 그 흰쥐의 $\frac{1}{2}$ 이상이 죽게 되는 가스의 농도를 말한다.

정답 29. ④ 30. ④ 31. ③ 32. ③

[해설] 허용농도 : 해당 가스를 성숙한 흰쥐 집단에게 대기 중에서 1시간 동안 계속하여 노출시킨 경우 14일 이내에 그 흰쥐의 2분의 1 이상이 죽게 되는 가스의 농도를 말한다. → LC50[치사농도(致死濃度) 50 : Lethal concentration 50]으로 표시

33. 차량에 고정된 탱크에 부착된 긴급 차단 장치는 그 성능이 원격조작으로 작동되고 차량에 고정된 탱크 또는 이에 접속하는 배관 외면의 온도가 몇 ℃일 때에 자동적으로 작동될 수 있어야 하는가?

① 90℃ ② 100℃ ③ 110℃ ④ 120℃

[해설] 차량에 고정된 탱크 및 용기 유지관리 : 긴급 차단 장치는 그 성능이 원격조작으로 작동되고 차량에 고정된 탱크 또는 이에 접속하는 배관 외면의 온도가 110℃일 때에 자동적으로 작동할 수 있는 것으로 한다.

34. 기동성이 있어 장·단거리 어느 쪽에도 적합하고 다량 수송이 가능한 방법은?

① 용기에 의한 방법
② 탱크로리에 의한 방법
③ 철도차량에 의한 방법
④ 유조선에 의한 방법

[해설] LPG 수송방법
㉮ 용기에 의한 방법 : 충전용기 자체가 저장설비로 이용될 수 있고 소량 수송의 경우 편리하지만, 수송비가 많이 소요되고 취급 부주의로 사고위험성이 높다.
㉯ 탱크로리에 의한 방법 : 기동성이 있어 장·단거리에 적합하고 다량 수송이 가능하지만 탱크로리의 탱크가 필요하다.
㉰ 철도차량에 의한 방법 : 철도에 부설된 유조차로 한 번에 대량 수송이 가능하다.
㉱ 유조선에 의한 방법 : 해상수입 설비가 있는 공급기지나 대량 소비자에게 수송하는 경우에 사용되는 방법이다.
㉲ 파이프 라인(pipe line)에 의한 방법

35. 일산화탄소 전화법에 의해 제조하는 가스는?

① 암모니아   ② 일산화탄소
③ 수소   ④ 수성가스

[해설] ㉮ 일산화탄소 전화법 : 수소의 공업적 제조법이다.
㉯ 반응식 : $CO + H_2O \rightarrow CO_2 + H_2 + 9.8 kcal$

36. 공기액화 분리장치 복식 정류탑에서 얻어지는 질소의 순도는?

① 90~92 %   ② 93~95 %
③ 96~98 %   ④ 99~99.8 %

[해설] 복식 정류탑
㉮ 산소의 순도 : 99.5 %
㉯ 질소의 순도 : 99.8 %

37. 상온, 상압의 물 1 cc에 녹는 암모니아 기체의 양(cc)은 얼마인가?

① 200 cc   ② 300 cc
③ 400 cc   ④ 800 cc

[해설] 암모니아는 물에 잘 녹으며 상온, 상압에서 물 1 cc에 대하여 암모니아 기체는 800 cc가 용해한다.

38. 고압가스 제조장치의 설계에 관한 설명 중 틀린 것은?

① 탱크의 온도상승을 방지하는 방법으로 살수장치를 한다.
② 가연성 가스를 로리차에 충전하는 설비에는 어스선을 부착한다.

정답 33. ③ 34. ② 35. ③ 36. ④ 37. ④ 38. ④

③ 제조장치로부터 배출되는 가스는 플레어스택 또는 벤트스택을 통하여 대기중에 배출한다.
④ 안전밸브는 내압시험압력의 1.5배의 압력에 작동하도록 한다.

해설 안전밸브는 내압시험압력의 $\frac{8}{10}$ 이하의 압력에서 작동하도록 한다.

39. 방류둑을 설치한 가연성 가스의 저장탱크에 있어 온도상승 방지조치를 하여야 하는 주위란 방류둑 외면으로부터 몇 m 이내를 말하는가?

① 5 m ② 10 m ③ 15 m ④ 20 m

해설 가연성 가스 저장탱크 주위 온도상승 방지조치를 하여야 하는 주위
㉮ 방류둑을 설치한 경우 : 당해 방류둑 외면으로부터 10 m 이내
㉯ 방류둑을 설치하지 아니한 경우 : 당해 저장탱크 외면으로부터 20 m 이내
㉰ 가연성 물질을 취급하는 설비 : 그 외면으로부터 20 m 이내

40. 유독가스의 검지법으로 해리슨 시험지를 사용하는 가스는?

① 염소   ② 아세틸렌
③ 황화수소 ④ 포스겐

해설 가스 검지 시험지법

가스명	시험지	반응
암모니아	적색리트머스지	청색
염소	KI 전분지	청갈색
포스겐	해리슨 시험지	유자색
시안화수소	초산벤젠지	청색
일산화탄소	염화팔라듐지	흑색
황화수소	연당지	회흑색
아세틸렌	염화 제1동 착염지	적갈색

41. 방류둑에는 계단, 사다리 또는 토사를 높이 쌓아 올림 등에 의한 출입구를 둘레 몇 m 마다 1개 이상을 두어야 하는가?

① 30 ② 40 ③ 50 ④ 60

해설 방류둑에는 계단, 사다리 또는 토사를 높이 쌓아 올린 형태 등으로 된 출입구를 둘레 50 m마다 1개 이상씩 설치하되, 그 둘레가 50 m 미만일 경우에는 2개 이상을 분산하여 설치한다.

42. 냄새로 알 수 없는 가스는?

① 염소   ② 암모니아
③ 이산화탄소 ④ 시안화수소

해설 각 가스의 냄새(취기) 특징

명칭	냄새
염소(Cl_2)	자극성의 냄새
암모니아(NH_3)	자극성의 냄새
이산화탄소(CO_2)	무취
시안화수소(HCN)	복숭아 냄새

43. 표준대기압에 해당 되지 않는 것은?

① 760 mmHg   ② 10332.2 mmH_2O
③ 1.013 bar   ④ 14.2 psi

해설 1atm = 760 mmHg = 76 cmHg
= 0.76 mHg = 29.9 inHg = 760 torr
= 10332 kgf/m^2 = 1.0332 kgf/cm^2
= 10.332 mH_2O = 10332 mmH_2O
= 101325 N/m^2 = 101325 Pa = 101.325 kPa
= 0.101325 MPa = 1.01325 bar
= 1013.25 mbar = 14.7 lb/in^2 = 14.7 psi

44. 다음 중 고유의 색깔을 가지는 가스는?

① 염소   ② 황화수소
③ 암모니아 ④ 산화에틸렌

45. 가스를 용기에 충전하는 방법에 대한 설명 중 옳은 것은?
① 압축가스는 0℃에서 최고충전압력이 되도록 충전한다.
② 액화가스를 탱크로리에 충전할 때는 충전할 액화가스가 탱크 내용적의 95%를 초과하지 않아야 한다.
③ 액화가스는 질량을 계측하여 충전하나 충전질량은 내용적과 그 가스에 정해진 충전상수로 한다.
④ 액화가스를 저장탱크에 충전할 때는 $W = \dfrac{V}{C}$ 의 산식에 의한다.

해설 각 항목의 옳은 설명
① 압축가스는 35℃에서 최고충전압력이 되도록 충전한다.
② 액화가스를 탱크로리에 충전할 때는 충전할 액화가스가 탱크 내용적의 90%를 초과하지 않아야 한다.
④ 액화가스를 저장탱크에 충전할 때 충전량은 $W = 0.9 d \cdot V$의 산식에 의한다.

참고 $W = \dfrac{V}{C}$ 은 액화가스를 용기에 충전할 산식이다.

46. 아세틸렌 용기에 충전하는 다공물질의 다공도(%)에 관하여 옳은 것은?
① 72% 이상 92% 미만
② 72% 이상 95% 미만
③ 75% 이상 92% 미만
④ 75% 이상 95% 미만

해설 아세틸렌을 용기에 충전하는 때에는 미리 용기에 다공물질을 고루 채워 다공도가 75% 이상 92% 미만이 되도록 한 후 아세톤 또는 디메틸포름아미드를 고루 침윤시키고 충전한다.

47. 저온장치에 사용되는 진공단열법이 아닌 것은?
① 고진공 단열법 ② 분말진공 단열법
③ 다층진공 단열법 ④ 단층진공 단열법

해설 진공 단열법의 종류 : 고진공 단열법, 분말진공 단열법, 다층진공 단열법

48. LP가스 연소기에 대하여 옳은 것은?
① 도시가스용보다 공기 구멍이 작다.
② 도시가스용에 알맞다.
③ 도시가스용보다 공기 구멍이 크게 되어 있다.
④ 도시가스용보다도 화구의 수를 적게 하면 좋다.

해설 LP가스 연소기
㉮ LP가스의 주성분은 프로판(C_3H_8), 부탄(C_4H_{10})이므로 메탄(CH_4)이 주성분인 도시가스보다 연소 시 공기가 많이 필요하기 때문에 공기 구멍이 크게 되어야 한다.
㉯ 프로판(C_3H_8), 부탄(C_4H_{10}) 및 메탄(CH_4)의 완전연소 반응식
$C_3H_8 + 5O_2 \rightarrow 3CO_2 + 4H_2O$
$C_4H_{10} + 6.5O_2 \rightarrow 4CO_2 + 5H_2O$
$CH_4 + 2O_2 \rightarrow CO_2 + 2H_2O$

49. 표준상태에서 1 m³의 체적을 가진 용기 속에 10 kg의 수소가 들어있다. 이 수소의 밀도는 몇 kg/m³인가?
① 10 ② 1 ③ 0.1 ④ 0.001

해설 밀도(ρ) : 단위체적당 질량이다.
$\therefore \rho = \dfrac{10 \, (\text{kg})}{1 \, (\text{m}^3)} = 10 \, \text{kg/m}^3$

50. 메탄가스에 관한 설명 중에 해당하지 않는 것은?
① 무색, 무취, 무미한 기체이다.
② 공기보다 무거운 기체이다.
③ 메탄과 염소는 어두운 곳에서는 반응하지 않는다.
④ 공기 중에 메탄이 5~15% 정도 있으면 폭발 연소한다.

해설 메탄(CH_4)의 성질
㉮ 파라핀계 탄화수소의 안정된 가스이다.
㉯ 분자량 16으로 공기보다 가벼운 기체이다.
㉰ 천연가스(NG)의 주성분이다. (비점: $-161.5℃$)
㉱ 무색, 무취, 무미의 가연성 기체이다. (폭발범위 : 5~15%)
㉲ 유기물의 부패나 분해 시 발생한다.
㉳ 메탄의 분자는 무극성이고, 수(水)분자와 결합하는 성질이 없어 용해도는 적다.
㉴ 공기 중에서 연소가 쉽고 화염은 담청색의 빛을 발한다.
㉵ 염소와 반응하면 염소화합물이 생성된다.
㉶ 고온에서 산소, 수증기와 반응시키면 일산화탄소와 수소를 생성한다(촉매 : 니켈).

$CH_4 + \frac{1}{2}O_2 \rightarrow CO + 2H_2 + 8.7 \text{ kcal}$

$CH_4 + H_2O \rightarrow CO + 3H_2 - 49.3 \text{ kcal}$

51. 전자유량계의 측정원리는?
① 베르누이(Bernoulli) 법칙
② 패러데이(Faraday) 법칙
③ 레더포드(Rutherford) 법칙
④ 줄(Joule) 법칙

해설 전자 유량계 : 측정원리는 패러데이 법칙(전자유도법칙)으로 도전성 액체에서 발생하는 기전력을 이용하여 순간 유량을 측정한다.

52. 다음 중 압축가스에 속하는 것은?
① 산소 ② 염소
③ 탄산가스 ④ 암모니아

해설 압축가스의 종류 : 헬륨, 수소, 네온, 질소, 공기, 일산화탄소, 불소, 아르곤, 산소, 메탄 등

53. 펌프의 실제 송출유량을 Q, 펌프 내부에서의 누설 유량을 ΔQ, 임펠러 속을 지나는 유량을 $Q+\Delta Q$라 할 때 펌프의 체적효율(η_v)를 구하는 식은?

① $\eta_v = \dfrac{Q}{Q+\Delta Q}$ ② $\eta_v = \dfrac{Q+\Delta Q}{Q}$

③ $\eta_v = \dfrac{Q-\Delta Q}{Q+\Delta Q}$ ④ $\eta_v = \dfrac{Q+\Delta Q}{Q-\Delta Q}$

해설 체적효율(%)
$= \dfrac{\text{실제 송출유량}}{\text{이론적 송출유량}} = \dfrac{Q}{Q+\Delta Q}$

54. 초저온 용기의 단열성능시험에 있어 침입열량 산출식은 다음과 같이 구해진다. 여기서, "q"가 뜻하는 것은?

$$Q = \dfrac{W \cdot q}{H \cdot \Delta t \cdot V}$$

① 침입열량
② 측정시간
③ 기화된 가스량
④ 시험용 가스의 기화잠열

해설 침입열량 산출식 각 인자(기호) 설명
Q : 침입열량(J/h·℃·L)
W : 측정 중의 기화가스량(kg)
q : 시험용 액화가스의 기화잠열(J/kg)

정답 50. ② 51. ② 52. ① 53. ① 54. ④

H : 측정시간(h)
Δt : 시험용 액화가스의 비점과 외기와의 온도차(℃)
V : 용기 내용적(L)

55. 가스설비를 수리할 때 산소농도가 18～22 %가 되어야 하는데 산소농도가 몇 % 이하가 되면 산소 결핍현상을 초래하게 되는가?
① 12 %   ② 14 %   ③ 15 %   ④ 16 %

[해설] 산소농도에 따른 위험성

산소농도	증상
21 %	공기 중 정상농도
18 %	안전한계
16 %	호흡곤란, 두통 및 구토
12 %	현기증, 창백, 기력저하
10 %	안면창백, 의식불명
8 %	혼수상태(8분 후 사망)
6 %	호흡정지(사망)

56. 공기액화 분리장치의 밸브에서 열손실을 줄이는 방법으로 가장 거리가 먼 내용은?
① 단축 밸브로 하여 열의 전도를 방지한다.
② 열전도율이 적은 재료를 밸브봉으로 사용한다.
③ 밸브 본체의 열용량을 가급적 적게 한다.
④ 누출이 적은 밸브를 사용한다.

[해설] 밸브에서 열손실을 줄이는 방법
㉮ 장축 밸브로 하여 열의 전도를 방지한다.
㉯ 열전도율이 적은 재료를 밸브 축으로 사용한다.
㉰ 밸브 본체의 열용량을 적게 하여 가동 시의 열손실을 적게 한다.
㉱ 누설이 적은 밸브를 사용한다.

57. 아세틸렌 제조에 이용되는 카바이드(CaC_2)의 1급에 해당되는 가스 발생량은 몇 L/kg 이상인가?
① 355   ② 280   ③ 255   ④ 225

[해설] 카바이드(CaC_2) 등급에 따른 가스 발생량

등급	가스 발생량
1급	280 L/kg
2급	260 L/kg
3급	236 L/kg

[참고] 카바이드 1드럼(DM)의 무게는 225 kg이다.

58. 구조가 간단하고 고압, 고온 밀폐탱크의 압력까지 측정이 가능하여 가장 널리 사용되는 액면계는?
① 크린카식 액면계   ② 벨로스식 액면계
③ 차압식 액면계   ④ 부자식 액면계

[해설] 부자식(浮子式) 액면계 : 탱크 내부의 액체에 뜨는 물체(플로트)를 넣어 액면의 위치에 따라 움직이는 플로트의 위치를 직접 확인하여 액면을 측정하는 방법이다.

59. 비열비는 다음과 같이 표시된다. 맞는 것은?
① $\dfrac{정압비열}{비열}$ ② $\dfrac{정압비열}{비중}$
③ $\dfrac{정압비열}{정적비열}$ ④ $\dfrac{정적비열}{정압비열}$

[해설] 비열비(k)는 정압비열(C_p)과 정적비열(C_v)의 비이다.

60. 천연가스로 도시가스를 공급하고 있다. 이 천연가스의 주성분은?
① CH_4 ② C_2H_6 ③ C_3H_8 ④ C_4H_{10}

[해설] LNG는 메탄(CH_4)을 주성분으로 하며 에탄(C_2H_6), 프로판(C_3H_8), 부탄(C_4H_{10}) 등이 일부 포함되어 있다.

[정답] 55. ④   56. ①   57. ②   58. ④   59. ③   60. ①

2019년도 실전 테스트 (2)

1. 내압시험압력 및 기밀시험압력의 기준이 되는 압력으로서 사용 상태에서 해당설비 등의 각부에 작용하는 최고사용압력을 의미하는 것은?
① 작용압력 ② 상용압력
③ 사용압력 ④ 설정압력

[해설] 압력의 종류 및 정의
  ㉮ 상용압력 : 내압시험압력 및 기밀시험압력의 기준이 되는 압력으로서 사용 상태에서 해당설비 등의 각부에 작용하는 최고사용압력을 말한다.
  ㉯ 설정압력 : 안전밸브의 설계상 정한 분출압력 또는 분출개시압력으로서 명판에 표시된 압력을 말한다.
  ㉰ 설계압력 : 고압가스용기 등의 각부의 계산두께 또는 기계적 강도를 결정하기 위하여 설계된 압력을 말한다.
  ㉱ 축적압력 : 내부유체가 배출될 때 안전밸브에 의하여 축적되는 압력으로서 그 설비 안에서 허용될 수 있는 최대압력을 말한다.
  ㉲ 초과압력 : 안전밸브에서 내부유체가 배출될 때 설정압력 이상으로 올라가는 압력을 말한다.

2. 다음 중 열역학적 성질이 아닌 것은?
① 일   ② 내부에너지
③ 엔트로피 ④ 비체적

[해설] 열역학적 성질 : 어떤 물질이 열에 의하여 변화를 일으킬 수 있는 관계로 온도, 내부에너지, 엔탈피, 엔트로피, 비체적, 비열 등이 해당된다.

3. LPG 20kg이 충전된 용기의 내용적은 얼마인가? (단, 충전상수 C는 2.35이다.)
① 39 L ② 47 L ③ 51 L ④ 44 L

[해설] 액화가스 용기 충전량 산식 $W = \dfrac{V}{C}$ 에서 내용적(V)을 구한다.
∴ $V = C \times W = 2.35 \times 20 = 47\,L$

4. 가스 연소기 버너의 가스소비량은 표시량의 몇 ±% 이내이어야 하는가?
① 표시치의 ±10 % 이내
② 표시치의 ±20 % 이내
③ 표시치의 ±30 % 이내
④ 표시치의 ±40 % 이내

[해설] 가스소비량 성능 : 전가스소비량 및 버너의 가스소비량은 표시치의 ±10 % 이내인 것으로 한다.

5. 기어펌프로 LPG를 용기에 충전하던 중 베이퍼 로크 현상이 발생하였다면 그 원인 중 맞지 않는 것은?
① 저장탱크의 긴급차단 밸브가 충분히 열려 있지 않았다.
② 스트레이너에 녹, 먼지가 끼었다.
③ 펌프의 회전수가 적었다.
④ 흡입측 배관의 지름이 기늘었다.

[해설] 베이퍼 로크 현상 발생원인
  ㉮ 흡입관 지름이 작을 때 → ①, ②, ④ 항목이 해당된다.
  ㉯ 펌프의 설치 위치가 높을 때
  ㉰ 외부에서 열량 침투 시
  ㉱ 배관 내 온도상승 시

정답 1. ② 2. ① 3. ② 4. ① 5. ③

6. 고압가스 충전용기를 차량에 적재하여 운반할 때에 용기의 온도는 몇 ℃ 이하로 유지하여야 하는가?

① 20℃   ② 30℃   ③ 40℃   ④ 50℃

해설 충전용기를 차량에 적재하여 운행 중에는 직사광선을 받을 기회가 많으므로 충전용기 등의 온도상승을 방지하는 조치를 하여 온도가 40℃ 이하가 되도록 한다.

7. 암모니아를 사용하는 냉동장치의 시운전에 사용해서는 안 되는 기체는?

① 질소   ② 산소
③ 공기   ④ 이산화탄소

해설 암모니아(NH_3)는 가연성 가스이므로 조연성인 산소(O_2)를 사용해서 시운전을 하였을 때 폭발의 위험이 있으므로 사용을 해서는 안 된다.

8. 일산화탄소는 상온에서 염소와 반응하여 무엇을 생성하는가?

① 포스겐   ② 카르보닐
③ 키르복실산   ④ 사염화탄소

해설 포스겐($COCl_2$) 제조법
㉮ 일산화탄소(CO)와 염소(Cl_2)를 반응시켜 제조한다.
㉯ 반응식 : $CO + Cl_2 \rightarrow COCl_2$
㉰ 촉매 : 활성탄

9. 염소폭명기에 대한 설명으로 옳은 것은?

① 산소와 염소가 혼합된 가스가 폭발적으로 반응하는 현상이다.
② 수소와 염소가 혼합된 가스가 폭발적으로 반응하는 현상이다.
③ 염화수소가 점화원에 의해 폭발하는 현상이다.
④ 염소가 물에 용해하여 염산이 되어 폭발하는 현상이다.

해설 염소 폭명기
㉮ 수소(H_2)와 염소(Cl_2)와의 혼합가스가 빛과 접촉하면 상온에서 폭발적으로 반응하는 현상이다.
㉯ 반응식 : $H_2 + Cl_2 \rightarrow 2HCl + 44\,kcal$

10. 지상에 액화석유가스(LPG) 저장탱크를 설치하는 경우 냉각용 살수장치는 그 외면으로부터 몇 m 이상 떨어진 곳에서 조작할 수 있어야 하는가?

① 2 m   ② 3 m   ③ 5 m   ④ 7 m

해설 냉각살수장치 조작 위치 : 저장탱크 외면으로부터 5 m 이상 떨어진 위치

11. 접촉식 온도계 해당되는 것은?

① 색 온도계   ② 방사 온도계
③ 광고 온도계   ④ 저항식 온도계

해설 온도계의 분류 및 종류
㉮ 접촉식 온도계 : 유리제 봉입식 온도계, 바이메탈 온도계, 압력식 온도계, 열전대 온도계, 저항 온도계, 서미스터, 제겔콘, 서머컬러 등
㉯ 비접촉식 온도계 : 광고온도계, 광전관 온도계, 방사 온도계, 색온도계 등

12. 시안화수소를 장기간 저장하지 못하게 하는 이유로 옳은 것은?

① 분해폭발   ② 산화폭발
③ 중합폭발   ④ 압력폭발

해설 시안화수소(HCN)는 중합폭발의 위험성 때문에 60일 이상 저장하는 것을 금지한다. 단, 순도가 98 % 이상이고 착색되지 않은 것은 60일을 초과하여 저장할 수 있다.

정답   6. ③   7. ②   8. ①   9. ②   10. ③   11. ④   12. ③

13. 액화천연가스(LNG) 제조설비 중 보일 오프 가스(boil off gas)의 처리설비가 아닌 것은?

① 플레어스택 ② 벤트스택
③ BOG 압축기 ④ 가스 반송기

해설 BOG(boil off gas) : 증발가스라 하며 LNG 저장시설에서 외부입열(자연입열)에 의하여 자연적으로 발생된 가스로 발전용, 재액화, 탱크의 기관용, 연소시켜 대기 중으로 처리하는 방법이 있다.

14. 기체의 체적이 커지면 밀도는?

① 작아진다.
② 약간 커진다.
③ 일정하다.
④ 체적과 밀도는 무관하다.

해설 기체의 밀도는 단위체적당 질량이므로 체적이 커지면 밀도는 작아진다.

∴ 기체의 밀도$(kg/m^3, g/L) = \dfrac{분자량}{22.4}$

15. 저온장치에서 열의 침입 원인으로 가장 거리가 먼 것은?

① 내면으로부터의 열전도
② 연결 배관 등에 의한 열전도
③ 지지 요크 등에 의한 열전도
④ 단열재를 넣은 공간에 남은 가스의 분자 열전도

해설 저온장치의 열 침입 원인
㉮ 단열재를 충전한 공간에 남은 가스 분자의 열전도
㉯ 외면으로부터의 열전도
㉰ 연결되는 배관 등에 의한 열전도
㉱ 지지 요크 등에 의한 열전도
㉲ 밸브, 안전밸브 등에 의한 열전도

16. 고압가스 제조설비에서 운전 중 점검사항이 아닌 것은?

① 가스설비로부터의 누출
② 가스설비에 있는 내용물의 상황
③ 계기류의 지시, 경보, 제어의 상태
④ 저장탱크 액면의 지시

해설 제조설비 운전 중 점검사항
㉮ 가스설비로부터의 누출
㉯ 계기류의 지시, 경보, 제어의 상태
㉰ 가스설비의 온도, 압력, 유량 등 조업 조건의 변동상황
㉱ 가스설비의 외부부식, 마모, 균열, 그 밖의 손상 유무
㉲ 회전기계의 진동, 이상음, 이상온도 상승, 그 밖의 작동상황
㉳ 탑류, 저장탱크류, 배관 등의 진동 및 이상음
㉴ 가스누출 경보장치 및 가스경보기의 상태
㉵ 저장탱크 액면의 지시
㉶ 접지접속선의 단선, 그 밖의 손상 유무
㉷ 그 밖에 필요한 사항의 이상 유무

※ ②번 항목은 사용개시 전 점검사항이다.

17. 염소는 몇 ℃ 이상인 고온에서 철과 직접 반응하는가?

① 30℃ ② 80℃ ③ 100℃ ④ 120℃

해설 염소는 120℃ 이상이 되면 철과 직접 반응하여 부식이 진행된다.

18. LPG용 1단 감압식 저압 조정기의 최대 폐쇄압력은?

① 3.5 kPa 이하
② 5.5 kPa 이하
③ 95 kPa 이하
④ 조정압력의 1.25배 이하

정답 13. ② 14. ① 15. ① 16. ② 17. ④ 18. ①

[해설] 일반용 LPG 1단 감압식 저압 조정기 압력

구분		압력 범위
입구압력		0.07 ~ 1.56 MPa
조정압력		2.3 ~ 3.30 kPa
내압시험압력	입구쪽	3 MPa 이상
	출구쪽	0.3 MPa 이상
기밀시험압력	입구쪽	1.56 MPa 이상
	출구쪽	5.5 kPa
최대폐쇄압력		3.5 kPa 이하

19. 저온장치의 분말 진공 단열법에서 충진용 분말로서 적당하지 않은 것은?
① 펄라이트 ② 알루미늄
③ 글라스울 ④ 규조토

[해설] 충진용 분말 종류 : 샌다셀, 펄라이트, 규조토, 알루미늄 분말

[참고] 글라스 울(glass wool) : 유리섬유라 하며 안전사용온도 350℃ 이하인 보온, 보랭재로 사용한다.

20. 다음 유량계 중 간접 유량계가 아닌 것은?
① 피토관 ② 오리피스
③ 벤투리미터 ④ 습식 가스미터

[해설] 유량계의 구분 및 종류
㉮ 용적식(직접식) : 오벌기어식, 루트(roots)식, 로터리 피스톤식, 로터리 베인식, 습식가스미터, 막식 가스미터 등
㉯ 간접식 : 차압식, 유속식, 면적식, 전자식, 와류식 등

21. 수소의 성질 중 맞는 것은?
① 연소가 불완전하게 되면 CO가 발생한다.
② 고온, 고압하에는 강에 대한 탈탄 작용이 있다.
③ 폭발범위는 4 ~ 82 %이다.
④ 열전달률이 작고, 열에 대하여 불안정하다.

[해설] 수소의 성질
㉮ 지구상에 존재하는 원소 중 가장 가볍다.
㉯ 무색, 무취, 무미의 가연성이다.
㉰ 열전도율이 대단히 크고, 열에 대해 안정하다.
㉱ 확산속도가 대단히 크다.
㉲ 고온에서 강제, 금속재료를 쉽게 투과한다.
㉳ 폭굉속도가 1400 ~ 3500 m/s에 달한다.
㉴ 폭발범위가 넓다(공기 중 : 4 ~ 75 %, 산소 중 : 4 ~ 94 %).
㉵ 산소와 수소폭명기, 염소와 염소폭명기의 폭발반응이 발생한다.
㉶ 확산속도가 1.8 km/s 정도로 대단히 크다.

22. 밸브가 돌출한 충전용기를 보관할 때 넘어짐 방지조치를 하지 않아도 되는 용량은?
① 내용적 5 L 미만
② 내용적 10 L 미만
③ 내용적 20 L 미만
④ 내용적 50 L 미만

[해설] 밸브가 돌출한 용기(내용적이 5 L 미만인 용기를 제외한다)에는 고압가스를 충전한 후 용기의 넘어짐 및 밸브의 손상을 방지하기 위하여 다음 조치를 강구하고, 난폭한 취급을 하지 아니한다.
㉮ 충전용기는 바닥이 평탄한 장소에 보관한다.
㉯ 충전용기는 물건의 낙하우려가 없는 장소에 저장한다.
㉰ 고정된 프로텍터가 없는 용기에는 캡을 씌워 보관한다.
㉱ 충전용기를 이용하면서 사용하는 때에는 손수레에 단단하게 묶어 사용한다.

[정답] 19. ③ 20. ④ 21. ② 22. ①

23. 탄화수소의 설명이 틀린 것은?

① 외부의 압력이 높아지면 비등점은 낮아진다.
② 탄소수가 같을 때 포화탄화수소는 불포화탄화수소보다 비등점이 높다.
③ 이성질체 간에서 normal은 iso보다 비등점이 높다.
④ 분자 중의 탄소 원자수가 많아질수록 비등점은 높아진다.

해설 압력이 높아지면 비등점(끓는점)은 높아지고, 압력이 낮아지면 비등점은 낮아진다.

24. 도시가스 배관재료 선정기준으로 틀린 것은?

① 배관 안의 가스흐름이 원활한 것으로 한다.
② 내부의 가스압력과 외부로부터의 하중 및 충격하중에 견디는 강도를 갖는 것으로 한다.
③ 토양, 지하수 등에 대하여 강한 부식성을 가진 것으로 한다.
④ 절단 가공이 용이한 것으로 한다.

해설 도시가스 배관재료의 선정기준
㉮ 배관 안의 가스흐름이 원활한 것으로 한다.
㉯ 내부의 가스압력과 외부로부터의 하중 및 충격하중 등에 견디는 강도를 가진 것으로 한다.
㉰ 토양, 지하수 등에 내하여 내식성을 가진 것으로 한다.
㉱ 배관이 접합이 용이하고 가스의 누출을 방지할 수 있는 것으로 한다.
㉲ 절단 가공이 용이한 것으로 한다.

25. 액화석유가스 저장탱크 외부에는 그 주위에서 보기 쉽도록 가스의 명칭을 표시해야 하는데 무슨 색으로 표시해야 하는가?

① 은백색   ② 황색
③ 흑색   ④ 적색

해설 저장탱크 표시
㉮ 바탕색 : 은백색
㉯ 글씨 : 적색
㉰ 글자크기 : 저장탱크 지름의 $\frac{1}{10}$ 이상

26. 다음 중 독성가스가 아닌 것은?

① 아크릴로니트릴   ② 시안화수소
③ 암모니아   ④ 펜탄

해설 각 가스의 성질

명칭	성질	허용농도 (TLV-TWA)
아크릴로니트릴	독성, 가연성	20 ppm
시안화수소	독성, 가연성	10 ppm
암모니아	독성, 가연성	25 ppm
펜탄	가연성	500 ppm

㊟ 허용농도(TLV-TWA) 200 ppm 이하가 독성가스에 해당된다.

27. 자연발화의 형태와 가장 거리가 먼 것은?

① 촉매열에 의한 발열
② 산화열에 의한 발열
③ 분해열에 의한 발열
④ 중합열에 의한 발열

해설 자연발화의 형태
㉮ 분해열에 의한 발열 : 과산화수소, 염소산칼륨 등
㉯ 산화열에 의한 발열 : 건성유, 원면, 고무분말 등
㉰ 중합열에 의한 발열 : 시안화수소, 산화에틸렌, 염화비닐 등

정답 23. ① 24. ③ 25. ④ 26. ④ 27. ①

㉔ 흡착열에 의한 발열 : 활성탄, 목탄 분말 등
㉕ 미생물에 의한 발열 : 먼지, 퇴비 등

28. 송수량 350 L/min, 전양정 20 m의 펌프를 구동하는데 필요한 축동력은 몇 kW인가? (단, 펌프 효율은 80 %이다.)
① 1.25 kW   ② 1.43 kW
③ 1.94 kW   ④ 2.42 kW

해설 물의 비중량(γ)이 주어지지 않으면 1000 kgf/m³를 적용하고, 송수량(유량)의 단위는 m³/s이므로 350 L은 0.35 m³이다.

$$\therefore \text{kW} = \frac{\gamma \cdot Q \cdot H}{102\eta}$$
$$= \frac{1000 \times 0.35 \times 20}{102 \times 0.8 \times 60} = 1.429 \text{ kW}$$

29. 가스 크로마토크래피의 특징으로 거리가 먼 것은?
① 분리 성능이 좋고 선택성이 좋다.
② 구조가 간단하고 취급이 용이하다.
③ 1대의 장치로 여러 가지 가스를 분석할 수 있다.
④ 짧은 시간에 낮은 농도에서도 정확히 정량할 수 있다.

해설 가스 크로마토그래피의 특징
㉮ 여러 종류의 가스분석이 가능하다.
㉯ 선택성이 좋고 고감도로 측정한다.
㉰ 미량성분의 분석이 가능하다.
㉱ 응답 속도가 늦으나 분리 능력이 좋다.
㉲ 동일가스의 연속측정이 불가능하다.
㉳ 캐리어가스는 검출기에 따라 수소, 헬륨, 아르곤, 질소를 사용한다.

30. 카바이드를 이용하여 아세틸렌가스를 제조할 때 가스제조설비의 순서가 올바르게 나열된 것은?

① 가스발생기 → 쿨러 → 가스압축기 → 가스청정기 → 가스 충전용기
② 가스압축기 → 가스청정기 → 가스발생기 → 쿨러 → 가스 충전용기
③ 쿨러 → 가스발생기 → 가스청정기 → 가스압축기 → 가스 충전용기
④ 가스발생기 → 쿨러 → 가스청정기 → 가스압축기 → 가스 충전용기

해설 카바이드를 이용한 제조설비 순서 : 가스발생기 → 쿨러 → 가스청정기 → 저압건조기 → 가스압축기 → 유분리기 → 고압건조기 → 가스 충전용기

31. 독성가스 검지방법 중 암모니아수로 검지하는 가스는?
① SO_2 ② HCN   ③ NH_3 ④ CO

해설 암모니아(NH_3)와 접촉 시 흰연기(白煙)가 발생하는 가스 : 아황산가스(SO_2), 염소(Cl_2), 염화수소(HCl)

32. 가스설비 및 저장설비 외면으로부터 화기를 취급하는 장소까지 몇 m 이상의 우회거리를 두어야 하는가?
① 2 m   ② 5 m   ③ 8 m   ④ 10 m

해설 화기와의 거리 : 가스설비 및 저장설비 외면으로부터 화기를 취급하는 장소 사이에 유지하여야 하는 거리는 우회거리 2 m 이상으로 한다.

33. 차량에 고정된 탱크 운반기준에서 독성가스 탱크 내용적은 얼마를 초과해서는 안 되는가?
① 10000 L   ② 12000 L
③ 15000 L   ④ 18000 L

해설 차량에 고정된 탱크의 내용적 기준
㉮ 가연성 가스(LPG 제외), 산소 : 18000

정답 28. ② 29. ④ 30. ④ 31. ① 32. ① 33. ②

L 초과 금지
④ 독성가스(액화암모니아 제외) : 12000 L 초과 금지

34. 습식 아세틸렌 발생기의 표면 유지온도는?
① 100℃ 이하   ② 90℃ 이하
③ 80℃ 이하   ④ 70℃ 이하

[해설] 습식 아세틸렌가스 발생기의 표면은 70℃ 이하의 온도로 유지하고, 그 부근에서는 불꽃이 튀는 작업을 하지 아니한다.

35. 공기보다 비중이 가벼운 도시가스의 공급시설로서 공급시설이 지하에 설치된 경우 통풍구조에서 흡입구 및 배기구의 관경은 몇 mm 이상으로 하는가?
① 50 mm   ② 75 mm
③ 100 mm   ④ 150 mm

[해설] 공기보다 비중이 가벼운 도시가스의 공급시설로서 공급시설이 지하에 설치된 경우 통풍구조
㉮ 통풍구조는 환기구를 2방향 이상 분산하여 설치한다.
㉯ 배기구는 천장면으로부터 30 cm 이내에 설치한다.
㉰ 흡입구 및 배기구의 관경은 100 mm 이상으로 하되, 통풍이 양호하도록 한다.
㉱ 배기 가스 방출구는 지면에서 3 m 이상의 높이에 설치하되, 화기가 없는 안전한 장소에 설치한다.

36. 공기 중에서 폭발범위로 옳지 않은 것은?
① 메탄 : 5 ~ 15 %
② 프로판 : 2.1 ~ 9.5 %
③ 수소 : 4 ~ 45 %
④ 아세틸렌 : 2.5 ~ 81 %

[해설] 수소(H_2)의 폭발범위 : 4 ~ 75 %

37. 프로판을 완전연소 시켰을 때 생성되는 물질로 옳은 것은?
① CO_2, H_2 ② CO_2, H_2O
③ C_2H_4, H_2O ④ C_4H_{10}, CO

[해설] ㉮ 프로판(C_3H_8)의 완전연소 반응식
$C_3H_8 + 5O_2 \rightarrow 3CO_2 + 4H_2O$
㉯ 프로판이 완전연소하면 이산화탄소(CO_2)와 물(H_2O)이 생성된다.

38. 물분무장치 등의 최대수량은 몇 분 이상 연속하여 동시에 방사할 수 있는 수원에 접속되어 있어야 하는가?
① 30분 ② 45분 ③ 60분 ④ 90분

[해설] 물분무장치 등은 동시에 방사할 수 있는 최대수량을 30분 이상 연속하여 발사할 수 있는 수원에 접속된 것으로 한다.

39. 펌프가 액을 토출하지 않는 경우 그 원인으로 거리가 먼 것은?
① 저장 탱크 속의 액면의 낮음
② 흡입배관의 막힘
③ 펌프 모터의 전류, 전압의 변동
④ 흡입 측 누설

[해설] 펌프가 액을 토출하지 않는 원인
㉮ 저장탱크 내의 액면이 낮을 경우
㉯ 흡입관로가 막힐 경우
㉰ 흡입측의 누설부분이 있을 경우

40. 시안화수소를 장기간 저장하지 못하게 하는 이유는?
① 분해폭발   ② 산화폭발
③ 중합폭발   ④ 압력폭발

[해설] 시안화수소(HCN)는 중합폭발의 위험성 때문에 용기에 충전한 후 60일이 경과되기 전에 다른 용기에 옮겨 충전한다. 단, 순도

정답 34. ④ 35. ③ 36. ③ 37. ② 38. ① 39. ③ 40. ③

가 98% 이상으로서 착색되지 아니한 것은 다른 용기에 옮겨 충전하지 아니할 수 있다.

41. 이상기체상수 R 값이 1.987일 때 이에 해당되는 단위로 옳은 것은?

① J/mol · K ② atm · L/mol · K
③ cal/mol · K ④ N · m/mol · K

해설 기체상수 R값에 따른 단위
∴ $R = 0.082$ L · atm/mol · K
$= 8.314 \times 10^7$ erg/mol · K
$= 8.314$ J/mol · K $= 8.314$ kJ/kmol · K
$= 1.987$ cal/mol · K

42. 가스계량기와 전기계량기 및 전기개폐기와의 거리는 몇 cm 이상의 거리를 유지해야 하는가?

① 15cm ② 30cm ③ 60cm ④ 80cm

해설 가스계량기와 유지거리
㉮ 전기계량기, 전기개폐기 : 60 cm 이상
㉯ 단열조치를 하지 않은 굴뚝, 전기점멸기, 전기접속기 : 30 cm 이상
㉰ 절연조치를 하지 않은 전선 : 15 cm 이상

43. 충전용기 밸브 중 충전구 나사가 왼나사에 해당되는 것은?

① N_2O ② C_2H_2 ③ CO_2 ④ O_2

해설 (1) 각 가스의 연소성

명칭	연소성
아산화질소(N_2O)	조연성
아세틸렌(C_2H_2)	가연성
이산화탄소(CO_2)	불연성
산소(O_2)	조연성

(2) 충전구 나사 형식
㉮ 왼나사 : 가연성 가스(단, NH_3, CH_3Br은 오른나사이다.)
㉯ 오른나사 : 가연성 가스 이외의 것

44. 질소 0.8 mol과 산소 0.2 mol인 혼합공기의 전체압력이 760 mmHg일 때 산소가 나타내는 압력은?

① 608 mmHg ② 152 mmHg
③ 190 mmHg ④ 200 mmHg

해설 산소 분압 = 전압 × $\dfrac{성분몰수}{전몰수}$
$= 760 \times \dfrac{0.2}{0.8 + 0.2} = 152$ mmHg

45. 용기에 아세틸렌을 충전할 때 옳은 방법은?

① 용기에 압축기로 압력을 주면서 충전한다.
② 아세틸렌 청정기에서 용기에 직접 충전한다.
③ 용기에 다공성 물질을 넣고 여기에 아세톤을 침윤시키고 아세틸렌을 충전한다.
④ 용기에 물이 들어가지 않도록 거꾸로 하여 물속에 넣고 거기에 아세틸렌의 관을 삽입하여 조용히 충전한다.

해설 아세틸렌을 용기에 충전하는 때에는 미리 용기에 다공물질을 고루 채워 다공도가 75 % 이상 92 % 미만이 되도록 한 후 아세톤 또는 디메틸포름아미드를 고루 침윤시키고 충전한다.

46. 다음 가스에 대한 일반적인 특성을 설명한 것 중 옳지 않은 것은?

① 희가스는 공기 중에 미량존재하고 방전 중에는 특유의 빛을 낼 수 있다.
② 에틸렌은 불포화결합을 하고 있으므로 부가반응을 할 수 있다.

정답 41. ③ 42. ③ 43. ② 44. ② 45. ③ 46. ④

③ 오래된 시안화수소는 급격한 중합반응을 일으켜 자체열로 폭발 우려가 있다.
④ 포스겐 자체는 폭발성과 인화성이 강하고 유독성도 강하다.

[해설] 포스겐(COCl₂)
㉮ 허용농도(TLV-TWA) 0.1 ppm으로 독성이 강하다.
㉯ 불연성 가스에 해당되어 폭발 및 인화의 위험성은 없다.

47. 다음 중 폭발성이 예민하므로 마찰 및 타격으로 격렬히 폭발하는 물질에 해당되지 않는 것은?
① 황화질소 ② 메틸아민
③ 염화질소 ④ 아세틸드

[해설] 폭발성이 극히 예민하여 마찰, 타격으로 격렬히 폭발하는 물질에는 아지화은(AgN₃), 질화수은(HgN₂), 아세틸드(또는 아세틸라이드), 염화질소, 황화질소(N₄S₄), 옥화질소, 데도라센 등이 있다.

48. 아세틸렌 압축기에 대한 설명으로 옳지 않은 것은?
① 압축기를 충분히 냉각시키기 위해 보통 수중에서 작동시킨다.
② 압축기 냉각에 사용되는 냉각수 온도는 20℃ 이하로 유지한다.
③ 압축기와 모터는 함께 설치하는 것이 좋다.
④ 크랭크 케이스는 기밀한 구조로 하고 공기혼입을 피해야 한다.

[해설] 아세틸렌 압축기
㉮ 급격한 압력상승을 피하기 위해 회전수 100 rpm 전후의 저속 2~3단의 왕복 압축기를 사용한다.
㉯ 내부 윤활유는 양질의 광유를 사용한다.
㉰ 압축기를 충분히 냉각시키기 위해 수중에서 작동시킨다.
㉱ 압축기 냉각에 사용되는 냉각수 온도는 20℃ 이하로 유지한다.
㉲ 모터는 방폭형으로 압축실과 분리하여 설치한다.
㉳ 크랭크 케이스는 기밀한 구조로 하고 공기혼입을 피해야 한다.
㉴ 아세틸렌을 용기에 충전하는 때의 충전 중의 압력은 2.5 MPa 이하로 한다.

49. 온도계의 선택 시 고려사항으로 부적합한 방법은?
① 지시 및 기록 등을 쉽게 행할 수 있을 것
② 견고하고 내구성이 있을 것
③ 취급하기가 쉽고 측정하기 간편할 것
④ 피측온체의 화학반응 등으로 온도계에 영향이 있을 것

[해설] 온도계의 선택 시 고려사항
㉮ 온도의 측정 범위와 정밀도가 적당할 것
㉯ 지시 및 기록 등을 쉽게 행할 수 있을 것
㉰ 피측온 물체의 크기가 온도계의 크기에 비해 적당할 것
㉱ 피측온체의 온도변화에 대한 온도계의 반응이 충분할 것
㉲ 피측온체의 화학반응 등으로 온도계에 영향이 없을 것
㉳ 견고하고 내구성이 있을 것
㉴ 취급하기 쉽고 측정하기 간편할 것
㉵ 원격지시 및 기록, 자동제어 등이 가능할 것

50. 압축된 가스를 단열 팽창시키면 온도가 강하한다는 효과는?
① 단열효과 ② 줄-톰슨 효과
③ 정류효과 ④ 강하효과

[정답] 47. ② 48. ③ 49. ④ 50. ②

해설 줄–톰슨 효과 : 단열을 한 배관 중에 작은 구멍을 내고 이 관에 압력이 있는 유체를 흐르게 하면 유체가 작은 구멍을 통할 때 유체의 압력이 하강함과 동시에 온도가 변화하는 현상이다.

51. 아세틸렌의 폭발과 관계없는 것은?
① 중합폭발 ② 산화폭발
③ 분해폭발 ④ 화합폭발

해설 아세틸렌의 폭발종류
㉮ 산화폭발 : 아세틸렌이 산소와 혼합하여 있을 때 점화하면 폭발을 일으킨다.
$C_2H_2 + 2.5O_2 \rightarrow 2CO_2 + H_2O$
㉯ 분해폭발 : 가압, 충격에 의해 탄소와 수소로 분해되면서 폭발을 일으킨다.
$C_2H_2 \rightarrow 2C + H_2O + 54.2 kcal$
㉰ 화합폭발 : 아세틸렌이 동(Cu), 은(Ag), 수은(Hg) 등의 금속과 화합 시 폭발성의 아세틸드를 생성하여 폭발한다.

52. 고압가스 저장설비 주위에 설치하는 경계책 높이는 얼마인가?
① 1 m 이상 ② 1.2 m 이상
③ 1.5 m 이상 ④ 3 m 이상

해설 경계책 설치
㉮ 고압가스시설의 안전을 확보하기 위하여 저장설비, 처리설비 및 감압설비를 설치한 장소 주위에는 외부인의 출입을 통제할 수 있도록 경계책을 설치한다.
㉯ 경계책 높이는 1.5 m 이상으로 한다.
㉰ 경계책의 재료는 철책, 철망 등으로 한다.
㉱ 경계책 주위에는 외부사람이 무단출입을 금하는 내용의 경계표지를 보기 쉬운 장소에 부착한다.
㉲ 경계책 안에는 누구도 화기, 발화 또는 인화하기 쉬운 물질을 휴대하고 들어갈 수 없도록 필요한 조치를 강구한다.

53. 절대온도 0에 해당되는 것은?
① 0℃ ② −459.67°F
③ −273.15 K ④ −273.15°R

해설 ㉮ 절대온도 0도는 −273.15℃, −459.67°F, 0K, 0°R이다.
㉯ 각 온도를 환산하여 비교하면
① 0℃ → 0 + 273 = 273K
② −459.67°F → −459.67 + 459.67 = 0°R
③ −273.15K → −273.15 − 273.15 = −546.3℃(존재할 수 없는 온도이다.)
④ −273.15°R → $\frac{-273.15}{1.8} - 273 = -424.75℃$

54. 산소 압축기의 내부 윤활제로 적당한 것은?
① 광유 ② 유지류
③ 물 ④ 글리세린

해설 산소 압축기 내부 윤활제
㉮ 물 또는 10 % 이하의 묽은 글리세린수를 사용한다.
㉯ 석유류, 유지류 또는 글리세린은 내부윤활제로 사용하지 아니한다.

55. 가연성 가스와 공기가 확산으로 급격히 혼합되어 일어나는 연소는?
① 증발연소 ② 확산연소
③ 분해연소 ④ 표면연소

해설 연소의 형태
㉮ 표면연소 : 목탄, 코크스와 같이 표면에서 산소와 반응하여 연소하는 것
㉯ 분해연소 : 열분해에 의해 연소가 일

정답 51. ① 52. ③ 53. ② 54. ③ 55. ②

어나는 것으로 종이, 석탄, 목재 등의 고체연료의 연소
- ㉰ 증발연소 : 가연성 액체의 연소
- ㉱ 확산연소 : 가연성 가스의 연소
- ㉲ 자기연소 : 산소공급 없이 연소하는 것으로 제5류 위험물이 해당된다.

56. 다음 가연성 가스 중 폭발범위가 가장 넓은 것은?

① 암모니아 ② 아세틸렌
③ 산화에틸렌 ④ 일산화탄소

해설 각 가스의 공기 중에서 폭발범위

명칭	폭발범위
암모니아(NH_3)	15 ~ 28 %
아세틸렌(C_2H_2)	2.5 ~ 81 %
산화에틸렌(C_2H_4O)	3 ~ 80 %
일산화탄소(CO)	12.5 ~ 74 %

[참고] 가연성 가스 중 폭발범위가 가장 넓은 것은 아세틸렌(C_2H_2)이다.

57. 산소를 제조할 때 품질검사 주기는?

① 1일 1회 이상 ② 1일 3회 이상
③ 2일 2회 이상 ④ 2일 3회 이상

해설 품질검사방법
- ㉮ 검사는 1일 1회 이상 가스제조장에서 실시한다.
- ㉯ 검사는 안전관리책임자가 실시하고, 검사결과를 안전관리부총괄자와 안전관리책임자가 함께 확인하고 서명 날인한다.

58. 도시가스배관의 외부전원법에 의한 전기방식 설비의 계기류 확인은 몇 개월에 1회 이상 하여야 하는가?

① 1 ② 3 ③ 6 ④ 12

해설 전기방식시설 점검기준
- ㉮ 관대지전위(菅對地電位) : 1년에 1회 이상
- ㉯ 외부전원법 계기류 : 3개월에 1회 이상
- ㉰ 배류법 계기류 : 3개월에 1회 이상
- ㉱ 절연 부속품, 역전류방지장치, 결선 및 보호절연체 효과 : 6개월에 1회 이상

59. 수분이 존재할 때 일반강재를 부식시키는 가스는?

① 일산화탄소 ② 수소
③ 황화수소 ④ 질소

해설 수분 존재 시 강재를 부식시키는 가스 : 이산화탄소(CO_2), 염소(Cl_2), 포스겐($COCl_2$), 황화수소(H_2S)

60. -40℃는 화씨온도 얼마인가?

① -40°F ② 44°F
③ 542°F ④ 233°F

해설 $°F = \frac{9}{5}℃ + 32$
$= \frac{9}{5} \times (-40) + 32 = -40°F$

[참고] 섭씨온도와 화씨온도가 같아지는 눈금은 -40이다.

정답 56. ② 57. ① 58. ② 59. ③ 60. ①

2020년도 실전 테스트 (1)

1. 부취제의 구비조건 중 거리가 먼 것은?
① 가격이 저렴할 것
② 화학적으로 안정할 것
③ 물에 잘 녹고 독성이 없을 것
④ 가스배관, 가스미터 등에 흡착되지 않을 것

해설 부취제의 구비조건
㉮ 화학적으로 안정하고 독성이 없을 것
㉯ 보통 존재하는 냄새(생활취)와 명확하게 식별될 것
㉰ 극히 낮은 농도에서도 냄새가 확인될 수 있을 것
㉱ 가스관이나 가스미터 등에 흡착되지 않을 것
㉲ 배관을 부식시키지 않을 것
㉳ 물에 잘 녹지 않고 토양에 대하여 투과성이 클 것
㉴ 완전연소가 가능하고 연소 후 냄새나 유해한 성질이 남지 않을 것

2. 고압장치 운전 중 점검사항이 아닌 것은?
① 가스경보기의 상태
② 진동 및 소음 상태
③ 누설상태
④ 벨트의 이완 상태

해설 벨트의 이완 상태 점검은 운전 전 점검사항이다.

3. 고압가스 안전관리법에서 정한 고압가스 관련설비가 아닌 것은?
① 독성가스 배관용 밸브
② 초저온 탱크 배관용 밸브
③ 역화방지기
④ 압력용기

해설 고압가스 관련설비(특정설비) 종류 : 안전밸브, 긴급 차단 장치, 기화장치, 독성가스 배관용 밸브, 자동차용 가스 자동주입기, 역화방지기, 압력용기, 특정고압가스용 실린더 캐비닛, 자동차용 압축천연가스 완속 충전설비, 액화석유가스용 용기 잔류가스 회수장치

4. 가스배관의 배관 경로를 결정할 때 고려하여야 할 사항으로 가장 거리가 먼 것은?
① 가능한 한 최단거리로 할 것
② 구부러지거나 오르내림이 적게 할 것
③ 가능한 한 은폐하거나 매설할 것
④ 가능한 한 옥외에 설치할 것

해설 배관 경로를 결정할 때 고려사항
㉮ 최단거리로 할 것
㉯ 구부러지거나 오르내림이 적을 것
㉰ 은폐, 매설을 피할 것
㉱ 가능한 옥외에 설치할 것

5. 질소의 용도가 아닌 것은?
① 비료에 이용
② 질산제조에 이용
③ 연료용에 이용
④ 냉동제

해설 질소(N_2)의 용도
㉮ 암모니아 합성용 가스로 사용
㉯ 치환(purge)용 가스로 사용
㉰ 액체 질소의 경우 급속 냉동에 사용
㉱ 액화천연가스(LNG) 제조장치의 냉매 가스로 사용(일반적인 냉동기에는 냉매로 사용하기가 부적합 함)

정답 1. ③ 2. ④ 3. ② 4. ③ 5. ③

참고 질소(N_2)는 불연성 가스이므로 연료용으로 사용하는 것은 불가능하다.

6. 열전대 온도계의 특징이 아닌 것은?
① 고온 측정에 적합하다.
② 냉접점이나 보상도선으로 인한 오차가 발생되기 쉽다.
③ 측정장치에 전원이 필요하고 원격지시 및 기록이 용이하다.
④ 열전대의 열접점을 측정부에 접속시키지 않으면 안된다.

해설 열전대 온도계의 특징
㉮ 고온 측정에 적합하다.
㉯ 냉접점이나 보상도선으로 인한 오차가 발생되기 쉽다.
㉰ 전원이 필요하지 않으며 원격지시 및 기록이 용이하다.
㉱ 온도계 사용한계에 주의하고, 영점보정을 하여야 한다.
㉲ 온도에 대한 열기전력이 크며 내구성이 좋다.

7. 액화석유가스가 공기 중에서 누설 시 그 농도가 몇 %일 때 감지할 수 있도록 부취제를 첨가하는가?
① 0.1% ② 0.5% ③ 1% ④ 12%

해설 부취제의 착취농도 : 공기 중 $\frac{1}{1000}$ 상태에서 감지가 되어야 하므로 백분율로 표시하면 0.1%에 해당된다.

8. LP가스 성질에 대한 설명 중 옳은 것은?
① 무색투명하고 물에 잘 녹는다.
② LPG는 독성이 있어 다량으로 계속 흡입하면 중독의 위험성이 있다.
③ 프로판이 비점에서의 기화열은 101.8 kcal/kg이다.
④ 초저온 가스로서 액체 누설 시 동상의 우려가 있다.

해설 ㉮ 각 항목의 옳은 설명
① 무색투명하고 물에 잘 녹지 않는다.
② LPG는 비독성에 해당된다.
④ 비점이 -42.1℃인 액화가스로서 액체 누설 시 동상의 우려가 있다.
㉯ 기화열 비교
㉠ 프로판(C_3H_8) : 101.8 kcal/kg
㉡ 부탄(C_4H_{10}) : 92.7 kcal/kg

9. 면적 가변식 유량계의 특징이 아닌 것은?
① 소용량 측정이 가능하다.
② 압력손실이 크고 거의 일정하다.
③ 유효 측정 범위가 넓다.
④ 직접 유량을 측정한다.

해설 면적 가변식(로터 미터) 유량계의 특징
㉮ 소용량 측정이 가능하다.
㉯ 압력손실이 적고, 거의 일정하다.
㉰ 유효 측정 범위가 넓다.
㉱ 직접 유량을 측정한다.
㉲ 장치가 간단하다.

10. 가스 공급설비 중 유수식 가스홀더의 특징으로 옳은 것은?
① 동절기 동결방지 조치가 필요하다.
② 유효 가동량이 구형 가스홀더에 비해 적다.
③ 제조설비가 고압인 경우 사용된다.
④ 압력이 가스탱크의 양에 따라 거의 일정하다.

해설 유수식 가스홀더의 특징
㉮ 제조설비가 저압인 경우에 적합하다.
㉯ 구형에 비하여 유효 가동량이 크다.
㉰ 대량의 물이 필요하므로 초기 설비비가 많이 소요된다.
㉱ 한랭지에서는 탱크의 동결을 방지하

정답 6. ③ 7. ① 8. ③ 9. ② 10. ①

여야 한다.
㉰ 압력이 가스탱크의 수에 따라 변동한다.

11. 가스를 폭발등급별로 분류 시 잘못 분류된 것은?
① 1등급 : 메탄, 에탄
　2등급 : 에틸렌
② 1등급 : 메탄, 에탄
　2등급 : 석탄가스
③ 1등급 : 암모니아, 가솔린
　3등급 : 수소, 아세틸렌
④ 1등급 : 암모니아, 일산화탄소
　3등급 : 수성가스, 프로판

[해설] 폭발등급에 따른 가스 종류 및 안전간격

폭발등급	안전간격	가스의 종류
1등급	0.6 mm 이상	일산화탄소, 에탄, 프로판, 암모니아, 아세톤, 에틸에테르, 가솔린, 벤젠 등
2등급	0.4~0.6 mm	석탄가스, 에틸렌 등
3등급	0.4 mm 미만	아세틸렌, 이황화탄소, 수소, 수성가스

12. 액체공기로부터 산소와 질소를 분리하는 공업적 방법의 특성은?
① 끓는점　　② 밀도
③ 반응점　　④ 녹는점

[해설] 액체공기로부터 산소(-183℃)와 질소(-196℃)의 비점(끓는점) 차이를 이용하여 분리한다.

13. 도시가스 배관 내의 상용압력이 4.2 MPa이다. 배관 내의 압력이 이상 상승하여 경보장치의 경보가 울리기 시작하는 압력은?
① 4.2 MPa 초과 시
② 4.4 MPa 초과 시
③ 4.5 MPa 초과 시
④ 4.61 MPa 초과 시

[해설] 경보장치가 울리는 경우
㉮ 배관 내의 압력이 상용압력의 1.05배를 초과한 때(단, 상용압력이 4 MPa 이상인 경우에는 상용압력에 0.2 MPa를 더한 압력)
㉯ 배관 내의 압력이 정상 운전 시의 압력보다 15 % 이상 강하한 경우
㉰ 긴급차단밸브의 조작회로가 고장난 때 또는 긴급차단밸브가 폐쇄된 때
∴ 상용압력이 4 MPa을 초과하므로 경보장치가 울리는 압력은 4.2 + 0.2 = 4.4 MPa이다.

14. 다음 중 가연성이면서 유독한 것은?
① NH_3　② H_2　③ CH_4　④ N_2

[해설] 가연성이면서 독성가스인 것 : 아크릴로 니트릴, 일산화탄소, 벤젠, 산화에틸렌, 모노메틸아민, 염화메탄, 브롬화메탄, 이황화탄소, 황화수소, 암모니아, 석탄가스, 시안화수소, 트리메틸아민 등

15. 초저온 용기의 단열성능 시험용 저온 액화가스가 아닌 것은?
① 액화아르곤　② 액화산소
③ 액화염소　　④ 액화질소

[해설] 시험용 가스의 비점 및 기화잠열

명칭	비점(℃)	기화잠열(J/kg)
액화질소	-196	200966
액화산소	-183	213526
액화아르곤	-186	159096

16. 물 20℃ 1.5kg을 1 atm 하에서 비등시켜 그중 $\frac{1}{2}$을 증발시키는데 몇 kcal의 열량이 필요한가?

[정답] 11. ④　12. ①　13. ②　14. ①　15. ③　16. ③

① 480 kcal   ② 500 kcal
③ 525 kcal   ④ 560 kcal

해설 ㉮ 20℃물 → 100℃ 물 : 현열
∴ $Q_1 = G \cdot C \cdot \Delta t$
  $= 1.5 \times 1 \times (100-20) = 120\,kcal$

㉯ 100℃ 물 → 100℃ 증기로 $\frac{1}{2}$만 증발 : 잠열
∴ $Q_2 = G \cdot \gamma$
  $= 1.5 \times \frac{1}{2} \times 539 = 404.25\,kcal$

㉰ 합계 열량 계산
∴ $Q = Q_1 + Q_2$
  $= 120 + 404.25 = 524.25\,kcal$

17. 원심펌프를 병렬로 연결하여 운전할 경우에 무엇이 증가되는가?

① 양정   ② 회전수   ③ 유량   ④ 효율

해설 원심펌프 운전 특성
㉮ 직렬운전 : 양정 증가, 유량 일정
㉯ 병렬운전 : 유량 증가, 양정 일정

18. 다음의 가스를 분석하고자 할 때 흡수제와 옳게 짝지어진 것은?

① 산소 – KOH용액
② 암모니아 – 파라듐블랙
③ 염소 – 가성소다용액
④ 일산화탄소 – 발연황산

해설 각종 가스의 분석할 때 흡수제
㉮ 산소
  ㉠ 염화 제1구리의 암모니아성 용액에 의한 흡수
  ㉡ 탄산동의 암모니아성 용액에 의한 흡수
  ㉢ 알칼리성 피로갈롤 용액에 의한 흡수
  ㉣ 티오황산나트륨 용액에 의한 흡수
㉯ 암모니아 : 황산에 흡수시켜 알칼리로, 나머지는 황산을 적정

㉰ 염소
  ㉠ 가성소다에 의한 흡수
  ㉡ KI 수용액에 의한 흡수
㉱ 일산화탄소 : 염화 제1구리의 암모니아성 용액에 의한 흡수

19. 가스를 사용하려 하는데 밸브에 얼음이 붙었다. 어떻게 하면 되겠는가?

① 40℃ 이하의 물수건을 이용한다.
② 80℃의 토치램프로 가열한다.
③ 100℃의 뜨거운 물을 사용한다.
④ 종이에 불을 피워 녹인다.

해설 충전용 밸브의 가열 : 밸브 또는 충전용 지관을 가열하는 때에는 열습포 또는 40℃ 이하의 물을 사용한다.

20. 아세틸렌(C_2H_2)을 설명한 것 중 틀린 것은?

① 카바이드(CaC_2)에 물을 넣어 제조한다.
② 청정제로서 아세톤을 사용한다.
③ 흡열화합물이므로 압축하면 분해폭발을 일으킬 염려가 있다.
④ 공기 중 폭발범위는 2.5 ~ 81 %이다.

해설 아세틸렌 청정제 : 에퓨렌, 카다리솔, 리가솔

21. 재료에 하중을 작용하여 항복점 이상의 응력을 가하면, 하중을 제거하여도 본래의 형상으로 돌아가지 않도록 하는 성질을 무엇이라고 하는가?

① 피로   ② 크리프
③ 소성   ④ 탄성

해설 소성 : 재료에 작용하는 힘의 크기가 일정한도에 도달하면 변형이 급격히 증가되고, 힘을 제거해도 그 변형이 원래로 되돌아오지 않는 성질이다.

정답 17. ③ 18. ③ 19. ① 20. ② 21. ③

22. 다음 중 가장 낮은 압력은?
   ① 1 bar
   ② 0.99 atm
   ③ 28.56 inHg
   ④ 10.3 mH₂O

   해설 각 압력을 kgf/cm² 으로 환산 비교하면
   ① 1 bar →
   $\frac{1}{1.01325} \times 1.0332 = 1.019\,kgf/cm^2$
   ② 0.99 atm →
   $0.99 \times 1.0332 = 1.0228\,kgf/cm^2$
   ③ 28.56 inHg →
   $\frac{28.56}{29.9} \times 1.0332 = 0.9868\,kgf/cm^2$
   ④ 10.3 mH₂O →
   $\frac{10.3}{10.332} \times 1.0332 = 1.03\,kgf/cm^2$

23. 내용적이 300L인 용기에 액화암모니아를 저장하려고 한다. 이 저장설비의 저장능력은 얼마인가? (단, 액화암모니아의 정수 C는 1.86이다.)
   ① 161 kg
   ② 232 kg
   ③ 279 kg
   ④ 558 kg

   해설 $W = \frac{V}{C} = \frac{300}{1.86} = 161.29\,kg$

24. 도시가스 사용시설(연소기 제외) 기밀시험 압력으로 옳은 것은?
   ① 최고사용압력의 1.1배 또는 8.4 kPa
   ② 최고사용압력의 1.5배 또는 8.4 kPa
   ③ 최고사용압력의 1.2배 또는 12 kPa
   ④ 최고사용압력의 1.2배 또는 12 kPa

   해설 가스사용시설 기밀시험 : 가스사용시설(연소기를 제외한다)은 최고사용압력의 1.1배 또는 8.4 kPa 중 높은 압력 이상의 압력으로 기밀시험을 실시해 이상이 없도록 한다.

25. 산화에틸렌 특징으로 옳은 것은?
   ① 무색, 무취의 독성가스이다.
   ② 물에는 잘 녹으나, 아세톤에는 녹지 않는다.
   ③ 암모니아와 반응한다.
   ④ 산, 알칼리와 반응하여 산화폭발한다.

   해설 산화에틸렌(C₂H₄O)의 특징
   ㉮ 무색의 기체, 액체로 에테르 냄새가 난다.
   ㉯ 독성(TLV-TWA 50 ppm), 가연성(3 ~ 80 %)이다.
   ㉰ 물, 알코올, 에테르, 유기용제에 용해한다.
   ㉱ 산, 알칼리, 무수염화물, 철 등에 의해 중합폭발한다.
   ㉲ 암모니아와 반응하여 에탄올아민(HOC₂H₄NH₂)을 생성한다.
   C₂H₄O + NH₃ → HOC₂H₄NH₂

26. 고압식 공기액화 분리장치에서 원료공기는 압축기에서 어느 정도 압축되는가?
   ① 40 ~ 60 atm
   ② 70 ~ 100 atm
   ③ 80 ~ 120 atm
   ④ 150 ~ 200 atm

   해설 공기액화 분리장치 원료공기 압축 압력
   ㉮ 고압식 : 150 ~ 200 atm
   ㉯ 저압식 : 5 atm

27. LP가스를 충전 받거나 이송 시 차량과 지상에 설치된 저장탱크 외면과의 이격거리 기준은?
   ① 1 m 이상
   ② 2 m 이상
   ③ 3 m 이상
   ④ 4 m 이상

   해설 자동차에 고정된 탱크는 저장탱크 외면으로부터 3 m 이상 떨어져 정지한다. 다만, 저장탱크와 자동차에 고정된 탱크와의 사이에 방호 울타리 등을 설치한 경우에는 3 m 이상 떨어져 정지하지 아니할 수 있다.

28. 일반 공업용 용기의 도색 중 잘못된 것은?

정답 22. ③ 23. ① 24. ① 25. ③ 26. ④ 27. ③ 28. ④

① 액화염소 – 갈색
② 액화암모니아 – 백색
③ 아세틸렌 – 황색
④ 수소 – 회색

해설 가스 종류별 용기 도색

가스 종류	용기도색	
	공업용	의료용
산소(O_2)	녹색	백색
수소(H_2)	주황색	–
액화탄산가스(CO_2)	청색	회색
액화석유가스	밝은회색	–
아세틸렌(C_2H_2)	황색	–
암모니아(NH_3)	백색	–
액화염소(Cl_2)	갈색	–
질소(N_2)	회색	흑색
아산화질소(N_2O)	회색	청색
헬륨(He)	회색	갈색
에틸렌(C_2H_4)	회색	자색
사이클로 프로판	회색	주황색
기타의 가스	회색	–

29. 다단 압축기의 단수 결정 시 고려사항이 아닌 것은?

① 흡입 가스 압력 ② 취급 가스량
③ 취급 가스의 종류 ④ 연속운전의 여부

해설 다단 압축기 단수 결정 시 고려사항
㉮ 최종 토출압력
㉯ 취급 가스량
㉰ 취급 가스의 종류
㉱ 연속운전의 여부
㉲ 동력 및 제작의 경제성

30. 액화석유가스 저장탱크에 설치하는 액면계가 아닌 것은?

① 평형 투시식 액면계
② 차압식 액면계
③ 고정 튜브식 액면계
④ 부르동관식 액면계

해설 부르동관(bourdon tube)식은 탄성식 압력계에 해당된다.

31. 다음 가스 중 독성(LC_{50})이 가장 강한 것은?

① 염소   ② 불소
③ 시안화수소 ④ 암모니아

해설 각 가스의 허용농도

명칭	허용농도(ppm)	
	LC_{50}	TLV-TWA
염소(Cl_2)	293	1
불소(F_2)	185	0.1
시안화수소(HCN)	140	10
암모니아(NH_3)	7388	25

※ 문제에서 질문하는 허용농도 기준이 LC_{50} 인지, TLV-TWA에 따라 정답이 변경될 수 있다.

32. 냉동제조시설에서 냉매설비의 배관 이외의 부분 내압시험 압력은?

① 설계압력의 1.5배 이상
② 설계압력의 1.4배 이상
③ 설계압력 이상
④ 기밀시험압력 이상

해설 냉동제조시설의 냉매설비 내압시험 압력
㉮ 설계압력의 1.5배 이상의 압력(단, 기체의 압력으로 하는 경우에는 설계압력의 1.25배 이상의 압력)
㉯ 냉매설비 중 배관, 냉동기 및 냉동용 특정설비를 제외한다.

33. 다음 중 탄소와 수소의 중량비(C/H)가 가장 큰 것은?

① 에탄   ② 프로필렌
③ 프로판 ④ 메탄

정답 29. ① 30. ④ 31. ③ 32. ① 33. ②

해설 각 가스의 분자량 및 중량비(C/H) : 탄소(C)의 원자량은 12, 수소(H)의 원자량은 1이다.
㉮ 에탄(C_2H_6)
$$\frac{C}{H} = \frac{12 \times 2}{1 \times 6} = 4$$
㉯ 프로필렌(C_3H_6)
$$\frac{C}{H} = \frac{12 \times 3}{1 \times 6} = 6$$
㉰ 프로판(C_3H_8)
$$\frac{C}{H} = \frac{12 \times 3}{1 \times 8} = 4.5$$
㉱ 메탄(CH_4)
$$\frac{C}{H} = \frac{12 \times 1}{1 \times 4} = 3$$

34. 고압가스 용기의 보수 시 주의사항으로 옳지 않은 것은?
① 가스를 안전한 방법으로 방출할 것
② 가스 방출 후 가연성 가스로 치환할 것
③ 용기 보수 전에 공기로 다시 치환할 것
④ 보수 후 가스 충전 전에 불활성 가스로 치환할 것

해설 가스 치환은 불연성 가스인 질소 등으로 한다.

35. 가연성 가스의 제조설비 또는 저장설비 중 전기설비 방폭구조를 하지 않아도 되는 가스는?
① 암모니아, 시안화수소
② 암모니아, 염화메탄
③ 브롬화메탄, 일산화탄소
④ 암모니아, 브롬화메탄

해설 가연성 가스의 제조설비 또는 저장설비 중 전기설비에는 방폭성능을 갖도록 설치하는 경우 암모니아(NH_3), 브롬화메탄(CH_3Br) 및 공기 중에서 자기 발화하는 가스는 제외된다.

36. 고압가스 저장탱크에 관한 설명 중 올바른 것은?
① 구형 저장탱크는 동일한 용량 및 압력의 다른 형식에 비하여 재료가 적게 든다.
② 내용적 500 m^3의 저장탱크에 상용온도에서 470 m^3의 액화가스를 충전하였다.
③ 대기압에 가까운 증기압의 액화가스 저장탱크는 통상 정압이므로 부압방지 조치는 아니하여도 된다.
④ LNG 저장탱크의 재료로 5% 니켈 강재를 사용하면 좋다.

해설 각 항목의 옳은 설명
② 액화가스 저장량은 저장탱크 내용적의 90%까지 가능하므로 내용적 500 m^3의 저장탱크에는 상용온도에서 450 m^3의 액화가스를 충전할 수 있다.
③ 대기압에 가까운 증기압의 액화가스 저장탱크는 통상 정압이지만 부압방지 조치를 하여야 한다.
④ LNG 저장탱크 재료는 18-8 스테인리스강을 사용한다.

37. 왕복펌프에서 유량의 맥동 현상을 감소시키기 위하여 설치하는 것은?
① 서지탱크 ② 공기실
③ 스트레이너 ④ 체크밸브

해설 왕복펌프는 송출이 단속적이라 맥동현상이 발생하므로 토출배관에 공기실을 설치하여 맥동현상을 흡수 완화시킨다.

38. 아세틸렌가스 또는 압력이 9.8 MPa 이상인 압축가스를 용기에 충전하는 경우 방호벽을 설치하지 않아도 되는 경우는?
① 압축기와 충전장소 사이
② 압축기와 그 가스충전용기 보관 장소 사이

정답 34. ② 35. ④ 36. ① 37. ② 38. ③

③ 압축가스를 운반하는 차량과 충전용기 사이
④ 압축가스 충전장소와 그 가스 충전용기 보관 장소 사이

해설 방호벽 설치 대상 : 아세틸렌가스 또는 압력이 9.8 MPa 이상인 압축가스를 용기에 충전하는 경우
㉮ 압축기와 그 충전장소 사이
㉯ 압축기와 그 가스충전용기 보관장소 사이
㉰ 충전장소와 그 가스충전용기 보관장소 사이
㉱ 충전장소와 그 충전용 주관밸브 조작 밸브 사이

39. 공기액화 분리장치에 취입되는 원료공기 중 불순물이 아닌 것은?

① 아세틸렌 등 탄화수소
② 질소산화물
③ 오존
④ 염화수소

해설 원료공기 중 불순물 종류 : 먼지, 질소산화물, 탄화수소류, 오존, 아세틸렌 등

40. LPG 자동차에 고정된 용기에 충전하는 충전기의 충전 호스 길이는?

① 1m 이내 ② 2m 이내
③ 3m 이내 ④ 5m 이내

해설 충전기의 충전 호스의 길이는 5 m 이내(자동차 제조공정 중에 설치된 것은 제외)로 하고, 그 끝에 축적되는 정전기를 유효하게 제거할 수 있는 정전기 제거 장치를 설치한다.

41. 공기액화 분리장치의 CO_2에 관한 설명으로 옳지 않은 것은?

① CO_2는 수분리기에서 제거하여 건조기에서 완결되어진다.
② CO_2는 장치 폐쇄를 일으킨다.
③ CO_2는 8% NaOH 용액으로 제거한다.
④ CO_2는 원료공기에 포함되어 있다.

해설 공기액화 분리장치에서 CO_2는 탄산가스 흡수기에서 제거된다.

42. 액화석유가스의 집단공급시설을 할 때 저장설비의 주위에는 경계책 높이를 몇 m 이상으로 설치하는가?

① 1m ② 1.5 m ③ 3 m ④ 2 m

해설 저장설비 및 가스설비를 설치한 장소 주위에는 높이 1.5 m 이상의 철책 또는 철망 등의 경계 울타리를 설치하고 일반인의 출입이 통제되도록 필요한 조치를 한다.

43. 가연성 가스의 위험도에 대한 설명 중 맞는 것은?

① 위험도는 값이 클수록 위험하다.
② 위험도는 폭발 상한값을 폭발 하한값으로 나눈 수치이다.
③ 아세틸렌보다 프로판의 위험도가 크다.
④ 폭발 상한값과 폭발 하한값의 차가 적을수록 위험도는 값이 크다.

해설 ㉮ 위험도(H) 계산식 : 폭발범위 상한값과 하한값의 차이를 폭발범위 하한값으로 나눈 수치이다.
$$\therefore H = \frac{U-L}{L}$$
U : 폭발범위 상한값, L : 폭발범위 하한값
㉯ 위험도는 값이 클수록 위험하다.

44. 성질에 따른 가스 종류에 맞게 짝지어진 것은?

① 가연성 가스 – 수소, 암모니아, 산소

정답 39. ④ 40. ④ 41. ① 42. ② 43. ① 44. ②

② 불연성 가스 - 질소, 아르곤, 수증기
③ 지연성 가스 - 염소, 불소, 황화수소
④ 가연성 가스 - 이산화탄소, 프로판, 헬륨

해설 연소성에 따른 가스 종류
㉮ 가연성 가스 : 아세틸렌(C_2H_2), 암모니아(NH_3), 수소(H_2), 일산화탄소(CO), 메탄(CH_4), 프로판(C_3H_8), 부탄(C_4H_{10}) 등
㉯ 지연성(조연성) 가스 : 산소(O_2), 오존(O_3), 불소(F_2), 염소(Cl_2), 산화질소(NO), 아산화질소(N_2O), 이산화질소(NO_2) 등
㉰ 불연성 가스 : 헬륨(He), 네온(Ne), 질소(N_2), 아르곤(Ar), 이산화탄소(CO_2) 등

45. 고압가스 일반제조 시설의 저장탱크 및 처리설비를 실내에 설치하는 경우 저장탱크실 및 처리설비실의 천정, 벽 및 바닥의 철근콘크리트 두께를 몇 cm 이상으로 해야 하는가?
① 20 ② 30 ③ 40 ④ 60

해설 저장탱크 및 처리설비를 실내에 설치하는 경우 저장탱크실 및 처리설비실은 천정, 벽 및 바닥의 두께가 30 cm 이상인 철근콘크리트로 만든 실로서 방수처리가 된 것으로 한다.

46. 다음 중 공기보다 무거운 가스로 가스 유출 시 바닥으로 내려와 퍼지는 가스는?
① 메탄가스   ② 헬륨가스
③ 수소가스   ④ 프로판가스

해설 ㉮ 각 가스의 분자량 및 공기에 대한 비중

명칭	분자량	비중
메탄(CH_4)	16	0.55
헬륨(He)	4	0.14
수소(H_2)	2	0.07
프로판(C_3H_8)	44	1.51

㉯ 공기에 대한 비중은 분자량을 공기의 평균분자량 29로 나눈 값으로 분자량이 29보다 크면 공기보다 무거워 바닥에 체류하는 가스이다.

∴ 공기에 대한 비중 = $\dfrac{분자량}{29}$

47. 가스공급시설의 안전조작에 필요한 장소의 조도는 몇 lx인가?
① 10 ② 60 ③ 110 ④ 150

해설 조명등 설치 : 제조소 및 공급소에는 가스공급시설의 조작을 안전하고 확실하게 할 수 있도록 하기 위하여 조명등을 설치하고 조명등의 조도는 150 lx 이상으로 한다.

48. 도시가스와 비교한 LP가스의 특성이 아닌 것은?
① 발열량이 높기 때문에 단시간에 온도를 높일 수 있다.
② 열용량이 크므로 작은 배관지름으로도 공급에 무리가 없다.
③ 자가 공급이므로 peak time이나 한가한 때는 일정한 공급을 할 수 없다.
④ 가스의 조성이 일정하고 소규모 또는 일시적으로 사용할 때는 경제적이다.

해설 충전용기에 의한 자가 공급이므로 피크시간(peak time)이나 한가한 때의 제약을 받지 않는다.

49. 착화점이 낮아질 수 있는 조건 중 맞지 않는 것은?
① 탄화수소에서 탄소수가 많은 분자일수록 착화온도는 낮아진다.
② 산소농도가 클수록, 압력이 클수록 착화온도는 낮아진다.
③ 화학적으로 발열량이 높을수록 착화온도는 낮아진다.

정답 45. ② 46. ④ 47. ④ 48. ③ 49. ④

④ 반응 활성도가 작을수록 착화온도는 낮아진다.

해설 착화점이 낮아질 수 있는 조건
㉮ 압력이 높을 때
㉯ 발열량이 높을 때
㉰ 열전도율이 작을 때
㉱ 산소와 친화력이 클 때
㉲ 산소농도가 클수록
㉳ 분자구조가 복잡할수록
㉴ 반응활성도가 클수록
㉵ 탄화수소의 탄소수가 많을수록

50. 공기 중에서 폭발 하한값이 가장 낮은 것은?
① 시안화수소 ② 암모니아
③ 에틸렌   ④ 옥탄

해설 각 가스의 공기 중에서 폭발범위

명칭	폭발범위
시안화수소(HCN)	6 ~ 41 %
암모니아(NH_3)	15 ~ 28 %
에틸렌(C_2H_4)	3.1 ~ 32 %
옥탄(C_8H_{18})	1.4 ~ 7.6 %

51. 다음 중 아세틸렌에 관한 설명으로 옳은 것은?
① 지연성 가스이다.
② 비등점이 상온보다 높으므로 액체로서 운반, 저장이 가능하다.
③ 고체 아세틸렌은 승화하지 않는다.
④ 아세틸렌은 접촉적으로 수소화하면 에틸렌, 에탄이 된다.

해설 각 항목의 옳은 설명
① 아세틸렌(C_2H_2)은 가연성 가스(2.5 ~ 81%)이다.
② 비등점이 −75℃로 액화시킬 수 있지만 액체는 불안정하여 운반이나 저장이 불가능하다.
③ 비점(−75℃)과 융점(−84℃)이 거의 비슷하므로 고체아세틸렌은 융해하지 않고 승화한다.

52. LPG 용기보관소의 "화기엄금" 경계표지의 표시는 어느 색으로 나타내는가?
① 흰색 ② 노란색 ③ 청색 ④ 적색

해설 LPG 용기보관소 경계표지
㉮ "연" : 적색문자
㉯ 화기엄금 : 적색문자

53. 독성가스 저장탱크에 가스를 충전할 때 최대 저장량은 저장탱크 내용적의 몇 % 이하인가?
① 90   ② 85   ③ 80   ④ 60

해설 독성가스 저장탱크에는 그 가스의 용량이 그 저장탱크 내용적의 90%를 초과하는 것을 방지하기 위하여 과충전 방지조치를 강구한다(저장탱크 내용적의 90%를 초과하는 것을 방지하는 것이므로 충전량은 90% 이하로 충전하여야 한다).

54. 구형 저장탱크(저조)의 특징에 관한 사항 중 틀린 것은? (단, 동일용량의 가스를 동일압력 및 재료 하에서 저장하는 경우이다.)
① 형태가 아름답다.
② 기초구조가 단순하여 공사가 용이하다.
③ 보존이 유리하고 누설을 완전히 방지할 수 있다.
④ 표면적이 크므로 강도가 높다.

해설 구형 저장탱크의 특징
㉮ 고압 저장탱크로서 횡형 원통형 저장탱크보다 건설비가 저렴하다.
㉯ 동일용량일 때 표면적이 가장 적고 강도가 높다.

정답 50. ④ 51. ④ 52. ④ 53. ① 54. ④

㉰ 기초구조가 단순하여 공사가 용이하다.
㉱ 보존면에서 유리하고, 누설을 완전히 방지할 수 있다.
㉲ 형태가 아름답다.

55. 충전용기를 적재한 차량의 운반개시 전 점검사항이 아닌 것은?
① 차량의 적재중량 확인
② 용기의 충전량 확인
③ 용기 고정상태 확인
④ 용기 보호캡의 부착유무 확인

[해설] 운반개시 전 적재상태 점검내용
㉮ 차량의 적재중량 확인
㉯ 용기 고정상태 확인
㉰ 용기 보호캡의 부착유무 확인
㉱ 용기 및 밸브 등에서 가스누출 확인

56. 3단 토출압력이 2 MPa·g이고, 압축비가 2인 4단 공기압축기에서 1단 흡입압력은 약 몇 MPa·g인가? (단, 대기압은 0.1 MPa로 한다.)
① 0.16 MPa·g   ② 0.26 MPa·g
③ 0.36 MPa·g   ④ 0.46 MPa·g

[해설] 3단 토출압력을 기준으로 1단 흡입압력을 계산
$a = \sqrt[n]{\dfrac{P_{03}}{P_1}}$ 에서 $a^n = \dfrac{P_{03}}{P_1}$ 이다.

∴ $P_1 = \dfrac{P_{03}}{a^n} = \dfrac{2+0.1}{2^3}$
$= 0.2625\,\text{MPa}\cdot a - 0.1$
$= 0.1625\,\text{MPa}\cdot g$

57. LP가스 설비에서 가스미터 부착기준으로 옳지 않은 것은?
① 수직으로 부착할 것
② 입구와 출구의 구별을 혼돈치 말 것
③ 가스미터의 입구 배관에는 드레인을 부착할 것
④ 가스미터 또는 배관에 상호 부당한 힘이 가해지지 않도록 할 것

[해설] 가스미터는 수평, 수직으로 부착하여야 한다.

58. 다음 중 1 MPa과 같은 것은?
① 10 N/cm²   ② 100 N/cm²
③ 1000 N/cm²   ④ 10000 N/cm²

[해설] ㉮ $1\,\text{N/m}^2 = \dfrac{1}{10000}\,\text{N/cm}^2$
㉯ $1\,\text{MPa} = 1000000\,\text{N/m}^2$
$= 1000000 \times \dfrac{1}{10000}\,\text{N/cm}^2$
$= 100\,\text{N/cm}^2$

59. 동일차량에 적재하여 운반할 수 없는 경우는 다음 가스 중 어느 것인가?
① 산소와 질소
② 질소와 탄산가스
③ 탄산가스와 아세틸렌
④ 염소와 아세틸렌

[해설] 혼합적재 금지
㉮ 염소와 아세틸렌, 암모니아, 수소는 동일차량에 적재운반 금지
㉯ 가연성 가스와 산소를 동일차량에 적재 운반 시에는 충전용기 밸브가 서로 마주보지 않도록 적재할 것
㉰ 충전용기와 위험물 안전관리법이 정하는 위험물

60. 밀도의 단위로 알맞은 것은?
① g/s²   ② L/g   ③ g/cm³   ④ Lb/in²

[해설] 밀도(ρ) : 단위 체적당 질량으로 단위는 g/cm³, g/L, kg/m³ 등이다.
∴ 가스의 밀도(ρ) = $\dfrac{\text{분자량(g)}}{22.4(\text{L})}$

[정답] 55. ②   56. ①   57. ①   58. ②   59. ④   60. ③

2020년도 실전 테스트 (2)

1. 산소압축기의 내부 윤활제로 적당한 것은?
① 광유 ② 유지류
③ 물 ④ 글리세린

해설 산소 압축기 내부 윤활제
㉮ 물 또는 10% 이하의 묽은 글리세린수를 사용한다.
㉯ 석유류, 유지류 또는 글리세린은 내부윤활제로 사용하지 아니한다.

2. 켈빈온도, 섭씨온도, 랭킨온도, 화씨온도 단위로 나타낸 온도의 값을 각각 T_K, t_C, T_R, t_F를 사용하였을 때 관계식 중 옳은 것은?
① $t_C = \frac{9}{5}(t_F - 32)$
② $T_K = t_c + 273$
③ $T_R = \frac{5}{9} \cdot T_K$
④ $t_F = T_R + 460$

해설 온도 환산식
㉮ 화씨온도를 섭씨온도로 계산
$t_C = \frac{5}{9}(t_F - 32)$
㉯ 섭씨온도를 화씨온도로 계산
$t_F = \frac{9}{5} t_C + 32$
㉰ 섭씨온도를 켈빈온도로 계산
$T_K = t_c + 273$
㉱ 화씨온도를 랭킨온도로 계산
$T_R = t_F + 460$
㉲ 켈빈온도를 랭킨온도로 계산
$T_R = \frac{9}{5} \times T_K$
㉳ 랭킨온도를 켈빈온도로 계산
$T_K = \frac{5}{9} \times T_R$

3. 고압가스 안전관리법령에 정한 용어로서 설명이 잘못된 것은?
① 가연성 가스란 공기 중에서 연소하는 가스로서 폭발한계의 하한이 10% 이하인 것과 폭발한계의 상한과 하한의 차가 20% 이상인 것을 말한다.
② 액화가스란 가압, 냉각 등의 방법으로 액체상태로 되어 있는 것으로서 대기압에서의 끓는점이 섭씨 40도 이하 또는 상용의 온도 이하인 것을 말한다.
③ 독성가스란 공기 중에 일정량이 존재하는 경우 인체에 유해한 독성을 가진 가스로서 허용농도가 100만분의 2000 이하인 가스를 말한다.
④ 초저온 저장탱크란 섭씨 영하 50도 이하의 액화가스를 저장하기 위한 저장탱크로서 단열재로 피복하거나 냉동설비로 냉각하는 등의 방법으로 저장탱크 내의 가스온도가 상용의 온도를 초과하지 아니 하도록 한 것을 말한다.

해설 ㉮ 독성가스 : 공기 중에 일정량 이상 존재하는 경우 인체에 유해한 독성을 가진 가스로서 허용농도가 100만분의 5000 이하인 것을 말한다.
㉯ 허용농도 : 해당 가스를 성숙한 흰쥐 집단에게 대기 중에서 1시간 동안 계속하여 노출시킨 경우 14일 이내에 그 흰쥐의 2분의 1 이상이 죽게 되는 가스의 농도를 말한다.

정답 1. ③ 2. ② 3. ③

4. 다음 중 가스와 용도가 바르게 짝 지워진 것은?
① 질소 – 연료
② 프레온 – 연료
③ 에틸렌 – 소화제
④ 아세틸렌 – 용접 및 절단용

해설 각 가스의 용도
㉮ 아세틸렌 : 용접 및 절단용
㉯ 질소 : 암모니아 합성용, 치환용 가스, 기밀시험용
㉰ 프레온 : 냉동기 냉매가스
㉱ 에틸렌 : 합성수지, 합성섬유, 합성고무 제조용 원료

5. 대기압 상태에서 온도의 설명이 맞는 것은?
① 물의 동결점은 0°F이다.
② 질소의 비등점은 -183°C이다.
③ 물의 동결점은 32°F이다.
④ 산소의 비등점은 -196°C이다.

해설 각 물질의 온도
㉮ 물의 동결점 : 0°C, 32°F
㉯ 질소의 비등점 : -196°C
㉰ 산소의 비등점 : -183°C

6. 습성 천연가스 및 원유로부터 LP가스 제조법이 아닌 것은?
① 단열 팽창 액화법
② 압축 냉각법
③ 흡수법
④ 활성탄에 의한 흡착법

해설 습성 천연가스 및 원유로부터 LP가스 제조법
㉮ 압축 냉각법
㉯ 흡수유에 의한 흡수법
㉰ 활성탄에 의한 흡착법

7. 고온 고압인 암모니아가스 장치에 사용할 수 있는 금속으로 옳은 것은?
① 오스테나이트계 스테인리스강
② 알루미늄 합금
③ 동 및 동합금
④ 탄소강

해설 고온 고압인 고압가스 장치에 사용할 수 있는 금속재료는 18-8 스테인리스강(오스테나이트계 스테인리스강)이다.

8. 고압가스 특정제조 시설에서 철도부지 밑에 매설하는 배관에 대하여 설명한 것 중 옳지 않은 것은?
① 배관은 그 외면으로부터 다른 시설물과 30 cm 이상의 거리를 유지한다.
② 배관은 그 외면과 지표면과의 거리는 1 m 이상 유지한다.
③ 배관은 그 외면으로부터 궤도 중심과 4 m 이상 유지한다.
④ 배관은 그 외면으로부터 수평거리 건축물까지 1.5 m 이상 유지한다.

해설 배관을 철도부지에 매설하는 경우 지표면으로부터 배관의 외면까지의 깊이를 1.2 m 이상으로 한다.

9. 공기 중 확산속도가 가장 빠른 것은?
① O_2 ② N_2 ③ CH_4 ④ CO_2

해설 각 가스의 분자량

명칭	분자량
산소(O_2)	32
질소(N_2)	28
메탄(CH_4)	16
이산화탄소(CO_2)	44

참고 분자량이 작은 것이 비중이 작아 가볍기 때문에 공기 중에서 확산속도가 빠르다.

정답 4. ④ 5. ③ 6. ① 7. ① 8. ② 9. ③

10. 도시가스 공급배관을 차량이 통행하는 폭 8 m 이상인 도로에 묻을 때 깊이는 얼마 이상인가?

① 1 m ② 1.2 m ③ 1.5 m ④ 2 m

해설 일반도시가스 사업의 배관 매설깊이
㉮ 공동주택등의 부지 안 : 0.6 m 이상
㉯ 폭 8 m 이상인 도로 : 1.2 m 이상
㉰ 폭 4 m 이상 8 m 미만 도로 : 1 m 이상
㉱ ㉮~㉰에 해당되지 않는 곳 : 0.8 m 이상

11. 용기에 충전하는 아세틸렌 가스명의 문자 색상으로 옳은 것은?

① 적색 ② 흑색 ③ 백색 ④ 황색

해설 아세틸렌 용기 표시방법
㉮ 가연성 가스 표시

㉯ 문자 색상 : 흑색
㉰ 충전기한 : 적색

12. LPG를 사용하여 20℃의 물 50 kg을 90℃로 올리기 위해서는 LPG 몇 kg이 필요한가? (단, LPG 발열량은 10000 kcal/kg이고, 열효율은 50 %이다.)

① 0.5 ② 0.6 ③ 0.7 ④ 0.8

해설 $G_f = \dfrac{G \cdot C \cdot \Delta t}{H_l \cdot \eta}$

$= \dfrac{50 \times 1 \times (90-20)}{10000 \times 0.5} = 0.7\,\text{kg}$

13. LPG 충전소에는 시설의 안전 확보상 "충전 중 엔진정지"라고 표시한 표지판을 주위 보기 쉬운 곳에 설치해야 한다. 이 표지판의 바탕색과 글자색으로 옳은 것은?

① 흑색 바탕에 백색 글씨
② 흑색 바탕에 황색 글씨
③ 백색 바탕에 흑색 글씨
④ 황색 바탕에 흑색 글씨

해설 LPG 자동차 충전소 표지판
㉮ 충전 중 엔진정지 : 황색 바탕에 흑색 글씨
㉯ 화기엄금 : 백색 바탕에 적색 글씨

14. 고압가스 설비에 설치하는 압력계의 최고 눈금 범위로 옳은 것은?

① 상용압력의 2배 이상, 3배 이하
② 상용압력의 1.5배 이상, 2배 이하
③ 내압시험 압력의 1배 이상, 2배 이하
④ 내압시험 압력의 1.5배 이상, 2배 이하

해설 고압가스 설비에 설치하는 압력계는 상용압력의 1.5배 이상, 2배 이하의 최고 눈금이 있는 것으로 하고, 사업소에는 국가표준기본법에 의한 제품인증을 받은 압력계를 2개 이상 비치한다.

15. 고압가스 저장능력 산정 시 액화가스의 용기 및 차량에 고정된 탱크의 산정식은? (단, W는 저장능력(kg), d는 액화가스의 비중(kg/L), V_2는 내용적(L), C는 가스의 종류에 따르는 정수이다.)

① $W = 0.9\,d\,V_2$ ② $W = \dfrac{V_2}{C}$

③ $W = 0.9\,d\,C^2$ ④ $W = \dfrac{V_2}{C^2}$

해설 액화가스 저장능력 산정식
㉮ 저장탱크 : $W = 0.9\,d\,V_2$
㉯ 용기 및 차량에 고정된 탱크 : $W = \dfrac{V_2}{C}$

16. 공기 중에서 폭발범위가 가장 넓은 가스는?

① C_2H_4O ② CH_4
③ C_2H_4 ④ C_3H_8

[해설] 각 가스의 공기 중에서 폭발범위

명칭	폭발범위
산화에틸렌(C_2H_4O)	3 ~ 80 %
메탄(CH_4)	5 ~ 15 %
에틸렌(C_2H_4)	3.1 ~ 32 %
프로판(C_3H_8)	2.1 ~ 9.5 %

17. 다음 중 부탄의 완전연소 반응식으로 옳은 것은?

① $C_4H_{10} + 6O_2 \rightarrow 4CO_2 + 5H_2O$
② $2C_4H_{10} + 13O_2 \rightarrow 8CO_2 + 10H_2O$
③ $C_3H_8 + 4O_2 \rightarrow 3CO_2 + 5H_2O$
④ $C_3H_8 + 5O_2 \rightarrow 3CO_2 + 4H_2O$

[해설] ㉮ 탄화수소(C_mH_n)의 완전연소 반응식

$$C_mH_n + \left(m + \frac{n}{4}\right)O_2 \rightarrow mCO_2 + \frac{n}{2}H_2O$$

㉯ 부탄(C_4H_{10})의 완전연소 반응식
 ㉠ 1몰 : $C_4H_{10} + 6.5O_2 \rightarrow 4CO_2 + 5H_2O$
 ㉡ 2몰 : $2C_4H_{10} + 13O_2 \rightarrow 8CO_2 + 10H_2O$

18. 독성가스를 차량에 고정된 탱크에 적재할 때 탱크 내용적은 얼마인가?

① 12000 L 이하   ② 18000 L 이하
③ 15000 L 이하   ④ 16000 L 이하

[해설] 탱크 내용적 제한
㉮ 가연성 가스(LPG 제외), 산소 : 18000 L 초과 금지
㉯ 독성가스(액화암모니아 제외) : 12000 L 초과 금지

19. 공기 중에서 폭발하한계값이 5 %보다 큰 가스는?

① 수소   ② 일산화탄소
③ 아세틸렌   ④ 에틸렌

[해설] 각 가스의 공기 중에서 폭발범위

명칭	폭발범위
수소(H_2)	4 ~ 75 %
일산화탄소(CO)	12.5 ~ 74 %
아세틸렌(C_2H_2)	2.5 ~ 81 %
에틸렌(C_2H_4)	3.1 ~ 32 %

20. 아세틸렌(C_2H_2)에 대한 설명으로 틀린 것은?

① 폭발범위는 수소보다 넓다.
② 공기보다 무겁고 황색의 가스이다.
③ 공기와 혼합되지 않아도 폭발하는 수가 있다.
④ 구리, 은, 수은 및 그 합금과 폭발성 화합물을 만든다.

[해설] 아세틸렌(C_2H_2)은 분자량이 26이므로 공기보다 가볍고, 무색의 가스이다.

21. 일반도시가스 사업의 가스공급 시설기준에서 배관을 지상에 설치할 경우 배관에 도색할 색깔은?

① 흑색   ② 황색   ③ 적색   ④ 회색

[해설] 도시가스 배관 도색
㉮ 지상배관 : 황색
㉯ 지하매설관 : 적색(중압), 황색(저압)

22. 아세틸렌가스의 용해 충전 시 다공질 물질의 재료로 사용할 수 없는 것은?

① 규조토, 석면
② 알루미늄 분말, 활성탄
③ 석회, 산화철
④ 탄산마그네슘, 다공성 플라스틱

[정답] 17. ②   18. ①   19. ②   20. ②   21. ②   22. ②

해설 다공물질의 종류 : 규조토, 석면, 목탄, 석회, 산화철, 탄산마그네슘, 다공성 플라스틱 등

23. 고압가스 특정제조시설에서 분출 원인이 화재인 경우 안전밸브의 축적압력은 안전밸브의 수량과 관계없이 최고허용압력의 몇 % 이하로 하여야 하는가?

① 105% ② 110% ③ 116% ④ 121%

해설 과압안전장치 축적압력
㉮ 분출원인이 화재가 아닌 경우
  ㉠ 안전밸브를 1개 설치한 경우 : 최고 허용압력의 110 % 이하
  ㉡ 안전밸브를 2개 이상 설치한 경우 : 최고허용압력의 116 % 이하
㉯ 분출원인이 화재인 경우 : 안전밸브의 수량에 관계없이 최고허용압력의 121 % 이하로 한다.

24. 가정용 액화석유가스(LPG) 연소기구의 부근에서 가스가 새어 나올 때의 적절한 조치방법은?

① 용기를 안전한 장소로 옮긴다.
② 용기의 메인밸브를 즉시 잠근다.
③ 물을 뿌려서 가스를 용해시킨다.
④ 방의 창문을 닫고 가스가 다른 곳으로 새어 나가지 않도록 한다.

해설 연소기구 부근에서 가스가 새어 나올 때 즉시 용기의 메인밸브(충전용 밸브)를 폐쇄하여 가스 누출을 차단하는 것이 가장 적절한 조치방법에 해당된다.

25. 고압가스 냉매설비의 기밀시험 시 압축공기를 공급할 때 공기의 온도는?

① 40℃ 이하 ② 70℃ 이하
③ 100℃ 이하 ④ 140℃ 이하

해설 냉매설비에 대한 기밀시험에 사용하는 가스는 공기 또는 불연성 가스(산소 및 독성가스를 제외한다)로 한다. 이때 공기압축기로 압축공기를 공급하는 경우에는 공기의 온도를 140℃ 이하로 할 수 있다.

26. 고압가스 충전용기의 운반기준 중 틀린 것은?

① 충전용기를 운반하는 때는 로프, 짐을 조이는 공구 또는 그물 등을 사용하여 확실하게 묶어서 적재한다.
② 운반 중의 충전용기는 항상 40℃ 이하를 유지할 것
③ 차량통행이 가능한 지역에선 이륜차로 적재하여 운반할 것
④ 독성가스 충전용기를 차량에 적재할 때에는 차량 운행 중의 동요로 인하여 용기가 충돌하지 아니하도록 고무링을 씌우거나 적재함에 넣어 세워서 적재한다.

해설 충전용기는 이륜차에 적재하여 운반하지 아니한다. 다만, 차량이 통행하기 곤란한 지역이나 그 밖에 시·도지사가 지정하는 경우에는 다음 기준에 적합한 경우에만 액화석유가스 충전용기를 이륜차(자전거는 제외한다)에 적재하여 운반할 수 있다.
㉮ 용기운반 전용 적재함이 장착된 경우
㉯ 적재하는 충전용기는 충전량이 20 kg 이하이고, 적재수가 2개를 초과하지 아니하는 경우

27. 고압가스 운반 중 가스누출 부분에 수리가 불가능한 사고가 발생하였을 경우의 조치로서 가장 거리가 먼 것은?

① 상황에 따라 안전한 장소로 운반한다.
② 부근의 화기를 없앤다.

정답 23. ④   24. ②   25. ④   26. ③   27. ③

③ 소화기를 이용하여 소화한다.
④ 비상연락망에 따라 관계 업소에 원조를 의뢰한다.

[해설] 운반 중 사고가 발생한 경우 조치 사항
㉮ 가스누출이 있는 경우에는 그 누출부분의 확인 및 수리를 할 것
㉯ 가스누출 부분의 수리가 불가능한 경우
　㉠ 상황에 따라 안전한 장소로 운반할 것
　㉡ 부근의 화기를 없앨 것
　㉢ 착화된 경우 용기파열 등의 위험이 없다고 인정될 때는 소화할 것
　㉣ 독성가스가 누출할 경우에는 가스를 제독할 것
　㉤ 부근에 있는 사람을 대피시키고, 동행인은 교통통제를 하여 출입을 금지시킬 것
　㉥ 비상연락망에 따라 관계 업소에 원조를 의뢰할 것
　㉦ 상황에 따라 안전한 장소로 대피할 것

28. 내용적이 300 L인 용기에 액화암모니아를 저장하려고 한다. 이 저장설비의 저장능력은 얼마인가? (단, 액화암모니아의 정수는 1.86이다.)
① 161 kg　　② 232 kg
③ 279 kg　　④ 558 kg

[해설] $W = \dfrac{V}{C} = \dfrac{300}{1.86} = 161.29 \, \text{kg}$

29. 염소가스의 안전장치로 가용전을 사용할 때 용융 온도는?
① 10 ~ 15℃　　② 30 ~ 35℃
③ 40 ~ 45℃　　④ 65 ~ 68℃

[해설] 가용전의 용융온도
㉮ 염소 용기 : 65 ~ 68℃
㉯ 아세틸렌 용기 : 105±5℃

30. 루트식 가스미터의 장점으로 옳은 것은?
① 값이 싸다.
② 대유량의 가스 측정에 적합하다.
③ 설치 후의 유지관리에 시간을 요하지 않는다.
④ 기준, 실험용에 사용한다.

[해설] 루트식(roots type) 가스미터의 특징
㉮ 대유량 가스 측정에 적합하다.
㉯ 중압가스의 계량이 가능하다.
㉰ 설치면적이 적고, 연속흐름으로 맥동현상이 없다.
㉱ 여과기의 설치 및 설치 후의 유지관리가 필요하다.
㉲ $0.5 \, \text{m}^3/\text{h}$ 이하의 적은 유량에는 부동의 우려가 있다.
㉳ 구조가 비교적 복잡하다.
㉴ 용도는 대량 수용가에 사용한다.
㉵ 용량 범위는 $100 \sim 5000 \, \text{m}^3/\text{h}$이다.

31. 실린더의 단면적 50 cm², 행정 10 cm, 회전수 200 rpm, 체적효율 80 %인 왕복 압축기의 토출량은?
① 60 L/mim　　② 80 L/min
③ 120 L/min　　④ 140 L/min

[해설] ㉮ 면적(cm²)×길이(cm) = 체적(cm³) 이며, 1L = 1000cm³에 해당된다.
㉯ 토출량 계산
　∴ $V = \dfrac{\pi}{4} D^2 \cdot L \cdot n \cdot N \cdot \eta_v$
　　$= 50 \times 10 \times 1 \times 200 \times 0.8 \times 10^{-3}$
　　$= 80 \, \text{L/min}$

32. 초대형 저장탱크의 액면을 측정하기 적합한 액면계는?
① 게이지 글라스식 액면계
② 부자식 액면계
③ 전기량 검출식 액면계
④ 초음파식 액면계

[정답] 28. ①　29. ④　30. ②　31. ②　32. ②

해설 부자식(浮子式) 액면계 : 탱크 내부의 액체에 뜨는 물체(플로트)를 넣어 액면의 위치에 따라 움직이는 플로트의 위치를 직접 확인하여 액면을 측정하는 방법이다.

33. LPG 충전 및 저장시설 내압시험 시 공기를 사용하는 경우 우선 상용압력의 몇 %까지 승압 하는가?
① 상용압력의 30 %까지
② 상용압력의 40 %까지
③ 상용압력의 50 %까지
④ 상용압력의 60 %까지

해설 상용압력의 50 %까지 압력을 올리고 그 후 상용압력의 10 %씩 단계적으로 압력을 올린다.

34. 비파괴검사 중 검사자에 따른 차이가 많은 것은?
① 음향검사법   ② 전위차법
③ 설파 프린트법 ④ 자분탐상검사법

해설 음향검사 : 간단한 공구를 이용하여 음향에 의해 결함 유무를 판단하는 방법으로 숙련을 요하고 개인차가 심하며, 검사의 결과가 기록되지 않는다.

35. 고압가스 충전용기의 폭발, 파열 중 파열의 직접 원인이 아닌 것은?
① 질소 용기 내에 5 %의 산소가 존재할 때
② 재료의 불량이나 부식
③ 액화가스의 과충전
④ 충전용기가 외부로부터 열을 받았을 때

해설 질소는 불연성 가스로 산소가 존재하면 순도저하의 영향이 있고 파열의 직접적인 원인과는 관계없다.

36. 450℃, 20MPa의 가스에 사용하는 오

토클레이브의 덮개에 사용하는 개스킷(gasket) 중 적당한 것은?
① 납   ② 고무 또는 파이버
③ 파이버   ④ 동

해설 고온, 고압에서는 금속제의 패킹제(개스킷)를 사용하여야 한다.

37. 가스누출 검지 경보장치의 설치에 관한 설명 중 틀린 것은?
① 가스의 누출을 검지하여 그 농도를 지시함과 동시에 경보를 울릴 것
② 경보를 울린 후에 주위의 농도가 변화되면 경보가 자동적으로 정지할 것
③ 암모니아의 경우 검지에서 발신까지의 시간은 1분 이내일 것
④ 지시계의 눈금은 가연성 가스용은 0 ~ 폭발하한계값 일 것

해설 경보를 발신한 후에는 원칙적으로 분위기 가스 농도가 변하여도 계속 경보를 울리고, 그 확인 또는 대책을 강구함에 따라 경보정지가 되어야 한다.

38. 공기액화 분리기에서 이산화탄소 7.2 kg을 제거하기 위해 필요한 건조제의 양은 약 몇 kg인가?
① 6kg ② 9kg ③ 13kg ④ 15kg

해설 ㉮ 가성소다(NaOH)를 이용한 이산화탄소 제거 반응식
$2NaOH + CO_2 \rightarrow Na_2CO_3 + H_2O$
㉯ 건조제(가성소다) 양 계산 : NaOH의 분자량은 40 이다.

[NaOH]		[CO$_2$]
2×40 kg	:	44 kg
x [kg]	:	7.2 kg

$\therefore x = \dfrac{2 \times 40 \times 7.2}{44} = 13.09\,kg$

정답 33. ③ 34. ① 35. ① 36. ④ 37. ② 38. ③

[별해] CO_2 1g 제거에 가성소다(NaOH) 1.82g이 소요되는 것을 이용하여 계산할 수 있다.
∴ 7.2 × 1.82 = 13.104 kg

39. 저장능력이 23000 kg인 액화석유가스의 저장탱크와 제2종 보호시설과 유지하여야 할 안전거리는 얼마인가?
① 16 m 이상
② 18 m 이상
③ 20 m 이상
④ 21 m 이상

[해설] 저장능력별 안전거리 기준

저장능력	제1종 보호시설	제2종 보호시설
10톤 이하	17 m	12 m
10톤 초과 20톤 이하	21 m	14 m
20톤 초과 30톤 이하	24 m	16 m
30톤 초과 40톤 이하	27 m	18 m
40톤 초과	30 m	20 m

[참고] 저장능력 23000 kg은 23톤이고, 제2종 보호시설과 유지하여야 할 안전거리는 16 m 이상이다.

40. 시안화수소 충전 시 한 용기에서 60일을 초과할 수 있는 경우는?
① 순도가 90 % 이상으로 착색되었다.
② 순도가 90 % 이상으로 착색되지 아니하였다.
③ 순도가 98 % 이상으로 착색되어 있다.
④ 순도가 98 % 이상으로 착색되지 아니하였다.

[해설] 시안화수소는 충전한 후 60일이 경과되기 전에 다른 용기에 옮겨 충전한다. 다만, 순도가 98 % 이상으로서 착색되지 아니한 것은 다른 용기에 옮겨 충전하지 아니할 수 있다.

41. 펌프 중 고압에 사용하기 적합한 것은?
① 원심 펌프
② 왕복 펌프
③ 축류 펌프
④ 사류 펌프

[해설] 왕복펌프의 특징
㉮ 소형으로 고압, 고점도 유체에 적당하다.
㉯ 회전수가 변화되면 토출량은 변화하고 토출압력은 변화가 적다.
㉰ 토출량이 일정하여 정량토출이 가능하고 수송량을 가감할 수 있다.
㉱ 단속적인 송출이라 맥동이 일어나기 쉽고 진동이 있다.
㉲ 고압으로 액의 성질이 변할 수 있고, 밸브의 그랜드패킹이 고장이 많다.
㉳ 진동이 발생하고, 동일 용량의 원심펌프에 비해 크기가 크므로 설치면적이 크다.

42. LPG 용기의 재료로서 가장 적당한 것은?
① 주철
② 탄소강
③ 내산강
④ 두랄루민

[해설] LPG는 액화가스로 충전되기 때문에 압력이 높지 않아 탄소강으로 용접용기로 제조하여 사용한다.

43. 일산화탄소를 충전하는 용기로서 적합하지 않은 것은?
① 강재 내면에 Ag을 라이닝한 것
② 강재 내면에 Ni을 라이닝한 것
③ 강재 내면에 Cu을 라이닝한 것
④ 강재 내면에 Al을 라이닝한 것

[해설] 일산화탄소(CO)는 철족의 금속(Fe, Ni, Co)과 반응하여 금속 카르보닐을 생성하므로 강재 내면을 은(Ag), 구리(Cu), 알루미늄(Al)으로 라이닝하여 사용한다.

44. 주기율표 0족에 속하는 희가스에 대한 설명 중 잘못된 것은?

[정답] 39. ① 40. ④ 41. ② 42. ② 43. ② 44. ②

① 화학적으로 불활성으로 다른 원소와는 반응하지 않는다.
② Rn은 용접 시 공기와의 접촉을 막는 보호용 가스로 사용한다.
③ He은 캐리어 가스 및 부양용 가스로 사용한다.
④ Ar의 방전색은 적색, Kr의 방전색은 녹자색이다.

해설 아르곤(Ar)의 용도
㉮ 전구용 봉입가스로 사용
㉯ 용접 시 보호용 가스로 사용
㉰ 가스크로마토그래피의 캐리어가스로 사용

[참고] 희가스류의 발광색

헬륨(He)	네온(Ne)	아르곤(Ar)	크립톤(Kr)	크세논(Xe)	라돈(Rn)
황백색	주황색	적색	녹자색	청자색	청록색

45. 저온 액체 저장에서 외부열 침입 요인이 아닌 것은?
① 단열재를 직접 통한 열전도
② 외면으로부터의 열복사
③ 연결 파이프를 통한 열전도
④ 밸브 등에 의한 열전도

해설 저온장치의 열 침입 원인
㉮ 단열재를 충전한 공간에 남은 가스 분자의 열전도
㉯ 외면으로부터의 열전도
㉰ 연결되는 배관 등에 의한 열전도
㉱ 지지 요크 등에 의한 열전도
㉲ 밸브, 안전밸브 등에 의한 열전도

46. 오르사트 가스 분석기에서 CO_2의 흡수액은?
① 포화 식염수
② 염화 제1구리 용액
③ 알칼리성 피로갈롤 용액
④ 수산화칼륨 30 % 수용액

해설 오르사트 가스 분석기의 흡수액
㉮ 이산화탄소(CO_2) : KOH 30 % 수용액
㉯ 산소(O_2) : 알칼리성 피로갈롤 용액
㉰ 일산화탄소(CO) : 암모니아성 염화 제1구리 용액

47. 가스액화 분리장치의 구성 기기가 아닌 것은?
① 한랭 발생 장치
② 정류 장치
③ 불순물 제거 장치
④ 유회수 장치

해설 가스액화 분리장치 구성 기기 : 한랭 발생장치, 정류장치, 불순물 제거 장치

48. 저온장치에 많이 사용되는 팽창기의 종류는?
① 나사식
② 터보식
② 회전식
④ 다이어프램식

해설 팽창기 : 압축기체가 피스톤, 터빈의 운동에 대하여 일을 할 때 등엔트로피 팽창을 하여 기체의 온도가 내려간다.
㉮ 왕복동식 팽창기 : 팽창비 약 40 정도로 크나 효율은 60~65 % 낮다. 처리 가스량이 1000 m^3/h 이상이 되면 다기통으로 제작하여야 한다.
㉯ 터보 팽창기 : 내부 윤활유를 사용하지 않으며 회전수기 10000~20000 rpm 정도이고, 처리 가스량 10000 m^3/h 이상도 가능하며, 팽창비는 약 5 정도이고 충동식, 반동식, 반경류 반동식이 있다.

49. 압력의 단위 중 절대압력 단위로 옳은 것은?

① kPa · g   ② kPa · v
③ kPa · abs   ④ N · m

해설 압력의 단위
- ㉮ 게이지압력(gauge pressure) : 대기압을 기준으로 측정한 대기압 이상의 압력으로 단위에 'g'를 붙이거나 생략한다.
- ㉯ 진공압력(vacuum pressure) : 대기압을 기준으로 측정한 대기압보다 낮은 압력으로 단위에 'v'를 붙여 구별하며 완전진공 상태를 -760mmHg로 표시한다.
- ㉰ 절대압력(absolute pressure) : 완전진공을 기준으로 측정한 압력으로 단위에 'a' 또는 'abs'를 붙여 구별한다.
- ㉱ 대기압(atmospheric pressure) : 대기에 작용하는 중력에 의해 지표면에 생긴 압력으로 0℃, 위도 45° 해수면을 기준으로 하며 'atm'으로 표시한다.

※ ④번 항목은 일의 SI단위에 해당된다.

50. 가늘고 긴 수직형 반응기로 유체가 순환됨으로서 교반이 행하여지는 방식의 오토클레이브는?

① 진탕형   ② 교반형
③ 회전형   ④ 가스 교반형

해설 가스 교반형 오토클레이브
- ㉮ 오토클레이브 기상부에서 반응 가스를 취출하고 액상부의 최저부에 순환송입 하는 방식이 있다.
- ㉯ 원료가스를 액상부에 송입하여 배출 가스는 환류 응축기를 통과시켜 방출시키는 방식이 있다.
- ㉰ 공업적으로 레페 반응장치 등에 채택된다.
- ㉱ 연속반응의 실험적 연구 등에 사용된다.

51. 기화기에 대한 설명 중 가장 거리가 먼 것은?

① 기화기 사용 시 장점은 가스 종류에 관계없이 한랭 시에도 충분히 기화시킨다.
② 기화장치의 구성요소 중에는 액상의 가스를 가스화 시키는 열교환기도 있다.
③ 감압가온 방식은 열교환기에 의해 액상의 가스를 기화시킨 후 조정기로 감압시켜 공급하는 방식이다.
④ 기화기를 증발형식에 의해 분류하면 순간 증발식과 유입 증발식이 있다.

해설 작동원리에 따른 기화장치 구분
- ㉮ 가온감압 방식 : 열교환기에 액체상태의 LP가스를 보내 여기서 기화된 가스를 조정기에 의해 감압하여 공급하는 방식이다.
- ㉯ 감압가열 방식 : 액체상태의 LP가스를 액체 조정기를 통하여 감압하여 열교환기에 공급해 온수 등으로 가열하여 기화시키는 방식이다.

52. 다음 중 저장소의 바닥 환기에 가장 중점을 주어야 하는 가스는?

① 메탄   ② 에틸렌
③ 아세틸렌   ④ 부탄

해설 ㉮ 각 가스의 분자량 및 공기에 대한 비중

명칭	분자량	비중
메탄(CH_4)	16	0.55
에틸렌(C_2H_4)	28	0.97
아세틸렌(C_2H_2)	26	0.9
부탄(C_4H_{10})	58	2.0

㉯ 저장소에서 누출 등이 발생했을 때 공기보다 무거운 가스가 바닥에 체류하므로 공기보다 2배 무거운 부탄(C_4H_{10})의 저장소가 바닥 환기에 중점을 두어야 한다.

정답 50. ④   51. ③   52. ④

53. 다음 가스 중 60% 이상의 고순도를 12시간 이상 흡입하게 되면 폐에 출혈을 일으켜 어린이나, 작은 동물에게 실명, 사망을 일으키는 가스는?
① Ar ② N_2
③ CO_2 ④ O_2

해설 순도가 60% 이상의 고농도 산소를 12시간 이상 흡입하면 폐에 출혈을 일으켜 어린이나 작은 동물에서는 실명, 사망을 일으킬 수 있다.

54. 다음 중 당해 설비 내의 압력이 상용압력을 초과할 경우 즉시 상용압력 이하로 되돌릴 수 있는 안전장치의 종류에 해당하지 않는 것은?
① 안전밸브 ② 감압밸브
③ 바이패스 밸브 ④ 파열판

해설 과압안전장치의 종류 및 선정
㉮ 기체 및 증기의 압력상승을 방지하기 위하여 설치하는 안전밸브
㉯ 급격한 압력상승, 독성가스의 누출, 유체의 부식성 또는 반응생성물의 성상 등에 따라 안전밸브를 설치하는 것이 부적당한 경우에 설치하는 파열판
㉰ 펌프 및 배관에서 액체의 압력상승을 방지하기 위하여 설치하는 릴리프밸브 또는 안전밸브
㉱ 고압가스설비 등의 내압이 상용의 압력을 초과한 경우 그 고압가스설비 등으로의 가스유입량을 감소시키는 방법으로 고압가스설비 등 안의 압력을 자동으로 제어하는 자동압력제어장치

참고 바이패스 밸브 : 릴리프밸브 등이 설치된 곳에 우회배관(바이패스 배관)을 설치하고 릴리프밸브가 작동하지 않았을 때 우회배관에 설치된 밸브를 수동으로 개방하여 상승된 압력을 다른 시설로 유도하는 기능을 갖는다.

참고 감압밸브 : 1차 측 압력에 관계없이 2차 측 압력을 일정하게 유지하는 기능을 갖는다.

55. 가연성 가스가 폭발할 위험이 있는 장소에 전기설비를 할 경우 위험의 정도에 따른 분류가 아닌 것은?
① 0종 장소 ② 1종 장소
③ 2종 장소 ④ 3종 장소

해설 위험장소의 분류 : 1종 장소, 2종 장소, 0종 장소로 분류한다.

56. 황화수소에 관한 설명으로 옳지 않은 것은?
① 건조된 상태에서 수은, 동과 같은 금속과 반응한다.
② 고압에서는 스테인리스강을 사용한다.
③ 독성이 강하고 고농도 가스를 다량으로 흡입할 경우 즉사한다.
④ 농질산, 발연질산 등의 산화제와는 심하게 반응한다.

해설 건조된 상태에서의 황화수소는 수은, 은, 동과 같은 금속과 반응하지 않고, 수분이 존재할 때 반응한다.

57. 20°C에서 프로판의 증기압은 7.4 kgf/cm²·g이고, n-부탄의 증기압은 1.0 kgf/cm²·g일 때 액화프로판과 액화 n-부탄이 60 mol%, 40 mol% 조성의 혼합가스로 존재할 때 증기압은? (단, 대기압은 1 kgf/cm²이다.)
① 4.64 kgf/cm²·a
② 5.84 kgf/cm²·a

정답 53. ④ 54. ② 55. ④ 56. ① 57. ②

③ 6.24kgf/cm² · a
④ 7.42kgf/cm² · a

해설 문제에서 프로판과 n-부탄의 증기압은 게이지압력으로 주어졌고, 혼합가스의 압력은 절대압력으로 묻고 있으므로 각각의 압력은 절대압력으로 적용하며, 각각의 조성 mol%는 체적으로 적용한다.

$$\therefore P = \frac{P_1 \cdot V_1 + P_2 \cdot V_2}{V}$$

$$= \frac{\{(7.4+1) \times 60\} + \{(1+1) \times 40\}}{60+40}$$

$$= 5.84 \, kgf/cm^2 \cdot a$$

58. 부취제의 구비조건 중 거리가 먼 것은?

① 화학적으로 안정할 것
② 가스배관, 가스미터 등에 흡착되지 않을 것
③ 물에 잘 녹고 독성이 없을 것
④ 가격이 저렴할 것

해설 부취제의 구비조건
㉮ 화학적으로 안정하고 독성이 없을 것
㉯ 보통 존재하는 냄새(생활취)와 명확하게 식별될 것
㉰ 극히 낮은 농도에서도 냄새가 확인될 수 있을 것
㉱ 가스관이나 가스미터 등에 흡착되지 않을 것
㉲ 배관을 부식시키지 않을 것
㉳ 물에 잘 녹지 않고 토양에 대하여 투과성이 클 것
㉴ 완전연소가 가능하고 연소 후 냄새나 유해한 성질이 남지 않을 것

59. [보기] 중 표준대기압에 대하여 바르게 설명한 것은?

┤보기├
ⓐ 위도 45도 해면에서 0℃, 760 mmHg의 누르는 힘으로 규정한다.
ⓑ 표준대기압은 1.0332 bar이다.
ⓒ 표준대기압은 10.332 mH₂O이다.

① ⓐ, ⓑ
② ⓑ, ⓒ
③ ⓐ, ⓒ
④ ⓐ, ⓑ, ⓒ

해설 ㉮ 표준대기압(atmospheric) : 0℃, 위도 45° 해수면을 기준으로 지구중력이 9.8m/s²일 때 누르는 힘으로 수은주 760mmHg로 표시한다.
㉯ 1atm = 760mmHg = 76cmHg
= 0.76mHg = 29.9inHg = 760torr
= 10332kgf/m² = 1.0332kgf/cm²
= 10.332mH₂O = 10332mmH₂O
= 101325N/m² = 101325Pa = 101.325kPa
= 0.101325MPa = 1.01325bar
= 1013.25mbar = 14.7lb/in² = 14.7psi

60. 상온에서 비교적 용이하게 가스를 압축 액화상태로 용기에 충전할 수 없는 가스는?

① C_3H_8
② CH_4
③ Cl_2
④ CO_2

해설 메탄(CH_4)은 비점이 -161.5℃로 상온에서 액화시키기 어려워 압축가스로 분류된다.

정답 58. ③ 59. ③ 60. ②

2021년도 실전 테스트 (1)

1. 시안화수소를 용기에 충전할 때 중합폭발을 방지하기 위하여 사용되는 안정제로 옳은 것은?
① 탄산가스 ② 황산
③ 질소 ④ 일산화탄소

해설 용기에 충전하는 시안화수소는 순도가 98 % 이상이고, 아황산가스 또는 황산 등의 안정제를 첨가한다.

2. 아세틸렌을 용기에 충전할 때 다공도는 얼마로 해야 하는가?
① 70 % 이상 95 % 미만
② 72 % 이상 95 % 미만
③ 75 % 이상 92 % 미만
④ 75 % 이상 95 % 미만

해설 아세틸렌을 용기에 충전하는 때에는 미리 용기에 다공질물을 고루 채워 다공도가 75 % 이상 92 % 미만이 되도록 한 후 아세톤 또는 디메틸포름아미드를 고루 침윤시키고 충전한다.

3. 액화석유가스 용기의 안전점검 기준에 대한 설명 중 틀린 것은?
① 용기는 도색 및 표시가 되어 있는지 여부를 확인할 것
② 용기 아랫부분의 부식상태를 확인할 것
③ 재검사 기간의 도래 여부를 확인할 것
④ 열 영향을 받은 용기는 폐기할 것

해설 LPG 용기의 안전점검 기준
㉮ 용기의 내·외면을 점검하여 사용상 지장이 있는 부식, 금, 주름 등이 있는 것인지의 여부를 확인할 것
㉯ 용기는 도색 및 표시가 되어 있는지의 여부를 확인할 것
㉰ 용기의 스커트에 찌그러짐이 있는지, 사용상 지장이 없도록 적정 간격을 유지하고 있는지의 여부를 확인할 것
㉱ 유통 중 열 영향을 받았는지 여부를 점검할 것, 이 경우 열 영향을 받은 용기는 재검사를 받을 것
㉲ 용기캡이 씌워져 있거나 프로텍터가 부착되어 있는지의 여부를 확인할 것
㉳ 재검사기간의 도래 여부를 확인할 것
㉴ 용기 아랫부분의 부식상태를 확인할 것
㉵ 밸브의 몸통, 충전구 나사, 안전밸브에 사용상 지장이 있는 홈, 주름, 스프링의 부식 등이 있는지의 여부를 확인할 것
㉶ 밸브의 그랜드 너트가 고정핀 등에 의하여 이탈방지를 위한 조치가 있는지의 여부를 확인할 것
㉷ 밸브의 개폐조작이 쉬운 핸들이 부착되어 있는지의 여부를 확인할 것

4. 수소폭명기는 수소와 산소의 혼합비가 얼마일 때를 말하는가?
① 1 : 2 ② 2 : 1
③ 1 : 3 ④ 3 : 1

해설 수소폭명기
㉮ 수소와 산소가 체적비 2 : 1로 폭발적으로 반응하는 것으로 반응 후에 물을 생성한다.
㉯ 반응식 : $2H_2 + O_2 \rightarrow 2H_2O + 136.6$ kcal

5. 가스의 폭발범위에 영향을 주는 인자로

정답 1. ② 2. ③ 3. ④ 4. ② 5. ③

거리가 먼 것은?

① 온도　　② 압력
③ 비열　　④ 가스량

[해설] 폭발범위에 영향을 주는 요소(인자)
㉮ 온도　㉯ 압력
㉰ 가스량　㉱ 산소의 농도

6. 고압가스 충전용기를 운반 시 혼합적재가 가능한 것은?

① 염소와 아세틸렌
② 아세틸렌과 암모니아
③ 염소와 암모니아
④ 충전용기와 위험물 안전관리법이 정하는 위험물

[해설] 혼합적재 금지 기준
㉮ 염소와 아세틸렌, 암모니아, 수소는 동일차량에 적재하여 운반하지 아니한다.
㉯ 가연성 가스와 산소를 동일차량에 적재하여 운반하는 때에는 그 충전용기의 밸브가 서로 마주보지 아니하도록 적재한다.
㉰ 충전용기와 위험물 안전관리법에서 정하는 위험물과는 동일차량에 적재하여 운반하지 아니한다.
㉱ 독성가스 중 가연성 가스와 조연성 가스는 동일차량 적재함에 운반하지 아니한다.

7. 방류둑의 성토는 수평에 대하여 몇 도 이하의 기울기로 하는가?

① 30°　② 45°　③ 60°　④ 75°

[해설] 성토는 수평에 대하여 45° 이하의 기울기로 하고, 성토 윗부분의 폭은 30 cm 이상으로 한다.

8. 고압가스 판매의 시설기준으로 옳지 않은 것은?

① 가연성 가스의 충전용기 보관실의 전기설비는 방폭성능을 가진 것일 것
② 용기 보관실은 그 경계를 표시하고 외부의 눈에 안 띄는 곳에 경계표지를 할 것
③ 충전용기의 보관실은 불연재료를 사용할 것
④ 판매시설에는 압력계 또는 계량기를 갖출 것

[해설] 용기 보관실 보기 쉬운 곳에 경계표지를 설치한다.

9. 공기액화 분리장치의 폭발 원인으로 가장 거리가 먼 것은?

① 공기 취입구로부터의 사염화탄소의 침입
② 압축기용 윤활유의 분해에 따른 탄화수소의 생성
③ 공기 중에 있는 질소 화합물(산화질소 및 과산화질소 등)의 혼입
④ 액체공기 중의 오존의 혼입

[해설] 공기액화 분리장치의 폭발 원인
㉮ 공기 취입구로부터 아세틸렌의 혼입
㉯ 압축기용 윤활유 분해에 따른 탄화수소의 생성
㉰ 공기 중 질소 화합물(NO, NO_2)의 혼입
㉱ 액체공기 중에 오존(O_3)의 혼입

10. 연소의 3요소가 바르게 나열된 것은?

① 가연물, 점화원, 산소
② 수소, 점화원, 가연물
③ 가연물, 산소, 이산화탄소
④ 가연물, 이산화탄소, 점화원

[해설] 연소의 3요소 : 가연물, 산소 공급원, 점화원

11. 고압가스용 용접용기 제조의 기준에 대한 설명으로 틀린 것은?

① 용기 동판의 최대두께와 최소두께의 차이는 평균두께의 20 % 이하로 한다.
② 용기의 재료는 탄소, 인 및 황의 함유량이 각각 0.33 %, 0.04 %, 0.05 % 이하인 강으로 한다.
③ 액화석유가스용 강제용기와 스커트 접속부의 안쪽 각도는 30도 이상으로 한다.
④ 용기에는 그 용기의 부속품을 보호하기 위하여 프로텍터 또는 캡을 부착한다.

[해설] 용접용기 동판의 최대두께와 최소두께의 차이는 평균두께의 10 % 이하로 한다. 〈2013. 5. 20 개정〉
[참고] 이음매 없는 용기는 20 % 이하

12. 도시가스 공급시설에 설치하는 공기보다 무거운 가스를 사용하는 지역정압기실 개구부와 RTU(Remote Terminal Unit) 박스는 얼마 이상의 거리를 유지하여야 하는가?

① 2 m 이상 ② 3 m 이상
③ 4.5 m 이상 ④ 5.5 m 이상

[해설] 도시가스 공급시설에 설치하는 정압기실 및 구역 압력조정기실 개구부와 RTU 박스는 다음 기준에서 정한 거리 이상을 유지한다.
㉮ 지구정압기, 건축물 내 지역정압기 및 공기보다 무거운 가스를 사용하는 지역정압기 : 4.5 m
㉯ 공기보다 가벼운 가스를 사용하는 지역정압기 및 구역압력조정기 : 1 m

[참고] 정압기 분류
㉮ 지구정압기(city gate governor) : 일반도시가스 사업자의 소유시설로서 가스도매 사업자로부터 공급받은 도시가스의 압력을 1차적으로 낮추기 위해 설치하는 정압기를 말한다.
㉯ 지역정압기(district governor) : 일반도시가스 사업자의 소유시설로서 지구정압기 또는 가스도매사업자로부터 공급받은 도시가스의 압력을 낮추어 다수의 사용자에게 가스를 공급하기 위해 설치하는 정압기를 말한다.
㉰ 철근콘크리트 구조의 정압기실 : 정압기실의 벽과 기초가 철근콘크리트인 정압기실을 말한다.
㉱ 캐비닛(cabinet)형 구조의 정압기실 : 정압기, 배관 및 안전장치 등이 일체로 구성된 정압기에 한하여 사용할 수 있는 정압기실로 내식성 재료의 캐비닛과 철근콘크리트 기초로 구성된 정압기실을 말한다.

13. 바닥 면적이 3 m^{2}인 LP가스의 용기 보관실에 확보해야 할 통풍구 크기로 옳은 것은? (단, 자연환기에 의한 통풍이고, 철망 등이 설치되지 않는다.)

① 500 cm^2 이상 ② 700 cm^2 이상
③ 900 cm^2 이상 ④ 1200 cm^2 이상

[해설] 통풍구의 크기는 바닥면적 1 m^{2}당 300 cm^2 이상으로 하여야 한다.
∴ 통풍구의 크기 = 3×300 = 900 cm^2 이상

14. 가스누출 경보기의 기능에 대하여 잘못 설명한 것은?

① 가스의 누출을 검지하여 그 농도를 지시함과 동시에 경보를 울릴 것
② 경보를 울린 후에도 가스 농도가 변하더라도 계속 경보를 한다.
③ 폭발하한계의 1/2 이하에서 자동적으로 경보를 울린다.

[정답] 11. ① 12. ③ 13. ③ 14. ③

④ 담배 연기 등의 잡 가스에 울리지 아니한다.

[해설] 경보농도 설정 값
㉮ 가연성 가스 : 폭발하한계의 1/4 이하
㉯ 독성가스 : TLV-TWA 기준농도 이하
㉰ 암모니아(NH_3)를 실내에서 사용하는 경우 : 50ppm

15. 아세틸렌의 충전 작업에 대한 설명으로 옳은 것은?

① 습식 아세틸렌 발생기의 표면은 40℃ 이하로 유지한다.
② 충전 중의 압력은 2.5 MPa 이하로 한다.
③ 충전 후의 압력은 15℃에서 2.05 MPa 이하로 한다.
④ 충전은 누출이 되기 전에 빠르게 하고, 2~3회 걸쳐서 한다.

[해설] 아세틸렌 충전작업 기준
㉮ 아세틸렌을 2.5 MPa 압력으로 압축하는 때에는 질소, 메탄, 일산화탄소 또는 에틸렌 등의 희석제를 첨가한다.
㉯ 습식 아세틸렌 발생기의 표면은 70℃ 이하로 유지하고, 그 부근에서는 불꽃이 튀는 작업을 하지 아니한다.
㉰ 아세틸렌을 용기에 충전하는 때에는 미리 용기에 다공물질을 고루 채워 다공도가 75% 이상 92% 미만이 되도록 한 후 아세톤 또는 디메틸포름아미드를 고루 침윤시키고 충전한다.
㉱ 아세틸렌을 용기에 충전하는 때의 충전 중의 압력은 2.5 MPa 이하로 하고, 충전 후에는 압력이 15℃에서 1.5 MPa 이하로 될 때까지 정치하여 둔다.
㉲ 상하의 통으로 구성된 아세틸렌 발생 장치로 아세틸렌을 제조하는 때에는 사용 후 그 통을 분리하거나 잔류가스가 없도록 조치한다.

㉳ 충전은 2~3회에 걸쳐 서서히 한다.

16. 공기 중에서 폭발범위가 가장 넓은 것은?

① 프로판　　② 수소
③ 부탄　　　④ 아세틸렌

[해설] 각 가스의 공기 중 폭발범위

명칭	폭발범위
프로판(C_3H_8)	2.2~9.5%
수소(H_2)	4~75%
부탄(C_4H_{10})	1.9~8.5%
아세틸렌(C_2H_2)	2.5~81%

[참고] 가연성 가스 중 폭발범위가 가장 넓은 것은 아세틸렌(C_2H_2)이다.

17. 독성가스 중에 물을 제독제로 사용하는 것으로 옳은 것은?

① 염소, 포스겐, 황화수소
② 암모니아, 산화에틸렌, 염화메탄
③ 아황산가스, 시안화수소, 포스겐
④ 황화수소, 시안화수소, 염화메탄

[해설] 독성가스 제독제

가스 종류	제독제의 종류
염소	가성소다 수용액, 탄산소다 수용액, 소석회
포스겐	가성소다 수용액, 소석회
황화수소	가성소다 수용액, 탄산소다 수용액
시안화수소	가성소다 수용액
아황산가스	가성소다 수용액, 탄산소다 수용액, 물
암모니아, 산화에틸렌, 염화메탄	물

[정답] 15. ② 16. ④ 17. ②

18. 도시가스의 성분을 분석하였더니 체적비로 프로판 60 %, 메탄 40 %일 때 폭발범위 하한값으로 옳은 것은? (단, 폭발범위 하한값은 프로판 1.8 %, 메탄 5 %이다.)

① 2.4 %   ② 3.6 %
③ 4.8 %   ④ 5.5 %

해설 르샤틀리에 공식 $\dfrac{100}{L} = \dfrac{V_1}{L_1} + \dfrac{V_2}{L_2}$ 을 이용하여 혼합가스 폭발범위값을 계산한다.

∴ $L = \dfrac{100}{\dfrac{V_1}{L_1} + \dfrac{V_2}{L_2}} = \dfrac{100}{\dfrac{60}{1.8} + \dfrac{40}{5}} = 2.42\%$

19. 액화석유가스의 안전 및 사업관리법에서 액화석유가스 저장소란 내용적 1 L 미만의 용기에 충전된 액화석유가스를 저장할 경우 총량이 몇 kg 이상 저장하는 장소를 말하는가?

① 100 kg   ② 150 kg
④ 200 kg   ④ 250 kg

해설 저장소 : 액법 시행규칙 제2조
㉮ 내용적 1 L 미만의 용기에 충전하는 액화석유가스의 경우에는 250 kg 이상
㉯ ㉮호 외의 저장설비의 경우 : 저장능력 5톤 이상

20. 용기의 안전장치인 가용전의 재료로서 부적합한 것은?

① 납   ② 알루미늄
③ 카드뮴   ④ 주석

해설 가용전의 재료 : 비스무트(Bi), 카드뮴(Cd), 납(Pb), 주석(Sn), 안티몬(Sb) 등

21. 고압가스 설비에 설치하는 압력계의 최고 눈금범위로 옳은 것은?

① 상용압력의 2배 이상, 3배 이하
② 상용압력의 1.5배 이상, 2배 이하
③ 내압시험 압력의 1배 이상, 2배 이하
④ 내압시험 압력의 1.5배 이상, 2배 이하

해설 고압가스 설비에 설치하는 압력계는 상용압력의 1.5배 이상, 2배 이하의 최고 눈금이 있는 것으로 하고, 사업소에는 국가표준기본법에 의한 제품인증을 받은 압력계를 2개 이상 비치한다.

22. 고압가스 용기의 파열사고의 큰 원인 중 하나는 용기의 내압(內壓)의 이상상승이다. 이상상승의 원인으로 가장 거리가 먼 것은?

① 가열
② 일광의 직사
③ 내용물의 중합반응
④ 적정 충전

해설 내압의 이상상승 원인
㉮ 가열
㉯ 직사광선에 노출(일광의 직사)
㉰ 화재 등으로 인한 용기온도의 상승
㉱ 과잉충전
㉲ 내용물의 중합반응이나 분해반응 등에 기인하는 것

23. 도시가스 사용시설에서 절연조치를 하지 아니한 전선과 가스계량기의 이격거리는 얼마인가?

① 5 cm 이상   ② 15 cm 이상
③ 30 cm 이상   ④ 150 cm 이상

해설 가스계량기와 이격거리 기준
㉮ 전기계량기, 전기개폐기 : 60 cm 이상
㉯ 단열조치를 하지 않은 굴뚝, 전기점멸기, 전기접속기 : 30 cm 이상
㉰ 절연조치를 하지 않은 전선 : 15 cm 이상

정답 18. ①   19. ④   20. ②   21. ②   22. ④   23. ②

24. 가스를 사용하는 일반가정이나 음식점 등에서 호스가 절단 또는 파손으로 다량 가스누출 시 사고예방을 위해 신속하게 자동으로 가스누출을 차단하기 위해 설치하는 제품은?

① 중간밸브 ② 체크밸브
③ 나사 콕 ④ 퓨즈 콕

해설 콕의 종류
㉮ 퓨즈 콕 : 가스유로를 볼로 개폐하고, 과류차단 안전기구가 부착된 것으로서 배관과 호스, 호스와 호스, 배관과 배관 또는 배관과 커플러를 연결하는 구조이다.
㉯ 상자 콕 : 상자에 넣어 바닥, 벽 등에 설치하는 것으로써 3.3 kPa 이하의 압력과 1.2 m^3/h 이하의 표시유량에 사용하는 콕으로 가스유로를 핸들, 누름, 당김 등의 조작으로 개폐하고, 과류차단 안전기구가 부착된 것으로 배관과 커플러를 연결하는 구조이다.
㉰ 주물연소기용 노즐 콕 : 주물연소기 부품으로 사용하는 것으로서 볼로 개폐하는 구조이다.
㉱ 업무용 대형 연소기용 노즐 콕 : 업무용 대형 연소기 부품으로 사용하는 것으로서 가스흐름을 볼로 개폐하는 구조이다.
[참고] 과류차단 안전기구 : 표시유량 이상의 가스량이 통과되었을 경우 가스유로를 차단하는 장치이다.

25. 공기액화 분리기의 액화공기탱크와 액화산소 증발기와의 사이에는 석유류, 유지류 그 밖의 탄화수소를 여과, 분리하기 위한 여과기를 설치해야 한다. 이때 1시간의 공기 압축량이 몇 m^3 이하의 것은 제외하는가?

① 100 m^3 ② 1000 m^3
③ 5000 m^3 ④ 10000 m^3

해설 여과기 설치 : 공기액화 분리기(1시간의 공기압축량이 1000 m^3 이하의 것을 제외한다)의 액화공기탱크와 액화산소 증발기와의 사이에는 석유류, 유지류 그 밖의 탄화수소를 여과·분리하기 위한 여과기를 설치한다.

26. 제조소의 긴급용 벤트스택 방출구 위치는 작업원이 항시 통행하는 장소로부터 이격되어야 할 거리로 옳은 것은?

① 5 m 이상 ② 10 m 이상
③ 15 m 이상 ④ 관계없다.

해설 벤트스택 방출구 위치 : 작업원이 정상 작업을 하는데 필요한 장소 및 작업원이 항시 통행하는 장소로부터
㉮ 긴급용 : 10 m 이상 떨어진 곳에 설치
㉯ 그 밖의 것 : 5 m 이상 떨어진 곳에 설치

27. 산소, 아세틸렌, 수소의 품질검사 주기로 옳은 것은?

① 1월 1회 ② 1주 1회
③ 3일 1회 ④ 1일 1회

해설 품질검사 방법 : 1일 1회 이상 가스제조장에서 안전관리책임자가 실시한다.

28. 압력계 중 직접 압력을 측정하는 1차 압력계에 해당하는 것은?

① 액주식 압력계 ② 부르동관 압력계
③ 벨로스 압력계 ④ 전기저항 압력계

해설 압력계의 분류 및 종류
㉮ 1차 압력계 : 액주식(U자관, 단관식, 경사관식, 호루단형, 폐관식), 자유피스톤형
㉯ 2차 압력계 : 탄성식 압력계(부르동관

정답 24. ④ 25. ② 26. ② 27. ④ 28. ①

식, 벨로스식, 다이어프램식), 전기식 압력계(전기저항 압력계, 피에조 압력계, 스트레인 게이지)

29. 다량의 메탄을 액화시킬 때 사용하는 액화 사이클은 어느 것인가?
① 클라우드 사이클
② 필립스 사이클
③ 캐피자 사이클
④ 캐스케이드 사이클

해설 캐스케이드 액화 사이클 : 비점이 점차 낮은 냉매를 사용하여 저비점의 기체를 액화하는 사이클로 다원액화 사이클이라고 부르며, 공기액화 및 천연가스를 액화시키는 데 사용하고 있다.

30. 폭발성 혼합가스의 폭발 2등급 안전간격으로 옳은 것은?
① 0.1~0.3 mm
② 0.8~1.0 mm
③ 0.4~0.6 mm
④ 1.5~2.0 mm

해설 안전간격

폭발 등급	안전간격	가스의 종류
1등급	0.6 mm 이상	일산화탄소, 에탄, 프로판, 암모니아, 아세톤, 에틸에테르, 가솔린, 벤젠 등
2등급	0.4~0.6 mm	석탄가스, 에틸렌 등
3등급	0.4 mm 미만	아세틸렌, 이황화탄소, 수소, 수성가스

31. 아세틸렌 용기의 기밀시험은 최고충전압력의 얼마로 해야 하는가?
① 0.8배 이상
② 1.1배 이상
③ 1.5배 이상
④ 1.8배 이상

해설 아세틸렌 용기 압력
㉮ 최고충전압력 : 15℃에서 최고압력
㉯ 기밀시험압력 : 최고충전압력의 1.8배 이상
㉰ 내압시험압력 : 최고충전압력의 3배 이상

32. 기체 상태에 있는 어떤 물질의 분자량을 결정하기에 알맞은 실험적인 자료로서 온도와 압력 외에 필요한 것은?
① 비중
② 열량
③ 질량
④ 밀도

해설 가스 밀도 = $\dfrac{분자량}{22.4}$ 이므로 분자량은 가스 밀도에 기체 1몰(mol)이 차지하는 체적 22.4 L를 곱하면 구할 수 있다.

33. 공기를 액화시켜 산소와 질소를 분리하는 원리는?
① 액체산소와 액체질소의 열용량 차이로 분리
② 액체산소와 액체질소의 비중 차이에 의해 분리
③ 액체산소와 액체질소의 비등점 차이에 의해 분리
④ 액체산소와 액체질소의 전기적 성질 차이에 의해 분리

해설 산소의 비등점 -183℃, 질소의 비등점 -190℃로 차이가 있어 공기를 액화시켜 산소와 질소를 분리할 수 있다.

34. 가스 연소기에서 발생할 수 있는 역화(flash back)현상의 발생 원인으로 가장 거리가 먼 것은?
① 분출속도가 연소속도보다 빠른 경우

정답 29. ④ 30. ③ 31. ④ 32. ④ 33. ③ 34. ①

② 기구밸브 등이 막혀 가스량이 극히 적게 된 경우
③ 연소속도가 일정하고 분출속도가 느린 경우
④ 버너가 오래되어 부식에 의해 염공이 크게 된 경우

해설 역화 현상의 발생 원인
㉮ 염공이 크게 되었을 때
㉯ 노즐의 구멍이 너무 크게 된 경우
㉰ 콕이 충분히 개방되지 않은 경우
㉱ 가스의 공급압력이 저하되어 가스량이 적게 되었을 때
㉲ 버너가 과열된 경우
㉳ 연소속도가 분출속도보다 빠른 경우

35. LP가스 이송설비 중 압축기의 부속장치로서 토출측과 흡입측을 전환시키며 액 이송과 가스회수를 한 동작으로 조작이 용이한 것은 어느 것인가?
① 액 트랩 ② 액 가스분리기
③ 전자밸브 ④ 사로밸브

해설 사로밸브 : 4-way valve, 사방밸브라 하며 압축기 흡입측과 토출측을 전환하여 액 이송과 가스 회수를 한 동작으로 할 수 있다.

36. 왕복식 압축기에서 피스톤과 크랭크샤프트를 연결하여 왕복운동을 시키는 역할을 하는 것은?
① 크랭크 ② 피스톤링
③ 커넥팅 로드 ④ 톱클리어런스

해설 커넥팅 로드 : 피스톤과 크랭크샤프트를 연결하여 크랭크샤프트의 회전운동을 피스톤의 왕복운동으로 전환시키는 역할을 하는 것으로 일반적으로 단강을 사용한다.

37. 가스분석 방법 중 흡수분석법이 아닌 것은?
① 헴펠법 ② 적정법
③ 오르사트법 ④ 게겔법

해설 흡수분석법 : 채취된 가스를 분석기 내부의 성분 흡수제에 흡수시켜 체적변화를 측정하는 방식으로 오르사트(Orsat)법, 헴펠(Hempel)법, 게겔(Gockel)법 등이 있다.

38. 송출량 0.25 m³/min인 원심펌프로 높이 20 m로 송수할 때 축동력은 얼마인가? (단, 펌프효율 65 %이다.)
① 1.257 kW ② 1.372 kW
③ 1.572 kW ④ 1.723 kW

해설 송수(送水)의 의미는 물을 보낸다는 것이므로 물의 비중량(γ)은 1000 kgf/m³을 적용한다.

$$\therefore kW = \frac{\gamma \cdot Q \cdot H}{102\eta} = \frac{1000 \times 0.25 \times 20}{102 \times 0.65 \times 60} = 1.257 \, kW$$

39. 보온재의 구비조건 중 거리가 먼 것은?
① 시공이 용이할 것
② 열전도율이 작을 것
③ 흡습, 흡수성이 클 것
④ 비중이 적고, 적당한 강도가 있을 것

해설 보온재(단열재)의 구비조건
㉮ 열전도율이 작을 것
㉯ 흡습성, 흡수성이 작을 것
㉰ 적당한 기계적 강도를 가질 것
㉱ 시공성이 좋을 것
㉲ 부피, 비중(밀도)이 작을 것
㉳ 경제적일 것

40. 고압가스 용기재료의 구비조건과 무관

정답 35. ④ 36. ③ 37. ② 38. ① 39. ③ 40. ④

한 것은?
① 경량이고 충분한 강도를 가질 것
② 내식성, 내마모성을 가질 것
③ 가공성, 용접성이 좋을 것
④ 저온 및 사용온도에 견디는 연성, 점성강도가 없을 것

해설 용기 재료의 구비조건
㉮ 내식성, 내마모성을 가질 것
㉯ 가볍고 충분한 강도를 가질 것
㉰ 저온 및 사용 중 충격에 견디는 연성, 점성강도를 가질 것
㉱ 가공성, 용접성이 좋고 가공 중 결함이 생기지 않을 것

41. 저장조 상부로부터 유도된 압력과 저장조 하부로부터 유도된 압력의 차를 이용하여 액면을 측정하는 것은?
① 크랭크식   ② 회전 튜브식
③ 햄프슨식   ④ 슬립 튜브식

해설 햄프슨식 액면계 : 액화산소와 같은 극저온의 저장조의 상·하부를 U자관에 연결하여 차압에 의하여 액면을 측정하는 방식으로 차압식 액면계라 한다.

42. 정압기(governor)의 기본 구성품 중 2차 압력을 감지하고, 변동사항을 알려주는 역할을 하는 것은?
① 스프링   ② 메인밸브
③ 다이어프램 ④ 공기구멍

해설 정압기의 기본 구성요소
㉮ 다이어프램 : 2차 압력을 감지하고 2차 압력의 변동사항을 메인밸브에 전달하는 역할을 한다.
㉯ 스프링 : 조정할 2차 압력을 설정하는 역할을 한다.
㉰ 메인밸브(조정밸브) : 가스의 유량을 메인밸브의 개도에 따라서 직접 조정하는 역할을 한다.

43. 수성가스의 조성으로 옳은 것은?
① $CO_2 + N_2$ ② $CO_2 + H_2$
③ $CO + N_2$ ④ $CO + H_2$

해설 수성가스는 일산화탄소(CO)와 수소(H_2)로 이루어진다.

44. 공기액화 분리장치에서 건조제로 주로 쓰이는 물질이 아닌 것은?
① 가성소다   ② 실리카겔
③ 활성알루미나 ④ 사염화탄소

해설 건조기 건조제의 종류
㉮ 소다 건조기 : 가성소다를 사용하며 수분과 이산화탄소를 제거할 수 있다.
㉯ 겔 건조기 : 실리카겔, 활성알루미나, 소바이드 등을 사용하며 수분은 제거하나 이산화탄소는 제거하지 못한다.

[참고] 사염화탄소(CCl_4) : 액화산소통 내의 세척제로 사용된다.

45. 내용적이 3000 L인 용기에 액화암모니아를 저장하려고 한다. 용기의 저장능력은 약 몇 kg인가? (단, 액화 암모니아 정수는 1.86이다.)
① 1613   ② 2324
③ 2796   ④ 5580

해설 $W = \dfrac{V}{C} = \dfrac{3000}{1.86} = 1612.903\,kg$

46. 압력단위에 대한 설명 중 옳은 것은?
① 절대압력 = 게이지압력 + 대기압
② 게이지압력 = 절대압력 + 대기압
③ 수주 m은 mAq와 다르다.

④ 대기압은 14.2 psi이다.

해설 각 항목의 옳은 설명
② 게이지압력 = 절대압력 - 대기압
③ 수주(水主) m은 mAq, mH$_2$O와 같은 압력의 단위이다.
④ 대기압은 14.7 lb/in^2 = 14.7 psi이다.

47. 1000 rpm으로 회전하고 있는 펌프의 회전수를 2000 rpm으로 변경하면 펌프의 양정과 소요동력은 각각 몇 배가 되는가?
① 4배, 16배
② 2배, 4배
③ 4배, 2배
④ 4배, 8배

해설 ㉮ 양정의 변화량 계산
$$\therefore H_2 = H_1 \times \left(\frac{N_2}{N_1}\right)^2 = H_1 \times \left(\frac{2000}{1000}\right)^2 = 4H_1$$
㉯ 소요동력의 변화량 계산
$$\therefore L_2 = L_1 \times \left(\frac{N_2}{N_1}\right)^3 = L_1 \times \left(\frac{2000}{1000}\right)^3 = 8L_1$$

48. 주기율표 0족에 속하는 가스에 대한 설명 중 잘못된 것은?
① 비등점이 낮다.
② Rn은 용접 시 공기와의 접촉을 막는 보호용 가스로 사용한다.
③ He은 캐리어 가스 및 부양용 가스로 사용한다.
④ Ar의 방전색은 적색, 크립톤의 방전색은 녹자색이다.

해설 ②번 항목은 아르곤(Ar)의 용도 설명이다.

49. 비열에 대한 설명으로 옳지 않은 것은?
① 정압비열은 정적비열보다 항상 크다.
② 물질의 비열은 물질의 종류와 온도에 따라 달라진다.
③ 비열비가 큰 물질일수록 압축 후의 온도가 더 높다.
④ 물은 비열이 적어 공기보다 온도를 증가시키기 어렵고 열용량도 적다.

해설 물은 공기보다 비열이 커 온도를 증가시키기 어렵고, 열용량도 크다.

참고 물의 비열은 1 kcal/kgf·℃, 0℃ 공기의 정압비열은 0.240 kcal/kgf·℃이다.

50. 다음은 이동식 압축천연가스 자동차충전시설을 점검한 내용이다. 이 중 기준에 부적합한 경우는?
① 이동충전차량과 가스 배관구를 연결하는 호스의 길이가 6 m이었다.
② 가스 배관구 주위에는 가스 배관구를 보호하기 위하여 높이 40 cm, 두께 13 cm인 철근콘크리트 구조물이 설치되어 있었다.
③ 이동충전차량과 충전설비 사이 거리는 8 m이었고, 이동충전차량과 충전설비 사이에 강판제 방호벽이 설치되어 있었다.
④ 충전설비 근처 및 충전설비에서 6 m 떨어진 장소에 수동 긴급차단장치가 각각 설치되어 있었으며 눈에 잘 띄었다.

해설 이동충전차량과 가스 배관구(충전시설에 설치된 가스 이입배관)를 연결하는 호스의 길이는 5 m 이내로 하여야 한다.

51. 산소가 27℃에서 13 MPa의 압력으로 50 kg이 충전되어 있다. 이때 부피는 몇 m^{3}인가?
① 0.25 m^3
② 0.28 m^3
③ 0.30 m^3
④ 0.43 m^3

정답 47. ④ 48. ② 49. ④ 50. ① 51. ③

해설 산소(O_2) 분자량은 32, 13 MPa = 13×10^3 kPa이고 이상기체 상태방정식 $PV = GRT$에서 체적 V를 구한다.

$$\therefore V = \frac{G \cdot R \cdot T}{P}$$

$$= \frac{50 \times \frac{8.314}{32} \times (273 + 27)}{13 \times 10^3} = 0.299 \, m^3$$

52. 금속제련 시 수소를 환원제로 사용하는 것은 어떤 성질 때문인가?

① 산화성　　② 환원성
③ 연소성　　④ 부식성

해설 수소는 용도 중 금속 제련에 사용하는 것은 환원성을 이용한 것이다.

53. 겨울철 LPG 용기 밸브에 얼음이 얼어 가스가 잘 나오지 않을 때 가스를 사용하기 위한 조치로 옳은 것은?

① 용기를 힘차게 흔든다.
② 연탄불로 쪼인다.
③ 40℃ 이하의 열습포로 녹인다.
④ 90℃ 정도의 물을 용기에 붓는다.

해설 고압가스 용기의 밸브, 충전용 지관을 가열할 때에는 열습포 또는 40℃ 이하의 물을 사용한다.

54. 산소(O_2) 성질에 대한 설명 중 틀린 것은?

① 상온에서 무색, 무취의 기체이며 물에 약간 녹는다.
② 액체산소는 비중이 1.13의 푸른 액체로서 진공 중에서 증발시키면 온도가 강하하여 일부는 고체로 된다.
③ 산소 중이나 공기 중에서 무성방전을 하면 오존(O_3)이 된다.
④ 화학적으로 활발한 원소로 할로겐원소, 백금 등과 화합하여 산화물을 만든다.

해설 산소(O_2)는 화학적으로 활발한 원소로 모든 원소와 반응하여 산화물을 만들지만 할로겐원소, 백금 등과는 화합하지 않는다.

55. LP가스의 특성을 설명한 것 중 틀린 것은?

① 액체는 물보다 무겁다.
② 상온, 상압에서 기체 상태이다.
③ 증기 비중은 공기의 1.5~2.0배이다.
④ 액체는 무색, 투명하며 물에 잘 녹지 않는다.

해설 액화석유가스(LP가스)의 특징
㉮ LP가스는 공기보다 무겁다.
㉯ 액상의 LP가스는 물보다 가볍다.
㉰ 액화, 기화가 쉽고, 기화하면 체적이 커진다.
㉱ LNG보다 발열량이 크고, 연소 시 다량의 공기가 필요하다.
㉲ 기화열(증발잠열)이 크다.
㉳ 무색, 무취, 무미하다.
㉴ 용해성이 있다.
㉵ 온도 상승에 의한 액체의 부피변화가 크다.

56. 가스장치의 사용재료 중 구리 및 구리 합금이 사용 가능한 가스는?

① 산소　　② 황화수소
③ 암모니아　　④ 아세틸렌

해설 구리 및 구리합금 사용 시 문제점
㉮ 아세틸렌 : 아세틸드가 생성되어 화합 폭발의 원인
㉯ 암모니아 : 부식 발생
㉰ 황화수소 : 수분 존재 시 부식 발생

정답 52. ②　53. ③　54. ④　55. ①　56. ①

57. 다음 화합물 중 탄소의 함유율이 가장 많은 것은?

① CO_2
② CH_4
③ C_2H_4
④ CO

해설 ㉮ 각 화합물의 명칭 및 분자량

명칭	분자량
CO_2 (이산화탄소)	44
CH_4 (메탄)	16
C_2H_4 (에틸렌)	28
CO (일산탄소)	28

㉯ 각 화합물의 탄소함유율 계산 : 탄소(C)의 원자량은 12이므로
탄소함유율(%) = $\dfrac{탄소량}{분자량}$ 이다.

① CO_2의 탄소함유율
 = $\dfrac{12}{44} \times 100 = 27.27\%$

② CH_4의 탄소함유율
 = $\dfrac{12}{16} \times 100 = 75\%$

③ C_2H_4의 탄소함유율
 = $\dfrac{12 \times 2}{28} \times 100 = 85.71\%$

④ CO의 탄소함유율
 = $\dfrac{12}{28} \times 100 = 42.85\%$

58. 시안화수소(HCN) 가스의 취급 시 주의사항으로 가장 거리가 먼 것은?

① 금속부식주의
② 노출주의
③ 독성주의
④ 중합폭발주의

해설 시안화수소(HCN)는 가연성 가스, 독성 가스이며 피부에 노출 시 피부를 통해 흡수하여 치명상을 입을 수 있다. 소량의 수분 존재 시 중합폭발을 일으킬 우려가 있지만 금속에 대한 부식성은 없다.

59. 암모니아 합성공정에서 저압법에 해당하는 것은?

① 뉴파우더법
② 동공시법
③ IG법
④ 켈로그법

해설 암모니아 합성공정의 분류
 ㉮ 고압합성법 : 클라우드법, 카자레법
 ㉯ 중압합성법 : IG법, 뉴파우더법, 뉴데법, 동공시법, JCI법, 케미크법
 ㉰ 저압합성법 : 구데법, 켈로그법

60. 절대압력을 정하는데 기준이 되는 것은?

① 게이지 압력
② 국소 대기압
③ 완전 진공
④ 표준 대기압

해설 압력의 기준
 ㉮ 게이지 압력, 진공압력 : 표준 대기압
 ㉯ 절대압력 : 완전 진공

정답 57. ③ 58. ① 59. ④ 60. ③

2021년도 실전 테스트 (2)

1. 염소는 몇 ℃ 이상인 고온에서 철과 직접 반응하는가?

① 30℃ ② 80℃ ③ 100℃ ④ 120℃

해설 염소는 120℃ 이상이 되면 철과 직접 반응하여 부식이 진행된다.

2. 상용압력이 10 MPa인 고압설비의 안전밸브 작동압력은 얼마인가?

① 10 MPa ② 12 MPa
③ 15 MPa ④ 20 MPa

해설 ㉮ 내압시험압력의 상용압력의 1.5배이다.
㉯ 안전밸브 작동압력 계산
안전밸브 작동압력

$= 내압시험압력 \times \dfrac{8}{10}$

$= (상용압력 \times 1.5) \times \dfrac{8}{10}$

$= (10 \times 1.5) \times \dfrac{8}{10} = 12 \text{MPa}$

3. "초저온 용기"라 함은 몇 ℃ 이하의 액화가스를 충전하기 위한 용기를 말하는가?

① −50℃ ② −100℃
③ −150℃ ④ −186℃

해설 초저온 용기의 정의 : −50℃ 이하인 액화가스를 충전하기 위한 용기로서 단열재로 씌우거나 냉동설비로 냉각시키는 등의 방법으로 용기 내의 가스온도가 상용온도를 초과하지 아니하도록 한 것

4. 의료용 가스용기의 도색 구분이 맞는 것은?

① 산소 − 회색 ② 질소 − 흑색
③ 헬륨 − 백색 ④ 에틸렌 − 주황색

해설 공업용 및 의료용 용기의 도색

가스 종류	용기도색 공업용	용기도색 의료용
산소(O_2)	녹색	백색
수소(H_2)	주황색	−
액화탄산가스(CO_2)	청색	회색
LPG	밝은 회색	−
아세틸렌(C_2H_2)	황색	−
암모니아(NH_3)	백색	−
염소(Cl_2)	갈색	−
질소(N_2)	회색	흑색
아산화질소(N_2O)	회색	청색
헬륨(He)	회색	갈색
에틸렌(C_2H_4)	회색	자색
사이클로 프로판	회색	주황색
기타의 가스	회색	−

5. 가스에 대한 일반적인 성질을 설명한 것 중 잘못된 것은?

① HCl − 암모니아와 접촉하면 흰연기가 발생한다.
② Cl_2 − 황록색의 자극성 냄새가 나는 맹독성 기체이다.
③ HCN − 복숭아 냄새가 나는 맹독성 기체로 쉽게 액화한다.
④ H_2 − 고온, 저압하에서 탄소강과 반응하여 수소취성을 일으킨다.

해설 ㉮ 수소취성 : 수소가 고온, 고압하에서 강제 중의 탄소와 반응하여 메탄(CH_4)이 생성되어 강을 취화한다.

정답 1. ④ 2. ② 3. ① 4. ② 5. ④

㉯ 반응식 : $Fe_3C + 2H_2 \rightarrow 3Fe + CH_4$
㉰ 수소취성 방지원소 : 텅스텐(W), 바나듐(V), 몰리브덴(Mo), 티타늄(Ti), 크롬(Cr)

6. 고온 배관용 탄소강관의 KS 규격기호로 옳은 것은?
① SPPH
② SPHT
③ SPLT
④ SPPW

해설 배관용 강관의 KS 기호

KS 기호	배관 명칭
SPP	배관용 탄소강관
SPPS	압력배관용 탄소강관
SPPH	고압배관용 탄소강관
SPHT	고온배관용 탄소강관
SPLT	저온배관용 탄소강관
SPW	배관용 아크용접 탄소강관
SPA	배관용 합금강관
STS×T	배관용 스테인리스강관
SPPG	연료가스 배관용 탄소강관

7. 부취제를 외기로 분출하거나 부취설비로부터 부취제가 흘러나오는 경우 냄새를 감소시키는 방법으로 가장 거리가 먼 것은?
① 연소법
② 수동조절
③ 화학적 산화처리
④ 활성탄에 의한 흡착

해설 부취제 누설 시 제거 방법
㉮ 활성탄에 의한 흡착
㉯ 화학적 산화처리
㉰ 연소법

8. 고압가스 특정제조시설에서 분출원인이 화재인 경우 안전밸브의 축적압력은 안전밸브의 수량과 관계없이 최고허용압력의 몇 % 이하로 하여야 하는가?
① 105 %
② 110 %
③ 116 %
④ 121 %

해설 과압안전장치 축적압력
㉮ 분출원인이 화재가 아닌 경우
  ㉠ 안전밸브를 1개 설치한 경우 : 최고허용압력의 110 % 이하
  ㉡ 안전밸브를 2개 이상 설치한 경우 : 최고허용압력의 116 % 이하
㉯ 분출원인이 화재인 경우 : 안전밸브의 수량에 관계없이 최고허용압력의 121 % 이하로 한다.

9. 다공물질의 용적이 150 m³이며 아세톤 침윤 잔용적이 30 m³일 때의 다공도는 몇 %인가?
① 30
② 40
③ 80
④ 120

해설 다공도(%) = $\dfrac{V-E}{V} \times 100$
$= \dfrac{150-30}{150} \times 100 = 80\%$

10. 도시가스 공급방식에서 수송할 가스량이 많고 원거리 이동 시 주로 쓰이는 방식은?
① 저압공급 방식
② 중압공급 방식
③ 고압공급 방식
④ 초고압공급 방식

해설 고압공급 방식의 특징
㉮ 공급구역이 넓은 경우에 사용된다.
㉯ 대량의 가스를 원거리에 송출할 때 적합하다.
㉰ 배관비용이 절약되어 경제적이다.
㉱ 수용처에서 압력을 낮추는 감압설비가 필요하다.

11. 액화석유가스의 안전관리 및 사업법에 의한 액화석유가스의 주성분에 해당되지

정답 6. ② 7. ② 8. ④ 9. ③ 10. ③ 11. ④

않는 것은?
① 액화된 프로판   ② 액화된 부탄
③ 기화된 프로판   ④ 기화된 메탄

해설 액화석유가스의 정의(액법 제2조) : 프로판이나 부탄을 주성분으로 한 가스를 액화한 것(기화된 것을 포함)을 말한다.

12. 수소가스의 특성이 아닌 것은?
① 질식성이 있다.
② 가스 팽창비율이 크다.
③ 가연성가스 중 비점이 가장 낮다.
④ 가연성가스 중 연소범위가 가장 넓다.

해설 수소의 성질
㉮ 지구상에 존재하는 원소 중 가장 가볍다.
㉯ 무색, 무취, 무미의 가연성이다.
㉰ 열전도율이 대단히 크고, 열에 대해 안정하다.
㉱ 확산속도가 대단히 크다.
㉲ 고온에서 강제, 금속재료를 쉽게 투과한다.
㉳ 폭굉속도가 1400~3500 m/s에 달한다.
㉴ 폭발범위가 넓다 (공기 중 : 4~75 %, 산소 중 : 4~94 %)
㉵ 산소와 수소폭명기, 염소와 염소폭명기의 폭발반응이 발생한다.
㉶ 확산속도가 1.8 km/s 정도로 대단히 크다.

[참고] 가연성 가스 중 연소범위(폭발범위)가 가장 넓은 것은 아세틸렌(2.5~81 %)이다.

13. 고온, 고압 하에서 철족원소(Fe, Ni, Co)와 작용하여 휘발성 카르보닐 화합물을 생성하는 가스는?
① CO   ② H_2S
③ Cl_2 ④ C_2H_2

해설 일산화탄소(CO)는 고온, 고압의 상태에서 철족(Fe, Ni, Co)의 금속에 대하여 침탄 및 카르보닐을 생성한다.

14. 액주식 압력계에 사용되는 액체의 구비조건으로 거리가 먼 것은?
① 모세관현상이 적어야 한다.
② 화학적으로 안정되어야 한다.
③ 점도와 팽창계수가 작아야 한다.
④ 온도변화에 의한 밀도가 커야 한다.

해설 액주식 액체의 구비조건
㉮ 점성이 적을 것
㉯ 열팽창계수가 적을 것
㉰ 항상 액면은 수평을 만들 것
㉱ 온도에 따라서 밀도변화가 적을 것
㉲ 증기에 대한 밀도변화가 적을 것
㉳ 모세관 현상 및 표면장력이 적을 것
㉴ 화학적으로 안정할 것
㉵ 휘발성 및 흡수성이 적을 것
㉶ 액주의 높이를 정확히 읽을 수 있을 것

15. LP가스 사용 시 주의하지 않아도 되는 것은?
① 완전연소 되도록 공기조절기를 조절한다.
② 사용 시 조정기 압력은 적당히 조절한다.
③ 화력조절은 가스레인지 콕으로 한다.
④ 중간밸브 개폐는 서서히 한다.

해설 조정기 압력조절 스프링은 임의로 조작하지 않아야 한다.

16. 일반도시가스사업소에 설치된 정압기 필터 분해점검에 대하여 옳게 설명한 것은?
① 가스공급 개시 후 2년에 1회 이상 실시한다.

② 가스공급 개시 후 매년 1회 이상 실시한다.
③ 설치 후 매년 1회 이상 실시한다.
④ 설치 후 2년에 1회 이상 실시한다.

해설 분해 점검 주기
㉮ 일반도시가스사업소 정압기 및 필터
  ㉠ 정압기 : 2년에 1회 이상
  ㉡ 정압기 필터 : 가스공급개시 후 1월 이내 및 가스공급개시 후 매년 1회 이상
㉯ 가스 사용시설(단독사용자 시설)의 정압기 및 필터 : 설치 후 3년까지는 1회 이상, 그 이후에는 4년에 1회 이상

17. 다음 중 가연성가스가 아닌 것은?
① 아세트알데히드   ② 일산화탄소
③ 산화에틸렌   ④ 염소

해설 가연성가스의 종류 : 아크릴로니트릴, 아크릴알데히드, 아세트알데히드, 아세틸렌, 암모니아, 수소, 황화수소, 시안화수소, 일산화탄소, 메탄, 염화메탄, 브롬화메탄, 에탄, 염화에탄, 염화비닐, 에틸렌, 산화에틸렌, 프로판, 사이클로프로판, 프로필렌, 산화프로필렌, 부탄, 부타디엔, 부틸렌, 메틸에테르, 모노메틸아민, 디메틸아민, 트리메틸아민, 에틸아민, 벤젠, 에틸벤젠 그 밖에 공기 중에서 연소하는 가스로서 폭발한계의 하한이 10% 이하인 것과 폭발한계의 상한과 하한의 차가 20% 이상인 것

[참고] 염소 : 조연성가스, 독성가스에 해당된다.

18. 암모니아의 특성 중 거리가 먼 것은?
① 액화가 용이하며, 물에 800배 용해된다.
② 자극적인 냄새가 있는 무색의 가연성 가스이다.
③ 상온에서 안정하나 100℃ 이상이 되면 분해한다.
④ 할로겐과 반응하여 질소를 유리시킨다.

해설 상온에서 안정하나 1000℃에서 분해하여 질소와 수소가 된다.

19. 도시가스 사용시설의 입상관 설치 방법에 대한 설명 중 잘못된 것은?
① 입상관은 환기가 양호한 곳에 설치하여야 한다.
② 입상관 밸브를 1.6 m 미만으로 설치 시 보호상자 안에 설치한다.
③ 입상관은 화기(그 시설에 사용되는 자체화기를 제외한다.)와 2 m 이상의 우회거리를 유지하여야 한다.
④ 입상관의 밸브 높이는 건축구조상 1.7 m 높이에 설치가 가능하나, 어린이들이 조작의 우려가 있으므로 2 m 이상의 높이에 설치하여야 한다.

해설 (1) 입상관의 밸브는 밸브 손잡이가 부착된 부분(중심)을 기준으로 바닥으로부터 1.6 m 이상 2 m 이내에 설치한다.
(2) 부득이 1.6 m 이상 2 m 이내에 설치하지 못할 경우 기준
㉮ 입상관 밸브를 1.6 m 미만으로 설치 시 보호상자 안에 설치한다.
㉯ 입상관 밸브를 2.0 m 초과하여 설치할 경우에는 다음 중 어느 하나의 기준에 따른다.
  ㉠ 입상관 밸브 차단을 위한 전용계단을 견고하게 고정·설치한다.
  ㉡ 원격으로 차단이 가능한 전동밸브를 설치한다. 이 경우 차단장치의 제어부는 바닥으로부터 1.6 m 이상 2.0 m 이내에 설치하며, 전동밸브 및 제어부는 빗물을 받을 우려가 없도록 조치한다.

20. 다음 중 밀도가 가장 작은 가스는?
① 산소   ② 프로판   ③ 메탄   ④ 부탄

정답 17. ④ 18. ③ 19. ④ 20. ③

해설 ㉮ 각 가스의 분자량

명칭	분자량
산소(O_2)	32
프로판(C_3H_8)	44
메탄(CH_4)	16
부탄(C_4H_{10})	58

㉯ 가스의 밀도 = $\frac{분자량}{22.4}$ 이므로 분자량이 가장 작은 것이 밀도가 가장 작다.

21. 점화원에 의하여 연소가 개시되는 최저온도를 무엇이라 하는가?
① 인화온도 ② 임계온도
③ 발화온도 ④ 포화온도

해설 인화점 및 착화점
㉮ 인화점(인화온도) : 점화원에 의하여 연소가 개시되는 최저온도이다.
㉯ 착화점(착화온도, 발화온도, 발화점) : 온도가 상승할 때 점화원 없이 스스로 연소를 개시할 수 있는 최저의 온도로 인화점보다는 온도가 높다.

22. 도시가스 배관의 보호판 재료로 사용할 수 있는 것은?
① KS D 3500 ② KS D 3503
③ KS D 5101 ④ KS D 6001

해설 보호판 재료는 KS D 3503(일반구조용 압연강재) 또는 이와 동등 이상의 성능이 있는 것으로 한다.

23. 펌프의 축봉장치에서 온도가 상승할 경우 냉각시키는 방법이 아닌 것은?
① 플래싱 ② 퀀칭
③ 쿨링   ④ 실링

해설 메커니컬 실 냉각방법
㉮ 플래싱 : 가장 많이 적용하는 것으로 고압측 액체가 있는 곳에 외부에서 액체를 유입, 유출하여 적정온도로 유지한다.
㉯ 퀀칭 : 냉각액을 메커니컬 실 단면의 안쪽에 직접 접촉하도록 주입하는 방법이다.
㉰ 쿨링 : 메커니컬 실 링 바깥부분을 냉각시키는 방법으로 퀀칭에 비하여 냉각효과는 떨어지나 누설방지가 필요 없고, 냉각수의 순도에 영향을 받지 않는다.

24. 도시가스는 무색, 무취이기 때문에 누출 시 사고를 미연에 방지하기 위하여 경고성 냄새가 나는 물질(부취제)을 첨가하는데 그 비율은 공기 중 용량으로 얼마의 상태에서 감지할 수 있도록 혼합하여야 하는가?
① $\frac{1}{100}$ ② $\frac{1}{200}$
③ $\frac{1}{500}$ ④ $\frac{1}{1000}$

해설 부취제의 감지 농도 : 공기 중 용량으로 $\frac{1}{1000}$의 농도(0.1%)에서 가스냄새가 감지될 수 있어야 한다.

25. 차압에 의해 액면을 측정하는 것으로 극저온 저장탱크의 측정에 많이 사용되는 액면계는?
① 햄프슨식 액면계
② 전기저항식 액면계
③ 벨로스식 액면계
④ 클린카식 액면계

해설 차압식 액면계 : 기상부와 액상부의 압력차를 이용하여 액면을 지시하는 것으로 극저온 저장탱크의 액면 측정에 사용되며 햄프슨식 액면계라 한다.

정답 21. ① 22. ② 23. ④ 24. ④ 25. ①

26. 펌프의 특성곡선에서 체절운전을 설명한 것으로 옳은 것은?
① 유량이 0일 때 양정이 최대가 되는 운전
② 유량이 최대일 때 양정이 최소가 되는 운전
③ 유량이 이론치일 때 양정이 최대가 되는 운전
④ 유량이 평균치일 때 양정이 최소가 되는 운전

해설 체절운전 : 펌프의 토출측 개폐밸브를 폐쇄한 상태에서 펌프를 가동시켜 양정이 최대가 되는 상태(압력계의 지침이 최고를 가리키는 경우)의 운전이다.

27. 450℃, 20 MPa의 가스에 사용하는 오토클레이브의 덮개에 사용할 개스킷(gasket) 중 적당한 것은?
① 납
② 고무 또는 파이버
③ 파이버
④ 동

해설 고온, 고압의 상태에서는 금속제의 패킹제(개스킷)를 사용하여야 한다.

28. 비체적과 밀도의 관계식 중 옳은 것은?
① 밀도 $= \dfrac{22.4}{분자량}$
② 비체적 $= \dfrac{분자량}{22.4}$
③ 밀도 $= \dfrac{1}{비체적}$
④ 비체적 $= 분자량 \times 22.4$

해설 가스의 밀도와 비체적의 관계
㉮ 밀도(ρ) : 단위 체적당 질량으로 단위는 g/L, kg/m^{3}이다.

∴ $\rho = \dfrac{분자량}{22.4} = \dfrac{1}{v}$

㉯ 비체적(v) : 단위 질량당 체적으로 단위는 L/g, m^3/kg이다.

∴ $v = \dfrac{22.4}{분자량} = \dfrac{1}{\rho}$

참고 밀도와 비체적은 서로 역수의 관계이다.

29. 연료의 일반적인 연소 형태가 아닌 것은?
① 확산연소   ② 증발연소
③ 반응연소   ④ 표면연소

해설 연소의 형태
㉮ 표면연소 : 목탄, 코크스와 같이 표면에서 산소와 반응하여 연소하는 것
㉯ 분해연소 : 열분해에 의해 연소가 일어나는 것으로 종이, 석탄, 목재 등의 고체연료의 연소
㉰ 증발연소 : 가연성 액체의 연소
㉱ 확산연소 : 가연성 가스의 연소
㉲ 자기연소 : 산소공급 없이 연소하는 것으로 제5류 위험물이 해당된다.

30. 액화석유가스 압력조정기 중 1단 감압식 저압조정기의 조정압력은?
① 2.3~3.3 MPa   ② 5~30 MPa
③ 2.3~3.3 kPa   ④ 5~30 kPa

해설 일반용 LPG 1단 감압식 저압조정기 압력

구분		압력 범위
입구압력		0.07 ~ 1.56MPa
조정압력		2.3 ~ 3.30kPa
내압시험압력	입구쪽	3MPa 이상
	출구쪽	0.3MPa 이상
기밀시험압력	입구쪽	1.56MPa 이상
	출구쪽	5.5kPa
최대폐쇄압력		3.5kPa 이하

31. LPG 용기 저장에 대한 설명으로 옳지 않은 것은?
① 용기보관실은 사무실과 구분하여 동일한 부지에 설치한다.
② 충전용기는 항상 40℃ 이하를 유지하여야 한다.
③ 용기보관실의 저장설비는 용기집합식으로 한다.
④ 내용적 30 L 미만의 용기는 2단으로 쌓을 수 있다.

해설 용기보관실의 용기는 그 용기보관실의 안전을 위하여 용기집합식으로 하지 아니한다.

32. 산소, 질소, 수소, 아르곤 등의 압축가스 혹은 이산화탄소 등의 고압 액화가스를 충전하는 데 사용되는 용기는?
① 심교 용기   ② 웰딩 용기
③ 무계목 용기   ④ 용접 용기

해설 무계목(無繼目) 용기 : 이음매 없는 용기라 하며, 주로 압축가스를 충전하는 데 사용한다.

33. 가연성가스이면서 독성가스에 해당되는 것은?
① 불소   ② 염소
③ 산화에틸렌   ④ 프로판

해설 가연성가스이면서 독성가스인 것 : 아크릴로 니트릴, 일산화탄소, 벤젠, 산화에틸렌, 모노메틸아민, 염화메탄, 브롬화메탄, 이황화탄소, 황화수소, 암모니아, 석탄가스, 시안화수소, 트리메틸아민 등

34. 고압가스 설비 중 플레어스택의 설치 높이는 플레어스택 바로 밑의 지표면에 미치는 복사열이 얼마 이하로 되도록 하여야 하는가?
① 2000 kcal/m^2 · h
② 3000 kcal/m^2 · h
③ 4000 kcal/m^2 · h
④ 5000 kcal/m^2 · h

해설 플레어스택의 설치위치 및 높이는 플레어스택 바로 밑의 지표면에 미치는 복사열이 4000 kcal/m^2 · h 이하로 되도록 한다. 다만, 4000 kcal/m^2 · h를 초과하는 경우로서 출입이 통제되어 있는 지역은 그러하지 아니하다.

35. 액화석유가스 판매사업의 용기보관실의 면적은 얼마인가?
① 9 m^2 이상   ② 19 m^2 이상
③ 29 m^2 이상   ④ 39 m^2 이상

해설 LPG 판매사업의 시설 기준
㉮ 용기보관실 면적 : 19 m^2 이상
㉯ 사무실 면적 : 9 m^2 이상
㉰ 주차장 면적 : 11.5 m^2 이상

36. 고압가스 제조장치의 재료에 대한 설명으로 틀린 것은?
① 상온 건조상태의 염소가스에 대하여는 보통강을 사용해도 된다.
② 암모니아, 아세틸렌의 배관 재료에는 구리를 사용해도 된다.
③ 저온에서는 고탄소강보다 저탄소강이 사용된다.
④ 암모니아 합성탑 내부의 재료에는 18-8 스테인리스강을 사용한다.

해설 고압가스 제조장치 재료 중 구리(동)는 암모니아의 경우 부식의 우려가 있고, 아세틸렌의 경우 화합폭발의 우려가 있어 사용이 금지된다.

정답 31. ③   32. ③   33. ③   34. ③   35. ②   36. ②

37. 도시가스 사용시설에서 배관을 지하에 매설하는 경우에는 지면으로부터 몇 m 이상의 거리를 유지해야 하는가?

① 0.3m ② 0.6m ③ 1m ④ 1.2m

해설 도시가스 사용시설의 배관을 지하에 매설하는 경우에는 지면으로부터 0.6 m 이상의 거리를 유지한다.

38. 가연성가스 설비의 재치환 작업 시 공기로 재치환한 결과를 산소측정기로 측정하여 산소의 농도가 몇 %가 확인될 때까지 공기로 반복하여 치환하여야 하는가?

① 4~6 % ② 7~11 %
③ 12~16 % ④ 18~22 %

해설 치환농도
㉮ 가연성가스 : 폭발하한값의 $\frac{1}{4}$ 이하
㉯ 독성가스 : TLV-TWA 기준농도 이하
㉰ 산소 : 22 % 이하
㉱ 작업원이 작업할 때의 산소농도 : 18~22 %

39. 캐피자(Kapitza) 공기액화 사이클에서 공기를 압축하는 압력은 얼마인가?

① 5atm ② 7atm ③ 9atm ④ 15atm

해설 캐피자 공기액화 사이클(장치) 특징
㉮ 공기의 압축압력은 7 atm으로 낮다.
㉯ 열교환에 축랭기를 사용하여 원료공기 중의 수분과 탄산가스를 제거한다.
㉰ 팽창기는 터빈식을 사용한다.
㉱ 팽창 터빈에서의 송입공기 온도는 -145 ℃로 낮고, 송입 공기량은 전량의 90 % 정도이다.

40. 용량 500 L인 액체산소 저장탱크에 액체산소를 넣어 방출밸브를 개방하여 16시간 방치하였더니, 탱크 내의 액체산소가 4.8 kg이 방출되었다. 이때 탱크에 침입하는 열량은 약 몇 kcal/h 인가? (단, 액체 산소의 증발잠열은 50 kcal/kg이다.)

① 12 ② 15 ③ 20 ④ 23

해설 시간당 침입한 열량은 액체산소 4.8 kg이 기화되는 데 필요한 열량과 같고, 기화하는 데 16시간이 소요되었으므로 기화에 필요한 전체열량을 16시간으로 나눠주면 된다.

$$\therefore Q = G \times \gamma = \frac{4.8 \times 50}{16} = 15 \text{ kcal/h}$$

41. 아세틸렌 용기에 표시하는 가스명의 문자 색상으로 옳은 것은?

① 백색 ② 흑색 ③ 적색 ④ 청색

해설 아세틸렌 용기 문자 색상
㉮ 아세틸렌 가스명 : 흑색
㉯ 충전기한 : 적색

42. 고온, 고압 하에서 화학적인 합성이나 반응을 하기 위한 고압 반응솥을 무엇이라 하는가?

① 합성탑 ② 반응기
③ 오토클레이브 ④ 기화장치

해설 ㉮ 오토클레이브(auto clave) : 액체를 가열하면 온도의 상승과 함께 증기압도 상승한다. 이때 액상을 유지하며 2종류 이상의 고압가스를 혼합하여 반응시키는 일종의 고압 반응가마를 일컫는다.
㉯ 종류 : 교반형, 진탕형, 회전형, 가스교반형

43. 암모니아를 실내에서 사용할 경우 가스누출 검지경보장치의 경보농도는?

① 25 ppm ② 50 ppm
③ 100 ppm ④ 200 ppm

정답 37. ② 38. ④ 39. ② 40. ② 41. ② 42. ③ 43. ②

해설 (1) 경보농도 설정 값
  ㉮ 가연성가스 : 폭발하한계의 $\frac{1}{4}$ 이하
  ㉯ 독성가스 : TLV-TWA 기준농도 이하
  ㉰ 암모니아(NH_3)를 실내에서 사용하는 경우 : 50 ppm
(2) 지시계의 눈금범위
  ㉮ 가연성가스 : 0~폭발하한계값
  ㉯ 독성가스 : 0~TLV-TWA 기준농도의 3배 값
  ㉰ 암모니아(NH_3)를 실내에서 사용하는 경우 : 150 ppm

44. 도시가스 계량기와 이격거리에 대한 설명 중 옳은 것은?

① 전기계량기와 30 cm 이상의 거리를 유지한다.
② 전기개폐기와 15 cm 이상의 거리를 유지한다.
③ 절연조치를 하지 아니한 전선과 15 cm 이상의 거리를 유지한다.
④ 전기점멸기와 50 cm 이상의 거리를 유지하여야 한다.

해설 가스계량기와 이격거리 기준
  ㉮ 전기계량기, 전기개폐기 : 60 cm 이상
  ㉯ 단열조치를 하지 않은 굴뚝, 전기점멸기, 전기접속기 : 30 cm 이상
  ㉰ 절연조치를 하지 않은 전선 : 15 cm 이상

45. 염소의 특성에 대한 설명 중 옳은 것은?

① 푸른색의 자극성이 심한 기체이다.
② 화학적으로 활성이 강하나 탄소, 질소, 산소와는 화합하지 않는다.
③ 수분이 존재할 경우에는 염화암모늄을 생성하여 철을 부식시킨다.
④ 대기압에서 -24℃ 이하로 냉각하면 쉽게 액화되는 공기보다 무거운 기체이다.

해설 염소(Cl_2)의 특성
  ㉮ 비점이 -34.05℃로 높고 6~7기압의 압력을 가하면 쉽게 액화한다.
  ㉯ 자극성이 강한 독성가스이고, 조연성(지연성)가스이다.
  ㉰ 상온에서 기체는 황록색, 액체는 갈색이다.
  ㉱ 화학적으로 활성이 강하고 희가스, 탄소, 질소, 산소 이외의 원소와 직접 화합하여 염화물을 생성한다 (희가스, 탄소, 질소, 산소와는 화합(반응)하지 않는다).
  ㉲ 건조한 상태에서는 강재에 대하여 부식성이 없으나, 수분과 반응하여 염산(HCl)을 생성하고, 철을 심하게 부식시킨다.
  ㉳ 염소와 수소는 직사광선에 의하여 폭발한다 (염소폭명기).
  ㉴ 염소와 암모니아가 접촉할 때 염소과잉의 경우는 대단히 강한 폭발성 물질인 삼염화질소(NCl_3)를 생성하여 사고 발생의 원인이 된다.
  ㉵ 염소는 120℃ 이상이 되면 철과 직접 반응하여 부식이 진행된다.

46. 다음 가스 중 헨리의 법칙이 적용되지 않는 것은?

① 수소
② 산소
③ 이산화탄소
④ 암모니아

해설 헨리의 법칙 : 일정온도에서 일정량의 액체에 녹는 기체의 질량은 압력에 정비례한다.
  ㉮ 수소(H_2), 산소(O_2), 질소(N_2), 이산화탄소(CO_2) 등과 같이 물에 잘 녹지 않는 기체만 적용된다.
  ㉯ 염화수소(HCl), 암모니아(NH_3), 이산화황(SO_2) 등과 같이 물에 잘 녹는 기체는 적용되지 않는다.

정답 44. ③ 45. ② 46. ④

47. 20℃의 물 1.5 kg을 1 atm 하에서 비등시켜 그 중 절반만 증발시키는 데 필요한 열량은 약 몇 kJ인가? (단, 물의 평균비열은 4.2 kJ/kg·℃, 증발잠열은 2257 kJ/kg이다.)

① 1817 ② 1957 ③ 2197 ④ 2257

해설 ㉮ 20℃ 물을 100℃까지 가열한 열량(현열) 계산
$$Q_1 = G \times C \times \Delta t$$
$$= 1.5 \times 4.2 \times (100-20) = 504 \text{ kJ}$$

㉯ 100℃ 물을 100℃ 수증기로 만들기 위한 가열량(잠열) 계산: 절반$\left(\dfrac{1}{2}\right)$만 증발시킨다.
$$Q_2 = G \times r = \left(1.5 \times \dfrac{1}{2}\right) \times 2257$$
$$= 1692.75 \text{ kJ}$$

㉰ 합계 열량 계산
$$Q = Q_1 + Q_2$$
$$= 504 + 1692.75 = 2196.75 \text{ kJ}$$

48. 자동차 하중을 받을 우려가 있는 차도에 고압가스 배관을 매설 시 배관의 바닥부분에서 배관 정상부의 위쪽으로 몇 cm까지 모래로 되메우기를 하는가?

① 10 ② 20 ③ 30 ④ 40

해설 굴착 및 되메우기 작업 기준
㉮ 배관 외면으로부터 굴착부 측벽까지 거리: 15 cm 이상
㉯ 굴착구의 바닥면: 모래 또는 사질토(砂質土)로 20 cm 이상 또는 모래주머니를 10 cm 이상 깔아서 평탄하게
㉰ 도로의 차도(車道)에 매설 할 때: 배관의 바닥부분에서 노반바닥까지의 사이, 배관의 바닥부분에서 배관 정상부의 위쪽으로 30 cm까지의 사이를 모래 또는 사질토로 채운다.

49. 다음 가스 중 위험도(H)가 가장 큰 것은?

① 수소 ② 아세틸렌
③ 부탄 ④ 메탄

해설 ㉮ 위험도(H): 가연성가스의 폭발 가능성을 나타내는 수치(폭발범위를 폭발범위하한계로 나눈 것)로 수치가 클수록 위험하다. 즉, 폭발범위가 넓을수록, 폭발범위하한계가 낮을수록 위험성이 크다.
$$\therefore H = \dfrac{U-L}{L}$$

㉯ 각 가스의 공기 중 폭발범위

가스 명칭	폭발범위	위험도
수소(H_2)	4~75 %	17.75
아세틸렌(C_2H_2)	2.5~81 %	31.4
부탄(C_4H_{10})	1.9~8.5 %	3.47
메탄(CH_4)	5~15 %	2

50. 염소와 동일 차량에 적재하여 운반하여도 무방한 것은?

① 산소 ② 아세틸렌
③ 암모니아 ④ 수소

해설 혼합적재 금지 기준
㉮ 염소와 아세틸렌, 암모니아, 수소는 동일 차량에 적재하여 운반하지 아니한다.
㉯ 가연성가스와 산소를 동일 차량에 적재하여 운반하는 때에는 그 충전용기의 밸브가 서로 마주보지 아니하도록 적재한다.
㉰ 충전용기와 위험물 안전관리법에서 정하는 위험물과는 동일 차량에 적재하여 운반하지 아니한다.
㉱ 독성가스 중 가연성가스와 조연성가스는 동일 차량 적재함에 운반하지 아니한다.

51. 아세틸렌 충전에 대한 설명 중 ( )안에 알맞은 내용으로 옳은 것은?

아세틸렌을 용기에 충전하는 때의 충전 중의 압력은 ( ) MPa 이하로 하고, 충전 후에는 압력이 ( )℃에서 1.5 MPa 이하로 될 때까지 정치하여 둔다.

① 4.65, 35   ② 3.5, 20
③ 2.5, 15   ④ 1.8, 15

해설 아세틸렌 충전용기 압력
㉮ 충전 중의 압력 : 2.5 MPa 이하
㉯ 충전 후의 압력 : 15℃에서 1.5 MPa 이하

52. 20층인 아파트에서 1층의 가스 압력이 1.8 kPa일 때, 20층에서의 압력은 약 몇 kPa인가? (단, 20층까지의 높이 차는 60 m, 가스의 비중은 0.65이다.)

① 1.31   ② 2.07   ③ 3.32   ④ 4.07

해설 ㉮ 입상관에서의 압력손실 계산 : 입상관에서 압력손실 계산식의 단위 'mmH₂O'는 'kgf/m²'로 환산없이 변환이 가능하고 여기에 중력가속도 $9.8\,m/s^2$을 곱하면 Pa단위가 되며, kPa로 변환하기 위해 1000으로 나눠준다.

∴ $H = 1.293 \times (S-1) \times h$
$= 1.293 \times (0.65 - 1) \times 60 \times 9.8 \times 10^{-3}$
$= -0.266\,kPa$

(여기서, "-"값이 나오면 압력이 상승되는 것을 의미한다.)

㉯ 20층에서의 유출압력 계산
유출압력 = 1층의 압력 - 압력손실
$= 1.8 - (-0.266)$
$= 2.066\,kPa$

53. 산소의 일반적인 특징으로서 잘못 설명된 것은?

① 공업적 제법으로 물을 전기분해하는 방법이 있다.
② 강력한 조연성가스이며, 그 자체는 연소하지 않는다.
③ 용기 도색은 일반공업용은 백색, 의료용은 녹색이다.
④ 산소압축기의 윤활유는 물 또는 10 % 이하의 글리세린수를 사용한다.

해설 산소 충전용기 도색은 공업용은 녹색, 의료용은 백색이다.

54. 온도계의 눈금이 40℃일 때 랭킨온도는 얼마인가?

① 330.4°R   ② 564°R
③ 474.4°R   ④ 464.4°R

해설 ㉮ 섭씨온도를 화씨온도로 계산
$°F = \dfrac{9}{5}℃ + 32$
$= \dfrac{9}{5} \times 40 + 32 = 104°F$

㉯ 화씨온도를 랭킨온도로 계산
$°R = °F + 460 = 104 + 460 = 564°R$

별해 $°R = 1.8 K = 1.8 \times (273 + 40) = 563.4°R$

55. 고압가스 용기 파열사고의 주요 원인으로 가장 거리가 먼 것은?

① 용기의 내압력(耐壓力) 부족
② 용기밸브가 용기에서 이탈
③ 용기 내압(內壓)의 이상 상승
④ 용기 내에서의 폭발성 혼합가스의 발화

해설 용기 파열사고의 주요 원인
㉮ 용기의 내압력(耐壓力) 부족
㉯ 용기 내부압력의 이상 상승
㉰ 용기 내에서의 폭발성 혼합가스의 발화
㉱ 안전장치의 불량으로 작동 미비
㉲ 용기 취급 불량

56. 황화수소(H_2S)에 대한 설명으로 틀린 것은?

정답 52. ②   53. ③   54. ②   55. ②   56. ③

① 각종 산화물을 환원시킨다.
② 알칼리와 반응하여 염을 생성한다.
③ 발화온도가 약 450℃ 정도로서 높은 편이다.
④ 습기를 함유한 공기 중에는 대부분 금속과 작용한다.

해설 황화수소(H_2S)의 특징
㉮ 무색이며 계란 썩는 특유의 냄새가 난다.
㉯ 독성가스(TLV-TWA 10 ppm)이며, 가연성가스(4.3~45 %)이다.
㉰ 공기 중에서 파란 불꽃을 발생하며 연소하고, 불완전연소 시에는 황을 유리시킨다.
㉱ 건조한 상태에서는 부식성이 없으나 수분을 함유하면 금속을 심하게 부식시킨다.
㉲ 가열 시 격렬한 연소 또는 폭발을 일으키며, 알칼리 금속 및 일부 플라스틱과 반응한다.
㉳ 알칼리와 반응하여 염을 생성하고, 각종 산화물을 환원시킨다.
㉴ 자연발화온도는 260℃이다.

57. 시안화수소(HCN) 가스의 취급 시 주의사항으로 가장 거리가 먼 것은?
① 금속부식주의   ② 노출주의
③ 독성주의   ④ 중합폭발주의

해설 시안화수소(HCN)는 가연성가스, 독성가스이며 피부에 노출 시 피부를 통해 흡수하여 치명상을 입을 수 있다. 소량의 수분 존재 시 중합폭발을 일으킬 우려가 있지만 금속에 대한 부식성은 없다.

58. 전기방식법 중 가스배관보다 저전위의 금속(마그네슘 등)을 전기적으로 접촉시킴으로써 목적하는 방식 대상 금속자체를 음극화하여 방식하는 방법은?
① 외부전원법   ② 희생양극법
③ 배류법   ④ 선택법

해설 희생양극법(유전양극법, 전기양극법, 전류양극법) : 양극(anode)과 매설배관(cathode : 음극)을 전선으로 접속하고 양극 금속과 배관 사이의 전지작용(고유 전위차)에 의해서 방식전류를 얻는 방법이다. 양극 재료로는 마그네슘(Mg), 아연(Zn)이 사용되며 토양 중에 매설되는 배관에는 마그네슘이 사용된다.

59. LNG와 SNG에 대한 설명으로 맞는 것은?
① SNG는 대체천연가스 또는 합성천연가스를 말한다.
② 액체상태의 나프타를 LNG라 한다.
③ SNG는 순수 천연가스를 말한다.
④ SNG는 각종 도시가스의 총칭이다.

해설 LNG와 SNG
㉮ LNG(Liquefied Natural Gas) : 액화천연가스
㉯ SNG(Substitute Natural Gas) : 대체천연가스 또는 합성천연가스

60. 다음 중 웨버지수의 산식을 옳게 나타낸 것은? (단, H_g : 도시가스의 총발열량, d : 도시가스의 공기에 대한 비중을 나타낸다.)
① $WI = \dfrac{Hg}{\sqrt{d}}$ ② $WI = \dfrac{\sqrt{Hg}}{d}$
③ $WI = 1 - \dfrac{Hg}{\sqrt{d}}$ ④ $WI = 1 + \dfrac{Hg}{\sqrt{d}}$

해설 웨버(Webbe)지수 : 가스의 발열량을 가스비중의 제곱근으로 나눈 값으로 가스의 연소성(가스의 호환성)을 판단하는 수치이다.
∴ $WI = \dfrac{H_g}{\sqrt{d}}$

정답 57. ① 58. ② 59. ① 60. ①

2022년도 실전 테스트 (1)

1. 부양기구의 수소 대체용으로 사용되는 가스는?
① 아르곤 ② 헬륨
③ 질소   ④ 공기

해설 헬륨(He)은 분자량이 4로 수소 다음으로 가벼운 불활성가스로 부양기구의 수소 대체용으로 사용된다.

2. 독성가스를 사용하는 내용적이 몇 L 이상인 수액기 주위에 액상의 가스가 누출될 경우에 대비하여 방류둑을 설치하여야 하는가?
① 1000   ② 2000
③ 5000   ④ 10000

해설 냉동제조시설 중 독성가스를 사용하는 내용적 1만 리터 이상인 수액기 주위에는 그 수액기로부터 액상의 독성가스가 누출될 경우 그 액상의 독성가스가 흘러 확산되는 것을 방지하기 위하여 방류둑을 설치한다.

3. 유압펌프 중 가장 큰 압력을 얻을 수 있는 펌프는?
① 기어 펌프   ② 베인 펌프
③ 원심 펌프   ④ 플런저 펌프

해설 플런저 펌프 : 피스톤과 로드의 단면이 동일한 구조로 피스톤 펌프에 비교해 유량이 적고, 압력이 높은 경우에 사용한다.

4. 액화석유가스 판매시설에 설치되는 용기보관실에 대한 시설기준으로 틀린 것은?
① 용기보관실에는 가스가 누출될 경우 이를 신속히 검지하여 효과적으로 대응할 수 있도록 하기 위하여 반드시 일체형 가스누출 경보기를 설치한다.
② 용기보관실에 설치되는 전기설비는 누출된 가스의 점화원이 되는 것을 방지하기 위하여 반드시 방폭구조로 한다.
③ 용기보관실에는 누출된 가스가 머물지 않도록 하기 위하여 그 용기보관실의 구조에 따라 환기구를 갖추고 환기가 잘되지 아니하는 곳에는 강제통풍시설을 설치한다.
④ 용기보관실 내에는 용기가 넘어지는 것을 방지하기 위하여 적절한 조치를 마련한다.

해설 용기보관실에는 분리형 가스누출 경보기를 설치한다.

5. 비교적 저양정에 적합하며, 효율 변화가 비교적 급한 터보식 펌프는?
① 원심 펌프   ② 축류 펌프
③ 왕복용 펌프 ④ 치차 펌프

해설 축류 펌프 : 임펠러에서의 물을 가이드 베인에 유도하여 그 회전 방향 성분을 축 방향으로 변화시켜 이것에 의한 수력 손실을 적게 하여 축 방향으로 토출하는 것이다.

6. 방류둑 구조에 대한 설명에서 옳지 않은 것은?
① 철근콘크리트는 수밀성 콘크리트를 사용한다.
② 방류둑의 높이는 당해 가스의 액두압에 견디어야 한다.
③ 성토는 수평에 대하여 50° 이하의 기울기로 하여 다져 쌓는다.
④ 방류둑의 재료는 철근콘크리트, 철골,

정답 1. ② 2. ④ 3. ④ 4. ① 5. ② 6. ③

흙 또는 이들을 조합하여 만든다.

해설 성토는 수평에 대하여 45° 이하의 기울기로 하여 다져 쌓는다.

7. 가연성 고압가스 제조소에서 다음 중 착화원인이 될 수 없는 것은?
① 정전기
② 사용 촉매의 접촉
③ 밸브의 급격한 조작
④ 베릴륨 합금제 공구에 의한 타격

해설 베릴륨 합금제 공구 : 타격, 마찰, 충격에 의하여 불꽃이 발생하지 않는 금속으로 만든 공구이다.

8. 저비점(低沸点) 액체용 펌프 사용상의 주의사항으로 틀린 것은?
① 펌프와 흡입, 토출관에는 신축 조인트를 장치한다.
② 펌프는 가급적 저장용기(貯槽)로부터 멀리 설치한다.
③ 밸브와 펌프 사이에 기화가스를 방출할 수 있는 안전밸브를 설치한다.
④ 운전개시 전에는 펌프를 청정(淸淨)하여 건조한 다음 펌프를 충분히 예랭(豫冷)한다.

해설 저비점 액체용 펌프 사용 시 주의사항
㉮ 펌프는 가급적 저장탱크 가까이 설치한다.
㉯ 펌프의 흡입, 토출관에는 신축 이음장치를 설치한다.
㉰ 밸브와 펌프 사이에 기화가스를 방출할 수 있는 안전밸브를 설치한다.
㉱ 운전개시 전 펌프를 청정하여 건조시킨 다음 예랭하여 사용한다.

9. 20 atm의 공기 중에서 질소의 분압은 얼마인가?

① 16atm ② 4atm ③ 10atm ④ 12atm

해설 공기 중에서 질소의 체적비는 78%이다.
$$\therefore \text{분압} = \text{전압} \times \frac{\text{성분부피}}{\text{전부피}} = \text{전압} \times \text{체적비}$$
$$= 20 \times 0.78 = 15.6 \text{ atm}$$

10. 고압가스 제조소의 작업원은 얼마의 기간 이내에 1회 이상 보호구의 사용 훈련을 받아 사용방법을 숙지하여야 하는가?
① 1개월 ② 3개월
③ 6개월 ④ 12개월

해설 보호구 장착 훈련 : 작업원은 3개월에 1회 이상 보호구의 사용 훈련을 받아 사용방법을 숙지한다.

11. 액상의 염소가 피부가 닿았을 경우의 조치로써 옳은 것은?
① 암모니아로 씻어낸다.
② 이산화탄소로 씻어낸다.
③ 소금물로 씻어낸다.
④ 맑은 물로 씻어낸다.

해설 액상의 염소에 노출 시 응급조치 방법
㉮ 피부 : 맑은 물로 씻어낸다.
㉯ 눈 : 3% 붕산수로 씻어낸다.

12. 가스누출검지 경보장치의 성능기준에 대한 설명 중 틀린 것은?
① 독성가스의 경보농도는 TLV-TWA 기준농도 이하로 한다.
② 가연성가스의 경보농도는 폭발하한계의 $\frac{1}{4}$ 이하로 한다.
③ 경보기의 정밀도는 경보농도 설정치에 대하여 가연성가스용에서는 25% 이하로 한다.
④ 지시계의 눈금은 독성가스는 0~TLV-TWA 기준농도의 5배 값을 명확하게 지

정답 7. ④ 8. ② 9. ① 10. ② 11. ④ 12. ④

시하는 것으로 한다.

해설 지시계의 눈금 범위
㉮ 가연성가스 : 0~폭발 하한계값
㉯ 독성가스 : 0~TLV-TWA 기준농도의 3배 값
㉰ 암모니아(NH_3)를 실내에서 사용하는 경우 : 150 ppm

13. 다음 중에서 접촉식 방법의 온도 측정을 하는 온도계가 아닌 것은?
① 서미스터 온도계 ② 광고 온도계
③ 압력 온도계   ④ 금속저항 온도계

해설 온도계의 분류
㉮ 접촉식 온도계 : 유리제 봉입식 온도계, 바이메탈 온도계, 압력식 온도계, 저항 온도계, 서미스터, 열전대 온도계, 제게르콘, 서모컬러 등
㉯ 비접촉식 온도계 : 광고 온도계, 광전관 온도계, 방사 온도계, 색 온도계 등

14. 산소를 제조할 때 품질검사 주기는?
① 1일 1회 이상   ② 1일 3회 이상
③ 2일 1회 이상   ④ 2일 3회 이상

해설 품질검사 방법
㉮ 검사는 1일 1회 이상 가스제조장에서 실시한다.
㉯ 검사는 안전관리책임자가 실시하고, 검사결과를 안전관리부총괄자와 안전관리책임자가 함께 확인하고 서명 날인한다.

15. 도시가스의 배관 내의 상용압력이 4.2 MPa이나. 배관 내의 압력이 이상 상승하여 경보장치의 경보가 울리기 시작하는 압력은?
① 4.2 MPa 초과 시 ② 4.4 MPa 초과 시
③ 5.2 MPa 초과 시 ④ 5.4 MPa 초과 시

해설 경보장치가 울리는 경우
㉮ 배관 내의 압력이 상용압력의 1.05배를 초과한 때(단, 상용압력이 4 MPa 이상인 경우에는 상용압력에 0.2 MPa를 더한 압력)
㉯ 경보가 울리는 압력 계산 : 상용압력이 4 MPa 이상에 해당된다.
∴ 경보압력 = 4.2 + 0.2 = 4.4 MPa

16. 비파괴검사법 중 검사자에 따른 차이가 많은 것은?
① 음향 검사법   ② 전위차법
③ 설파 프린트법   ④ 자기 검사법

해설 음향 검사법 : 간단한 공구를 이용하여 음향에 의해 결함 유무를 판단하는 방법으로 숙련을 요하고 개인차가 심하며, 검사의 결과가 기록되지 않는다.

17. 차량에 고정된 탱크 운반 시 "충전탱크는 그 온도를 항상 40℃ 이하로 유지하고, 액화가스가 충전된 탱크에는 (㉠) 또는 (㉡)를 적절히 측정할 수 있는 장치를 설치한다"에서 ( ) 안에 적합한 것은?
① ㉠ 압력계, ㉡ 압력
② ㉠ 압력계, ㉡ 온도
③ ㉠ 온도계, ㉡ 온도
④ ㉠ 온도계, ㉡ 압력

해설 차량에 고정된 탱크의 온도계 설치 : 충전탱크는 그 온도(가스 온도를 계측할 수 있는 용기의 경우에는 가스의 온도)를 항상 40℃ 이하로 유지한다. 이 경우 액화가스가 충전된 탱크에는 온도계 또는 온도를 적절히 측정할 수 있는 장치를 설치한다.

18. 독성인 냉매가스 설비에서 기계 통풍장치 설치 시 냉동능력 1톤당 환기능력은 얼마인가?
① 0.5 m^3/분 이상 ② 1 m^3/분 이상
③ 2 m^3/분 이상   ④ 2.5 m^3/분 이상

정답 13. ② 14. ① 15. ② 16. ① 17. ③ 18. ③

해설 냉동제조시설 환기능력
㉮ 통풍구 크기 : 냉동능력 1톤당 $0.05\,m^2$ 이상의 면적을 갖는 환기구를 직접 외기에 닿도록 설치한다.
㉯ 기계 통풍장치 : 냉동능력 1톤당 $2\,m^3$/분 이상의 환기능력을 갖는 강제환기장치를 설치한다.

19. 고압용기나 탱크 및 라인(line) 등의 퍼지(purge)용으로 주로 쓰이는 기체는?
① 산소 ② 수소
③ 산화질소 ④ 질소

해설 질소는 상온에서 안정적인 가스이고, 불연성에 해당되어 장치 내의 퍼지용, 기밀시험용으로 사용된다.

20. 도시가스 사용시설에서 도시가스 배관의 표시 등에 대한 기준으로 틀린 것은?
① 지상배관은 부식방지 도장 후 황색으로 도색한다.
② 지하매설배관은 최고사용압력이 저압인 배관은 황색으로 한다.
③ 지하매설배관은 최고사용압력이 중압 이상인 배관은 적색으로 한다.
④ 지하에 매설하는 배관은 그 외부에 사용가스명, 최고사용압력, 가스의 흐름 방향을 표시한다.

해설 지하에 매설하는 배관은 그 외부에 사용가스명, 최고사용압력을 표시한다.

21. 가연성 물질의 연소와 직접 관계가 없는 것은?
① 연소열 ② 발화온도
③ 허용농도 ④ 최소 점화에너지

해설 허용농도는 독성가스와 비독성가스를 구별하는 기준이다.

22. 왕복펌프에서 유량의 맥동을 감소시키기 위하여 설치하는 것은?
① 서지탱크 ② 공기실
③ 스트레이너 ④ 체크밸브

해설 왕복펌프는 송출이 단속적이어서 맥동현상이 발생하고 이것을 저감하기 위해 공기실을 설치하며 종류에는 기액식, 스프링식, 중추식이 있다.

23. 냉동설비의 설치공사가 완공되었을 때 시운전에 사용해서는 안 되는 기체는?
① 질소 ② 산소
③ 공기 ④ 이산화탄소

해설 냉동설비의 설치공사 또는 변경공사가 완공된 때에는 산소 외의 가스를 사용하여 시운전 또는 기밀시험을 실시(공기를 사용하는 때에는 미리 냉매설비 중의 가연성가스를 방출한 후에 실시한다)하여 정상인 것을 확인한 후에 사용한다.

24. 습식 아세틸렌가스 발생기의 표면은 몇 도 이하로 유지해야 하는가?
① 7℃ ② 20℃ ③ 50℃ ④ 70℃

해설 습식 아세틸렌가스 발생기 표면은 70℃ 이하로 유지하고, 그 부근에서는 불꽃이 튀는 작업을 하지 아니한다.

25. 암모니아 냉매의 누설 검지법으로 잘못된 것은?
① 자극성 냄새로 발견
② 유황 불꽃과 접촉되면 백연을 발생
③ 적색 리트머스 시험지를 갈색으로 변화
④ 페놀프탈렌 시험지와 반응하여 갈색 변화

해설 암모니아 냉매 누설 검지법
㉮ 자극성이 있어 냄새로서 알 수 있다.
㉯ 유황, 염산과 접촉 시 훈연기[백연(白煙)]가 발생한다.
㉰ 적색 리트머스지가 청색으로 변한다.

정답 19. ④ 20. ④ 21. ③ 22. ② 23. ② 24. ④ 25. ③

㉣ 페놀프탈렌 시험지가 백색에서 갈색으로 변한다.
㉤ 네슬러시약이 미색→황색→갈색으로 변한다.

26. 다음 중 연소의 3요소를 옳게 나열한 것은?
① 가연물, 연료, 빛
② 공기, 산소공급원, 열
③ 가연물, 공기, 점화원
④ 가연물, 산소공급원, 공기

해설 연소의 3요소 : 가연물(연료), 산소공급원(공기), 점화원

27. 일반도시가스 배관을 지하에 매설하는 경우에는 표지판을 설치해야 하는데 몇 m 간격으로 1개 이상을 설치하는가?
① 100 m ② 200 m
③ 500 m ④ 1000 m

해설 도시가스 배관 매설 표지판 설치 간격
㉮ 가스도매사업자의 배관 : 500 m 간격으로 1개 이상
㉯ 일반도시가스사업자의 배관 : 200 m 간격으로 1개 이상

28. 다음 중 기체 연료의 연소 형태로 옳은 것은?
① 증발연소 ② 표면연소
③ 분해연소 ④ 확산연소

해설 연소의 형태
㉮ 표면연소 : 목탄, 코크스와 같이 표면에서 산소와 반응하여 연소하는 것이다.
㉯ 분해연소 : 열분해에 의해 연소가 일어나는 것으로 종이, 석탄, 목재 등의 고체연료의 연소이다.
㉰ 증발연소 : 가연성 액체의 연소이다.
㉱ 확산연소 : 가연성 가스의 연소이다.
㉲ 자기연소 : 산소공급 없이 연소하는 것으로 제5류 위험물이 해당된다.

29. 가스 운반 시 차량 비치 항목이 아닌 것은?
① 가스 표시 색상
② 인체에 대한 독성 유무
③ 화재, 폭발의 위험성 유무
④ 가스 특성(온도와 압력과의 관계, 비중, 색깔, 냄새)

해설 휴대할 서면에 기재할 내용
㉮ 가스의 명칭
㉯ 가스의 특성(온도와 압력 관계, 비중, 색깔, 냄새)
㉰ 화재, 폭발의 위험성 유무
㉱ 인체에 대한 독성 유무
㉲ 운반 중의 주의사항

30. 다단 압축을 하는 목적으로 옳은 것은?
① 압축일과 체적효율 증가
② 압축일과 체적효율 감소
③ 압축일 증가와 체적효율 감소
④ 압축일 감소와 체적효율 증가

해설 다단 압축의 목적
㉮ 1단 단열 압축과 비교한 일량 절약
㉯ 이용 효율의 증가
㉰ 힘의 평형이 양호해진다.
㉱ 가스의 온도 상승을 피할 수 있다.

31. 0℃, 대기압 상태에서 5 L인 기체를 같은 압력 하에서 273℃로 가열하였을 때 부피는 몇 L인가?
① 1 ② 2.5 ③ 10 ④ 50

해설 샤를의 법칙 $\dfrac{V_1}{T_1} = \dfrac{V_2}{T_2}$에서 변한 후의 체적 V_2를 구한다.
∴ $V_2 = \dfrac{V_1 \times T_2}{T_1} = \dfrac{5 \times (273+273)}{273+0} = 10$ L

32. 의료용 가스 용기의 도색 구분 연결이 틀린 것은?

정답 26. ③ 27. ② 28. ④ 29. ① 30. ④ 31. ③ 32. ④

① 산소 – 백색
② 액화탄산가스 – 회색
③ 질소 – 흑색
④ 에틸렌 – 갈색

해설 주요 가스 용기의 도색

가스 종류	용기 도색	
	공업용	의료용
산소(O_2)	녹색	백색
수소(H_2)	주황색	–
액화탄산가스(CO_2)	청색	회색
액화석유가스	밝은 회색	–
아세틸렌(C_2H_2)	황색	–
암모니아(NH_3)	백색	–
액화염소(Cl_2)	갈색	–
질소(N_2)	회색	흑색
아산화질소(N_2O)	회색	청색
헬륨(He)	회색	갈색
에틸렌(C_2H_4)	회색	자색
사이클로 프로판	회색	주황색
기타의 가스	회색	–

33. 저온 저장탱크의 부압으로 인한 탱크의 파괴를 방지하기 위한 설비와 관계없는 것은?
① 압력계
② 진공 안전밸브
③ 송액 설비
④ 벤트스택

해설 부압을 방지하는 조치(설비)
㉮ 압력계
㉯ 압력경보설비
㉰ 진공 안전밸브
㉱ 다른 시설로부터의 가스도입배관(균압관)
㉲ 압력과 연동하는 긴급차단장치를 설치한 냉동제어설비
㉳ 압력과 연동하는 긴급차단장치를 설치한 송액 설비

34. 다음 연소에 관한 설명으로 옳지 않은 것은?
① 인화점이 낮을수록 위험성이 크다.
② 인화점보다 착화점의 온도가 낮다.
③ 착화점이 낮을수록 위험하다.
④ 인화점이 너무 높아도 나쁘다.

해설 인화점 및 착화점
㉮ 인화점 : 점화원에 의하여 연소가 개시되는 최저온도로, 위험성의 척도이다.
㉯ 착화점(착화온도, 발화온도, 발화점) : 온도가 상승할 때 점화원 없이 스스로 연소를 개시할 수 있는 최저의 온도로, 인화점보다는 온도가 높다.

35. 유체를 일정한 방향으로만 흐르게 하고, 역류를 적극적으로 방지하는 밸브는?
① 조정 밸브
② 체크 밸브
③ 콕
④ 글로브 밸브

해설 체크 밸브(check valve) : 역류방지밸브라 하며 유체를 한 방향으로만 흐르게 하고 역류를 방지하는 목적에 사용하는 밸브이다. 스윙형은 수직, 수평 배관에 모두 사용할 수 있고, 리프트형은 수평 배관에만 사용할 수 있다.

36. 염화메틸을 냉매로 사용할 때 배관재료로 부적합한 것은?
① 철
② 알루미늄 합금
③ 니켈강
④ 동 합금

해설 냉매 종류에 따른 사용 재료의 제한
㉮ 암모니아(NH_3) : 동 및 동합금
㉯ 염화메틸(CH_3Cl) : 알루미늄 합금
㉰ 프레온 : 2%를 넘는 마그네슘을 함유한 알루미늄 합금

37. 고압가스 용기 중 동일 차량에 혼합 적재하여 운반하여도 무방한 것은?
① 산소와 질소, 탄산가스

정답 33. ④ 34. ② 35. ② 36. ② 37. ①

② 염소와 아세틸렌, 암모니아 또는 수소
③ 충전용기와 위험물관리법이 정하는 위험물
④ 가연성가스와 산소를 동일 차량에 용기의 밸브가 서로 마주보게 적재

해설 혼합 적재 금지
㉮ 염소와 아세틸렌, 암모니아, 수소는 동일 차량에 혼합 적재 운반 금지
㉯ 가연성가스와 산소를 동일 차량에 적재 운반 시 충전용기 밸브가 서로 마주 보지 않도록 적재하면 혼합 적재 가능
㉰ 충전용기와 위험물안전관리법이 정하는 위험물
㉱ 독성가스 중 가연성가스와 조연성가스는 동일 차량에 혼합 적재 운반 금지

38. LPG의 연소방식 중 모두 연소용 공기를 2차 공기로만 취하는 방식은?
① 분젠식   ② 세미분젠식
③ 적화식   ④ 전 1차 공기식

해설 연소방식의 분류
㉮ 적화식 : 연소에 필요한 공기를 모두 2차 공기로 취하는 방식
㉯ 분젠식 : 가스를 노즐로부터 분출시켜 주위의 공기를 1차 공기로 취한 후 나머지는 2차 공기를 취하는 방식
㉰ 세미분젠식 : 적화식과 분젠식의 혼합형으로 1차 공기율이 40% 미만을 취하는 방식
㉱ 전 1차 공기식 : 완전연소에 필요한 공기를 모두 1차 공기로 하여 연소하는 방식

참고 연소용 공기 중 1차 공기와 2차 공기
㉮ 1차 공기 : 연소 전에 취하는 공기
㉯ 2차 공기 : 연소 과정 중에 취하는 공기

39. 저장탱크간의 간격이 유지된 가연성가스 저장탱크가 상호 인접한 경우 저장탱크 전 표면적에 대하여 표면적 1 m²당 물분무장치의 방수량은 얼마인가? (단, 내화구조가 아닌 경우이다.)
① 4 L/분   ② 4.5 L/분
③ 7 L/분   ④ 8 L/분

해설 고압가스 저장탱크 표면적 1 m²당 물분무장치 방수량 기준

구분	간격이 유지된 경우	간격이 유지되지 않은 경우
저장탱크 전 표면적	8 L/분	7 L/분
준내화구조	6.5 L/분	4.5 L/분
내화구조	4 L/분	2 L/분

40. 탄화수소에서 탄소(C) 수가 증가할수록 높아지는 것은?
① 증기압   ② 발화점
③ 비등점   ④ 폭발하한계

해설 탄소(C) 수가 증가할수록
㉮ 증가하는 것 : 비등점, 융점, 비중, 발열량
㉯ 감소하는 것 : 증기압, 발화점, 폭발하한값, 폭발범위값, 증발잠열

41. 압력의 단위로 사용되는 SI단위는?
① atm   ② Pa   ③ psi   ④ bar

해설 압력의 SI단위 : Pa = N/m²

42. 프로판 1톤을 내용적 47 L의 LPG 용기에 충전할 경우 필요한 용기의 수는 몇 개인가? (단, 프로판의 충전 정수는 2.35이다.)
① 45   ② 50   ③ 55   ④ 60

해설 ㉮ 용기 1개 당 충전량 계산
$$W = \frac{V}{C} = \frac{47}{2.35} = 20 \text{ kg}$$
㉯ 용기 수 계산
$$\text{용기 수} = \frac{\text{LPG량}}{\text{용기 1개 당 충전량}}$$
$$= \frac{1000}{20} = 50 \text{ 개}$$

정답 38. ③ 39. ④ 40. ③ 41. ② 42. ②

43. 고압가스설비에 측정기기 부착 시 주의사항 중 옳지 않은 것은?

① 산소 제조시설에 압력계 설치 시 반드시 "금유(禁油)"라고 표기된 전용 압력계를 설치해야 한다.
② 온도계 설치 시 감온부의 물리적 변화량을 정확히 측정하는 것을 설치해야 한다.
③ 유량계 설치 시 차압식 유량계는 교축부 전후에 압력차가 있는 곳에 설치해야 한다.
④ 가스 검지기 설치 시 지면에서 1 m 이상의 높이에 설치해야 한다.

[해설] 가스누출 검지기는 공기보다 가벼우면 천장에서 30 cm 이내, 공기보다 무거우면 바닥면에서 30 cm 이내에 설치하여야 한다.

44. 액화산소, LNG 등에 일반적으로 사용될 수 있는 재질이 아닌 것은?

① Al 및 Al합금
② Cu 및 Cu합금
③ 고장력 주철강
④ 18-8 스테인리스강

[해설] 액화산소, LNG 등 초저온 액화가스에 사용할 수 있는 재질은 알루미늄(Al) 및 알루미늄 합금, 구리(Cu) 및 구리 합금, 18-8 스테인리스강(오스테나이트계 스테인리스강)이다.

45. 가스 크로마토그래피의 운반기체(carrier gas)로 사용되지 않는 것은?

① Ar   ② N_2 ③ H_2 ④ O_2

[해설] 운반기체(carrier gas)의 종류 : 수소(H_2), 헬륨(He), 아르곤(Ar), 질소(N_2)

46. 폭발범위에 대한 설명 중 옳지 않은 것은?

① 고온, 고압일 때 폭발범위는 대부분 넓어진다.
② 공기 중 아세틸렌가스의 폭발범위는 2.5~81 %이다.
③ 공기 중에서보다 산소 중에서의 폭발범위는 좁아진다.
④ 한계산소 농도치 이하에서는 폭발성 혼합가스를 생성하지 않는다.

[해설] 공기 중에서보다 산소 중에서의 폭발범위는 넓어진다.

47. 액화석유가스를 저장하기 위한 소형 저장탱크는 그 저장능력이 몇 톤 미만의 것을 말하는가?

① 3   ② 5   ③ 10   ④ 100

[해설] 액화석유가스 저장탱크 구분
㉮ 저장탱크 : 저장능력 3톤 이상
㉯ 소형 저장탱크 : 저장능력 3톤 미만

48. 용기에 충전한 시안화수소는 충전한 후 며칠이 경과되기 전에 다른 용기에 옮겨 충전하여야 하는가? (단, 순도 98 % 이상으로서 착색된 것에 한한다.)

① 30일   ② 45일   ③ 60일   ④ 90일

[해설] 시안화수소를 충전한 용기는 충전 후 24시간 정치하고, 그 후 1일 1회 이상 질산구리벤젠 등의 시험지로 가스의 누출검사를 하며, 용기에 충전 연월일을 명기한 표지를 붙이고, 충전한 후 60일이 경과되기 전에 다른 용기에 옮겨 충전한다. 다만, 순도가 98 % 이상으로서 착색되지 아니한 것은 다른 용기에 옮겨 충전하지 아니할 수 있다.

49. 공기액화 분리기 내의 CO_2를 제거하기 위해 NaOH 수용액을 사용한다. 1.0 kg의 CO_2를 제거하기 위해서는 약 몇 kg의 NaOH를 가해야 하는가?

① 0.9   ② 1.8   ③ 3.0   ④ 3.8

정답 43. ④   44. ③   45. ④   46. ③   47. ①   48. ③   49. ②

해설 ㉮ 가성소다(NaOH)를 이용한 CO_2 제거 반응식

$$2NaOH + CO_2 \rightarrow Na_2CO_3 + H_2O$$

㉯ CO_2 1 kg 제거하기 위한 가성소다 (NaOH)량 계산

$$\therefore x = \frac{2 \times 40 \times 1}{44} = 1.818 \text{ kg}$$

50. 다음 각 가스의 성질에 대한 설명으로 옳은 것은?
① 산화에틸렌은 분해폭발성이 있다.
② 포스겐의 비점은 -128℃로서 매우 낮다.
③ 염소는 가연성가스로서 물에 매우 잘 녹는다.
④ 일산화탄소는 가연성이며 액화하기 쉬운 가스이다.

해설 각 항목의 옳은 설명
① 산화에틸렌(C_2H_4O)의 폭발성 : 산화폭발, 분해폭발, 중합폭발의 위험성이 있다.
② 포스겐($COCl_2$)의 비점 : 8.2℃
③ 염소(Cl_2) : 조연성가스, 독성가스(1 ppm) 이고, 20℃ 물 100 cc에 230 cc 용해한다.
④ 일산화탄소(CO) : 비점이 -192℃로 매우 낮아 압축가스로 취급한다.

51. 다음 중 보일러 중독사고의 주원인이 되는 가스는?
① 이산화딘소   ② 일산회탄소
③ 질소   ④ 염소

해설 보일러 연료용 가스의 불완전연소에 의하여 발생하는 일산화탄소(CO)에 의하여 중독사고의 위험성이 있다.

52. 다음 가스 중에서 공기보다 가벼운 것은?

① O_2 ② SO_2 ③ H_2 ④ CO_2

해설 ㉮ 각 가스의 분자량 비교

명칭	분자량
산소(O_2)	32
아황산가스(SO_2)	64
수소(H_2)	2
이산화탄소(CO_2)	44

㉯ 공기의 평균분자량 29보다 분자량이 작은 가스가 공기보다 가벼운 것이다.

53. 수소를 취급하는 고온, 고압 장치용 재료로서 사용할 수 있는 것은?
① 탄소강, 니켈강
② 탄소강, 망간강
③ 탄소강, 18-8 스테인리스강
④ 18-8 스테인리스강, 크롬-바나듐강

해설 수소를 취급하는 고온, 고압 장치용 재료 중 탄소강은 수소취성을 발생하므로 부적합하고, 수소취성에 견디는 18-8 스테인리스강, 크롬강, 크롬-바나듐강 등을 사용하여야 한다.

54. 다음 중 다공도를 측정할 때 사용되는 식은? (단, V : 다공물질의 용적, E : 아세톤 침윤 잔용적이다.)

① 다공도 $= \dfrac{V}{(V-E)}$

② 다공도 $= (V-E) \times \dfrac{100}{V}$

③ 다공도 $= (V+E) \times V$

④ 다공도 $= (V+E) \times \dfrac{V}{100}$

해설 다공도 계산식

$$\text{다공도}(\%) = \frac{V-E}{V} \times 100$$

$$= \frac{(V-E) \times 100}{V} = (V-E) \times \frac{100}{V}$$

$$= \left(\frac{V}{V} - \frac{E}{V}\right) \times 100 = \left(1 - \frac{E}{V}\right) \times 100$$

55. 다음 중 가스의 성질에 대한 설명으로 맞는 것은?

① 암모니아는 산이나 할로겐과도 잘 화합한다.
② 산소는 액체공기를 분류하여 제조하는 반응성이 강한 가스이며 그 자신으로서 연소된다.
③ 질소는 안정된 가스이며 불활성 가스라고도 하며, 고온에서도 금속과 화합하는 일은 없다.
④ 염소는 반응성이 강한 가스이며 강에 대해서 상온에서도 건조 상태에서 현저한 부식성이 있다.

해설 각 항목 가스의 성질
② 산소 : 조연성(지연성)가스로 그 자신은 연소하지 않는다.
③ 질소 : 불연성가스이고 상온에서 안정된 가스이나, 고온에서 금속과 반응한다.
④ 염소 : 건조한 상태에서는 강에 대한 부식성이 없다.

56. 산소에 대한 설명으로 옳은 것은?

① 가연성가스이다.
② 자성(磁性)을 가지고 있다.
③ 수소와는 반응하지 않는다.
④ 폭발범위가 비교적 큰 가스이다.

해설 각 항목의 옳은 설명
① 강력한 조연성가스이나 그 자신은 연소하지 않는다.
③ 수소와 반응하여 수소 폭명기를 만든다.
④ 산소는 조연성가스이므로 폭발범위를 갖지 않는다.

57. 물 100cm 높이에 해당하는 압력은 몇 Pa 인가? (단, 물의 비중량은 9803 N/m³이다.)

① 4901　　② 490150
③ 9803　　④ 980300

해설 $P = \gamma \times h = 9803 \times 1$
$= 9803 \text{ N/m}^2 = 9803 \text{ Pa}$

58. 게이지압력에 관한 내용 중 옳지 않은 것은?

① 완전 진공상태를 0으로 기준하여 측정한 값이다.
② 표준대기압 상태를 0으로 기준하여 측정한 값이다.
③ 용기에 부착되어 있는 압력계에서 지시하는 압력이다.
④ 절대압력에서 표준대기압을 빼면 게이지압력이 된다.

해설 ①번 항목은 절대압력에 대한 설명이다.

59. 1 kW의 열량을 환산한 것으로 옳은 것은?

① 536 kcal/h　　② 632 kcal/h
③ 729 kcal/h　　④ 860 kcal/h

해설 동력의 단위
㉮ 1 PS = 75 kgf · m/s = 632.2 kcal/h
　　= 0.735 kW = 2646 kJ/h
㉯ 1 kW = 102 kgf · m/s = 860 kcal/h
　　= 1.36 PS = 3600 kJ/h

60. 다음 중 온도의 기본단위는?

① K　　② °R　　③ °F　　④ ℃

해설 기본단위

기본량	길이	질량	시간	전류	물질량	온도	광도
기본단위	m	kg	s	A	mol	K	cd

정답 55. ①　56. ②　57. ③　58. ①　59. ④　60. ①

2022년도 실전 테스트 (2)

1. 산소의 임계압력은?
① 20 atm ② 33.5 atm
③ 50.1 atm ④ 72.9 atm
해설 산소(O_2)의 성질
㉮ 비점 : $-183°C$
㉯ 임계온도 : $-118.4°C$
㉰ 임계압력 : 50.1 atm

2. 수소 등의 압축가스 용기의 형태는?
① 이음매 용기 ② 이음매 없는 용기
③ 피복 용기 ④ 용접 용기
해설 충전용기의 일반적인 형태
㉮ 압축가스 : 이음매 없는 용기(무계목 용기)
㉯ 액화가스 : 용접 용기(계목 용기)

3. 지상에 설치된 액화산소 저장탱크의 방류둑은 저장능력 상당용적의 몇 % 이상으로 하는가?
① 40 ② 60 ③ 80 ④ 100
해설 방류둑 용량
㉮ 액화가스 : 저장능력에 상당하는 용적
㉯ 액화산소 : 저장능력 상당용적의 60% 이상
㉰ 집합 방류둑 : 최대저장능력＋잔여 총능력의 10%
㉱ 냉동제조 : 수액기 내용적의 90% 이상

4. 염소가스 누출검지 경보장치의 경보농도는?
① 1 ppm 이하 ② 5 ppm 이하
③ 10 ppm 이하 ④ 50 ppm 이하
해설 (1) 경보장치 경보농도
㉮ 가연성가스 : 폭발하한계의 1/4 이하
㉯ 독성가스 : TLV-TWA 기준농도 이하
㉰ NH_3를 실내에서 사용 : 50 ppm
(2) 염소(Cl_2)는 조연성, 독성가스이고 TLV-TWA 허용농도가 1 ppm이므로 경보농도는 1 ppm 이하가 된다.

5. 공기액화 분리장치에서 반드시 제거해야 하는 물질이 아닌 것은?
① 탄산가스 ② 아세틸렌
③ 수분 ④ 질소
해설 공기액화 분리장치에서 제거할 물질 : 탄산가스, 수분, 아세틸렌

6. 산소 없이 분해폭발을 일으키는 물질이 아닌 것은?
① 아세틸렌 ② 산화에틸렌
③ 히드라진 ④ 시안화수소
해설 ㉮ 분해(分解)폭발 : 아세틸렌을 일정 압력 이상으로 상승시켰을 때 분해에 의해 일어나는 단일가스의 폭발로 아세틸렌(C_2H_2), 산화에틸렌(C_2H_4O), 오존(O_3), 히드라진(N_2H_4) 등이 해당된다.
㉯ 시안화수소(HCN) : 산화폭발, 중합폭발을 일으킨다.

7. 일반도시가스사업의 가스공급시설 중 최고사용압력이 저압인 유수식 가스홀더에 갖추어야 할 사항 중 잘못된 것은?
① 맨홀 또는 검사구를 설치할 것
② 가스 방출장치를 설치한 것일 것
③ 봉수의 동결방지 조치를 한 것일 것

정답 1. ③ 2. ② 3. ② 4. ① 5. ④ 6. ④ 7. ①

④ 수조에 물 공급관, 물 넘쳐 빠지는 구멍을 설치한 것일 것

해설 가스홀더에 갖추어야 할 시설
(1) 고압 또는 중압의 가스홀더
　㉮ 관의 입구 및 출구에는 신축흡수장치를 설치할 것
　㉯ 응축액을 외부로 뽑을 수 있는 장치를 설치할 것
　㉰ 응축액의 동결을 방지하는 조치를 할 것
　㉱ 맨홀 또는 검사구를 설치할 것
　㉲ 고압가스 안전관리법의 규정에 의한 검사를 받은 것일 것
　㉳ 가스홀더와의 거리 : 두 가스홀더의 최대지름을 합산한 길이의 1/4 이상 유지 (1 m 미만인 경우 1 m 이상의 거리)
(2) 저압의 가스홀더
　㉮ 유수식 가스홀더
　　㉠ 원활히 작동할 것
　　㉡ 가스방출장치를 설치할 것
　　㉢ 수조에 물공급과 물넘쳐 빠지는 구멍을 설치할 것
　　㉣ 봉수의 동결방지조치를 할 것
　㉯ 무수식 가스홀더
　　㉠ 피스톤이 원활히 작동되도록 설치할 것
　　㉡ 봉액공급용 예비펌프를 설치할 것

8. LP가스 설비의 조정기 설치 시 주의사항으로 옳지 않은 것은?
① 부착 후 접속부는 반드시 비눗물로 검사한다.
② 용기 및 조정기의 설치위치는 통풍이 양호한 곳으로 한다.
③ 용기 및 조정기 부근에 연소하기 쉬운 물질을 두지 않는다.
④ 조정기 부착 시 나사를 정확하고 바르게 접속 후 힘을 가하여 무리하게 조인다.

해설 조정기 부착 시 나사를 정확하고 바르게 접속 후 힘을 가하여 조이되 무리하게 조이지는 않는다.

9. 2개 이상의 탱크를 동일한 차량에 고정하여 운반할 때 충전관에 설치하는 것이 아닌 것은?
① 온도계　　② 안전밸브
③ 압력계　　④ 긴급 탈압밸브

해설 2개 이상의 탱크를 동일차량에 고정하여 운반할 때의 기준
　㉮ 탱크마다 탱크의 주 밸브를 설치할 것
　㉯ 탱크 상호간 또는 탱크와 차량과의 사이를 단단하게 부착하는 조치를 할 것
　㉰ 충전관에는 안전밸브, 압력계 및 긴급 탈압 밸브를 설치할 것

10. 공기보다 비중이 가벼운 도시가스의 공급시설로서 공급시설이 지하에 설치된 경우 통풍구조는 흡입구 및 배기구의 관지름을 몇 mm 이상으로 하는가?
① 50　② 75　③ 100　④ 150

해설 흡입구 및 배기구의 관지름은 100mm 이상으로 하되 통풍이 양호하도록 한다.

11. 고압가스 운반 기준에서 후부취출식 탱크 외의 탱크는 탱크의 후면과 차량의 뒷범퍼와의 수평거리가 몇 cm 이상이 되도록 탱크를 차량에 고정시켜야 하는가?
① 30 cm 이상　② 40 cm 이상
③ 60 cm 이상　④ 100 cm 이상

해설 뒷범퍼와의 수평거리
　㉮ 후부 취출식 탱크 : 40 cm 이상
　㉯ 후부 취출식 외 탱크 : 30 cm 이상
　㉰ 조작상자 : 20 cm 이상

12. 공기 중에서 가연성 물질을 연소시킬

정답 8. ④　9. ①　10. ③　11. ①　12. ②

때 공기 중의 산소농도를 증가시키면 연소속도와 발화온도와의 관계는?

① 연소속도 – 크게 됨, 발화온도 – 크게 됨
② 연소속도 – 크게 됨, 발화온도 – 낮게 됨
③ 연소속도 – 낮게 됨, 발화온도 – 크게 됨
④ 연소속도 – 낮게 됨, 발화온도 – 낮게 됨

해설 공기 중의 산소 농도가 증가하면(산소량이 많은 경우) 연소는 잘 되므로 연소속도는 빠르게 되고, 발화온도는 낮아지며, 폭발한계(폭발범위)는 넓어진다.

13. 시안화수소를 충전한 용기는 충전 후 얼마를 정치해야 하는가?

① 4시간
② 8시간
③ 16시간
④ 24시간

해설 시안화수소(HCN)를 충전한 용기는 충전 후 24시간 정치하고, 그 후 1일 1회 이상 질산구리벤젠지 등의 시험지로 가스의 누출검사를 한다.

14. 어떤 도시가스의 발열량이 15000 kcal/Sm³일 때 웨버지수는 얼마인가? (단, 가스의 비중은 0.5로 한다.)

① 12121
② 20000
③ 21213
④ 30000

해설 $WI = \dfrac{H_g}{\sqrt{d}} = \dfrac{15000}{\sqrt{0.5}} = 21213.203$

15. 특정고압가스 사용시설의 시설기준 및 기술기준으로 틀린 것은?

① 가연성가스의 사용설비에는 정전기 제거설비를 설치한다.
② 지하에 매설하는 배관에는 전기부식 방지조치를 한다.
③ 특정가스의 저장설비에는 가스가 누출된 때 이를 흡수 또는 중화할 수 있는 장치를 설치한다.
④ 산소를 사용하는 밸브에는 밸브가 잘 동작할 수 있도록 석유류 및 유지류를 주유하여 사용한다.

해설 산소를 사용하는 때에는 석유류, 유지류 등에 의한 사고를 방지하기 위하여 밸브 및 사용기구에 부착된 석유류, 유지류 그 밖의 가연성 물질을 제거한 후 사용한다.

16. 다음 중 가연성가스에 해당되는 것이 아닌 것은?

① 산소
② 부탄
③ 수소
④ 일산화탄소

해설 연소성에 의하여 구분할 때 산소(O_2)는 조연성(또는 지연성)가스에 해당된다.

17. 고압가스 용기를 내압시험한 결과 전증가량은 400 cc, 영구증가량이 20 cc일 때 영구증가율은 얼마인가?

① 0.2% ② 0.5% ③ 5% ④ 20%

해설 영구증가율 = $\dfrac{\text{영구증가량}}{\text{전증가량}} \times 100$
$= \dfrac{20}{400} \times 100 = 5\%$

18. 용기 밸브의 그랜드 너트의 6각 모서리에 V형의 홈을 낸 것은 무엇을 표시하는 것인가?

① 왼나사임을 표시
② 오른나사임을 표시
③ 암나사임을 표시
④ 수나사임을 표시

해설 용기 밸브의 그랜드 너트의 6각 모서리에 V형의 홈을 낸 것은 왼나사임을 표시하는 것이다.

정답 13. ④ 14. ③ 15. ④ 16. ① 17. ③ 18. ①

19. 독성가스 검지방법 중 암모니아수로 검지하는 가스는?

① SO₂   ② HCN   ③ NH₃   ④ CO

[해설] 아황산가스(SO₂), 염소(Cl₂), 염화수소(HCl) 등은 암모니아와 접촉 시 백연(白煙)이 발생하는 것으로 검지할 수 있다.

20. 독성가스를 운반하는 차량이 갖추어야 할 용구에 해당되지 않는 것은?

① 방독마스크
② 제독제
③ 고무장갑, 고무장화
④ 소화장비

[해설] 독성가스 운반 시 갖추어야 할 용구 및 물품
(1) 보호구 : 방독마스크, 공기호흡기, 보호의, 보호장갑, 보호장화
(2) 자재 : 적색기, 휴대용 손전등, 메가폰 또는 휴대용 확성기, 자동안전바, 완충판, 물통, 누출검지기, 누출검지액, 차바퀴 고정목, 통신기기
(3) 약제 : 누출 시 응급조치 약제로 액화독성가스(염소, 염화수소, 포스겐, 아황산가스)에 적용
  ㉮ 1000 kg 미만 운반 : 소석회(생석회) 20 kg 이상 휴대
  ㉯ 1000 kg 이상 운반 : 소석회(생석회) 40 kg 이상 휴대
(4) 공구
  ㉮ 공작용 공구 : 해머 또는 나무망치, 펜치, 몽키 스패너, 가위 또는 칼, 밸브 개폐용 핸들, 밸브 그랜드 스패너, 가죽장갑
  ㉯ 누출방지 공구 : 고무시트 또는 납 패킹, 링 또는 실 테이프, 형겊, 용기 밸브용 플러그 너트

※ 소화장비는 가연성가스, 산소의 경우에 해당

21. 압축가스의 저장탱크 및 용기 저장능력의 산정식을 옳게 나타낸 것은? (단, Q : 설비의 저장능력(m^3), P : 35℃에서의 최고충전압력(MPa), V_1 : 설비의 내용적(m^3)이다.)

① $Q = \dfrac{(10P+1)}{V_1}$

② $Q = 1.5\,P\,V_1$

③ $Q = (1-P)\,V_1$

④ $Q = (10P+1)\,V_1$

[해설] 압축가스의 저장탱크 및 용기 저장능력의 산정식 : 고법 시행규칙 별표1
  ㉮ $Q = (10P+1)\,V_1$ → 최고충전압력 (P) 단위 : MPa
  ㉯ $Q = (P+1)\,V_1$ → 최고충전압력(P) 단위 : kgf/cm²

22. 일반도시가스 공급시설 기준 중 적합하지 않은 것은?

① 가스공급 시설을 설치하는 실(제조소 및 공급소 내에 설치된 것에 한함)은 양호한 통풍구조로 한다.
② 액화가스가 통하는 가스공급시설에는 가스공급시설에서 발생하는 정전기를 제거하는 조치를 한다.
③ 제조소 또는 공급소에 설치한 가스가 통하는 가스 공급시설의 부근에 설치하는 전기설비는 방폭성능을 가져야 한다.
④ 가스 공급시설의 내압부분 및 액화가스가 통하는 부분은 최고사용압력의 1.1배 이상의 압력으로 실시하는 내압시험에 합격해야 한다.

[해설] 내압시험압력 및 기밀시험압력
  ㉮ 내압시험압력 : 최고사용압력의 1.5배 이상

정답 19. ① 20. ④ 21. ④ 22. ④

㉰ 기밀시험압력 : 최고사용압력의 1.1배 또는 8.4 kPa 중 높은 압력 이상

23. 염소 및 아황산가스를 제독하기 위한 조치로서 옳은 것은?
① 대량의 물로 흡수 제독한다.
② 연소설비로 연소하여 제독한다.
③ 가성소다 수용액으로 흡수하여 제독한다.
④ 산성가스이므로 암모니아로 중화하여 제독한다.

[해설] ㉮ 아황산가스(SO_2)는 물을 제독제로 사용하는 것이 가능하나 염소(Cl_2)는 사용이 불가능하다.
㉯ 염소는 조연성, 아황산가스는 불연성 가스이므로 연소설비로 연소하는 것은 불가능하다.

[참고] 독성가스 제독제

가스 종류	제독제의 종류
염소	가성소다 수용액, 탄산소다 수용액, 소석회
포스겐	가성소다 수용액, 소석회
황화수소	가성소다 수용액, 탄산소다 수용액
시안화수소	가성소다 수용액
아황산가스	가성소다 수용액, 탄산소다 수용액, 물
암모니아, 산화에틸렌, 염화메탄	물

24. 가스의 **폭발** 등과 같이 급속한 압력변화를 측정하는 것에 이용되는 압력계는?
① 부르동관 압력계
② 피스톤식 압력계
③ 피에조 전기 압력계
④ U자관 압력계

[해설] 피에조 전기 압력계(압전기식) : 압력을 가하면 기전력이 발생하고 발생한 전기량은 압력에 비례하는 것을 이용한 것으로 가스 폭발이나 급격한 압력 변화 측정에 사용된다.

25. 독성가스 허용농도의 종류가 아닌 것은?
① 시간가중 평균농도(TLV-TWA)
② 단시간 노출허용농도(TLV-STEL)
③ 최고허용농도(TLV-C)
④ 순간 사망허용농도(TLV-D)

[해설] 독성가스 허용농도의 종류
㉮ 시간가중 평균농도 : TLV-TWA
㉯ 단시간 노출허용농도 : TLV-STEL
㉰ 최고허용농도 : TLV-C
㉱ 법적 노출허용기준 : PEL-TLV
㉲ 반수치사농도 : LC50
㉳ 반수치사량 : LD50
㉴ 직접 위험농도 : IDLH (30분 이내에 구출되지 않으면 건강상태를 회복할 수 없는 직접 위험농도)

26. 아세틸렌가스 충전 시에 희석제로서 부적합한 것은?
① 메탄   ② 프로판
③ 수소   ④ 이산화황

[해설] 희석제의 종류
㉮ 법(안전관리 규정)에서 정한 것 : 질소, 메탄, 일산화탄소, 에틸렌
㉯ 법에서 정한 것 외 : 수소, 프로판, 이산화탄소

27. 고압가스 용기에 사용되는 강의 성분 원소 중 탄소, 인, 황, 규소의 작용에 대한 설명 중 틀린 것은?
① 황은 적열취성의 원인이 된다.
② 인은 상온취성의 원인이 된다.
③ 규소량이 증가하면 충격치는 증가한다.

[정답] 23. ③ 24. ③ 25. ④ 26. ④ 27. ③

④ 탄소량이 증가하면 인장강도는 증가한다.

해설 규소(Si)의 영향
㉮ 유동성이 증가하나 단접성 및 냉간가공성을 나쁘게 한다.
㉯ 충격치가 낮아진다.

28. 주거지역, 상업지역의 저장탱크에 폭발방지장치를 설치해야 하는 저장능력 규모는?
① 10톤 이상 ② 15톤 이상
③ 20톤 이상 ④ 30톤 이상

해설 폭발방지장치 설치 대상
㉮ 지상에 설치된 저장능력 10톤 이상인 LPG 저장탱크
㉯ LPG 이송용 자동차에 고정된 탱크(탱크로리 탱크)

29. 다음 중 전기설비의 방폭구조 종류가 아닌 것은?
① 접지 방폭구조 ② 유입 방폭구조
③ 압력 방폭구조 ④ 안전증 방폭구조

해설 방폭구조의 종류 및 표시기호

명칭	기호
내압 방폭구조	d
유입 방폭구조	o
압력 방폭구조	p
안전증 방폭구조	e
본질안전 방폭구조	ia, ib
특수 방폭구조	s

30. 시안화수소 충전 시 유지해야 할 조건 중 틀린 것은?
① 충전 시 농도는 98% 이상을 유지한다.
② 안정제는 아황산가스나 황산 등을 사용한다.
③ 저장 시에는 1일 2회 이상 염화 제1동 착염지로 누출검사를 한다.
④ 용기에 충전한 후 60일이 경과되기 전에 다른 용기에 충전한다.

해설 시안화수소 충전작업 기준
㉮ 용기에 충전하는 시안화수소는 순도가 98% 이상이고 아황산가스 또는 황산 등의 안정제를 첨가한 것으로 한다.
㉯ 시안화수소를 충전한 용기는 충전 후 24시간 정치하고, 그 후 1일 1회 이상 질산구리벤젠 등의 시험지로 가스의 누출검사를 하며, 용기에 충전 연월일을 명기한 표지를 붙이고, 충전한 후 60일이 경과되기 전에 다른 용기에 옮겨 충전한다. 다만, 순도가 98% 이상으로서 착색되지 아니한 것은 다른 용기에 옮겨 충전하지 않을 수 있다.

31. 천연가스에 대한 설명 중 맞는 것은?
① 천연가스의 주성분은 에탄과 프로판이다.
② 천연가스의 액화 공정으로는 팽창법만을 이용한다.
③ 천연가스 채굴 시 상당량의 황 화합물이 함유되어 있어 제거해야 한다.
④ 천연가스 채굴 시 혼합되어 있는 고분자 탄화수소 혼합물은 분리하지 않는다.

해설 각 항목의 옳은 내용
①번 항목 : 천연가스의 주성분은 메탄(CH_4)이다.
②번 항목 : 천연가스 액화공정으로는 캐스케이드법(다원냉동사이클)이 사용된다.
④번 항목 : 천연가스 채굴 시 혼합되어 있는 고분자 탄화수소 혼합물은 분리 제거한다.

32. 독성가스 충전용기를 운반하는 차량에 용기 승하차용 리프트와 밀폐된 구조의 적재함이 부착된 전용 차량으로 하는 허용농도는 얼마인가?
① 300 ppm 이하 ② 200 ppm 이하

정답 28. ① 29. ① 30. ③ 31. ③ 32. ②

③ 100 ppm 이하   ④ 1 ppm 이하

해설 운반차량 구조(KGS GC206) : 허용농도가 100만분의 200 이하인 독성가스 충전용기를 운반하는 경우에는 용기 승하차용 리프트와 밀폐된 구조의 적재함이 부착된 전용차량(이하 "독성가스 전용차량"이라 한다)으로 운반한다. 다만, 내용적이 1000 L 이상인 충전용기를 운반하는 경우에는 그렇지 않다.

33. 막식 가스미터의 특징으로 옳은 것은?

① 대용량의 경우 설치공간이 크다.
② 사용 중 수위조정 등의 관리를 요한다.
③ 가격은 싸고 설치 후 유지관리가 어렵다.
④ 계량이 정확하고 사용 중 오차의 변동이 거의 없다.

해설 막식 가스미터의 특징
㉮ 가격이 저렴하다.
㉯ 유지관리에 시간을 요하지 않는다.
㉰ 대용량의 것은 설치면적이 크다.
㉱ 일반 수용가에 널리 사용된다.
㉲ 용량범위는 1.5~200 m³/h이다.

34. 회전펌프의 장점이 아닌 것은?

① 토출압력이 높다.
② 점성이 있는 액체에 좋다.
③ 연속 토출되어 맥동이 많다.
④ 왕복펌프와 같은 흡입, 토출밸브가 없다.

해설 회전펌프의 특징
㉮ 용적형 펌프이다.
㉯ 왕복펌프와 같은 흡입, 토출밸브가 없다.
㉰ 연속으로 송출하므로 맥동이 적다.
㉱ 점성이 있는 유체의 이송에 적합하다.
㉲ 고압 유압펌프로 사용된다.
㉳ 종류 : 기어펌프, 나사펌프, 베인펌프

35. 도시가스에 첨가하는 부취제로서 필요한 조건으로 틀린 것은?

① 물에 녹지 않을 것
② 토양에 대한 투과성이 좋을 것
③ 인체에 해가 없고 독성이 없을 것
④ 공기 혼합비율이 1/200의 농도에서 가스냄새가 감지될 수 있을 것

해설 부취제의 필요조건(구비조건)
㉮ 화학적으로 안정하고 독성이 없을 것
㉯ 일상생활의 냄새(생활취)와 명확하게 구별될 것
㉰ 극히 낮은 농도에서도 냄새가 확인될 수 있을 것
㉱ 가스관이나 가스미터 등에 흡착되지 않을 것
㉲ 배관을 부식시키지 않고, 상용온도에서 응축되지 않을 것
㉳ 물에 잘 녹지 않고 토양에 대하여 투과성이 클 것
㉴ 완전연소가 가능하고 연소 후 유해물질을 남기지 않을 것
㉵ 공기 혼합비율이 1/1000의 농도에서 가스냄새가 감지될 수 있을 것

36. 강관의 스케줄 번호가 의미하는 것은?

① 파이프의 길이
② 파이프의 바깥지름
③ 파이프의 무게
④ 파이프의 두께

해설 스케줄 번호(schedule number) : 사용압력과 배관재료의 허용응력과의 비에 의하여 배관 두께의 체계를 표시한 것이다.

37. 100 L의 액화산소탱크에 액화산소를 넣어 방출밸브를 개방하여 12시간 방치했더니 탱크 내의 액화산소가 4.8 kg 방출되었다면 1시간당 탱크에 침입하는 열량은 몇 kcal인가? (단, 액화산소의 증발잠열은 60 kcal/kg이다.)

① 12   ② 24   ③ 70   ④ 150

해설 ㉮ 12시간 동안 액화산소 4.8 kg이 방출된 것은 외부에서 열이 침입하여 액화산소가 기화되어 기체가 되었고 이것이 방출밸브를 통해 방출된 것이다.
㉯ 액화산소 4.8 kg이 기화되어 기체가 되기 위해 필요한 열량은 잠열량이다.
㉰ 침입열량(Q) 계산
$$Q = \frac{증발잠열량}{방치(측정)시간}$$
$$= \frac{4.8 \times 60}{12} = 24\,\text{kcal/h}$$

38. 도시가스 사용시설에서 가스계량기에 나쁜 영향을 미칠 우려가 있는 장소에는 설치하지 않아야 한다. 다음 중 해당되는 장소가 아닌 것은?
① 진동의 영향을 받는 장소
② 빗물, 직사광선에 노출되는 장소
③ 석유류 등 위험물을 저장하는 장소
④ 수전실, 변전실 등 고압전기설비가 있는 장소

해설 가스계량기 설치 제한
⑴ 가스계량기는 공동주택의 대피 공간, 방·거실 및 주방 등 사람이 거처하는 곳에 설치하지 않는다.
⑵ 가스계량기에 나쁜 영향을 미칠 우려가 있는 다음 장소에는 설치하지 않는다.
 ㉮ 진동의 영향을 받는 장소
 ㉯ 석유류 등 위험물을 저장하는 장소
 ㉰ 수전실, 변전실 등 고압전기설비가 있는 장소

39. 현열에 대한 설명으로 옳은 것은?
① 물질이 상태, 온도 모두 변할 때 필요한 열이다.
② 물질이 온도변화 없이 압력이 변할 때 필요한 열이다.
③ 물질이 상태변화 없이 온도가 변할 때 필요한 열이다.
④ 물질이 온도변화 없이 상태가 변할 때 필요한 열이다.

해설 현열과 잠열
㉮ 현열(감열) : 상태불변, 온도변화에 소요된 열량
㉯ 잠열(숨은열) : 온도불변, 상태변화에 소요된 열량

40. 액면계에 대한 설명 중 틀린 것은?
① 클린카식 액면계는 투시식과 반사식이 있다.
② 차압식 액면계는 초저온의 설비에 많이 사용한다.
③ 부자식 액면계는 장시간 사용 시 1년에 한 번 정도 교정할 필요가 있다.
④ 정전용량식 액면계는 기상부와 액상부에 초음파 발진기를 두고, 초음파의 시간을 측정하여 액높이를 알 수 있다.

해설 ④항은 초음파식 액면계의 설명이다.
참고 정전용량식 액면계 : 2개의 절연된 도체가 있을 때 이 사이에 구성되는 정전용량은 2개의 도체 크기, 상대적 위치관계, 매질의 유전율로 결정되는 것을 이용한다.

41. 압축기 윤활유 선택 시 유의사항으로 옳지 않은 것은?
① 열안전성이 커야 한다.
② 화학반응성이 작아야 한다.
③ 항유화성(抗油化性)이 커야 한다.
④ 인화점과 응고점이 높아야 한다.

해설 압축기 윤활유의 구비조건(선택 시 주의사항)
㉮ 화학반응을 일으키지 않을 것
㉯ 인화점은 높고, 응고점은 낮을 것
㉰ 점도가 적당하고 항유화성(抗油化性)이 클 것

정답 38. ② 39. ③ 40. ④ 41. ④

㉔ 불순물이 적을 것
㉕ 잔류탄소의 양이 적을 것
㉖ 열에 대한 안정성이 있을 것

42. 분말 진공단열법에서 충진용 분말로 사용되지 않는 것은?
① 가성소다 ② 펄라이트
③ 규조토   ④ 알루미늄 분말

해설 충진용 분말 종류 : 샌다셀, 펄라이트, 규조토, 알루미늄 분말

43. 고압가스 용기 파열사고의 주요 원인으로 가장 거리가 먼 것은?
① 용기의 내압력(耐壓力) 부족
② 용기밸브가 용기에서 이탈
③ 용기 내압(內壓)의 이상 상승
④ 용기 내에서의 폭발성 혼합가스의 발화

해설 용기 파열사고의 주요 원인
㉮ 용기의 내압력(耐壓力) 부족
㉯ 용기 내부압력의 이상 상승
㉰ 용기 내에서의 폭발성 혼합가스의 발화
㉱ 안전장치의 불량으로 작동 미비
㉲ 용기 취급 불량

44. 표준상태에서의 부탄가스 비중은? (단, 부탄의 분자량은 58이다.)
① 1.0 ② 2.0 ③ 20.0 ④ 20.5

해설 부탄(C_4H_{10})의 분자량은 58이다.
∴ 가스의 비중 = $\dfrac{분자량}{29} = \dfrac{58}{29} = 2.0$

45. 고압가스 특정제조시설에서 안전구역의 면적 기준은 얼마인가?
① 1만 m^2 이하 ② 2만 m^2 이하
③ 3만 m^2 이하 ④ 4만 m^2 이하

해설 고압가스 특정제조시설에서 재해가 발생할 경우 그 재해의 확대를 방지하기 위하여 가연성가스 설비 또는 독성가스의 설비는 통로, 공지 등으로 구분된 안전구역 안에 설치하며, 안전구역의 면적은 2만 m^2 이하로 한다.

46. 가스폭발 위험성에 대한 설명으로 틀린 것은?
① 아세틸렌은 공기가 공존하지 않아도 폭발 위험성이 있다.
② 일산화탄소는 공기가 공존하여도 폭발 위험성이 없다.
③ 액화석유가스가 누출되면 낮은 곳으로 모여 폭발 위험성이 있다.
④ 가연성의 고체 미분이 공기 중에 부유 시 분진폭발의 위험성이 있다.

해설 ㉮ 일산화탄소(CO)는 가연성가스이므로 공기가 공존하여 폭발범위 내에 존재하면 폭발 위험성이 있다.
㉯ 일산화탄소의 공기 중 폭발범위 : 12.5~74%

47. 아세틸렌은 흡열화합물로서 압축하면 분해폭발을 일으키는데 이때 폭발열은?
① +113.6 kcal/mol ② +180.4 kcal/mol
③ +54.2 kcal/mol   ④ +27.1 kcal/mol

해설 ㉮ 아세틸렌의 분해폭발 : 가압, 충격에 의하여 탄소와 수소로 분해되면서 폭발을 일으킨다.
㉯ 반응식
$C_2H_2 \rightarrow 2C + H_2 + 54.2$ kcal/mol

48. 가스제조시설 등에 설치하는 플레어스택에 대한 설명으로 옳지 않은 것은?
① 파일럿 버너는 항상 점화하여 두어야 한다.
② 방출된 가스가 지상에서 폭발한계에 도달하지 아니하도록 한다.
③ 긴급이송설비에 의하여 이송되는 가스를

정답 42. ① 43. ② 44. ② 45. ② 46. ② 47. ③ 48. ②

안전하게 연소시킬 수 있는 것으로 한다.
④ 설치 위치 및 높이는 플레어스택 바로 밑의 지표면에 미치는 복사열이 4000 kcal/m²·h 이하가 되도록 한다.

해설 플레어스택은 긴급이송설비로부터 이송되는 가스를 연소시켜 대기로 안전하게 방출시키는 장치로 착지농도와는 관련이 없다.

49. 다음 중 수성가스의 조성에 해당하는 것은?
① $CO + H_2$
② $CO_2 + H_2$
③ $CO + N_2$
④ $CO_2 + N_2$

해설 수성가스의 조성
일산화탄소(CO) + 수소(H_2)

50. 액체는 무색투명하고 특유한 복숭아향을 가지고 있으며 맹독성이 있고 고농도를 흡입하면 목숨을 잃는 기체는?
① 일산화탄소
② 포스겐
③ 시안화수소
④ 메탄

해설 시안화수소(HCN)의 특징
㉮ 독성가스 (허용농도 : TLV-TWA 10 ppm)이며, 가연성가스 (폭발범위 : 6~41%)이다.
㉯ 액체는 무색, 투명하고 감, 복숭아냄새가 난다.
㉰ 액화가 용이하여(비점 : 25.7℃) 액화가스로 취급된다.
㉱ 소량의 수분 존재 시 중합폭발을 일으킬 우려가 있다.
㉲ 알칼리성 물질(암모니아, 소다)을 함유하면 중합이 촉진된다.
㉳ 중합폭발을 방지하기 위하여 안정제를 사용한다(안정제 : 황산, 아황산가스, 동, 동망, 염화칼슘, 인산, 오산화인).
㉴ 물에 잘 용해하고 약산성을 나타낸다.

51. 일반적인 가연성가스는 압력이 높아지면 연소범위가 넓어지지만, 오히려 압력이 높으면 연소범위가 좁아지는 가스는?
① CH_4
② CO
③ C_4H_{10}
④ C_3H_8

해설 대부분의 가연성가스는 압력이 상승하면 폭발범위가 넓어지나 일산화탄소(CO)와 수소(H_2)는 압력이 상승하면 폭발범위가 좁아진다. 단, 수소는 압력이 10 atm 이상으로 상승하면 폭발범위가 다시 넓어지는 특징이 있다.

52. 열전대 온도계에서 열전대의 구비조건이 아닌 것은?
① 재생도가 높고 가공이 용이할 것
② 전기저항 및 온도계수, 열전도율이 클 것
③ 내열성이 크고 고온가스에 대한 내식성이 좋을 것
④ 열기전력이 크고 온도상승에 따라 연속적으로 상승할 것

해설 열전대(thermocouple)의 구비조건
㉮ 열기전력이 크고, 온도상승에 따라 연속적으로 상승할 것
㉯ 열기전력의 특성이 안정되고 장시간 사용해도 변형이 없을 것
㉰ 기계적 강도가 크고 내열성, 내식성이 있을 것
㉱ 재생도가 크고 가공이 용이할 것
㉲ 전기저항, 온도계수와 열전도율이 낮을 것
㉳ 재료의 구입이 쉽고(경제적이고) 내구성이 있을 것

53. 다음 중 암모니아 건조제로 사용되는 것은?
① 진한 황산
② 할로겐 화합물
③ 소다석회
④ 황산동 수용액

해설 가스 종류에 따른 건조제의 종류
㉮ 암모니아의 건조제 : 소다석회

정답 49. ① 50. ③ 51. ② 52. ② 53. ③

㉯ 염소, 포스겐의 건조제 : 진한 황산

54. 압축기에서 다단 압축을 하는 목적으로 틀린 것은?
① 소요 일량의 감소
② 이용효율의 증대
③ 힘의 평형 양호
④ 토출온도 상승효과

해설 다단압축의 목적
㉮ 1단 단열압축과 비교한 일량의 절약
㉯ 이용효율의 증가
㉰ 힘의 평형이 양호해진다.
㉱ 가스의 온도상승을 피할 수 있다.

55. 수분이 존재하면 일반강재를 부식시키는 가스는?
① 일산화탄소   ② 수소
③ 황화수소   ④ 질소

해설 수분 존재 시 강재를 부식시키는 가스 : 염소(Cl_2), 황화수소(H_2S), 이산화탄소(CO_2), 포스겐($COCl_2$)

56. 다음 LNG의 성질 중 틀린 것은?
① LNG가 액화되면 체적이 1/600로 줄어든다.
② 무독 무공해의 청정가스로 발열량이 약 9500 kcal/m³ 정도로 높다.
③ 메탄을 주성분으로 하며 에탄, 프로판, 부탄 등이 포함되어 있다.
④ LNG는 기체 상태에서는 공기보다 가벼우나 액체 상태에서는 불보다 무겁나.

해설 LNG의 주성분은 메탄으로 기체 상태에서는 공기보다 가벼우나 액체 상태에서는 액비중이 0.415로 물보다 가볍다.

57. 다음 온도에 대한 설명 중 옳은 것은?
① 임계(臨界)온도 이상 시에는 액화되지 않는다.
② 절대 0도는 물의 어는 온도를 0으로 기준한 온도이다.
③ 임계온도는 기체를 액화시킬 수 있는 최소의 온도이다.
④ 온도의 상한계(上限界)를 기준으로 정한 것이 절대온도이다.

해설 각 항목의 옳은 내용
②번, ④번 항목 : 절대 0도는 인간이 내릴 수 없는 한계의 온도(下限界)로 −273.15℃, −459.60℉에 해당된다.
③번 항목 : 임계온도는 기체를 액화시킬 수 있는 최고의 온도이다.

58. 표준상태(0℃, 1atm)에서 메탄가스의 비용적(m³/kg)은?
① 0.7   ② 0.9   ③ 1.1   ④ 1.4

해설 비용적(비체적) : 단위질량당 가스의 체적으로 밀도의 역수이다.
∴ 비용적(비체적) $= \dfrac{22.4}{분자량}$
$= \dfrac{22.4}{16} = 1.4 \, m^3/kg$

59. 수소 0.6몰과 질소 0.2몰이 반응하면 몇 몰의 암모니아가 생성하는가?
① 0.2몰 ② 0.3몰 ③ 0.4몰 ④ 0.6몰

해설 암모니아 생성 반응식
N_2 + $3H_2$ → $2NH_3$ + 23kcal
↓   ↓   ↓
1몰 :   3몰   : 2몰의 비율이므로
0.2몰 : 0.6몰 : 0.4몰이 생성된다.

60. 100℉는 섭씨 몇 ℃인가?
① 37.8   ② 45.2   ③ 63.5   ④ 85

해설 ℃ $= \dfrac{5}{9} \times (℉ - 32)$
$= \dfrac{5}{9} \times (100 - 32) = 37.78 ℃$

정답 54. ④ 55. ③ 56. ④ 57. ① 58. ④ 59. ③ 60. ①

2023년도 실전 테스트 (1)

1. 암모니아 합성공정 중 중압합성법에 해당되는 것은?
① 켈로그법 ② JCI법
③ 구데법 ④ 클라우드법

해설 암모니아 합성공정의 분류
㉮ 고압합성 : 클라우드법, 캬자레법
㉯ 중압합성 : 뉴파우더법, IG법, 케미크법, 뉴데법, 동공시법, JCI법
㉰ 저압합성 : 켈로그법, 구데법

2. 다음 중 우주에서 가장 많은 원소는?
① 질소 ② 헬륨 ③ 수소 ④ 산소

해설 우주에 가장 많은 원소는 수소로 75 %를 차지한다.

3. 왕복식 압축기의 간극용적에 대한 설명 중 옳은 것은?
① 실린더의 전체 체적
② 상사점과 하사점 사이의 체적
③ 피스톤이 상사점에 있을 때 가스가 차지하는 체적
④ 피스톤이 하사점에 있을 때 가스가 차지하는 체적

해설 간극용적 : 피스톤이 상사점에 있을 때 가스가 차지하는 체적으로 톱클리어런스라 한다.

4. 수소를 취급하는 고온·고압 장치용 재료로서 사용할 수 있는 것은 어느 것인가?
① 탄소강, 망간강
② 탄소강, 니켈강
③ 탄소강, 18-8 스테인리스강
④ 18-8 스테인리스강, 크롬-바나듐강

해설 수소를 취급하는 고온·고압 장치용 재료 중 탄소강은 수소취성을 발생하므로 부적합하고, 수소취성에 견디는 18-8 스테인리스강, 크롬강, 크롬-바나듐강 등을 사용하여야 한다.

5. 액화석유가스 용기에 사용되고 있는 조정기의 역할은 무엇인가?
① 유량을 조정한다.
② 밀도를 조정한다.
③ 유속을 조정한다.
④ 유출 압력을 조정한다.

해설 조정기의 역할 : 유출 압력 조절로 안정된 연소를 도모하고, 소비가 중단되면 가스를 차단한다.

6. LPG의 연소 특성으로 거리가 먼 것은?
① 증발잠열이 크다.
② 착화온도가 높다.
③ 연소 시 다량의 공기가 필요하다.
④ LP 가스가 완전연소하면 물과 일산화탄소가 생성된다.

해설 ㉮ 프로판(C_3H_8)의 완전연소 반응식
$C_3H_8 + 4O_2 \rightarrow 3CO_2 + 5H_2O$
㉯ LPG가 완전연소하면 이산화탄소(CO_2)와 물(H_2O)이 생성된다.

7. 자연적인 저온 방법이 아닌 것은?
① 고체 용해열 이용
② 고체 승화열 이용

정답 1. ② 2. ③ 3. ③ 4. ④ 5. ④ 6. ④ 7. ④

③ 액체 증발잠열 이용
④ 진공화하여 증발열 이용

해설 진공화하여 증발열을 이용하는 방법은 기계적인 저온을 얻는 방법으로 흡수식 냉동기가 해당된다.

8. 염소가스를 검지할 때 사용하는 시험지로 옳은 것은?

① 적색 리트머스지
② 오오드칼륨 전분지
③ 해리슨 시험지
④ 염화팔라듐지

해설 가스검지 시험지법

검지가스	시험지	반응(변색)
암모니아	적색리트머스지	청색
염소	KI-전분지	청갈색
포스겐	해리슨시험지	유자색
시안화수소	초산벤지진지	청색
일산화탄소	염화팔라듐지	흑색
황화수소	연당지	회흑색
아세틸렌	염화 제1동착염지	적갈색

※ KI-전분지가 '요오드칼륨 전분지'에 해당된다.

9. 공기액화 분리기 내의 CO_2를 제거하기 위해 NaOH 수용액을 사용한다. 1.0 kg의 CO_2를 제거하기 위해서는 약 몇 kg의 NaOH를 가해야 하는가?

① 0.9   ② 1.8
③ 3.0   ④ 3.8

해설 ㉮ 가성소다(NaOH)를 이용한 CO_2 제거 반응식 : $2NaOH + CO_2 \rightarrow Na_2CO_3 + H_2O$
㉯ CO_2 1 kg 제거하기 위한 가성소다(NaOH) 계산 : NaOH 분자량은 40이고, CO_2 분자량은 44이다.

$$\therefore x = \frac{2 \times 40 \times 1}{44} = 1.818 \text{ kg}$$

10. 다음과 같이 깊이가 10 cm인 물탱크에 구멍을 뚫었을 때 구멍으로 나오는 물의 속도는 약 몇 m/s인가?

① 1.2   ② 12   ③ 1.4   ④ 14

해설 속도수두 $h = \frac{V^2}{2g}$에서 속도 V를 구한다.
$$\therefore V = \sqrt{2gh} = \sqrt{2 \times 9.8 \times 0.1} = 1.4 \text{ m/s}$$

11. 비체적에 대한 설명 중 옳은 것은?

① 단위 체적당 질량이다.
② 단위 질량당 체적이다.
③ 단위 시간당 길이이다.
④ 단위 면적당 힘이다.

해설 비체적 : 단위 질량당 체적으로 밀도의 역수이다.(비체적과 밀도는 서로 역수의 관계가 성립한다.)

㉮ 비체적$(v) = \frac{22.4}{\text{분자량}}$
$= \frac{1}{\text{밀도}}$ [L/g, m³/kg]

㉯ 밀도$(\rho) = \frac{\text{분자량}}{22.4}$
$= \frac{1}{\text{비체적}}$ [g/L, kg/m³]

12. 도시가스와 비교한 LPG의 장점으로

옳은 것은?
① 열용량이 적어 공급관 지름이 작다.
② 증기압의 이용으로 가압장치가 필요 없다.
③ 열량이 적어 공급압력 설정이 자유롭다.
④ 피크 사용 시 조성 균일을 위해 조정이 필요하다.

[해설] 도시가스와 비교한 LPG의 장점
㉮ 입지적 제한이 없고 공급가스압을 자유로이 설정할 수 있다.
㉯ 열용량이 크므로 작은 배관지름으로도 공급에 무리가 없다.
㉰ 발열량이 높기 때문에 단시간에 온도를 높일 수 있다.
㉱ 충전용기에 의한 자가 공급이므로 피크시간(peak time)이나 한가한 때의 제약을 받지 않는다.
㉲ 가스의 조성이 일정하고 소규모 또는 일시적으로 사용 할 때는 경제적이다.

[참고] 단점
㉮ 저장탱크 또는 용기의 집합장치가 필요하다.
㉯ 공급을 중단시키지 않기 위하여 예비용기 확보가 필요하다.
㉰ 연소용 공기가 다량으로 필요하다.
㉱ 부탄의 경우 재액화 방지를 고려해야 한다.

13. 섭씨온도로 측정할 때 상승된 온도가 5℃이었다. 이때 화씨온도로 측정하면 상승 온도는 몇 도인가?
① 7.5 ② 8.3 ③ 9.0 ④ 41

[해설] 섭씨온도와 화씨온도는 1.8배의 관계가 있으므로 상승 온도는 5℃의 1.8배가 화씨온도로 상승된 온도가 된다.
∴ 상승 온도(℉) = 5×1.8 = 9.0℉
※ 문제에서 질문한 것은 5℃를 화씨온도로 전환하는 문제가 아니고, 5℃ 상승된 온도를 화씨온도로 계산하는 것이니 착오없기를 바랍니다.

14. 분자량이 30인 산화질소가 압력 5 atm, 온도 100℃에 있어서 밀도는 약 몇 kg/m³인가?
① 4.9 ② 49 ③ 5.9 ④ 59

[해설] ㉮ 표준상태(0℃, 1기압)일 때 기체의 밀도는 $\frac{분자량}{22.4}$이다. 온도와 압력이 표준상태가 아닐 때에는 이상기체 상태방정식을 이용하여 구한다.
㉯ 산화질소(NO) 밀도 계산 : 절대단위 이상기체 상태방정식 $PV = \frac{W}{M}RT$를 이용한다.

∴ $\rho = \frac{W}{V} = \frac{PM}{RT}$
$= \frac{5 \times 30}{0.082 \times (273+100)} = 4.904 \, g/L$
$= 4.904 \, kg/m^3$

㉰ 밀도의 단위 'g/L'이 'kg/m³'가 되는 이유는 1 kg은 1000 g, 1 m³은 1000 L의 관계이기 때문에 숫자 변화 없이 단위 변환이 가능한 것이다.

15. 충전용기에 안전밸브를 부착하는 이유로 옳은 것은?
① 분석용 가스의 출구로 사용하기 위하여
② 가스 출구가 막혔을 때 가스 출구로 사용하기 위하여
③ 용기 내압의 이상 상승 시 압력을 정상화하기 위하여
④ 규정량 이상의 가스를 충전하였을 때 여분의 가스를 분출하기 위하여

[해설] 용기 내부 압력이 이상 상승 시 안전밸브를 통해 압력을 외부로 배출시켜 용기 파열을 방지하기 위하여 안전밸브를 설치한다.

16. 오리피스 미터로 유량을 측정할 때 갖추지 않아도 되는 조건은?

① 관로가 수평일 것
② 정상류 흐름일 것
③ 유체의 전도 및 압축 영향이 클 것
④ 관 속에 유체가 항시 충만되어 있을 것

[해설] 유체의 전도 및 압축의 영향이 적어야 한다.

17. LPG 연소방식 중 모두 연소용 공기를 2차 공기로만 취하는 방식은?

① 적화식   ② 분젠식
③ 세미분젠식   ④ 전1차 공기식

[해설] 연소방식의 분류
㉮ 적화식 : 연소에 필요한 공기를 2차 공기로 모두 취하는 방식
㉯ 분젠식 : 가스를 노즐로부터 분출시켜 주위의 공기를 1차 공기로 취한 후 나머지는 2차 공기를 취하는 방식
㉰ 세미분젠식 : 적화식과 분젠식의 혼합형으로 1차 공기율이 40% 미만을 취하는 방식
㉱ 전1차 공기식 : 완전연소에 필요한 공기를 모두 1차 공기로 하여 연소하는 방식

18. 압력의 단위로 옳은 것은?

① J   ② W   ③ N/m^2 ④ dyne

[해설] 압력 : 단위 면적에 작용하는 힘으로 SI단위는 N/m^2 = 파스칼(Pa)이다.
제시된 각 단위(SI단위)의 의미
㉮ J(줄) : 일의 단위로 J = N·m이다.
㉯ W(와트) : 동력의 단위로 W = J/s이다.
㉰ dyne(다인) : 힘의 CGS단위로 dyne = g·cm/s^{2}이다.

[참고] 힘의 MKS단위 : N(뉴턴) = kg·m/s^2 이다.

19. 기화기의 가열방식에서 온수를 열매체로 할 경우 간접가열방식에서 제외되는 것은?

① 증기 가열   ② 가스 가열
③ 전기 가열   ④ 대기온 가열

[해설] 열매체인 온수를 대기온으로 가열하는 것은 여름철 맑은 날에만 가능할 수 있고, 가열온도도 한계가 있어 사용하기가 부적합하다.

20. 가스 압축방법 중 압축일량이 가장 큰 것은?

① 등온압축   ② 단열압축
③ 등적압축   ④ 폴리트로픽압축

[해설] 단열압축 : 가스를 압축하는 과정 중에 열출입이 없는 것으로 압축일량과 온도 상승이 가장 크다.

21. 효율이 60%인 송수펌프가 양정 90 m, 유량 90 m^3/h일 때 소요동력은 약 몇 kW 인가? (단, 유체의 비중량은 9800 N/m^3 이다.)

① 30.6   ② 36.7   ③ 50   ④ 56

[해설] ㉮ 소요동력(축동력)을 구할 때 유량은 초당 유량(단위 m^3/s)을 적용한다.
㉯ 소요동력 계산 : 유체의 비중량이 SI단위로 주어졌으므로 SI단위 축동력 공식을 적용하며, 와트(W)는 'J/s'이므로 kW는 'kJ/s'이고, 줄(J)은 N·m이므로 kJ는 'kN·m'이다.

$$\therefore kW = \frac{\gamma[kN/m^3] \times Q[m^3/s] \times H[m]}{\eta}$$

$$= \frac{9.8 \times 90 \times 90}{0.6 \times 3600} = 36.75 \, kW$$

22. 다음 중 가연성 가스가 아닌 것은?

① 벤젠   ② 펜탄

[정답] 16. ③   17. ①   18. ③   19. ④   20. ②   21. ②   22. ③

③ 염소   ④ 암모니아

해설 염소(Cl_2)는 조연성(지연성) 가스이며, 독성가스이다.

23. 표준상태에서 아세틸렌 500 L의 질량은 약 몇 g인가?
① 150   ② 210   ③ 380   ④ 580

해설 ㉮ 표준상태(0℃, 1기압)이므로 아보가드로 법칙을 이용하며, 아세틸렌(C_2H_2)의 분자량은 26이다.
㉯ 질량 계산 : 표준상태에서 이상기체 1몰이 차지하는 체적은 22.4 L이다.

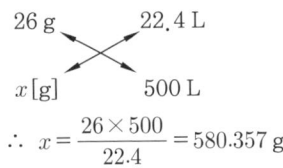

$$\therefore x = \frac{26 \times 500}{22.4} = 580.357 \text{ g}$$

24. 표준 대기압상태에서 순수한 물 1 lb를 1℃ 변화시키는 데 필요한 열량은?
① 1 kcal   ② 1 BTU
③ 1 CHU   ④ 1 kJ

해설 열량의 단위 : 표준대기압 상태, 순수한 물
㉮ 1 kcal : 물 1 kg을 1℃ 변화시키는 데 소요되는 열량
㉯ 1 BTU : 물 1 lb(파운드)를 1°F 변화시키는 데 소요되는 열량
㉰ 1 CHU : 물 1 lb를 1℃ 변화시키는 데 소요되는 열량

25. 다음 중에서 비접촉식 온도계가 아닌 것은?
① 광고 온도계   ② 방사 온도계
③ 광전관 온도계   ④ 열전대 온도계

해설 온도계의 분류
㉮ 접촉식 온도계 : 유리제 봉입식 온도계, 바이메탈 온도계, 압력식 온도계, 저항 온도계, 서미스터, 열전대 온도계, 제게르콘, 서모컬러 등
㉯ 비접촉식 온도계 : 광고 온도계, 광전관 온도계, 방사 온도계, 색온도계 등

26. 공기 중에서 프로판의 폭발범위로 옳은 것은?
① 1.8~8.4 %   ② 2.1~9.5 %
③ 2.1~8.4 %   ④ 1.8~9.5 %

해설 ㉮ 프로판(C_3H_8)의 폭발범위 : 2.1~9.5 %
※ 프로판의 폭발범위는 일반적으로 2.2~9.5 %로 사용되지만 2.1~9.4 % 또는 2.1~9.5 %도 통용되고 있다.
㉯ 부탄(C_4H_{10})의 폭발범위 : 1.9~8.5 %
※ 부탄의 폭발범위는 일반적으로 1.9~8.5 %로 사용되지만 1.8~8.4 % 또는 1.8~8.5 %도 통용되고 있다.

27. 고압가스 충전용기 운반기준 중 잘못된 것은?
① 운반 중의 충전용기는 항상 40℃ 이하를 유지할 것
② 용기의 충격을 완화하기 위하여 완충판 등을 비치한다.
③ 염소와 수소는 동일차량에 적재하여 운반하지 아니할 것
④ 차량 통행이 가능한 지역에선 이륜차에 적재하여 운반할 수 있다.

해설 충전용기는 이륜차에 적재하여 운반하지 않는다. 다만, 차량이 통행하기 곤란한 지역이나 그 밖에 시·도지사가 지정하는 경우에는 다음 기준에 적합한 경우에만 액화석유가스 충전용기를 이륜차(자전거는 제외한다)에 적재하여 운반할 수 있다.
㉮ 넘어질 경우 용기에 손상이 가지 않도

정답 23. ④   24. ③   25. ④   26. ②   27. ④

록 제작된 용기 운반 전용 적재함이 장착된 것인 경우
㉯ 적재하는 충전용기는 충전량이 20 kg 이하이고, 적재수가 2개를 초과하지 않은 경우

28. 시안화수소 충전기준 중 ( ) 안에 알맞은 내용은?

> 용기에 충전한 시안화수소는 충전한 후 ( )일이 경과되기 전에 다른 용기에 옮겨 충전한다. 다만, 순도가 ( ) 이상으로서 착색되지 아니한 것은 다른 용기에 옮겨 충전하지 않을 수 있다.

① 30일, 90 % ② 30일, 98 %
③ 60일, 90 % ④ 60일, 98 %

해설 시안화수소 충전작업 기준
㉮ 용기에 충전하는 시안화수소는 순도가 98 % 이상이고 아황산가스 또는 황산 등의 안정제를 첨가한 것으로 한다.
㉯ 시안화수소를 충전한 용기는 충전 후 24시간 정치하고, 그 후 1일 1회 이상 질산구리벤젠 등의 시험지로 가스의 누출검사를 하며, 용기에 충전 연월일을 명기한 표지를 붙이고, 충전한 후 60일이 경과되기 전에 다른 용기에 옮겨 충전한다. 다만, 순도가 98 % 이상으로서 착색되지 아니한 것은 다른 용기에 옮겨 충전하지 않을 수 있다.

29. 수소용품에 해당되지 않는 것은?

① 수소가스설비   ② 연료전지
③ 수전해설비   ④ 수소추출설비

해설 "수소용품"이란 연료전지(자동차관리법에 따른 자동차에 장착되는 연료전지는 제외한다), 수전해설비 및 수소추출설비로서 다음에 따른 것을 말한다. : KGS FU671
㉮ 연료전지 : 수소와 산소의 전기화학적 반응을 통하여 전기와 열을 생산하는 고정형(연료소비량이 232.6 kW 이하인 것을 말한다) 및 이동형 설비와 그 부대설비
㉯ 수전해설비 : 물의 전기분해에 의하여 그 물로부터 수소를 제조하는 설비
㉰ 수소추출설비 : 도시가스 또는 액화석유가스 등으로부터 수소를 제조하는 설비

30. LNG의 주성분은?

① 에탄 ② 프로판 ③ 부탄 ④ 메탄

해설 LNG(액화천연가스)의 주성분은 메탄(CH_4)이고, 소량의 에탄(C_2H_6)과 프로판(C_3H_8), 부탄(C_4H_{10}) 순으로 포함되어 있다.

31. 내압시험압력 및 기밀시험압력의 기준이 되는 압력으로서 사용 상태에서 해당설비 등의 각부에 작용하는 최고사용압력을 의미하는 것은?

① 설계압력   ② 표준압력
③ 상용압력   ④ 설정압력

해설 압력의 정의
㉮ 상용압력 : 내압시험압력 및 기밀시험압력의 기준이 되는 압력으로서 사용 상태에서 해당설비 등의 각부에 작용하는 최고사용압력을 말한다.
㉯ 설계압력 : 고압가스 용기 등의 각부의 계산두께 또는 기계적 강도를 결정하기 위하여 설계된 압력을 말한다.
㉰ 설정압력 : 안전밸브의 설계상 정한 분출압력 또는 분출개시압력으로서 명판에 표시된 압력을 말한다.
㉱ 축적압력 : 내부유체가 배출될 때 안전밸브에 의하여 축적되는 압력으로서 그 설비 안에서 허용될 수 있는 최대압력을 말한다.
㉲ 초과압력 : 안전밸브에서 내부유체가 배출될 때 설정압력 이상으로 올라가는 압력을 말한다.

32. 가스사고를 원인별로 분류했을 때 가장 많은 비율을 차지하는 사고 원인은?
① 제품 노후(고장)
② 시설 미비
③ 고의 사고
④ 사용자 취급 부주의

해설 2022년 가스관련 사고 원인별 구분 : 한국가스안전공사 자료

구분	발생건수	구성비
사용자 취급 부주의	24	32.9 %
공급자 취급 부주의	8	11.0 %
타 공사	8	11.0 %
시설 미비	14	19.2 %
제품 노후, 고장	10	13.7 %
교통사고	2	2.7 %
기타	7	9.6 %
계	73	100 %

33. 착화점이 낮아질 수 있는 조건 중 거리가 먼 것은?
① 반응활성도가 작을수록 착화온도는 낮아진다.
② 화학적으로 발열량이 높을수록 착화온도는 낮아진다.
③ 산소농도가 클수록, 압력이 높을수록 착화온도는 낮아진다.
④ 탄화수소에서 탄소수가 많은 분자일수록 착화온도는 낮아진다.

해설 착화점이 낮아질 수 있는 조건
㉮ 압력이 높을 때
㉯ 발열량이 높을 때
㉰ 열전도율이 작을 때
㉱ 산소와 친화력이 클 때
㉲ 산소농도가 클수록
㉳ 분자구조가 복잡할수록
㉴ 반응활성도가 클수록
㉵ 탄화수소의 탄소수가 많을수록

34. 내화구조의 가연성가스 저장탱크가 상호인접하여 규정거리를 유지하지 못했을 경우 물분무장치의 방사능력은?
① 2 L/min·m²   ② 4 L/min·m²
③ 6 L/min·m²   ④ 8 L/min·m²

해설 1 m²당 물분무장치 방수량 기준

구분	간격이 유지된 경우(L/min)	간격이 유지되지 않은 경우(L/min)
저장탱크 전표면적	8	7
준내화구조	6.5	4.5
내화구조	4	2

35. 고압가스 특정제조시설에서 안전구역의 면적의 기준은?
① 1만 m² 이하   ② 2만 m² 이하
③ 3만 m² 이하   ④ 5만 m² 이하

해설 고압가스 특정제조시설에서 재해가 발생할 경우 그 재해의 확대를 방지하기 위하여 가연성가스설비 또는 독성가스의 설비는 통로, 공지 등으로 구분된 안전구역 안에 설치하며 안전구역의 면적은 2만 m² 이하로 한다.

36. 도시가스 배관을 지하에 매설하는 경우 공동주택 등의 부지 내에서는 지표면으로부터 배관의 외면까지의 매설깊이는 얼마인가?
① 0.3 m 이상   ② 0.6 m 이상
③ 0.8 m 이상   ④ 1.2 m 이상

해설 도시가스 배관의 매설깊이
㉮ 공동주택부지 내 : 0.6 m 이상
㉯ 폭 8 m 이상인 도로 : 1.2 m 이상

정답 32. ④ 33. ① 34. ① 35. ② 36. ②

㉰ 폭 4~8 m 미만 도로 : 1 m 이상
㉱ ㉮~㉰에 해당되지 않는 곳 : 0.8 m 이상

37. 압력용기라 함은 그 내용물이 액화가스인 경우 35℃에서의 압력 또는 설계압력이 얼마 이상인 용기를 말하는가?

① 0.1 MPa ② 0.2 MPa
③ 1 MPa   ④ 2 MPa

[해설] 압력용기(KGS AC111) : 35℃에서의 압력 또는 설계압력이 그 내용물이 액화가스인 경우는 0.2 MPa 이상, 압축가스인 경우는 1 MPa 이상인 용기를 말한다.

38. 시안화수소(HCN)의 위험성에 대한 설명으로 틀린 것은?

① 인화온도가 아주 낮다.
② 오래된 시안화수소는 자체 폭발할 수 있다.
③ 용기에 충전한 후 60일을 초과하지 않아야 한다.
④ 호흡 시 흡입하면 위험하나 피부에 묻으면 아무 이상이 없다.

[해설] 피부에 접촉 시 피부를 통해 흡수하여 치명상을 입는다.

39. 가연성가스 제조시설의 고압가스 설비는 그 외면과 산소 제조시설의 고압가스 설비와 몇 m 이상 이격시켜야 하는가?

① 5   ② 8   ③ 10   ④ 15

[해설] 다른 고압가스 설비와의 거리
㉮ 가연성가스 설비와 가연성가스 설비 : 5 m 이상
㉯ 가연성가스 설비와 산소 설비 : 10 m 이상

40. 자연환기설비 설치 시 LP 가스의 용기 보관실 바닥 면적이 3 m² 이라면 통풍구의 크기는 몇 cm² 이상으로 하도록 되어 있는가? (단, 철망 등이 부착되어 있지 않은 것으로 간주한다.)

① 500   ② 700   ③ 900   ④ 1100

[해설] 통풍구의 크기는 바닥면적 1 m² 당 300 cm² 이상으로 하여야 한다.
∴ 통풍구 크기 = 3×300 = 900 cm²

41. 하천의 바닥이 경암으로 이루어져 도시가스배관의 매설깊이를 유지하기 곤란하여 배관을 보호조치한 경우에는 배관의 외면과 하천 바닥면의 경암 상부와의 최소거리는 얼마이어야 하는가?

① 1.0 m   ② 1.2 m   ③ 2.5 m   ④ 4 m

[해설] 하천횡단 매설깊이 : 하천의 바닥이 경암으로 이루어져 배관의 매설깊이를 유지하기 곤란한 경우로서 다음의 기준에 따라 배관을 보호조치하는 경우에는 배관의 외면과 하천 바닥면의 경암 상부와의 거리는 1.2 m 이상으로 할 수 있다.
㉮ 배관을 2중관으로 하거나 방호구조물 안에 설치
㉯ 하천 바닥면의 경암 상부와 2중관 또는 방호구조물의 외면 사이에는 콘크리트를 타설

42. 고압가스 제조시설에 설치된 충전용 주관의 압력계 기능검사 주기로 옳은 것은?

① 1개월에 1회 이상
② 3개월에 1회 이상
③ 6개월에 1회 이상
④ 1년에 1회 이상

[해설] 부대설비 점검 : KGS FP112
㉮ 충전용 주관의 압력계는 매월 1회 이상, 그 밖의 압력계는 3월에 1회 이상 표준이 되는 압력계로 그 기능을 검사한다.

[정답] 37. ② 38. ④ 39. ③ 40. ③ 41. ② 42. ①

㉯ 안전밸브 중 압축기 최종단에 설치한 것은 1년에 1회 이상, 그 밖의 안전밸브는 2년에 1회 이상 조정을 하여 규정에 정한 압력 이하에서 작동되도록 한다.

43. 방폭 전기기기의 구조별 표시방법 중 "e"의 방폭구조는?

① 압력 방폭구조   ② 유입 방폭구조
③ 내압 방폭구조   ④ 안전증 방폭구조

해설 방폭 전기기기의 구조별 표시기호

명칭	기호
내압 방폭구조	d
유입 방폭구조	o
압력 방폭구조	p
안전증 방폭구조	e
본질안전 방폭구조	ia, ib
특수 방폭구조	s

44. 카바이드를 이용하여 제조된 아세틸렌을 충전용기에 충전할 때 위험한 경우에 해당되는 것은?

① 충전 중의 압력을 2.5 MPa 이하로 하였다.
② 충전용 지관은 탄소함유량 0.1 % 이하의 강을 사용하였다.
③ 충전 후에 압력이 15℃에서 1.5 MPa 이하로 될 때까지 정치하였다.
④ 아세틸렌이 접촉되는 설비 부분에 동 함유량이 72 %인 동합금을 사용하였다.

해설 아세틸렌이 접촉하는 부분에 사용하는 재료 중 구리 또는 구리의 함유량이 62 %를 초과하는 동합금을 사용하지 아니한다.

45. 액화염소 사용시설의 저장설비는 그 외면으로부터 보호시설까지 규정된 안전거리를 유지해야 하는 저장능력은 얼마인가?

① 100 kg 이상   ② 200 kg 이상
③ 300 kg 이상   ④ 500 kg 이상

해설 특정고압가스 사용시설 기준(KGS FU211) : 저장능력이 500 kg 이상인 액화염소 사용시설의 저장설비는 그 외면으로부터 보호시설까지 제1종 보호시설은 17 m 이상, 제2종 보호시설은 12 m 이상의 거리를 유지한다.

46. 가연성, 독성가스 처리 및 저장능력 10000 m^3 초과 20000 m^3 이하의 저장설비에 있어서 제1종 및 제2종 보호시설과의 안전거리는?

① 1종 : 12 m, 2종 : 8 m
② 1종 : 14 m, 2종 : 9 m
③ 1종 : 21 m, 2종 : 14 m
④ 1종 : 18 m, 2종 : 13 m

해설 가연성, 독성가스의 보호시설별 안전거리

저장능력(m^3)	제1종	제2종
1만 이하	17	12
1만 초과 2만 이하	21	14
2만 초과 3만 이하	24	16
3만 초과 4만 이하	27	18
4만 초과 5만 이하	30	20
5만 초과 99만 이하	30	20

∴ 제1종 보호시설과는 21 m 이상, 제2종 보호시설과는 14 m 이상의 안전거리를 유지하여야 한다.

47. 저온장치 내부에 수분과 CO_2가 있으면 어떻게 되는가?

① 윤활제 역할을 한다.
② 얼음, 드라이아이스로 변한다.
③ 오존이 침입하는 것을 방지한다.
④ 가연성가스가 유입될 때 안전가스 역할을 한다.

정답 43. ④ 44. ④ 45. ④ 46. ③ 47. ②

해설 저온장치에서 수분은 얼음이 되고, CO_2 (탄산가스)는 드라이아이스가 되어 배관 및 밸브를 폐쇄한다.

48. 충전용기를 차량에 적재하여 운반하는 도중에 주차하고자 할 때 주의사항으로 옳지 않은 것은?
① 주차 시에는 엔진을 정지한 다음 주차 브레이크를 걸어 놓는다.
② 주차 시에는 긴급한 사태를 대비하여 바퀴 고정목을 사용하지 않는다.
③ 충전용기를 싣거나 내릴 때를 제외하고는 제1종 보호시설의 부근 및 제2종 보호시설이 밀집된 지역을 피한다.
④ 주차를 하고자 하는 주위의 교통상황, 주위의 지형 조건, 주위의 화기 등을 고려하여 안전한 장소를 택하여 주차한다.
해설 충전용기 등을 적재한 차량의 주정차 시는 가능한 언덕길 등 경사진 곳을 피하며, 엔진을 정지한 다음 주차 브레이크를 걸어 놓고 반드시 바퀴를 고정목으로 고정한다.

49. LPG 충전시설의 잔가스 배출관은 화기취급시설 외면과 유지해야 할 거리는? (단, 방출량은 30 g/min 이상이다.)
① 4 m 이상   ② 8 m 이상
③ 10 m 이상 ④ 12 m 이상
해설 ㉮ 잔가스 배출관의 방출량에 따른 화기취급시설과 유지거리 : KGS FP331

방출량(g/min)	유지해야 할 거리
30 이상	8 m 이상
60 이상	10 m 이상
90 이상	12 m 이상
120 이상	14 m 이상
150 이상	16 m 이상

㉯ 배출관 높이는 지상 5 m 이상으로서 그 주변 건물의 높이보다 높고 상향으로 개구되어 있는 것으로 한다.

50. 도시가스 배관 설치기준에서 옥외공동구 벽을 관통하는 배관의 손상방지 조치가 아닌 것은?
① 지반의 부등침하에 대한 영향을 줄이는 조치
② 보호관과 배관 사이에 가황고무를 충전하는 조치
③ 공동구 내외에서 배관에 작용하는 응력의 차단 조치
④ 배관의 바깥지름에 3 cm를 더한 지름의 보호관 설치 조치
해설 옥외공동구벽을 관통하는 배관의 관통부와 그 부근에 배관의 손상방지를 위한 조치
㉮ 공동구벽의 관통부는 배관 바깥지름에 5 cm를 더한 지름 또는 배관의 바깥지름의 1.2배의 지름 중 작은 지름 이상의 보호관을 설치한다.
㉯ 보호관과 배관과의 사이에는 가황고무 등을 충전하는 등으로 공동구 내외에서 배관에 작용하는 응력이 상호간에 전달되지 않도록 조치한다.
㉰ 지반의 부등침하에 대한 영향을 줄이는 조치를 한다.

51. 수소의 특징을 설명한 것 중 잘못된 것은 어느 것인가?
① 연료전지의 연료로 사용된다.
② 가스 비중이 아주 작아 확산이 빠르다.
③ 암모니아, 염산, 메탄올의 제조 원료이다.
④ 저온 · 저압에서 탄소강과 반응하여 수소취성을 일으킨다.
해설 탄소강과 반응하여 수소취성이 발생하는 조건은 고온 · 고압의 상태이다.

정답 48. ② 49. ② 50. ④ 51. ④

52. 다음 가스 중 폭발하한계값이 5 %보다 큰 가스는?
① 수소   ② 일산화탄소
③ 아세틸렌   ④ 에틸렌

해설 각 가스의 공기 중 폭발범위

명칭	폭발범위
수소(H_2)	4~75 %
일산화탄소(CO)	12.5~74 %
아세틸렌(C_2H_2)	2.5~81 %
에틸렌(C_2H_4)	3.1~32 %

※ 에틸렌(C_2H_4)의 폭발범위는 2.7~36 %로 통용되는 경우도 있으니 참고하길 바랍니다.

53. 일반도시가스사업 정압기실의 시설기준으로 틀린 것은?
① 정압기실 주위에는 높이 1.2 m 이상의 경계책을 설치한다.
② 지하에 설치하는 지역정압기실의 조명도는 150룩스를 확보한다.
③ 침수위험이 있는 지하에 설치하는 정압기에는 침수방지 조치를 한다.
④ 정압기실에는 가스공급시설 외의 시설물을 설치하지 아니한다.

해설 정압기실 주위에는 높이 1.5 m 이상의 경계책을 설치한다.

54. 액화석유가스 용기충전사업소 내에 태양광 발전설비를 설치할 때의 기준으로 틀린 것은?
① 집광판과 에너지 저장장치, 배터리와의 이격거리는 2 m 이상으로 설치한다.
② 충전소 내 지상에 집광판을 설치할 때 지면으로부터 1.5 m 이상의 높이에 설치한다.
③ 충전소 내 지상에 집광판을 설치하려는 경우에는 충전설비, 저장설비 외면으로부터 8 m 이상 떨어진 곳에 설치한다.
④ 태양광 발전설비 관련 전기설비는 방폭성능을 가지는 것으로 설치하거나, 폭발위험장소가 아닌 곳으로 가스시설 등과 접하지 않는 방향에 설치한다.

해설 태양광 발전설비 설치 기준(KGS FP331) 〈신설 16. 3. 9〉
㉮ 태양광 발전설비를 사업소 건축물 상부에 설치하는 경우에는 건축물 관련법규 및 하위규정에 따른 구조 및 설비기준을 준수하고, 건축구조기술사 또는 건축시공기술사의 구조안전확인을 받은 것으로 한다.
㉯ 태양광 발전설비는 전기사업법에 따른 사용전 검사나 사용전 점검에 합격한 것으로 한다.
㉰ 태양광 발전설비 중 집광판은 건축물의 옥상 등 충전소 운영에 지장을 주지 않는 장소에 설치한다. 다만, 충전소 내 지상에 집광판을 설치하려는 경우에는 충전설비, 저장설비, 가스설비, 배관, 자동차에 고정된 탱크 이입·충전장소의 외면으로부터 8 m 이상 떨어진 곳에 설치하고, 집광판은 지면으로부터 1.5 m 이상 높이에 설치한다.
㉱ 태양광 발전설비 관련 전기설비는 방폭성능을 가진 것으로 설치하거나, 폭발위험장소(0종 장소, 1종 장소 및 2종 장소를 말한다)가 아닌 곳으로, 가스시설 등과 접하지 않는 방향에 설치한다.
㉲ 에너지 저장장치(ESS : energy storage system)는 설치하지 않는다. 〈신설 19. 9. 28〉

55. 일반도시가스 공급시설에서 도로가 평탄할 경우 배관의 기울기는?

① $\dfrac{1}{50} \sim \dfrac{1}{100}$ ② $\dfrac{1}{150} \sim \dfrac{1}{300}$

③ $\dfrac{1}{500} \sim \dfrac{1}{1000}$ ④ $\dfrac{1}{1500} \sim \dfrac{1}{2000}$

[해설] 배관의 기울기는 도로의 기울기에 따르고 도로가 평탄한 경우에는 $\dfrac{1}{500} \sim \dfrac{1}{1000}$ 정도의 기울기로 한다.

56. 수소가스설비 외면으로부터 화기를 취급하는 장소 사이에 유지하여야 하는 우회거리는 얼마인가?

① 5 m 이상   ② 8 m 이상
③ 10 m 이상   ④ 15 m 이상

[해설] 화기와의 거리(KGS FU671) : 수소가스 설비 외면으로부터 화기를 취급하는 장소 사이에 유지해야 하는 거리는 우회거리 8 m(산소의 저장설비는 5 m) 이상으로 한다.

57. 이상기체의 정압비열(C_p)과 정적비열(C_v)에 대한 설명 중 틀린 것은? (단, k는 비열비이고, R은 이상기체 상수이다.)

① 정적비열과 R의 합은 정압비열이다.

② 비열비(k)는 $\dfrac{C_p}{C_v}$ 로 표현된다.

③ 정적비열은 $\dfrac{R}{k-1}$ 로 표현된다.

④ 정압비열은 $\dfrac{k-1}{k}$ 로 표현된다.

[해설] 기체상수(R) 및 정압비열(C_p), 정적비열(C_v)의 관계

㉮ 비열비 $k = \dfrac{C_p}{C_v} > 1$

㉯ $C_p - C_v = R$

㉰ $C_p = \dfrac{k}{k-1} \cdot R$

㉱ $C_v = \dfrac{1}{k-1} \cdot R = \dfrac{R}{k-1}$

58. 부탄가스의 완전연소 반응식으로 옳은 것은?

① $C_3H_8 + 4O_2 \rightarrow 3CO_2 + 5H_2O$
② $C_3H_8 + 5O_2 \rightarrow 3CO_2 + 4H_2O$
③ $C_4H_{10} + 6O_2 \rightarrow 4CO_2 + 5H_2O$
④ $2C_4H_{10} + 13O_2 \rightarrow 8CO_2 + 10H_2O$

[해설] 부탄의 완전연소 반응식

㉮ 1몰의 반응식 : $C_4H_{10} + 6.5O_2 \rightarrow 4CO_2 + 5H_2O$

㉯ 2몰의 반응식 : $2C_4H_{10} + 13O_2 \rightarrow 8CO_2 + 10H_2O$

59. 액화석유가스를 저장하는 시설의 강제 환기설비 설치 기준에 대한 내용 중 잘못된 것은?

① 흡입구는 바닥면 가까이 설치한다.
② 흡입구는 천장면에서 30 cm 이내에 설치한다.
③ 통풍능력은 바닥면적 1 m^2마다 0.5 m^3/min 이상으로 한다.
④ 배기가스 방출구를 지면에서 5 m 이상의 높이에 설치한다.

[해설] LPG는 공기보다 무겁기 때문에 흡입구는 바닥면 가까이 설치하여야 한다.

60. 압력계의 지침이 100 kPa이라면 절대압력은 약 몇 kPa인가? (단, 대기압은 101.3 kPa이다.)

① 102.1   ② 201.3
③ 303.3   ④ 404.4

[해설] 압력계의 지침이 지시하는 압력은 게이지압력이다.
∴ 절대압력 = 대기압 + 게이지압력
= 101.3 + 100 = 201.3 kPa

정답 56. ②   57. ④   58. ④   59. ②   60. ②

2023년도 실전 테스트 (2)

1. 수소의 원자가(原子價)는 얼마인가?
① 0　② 1　③ 2　④ 3

해설 원자가 : 분자 내에서 한 원자가 다른 원자와 이루는 화학결합의 수로 수소의 원자가는 1이다.

2. 비열의 단위로 옳은 것은?
① cal/m · ℃　② cal/g · ℃
③ cal/s · ℃　④ g · ℃/cal

해설 비열 : 어떤 물질 1 g을 1℃ 높이는 데 필요한 열량이다.

3. 순수한 물의 응고잠열은 약 몇 kJ/kg인가?
① 539　② 79.68
③ 2257　④ 333.6

해설 물의 잠열
㉮ 물의 증발잠열(수증기의 응축잠열) : 539 kcal/kgf, 2257 kJ/kg
㉯ 얼음의 융해잠열(물의 응고잠열) : 79.68 kcal/kgf, 333.6 kJ/kg

[참고] 'kcal'에서 SI단위 'kJ'로 변환할 때에는 '4.1868'을 곱한다.

4. 표준대기압에 해당되지 않는 것은?
① 1.0332 kgf/cm²　② 101.325 kPa
③ 1013.25 mbar　④ 14.2 psi

해설 1 atm = 760 mmHg = 76 cmHg
= 0.76 mHg
= 29.9 inHg = 760 torr = 10332 kgf/m²
= 1.0332 kgf/cm² = 10.332 mH₂O
= 10332 mmH₂O
= 101325 N/m² = 101325 Pa = 101.325 kPa
= 0.101325 MPa = 1013250 dyne/cm²
= 1.01325 bar = 1013.25 mbar
= 14.7 lb/in² = 14.7 psi

5. 가스도매사업의 가스공급시설 중 배관을 지하에 매설할 때 기준 중 부적합한 것은?
① 배관은 그 외면으로부터 건축물까지 수평거리로 1.3 m 이상 유지한다.
② 산과 들에서의 배관의 매설깊이는 1 m 이상을 유지한다.
③ 배관은 그 외면으로부터 지하의 다른 시설물까지 0.3 m 이상의 거리를 유지한다.
④ 철도부지에 매설할 때에는 깊이를 1.2 m 이상 유지한다.

해설 배관은 그 외면으로부터 건축물까지 수평거리로 1.5 m 이상을 유지한다.

6. 물을 전기분해하여 수소를 얻고자 할 때 전해액으로 무엇을 사용하는가?
① 묽은 염산
② 10~25 %의 황산 용액
③ 10~25 %의 탄산칼슘 용액
④ 10~25 %의 수산화나트륨 용액

해설 물의 전기분해
㉮ 전해액으로 10~25 % 정도의 수산화나트륨(NaOH : 가성소다) 수용액을 사용한다.
㉯ 음극에서 수소(H_2)가, 양극에서 산소(O_2)가 2 : 1의 체적비율로 발생한다.

7. LP 가스의 일반적인 성질에 대한 설명 중 옳은 것은?

정답 1. ②　2. ②　3. ④　4. ④　5. ①　6. ④　7. ④

① 증발잠열이 적다.
② 기화 및 액화가 어렵다.
③ 액체의 체적 팽창률이 적다.
④ 공기보다 무거워 바닥에 고인다.

해설 LP 가스의 일반적인 성질(특징)
㉮ LP 가스는 공기보다 무겁다.
㉯ 액상의 LP 가스는 물보다 가볍다.
㉰ 액화, 기화가 쉽고, 기화하면 체적이 커진다.
㉱ LNG보다 발열량이 크고, 연소 시 다량의 공기가 필요하다.
㉲ 기화열(증발잠열)이 크다.
㉳ 무색, 무취, 무미하다.
㉴ 용해성이 있다.
㉵ 온도 상승에 의한 액체의 부피 변화가 크다.

8. 열전대 온도계에 적용되는 원리(효과)가 아닌 것은?
① 제베크 효과
② 틴들 효과
③ 톰슨 효과
④ 펠티어 효과

해설 열전대 온도계에 적용되는 원리(효과)
㉮ 제베크 효과(Seebeck effect) : 2종류의 금속선을 접속하여 하나의 회로를 만들어 2개의 접점에 온도차를 부여하면 회로에 접점의 온도에 거의 비례한 전류(열기전력)가 흐르는 현상으로 열전대 온도계의 측정원리이다.
㉯ 톰슨 효과(Thomson effect) : 온도가 다른 금속에 전류를 통했을 때 금속에는 전기저항으로 인한 줄(Joul) 열 이외의 열의 발생과 흡수가 일어나는 현상이다.
㉰ 펠티어 효과(Peltier effect) : 서로 다른 도체로 이루어진 회로를 통해 직류전류를 흐르게 하면 전류의 방향에 따라 서로 다른 도체 사이의 접합의 한쪽은 가열되는 반면 다른 한쪽은 냉각되는 현상이다.

[참고] 제베크 효과, 톰슨 효과, 펠티어 효과 3가지를 열과 전기의 상관현상으로 열전 효과, 열전현상이라 하며 열전대 온도계의 원리와 관계된다.

[참고] 틴들(Tyndall) 효과 : 가시광선의 파장과 비슷한 미립자가 분산되어 있을 때 빛을 비추면 산란되어 빛의 통로가 생기는 현상으로 빛이 산란되는 정도는 미립자의 크기가 클수록 심해지기 때문에 이를 이용하여 미립자의 크기를 알 수 있다. 맑은 하늘이 푸르게 보이는 것이 대표적인 현상이다.

9. 백금-백금 로듐 열전대 온도계의 측정 범위로 옳은 것은?
① -180~350℃
② -20~800℃
③ 0~1600℃
④ 300~2000℃

해설 열전대 온도계의 측정범위

열전대의 종류	측정온도
백금-백금 로듐	0~1600℃
크로멜-알루멜	-20~1200℃
철-콘스탄트	-20~800℃
동-콘스탄트	-200~350℃

10. 충전용기 보관실의 출입문 기준 중 옳지 않은 것은?
① 용기보관실의 출입문은 1개소를 설치한다.
② 용기보관실의 출입문 구조는 방화문으로 한다.
③ 출입문의 크기는 가로길이 1800 mm 이내로 한다.
④ 출입문은 미닫이식 또는 여닫이식으로 한다.

해설 용기보관실의 출입문 구조는 방호벽으로 하여야 한다.

11. 특정고압가스 사용시설에서 독성가스

정답 8. ② 9. ③ 10. ② 11. ④

감압설비와 그 가스의 반응설비 간의 배관에 반드시 설치하여야 하는 설비는?
① 역화 방지 장치 ② 긴급 차단 장치
③ 인터로크 장치 ④ 역류 방지 장치

해설 특정고압가스 사용시설에서 독성가스 감압설비와 그 가스의 반응설비간의 배관에는 긴급 시 가스가 역류되는 것을 효과적으로 차단할 수 있는 역류 방지 장치를 설치한다.

12. 정압비열(C_p)과 정적비열(C_v)의 관계를 나타내는 비열비(k)가 옳은 것은?

① $k = \dfrac{C_p}{C_v}$ ② $k = \dfrac{C_v}{C_p}$

③ $k = \dfrac{C_p - C_v}{C_v}$ ④ $k = \dfrac{C_v - C_p}{C_p}$

해설 기체상수(R) 및 정압비열(C_p), 정적비열(C_v)의 관계
㉮ 비열비 $k = \dfrac{C_p}{C_v} > 1$
㉯ $C_p - C_v = R$
㉰ $C_p = \dfrac{k}{k-1} \cdot R$
㉱ $C_v = \dfrac{1}{k-1} \cdot R = \dfrac{R}{k-1}$

13. 도시가스 제조 방식 중 촉매를 사용하여 사용온도 400~800℃에서 탄화수소와 수증기를 반응시켜 수소, 메탄, 일산화탄소, 탄산가스 등의 저급 탄화수소로 변환시키는 프로세스(process)는?
① 열분해 프로세스
② 접촉분해 프로세스
③ 부분연소 프로세스
④ 수소화분해 프로세스

해설 접촉분해 공정(steam reforming process) : 촉매를 사용해서 반응온도 400~800℃에서 탄화수소와 수증기를 반응시켜 메탄(CH_4), 수소(H_2), 일산화탄소(CO), 이산화탄소(CO_2)로 변환하는 공정이다.

14. 다음은 어떤 안전설비에 대한 설명인가?

> 설비가 잘못 조작되거나 정상적인 제조를 할 수 없는 경우 자동으로 원재료의 공급을 차단시키는 등 고압가스 제조설비 안의 제조를 제어하는 기능을 한다.

① 긴급 이송 설비 ② 인터로크 기구
③ 안전밸브 ④ 벤트 스택

해설 인터로크 기구 : 가연성가스 또는 독성가스의 제조설비에서 잘못 조작되거나 정상적인 제조를 할 수 없는 경우에 자동으로 원재료의 공급을 차단시키는 등 제조설비 내의 제조를 제어할 수 있는 장치이다.

15. 가스 액화 분리 장치에서 원료 가스를 저온에서 분리, 정제하는 역할을 하는 것은?
① 한랭 발생 장치
② 불순물 제거 장치
③ 정류(분축, 흡수) 장치
④ 유회수 장치

해설 가스 액화 분리 장치 구성
㉮ 한랭 발생 장치 : 냉동 사이클, 가스 액화 사이클의 응용으로 가스 액화 분리 장치에서 액화가스를 채취할 때에 그것에 필요한 한랭을 보급한다.
㉯ 정류 장치 : 분축(分縮), 흡수(吸收) 장치로 원료 가스를 저온에서 분리, 정제하는 역할을 한다.
㉰ 불순물 제거 장치 : 저온도가 되면 동결하는 원료 가스 중의 수분, 탄산가스 등을 제거하는 역할을 한다.

16. 열역학 제1법칙으로 옳은 것은?

정답 12. ① 13. ② 14. ② 15. ③ 16. ②

① 질량 불변의 법칙
② 에너지 보존의 법칙
③ 엔트로피 보존의 법칙
④ 작용, 반작용의 법칙

해설 열역학 법칙
㉮ 열역학 제0법칙 : 열평형의 법칙
㉯ 열역학 제1법칙 : 에너지 보존의 법칙
㉰ 열역학 제2법칙 : 방향성의 법칙
㉱ 열역학 제3법칙 : 어떤 계 내에서 물체의 상태변화 없이 절대온도 0도에 이르게 할 수 없다.

17. 가스크로마토그래피의 구성 요소가 아닌 것은?
① 광원   ② 컬럼
③ 검출기   ④ 기록계

해설 장치 구성 요소 : 캐리어가스, 압력조정기, 유량조절밸브, 압력계, 분리관(컬럼), 검출기, 기록계 등

18. 표준상태에서 1몰의 아세틸렌이 완전 연소될 때 필요한 산소의 몰수는?
① 1몰   ② 1.5몰   ③ 2몰   ④ 2.5몰

해설 아세틸렌(C_2H_2)의 완전연소 반응식
$C_2H_2 + 2.5O_2 \rightarrow 2CO_2 + H_2O$
∴ 아세틸렌 1몰이 완전연소할 때 산소는 2.5몰이 필요하다.

19. "아세틸렌가스를 용기에 충전 시는 온도에 관계없이 ( )MPa 이하로 하고, 충전한 후에 압력은 ( )℃에서 1.5MPa 이하가 되도록 한다."에서 ( ) 속에 알맞은 것은?
① 4.5, 35   ② 3.5, 20
③ 2.5, 15   ④ 1.8, 15

해설 아세틸렌 충전용기 압력
㉮ 충전 중의 압력 : 온도와 관계없이 2.5 MPa 이하

㉯ 충전 후의 압력 : 15℃에서 1.5 MPa 이하

20. 일반도시가스 공급시설에 설치하는 정압기의 분해점검 주기는?
① 1년에 1회 이상   ② 2년에 1회 이상
③ 3년에 1회 이상   ④ 1주일에 1회 이상

해설 분해점검 주기
㉮ 정압기 : 2년에 1회 이상
㉯ 정압기 필터 : 가스 공급개시 후 1월 이내 및 매년 1회 이상
㉰ 가스사용자 시설(단독사용자)의 정압기와 필터 : 설치 후 3년까지는 1회 이상, 그 이후에는 4년에 1회 이상

21. 고압가스 특정제조사업소의 고압가스 설비 중 특수 반응 설비와 긴급 차단 장치를 설치한 고압가스 설비에서 이상 사태가 발생하였을 때 그 설비 내의 내용물을 설비 밖으로 긴급하고 안전하게 이송하여 연소시키기 위한 것은?
① 내부반응 감시 장치
② 벤트 스택
③ 인터로크
④ 플레어 스택

해설 안전하게 이송할 수 있는 시설
㉮ 벤트 스택 : 가연성가스 또는 독성가스의 설비에서 이상 상태가 발생한 경우 설비 내의 내용물을 대기 중으로 방출하는 장치
㉯ 플레어 스택 : 긴급 이송 설비에 의하여 이송되는 가연성가스를 연소에 의하여 처리하는 시설

22. 독성가스 여부를 판정할 때 기준이 되는 "허용농도"를 바르게 설명한 것은?

① 해당 가스를 성숙한 흰쥐 집단에게 대기 중에서 1시간 동안 계속하여 노출시킨 경우 7일 이내에 그 흰쥐의 1/2 이상이 죽게 되는 가스의 농도를 말한다.
② 해당 가스를 성숙한 흰쥐 집단에게 대기 중에서 24시간 동안 계속하여 노출시킨 경우 7일 이내에 그 흰쥐의 1/2 이상이 죽게 되는 가스의 농도를 말한다.
③ 해당 가스를 성숙한 흰쥐 집단에게 대기 중에서 1시간 동안 계속하여 노출시킨 경우 14일 이내에 그 흰쥐의 1/2 이상이 죽게 되는 가스의 농도를 말한다.
④ 해당 가스를 성숙한 흰쥐 집단에게 대기 중에서 24시간 동안 계속하여 노출시킨 경우 14일 이내에 그 흰쥐의 1/2 이상이 죽게 되는 가스의 농도를 말한다.

해설 허용농도 : 해당 가스를 성숙한 흰쥐 집단에게 대기 중에서 1시간 동안 계속하여 노출시킨 경우 14일 이내에 그 흰쥐의 2분의 1 이상이 죽게 되는 가스의 농도를 말한다. → LC50(치사농도[致死濃度] 50 : Lethal concentration 50)으로 표시

23. 진탕형 오토클레이브의 특징에 대한 설명으로 틀린 것은?

① 가스 누출의 가능성이 적다.
② 고압력에 사용할 수 있고 반응물의 오손이 적다.
③ 뚜껑판에 뚫어진 구멍에 촉매가 끼어 들어갈 염려가 없다.
④ 장치 전체가 진동하므로 압력계는 본체로부터 떨어져 설치한다.

해설 진탕형 오토클레이브의 특징
㉮ 가스 누출의 가능성이 적다.
㉯ 고압력에 사용할 수 있고 반응물의 오손이 적다.
㉰ 장치 전체가 진동하므로 압력계는 본체로부터 떨어져 설치한다.
㉱ 뚜껑판에 뚫어진 구멍에 촉매가 끼어 들어갈 염려가 있다.

24. 현열에 대한 정의로 옳은 것은?

① 물질이 상태, 온도 모두 변할 때 필요한 열이다.
② 물질이 상태 변화 없이 온도가 변할 때 필요한 열이다.
③ 물질이 온도 변화 없이 상태가 변할 때 필요한 열이다.
④ 물질이 온도 변화 없이 압력이 변할 때 필요한 열이다.

해설 현열과 잠열
㉮ 현열(감열) : 상태 불변, 온도 변화에 소요된 열량
㉯ 잠열(숨은열) : 온도 불변, 상태 변화에 소요된 열량

25. 표준상태에서 에탄 2 mol, 프로판 5 mol, 부탄 3 mol로 구성된 LPG에서 부탄의 질량비율은 약 몇 %인가?

① 13.2 ② 24.6 ③ 38.3 ④ 48.5

해설 ㉮ 혼합가스의 질량은 각 성분가스의 분자량에 몰(mol)수를 곱한 값을 합산한 것이다.
㉯ 혼합가스 중 성분가스의 질량비율은 전체 질량에 대한 성분가스의 질량비이다.
㉰ 부탄 질량비 계산 : 각 성분의 분자량은 에탄(C_2H_6) 30, 프로판(C_3H_8) 44, 부탄(C_4H_{10}) 58이다.

$$\therefore m_{C_4H_{10}} = \frac{\text{부탄의 질량}}{\text{혼합가스 질량}} \times 100$$
$$= \frac{58 \times 3}{(30 \times 2)+(44 \times 5)+(58 \times 3)} \times 100$$
$$= 38.325\,\%$$

정답 23. ③ 24. ② 25. ③

26. 표준상태에서 산소 가스 1 kg은 약 몇 m³에 해당되는가?

① 0.3 ② 0.5 ③ 0.7 ④ 1.3

[해설] 산소 분자량이 32이므로 1 kmol의 질량은 32 kg이고 표준상태에서 체적은 22.4 m³이다.

$$\therefore 산소\ 체적 = \frac{산소\ 질량(kg)}{32} \times 22.4$$
$$= \frac{1}{32} \times 22.4 = 0.7\ m^3$$

27. 6대 온실가스가 아닌 것은?

① CO_2 ② N_2O ③ CH_4 ④ NH_3

[해설] 온실가스(저탄소 녹색성장 기본법 제2조) : 이산화탄소(CO_2), 메탄(CH_4), 아산화질소(N_2O), 수소불화탄소(HFCS), 과불화탄소(PFCS), 육불화황(SF_6) 및 그 밖에 대통령령으로 정하는 것으로 적외선 복사열을 흡수하거나 재방출하여 온실효과를 유발하는 대기 중의 가스 상태의 물질을 말한다.

28. 다음 가연성가스 중 위험성이 제일 큰 것은?

① 수소   ② 프로판
③ 산화에틸렌   ④ 아세틸렌

[해설] ㉮ 각 가스의 공기 중에서 폭발범위

가스 명칭	폭발범위
수소(H_2)	4~75 %
프로판(C_3H_8)	2.1~9.5 %
산화에틸렌(C_2H_4O)	3~80 %
아세틸렌(C_2H_2)	2.5~81 %

㉯ 폭발범위가 넓은 것이 위험성이 크며, 4가지 중 아세틸렌이 폭발범위가 가장 넓다.

29. 황화수소에 대한 설명 중 옳지 않은 것은?

① 고압에서는 스테인리스강을 사용한다.
② 건조된 상태에서 수은, 동과 같은 금속과 반응한다.
③ 농질산, 발연질산 등의 산화제와는 심하게 반응한다.
④ 독성이 강하고 고농도 가스를 다량으로 흡입할 경우 즉사할 수 있다.

[해설] 건조된 상태에서의 황화수소는 수은, 은, 동과 같은 금속과 반응하지 않고, 수분이 존재할 때 반응한다.

30. 암모니아에 대한 설명 중 적합하지 않은 것은?

① TLV-TWA 허용농도 25 ppm으로 중화제는 물을 사용한다.
② 상온, 상압에서 강한 자극성이 있는 공기보다 가벼운 기체이다.
③ 가연성가스이며, 독성가스로 액화하기 어려워 압축가스로 취급된다.
④ 산이나 할로겐 원소와는 잘 반응하며 물에 잘 용해하는 가스이다.

[해설] 암모니아는 비점이 −33.3℃로 액화 및 기화가 쉽고, 증발잠열이 커서 냉동기 냉매로 사용된다.

31. 일산화탄소와 공기의 혼합가스 폭발범위는 고압일수록 어떻게 변하는가?

① 넓어진다.   ② 변함없다.
③ 좁아진다.   ④ 일정하지 않다.

[해설] 대부분의 가연성가스는 압력이 상승하면 폭발범위가 넓어지는 것이 일반적이지만 일산화탄소와 수소는 압력의 증가와 더불어 폭발범위가 좁아진다. 단, 수소는 10기압 이상으로 압력이 상승하면 폭발범위는 다시 넓어진다.

[정답] 26. ③ 27. ④ 28. ④ 29. ② 30. ③ 31. ③

32. 폭발성 혼합가스의 폭발 2등급의 안전 간격으로 옳은 것은?
① 0.1~0.3 mm ② 0.8~1.0 mm
③ 0.4~0.6 mm ④ 1.5~2.0 mm

[해설] 폭발 등급별 안전간격

폭발 등급	안전간격	가스 종류
1등급	0.6 mm 이상	일산화탄소, 에탄, 프로판, 암모니아, 아세톤, 에틸에테르, 가솔린, 벤젠 등
2등급	0.4~0.6 mm	석탄가스, 에틸렌 등
3등급	0.4 mm 미만	아세틸렌, 이황화탄소, 수소, 수성가스

33. 다음 중 아세틸렌 충전 시 희석제로 부적합한 것은?
① 메탄 ② 질소
③ 일산화탄소 ④ 이산화황

[해설] 희석제의 종류
㉮ 안전관리 규정에 정한 것 : 질소, 메탄, 일산화탄소, 에틸렌
㉯ 희석제로 가능한 것 : 수소, 프로판, 이산화탄소

34. 가연성가스가 폭발할 위험이 있는 장소에 전기설비를 할 경우 위험의 정도에 따른 분류가 아닌 것은?
① 0종 장소 ② 1종 장소
③ 2종 장소 ④ 3종 장소

[해설] 위험장소는 1종 장소, 2종 장소, 0종 장소로 분류한다.

35. 독성가스의 제독작업에 필요한 보호구의 장착 훈련 주기로 옳은 것은?
① 1개월마다 1회 이상
② 2개월마다 1회 이상
③ 3개월마다 1회 이상
④ 6개월마다 1회 이상

[해설] 보호구 장착 훈련 : KGS FP112
㉮ 작업원은 3개월에 1회 이상 보호구의 사용 훈련을 받아 사용방법을 숙지한다.
㉯ 보호구의 점검 및 변동사항 또는 보호구의 장착 훈련 실적을 기록·보존한다.

36. [보기] 중 냄새로 구별할 수 있는 것으로 옳은 것은?

┌ 보기 ┐
㉠ 산소   ㉡ 수소   ㉢ 일산화탄소
㉣ 질소   ㉤ 아르곤 ㉥ 암모니아
㉦ 에틸렌

① ㉢, ㉥ ② ㉠, ㉤
③ ㉥, ㉦ ④ ㉡, ㉦

[해설] 각 가스의 냄새

명칭	분자량	성질
산소(O_2)	32	무취
수소(H_2)	2	무취
일산화탄소(CO)	28	무취
질소(N_2)	28	무취
아르곤(Ar)	40	무취
암모니아(NH_3)	17	자극성이 강한 냄새
에틸렌(C_2H_4)	28	감미로운 냄새

37. 아세틸렌에 가압·충격이 가해지면 폭발이 일어나는 것의 명칭은?
① 중합폭발 ② 분해폭발
③ 화합폭발 ④ 촉매폭발

[해설] ㉮ 분해폭발 : 아세틸렌이 가압, 충격

에 의해 탄소와 수소로 분해되면서 일어나는 폭발이다.
㉯ 반응식 : $C_2H_2 \rightarrow 2C + H_2 + 54.2$ kcal

38. 산소의 임계압력으로 옳은 것은?
① 20 atm ② 33.5 atm
③ 50.1 atm ④ 72.9 atm

해설 산소(O_2)의 성질

항목	성질
비점	−183℃
임계온도	−118.4℃
임계압력	50.1 atm

39. 도시가스 사용시설 기밀시험압력으로 옳은 것은? (단, 연소기는 제외한다.)
① 최고사용압력의 1.1배 또는 8.4 kPa 중 높은 압력 이상
② 최고사용압력의 1.2배 또는 8.4 kPa 중 높은 압력 이상
③ 최고사용압력의 1.5배 또는 8.4 kPa 중 높은 압력 이상
④ 최고사용압력의 2.0배 또는 8.4 kPa 중 높은 압력 이상

해설 가스 사용시설 기밀시험압력
㉮ LPG 사용시설 : 8.4 kPa 이상
㉯ 도시가스 사용시설 : 최고사용압력의 1.1배 또는 8.4 kPa 중 높은 압력 이상

40. 방폭지역이 0종인 장소에는 원칙적으로 어떤 방폭구조의 것을 사용하여야 하는가?
① 내압방폭구조
② 압력방폭구조
③ 본질안전방폭구조
④ 안전증방폭구조

해설 0종 장소에는 원칙적으로 본질안전방폭구조의 것을 설치하여야 한다.

41. 고압가스 저장탱크 기준으로 거리가 먼 것은?
① 가연성가스 및 독성가스의 저장탱크, 그 지주에는 온도의 상승을 방지할 수 있는 조치를 할 것
② 독성가스의 저장탱크에는 그 가스의 용량이 그 저장탱크 내용적의 80%를 초과하는 것을 방지하는 장치를 설치할 것
③ 저장탱크에는 가스가 누출하지 아니하는 구조로 하고, 규정량 이상의 가스를 저장하는 것에는 가스방출장치를 설치할 것
④ 가연성가스 저온 저장탱크에는 그 저장탱크의 내부압력이 외부압력보다 낮아짐에 따라 그 저장탱크가 파괴되는 것을 방지할 수 있는 조치를 할 것

해설 과충전 방지 장치 설치 : 독성가스 저장탱크는 내용적의 90%를 초과하는 것을 방지하는 장치를 설치하여야 한다.

42. 가스를 사용하는 시설에서 호스가 절단 또는 파손으로 다량의 가스 누출 시 사고 예방을 위해 신속하게 자동으로 가스 누출을 차단하기 위해 설치하는 가스용품은?
① 중간 밸브 ② 체크 밸브
③ 나사 콕 ④ 퓨즈 콕

해설 퓨즈 콕 : 가스 유로를 볼로 개폐하고, 과류차단 안전기구가 부착된 것으로서 배관과 호스, 호스와 호스, 배관과 배관 또는 배관과 커플러를 연결하는 구조의 가스용품이다.

43. 도시가스 사용시설에서 호스의 길이는 몇 m 이내인가?
① 1 ② 2 ③ 3 ④ 4

해설 호스 설치 : KGS FU551
㉮ 호스의 길이는 연소기까지 3 m 이내로

정답 38. ③ 39. ① 40. ③ 41. ② 42. ④ 43. ③

하되, 호스는 "T"형으로 연결하지 않는다.
㉯ 배관용 호스와 중간 밸브 및 연소기와의 접촉 부분은 호스밴드 등으로 견고하게 조인다.
㉰ 호스가 열로 인해 손상을 받지 않도록 조치한다.

44. 산소 취급 시 주의할 사항이 아닌 것은?
① 과잉산소는 인체에 해롭다.
② 내산화성 재료로 납(Pb)을 사용한다.
③ 고압의 산소와 유지류 접촉은 위험하다.
④ 산소의 화학반응에서 생성되는 과산화물은 위험이 있다.

[해설] 내산화성(耐酸化性) 재료는 크롬(Cr)을 사용한다.

45. 가스의 폭발범위에 영향을 주는 인자가 아닌 것은?
① 비열 ② 압력 ③ 온도 ④ 가스량

[해설] 폭발범위에 영향을 주는 인자 : 온도, 압력, 가스량, 산소의 농도

46. 고압가스 냉매 설비의 기밀시험 시 압축공기를 공급할 때 공기의 온도는 몇 ℃ 이하로 정해져 있는가?
① 40℃ 이하   ② 70℃ 이하
③ 100℃ 이하   ④ 140℃ 이하

[해설] 기밀시험에 사용하는 가스는 공기 또는 불연성가스(산소 및 독성가스 제외)로 하며, 기밀시험에 공기압축기를 사용하여 압축공기를 공급할 때 공기의 온도는 140℃ 이하로 한다.

47. 지하에 매설하는 도시가스 배관을 보호하기 위하여 설치하는 보호판의 도막 두께는 몇 μm 이상 되도록 방청 도료 등으로 코팅하는가?
① 50 ② 60 ③ 80 ④ 100

[해설] 보호판은 쇼트 브라스팅 등으로 내외면의 이물질을 완전히 제거하고, 방청 도료(primer)를 1회 이상 도포한 후 도막 두께가 80 μm 이상 되도록 에폭시 타입 도료를 2회 이상 코팅하거나 이와 동등 이상의 방청 및 코팅 효과를 갖는 것으로 한다.

48. 고압가스 안전관리법에서 정한 특정설비가 아닌 것은?
① 조정기   ② 긴급차단장치
③ 안전밸브   ④ 저장탱크

[해설] 고압가스 관련설비(특정설비) 종류 : 안전밸브, 긴급차단장치, 기화장치, 독성가스 배관용 밸브, 자동차용 가스 자동주입기, 역화방지기, 압력용기, 특정고압가스용 실린더 캐비닛, 자동차용 압축천연가스 완속 충전설비, 액화석유가스용 용기 잔류가스 회수장치, 냉동용 특정설비, 차량에 고정된 탱크

49. 고압가스 용기의 안전점검 기준에 해당되지 않는 것은?
① 재검사 기간의 도래 여부를 확인
② 용기의 누설 유무를 성냥불로 확인
③ 용기의 부식, 도색 및 표시 확인
④ 용기의 캡이 씌워져 있거나 프로텍터의 부착 여부 확인

[해설] 용기의 안전점검 기준 : 고법 시행규칙 별표 18
㉮ 재검사 기간의 도래 여부를 확인할 것
㉯ 용기 아랫부분의 부식 상태, 도색 및 표시가 되어 있는지를 확인할 것
㉰ 용기의 캡이 씌워져 있거나 프로텍터의 부착 여부 확인할 것
㉱ 밸브의 그랜드너트 고정핀 이탈 유무를 확인할 것
㉲ 밸브의 개폐조작이 쉬운 핸들이 부착

정답 44. ② 45. ① 46. ④ 47. ③ 48. ① 49. ②

되어 있는지 여부 확인할 것
⑭ 용기의 스커트에 찌그러짐이 있는지 확인할 것
⑮ 유통 중 열 영향을 받았는지 여부를 점검할 것
⑯ 충전가스의 종류에 맞는 용기부속품이 부착되어 있는지 여부를 확인할 것
⑰ 밸브의 몸통, 충전구나사, 안전밸브에 사용상 지장이 있는지 여부를 확인할 것

50. 펌프의 실제 송출유량을 Q, 펌프 내부에서의 누설 유량을 ΔQ, 임펠러 속을 지나는 유량을 $Q+\Delta Q$라 할 때 펌프의 체적효율(η_v)을 구하는 식은?

① $\eta_v = \dfrac{Q}{Q+\Delta Q}$ ② $\eta_v = \dfrac{Q+\Delta Q}{Q}$

③ $\eta_v = \dfrac{Q-\Delta Q}{Q+\Delta Q}$ ④ $\eta_v = \dfrac{Q+\Delta Q}{Q-\Delta Q}$

해설 ⑦ 체적효율(η_v)은 이론적 송출유량에 대한 실제 송출유량의 비이다.
⑭ 체적효율(%) 계산식
$\therefore \eta_v[\%] = \dfrac{실제\ 송출유량}{이론적\ 송출유량} \times 100$
$= \dfrac{Q}{Q+\Delta Q} \times 100$

51. 용기 밸브 중 충전구 나사를 왼나사로 정한 것은 어느 것인가?

① O_2 ② CO_2 ③ NH_3 ④ C_2H_2

해설 ⑦ 충전구 나사를 왼나사를 적용하는 것은 가연성가스이다.
⑭ 가연성가스 중 암모니아(NH_3), 브롬화메탄(CH_3Br)은 오른나사를 적용한다.
⑮ 문제에서 주어진 가스 중 왼나사를 적용하는 것은 아세틸렌이다.

52. 보온재의 구비조건으로 옳은 것은?

① 시공하기 쉬울 것
② 열전도율이 클 것
③ 흡습, 흡수성이 클 것
④ 비중이 크고, 적당한 강도가 있을 것

해설 보온재(단열재)의 구비조건
⑦ 열전도율이 작을 것
⑭ 흡습성, 흡수성이 작을 것
⑮ 적당한 기계적 강도를 가질 것
⑯ 시공성이 좋을 것
⑰ 부피, 비중(밀도)이 작을 것
⑱ 경제적일 것

53. 빙점 이하의 특히 낮은 온도에서 사용되는 LPG 탱크, 화학공업 배관 등에 이용되며, 0.25 %의 킬드강으로 제조한 관은 −50℃, 3.5 % 니켈(Ni)강으로 제조한 관은 −100℃까지 사용할 수 있는 관의 명칭은?

① 압력배관용 탄소강관
② 저온배관용 탄소강관
③ 고압배관용 탄소강관
④ 고온배관용 탄소강관

해설 저온배관용 탄소강강관(SPLT) : 빙점 이하의 저온도 배관에 사용된다.

54. 왕복동식 압축기의 특징에 대한 설명으로 틀린 것은?

① 기체의 비중에 영향이 없다.
② 압축하면 맥동이 생기기 쉽다.
③ 원심형이어서 압축 효율이 낮다.
④ 토출압력에 의한 용량 변화가 적다.

해설 왕복동식 압축기의 특징
⑦ 고압이 쉽게 형성된다.
⑭ 급유식, 무급유식이다.
⑮ 용량 조정 범위가 넓다.
⑯ 용적형이며 압축 효율이 높다.
⑰ 형태가 크고 설치 면적이 크다.
⑱ 배출 가스 중 오일이 혼입될 우려가 크다.

정답 50. ① 51. ④ 52. ① 53. ② 54. ③

㉳ 압축이 단속적이고, 맥동 현상이 발생된다.
㉴ 접촉 부분이 많아 고장 발생이 쉽고 수리가 어렵다.
㉵ 반드시 흡입 토출밸브가 필요하다.

55. 냉동제조시설에서 냉매설비의 배관 이외의 부분의 내압시험압력은?
① 설계압력 이상
② 기밀시험압력 이상
③ 설계압력의 1.1배 이상
④ 설계압력의 1.5배 이상

[해설] 냉매설비의 시험압력
㉮ 내압시험 : 설계압력의 1.5배 이상
㉯ 기밀시험 : 설계압력 이상

56. 가스 미터의 필요 조건으로 옳은 것은?
① 소형이고 용량이 적을 것
② 감도가 예민하고 구조가 간단할 것
③ 가격이 저렴하고 사용자 수리가 용이할 것
④ 오차 조정이 어려워 사용자가 임의로 조작하지 못할 것

[해설] 가스 미터의 필요 조건
㉮ 구조가 간단하고, 수리가 용이할 것
㉯ 감도가 예민하고 압력 손실이 적을 것
㉰ 소형이며 계량 용량이 클 것
㉱ 기차의 조정이 용이할 것
㉲ 내구성이 클 것

[참고] 감도 : 가스 미터가 측정량의 변화에 민감한 정도를 나타내는 것이다.

57. 이음매 없는 용기의 특징이 아닌 것은?
① 독성 가스를 충전하는 데 사용한다.
② 내압에 대한 응력 분포가 균일하다.
③ 고압에 견디기 어려운 구조이다.
④ 용접 용기에 비해 값이 비싸다.

[해설] 이음매 없는 용기는 고압에 견디기 쉬운 구조이다.

58. 저온장치 단열법 종류가 아닌 것은?
① 상압 단열법
② 고압 단열법
③ 고진공 단열법
④ 분말진공 단열법

[해설] 저온장치 단열법의 종류
㉮ 상압 단열법 : 일반적으로 사용되는 단열법으로 단열공간에 분말, 섬유 등의 단열재를 충전하는 방법이다.
㉯ 진공 단열법 : 공기의 열전도율보다 낮은 값을 얻기 위하여 단열공간을 진공으로 하여 공기에 의한 전열을 차단하는 단열법으로 고진공 단열법, 분말진공 단열법, 다층진공 단열법이 있다.

59. 부르동관 압력계 사용 시 주의사항으로 옳지 않은 것은?
① 안전장치를 한 것일 것
② 온도 변화나 진동, 충격 등이 적은 장소에 설치할 것
③ 항상 검사를 행하고 지시의 정확성을 확인하여 둘 것
④ 압력계에 가스를 유입하거나 빼낼 때는 신속히 조작할 것

[해설] 압력계에 가스를 유입하거나 빼낼 때는 서서히 조작하여야 한다.

60. 차압에 의해 초저온 저장탱크의 액면 측정에 많이 사용되는 액면계는?
① 햄프슨식 액면계
② 클린카식 액면계
③ 벨로스식 액면계
④ 전기저항식 액면계

[해설] 햄프슨식 액면계 : 기상부와 액상부의 압력차를 이용하여 액면을 지시하는 것으로 차압식 액면계라 한다.

[정답] 55. ④ 56. ② 57. ③ 58. ② 59. ④ 60. ①

2024년도 실전 테스트 (1)

1. 분해폭발의 위험성이 없는 것은?
① 시안화수소 ② 산화에틸렌
③ 아세틸렌 ④ 히드라진

[해설] ㉮ 분해폭발 물질 : 아세틸렌(C_2H_2), 산화에틸렌(C_2H_4O), 히드라진(N_2H_4), 오존(O_3)
㉯ 시안화수소(HCN) : 산화폭발, 중합폭발의 위험성이 있다.

2. 도시가스 배관의 호칭지름이 15 mm인 경우 고정장치는 몇 m마다 설치하는가?
① 1 ② 2 ③ 3 ④ 4

[해설] 배관 고정장치 설치 기준
㉮ 호칭지름 13 mm 미만 : 1 m마다
㉯ 호칭지름 13 mm 이상 33 mm 미만 : 2 m마다
㉰ 호칭지름 33 mm 이상 : 3 m마다
㉱ 호칭지름 100 mm 이상의 것에는 적절한 방법에 따라 3 m를 초과하여 설치할 수 있다.

3. 도시가스 배관을 해저에 설치하는 기준 중 틀린 것은?
① 배관의 입상부에는 방호시설물을 설치한다.
② 배관은 원칙적으로 다른 배관과 교차하지 않도록 한다.
③ 배관은 원칙적으로 다른 배관과 20 m 이상의 수평거리를 유지한다.
④ 해저면 밑에 배관을 매설하지 않고 설치하는 경우에는 해저면을 고르게 하여 배관이 해저면에 닿도록 할 것

[해설] 배관 해저 설치 기준(KGS FS451) : ①, ②, ④ 외
㉮ 배관은 해저면 밑에 매설한다. 다만, 닻내림 등으로 배관 손상의 우려가 없거나 그 밖에 부득이한 경우에는 해저면 밑에 매설하지 않을 수 있다.
㉯ 배관은 원칙적으로 다른 배관과 30 m 이상의 수평거리를 유지한다.
㉰ 두 개 이상의 배관을 동시에 설치하는 경우에는 배관이 서로 접속하지 않도록 필요한 조치를 한다.
㉱ 패일 우려가 있는 장소에 매설하는 배관에는 그 패임을 방지하기 위한 조치를 한다.
㉲ 굴착 및 되메우기는 안전이 유지되도록 적절한 방법으로 실시한다.
㉳ 배관이 부양하거나 이동할 우려가 있는 경우에는 이를 방지하기 위한 조치를 한다.

4. 가정용 액화석유가스 연소기구의 부근에서 가스가 누설되고 있을 때 가장 적절한 조치 방법은?
① 용기를 안전한 장소로 옮긴다.
② 물을 뿌려서 가스를 용해시킨다.
③ 용기의 메인밸브를 즉시 폐쇄시킨다.
④ 방의 창문을 닫고 가스가 다른 곳으로 확산되는 것을 막는다.

[해설] 연소기구 부근에서 가스가 누설될 때 용기 메인밸브를 폐쇄시킨 후 방의 창문을 모두 열어서 환기를 시키며, 전기제품 사용을 금지한다.

5. 가연성가스 제조설비에서 오조작되거나 정

[정답] 1. ① 2. ② 3. ③ 4. ③ 5. ③

상적인 제조를 할 수 없는 경우에 자동적으로 원재료의 공급을 차단시키는 등의 제조를 제어할 수 있는 기능을 갖는 장치는?

① 벤트스택
② 플레어스택
③ 인터로크 기구
④ 가스누설 자동 차단기

[해설] 인터로크 기구 : 가연성가스 또는 독성가스의 제조설비에서 잘못 조작되거나 정상적인 제조를 할 수 없는 경우에 자동으로 원재료의 공급을 차단시키는 등 제조설비 내의 제조를 제어할 수 있는 장치

6. 액화석유가스 용기에 가장 적합한 안전밸브 형식은?

① 중추식   ② 파열판식
③ 가용전식 ④ 스프링식

[해설] 용기의 일반적인 안전밸브 형식
 ㉮ 액화가스 용기 : 스프링식
 ㉯ 압축가스 용기 : 파열판식
 ㉰ 아세틸렌, 염소 용기 : 가용전식

[참고] 이산화탄소(CO_2)는 액화가스로 용기에 충전하지만 안전밸브는 파열판을 사용하는 것과 같이 예외적인 경우도 있다.

7. 아세틸렌을 용기에 충전할 때에 대한 내용으로 틀린 것은?

① 충전라인의 압력계를 2.5 MPa 이하가 되도록 해야 한다.
② 충전 후 약 24시간 동안 정치시킨 후 출하하는 것이 좋다.
③ 충전은 가급적 단시간 내에 규정된 양을 충전하는 것이 좋다.
④ 용기의 총질량(TW)은 용기질량에 다공물질량, 밸브질량, 용제질량을 합한 질량이다.

[해설] 충전은 서서히 2~3회에 걸쳐 충전한다.

8. 고압가스 설비에 설치하는 압력계의 최고눈금 범위로 옳은 것은?

① 상용압력의 2배 이상 3배 이하이다.
② 상용압력의 1.5배 이상 2배 이하이다.
③ 내압시험압력의 1배 이상 2배 이하이다.
④ 내압시험압력의 1.5배 이상 2배 이하이다.

[해설] 고압가스 설비에 설치하는 압력계는 상용압력의 1.5배 이상 2배 이하의 최고눈금이 있는 것으로 하고, 압축액화 그 밖의 방법으로 처리할 수 있는 가스의 용적이 1일 100 m^3 이상인 사업소에는 국가표준기본법에 의한 제품인증을 받은 압력계를 2개 이상 비치한다.

9. 도시가스 배관을 시가지 외의 도로, 산지, 농지 등에 매설하는 경우 표지판의 바탕색과 글자색으로 옳은 것은?

① 황색, 검정색   ② 흰색, 검정색
③ 흰색, 빨강색   ④ 검정색, 흰색

[해설] 일반도시가스사업의 표지판 설치 기준
 ㉮ 설치 간격 : 200 m 이내의 간격
 ㉯ 표지판 크기 : 200×150 mm 이상
 ㉰ 표지판의 재료 : KS D 3503(일반구조용 압연강재)
 ㉱ 바탕색과 글자색 : 황색 바탕에 검정색 글씨

[참고] 가스도매사업의 경우 표지판 설치 간격은 500 m 이내이다.

10. 1일 처리능력이 35000 m^3인 산소 처리설비 외면에서 병원과 유지해야 할 안전거리는 얼마인가? (단, 전용 공업지역이 아닌 경우이다.)

① 16 m 이상   ② 17 m 이상

정답   6. ④   7. ③   8. ②   9. ①   10. ③

③ 18 m 이상 ④ 20 m 이상

해설 ㉮ 산소 처리설비와 보호시설간 유지해야 할 안전거리

처리능력(m^3)	제1종	제2종
1만 이하	12	8
1만 초과 2만 이하	14	9
2만 초과 3만 이하	16	11
3만 초과 4만 이하	18	13
4만 초과	20	14

㉯ 병원은 제1종 보호시설이고, 처리능력이 35000 m^3는 3만 초과 4만 이하에 해당되므로 유지하여야 할 거리는 18 m 이상이다.

11. 고압가스 설비 내의 압력이 상용의 압력을 초과하는 경우 즉시 상용의 압력 이하로 되돌릴 수 있도록 하는 과압안전장치에 해당되지 않는 것은?

① 파열판
② 안전밸브
③ 감압밸브
④ 자동압력제어장치

해설 과압안전장치 선정 : KGS FP112
㉮ 기체 및 증기의 압력상승을 방지하기 위하여 설치하는 안전밸브
㉯ 급격한 압력상승, 독성가스의 누출, 유체의 부식성 또는 반응생성물의 성상 등에 따라 안전밸브를 설치하는 것이 부적당한 경우에 설치하는 파열판
㉰ 펌프 및 배관에서 액체의 압력상승을 방지하기 위하여 설치하는 릴리프밸브 또는 안전밸브
㉱ ㉮부터 ㉰까지의 안전장치와 병행 설치할 수 있는 자동압력제어장치

12. 고속도로 휴게소에 소형 저장탱크를 설치해야 하는 액화석유가스 저장능력은 얼마인가?

① 100 kg 초과   ② 500 kg 초과
③ 1000 kg 초과 ④ 2000 kg 초과

해설 고속도로 휴게소시설 특례(KGS FU431) : 가스사용시설 중 도로교통법에 따라 액화석유가스 저장능력이 500 kg 초과인 고속도로의 휴게소에는 소형 저장탱크를 설치한다.

13. 고압가스 일반제조시설의 용기보관장소에 충전용기를 보관할 때의 기준으로 가장 거리가 먼 것은?

① 충전용기와 잔가스 용기는 각각 구분하여 용기보관장소에 놓을 것
② 충전용기는 항상 40℃ 이하의 온도를 유지하고, 직사광선을 받지 않도록 조치할 것
③ 용기보관장소의 주위 8 m 이내에는 화기 또는 인화성물질이나 발화성물질을 두지 아니할 것
④ 가연성가스 용기보관장소에는 방폭형 휴대용 손전등 외의 등화를 휴대하고 들어가지 아니할 것

해설 용기보관장소 주위 2 m 이내에는 화기 또는 인화성물질이나 발화성물질을 두지 아니한다.

14. 독성가스를 용기에 충전하여 운반할 때 운반책임자의 동승 기준으로 적절하지 않은 것은?

① 압축가스 허용농도가 100만분의 200 초과 100만분의 5000 이하 : 가스량 1000 m^3 이상
② 압축가스 허용농도가 100만분의 200 이하 : 가스량 10 m^3 이상

정답 11. ③ 12. ② 13. ③ 14. ①

③ 액화가스 허용농도가 100만분의 200 초과 100만분의 5000 이하 : 가스량 1000 kg 이상

④ 액화가스 허용농도가 100만분의 200 이하 : 가스량 100 kg 이상

해설 독성가스 용기 운반 시 운반책임자 동승 기준

가스의 종류	허용농도	기준
압축 가스	100만분의 200 이하	10 m³ 이상
	100만분의 200 초과 100만분의 5000 이하	100 m³ 이상
액화 가스	100만분의 200 이하	100 kg 이상
	100만분의 200 초과 100만분의 5000 이하	1000 kg 이상

15. 고압가스 운반기준에 대한 설명 중 틀린 것은?

① 밸브가 돌출한 충전용기는 고정식 프로텍터나 캡을 부착하여 밸브의 손상을 방지한다.
② 염소와 아세틸렌, 암모니아 또는 수소는 동일 차량에 적재하여 운반하지 않는다.
③ 충전용기를 운반할 때 넘어짐 등으로 인한 충격을 방지하기 위하여 충전용기를 단단하게 묶는다.
④ 위험물 안전관리법이 정하는 위험물과 충전용기를 동일 차량에 적재 시는 1m 정도 이격시킨 후 운반한다.

해설 충전용기와 위험물 안전관리법이 정하는 위험물과는 동일 차량에 적재하여 운반하지 않는다.

16. 강관 이음쇠 중 관 끝을 막을 때 사용하는 것은?

① 엘보 ② 니플 ③ 캡 ④ 유니언

해설 사용 용도에 의한 강관 이음쇠 종류
㉮ 배관의 방향을 전환할 때 : 엘보(elbow), 벤드(bend), 리턴 벤드
㉯ 관을 도중에 분기할 때 : 티(tee), 와이(Y), 크로스(cross)
㉰ 동일 지름의 관을 연결할 때 : 소켓(socket), 니플(nipple), 유니언(union)
㉱ 지름이 다른 관(이경관)을 연결할 때 : 리듀서(reducer), 부싱(bushing), 이경 엘보, 이경 티
㉲ 관 끝을 막을 때 : 플러그(plug), 캡(cap)
㉳ 관의 분해, 수리가 필요할 때 : 유니언, 플랜지

17. 용기 종류별 부속품 기호가 틀린 것은?

① TL : 초저온 용기 및 저온 용기의 부속품
② PG : 압축가스를 충전하는 용기의 부속품
③ AG : 아세틸렌가스를 충전하는 용기의 부속품
④ LPG : 액화석유가스를 충전하는 용기의 부속품

해설 초저온 용기 및 저온 용기의 부속품 : LT

18. 액체 연료 연소 시 1차 공기에 대한 설명으로 옳지 않은 것은?

① 연료를 무화할 때 사용하는 공기이다.
② 액체 연료는 버너에서 공급되는 공기이다.
③ 노즐에서 연료와 함께 혼합되어 공급되는 공기이다.
④ 연료를 완전연소시키는 데 필요한 계산상의 공기이다.

해설 1차 공기와 2차 공기
㉮ 1차 공기 : 액체 연료의 무화에 필요한

정답 15. ④ 16. ③ 17. ① 18. ④

공기 또는 연소 전에 가연성기체와 혼합되어 공급되는 공기
㉰ 2차 공기 : 완전연소에 필요한 부족한 공기를 보충 공급하는 공기

19. 고압가스용 저장탱크 및 압력용기 제조시설에 대하여 실시하는 내압검사에서 압력용기 등의 재질이 주철인 경우 내압시험압력의 기준은?

① 설계압력의 1.2배의 압력
② 설계압력의 1.5배의 압력
③ 설계압력의 2배의 압력
④ 설계압력의 3배의 압력

해설 저장탱크 및 압력용기 내압시험압력 기준
㉮ 압력용기 등의 내압시험압력은 다음 식으로 계산한 압력으로 실시

$$P_t = \mu P \left(\frac{\sigma_t}{\sigma_d} \right)$$

P_t : 내압시험압력(MPa)
P : 설계압력(MPa)
σ_t : 수압시험온도에서의 재료의 허용응력(N/mm^2)
σ_d : 설계온도에서의 재료의 허용응력(N/mm^2)
μ : 압력용기 등의 설계압력 범위에 따른 값

㉯ 압력용기 등의 재질이 주철인 경우에는 내압시험압력을 설계압력의 2배로 한다.

20. 액화석유가스 용기 실외 저장소에 대한 기준 중 틀린 것은?

① 충전용기와 잔가스 용기의 보관 장소는 1.5 m 이상의 간격을 두어 구분하여 보관한다.
② 팰릿(pallet)에 넣어 집적된 용기의 높이는 5 m 이하로 한다.
③ 팰릿에 넣어 집적된 용기군 사이의 통로는 그 너비가 1.5 m 이상일 것
④ 바닥으로부터 3 m 이내의 도랑이 있을 경우에는 방수재료로 2중으로 덮는다.

해설 실외 저장소 안의 용기군 사이의 통로 기준 : KGS FU332
㉮ 용기의 단위 집적량은 30톤을 초과하지 않을 것
㉯ 팰릿(pallet)에 넣어 집적된 용기군 사이의 통로는 그 너비가 2.5 m 이상일 것
㉰ 팰릿에 넣지 않은 용기군 사이의 통로는 그 너비가 1.5 m 이상일 것

21. 에어졸 제조 기준 중 용기에 대한 설명 중 틀린 것은?

① 내용적이 30 cm^3 이상인 용기는 에어졸의 제조에 재사용하지 아니할 것
② 내용적이 80 cm^{3}를 초과하는 용기는 그 용기의 제조자의 명칭이 표시되어 있을 것
③ 내용적이 100 cm^{3}를 초과하는 용기의 재료는 강 또는 경금속을 사용한 것일 것
④ 금속제의 용기는 그 두께가 0.125 mm 이상이고 내용물에 의한 부식을 방지할 수 있는 조치를 할 것

해설 에어졸 제조 용기 기준 : KGS FP112
㉮ 용기의 내용적은 1 L 이하로 하고, 내용적이 100 cm^{3}를 초과하는 용기의 재료는 강 또는 경금속을 사용한다.
㉯ 금속제의 용기는 그 두께가 0.125 mm 이상이고 내용물에 의한 부식을 방지할 수 있는 조치를 한 것으로 하며, 유리제 용기의 경우에는 합성수지로 그 내면 또는 외면을 피복한다.
㉰ 용기는 50℃에서 용기 안의 가스압력의 1.5배의 압력을 가할 때에 변형되지 아니하고, 50℃에서 용기 안의 압력의

정답 19. ③ 20. ③ 21. ②

1.8배의 압력을 가할 때에 파열되지 아니하는 것으로 한다.
㉱ 내용적이 100 cm³를 초과하는 용기는 그 용기의 제조자의 명칭 또는 기호가 표시되어 있는 것으로 한다.
㉲ 사용 중 분사제가 분출하지 않는 구조의 용기는 사용 후 그 분사제인 고압가스를 그 용기로부터 용이하게 배출하는 구조의 것으로 한다.
㉳ 내용적이 30 cm³ 이상인 용기는 에어졸의 제조에 재사용하지 아니한다.

22. 가연성가스 중 공기 중에서 폭발범위가 가장 넓은 것은?
① 부탄   ② 프로판
③ 메탄   ④ 아세틸렌

해설 각 가스의 공기 중 폭발범위

가스 종류	폭발범위
부탄(C_3H_8)	1.9~8.5 %
프로판(C_4H_{10})	2.1~9.5 %
메탄(CH_4)	5~15 %
아세틸렌(C_2H_2)	2.5~81 %

23. 다음 독성가스 중 TLV-TWA 허용농도가 틀린 것은?
① F_2 : 0.1 ppm   ② O_3 : 0.1 ppm
③ HF : 3 ppm   ④ CO : 500 ppm

해설 일산화탄소(CO)의 허용농도
㉮ TLV-TWA : 50 ppm
㉯ LC50 : 3760 ppm

24. 금속재료에 대한 가스의 영향에 대한 설명 중 옳은 것은?
① 아세틸렌은 강과 직접 반응하여 폭발성 아세틸드를 생성한다.
② 수소는 저온, 저압하에서 질소와 반응하여 암모니아를 생성한다.
③ 일산화탄소는 고온, 고압하에서 철족의 금속과 반응하여 금속카르보닐을 생성한다.
④ 수분을 함유한 염소는 상온에서도 철과 반응하지 않으므로 철강의 고압용기에 충전할 수 있다.

해설 금속재료에 대한 가스의 영향
㉮ 염소 : 수분 함유 시 강재를 부식시킨다.
㉯ 아세틸렌 : 동(Cu), 수은(Hg), 은(Ag)과 접촉 시 폭발성의 아세틸드를 생성한다.
㉰ 수소 : 고온, 고압하에서 질소와 반응하여 암모니아(NH_3)를 생성한다.

25. 공기를 압축하여 냉각시키면 액화되는데 비점 차이에 의한 액화분리를 옳게 설명한 것은?
① 산소가 먼저 액화된다.
② 질소가 먼저 액화된다.
③ 산소와 질소가 동시에 액화된다.
④ 산소와 질소는 분리 액화되지 않는다.

해설 비점이 산소가 -183℃, 질소가 -196℃로 액화는 산소가 먼저 되고, 기화는 질소가 먼저 된다.

26. 전기방식법 중 외부전원법의 장점이 아닌 것은?
① 과방식의 염려가 없다.
② 전압, 전류의 조정이 용이하다.
③ 전식에 대해서도 방식이 가능하다.
④ 전극의 소모가 적어서 관리가 용이하다.

해설 외부전원법의 특징
(1) 장점
㉮ 효과 범위가 넓다.
㉯ 평상시의 관리가 용이하다.
㉰ 전압, 전류의 조성이 일정하다.

정답 22. ④ 23. ④ 24. ③ 25. ① 26. ①

㉣ 전식에 대해서도 방식이 가능하다.
㉤ 장거리 배관에는 전원 장치가 적어도 된다.
(2) 단점
㉮ 초기 설치비가 많이 소요된다.
㉯ 다른 매설 금속체로의 장해에 대해 검토할 필요가 있다.
㉰ 전원을 필요로 한다.
㉱ 과방식의 우려가 있다.

27. 인화점이 -30℃ 정도로 낮아 전구 표면이나 증기 파이프에 접촉하기만 해도 발화하는 것은?

① C_2H_2 ② C_2H_4 ③ CH_4 ④ CS_2

[해설] 이황화탄소(CS_2)의 성질
 ㉮ 인화점 : -30℃
 ㉯ 발화점 : 100℃
 ㉰ 공기 중 폭발범위 : 1.25~44 %
 ㉱ 허용농도 : TLV-TWA 20 ppm, LC50 10 ppm

28. 압축기에서 두압이란?

① 흡입 압력이다.
② 증발기 내의 압력이다.
③ 피스톤 상부의 압력이다.
④ 크랭크 케이스 내의 압력이다.

[해설] 압축기 압력
 ㉮ 두압 : 피스톤 상부의 압력으로 토출 압력에 해당
 ㉯ 배압 : 흡입압력에 해당

29. 연소기구를 급배기 방식에 따라 분류할 때 실내에서 연소용 공기를 흡입하여 배기가스를 실내로 방출하는 형식은?

① 개방형   ② 밀폐형
③ 반밀폐형   ④ 옥내 방출형

[해설] 급배기 방식에 따른 연소기구의 분류

분류	연소용 공기	배기가스
개방형	실내	실내
반밀폐형	실내	실외
밀폐형	실외	실외

30. 고압가스 특정제조시설에서 안전구역 내의 고압가스 설비는 그 외면으로부터 다른 안전구역 내의 고압가스 설비와 몇 m 이상의 거리를 유지해야 하는가?

① 10m ② 20m ③ 30m ④ 40m

[해설] 설비와의 거리 기준 : KGS FP111
 ㉮ 안전구역 안의 고압가스 설비와의 거리 : 30 m 이상
 ㉯ 가연성가스 저장탱크와 처리능력 20만 m^3 이상인 압축기까지 거리 : 30 m 이상
 ㉰ 가연성가스와 가연성가스 제조시설의 고압가스 설비 사이 거리 : 5 m 이상
 ㉱ 가연성가스와 산소 제조시설의 고압가스 설비 사이 거리 : 10 m 이상

31. 다음 유량계 중 직접 유량계에 속하는 것은?

① 피토관   ② 습식 가스미터
③ 오리피스미터 ④ 벤투리미터

[해설] 습식 가스미터 : 용적형으로 직접식 유량계이다.

32. 프로판(C_3H_8)의 비중이 1.5이고, 입상관의 높이가 25 m일 때 발생하는 압력손실은 약 몇 mmAq인가?

① 13.4 ② 16.2 ③ 19.2 ④ 22.4

[해설] $H = 1.293(S-1)h$
$= 1.293 \times (1.5-1) \times 25$
$= 16.16$ mmAq

33. 산소에 대한 설명 중 틀린 것은?
① 용기는 탄소강으로 무계목 용기이다.
② 무색, 무취의 기체이며 물에는 약간 녹는다.
③ 가연성가스이지만 그 자신은 연소하지 않는다.
④ 용기의 도색은 일반 공업용이 녹색, 의료용이 백색이다.
[해설] 산소(O_2)는 강력한 조연성(지연성)가스로 그 자신은 연소하지 않는다.

34. 고압가스 제조장치의 재료에 대한 설명 중 틀린 것은?
① 상온 건조한 상태의 염소가스에 대하여는 보통강을 사용한다.
② 아세틸렌은 동족(銅族)의 금속과 반응하여 금속 아세틸드를 생성한다.
③ 암모니아 합성탑 내통의 재료는 18-8 스테인리스강을 사용한다.
④ 탄소강의 충격치는 -30℃에서 거의 0으로 되며, 이 성질은 탄소강의 탄소함유량에 따라 현저하게 변한다.
[해설] 탄소강의 충격치는 -70℃에서 거의 0으로 되며, 이를 저온취성이라 한다.

35. 가연성가스와 동일 차량에 적재하여 운반할 경우 충전용기의 밸브가 서로 마주보지 않도록 적재해야 할 가스는?
① 수소 ② 질소 ③ 산소 ④ 아르곤
[해설] 가연성가스와 산소를 동일 차량에 적재하여 운반할 때에는 그 충전용기의 밸브가 서로 마주보지 않도록 적재한다.

36. 이산화탄소의 용도로 옳은 것은?
① 냉각제, 살균제
② 살균제, 소화제
③ 청량음료수 제조, 살균제
④ 청량음료수 제조, 소화제
[해설] 이산화탄소(CO_2)의 용도
㉮ 요소 제조 및 소다회 제조용으로 사용한다.
㉯ 탄산염(탄산마그네슘, 중탄산암모늄)의 제조, 정제용으로 사용한다.
㉰ 소화제(消化劑)로 사용한다.
㉱ 청량음료 제조용으로 사용한다.
㉲ 드라이아이스는 물품 냉각용에 사용한다.

37. 액화석유가스(LPG)의 주성분에 해당되는 것은?
① 메탄   ② 헵탄
③ 프로판 ④ 에틸렌
[해설] ㉮ 액화석유가스의 정의(액법 제2조) : 액화석유가스란 프로판이나 부탄을 주성분으로 한 가스를 액화한 것(기화된 것을 포함한다)을 말한다.
㉯ 액화석유가스의 조성 : 석유계 저급 탄화수소의 혼합물로 탄소 수가 3개에서 5개 이하의 것을 말하며 프로판(C_3H_8), 부탄(C_4H_{10}), 프로필렌(C_3H_6), 부틸렌(C_4H_8), 부타디엔(C_4H_6) 등이 포함되어 있으며 가장 많이 함유된 것은 프로판(C_3H_8)과 부탄(C_4H_{10})이다.
[참고] 각 물질의 분자기호 : 메탄(CH_4), 헵탄(C_7H_{16}), 프로판(C_3H_8), 에틸렌(C_2H_4)

38. 폭굉의 정의에 대한 설명 중 가장 옳은 것은?
① 가스 중의 폭발속도보다 음속이 큰 경우로 파면선단에 충격파라고 하는 솟구치는 압력파가 생겨 격렬한 파괴작용을 일으키는 현상

[정답] 33. ③ 34. ④ 35. ③ 36. ④ 37. ③ 38. ③

② 가스 중의 음속보다 폭발속도가 큰 경우로 파면선단에 충격파라고 하는 솟구치는 압력파가 생겨 격렬한 파괴작용을 일으키는 현상
③ 가스 중의 음속보다 화염 전파속도가 큰 경우로 파면선단에 충격파라고 하는 솟구치는 압력파가 생겨 격렬한 파괴작용을 일으키는 현상
④ 가스 중의 화염 전파속도보다 음속이 큰 경우로 파면선단에 충격파라고 하는 솟구치는 압력파가 생겨 격렬한 파괴작용을 일으키는 현상

해설 폭굉의 정의 : 가스 중의 음속보다도 화염 전파속도가 큰 경우로서 파면선단에 충격파라고 하는 압력파가 생겨 격렬한 파괴작용을 일으키는 현상이다.

39. 불화수소(HF) 가스를 물에 흡수시킨 물질을 저장하는 용기로 사용하기에 가장 부적절한 것은?
① 납 용기   ② 강철 용기
③ 유리 용기   ④ 스테인리스 용기

해설 불화수소(HF)의 특징
㉮ 플루오린과 수소의 화합물로 분자량 20.01이다.
㉯ 무색의 자극적인 냄새가 난다.
㉰ 불연성 물질로 연소되지 않지만 열에 의해 분해되어 부식성 및 독성 증기(TLV-TWA 0.5 ppm)를 생성할 수 있다.
㉱ 강산으로 염기류와 격렬히 반응한다.
㉲ 누수물이 수용액보다 더 강산의 성질을 갖는다.
㉳ 금속과 접촉 시 인화성 수소가 생성될 수 있다.
㉴ 흡입 시 기침, 현기증, 두통, 메스꺼움, 호흡곤란을 일으킬 수 있다.
㉵ 피부에 접촉 시 화학적 화상, 액체 접촉 시 동상을 일으킬 수 있다.
㉶ 유리와 반응하기 때문에 유리병에 보관해서는 안 된다.

40. 압력계의 특징을 설명한 것 중 틀린 것은?
① 다이어프램 압력계는 부식성 유체의 측정에 알맞다.
② 부르동관 압력계는 1차 압력계로 고압장치에 많이 사용된다.
③ 자유피스톤식 압력계는 부르동관 압력계의 눈금교정에 사용한다.
④ 피에조 전기압력계는 가스폭발이나 급속한 압력변화를 측정하는 데 유효하다.

해설 부르동관 압력계는 탄성식 압력계로 고압 측정이 가능한 2차 압력계에 해당된다.

41. 경계표시에 대한 설명 중 틀린 것은?
① 사업소의 경계표시는 당해 사업소의 출입구 등 외부에서 보기 쉬운 곳에 게시한다.
② 운반차량의 경계표시는 차량의 앞뒤에서 볼 수 있도록 적색글씨로 "위험고압가스"라 표시한다.
③ 가스의 성질에 따라 "연"자 또는 "독"자를 표시하고, 충전용기 및 그 밖의 용기 보관장소는 구분한다.
④ 도시가스 배관을 철도부지 내에 철도와 병행하여 매설 시 100 m 이하의 간격으로 표지판을 설치하여야 한다.

해설 도시가스 배관을 철도와 병행하여 매설하는 경우에는 50 m 간격으로 배관매설 표지판(분기점이 있는 경우에는 분기점마다)을 설치한다.

42. 표준대기압에 해당되지 않는 것은?
① 1.01325 bar   ② 14.2 psi
③ 76 cmHg   ④ 101.325 kPa

정답 39. ③   40. ②   41. ④   42. ②

해설 1 atm = 760 mmHg = 76 cmHg
= 0.76 mHg = 29.9 inHg = 760 torr
= 10332 kgf/m² = 1.0332 kgf/cm²
= 10.332 mH₂O
= 10332 mmH₂O = 101325 N/m² = 101325 Pa
= 101.325 kPa = 0.101325 MPa = 1.01325 bar
= 1013.25 mbar = 14.7 lb/in² = 14.7 psi

43. 다음 중 조연성가스에 해당되는 것은?
① N₂ ② H₂ ③ Cl₂ ④ NH₃

해설 각 가스의 성질

가스 명칭	성질
질소(N₂)	불연성, 비독성
수소(H₂)	가연성, 비독성
염소(Cl₂)	조연성, 독성
암모니아(NH₃)	가연성, 독성

44. 부식성 유체나 고점도의 유체 및 소량의 유량을 측정하는 데 가장 적합한 것은?
① 용적식 유량계 ② 면적식 유량계
③ 유속식 유량계 ④ 차압식 유량계

해설 면적식 유량계 : 유량의 변화에 의해 교축면적을 바꾸고 차압을 일정하게 유지하면서 면적 변화에 의해 유량을 측정하는 것으로 로터미터, 플로트식 등이 있다.

45. 가연성가스 취급 장소에서 사용이 가능한 방폭 공구가 아닌 것은?
① 고무 공구
② 나무 공구
③ 베릴륨합금 공구
④ 알루미늄합금 공구

해설 방폭 공구 : 충격, 마찰 등에 의하여 점화원이 될 불꽃이 발생되지 않는 공구로 베릴륨합금 공구, 고무 공구, 나무 공구, 플라스틱 공구 등이 해당된다.

46. 강관 등에 녹이 발생하는 것을 방지하기 위해 페인트를 칠하기 전에 먼저 사용하는 도료는?
① 광명단 도료 ② 합성수지 도료
③ 산화철 도료 ④ 알루미늄 도료

해설 광명단 : 연단(鉛丹)에 아마인유(亞麻仁油 : linseed oil)를 배합한 것으로 밀착력이 강하고 막이 굳어서 풍화에 대하여도 강하므로, 다른 착색도료의 밑칠용으로 사용하기에 가장 적합하다.

47. 100℃, 740 mmHg에서 10 g의 산소가 차지하는 체적은 약 몇 L인가? (단, 산소는 이상기체로 가정한다.)
① 2.92 ② 3.47 ③ 4.64 ④ 9.82

해설 절대단위 이상기체 상태방정식 $PV = \frac{W}{M}RT$에서 체적 V를 구하며, 산소의 분자량(M)은 32이다.

∴ $V = \frac{WRT}{PM} = \frac{10 \times 0.082 \times (273+100)}{\frac{740}{760} \times 32}$

$= 9.816 L$

48. 고압가스 저온 저장탱크의 내부 압력이 외부 압력보다 낮아져 저장탱크가 파괴되는 것을 방지하기 위한 조치로 설치하여야 할 설비로 가장 거리가 먼 것은?
① 압력계 ② 압력경보설비
③ 진공안전밸브 ④ 역류방지밸브

해설 부압을 방지하는 조치에 갖추어야 할 설비
㉮ 압력계
㉯ 압력경보설비
㉰ 진공안전밸브
㉱ 다른 저장탱크 또는 시설로부터의 가스도입배관(균압관)
㉲ 압력과 연동하는 긴급차단장치를 설치

한 냉동제어설비
㉯ 압력과 연동하는 긴급차단장치를 설치한 송액설비

49. 고온, 고압하에서 수소취성과 질화작용이 발생하는 가스는?
① NH_3 ② SO_2 ③ Cl_2 ④ C_2H_2

해설 암모니아(NH_3)는 고온, 고압하에서 수소취성(수소취화)과 질화작용이 발생한다.

50. 저온장치 내부에서 수분과 탄산가스가 존재되었을 때 미치는 영향 중 옳은 것은?
① 오존이 유입되면 중화시킨다.
② 수분은 윤활제로서 역할을 한다.
③ 얼음 및 드라이아이스가 생성된다.
④ 가연성가스가 침입될 때 안정제 역할을 한다.

해설 저온장치에서 수분은 얼음이 되고, 탄산가스는 드라이아이스가 되어 밸브 및 배관을 폐쇄시키는 악영향을 끼친다.

51. 비점인 -162°C까지 냉각시켜 액화한 초저온가스로 불순물을 전혀 함유하지 않은 것으로 도시가스 원료로 사용되는 것은?
① off가스   ② 나프타
③ 액화천연가스 ④ 액화석유가스

해설 메탄(CH_4)이 주성분인 천연가스(NG)에 포함된 불순물을 제거한 후 메탄의 비점인 -162°C까지 냉각시켜 액화한 것이 액화천연가스(LNG)로 도시가스 원료로 사용되고 있다.

52. 액화가스를 충전하는 때에는 압축기와 액펌프를 사용할 때 압축기를 사용하는 경우의 특징으로 잘못된 것은?
① 충전시간이 짧다.
② 재액화 현상이 발생한다.
③ 잔가스 회수가 가능하다.
④ 베이퍼 로크 현상이 발생한다.

해설 압축기에 의한 이송방법 특징
㉮ 펌프에 비해 이송시간이 짧다.
㉯ 잔가스 회수가 가능하다.
㉰ 베이퍼 로크 현상이 없다.
㉱ 부탄의 경우 재액화 현상이 일어난다.
㉲ 압축기 오일이 유입되어 드레인의 원인이 된다.

참고 베이퍼 로크 현상은 액펌프를 사용할 때 발생한다.

53. 86°F를 절대온도로 환산하면 몇 K인가?
① 203 ② 303 ③ 359 ④ 546

해설 ㉮ 화씨온도를 섭씨온도로 환산
$$℃ = \frac{5}{9} \times (°F - 32)$$
$$= \frac{5}{9} \times (86 - 32) = 30℃$$

㉯ 섭씨온도를 켈빈온도(K)로 환산
$$T = ℃ + 273 = 30 + 273 = 303 \, K$$

별해 랭킨온도(°R)는 켈빈온도(K)의 1.8배이다.
$$\therefore T = \frac{°R}{1.8} = \frac{°F + 460}{1.8} = \frac{86 + 460}{1.8}$$
$$= 303.333 \, K$$

54. 다공물질의 용적이 150 m³, 아세톤 침윤 잔용적이 30 m³일 때 다공도는 몇 %인가?
① 60 ② 70 ③ 80 ④ 90

해설 다공도 $= \frac{V - E}{V} \times 100$
$$= \frac{150 - 30}{150} \times 100 = 80\%$$

정답 49. ① 50. ③ 51. ③ 52. ④ 53. ② 54. ③

55. 비체적과 밀도의 관계식 중 적절한 것은?

① 밀도 = $\dfrac{22.4}{분자량}$

② 비체적 = $\dfrac{분자량}{22.4}$

③ 밀도 = $\dfrac{1}{비체적}$

④ 비체적 = 분자량 × 22.4

[해설] 밀도와 비체적의 관계

㉮ 가스의 밀도 = $\dfrac{분자량}{22.4} = \dfrac{1}{비체적}$

㉯ 가스의 비체적 = $\dfrac{22.4}{분자량} = \dfrac{1}{밀도}$

[참고] 밀도와 비체적은 역수의 관계이다.

56. 완전진공을 기준으로 하여 측정한 압력은?

① 진공압력   ② 절대압력
③ 게이지압력   ④ 표준대기압

[해설] ㉮ 게이지압력 : 대기압을 기준으로 하여 대기압 이상 형성된 압력이다.
㉯ 진공압력 : 대기압을 기준으로 하여 대기압 이하로 형성된 압력이다.
㉰ 절대압력 : 완전진공을 기준으로 하여 측정한 압력이다.
㉱ 표준대기압 : 0℃, 위도 45° 해수면을 기준으로 중력가속도 9.80665 m/s² 일 때의 압력이다.

57. 고압식 공기액화 분리장치의 원료공기에 대한 설명 중 틀린 것은?

① 탄산가스가 제거된 후 압축기에서 압축된다.
② 압축기로 압축한 후 물로 냉각한 후에 축랭기로 보내진다.
③ 압축된 원료공기는 예랭기에서 나온 질소가스와 열교환하여 냉각된다.
④ 건조기에서 수분이 제거된 후에는 팽창기와 정류탑의 하부로 열교환하여 들어간다.

[해설] ②번 항목은 저압식 공기액화 분리장치에 해당되는 사항이다.

58. 메탄에 대한 성질을 설명한 것 중 틀린 것은?

① 무색, 무취의 기체로 연소가 잘 된다.
② 무극성이며 물에 대한 용해도가 크다.
③ 염소와 반응시키면 염소 화합물을 만든다.
④ 고온에서 수증기 또는 산소를 반응시키면 일산화탄소와 수소를 생성한다.

[해설] 메탄(CH_4) 분자는 무극성이며 수(水)분자와 결합하는 성질이 없으므로 용해도는 적다.

59. 압력의 단위가 아닌 것은?

① torr   ② mmHg
③ dyne·cm   ④ psi

[해설] ㉮ dyne·cm : 일의 SI단위로 erg(에르그)라 한다.
㉯ dyne(다인) : 힘의 SI단위로 1 dyne은 $1\,g\cdot cm/s^2$이다.

60. 액화부탄 50 kg을 충전하기 위한 용기의 내용적은 약 몇 L인가? (단, 충전상수는 2.05이다.)

① 27   ② 40   ③ 70   ④ 103

[해설] 액화가스 용기 충전량 공식 $W = \dfrac{V}{C}$ 에서 용기 내용적 V를 구한다.

∴ $V = C \times W = 2.05 \times 50 = 102.5\,L$

[참고] 충전량 기호 W는 G로 표시하는 경우도 있다.

[정답] 55. ③   56. ②   57. ②   58. ②   59. ③   60. ④

2024년도 실전 테스트 (2)

1. 표준상태에서 기체비중이 2인 물질의 분자량은 얼마인가?

① 29 ② 58 ③ 32 ④ 64

[해설] 기체비중 = $\dfrac{분자량(M)}{29}$ 에서 분자량 M을 구한다.

∴ M = 기체비중 × 29 = 2 × 29 = 58

[참고] 분자량이 58인 물질에는 부탄(C_4H_{10})이 있다.

2. SNG에 대한 설명으로 가장 적당한 것은?

① 액화석유가스 ② 액화천연가스
③ 정유가스   ④ 대체천연가스

[해설] SNG(Substitute Natural Gas) : 대체천연가스, 합성천연가스

3. 프로판(C_3H_8) 1 m³을 완전연소시킬 때 필요한 이론산소량은 몇 m³인가?

① 5 ② 10 ③ 15 ④ 20

[해설] ㉮ 프로판의 완전연소 반응식
$C_3H_8 + 5O_2 \rightarrow 3CO_2 + 4H_2O$

㉯ 이론산소량 계산 : 프로판 1 kmol이 연소할 때 산소는 5 kmol이 필요하고, 1 kmol의 체적은 22.4 m³이다.

[C_3H_8]　　　　　[O_2]
22.4 m³　　　　　5 × 22.4 m³
1 m³　　　　　　x [m³]

∴ $x = \dfrac{5 \times 22.4 \times 1}{22.4} = 5\,\text{m}^3$

4. LP가스에 대한 설명 중 옳은 것은?

① 액상의 LP가스가 기화하면 체적이 약 500배 정도로 커진다.
② LP가스 용기 내의 증기압은 주위의 온도와 관계없이 항상 일정하다.
③ LP가스는 연소속도가 메탄, 수소 등의 타 연료에 비해 크므로 위험하다.
④ LP가스는 증발잠열이 커서 대량 사용 시 용기 외벽에 이슬, 성에가 생길 수 있다.

[해설] 각 항목의 옳은 내용
① LP가스가 기화하면 프로판의 경우는 250배, 부탄의 경우 230배로 체적이 커진다.
② 용기 내의 증기압은 주위 온도에 영향을 받는다(주위의 온도가 높으면 증발량이 많아 압력이 상승하고, 온도가 낮으면 반대로 나타난다).
③ 연소속도가 타 연료에 비하여 늦다.

5. 다음 가스 중에서 조연성이면서 독성가스에 해당되지 않는 것은?

① 산소 ② 불소
③ 오존 ④ 염소

[해설] 각 가스의 성질

가스 명칭	성질
산소(O_2)	조연성, 비독성
불소(F_2)	조연성, 독성
오존(O_3)	조연성, 독성
염소(Cl_2)	조연성, 독성

6. 다음 내용 중 옳게 설명한 것은?

[정답] 1. ②　2. ④　3. ①　4. ④　5. ①　6. ③

① 프로판가스는 공기보다 가볍다.
② 메탄가스는 프로판가스보다 무겁다.
③ 부탄가스의 비중은 공기를 1로 하면 약 2이다.
④ 프로판가스의 비중은 공기를 1로 하면 약 3이다.

해설 각 항목의 옳은 내용
① 프로판가스는 분자량이 44로 공기보다 무겁다.
② 분자량이 메탄 16, 프로판 44로 메탄가스가 프로판가스보다 가볍다.
④ 프로판가스의 분자량이 44로 비중은 약 1.52 정도이다.

7. 도시가스 배관의 밸브박스 설치기준 중 틀린 것은?
① 밸브 등에는 부식방지 도장을 한다.
② 밸브박스 내부에 물이 고여 있지 않도록 유지관리한다.
③ 밸브박스의 내부는 밸브의 조작이 쉽도록 충분한 공간을 확보한다.
④ 밸브박스의 뚜껑이나 문은 충분한 강도를 가지고 개폐하기 어려운 구조로 한다.

해설 밸브박스 설치기준
㉮ 밸브박스의 내부는 밸브의 조작이 쉽도록 충분한 공간을 확보한다.
㉯ 밸브박스의 뚜껑이나 문은 충분한 강도를 가지도록 하고, 긴급한 사태가 발생하였을 때 신속하게 개폐할 수 있는 구조로 한다.
㉰ 밸브박스는 내부에 물이 고여 있지 않도록 유지관리하고 밸브 등에는 부식방지 도장을 한다.

8. 냉매의 구비조건 중 틀린 것은?
① 분해성이 클 것
② 부식성이 적을 것
③ 비체적이 작을 것
④ 증발잠열이 클 것

해설 냉매의 구비조건
㉮ 응고점이 낮고 임계온도가 높으며 응축, 액화가 쉬울 것
㉯ 증발잠열이 크고 기체의 비체적이 적을 것
㉰ 오일과 냉매가 작용하여 냉동장치에 악영향을 미치지 않을 것
㉱ 화학적으로 안정하고 분해하지 않을 것
㉲ 금속에 대한 부식성 및 패킹재료에 악영향이 없을 것
㉳ 인화 및 폭발성이 없을 것
㉴ 인체에 무해할 것(비독성가스일 것)
㉵ 경제적일 것(가격이 저렴할 것)

9. 공기를 압축할 때 주로 사용되는 압축기 형식은?
① 축류식 압축기   ② 스크루식 압축기
③ 회전식 압축기   ④ 왕복동식 압축기

해설 왕복동식 압축기 : 고압이 쉽게 형성되기 때문에 압축공기를 이용하는 곳에 일반적으로 사용된다.

10. 수소가 강재를 취화시키는 현상으로 인하여 고압가스 설비가 폭발하는 사고가 발생할 수 있으므로 내수소성을 높여야 한다. 내수소성을 높이는 금속원소가 아닌 것은?
① 크롬   ② 백금
③ 티타늄   ④ 몰리브덴

해설 수소취성 방지원소 : 텅스텐(W), 바나듐(V), 몰리브덴(Mo), 티타늄(Ti), 크롬(Cr)

11. 0℃ 상태에서 수소 1 g이 차지하는 부피가 1 L일 때 압력은 약 몇 atm인가?

① 5.2 ② 8.3 ③ 11.2 ④ 13.7

해설 절대단위 이상기체 상태방정식 $PV = \frac{W}{M}RT$에서 압력 P를 구하며, 수소(H_2)의 분자량은 2이다.

$$\therefore P = \frac{WRT}{VM} = \frac{1 \times 0.082 \times (273+0)}{1 \times 2}$$
$$= 11.193 \, atm$$

12. 오스테나이트계 스테인리스강에 대한 설명으로 틀린 것은?

① Fe-Cr-Ni 합금이다.
② 내식성이 우수하다.
③ 강한 자성을 갖는다.
④ 18-8 스테인리스강이 대표적이다.

해설 오스테나이트계 스테인리스강 : 18-8 스테인리스강이 대표적이며 크롬(Cr) 12~20 %, 니켈 8~16 %를 함유하고 열전도율이 낮고 냉간가공에 의한 경화성이 크며, 비자성이다.

13. 101.325 kPa · a은 게이지압력으로 몇 kPa인가?

① 0   ② 1
③ 101.325   ④ 1013.25

해설 절대압력 = 대기압+게이지압력에서 게이지압력을 구하며, 대기압은 101.325 kPa이다.

∴ 게이지압력 = 절대압력−대기압
= 101.325−101.325 = 0 kPa

14. 도시가스용 압력조정기란 도시가스 정압기 이외에 설치되는 압력조정기로서 입구 쪽 호칭지름과 최대표시유량을 각각 바르게 나타낸 것은?

① 50 A 이하, 300 Nm³/h 이하
② 80 A 이하, 300 Nm³/h 이하
③ 80 A 이하, 500 Nm³/h 이하
④ 100 A 이하, 500 Nm³/h 이하

해설 도시가스용 압력조정기 : 도시가스 정압기 이외에 설치되는 압력조정기로서 입구 쪽 호칭지름이 50 A 이하이고, 최대표시유량이 300 Nm³/h 이하인 것을 말한다.

15. 산화철이나 산화알루미늄에 의해 중합 반응을 일으키는 가스는?

① 에틸렌   ② 아세틸렌
③ 산화에틸렌   ④ 시안화수소

해설 ㉮ 산화에틸렌(C_2H_4O)은 산, 알칼리, 산화철, 산화알루미늄 등에 의해 중합반응을 하여 중합폭발을 일으킨다.
㉯ 시안화수소(HCN)에서 발생하는 중합반응은 수분이 있을 때 발생하고, 알칼리성 물질(암모니아, 소다)을 함유하면 중합이 촉진된다.

16. 다이어프램 압력계의 특징에 대한 설명 중 옳은 것은?

① 부식성 유체의 측정이 불가능하다.
② 감도는 높으나 응답성이 좋지 않다.
③ 미소한 압력을 측정하기 위한 압력계이다.
④ 과잉압력으로 파손되면 그 위험성은 커진다.

해설 다이어프램식 압력계 특징
㉮ 응답속도가 빠르나 온도의 영향을 받는다.
㉯ 극히 미세한 압력 측정에 적당하다.
㉰ 부식성 유체의 측정이 가능하다.
㉱ 압력계가 파손되어도 위험이 적다.
㉲ 연소로의 통풍계(draft gauge)로 사용한다.
㉳ 측정범위는 20~5000 mmH₂O이다.

17. 다음 [보기]에서 설명하는 성질을 갖는

정답 12. ③ 13. ① 14. ① 15. ③ 16. ③ 17. ③

물질은?

> **보기**
> ㉠ 대기 중에 약 0.03 % 존재한다.
> ㉡ 무색, 무미, 무취의 기체로 공기보다 무겁고, 불연성이다.
> ㉢ 물에 거의 같은 부피로 녹으며, 탄산을 만들어 약산성이 된다.

① CO ② NH_3 ③ CO_2 ④ HCN

해설 이산화탄소(CO_2)의 특징
㉮ 건조한 공기 중에 약 0.03 vol% 존재한다.
㉯ 액화가스로 취급되며, 드라이아이스(고체탄산)를 만들 수 있다.
㉰ 무색, 무취, 무미의 불연성가스이다.
㉱ 독성(허용농도 : TLV-TWA 5000 ppm)이 없으나 88 % 이상인 곳에서는 질식의 위험이 있다.
㉲ 수분이 존재하면 탄산(H_2CO_3)을 생성하여 강재를 부식시킨다.
㉳ 지구온난화의 원인 가스(온실가스)이다.

18. 공기액화 분리장치에는 가연성 단열재를 사용할 수 없는 이유는 어느 가스 때문인가?

① O_2 ② N_2 ③ H_2 ④ CO_2

해설 산소, 액화질소를 취급하는 장치 및 공기의 액화온도 이하의 장치에 가연성 단열재를 사용하였을 때 화재 등이 발생할 가능성이 높고, 화재가 발생하였을 때 산소에 의해 화재가 확대될 가능성이 있어 불연성의 단열재를 사용하여야 한다.

19. 가스도매사업자의 공급시설 중 배관에 대한 용접방법의 기준으로 옳은 것은?
① 용접방법은 티그용접 또는 이와 동등 이상의 강도를 갖는 용접방법으로 한다.
② 배관 상호의 길이 이음매는 원주방향에서 원칙적으로 30 mm 이상 떨어지게 한다.
③ 배관의 용접은 지그(jig)를 사용하여 상방에서부터 정확하게 위치를 맞춘다.
④ 두께가 다른 배관의 맞대기 이음에서는 길이 방향의 기울기를 1/3 이하로 한다.

해설 배관의 용접접합 기준
㉮ 용접방법은 아크용접 또는 이와 동등 이상의 강도를 갖는 용접방법으로 한다.
㉯ 배관 상호의 길이 이음매는 원주방향에서 원칙적으로 50 mm 이상 떨어지게 한다.
㉰ 배관의 용접은 지그(jig)를 사용하여 가운데서부터 정확하게 위치를 맞춘다.
㉱ 관의 두께가 다른 배관의 맞대기 이음에서는 관 두께가 완만히 변화되도록 길이 방향의 기울기를 1/3 이하로 한다.

20. 액화석유가스 조성 중 가장 많이 함유된 것은?
① 메탄 ② 프로판
③ 부타디엔 ④ 에틸렌

해설 액화석유가스의 조성 : 석유계 저급 탄화수소의 혼합물로 탄소 수가 3개에서 5개 이하의 것을 말하며 프로판(C_3H_8), 부탄(C_4H_{10}), 프로필렌(C_3H_6), 부틸렌(C_4H_8), 부타디엔(C_4H_6) 등이 포함되어 있으며 가장 많이 함유된 것은 프로판(C_3H_8)과 부탄(C_4H_{10})이다.

21. 가스배관에서 가스의 마찰저항으로 발생하는 압력손실에 대한 설명으로 틀린 것은?
① 관의 길이에 비례한다.
② 가스 비중에 비례한다.
③ 유속의 2승에 비례한다.
④ 관 내면의 상태에 관계가 없다.

정답 18. ① 19. ④ 20. ② 21. ④

해설 가스배관에서 발생하는 압력손실 계산 식 $H=\dfrac{Q^2SL}{K^2D^5}$에서 분자의 항목은 비례 관계이고, 분모의 항목은 반비례 관계이다.
㉮ 유량(Q)의 2승에 비례한다(또는 유속의 2승에 비례한다).
㉯ 가스 비중(S)에 비례한다.
㉰ 배관 길이(L)에 비례한다.
㉱ 관 안지름(D)의 5승에 반비례한다.
㉲ 관 내면의 상태에 관련 있다(동관과 같이 내면이 매끄러우면 마찰저항이 작게 발생한다).
㉳ 유체의 점도에 관련 있다(유체의 점도가 커지면 압력손실이 커진다).
㉴ 압력과는 관계없다.

22. 석탄, 종이, 목재 등과 같이 연료가 가열로 인하여 열분해하며 산소와 혼합하여 연소하는 형태는 무엇인가?
① 표면연소   ② 분해연소
③ 증발연소   ④ 자기연소

해설 분해연소 : 충분한 착화에너지를 주어 가열분해에 의해 연소하며, 휘발분이 있는 고체연료(종이, 석탄, 목재 등) 또는 증발이 일어나기 어려운 액체연료(중유 등)가 이에 해당된다.

23. 도시가스 시설 중 입상관에 대한 설명으로 틀린 것은?
① 입상관이 화기가 있을 가능성이 있는 주위를 통과하여 불연재료로 차단조치를 하였다.
② 입상관의 밸브는 분리 가능한 것으로서 바닥으로부터 1.7 m의 높이에 설치하였다.
③ 입상관의 밸브를 어린 아이들이 장난을 못하도록 3 m의 높이에 설치하였다.
④ 입상관의 밸브 높이가 1 m이어서 보호 상자 안에 설치하였다.

해설 입상관은 환기가 양호한 장소에 설치하며 입상관의 밸브는 바닥으로부터 1.6 m 이상 2 m 이내에 설치한다. 다만, 보호 상자 안에 설치하는 경우에는 1.6 m 이상 2 m 이내에 설치하지 아니할 수 있다.

24. 압력이 일정할 때 일정량의 기체가 차지하는 부피는 절대온도에 비례한다는 어떤 법칙인가?
① 보일의 법칙
② 샤를의 법칙
③ 보일-샤를의 법칙
④ 아보가드로 법칙

해설 ㉮ 보일의 법칙 : 온도가 일정할 때 일정량의 기체가 차지하는 부피는 절대압력에 반비례한다.
㉯ 샤를의 법칙 : 압력이 일정할 때 일정량의 기체가 차지하는 부피는 절대온도에 비례한다
㉰ 보일-샤를의 법칙 : 일정량의 기체가 차지하는 부피는 압력에 반비례하고, 절대온도에 비례한다.

25. 가스누출 자동차단기에서 규정된 유량보다 많은 양의 가스가 통과할 때 가스를 자동 차단하는 성능을 무엇이라 하는가?
① 과압차단 성능   ② 과류차단 성능
③ 과속차단 성능   ④ 과밀차단 성능

해설 가스누출 자동차단기의 과류차단 성능 : KGS AA633
㉮ 과류차단 성능이란 규정된 유량보다 많은 양의 가스가 통과할 때 가스를 자동 차단하는 것이다.
㉯ 과류차단 성능은 차단장치를 시험장치에 연결하고 유량이 표시유량의 1.1배

정답 22. ② 23. ③ 24. ② 25. ②

범위 이내일 때 차단되는 것으로 하고, 가스계량기 출구 쪽 밸브를 일시에 완전 개방하여 10회 이상 작동하였을 때의 누출량이 매 회마다 200 mL 이하인 것으로 한다.

26. 가스가 누설되었을 때 검지하는 가스누출검지 경보장치의 경보 설정값으로 올바른 것은?

① 수소 : 4 %
② 아세틸렌 : 0.625 %
③ 암모니아 : 60 ppm
④ 일산화탄소 : 3 %

해설 (1) 각 가스의 폭발범위 및 허용농도

명칭	분류	폭발범위(%) 및 허용농도(ppm)
수소(H_2)	가연성	4~75 %
아세틸렌(C_2H_2)	가연성	2.5~81 %
암모니아(NH_3)	독성, 가연성	15~28 %, 25 ppm
일산화탄소(CO)	독성, 가연성	12.5~74 %, 50ppm

(2) 경보농도 설정값
㉮ 수소의 폭발범위 하한값이 4 %이므로 경보농도 설정값은 1 % 이하가 되어야 한다.
㉯ 아세틸렌의 폭발범위 하한값이 2.5 % 이므로 경보농도 설정값은 0.625 % 이하가 되어야 한다.
㉰ 암모니아는 50 ppm 이하가 되어야 한다.
㉱ 일산화탄소의 폭발범위 하한값이 12.5 %이므로 경보농도 설정값은 3.125 % 이하가 되어야 한다.

27. 양정 90 m, 송수량 90 m³/h, 효율 60 %인 펌프의 축동력은 약 몇 kW인가?

① 30.6 ② 36.7 ③ 50.0 ④ 56.7

해설 ㉮ 송수(送水)는 물을 이송하는 것이므로 물의 비중량(γ) 1000 kgf/m³, 유량(Q)은 초당 유량(m³/s)을 적용한다.
㉯ 축동력 계산
$$kW = \frac{\gamma QH}{102\eta} = \frac{1000 \times 90 \times 90}{102 \times 0.6 \times 3600}$$
$$= 36.764 kW$$

참고 문제에서 주어진 유량(송수량)의 단위 시간이 초(s), 분(min), 시간(h)인지 구별을 하기 바랍니다.

28. 지하에 설치하는 액화석유가스 저장탱크의 재료인 레디믹스트 콘크리트의 규격으로 틀린 것은?

① 굵은 골재의 최대치수 : 25 mm
② 설계강도 : 21 MPa 이상
③ 슬럼프(slump) : 120~150 mm
④ 물-결합재비 : 83 % 이하

해설 저장탱크실 재료의 규격

항목	규격
굵은 골재의 최대치수	25 mm
설계강도	21 MPa 이상
슬럼프(slump)	120~150 mm
공기량	4 % 이하
물-결합재비	50 % 이하
그 밖의 사항	KS F 4009(레디믹스트 콘크리트)에 따른 규정

[비고] 수밀 콘크리트의 시공기준은 국토교통부가 제정한 "콘크리트 표준시방서"를 준용한다.

29. 수소경제 육성 및 안전관리에 관한 법률에서 정한 수소용품이 아닌 것은?

정답 26. ② 27. ② 28. ④ 29. ③

① 수전해설비
② 수소추출설비
③ 자동차에 장착되는 연료전지
④ 연료전지 이동형 설비와 부대설비

해설 수소용품 : 연료전지와 수소관련 용품으로서 산업통상자원부령으로 정하는 용품을 말한다.
㉮ 연료전지(자동차에 장착되는 것은 제외)로서 다음 각목의 어느 하나에 해당하는 것
  ㉠ 연료소비량이 232.6 kW 이하인 고정형 설비와 그 부대설비
  ㉡ 이동형 설비와 그 부대설비
㉯ 수전해설비
㉰ 수소추출설비

30. 액화석유가스 충전사업소 시설 중 지상에 설치된 저장탱크와 다른 저장탱크와의 사이에는 두 저장탱크의 최대 지름을 합산한 길이의 1/4이 1 m 이상일 경우에 얼마의 간격을 유지해야 하는가?

① 1 m 이상
② 2 m 이상
③ 3 m 이상
④ 그 길이의 간격 이상

해설 두 저장탱크의 지름을 합산한 길이의 1/4이 1 m 이상일 경우에는 그 길이의 간격 이상, 1 m 미만일 경우에는 1 m 이상을 유지한다.

31. 왕복동식 펌프에서 발생하는 유량의 맥동을 감소시키기 위하여 설치하는 것은?

① 서지탱크   ② 체크밸브
③ 공기실   ④ 스트레이너

해설 왕복펌프는 송출이 단속적이라 맥동이 일어나기 쉽고 진동이 발생하기 쉽다. 맥동현상을 방지(감소) 또는 흡수하기 위하여 2차측에 공기실(air chamber)을 설치하며 종류에는 기액식, 스프링식, 중추식이 있다.

32. 최소점화에너지에 영향을 주는 인자가 아닌 것은?

① 색상   ② 압력   ③ 온도   ④ 조성

해설 (1) 최소점화에너지 : 가연성 혼합기체를 점화시키는 데 필요한 최소에너지
(2) 최소점화에너지가 낮아지는 경우
  ㉮ 연소속도가 클수록
  ㉯ 열전도율이 적을수록
  ㉰ 산소농도가 높을수록
  ㉱ 압력이 높을수록
  ㉲ 가연성 기체의 온도가 높을수록

33. 초저온 용기에 대한 신규검사 시 단열성능시험을 실시할 경우 내용적에 대한 침입열량 기준이 바르게 연결된 것은?

① 내용적 500 L 이상 : 8.37 J/h · ℃ · L
② 내용적 1000 L 이상 : 8.37 J/h · ℃ · L
③ 내용적 500 L 이상 : 2.09 J/h · ℃ · L
④ 내용적 1000 L 이상 : 2.09 J/h · ℃ · L

해설 초저온 용기 단열성능시험 합격기준 : KGS AC213

내용적	침입열량	
	J/h · ℃ · L	kcal/h · ℃ · L
1000 L 미만	2.09 이하	0.0005 이하
1000 L 이상	8.37 이하	0.002 이하

34. 다음 중 공기 중에서 폭발범위가 넓은 것부터 좁은 쪽으로 순서가 바르게 나열된 것은?

① H_2, C_2H_2, CH_4, CO
② CH_4, CO, C_2H_2, H_2

정답 30. ④ 31. ③ 32. ① 33. ② 34. ③

③ C_2H_2, H_2, CO, CH_4
④ C_2H_2, CO, H_2, CH_4

[해설] 각 가스의 폭발범위

가스 명칭	폭발범위
아세틸렌(C_2H_2)	2.5~81 %
수소(H_2)	4~75 %
일산화탄소(CO)	12.5~74 %
메탄(CH_4)	5~15 %

[참고] 가연성가스 중에서 폭발범위가 가장 넓은 것은 아세틸렌(C_2H_2)이다.

35. 천연가스에 대한 설명 중 틀린 것은?
① 주성분은 메탄(CH_4)이다.
② 천연가스는 액체 상태로 지하에 매장되어 있다.
③ 천연가스를 액화하면 체적이 약 1/600로 줄어든다.
④ 채굴된 천연가스에는 CO_2, C_3H_8 등이 포함되어 있다.

[해설] 천연가스(NG)는 불순물이 포함된 기체 상태로 지하에 매장되어 있다.

36. 도시가스의 제조공정이 아닌 것은?
① 열분해 공정
② 접촉분해 공정
③ 수소화분해 공정
④ 상압증류 공정

[해설] 도시가스 제조공정의 종류
㉮ 열분해 공정(thermal cracking process)
㉯ 접촉분해 공정(steam reforming process)
㉰ 부분연소 공정(partial combustion process)
㉱ 수첨분해 공정(hydrogenation cracking process)
㉲ 대체천연가스 공정(substitute natural process)

37. 굴착으로 노출된 도시가스 배관을 보호하기 위한 조치 중 노출된 배관부분의 길이가 몇 m를 넘을 때 점검자의 통행이 가능한 점검통로를 설치하여야 하는가?
① 10 ② 15 ③ 20 ④ 30

[해설] 굴착으로 노출된 배관의 점검통로 기준 : KGS FS451
㉮ 노출된 배관의 길이 : 15 m 이상일 때 설치
㉯ 점검통로 폭 : 80 cm 이상
㉰ 가드레일 높이 : 90 cm 이상
㉱ 점검통로와 가스배관의 수평거리 : 1 m 이내
㉲ 조명 : 70룩스(lx) 이상 유지

38. 고압가스 운반기준에서 동일 차량에 적재하여 운반할 수 없는 것은?
① 염소와 아세틸렌
② 질소와 산소
③ 아세틸렌과 산소
④ 프로판과 부탄

[해설] 혼합적재 금지 기준 : KGS GC206
㉮ 염소와 아세틸렌, 암모니아, 수소는 동일 차량에 적재하여 운반하지 않는다.
㉯ 가연성가스와 산소를 동일 차량에 적재하여 운반하는 때에는 그 충전용기의 밸브가 서로 마주보지 아니하도록 적재한다.
㉰ 충전용기와 위험물 안전관리법에 따른 위험물과는 동일 차량에 적재하여 운반하지 않는다.
㉱ 독성가스 중 가연성가스와 조연성가스는 동일 차량 적재함에 운반하지 않는다.

39. 액화가스 저장탱크에 대한 설명 중 틀린 것은?

[정답] 35. ② 36. ④ 37. ② 38. ① 39. ④

① 가연성가스 저온 저장탱크에는 부압방지 조치를 한다.
② 액화가스 저장탱크의 안전밸브는 기상부에 설치한다.
③ 충전량은 상용의 온도에서 내용적의 9/10를 넘지 않게 한다.
④ 증발속도가 빠른 액화가스에만 저장량에 관계없이 방류둑을 설치한다.

해설 일정량(규정량) 이상의 저장능력을 갖는 액화 가연성, 액화 독성, 액화 산소의 저장탱크일 때 방류둑을 설치한다.

40. 원통형 저장탱크의 경판구조 중 내압강도가 가장 큰 것은?

① 접시형 경판   ② 원추형 경판
③ 반타원형 경판 ④ 반구형 경판

해설 경판의 내압강도 순서 : 반구형 > 반타원형 > 원추형 > 접시형

41. 차량에 고정된 탱크의 운반기준에서 가연성가스 및 산소탱크의 내용적은 얼마를 초과할 수 없는가?

① 10000 L   ② 12000 L
③ 15000 L   ④ 18000 L

해설 차량에 고정된 탱크 내용적 제한
  ㉮ 가연성(LPG 제외), 산소 : 18000 L 초과 금지
  ㉯ 독성가스(암모니아 제외) : 12000 L 초과 금지

42. 액화석유가스의 충전용기 보관실에 설치하는 자연환기설비 중 외기에 면하여 설치하는 환기구 1개의 면적은 얼마 이하로 하여야 하는가?

① 1800 cm^2 ② 2000 cm^2
③ 2400 cm^2 ④ 3000 cm^2

해설 환기구(통풍구) 크기는 바닥면적 1 m^2마다 300 cm^2의 비율로 계산된 면적 이상을 확보하며, 1개소 면적은 2400 cm^2 이하로 한다.

43. 고압가스 안전관리법에서 정한 특정고압가스가 아닌 것은?

① 이산화탄소   ② 산소
③ 천연가스   ④ 수소

해설 특정고압가스의 종류(고법 제20조) : 수소, 산소, 액화암모니아, 아세틸렌, 액화염소, 천연가스, 압축모노실란, 압축디보란, 액화알진 그 밖에 대통령령이 정하는 고압가스

44. 아세틸렌가스 폭발의 종류로서 가장 거리가 먼 것은?

① 중합폭발   ② 산화폭발
③ 분해폭발   ④ 화합폭발

해설 아세틸렌의 폭발 종류 : 산화폭발, 분해폭발, 화합폭발

45. 액화석유가스 충전사업자가 점검하여야 할 용기의 안전점검기준 내용으로 옳지 않은 것은?

① 용기의 부식상태를 확인한다.
② 용기도색 및 표시를 확인한다.
③ 밸브 오조작 방지를 위해 핸들을 제거한다.
④ 밸브 그랜드 너트 고정핀 이탈 유무를 확인한다.

해설 용기의 안전점검기준 : 액법 시행규칙 별표 17
  ㉮ 용기의 안쪽·바깥면을 점검하여 사용에 지장을 주는 부식·금·주름 등이 있는지 확인할 것

정답 40. ④ 41. ④ 42. ③ 43. ① 44. ① 45. ③

㉯ 용기에 도색과 표시가 되어 있는지를 확인할 것
㉰ 용기의 스커트에 찌그러짐이 있는지와 사용에 지장이 없도록 적정 간격을 유지하고 있는지를 확인할 것
㉱ 유통 중 열영향을 받았는지를 점검할 것. 열영향을 받은 용기는 재검사를 할 것
㉲ 용기 캡이 씌워져 있거나 프로텍터가 부착되어 있는지를 확인하고, 용기내장형 액화석유가스 난방기용 용기는 밀봉용 캡이 부착되어 있는지도 확인할 것
㉳ 용기의 각인을 통해 재검사 기간의 도래 여부를 확인할 것
㉴ 용기 아랫부분의 부식 상태를 확인할 것
㉵ 밸브의 몸통 · 충전구나사 및 안전밸브 사용에 지장을 주는 홈, 주름, 스프링의 부식 등이 있는지를 확인할 것
㉶ 밸브의 그랜드너트가 이탈하는 것을 방지하기 위하여 고정핀 등을 이용하는 등의 조치가 있는지를 확인할 것
㉷ 밸브의 개폐 조작이 쉬운 핸들이 부착되어 있는지를 확인할 것
㉸ 내용적 15 L 이하의 용기의 경우에는 "실내보관 금지" 표시 여부를 확인할 것

46. 수소폭명기는 수소와 산소의 혼합비가 얼마인가?
① 1 : 1 ② 2 : 1
③ 1.5 : 2 ④ 1 : 2

해설 ㉮ 수소폭명기 : 수소와 산소가 체적비 2 : 1로 530℃ 이상에서 폭발적으로 반응하여 물을 생성하는 것이다.
㉯ 반응식 : $2H_2 + O_2 \rightarrow 2H_2O + 136.6$ kcal

47. 염소의 강재에 대한 부식성에 대한 설명으로 틀린 것은?
① 고온에서 염소가스는 철과 직접 반응하여 부식이 진행된다.
② 염소는 건조한 상태에서 강에 대하여 심한 부식성을 나타낸다.
③ 염소는 습기가 있는 상태에서 강재에 대하여 심한 부식성을 가지고 용기, 밸브 등이 부식된다.
④ 염소는 물과 반응하여 염산을 발생시키기 때문에 내산도기, 유리, 염화비닐을 사용한다.

해설 염소는 건조한 상태일 때는 부식성이 없으나, 수분이 존재하면 염산(HCl)이 생성되어 강에 대하여 심한 부식성을 나타낸다.

48. 고속 회전하는 임펠러의 원심력에 의해 속도에너지를 압력에너지로 바꾸어 압축하는 형식으로서 유량이 크고 설치면적이 적게 차지하는 압축기의 종류는?
① 왕복식 ② 터보식
③ 회전식 ④ 흡수식

해설 터보식 압축기 : 임펠러의 회전운동(원심력)을 압력과 속도에너지로 전환하여 압력을 상승시키는 형식으로 원심식, 축류식, 혼류식으로 분류된다.

49. 도시가스 배관을 철도부지 내에 매설할 때 지표면으로부터 배관의 외면까지의 깊이는 얼마인가?
① 1.0 m 이상 ② 1.2 m 이상
③ 1.5 m 이상 ④ 2.0 m 이상

해설 배관 철도부지 매설 깊이 : KGS FS551
㉮ 철도와 병행 매설 : 1.2 m 이상
㉯ 철도와 횡단 매설 : 1.2 m 이상

50. 액화도시가스를 선박에 충전하는 작업

정답 46. ② 47. ② 48. ② 49. ② 50. ③

의 기준으로 틀린 것은?
① 선박에 충전하기 위한 차량의 설치 대수는 2대 이하로 한다.
② 충전장소의 중심으로부터 선박의 외면까지의 거리는 3 m 이상의 안전거리를 유지한다.
③ 충전장소 주위에는 황색 바탕에 적색 문자로 '충전작업 중 엔진정지'라는 표시를 한 게시판을 설치한다.
④ 충전작업을 할 경우에는 액화도시가스 선박충전시설에 선임된 안전관리자가 기준에 따른 조치를 한다.

해설 액화도시가스 선박 충전작업 기준 : GC206 P22
㉮ 액화도시가스를 연료로 사용하는 선박에 충전작업을 할 경우에는 안전관리자(액화도시가스 선박 충전시설에 선임된 안전관리자를 말한다)가 기준에 따른 조치를 한다.
㉯ 충전작업은 풍랑 등이 심하지 않은 온화한 날씨에 실시하며, 반드시 지정된 충전장소에서 실시하여야 한다.
㉰ 액화도시가스를 선박에 충전하기 위한 차량의 설치대수는 2대 이하로 하고, 2대의 차량이 진입, 진출 및 동시에 주정차할 수 있는 충분한 공지를 확보한다.
㉱ 충전장소 지면에는 차량의 주정차위치와 진입 및 진출 방향을 표시하고 눈에 잘 띄는 곳에 "액화도시가스 선박 충전장소"라는 표시를 한다.
㉲ 충전장소 주위에는 황색 바탕에 흑색 문자로 "충전작업 중 엔진정지"라는 표시를 한 게시판을 설치한다.
㉳ 충전장소의 중심(지면에 표시한 정차위치의 중심)으로부터 선박의 외면까지의 거리는 3 m 이상의 안전거리를 유지한다.
㉴ 충전장소와 화기 사이에 유지하여야 하는 거리는 8 m 이상으로 하고, 충전장소에는 인화성물질이나 발화성물질이 없을 것
㉵ 선박에 액화도시가스를 충전하는 때에는 가스의 용량이 상용의 온도에서 선박 내 저장탱크 내용적의 90 %(용기의 경우에는 85 %)를 넘지 않도록 한다.
㉶ 일몰 후 충전작업을 하는 경우 밸브 주위에는 밸브를 확실히 조작할 수 있도록 조명도 150룩스 이상을 확보한다.

51. 지상에 설치하는 저장탱크의 외부에는 은색·백색 도료를 바르고 주위에서 보기 쉽도록 가스의 명칭을 표시하여야 한다. 가스 명칭 표시의 색상은?
① 검은 글씨
② 초록 글씨
③ 붉은 글씨
④ 노란 글씨

해설 지상에 설치하는 저장탱크의 외부에는 은색·백색 도료를 바르고 주위에서 보기 쉽도록 가스의 명칭을 붉은 글씨로 표시한다. 다만, 국가보안목표시설로 지정된 것은 표시를 하지 않을 수 있다.

52. 이동식 초저온 용기 취급 시 주의사항으로 옳지 않은 것은?
① 면장갑을 사용하여 취급한다.
② 직사광선, 비, 눈 등을 피한다.
③ 고도의 진공이므로 충격을 금지한다.
④ 통풍이 불량한 지하실 같은 곳에 두면 안 된다.

해설 이동식 초저온 용기 취급 시 주의사항
㉮ 기름 묻은 장갑, 면장갑을 사용하지 말고, 가죽장갑을 사용하여 취급한다.
㉯ 직사광선, 비, 눈 등을 피한다.
㉰ 고도의 진공이므로 충격을 금지한다.
㉱ 통풍이 불량한 지하실 같은 곳에 보

관하지 않는다.
㉤ 충전용기와 잔가스 용기는 구분하여 보관한다.
㉥ 적정 용량의 기화기를 사용하여야 한다.

53. 특정고압가스 사용시설의 기준에 대한 설명 중 옳은 것은?
① 산소 저장설비 주위 8 m 이내에는 화기를 취급하지 않는다.
② 액화가스 저장량이 100 kg 이상인 용기보관실에는 방호벽을 설치한다.
③ 고압가스 설비는 상용압력 2.5배 이상의 내압시험에 합격한 것을 사용한다.
④ 독성가스 감압설비와 당해 가스반응 설비 간의 배관에는 역류방지장치를 설치한다.

[해설] 각 항목의 옳은 내용
① 산소 저장설비 주위 5 m 이내에는 화기를 취급하지 않는다.
② 고압가스 저장량이 300 kg(압축가스의 경우에는 1 m³를 5 kg으로 본다) 이상인 용기보관실 벽은 방호벽으로 설치한다.
③ 고압가스 설비는 상용압력 1.5배 이상의 내압시험에 합격한 것이고, 상용압력 이상의 압력으로 기밀시험을 실시하여 이상이 없어야 한다.

54. 시안화수소 충전 작업에 대한 설명으로 틀린 것은?
① 폭발을 일으킬 우려가 있으므로 안정제를 첨가한다.
② 1일 1회 이상 질산구리벤젠지 등의 시험지로 가스누출을 검사한다.
③ 시안화수소 저장은 용기에 충전한 후 90일을 경과하지 않아야 한다.
④ 순도가 98 % 이상으로서 착색되지 않은 것은 다른 용기에 옮겨 충전하지 않을 수 있다.

[해설] 시안화수소를 충전한 용기는 충전 후 24시간 정치하고, 그 후 1일 1회 이상 질산구리벤젠 등의 시험지로 가스의 누출 검사를 하며, 용기에 충전 연월일을 명기한 표지를 붙이고, 충전한 후 60일이 경과되기 전에 다른 용기에 옮겨 충전한다. 다만, 순도가 98 % 이상으로서 착색되지 아니한 것은 다른 용기에 옮겨 충전하지 아니할 수 있다.

55. 일반도시가스 사업자 정압기 안전밸브의 가스방출관 방출구는 지면으로부터 몇 m 이상의 높이에 설치하여야 하는가? (단, 전기시설물과의 접촉 등으로 사고의 우려가 없는 장소이다.)
① 1 ② 3 ③ 5 ④ 8

[해설] 과압안전장치 가스방출관 설치(KGS FS552) : 정압기 안전밸브는 가스방출관이 설치된 것으로 하고, 그 방출관의 방출구는 주위에 불 등이 없는 안전한 위치로서 지면으로부터 5 m 이상의 높이에 설치한다. 다만, 전기시설물과의 접촉 등으로 사고의 우려가 있는 장소에서는 3 m 이상으로 할 수 있다.

[참고] 방출구 높이는 정압기 안전밸브, 정압기실 환기장치의 배기가스 방출구 및 강제통풍장치(기계환기설비) 배기가스 방출구를 구별하기 바랍니다.

56. 고압가스 운반 중 가스누출 부분에 수리가 불가능한 사고가 발생하였을 경우의 조치로서 가장 거리가 먼 것은?
① 상황에 따라 안전한 장소로 대피한다.
② 상황에 따라 안전한 장소로 운반한다.
③ 비상연락망에 따라 소속 직원에게 협

정답 53. ④ 54. ③ 55. ③ 56. ③

조를 요청한다.
④ 착화된 경우 용기 파열 등의 위험이 없다고 인정될 때에는 소화한다.

해설 가스누출 부분의 수리가 불가능한 경우 조치사항
㉮ 상황에 따라 안전한 장소로 운반할 것
㉯ 부근의 화기를 없앨 것
㉰ 착화된 경우 용기 파열 등의 위험이 없다고 인정될 때는 소화할 것
㉱ 독성가스가 누출할 경우에는 가스를 제독할 것
㉲ 부근에 있는 사람을 대피시키고, 동행인은 교통통제를 하여 출입을 금지시킬 것
㉳ 비상연락망에 따라 관계 업소에 원조를 의뢰할 것
㉴ 상황에 따라 안전한 장소로 대피할 것

57. 고압가스 제조시설에서 아세틸렌을 충전하기 위한 설비 중 충전용 지관에는 탄소 함유량이 얼마 이하의 강을 사용하여야 하는가?
① 0.1 % ② 0.2 %
③ 0.33 % ④ 0.5 %

해설 아세틸렌이 접촉하는 부분에 사용하는 재료 기준
㉮ 구리 또는 구리의 함유량이 62 %를 초과하는 동합금은 사용하지 아니한다.
㉯ 충전용 지관에는 탄소의 함유량이 0.1 % 이하의 강을 사용한다.
㉰ 굴곡에 의한 응력이 일부에 집중되지 않도록 된 형상으로 한다.

58. 용기의 설계단계 검사 항목이 아닌 것은?
① 기밀 성능 ② 단열 성능
③ 내압 성능 ④ 작동 성능

해설 설계단계 검사 : 용기가 안전하게 설계되었는지를 명확하게 판정할 수 있도록 다음의 검사 항목에 대하여 실시하는 검사
㉮ 재료의 기계적, 화학적 성능
㉯ 용접부의 기계적 성능
㉰ 단열 성능
㉱ 내압 성능
㉲ 기밀 성능
㉳ 그 밖에 용기의 안전 확보에 필요한 성능

59. 가연성가스의 제조설비 중 전기설비는 방폭 성능을 가지는 구조이어야 하는데 이에 해당되지 않는 것은?
① 수소
② 일산화탄소
③ 프로판
④ 암모니아

해설 가연성가스 중 전기설비의 방폭 성능에서 제외되는 것 : 암모니아, 브롬화메탄 및 공기 중에서 자기발화하는 가스

60. 독성가스 저장탱크에 설치된 과충전 방지장치는 가스 용량이 저장탱크 내용적의 몇 %를 초과하는 것을 방지하기 위하여 설치하는가?
① 70 % ② 80 %
③ 90 % ④ 95 %

해설 저장탱크 과충전 방지조치(KGS FP112) : 아황산가스, 암모니아, 염소, 염화메탄, 산화에틸렌, 시안화수소, 포스겐 또는 황화수소의 저장탱크에는 그 가스의 용량이 그 저장탱크 내용적의 90 %를 초과하는 것을 방지하기 위하여 과충전 방지조치를 강구한다.

2025년도 실전 테스트 (1)

1. 고압가스 일반제조시설에서 가스설비 및 저장설비는 그 외면으로부터 화기를 취급하는 장소까지 몇 m 이상의 우회거리를 유지하여야 하는가? (단, 산소 및 가연성가스는 제외한다.)
① 1   ② 2   ③ 5   ④ 8

해설 화기와의 거리 기준 : KGS FP112
㉮ 가스설비 및 저장설비 외면으로부터 화기(그 설비 안의 것을 제외한다)를 취급하는 장소 사이에 유지하여야 하는 우회거리는 2m 이상으로 한다.
㉯ 가연성가스 및 산소의 가스설비 또는 저장설비는 8m 이상으로 한다.

2. 다음 가스 중 독성(LC₅₀)이 가장 강한 것은?
① 암모니아   ② 디메틸아민
③ 브롬화메탄   ④ 아크릴로니트릴

해설 각 가스의 허용농도(ppm)

구분	LC₅₀	TLV-TWA
암모니아	7388	25
디메틸아민	11100	10
브롬화메탄	850	20
아크릴로니트릴	666	20

3. 겨울철 LPG 용기에 서릿발이 생겨 가스가 잘 나오지 않을 때 가스를 사용하기 위한 조치로 옳은 것은?
① 용기를 힘차게 흔든다.
② 부탄 토치로 가열한다.
③ 40℃ 이하의 열습포로 녹인다.
④ 90℃ 정도의 물을 용기에 붓는다.

해설 고압가스 용기의 밸브, 충전용 지관을 가열할 때에는 열습포 또는 40℃ 이하의 물을 사용한다.

4. 아세틸렌 용기의 내압시험은 최고충전압력의 몇 배인가?
① 1.1   ② 1.5   ③ 1.8   ④ 3.0

해설 아세틸렌 용접용기 시험압력
㉮ 최고충전압력 : 15℃에서 용기에 충전할 수 있는 가스의 압력 중 최고압력
㉯ 기밀시험압력 : 최고충전압력의 1.8배
㉰ 내압시험압력 : 최고충전압력의 3배

5. 방류둑 내측 및 그 외면으로부터 몇 m 이내에는 그 저장탱크의 부속설비 외의 것을 설치하지 않아야 하는가? (단, 저장능력이 2000톤인 가연성가스 저장탱크 시설이다.)
① 10   ② 15   ③ 20   ④ 25

해설 방류둑의 내측 및 그 외면으로부터 10m 이내에는 그 저장탱크의 부속설비 외의 것을 설치하지 아니한다.

6. 가연성가스의 제조설비 또는 저장설비 중 전기설비를 방폭성능을 갖도록 설치하지 않아도 되는 가스는?
① 시안화수소, 수소
② 일산화탄소, 에틸렌
③ 암모니아, 브롬화메탄
④ 브롬화메탄, 산화에틸렌

해설 가연성가스 중 전기설비 방폭설비 설치

정답 1. ② 2. ④ 3. ③ 4. ④ 5. ① 6. ③

제외 가스 : 암모니아, 브롬화메탄 및 공기 중에서 자기발화하는 가스

7. 독성가스 제조시설의 식별표지 중 가스 명칭 색상으로 옳은 것은?

① 황색 ② 청색 ③ 적색 ④ 흰색

해설 독성가스 제조시설 식별표지
㉮ 독성가스 제조시설이라는 것을 쉽게 식별할 수 있도록 게시 (예 : 독성가스 ○○ 제조시설)
㉯ 식별 거리 : 30m 이상
㉰ 문자 크기 : 가로·세로 10cm 이상
㉱ 식별표지 바탕색은 백색, 글씨는 흑색, 가스 명칭은 적색으로 한다.

8. 고압가스 냉동 제조기준에서 암모니아를 냉매로 사용하고, 수액기 내의 압력이 0.7MPa 이상 2.1MPa 미만일 경우 방류둑 용량은 방류둑 안에 설치된 수액기 내용적의 몇 % 이상으로 하는가?

① 60% ② 70% ③ 80% ④ 90%

해설 ㉮ 방류둑 용량은 해당 방류둑 안에 설치된 수액기 내용적의 90% 이상의 용적으로 한다.
㉯ 암모니아를 냉매로 사용하는 경우 수액기 안의 압력에 따른 비율을 적용한다.

수액기 안의 압력 (MPa)	0.7 이상 2.1 미만	2.1 이상
압력에 따른 비율(%)	90	80

9. 아세틸렌(C_2H_2)에 대한 설명으로 틀린 것은?

① 폭발범위는 수소보다 넓다.
② 공기보다 무겁고 황색의 가스이다.
③ 공기와 혼합되지 않아도 폭발하는 수가 있다.
④ 구리, 은, 수은 및 그 합금과 폭발성 화합물을 만든다.

해설 아세틸렌(C_2H_2)은 분자량이 26이므로 공기보다 가볍고, 무색의 가스이다.

10. 허용농도가 100만분의 200 이하인 독성가스 충전용기를 운반하는 차량의 경우 용기 승하차용 리프트와 밀폐된 구조로 하여야 하는 내용적의 기준은?

① 500L 미만   ② 500L 이상
③ 1000L 미만 ④ 1000L 이상

해설 허용농도가 100만분의 200 이하인 독성가스 충전용기를 운반하는 경우에는 용기 승하차용 리프트와 밀폐된 구조의 적재함이 부착된 전용차량(독성가스 전용차량이라 한다)으로 운반한다. 다만, 내용적이 1000L 이상인 충전용기를 운반하는 경우에는 그렇지 않다.

11. 차량에 고정된 액화수소 탱크의 유지시간(holding time) 검사로 옳은 것은?

① 액화수소 탱크 내용적의 75% 이상을 액화수소로 충전한 후 100시간 동안 안전밸브가 작동하지 않아야 한다.
② 액화수소 탱크 내용적의 75% 이상을 액화수소로 충전한 후 120시간 동안 안전밸브가 작동하지 않아야 한다.
③ 액화수소 탱크 내용적의 90% 이상을 액화수소로 충전한 후 100시간 동안 안전밸브가 작동하지 않아야 한다.
④ 액화수소 탱크 내용적이 90% 이상을 액화수소로 충전한 후 120시간 동안 안전밸브가 작동하지 않아야 한다.

해설 액화수소 탱크의 유지시간 검사(KGS AC113) : 액화수소 탱크 내용적의 75% 이상을 액화수소로 충전한 후 120시간

정답 7. ③ 8. ④ 9. ② 10. ③ 11. ②

동안 안전밸브가 작동하지 않아야 한다.
〈신설 25. 1. 26〉

[참고] 유지시간(holding time) : 액화수소 탱크의 초기 충전 조건에서 안전밸브가 열리기까지 걸리는 시간을 말한다.

12. LPG 충전용기 도색으로 옳은 것은?
① 회색   ② 백색
③ 밝은 회색   ④ 갈색

[해설] 가스 종류별 용기 도색

가스 종류	용기 도색	
	공업용	의료용
산소(O_2)	녹색	백색
수소(H_2)	주황색	–
액화탄산가스(CO_2)	청색	회색
액화석유가스	밝은 회색	–
아세틸렌(C_2H_2)	황색	–
암모니아(NH_3)	백색	–
액화염소(Cl_2)	갈색	–
질소(N_2)	회색	흑색
아산화질소(N_2O)	회색	청색
헬륨(He)	회색	갈색
에틸렌(C_2H_4)	회색	자색
사이클로 프로판	회색	주황색
기타의 가스	회색	–

13. 산화에틸렌의 저장탱크에는 45℃에서 그 내부가스의 압력이 몇 MPa 이상이 되도록 질소가스를 충전하여야 하는가?
① 0.1   ② 0.3   ③ 0.4   ④ 1

[해설] 산화에틸렌(C_2H_4O)의 충전 기준
㉮ 산화에틸렌 저장탱크는 질소가스 또는 탄산가스로 치환하고 5℃ 이하로 유지한다.
㉯ 산화에틸렌 용기에 충전 시에는 질소 또는 탄산가스로 치환한 후 산 또는 알칼리를 함유하지 않는 상태로 충전한다.
㉰ 산화에틸렌 저장탱크는 45℃에 내부압력이 0.4MPa 이상이 되도록 질소 또는 탄산가스를 충전한다.

14. TP(내압시험압력)이 25MPa인 압축가스(질소) 용기의 경우 최고충전압력과 안전밸브 작동압력이 옳게 짝지어진 것은?
① 20MPa, 15MPa   ② 15MPa, 20MPa
③ 20MPa, 25MPa   ④ 25MPa, 20MPa

[해설] 압축가스를 충전하는 용기의 최고충전압력은 35℃의 온도에서 그 용기에 충전할 수 있는 가스의 압력 중 최고압력이고, 내압시험압력은 최고충전압력의 3분의 5배이다.
㉮ 최고충전압력(FP) 계산 : 내압시험압력(TP)을 이용하여 역으로 계산하면 최고충전압력은 내압시험압력의 5분의 3배이다.
∴ $FP = TP \times \dfrac{3}{5} = 25 \times \dfrac{3}{5} = 15\,\text{MPa}$

㉯ 안전밸브 작동압력 계산 : 압축가스 용기에는 스프링식 안전밸브가 부착되고 안전밸브 작동압력은 내압시험압력(TP)의 10분의 8배 이하이다.
∴ 안전밸브 작동압력 $= TP \times \dfrac{8}{10}$
$= 25 \times \dfrac{8}{10}$
$= 20\,\text{MPa}$

15. 발화지연이 짧아지는 요인으로 가장 거리가 먼 것은?
① 압력이 높을수록
② 가열온도가 높을수록
③ 용기의 크기가 작을수록
④ 혼합비가 완전산화에 가까울수록

[해설] 발화지연(착화지연) : 어느 온도에서

정답 12. ③   13. ③   14. ②   15. ③

가열하기 시작하여 발화에 이르기까지 시간이다.
㉮ 고온, 고압일수록 발화지연은 짧아진다.
㉯ 가연성가스와 산소의 혼합비가 완전산화에 가까울수록 발화지연은 짧아진다.

16. 상온에서 가스를 압축, 액화상태로 용기에 충전시키기가 가장 어려운 가스는?

① C_3H_8
② CH_4
③ Cl_2
④ CO_2

[해설] 상태에 의한 가스의 분류 및 종류
㉮ 압축가스 : 헬륨(He), 수소(H_2), 네온(Ne), 질소(N_2), 일산화탄소(CO), 불소(F_2), 아르곤(Ar), 산소(O_2), 산화질소(NO), 메탄(CH_4) 등
㉯ 액화가스 : 프로판(C_3H_8), 부탄(C_4H_{10}), 염소(Cl_2), 암모니아(NH_3), 이산화탄소(CO_2), 산화에틸렌(C_2H_4O), 시안화수소(HCN), 황화수소(H_2S) 등
㉰ 용해가스 : 아세틸렌(C_2H_2)

17. 염소 및 아황산가스를 제독하기 위한 조치로서 올바른 것은?

① 대량의 물로 흡수 제독한다.
② 연소설비로 연소하여 제독한다.
③ 가성소다 수용액으로 흡수하여 제독한다.
④ 산성가스이므로 암모니아로 중화하여 제독한다.

[해설] ㉮ 아황산가스(SO_2)는 물을 제독제로 사용하는 것이 가능하나 염소(Cl_2)는 사용이 불가능하다.
㉯ 염소는 조연성, 아황산가스는 불연성 가스이므로 연소설비로 연소하는 것은 불가능하다.

18. 고압가스 충전용기를 취급할 때 온도는 몇 ℃ 이하로 유지하여야 하는가?

① 20℃ ② 30℃ ③ 40℃ ④ 50℃

[해설] 충전용기는 취급, 저장, 운반할 때 40℃ 이하로 유지하여야 한다.

19. 내부반응 감시장치를 설치하여야 할 설비에서 특수반응설비에 속하지 않는 것은?

① 수소화 분해 반응기
② 암모니아 2차 개질로
③ 사이클로 헥산 제조시설의 벤젠 수첨 반응기
④ 산화에틸렌 제조시설의 아세틸렌 수첨탑

[해설] 특수반응설비의 종류 : 암모니아 2차 개질로, 에틸렌 제조시설의 아세틸렌 수첨탑, 산화에틸렌 제조시설의 에틸렌과 산소 또는 공기와의 반응기, 사이클로 헥산 제조시설의 벤젠 수첨 반응기, 석유정제에 있어서 중유직접 수첨 탈황 반응기 및 수소화 분해 반응기, 저밀도 폴리에틸렌 중합기 또는 메탄올 합성 반응탑

20. 고압가스 제조시설의 역화 및 공기 등과의 혼합폭발을 방지하기 위하여 설치하는 플레어스택의 구조로서 틀린 것은?

① liquid seal의 설치
② flame arrestor의 설치
③ vapor seal의 설치
④ 조연성가스(O_2)의 지속적인 주입

[해설] 역화 및 공기와 혼합폭발을 방지하기 위한 시설
㉮ liquid seal 실치
㉯ flame arrestor 설치
㉰ vapor seal 설치
㉱ purge gas(N_2, off gas 등)의 지속적인 주입
㉲ molecular seal 설치

정답 16. ② 17. ③ 18. ③ 19. ④ 20. ④

21. 가스폭발과 관련된 내용 중 틀린 것은?
① 폭발범위가 넓은 것은 위험하다.
② 안전간격이 큰 것일수록 위험하다.
③ 폭굉은 화염전파속도가 음속보다 빠르다.
④ 가스비중이 공기보다 큰 것은 낮은 곳에 체류하여 위험성이 크다.

[해설] 안전간격이 작을수록 위험성이 크다.
[참고] 폭발등급에 따른 안전간격 및 가스 종류

폭발등급	안전간격	가스 종류
1등급	0.6mm 이상	일산화탄소, 에탄, 프로판, 암모니아, 아세톤, 에틸에테르, 가솔린, 벤젠 등
2등급	04~0.6mm	석탄가스, 에틸렌 등
3등급	0.4mm 미만	아세틸렌, 이황화탄소, 수소, 수성가스

22. 탄소강의 종류를 구분할 때 어떤 성분의 함유량에 따르는가?
① C ② O ③ N ④ H

[해설] ㉮ 탄소 함유량에 따라 저탄소강(0.3% 이하), 중탄소강(0.3~0.6%), 고탄소강(0.6% 이상)으로 분류한다.
㉯ 탄소 함유량 0.3% 이하의 것을 연강, 0.3% 이상의 것을 경강이라 한다.

23. 암모니아 합성 공정을 반응압력에 따라 분류한 것이 아닌 것은?
① 저압 합성   ② 중압 합성
③ 고압 합성   ④ 준고압 합성

[해설] 암모니아 합성 공정의 분류
㉮ 고압 합성(60~100MPa) : 클라우드법, 캬자레법
㉯ 중압 합성(30MPa) : 뉴파우더법, IG법, 케미크법, 뉴데법, 동공시법, JCI법
㉰ 저압 합성(15MPa) : 켈로그법, 구데법

24. 가스용 금속 플렉시블 호스에 대한 설명으로 틀린 것은?
① 호스길이의 허용오차는 +3%, -2% 이내로 한다.
② 배관용 호스의 최대 길이는 10000mm 이내로 한다.
③ 배관용 호스는 플레어(flare) 또는 유니언(union)의 접속기능이 있어야 한다.
④ 튜브는 금속제로서 주름가공으로 제작하여 쉽게 굽혀 질 수 있는 구조로 한다.

[해설] 가스용 금속 플렉시블 호스 제조 기준 : KGS AA535
㉮ 호스는 튜브의 양단에 관용테이퍼나사를 가지는 이음쇠나 호스엔드를 접속할 수 있는 이음쇠를 부착한 구조로 한다.
㉯ 튜브는 금속제로서 주름가공으로 제작하여 쉽게 굽혀질 수 있는 구조로 하고, 외면에는 보호피막을 입힌 것으로 한다.
㉰ 호스는 안전성 및 내구성이 양호하고, 통상의 조작에 따른 사용상 지장을 주는 변형이나 파손이 되지 않는 구조로 한다.
㉱ 호스는 이음쇠가 견고하게 부착되어 누출이 없는 것으로 하고, 콕과 고정형 연소기의 접속을 위한 충분한 기능을 가지는 것으로 한다.
㉲ 연소기용 호스는 플레어(flare)이음으로 튜브와 이음쇠를 분리할 수 없는 구조로 하고, 배관용 호스는 플레어 또는 유니언(union)의 접속기능을 가지는 것으로 한다.
㉳ 호스의 외관은 사용에 유해한 흠, 균열, 틈, 기포, 그 밖에 이상한 변형 등 결함이 없는 것으로 한다.

[정답] 21. ② 22. ① 23. ④ 24. ②

㉑ 연소기용 호스의 길이는 한쪽 이음쇠 끝에서 다른 쪽 이음쇠 끝까지로 하고, 최대길이는 3m 이내로, 최소길이는 0.3m 이상으로 한다. 이 경우 길이 허용오차는 +3%, -2% 이내로 한다.

㉒ 배관용 호스는 튜브와 이음쇠로 구분하고, 튜브는 최대길이 50m, 이음쇠는 각 직경별로 구분한다. 튜브의 길이 허용오차는 +3%, -2% 이내로 한다.

㉓ 튜브의 재료는 동합금, 스테인리스강 또는 사용상 이와 같은 수준 이상의 품질을 가지는 것으로 한다.

25. 암모니아 취급 시 피부에 닿았을 때 조치사항은?

① 열습포로 감싸준다.
② 아연화 연고를 바른다.
③ 산으로 중화시키고 붕대를 감는다.
④ 다량의 물로 세척 후 붕산수를 바른다.

해설 응급조치 방법
㉑ 피부에 노출 시 : 물로 세척 후 2% 붕산수를 바른다.
㉒ 눈에 노출 시 : 물로 세척 후 붕산수로 씻고 의사의 처치를 받는다.

26. 독성가스 운반차량의 뒷면에 완충장치로 설치하는 범퍼의 설치 기준은?

① 두께 3mm 이상, 폭 100mm 이상
② 두께 3mm 이상, 폭 200mm 이상
③ 두께 5mm 이상, 폭 100mm 이상
④ 두께 5mm 이상, 폭 200mm 이상

해설 독성가스 운반차량의 뒷면에는 두께가 5mm 이상, 폭 100mm 이상의 범퍼 (SS400 또는 이와 동등 이상의 강도를 갖는 강재를 사용한 것에만 적용한다) 또는 이와 동등 이상의 효과를 갖는 완충장치를 설치한다.

27. 고압가스 저장시설 중 바닥면에 접한 부분의 환기를 양호하게 한 구조로 하여야 할 가스는?

① 헬륨
② 질소
③ 부탄
④ 탄산가스

해설 공기보다 무거운 가연성가스일 때 바닥면에 접한 2방향 이상의 개구부 또는 바닥면 가까이에 흡입구를 갖춘 강제 환기시설을 설치하거나 이들을 병설하여 주로 바닥면에 접한 부분의 환기를 양호하게 한 구조로 한다.

※ 보기 예제 중 가연성가스는 '부탄(C_4H_{10})'이고, 분자량이 58로 공기보다 무거운 가스이다.

28. LP가스의 연소방식 중 분젠식 연소방식에 대한 설명으로 옳은 것은?

① 불꽃의 길이가 길다.
② 불꽃의 색깔은 적색이다.
③ 불꽃의 온도가 900℃ 정도이다.
④ 연소 시 1차 공기, 2차 공기가 필요하다.

해설 분젠식 연소방식의 특징
㉑ 불꽃은 내염과 외염을 형성한다.
㉒ 1차 공기가 혼입되어 있어 연소속도가 급속하다.
㉓ 연소 시 1차 공기와 2차 공기가 필요하다.
㉔ 불꽃의 길이가 짧고, 불꽃은 청록색을 나타낸다.
㉕ 연소온도가 1200~1300℃로 높고, 연소실이 작아도 된다.
㉖ 선화현상이 발생하기 쉽고, 역화의 우려가 있다.
㉗ 소화음, 연소음이 발생한다.

29. 정압기를 평가, 선정할 경우 고려해야 할 특성이 아닌 것은?

정답 25. ④ 26. ③ 27. ③ 28. ④ 29. ④

① 정특성   ② 동특성
③ 유량 특성   ④ 압력 특성

해설 정압기의 특성
  ㉮ 정특성(靜特性) : 유량과 2차 압력의 관계
  ㉯ 동특성(動特性) : 부하변동에 대한 응답의 신속성과 안전성이 요구됨
  ㉰ 유량 특성(流量特性) : 메인밸브의 열림과 유량의 관계
  ㉱ 사용 최대 차압 : 메인밸브에 1차와 2차 압력이 작용하여 최대로 되었을 때의 차압
  ㉲ 작동 최소 차압 : 정압기가 작동할 수 있는 최소 차압

30. 도시가스 사용시설에서 배관이음부와 전기접속기가 유지하여야 할 거리는 몇 cm인가? (단, 배관이음부는 용접이음매가 아니다.)
① 10   ② 15   ③ 30   ④ 60

해설 도시가스 사용시설 배관이음부와 유지거리
  ㉮ 전기계량기, 전기개폐기 : 60cm 이상
  ㉯ 전기점멸기, 전기접속기, 절연조치를 하지 않은 전선, 단열조치를 하지 않은 굴뚝 : 15cm 이상
  ㉰ 절연전선 : 10cm 이상

31. 공기 중에서 가연성 물질을 연소시킬 때 공기 중의 산소농도를 증가시키면 연소속도와 발화온도는 각각 어떻게 되는가?
① 연소속도는 빨라지고, 발화온도는 높아진다.
② 연소속도는 빨라지고, 발화온도는 낮아진다.
③ 연소속도는 느려지고, 발화온도는 높아진다.
④ 연소속도는 느려지고, 발화온도는 낮아진다.

해설 공기 중에 산소농도를 증가시키면(산소량이 많아지면) 연소속도는 빨라지고, 발화온도, 점화에너지는 낮아진다.

32. 아세틸렌(C_2H_2)가스의 위험도는 얼마인가? (단, 공기 중에서 아세틸렌의 폭발범위는 2.51~81.2%이다.)
① 29.15   ② 30.25
③ 31.35   ④ 32.45

해설 $H = \dfrac{U-L}{L} = \dfrac{81.2-2.51}{2.51} = 31.35$

33. 그림과 같은 수은을 사용한 U자관 압력계에서 h가 300mm를 나타낼 때 P_2의 압력은 절대압력으로 약 몇 MPa인가? (단, 대기압 P_1은 0.1MPa로 하고, 수은의 비중은 13.6이다.)

① 0.04   ② 0.14   ③ 0.24   ④ 0.44

해설 ㉮ 절대압력(P_2) = 대기압(P_0) + 게이지압력(P_1)이다.
  ㉯ 게이지압력 계산 : 수은의 비중량은 $13.6 \times 10^3\,\text{kgf/m}^3$이므로, 중력가속도 $9.8\,\text{m/s}^2$을 곱하면 $13.6 \times 10^3 \times 9.8\,\text{N/m}^3$이다. 여기에 액주 높이($h$)를 곱하면 SI단위 $\text{N/m}^2 = \text{Pa}$이고 $1\text{MPa} = 10^6\text{Pa}$이다.
  ∴ $P_1 = \gamma[\text{N/m}^3] \times h[\text{m}]$
  $= (13.6 \times 10^3 \times 9.8) \times 0.3$

$$= 39984 \text{N/m}^2 = 39984 \text{Pa}$$
$$= 0.039984 \text{MPa}$$

㉓ 절대압력 계산

$$P_2 = P_0 + P_1$$
$$= 0.1 + 0.039984 = 0.139984 \text{MPa}$$

34. 최고충전압력이 15MPa인 질소용기에 12MPa로 충전되어 있다. 이 용기의 안전밸브 작동압력은 몇 MPa인가?

① 15　② 18　③ 20　④ 25

[해설] 압축가스 충전용기 안전밸브 작동압력은 내압시험압력(TP)의 10분의 8 이하이고, 내압시험압력은 최고충전압력의 3분의 5배이다.

$$\therefore \text{안전밸브 작동압력} = TP \times \frac{8}{10}$$
$$= \left(FP \times \frac{5}{3}\right) \times \frac{8}{10}$$
$$= \left(15 \times \frac{5}{3}\right) \times \frac{8}{10}$$
$$= 20 \text{MPa}$$

35. 공기 중에서 수소는 산소와 체적비 2 : 1로 폭발적으로 반응하여 물을 생성하는 것을 무엇이라 하는가?

① 수소 폭명기
② 염소 폭명기
③ 산소 폭명기
④ 수소-산소 폭명기

[해설] ㉮ 수소 폭명기 : 공기 중에서 수소와 산소가 체적비 2 : 1로 폭발적으로 반응하여 물을 생성하는 것이다.
㉯ 반응식 : $2H_2 + O_2 \rightarrow 2H_2O + 136.6 \text{kcal}$

36. 고압가스 용접용기에 대한 내압검사 시 전증가량이 250mL일 때 이 용기가 내압시험에 합격하려면 영구증가량은 몇 mL 이하가 되어야 하는가?

① 12.5　② 25.0　③ 37.5　④ 50.0

[해설] ㉮ 신규 용기에 대한 내압시험 시 영구증가율 10% 이하가 합격기준이다.
㉯ 영구증가량 계산

$$\text{영구증가율} = \frac{\text{영구증가량}}{\text{전증가량}} \times 100 \text{에서}$$

영구증가량을 구하며, 영구증가율은 최대치인 10%를 적용한다.

$$\therefore \text{영구증가량} = \text{전증가량} \times \text{영구증가율}$$
$$= 250 \times 0.1 = 25 \text{mL 이하}$$

37. 가스 충전용기 운반 시 동일 차량에 적재할 수 없는 것은?

① 염소와 아세틸렌
② 질소와 아세틸렌
③ 프로판과 아세틸렌
④ 염소와 산소

[해설] 염소와 아세틸렌, 암모니아, 수소는 동일차량에 적재하여 운반하지 않는다.

38. 독성가스의 정의에 대한 내용 중 괄호 안에 알맞은 LC_{50} 값은?

"독성가스"라 함은 공기 중에 일정량 이상 존재하는 경우 인체에 유해한 독성을 가진 가스로서 허용농도(해당가스를 성숙한 흰쥐 집단에게 대기 중에서 1시간 동안 계속하여 노출시킨 경우 14일 이내에 그 흰쥐의 2분의 1 이상이 죽게 되는 가스의 농도를 말한다.)가 (　　) 이하인 것을 말한다.

① 100만분의 2000
② 100만분의 3000
③ 100만분의 4000
④ 100만분의 5000

[해설] ㉮ 독성가스 정의 : 공기 중에 일정량 이상 존재하는 경우 인체에 유해한 독

정답 34. ③　35. ①　36. ②　37. ①　38. ④

성을 가진 가스로서 허용농도가 100만 분의 5000 이하인 것을 말한다.
㉯ 허용농도 : 해당 가스를 성숙한 흰쥐 집단에게 대기 중에서 1시간 동안 계속하여 노출시킨 경우 14일 이내에 그 흰쥐의 2분의 1 이상이 죽게 되는 가스의 농도를 말한다. → LC_{50}(치사농도[致死濃度] 50 : Lethal concentration 50)으로 표시

39. 천연가스 주성분의 분자량은?
① 12   ② 16   ③ 32   ④ 44

해설 ㉮ 천연가스의 주성분은 메탄(CH_4)이다.
㉯ 메탄은 질량 12인 탄소원소 1개, 질량 1인 수소원소 4개로 이루어진 파라핀계 탄화수소이다.
∴ $M = (12 \times 1) + (1 \times 4) = 16\,g/mol$

40. 다공도를 측정할 때 사용되는 식으로 옳은 것은? (단, V : 다공물질의 용적, E : 아세톤 침윤 잔용적이다.)

① 다공도 $= \dfrac{V}{(V-E)}$

② 다공도 $= (V-E) \times \dfrac{100}{V}$

③ 다공도 $= (V+E) \times V$

④ 다공도 $= (V+E) \times \dfrac{V}{100}$

해설 아세틸렌 충전용기 다공도 계산식

$$다공도(\%) = \dfrac{V-E}{V} \times 100$$
$$= \dfrac{(V-E) \times 100}{V}$$
$$= (V-E) \times \dfrac{100}{V}$$
$$= \left(\dfrac{V}{V} - \dfrac{E}{V}\right) \times 100$$
$$= \left(1 - \dfrac{E}{V}\right) \times 100$$

41. 일반도시가스사업 공급소 밖의 배관에 실시하는 내압시험을 공기 등의 기체로 하는 경우 먼저 상용압력의 몇 %까지 승압하는가?
① 30%   ② 40%   ③ 50%   ④ 60%

해설 내압시험을 공기 등의 기체로 하는 경우 먼저 상용압력의 50%까지 승압하고 그 후에는 상용압력의 10%씩 단계적으로 승압하여 내압시험 압력에 도달하였을 때 누출 등의 이상이 없고, 그 후 압력을 내려 상용압력으로 하였을 때 팽창, 누출 등의 이상이 없으면 합격으로 한다.

42. 액화석유가스 충전사업소의 충전용 주관의 압력계 검사 주기는?
① 1개월에 1회 이상
② 3개월에 1회 이상
③ 6개월에 1회 이상
④ 1년에 1회 이상

해설 압력계 검사 : KGS FP331
㉮ 충전용 주관의 압력계 : 매월 1회 이상
㉯ 그 밖의 압력계 : 1년에 1회 이상

43. 원통형의 관을 흐르는 물의 중심부의 유속을 피토관으로 측정하였더니 수주의 높이가 10m이었다. 이때 유속은 약 몇 m/s인가?
① 10   ② 14   ③ 20   ④ 26

해설 $V = \sqrt{2gh} = \sqrt{2 \times 9.8 \times 10} = 14\,m/s$

44. 다음 중 가장 낮은 온도는?
① $-40\,°F$ ② $430\,°R$
③ $-50\,°C$ ④ $240\,K$

해설 각 온도를 섭씨온도로 환산하여 비교한다.

정답 39. ② 40. ② 41. ③ 42. ① 43. ② 44. ③

① $℃ = \frac{5}{9} \times (℉ - 32) = \frac{5}{9} \times (-40 - 32)$
　　$= -40℃$

② $℃ = \frac{°R}{1.8} - 273 = \frac{430}{1.8} - 273$
　　$= -34.111℃$

③ $-50℃$

④ $℃ = K - 273 = 240 - 273 = -33℃$

45. 냉간가공과 열간가공을 구분하는 기준이 되는 온도는?
① 끓는 온도
② 상용 온도
③ 재결정 온도
④ 섭씨 0도

해설 재결정 온도 : 금속재료를 적당한 시간 동안 가열하면 새로운 결정핵이 생겨 그 핵으로부터 새로운 결정입자가 형성될 때의 온도로 냉간가공과 열간가공을 구분하는 기준이 된다.

46. 가스미터에 대한 설명으로 틀린 것은?
① 막식은 주로 가정용에 사용된다.
② 루트미터는 중압가스의 계량이 가능하다.
③ 가스미터는 크게 직접식과 실측식으로 구분된다.
④ 습식은 회전 드럼의 내측에 가스입구가 있는 구조이다.

해설 가스미터는 실측식과 추량식으로 구분된다.

참고 가스미터의 분류
㉮ 실측식
　㉠ 건식 : 막식형(독립내기식, 클로버식)
　㉡ 회전식 : 루츠형, 오벌식, 로터리피스톤식
　㉢ 습식
㉯ 추량식 : 델타식, 터빈식, 오리피스식, 벤투리식

47. 긴급차단밸브의 동력원이 아닌 것은?
① 액압　② 기압　③ 전기　④ 차압

해설 긴급차단장치(밸브) 동력원 : 액압, 기압, 전기, 스프링

48. 염소가스의 건조제로 사용되는 것은?
① 진한 황산　　② 염화칼슘
③ 활성알루미나　④ 진한 염산

해설 염소, 포스겐의 건조제 : 진한 황산

49. 열역학 제1법칙에 대한 설명이 아닌 것은?
① 에너지 보존의 법칙이라고 한다.
② 열은 항상 고온에서 저온으로 흐른다.
③ 열과 일은 일정한 관계로 상호 교환된다.
④ 제1종 영구기관이 영구적으로 일하는 것은 불가능하다는 것을 알려준다.

해설 ②번 항목은 열역학 제2법칙을 설명한 것이다.

50. 일반도시가스 사업자는 공급권역을 구역별로 분할하고 원격조작에 의한 긴급차단장치를 설치하여 대형가스누출, 지진발생 등 비상 시 가스차단을 할 수 있도록 하고 있는데 이 구역의 설정기준은?
① 배관길이가 20km 미만이 되도록 설정
② 배관길이가 25km 미만이 되도록 설정
③ 수요자의 수가 20만 미만이 되도록 설정
④ 수요자의 수가 25만 미만이 되도록 설정

해설 긴급차단장치 설치(KGS FS551) : 긴급차단장치에 의하여 가스공급을 차단할 수 있는 구역의 설정은 수요자수가 20만 이하가 되도록 한다. 다만, 구역을 설정한

후 수요자수가 증가하여 20만을 초과하게 되는 경우에는 25만 미만으로 할 수 있다.

51. 도시가스 배관을 지하에 매설하는 경우 공동주택 등의 부지 내에서는 지표면으로부터 배관의 외면까지의 매설깊이는 얼마인가?

① 0.3m 이상   ② 0.6m 이상
③ 0.8m 이상   ④ 1.2m 이상

해설 도시가스 배관의 매설깊이
㉮ 공동주택부지 내 : 0.6m 이상
㉯ 폭 8m 이상인 도로 : 1.2m 이상
㉰ 폭 4~8m 미만 도로 : 1m 이상
㉱ ㉮~㉰에 해당되지 않는 곳 : 0.8m 이상

52. 수소 저장합금에 대한 설명으로 틀린 것은?

① 수소의 중량당 에너지 밀도가 높아 에너지 저장법으로 매우 유용하다.
② 금속수소화물의 형태로 수소를 흡수하지만 방출은 하지 않는 특성을 이용한 합금이다.
③ $LaNi_5$계는 란탄의 가격이 높고 밀도가 큰 것이 단점이지만 수소저장과 방출 특성이 우수하다.
④ $TiFe$는 가격이 낮지만 수소와의 초기 반응속도가 늦어서 반응시키기 전에 진공 속에서 여러 시간 가열이 필요하다.

해설 수소 저장합금
㉮ 원자 중에서 수소 원자의 크기가 가장 작으므로 금속 원자들이 만드는 틈새 사이로 들어가 금속 원자와 강한 결합을 형성하는 원리를 이용하여 금속 표면에 수소를 흡착시킬 수 있는 합금을 수소 저장합금이라고 한다.
㉯ 금속과 수소가스가 반응하여 금속수소화물이 되고 저장된 수소는 필요에 따라 금속수소화물에서 방출시켜 이용한다.
㉰ 수소가 방출하면 금속수소화물은 원래의 수소저장합금으로 되돌아간다.
㉱ 수소저장합금에서 방출된 수소가스는 휘발유의 대체연료로 이용할 수 있는 차세대 대체 에너지이다.
㉲ 수소 저장합금의 종류
 ㉠ AB5형 : $LaNi_5$, $CaCu_5$ 등
 ㉡ AB2형 : $MgZn_2$, $ZrNi_2$ 등
 ㉢ AB형 : $TiFe$, $TiCo$ 등
 ㉣ A2B형 : Mg_2Ni, Mg_2Cu 등
 ㉤ 고용체형 BCC합금 : Ti-V, V-Nb 등

53. 다단 압축을 하는 목적은?

① 압축일과 체적효율 증가
② 압축일과 체적효율 감소
③ 압축일 증가와 체적효율 감소
④ 압축일 감소와 체적효율 증가

해설 다단 압축의 목적
㉮ 1단 단열압축과 비교한 일량 절약
㉯ 이용 효율의 증가
㉰ 힘의 평형이 양호해진다.
㉱ 가스의 온도상승을 피할 수 있다.

54. 압축 또는 액화 그 밖의 방법으로 처리할 수 있는 가스의 용적이 1일 100m³ 이상인 사업소는 압력계를 몇 개 이상 비치하도록 되어 있는가?

① 1개   ② 2개
③ 3개   ④ 4개

해설 처리할 수 있는 가스의 용적이 1일 100m³ 이상인 사업소에는 국가표준기본법에 의한 제품인증을 받은 압력계를 2개 이상 비치한다.

정답 51. ② 52. ② 53. ④ 54. ②

55. 주기율표 0족에 속하는 불활성가스의 성질이 아닌 것은?

① 다른 원소와 잘 화합한다.
② 상온에서 기체이며, 단원자 분자이다.
③ 상온에서 무색, 무미, 무취의 기체이다.
④ 무색, 무취의 기체로 방전관에 넣어 방전시키면 특유의 색을 낸다.

해설 주기율표 0족에 속하는 불활성가스(희가스)는 화학적으로 불활성이므로 다른 원소와 반응하지 않는다.

56. 1000L의 액산탱크에 액산을 넣어 방출 밸브를 개방하여 12시간 방치했더니 탱크 내의 액산이 4.8kg 방출되었다면 1시간당 탱크에 침입하는 열량은 약 몇 kcal인가? (단, 액산의 증발잠열은 60kcal/kg이다.)

① 12 ② 24 ③ 70 ④ 150

해설 시간당 침입한 열량은 액체산소 4.8kg이 기화되는데 필요한 열량(잠열)과 같고, 방치한 시간 12시간은 액산이 기화하는데 소요된 시간이므로 기화에 필요한 전체열량을 방치한 12시간으로 나눠주면 시간당 침입열량이 된다.

∴ 침입열량 = $\dfrac{증발잠열량}{방치(측정)시간}$
$= \dfrac{4.8 \times 60}{12} = 24\,\text{kcal/h}$

57. [보기]와 관련 있는 분석법은?

┌─ 보기 ├─
ⓐ 쌍극자모멘드의 알짜변화
ⓑ 진동 짝 지움
ⓒ Nernst 백열등
ⓓ Fourier 변환 분광계

① 질량분석법
② 흡광광도법
③ 적외선 분광분석법
④ 킬레이트 적정법

해설 적외선 분광 분석법 : 적외선의 흡수가 일어나는 것을 이용한 방법으로 He, Ne, Ar 등 단원자 분자 및 H_2, O_2, N_2, Cl_2 등 대칭 2원자 분자는 적외선을 흡수하지 않으므로 분석할 수 없다.

58. 산소압축기의 내부 윤활제로 적당한 것은?

① 광유   ② 유지류
③ 물   ④ 글리세린

해설 산소압축기 내부 윤활유
㉮ 사용되는 것 : 물 또는 10% 이하의 묽은 글린세린수
㉯ 금지되는 것 : 석유류, 유지류, 농후한 글리세린

59. 공기액화 분리장치의 부산물로 얻어지는 아르곤가스는 불활성가스이다. 아르곤가스의 원자가는?

① 0 ② 1
③ 3 ④ 8

해설 원자가 : 분자 내에서 한 원자가 다른 원자와 이루는 화학결합의 수로 아르곤의 원자가는 0이다.

60. 수소의 비점은 약 몇 ℃인가?

① -162℃ ② -183℃
③ -196℃ ④ -253℃

해설 수소의 비점 : -252.5℃

정답 55. ① 56. ② 57. ③ 58. ③ 59. ① 60. ④

2025년도 실전 테스트 (2)

1. 아르곤(Ar) 분자량은?

① 10   ② 20   ③ 30   ④ 40

해설 희가스(불활성가스)의 종류 및 분자량

명칭	분자량
아르곤(Ar)	40
네온(Ne)	20
헬륨(He)	4
크립톤(Kr)	84
크세논(Xe)	131
라돈(Rn)	222

2. 다음에 설명하는 열역학 법칙은?

> 어떤 물체의 외부에서 일정량의 열을 가하면 물체는 이 열량의 일부분을 소비하여 외부에 대하여 일을 하고 남은 부분은 전부 내부에너지로 내부에 저장되고, 그 사이에 소비된 열은 발생되는 일과 같다.

① 열역학 제0법칙
② 열역학 제1법칙
③ 열역학 제2법칙
④ 열역학 제3법칙

해설 열역학 제1법칙 : 에너지 보존의 법칙이라 하며 기계적 일이 열로 변하거나, 열이 기계적 일로 변할 때 이들의 비는 일정한 관계가 성립된다.

3. 압축성 기체의 비열비 $\left(k = \dfrac{C_p}{C_v}\right)$에 대하여 맞는 것은?

① 항상 1보다 작다.
② 항상 1보다 크다.
③ 항상 1이다.
④ 일정치 않다.

해설 비열비는 정압비열과 정적비열의 비로 정압비열이 정적비열보다 크기 때문에 항상 1보다 크다.

4. 고압가스 특정제조 시설에서 배관을 해저에 설치하는 경우 다음 기준에 적합하지 않은 것은?

① 배관은 해저면 밑에 매설할 것
② 배관의 입상부에는 보호시설물을 설치할 것
③ 배관은 원칙적으로 다른 배관과 교차하지 아니할 것
④ 배관은 원칙적으로 다른 배관과 수평거리로 20m 이상을 유지할 것

해설 배관은 원칙적으로 다른 배관과 30m 이상의 수평거리를 유지한다.

5. 허용농도가 100만분의 200 이하인 독성가스 충전용기를 운반하는 차량의 경우 용기 승하차용 리프트와 밀폐된 구조로 하여야 하는 내용적의 기준은?

① 500L 미만   ② 500L 이상
③ 1000L 미만   ④ 1000L 이상

해설 운반차량 구조 : KGS GC206
㉮ 독성가스 충전용기를 운반하는 차량은 용기를 안전하게 취급하기 위하여 용기 승하차용 리프트와 적재함이 부착된 전용차량으로 한다.
㉯ 독성가스 충전용기를 운반하는 차량 적재함은 적재할 충전용기 최대높이의

정답 1. ④   2. ②   3. ②   4. ④   5. ③

3/5 이상까지 SS400 또는 이와 동등 이상의 강도를 갖는 재질(가로·세로·두께가 75×40×5mm 이상인 ㄷ형강 또는 호칭지름·두께가 50×3.2mm 이상의 강관)로 보강하여 용기고정이 용이하도록 한다.

㉯ 보강대로 인하여 용기의 상·하차 작업이 곤란한 경우에는 적재함의 가로보강대를 개폐형으로 설치할 수 있다. 이 경우 가로보강대가 차량 운행 중에 흔들리지 않도록 걸쇠 등으로 차량에 단단히 고정한다.

㉰ 허용농도가 100만분의 200 이하인 독성가스 충전용기를 운반하는 경우에는 용기 승하차용 리프트와 밀폐된 구조의 적재함이 부착된 전용차량(독성가스 전용차량이라 한다)으로 운반한다. 다만, 내용적이 1000L 이상인 충전용기를 운반하는 경우에는 그렇지 않다.

[참고] SS400 : 일반구조용 압연강재로 '400'은 최저 인장강도를 나타낸다. KS 강종기호가 2017년 1월 1일부로 개정되어 'SS275'로 표시하고 '275'는 최소 항복강도를 나타낸다.

6. 방류둑의 구조를 설명한 내용 중 옳지 않은 것은?
① 철근콘크리트는 수밀성 콘크리트를 사용한다.
② 방류둑의 높이는 당해 가스의 액두압에 견디어야 한다.
③ 성토는 수평에 대하여 50° 이하의 기울기로 하여 다져 쌓는다.
④ 방류둑의 재료는 철근콘크리트, 철골, 흙 또는 이들을 조합하여 만든다.

[해설] 성토는 수평에 대하여 45° 이하의 기울기로 하여 다져 쌓는다.

7. 기계가 복잡하게 연결되어 있는 경우 및 배관 등으로 연속되어 있는 경우에 이용되는 정전기 제거조치용 본딩용 접속선 및 접지접속선의 단면적은 몇 mm² 이상이어야 하는가? (단, 단선은 제외한다.)
① 3.5 ② 4.5 ③ 5.5 ④ 6.5

[해설] 정전기 제거 조치 기준
㉮ 탑류, 저장탱크, 열교환기, 회전기계, 벤트스택 등은 단독으로 접지하여야 한다. 다만, 기계가 복잡하게 연결되어 있는 경우 및 배관 등으로 연속되어 있는 경우에는 본딩용 접속선으로 접속하여 접지하여야 한다.
㉯ 본딩용 접속선 및 접지접속선은 단면적 $5.5mm^2$ 이상의 것(단선은 제외)을 사용하고 경납붙임, 용접, 접속금구 등을 사용하여 확실히 접속하여야 한다.
㉰ 접지 저항치는 총합 100Ω(피뢰설비를 설치한 것은 총합 10Ω) 이하로 하여야 한다.

8. 다음 중 가장 높은 온도는?
① −35℃ ② −45°F
③ 213K ④ 450°R

[해설] 각 온도를 섭씨온도로 환산하여 비교
① −35℃
② $℃ = \frac{5}{9}(°F - 32)$
   $= \frac{5}{9} \times (-45 - 32) = -42.77℃$
③ $℃ = K - 273 = 213 - 273 = -60℃$
④ $℃ = K - 273 = \frac{°R}{1.8} - 273$
   $= \frac{450}{1.8} - 273 = -23℃$

9. 물질의 상변화는 일으키지 않고 온도만

[정답] 6. ③ 7. ③ 8. ④ 9. ②

상승시키는 데 필요한 열을 무엇이라고 하는가?

① 잠열 ② 현열
③ 증발열 ④ 융해열

해설 현열과 잠열
㉮ 현열(감열) : 물질이 상태변화는 없이 온도변화에 총 소요된 열량
㉯ 잠열 : 물질이 온도변화는 없이 상태변화에 총 소요된 열량

10. 독성가스 용기 운반기준으로 틀린 것은?

① 차량의 최대 적재량을 초과하여 운반하지 않을 것
② 충전용기를 차량에 적재하여 운반할 때에는 운반차량에 눕혀서 운반할 것
③ 독성가스 중 가연성가스와 조연성가스는 동일 차량 적재함에 운반하지 않을 것
④ 밸브가 돌출한 충전용기는 고정식 프로텍터 또는 캡을 부착하여 밸브의 손상을 방지하는 조치를 할 것

해설 독성가스 충전용기를 차량에 적재하여 운반하는 때에는 적재함에 세워서 운반하여야 한다.

11. 고압가스용 용접용기 동판의 최대 두께와 최소 두께와의 차이는?

① 평균두께의 5% 이하
② 평균두께의 10% 이하
③ 평균두께의 20% 이하
④ 평균두께의 25% 이하

해설 용기 동판의 최대 두께와 최소 두께와의 차이는 평균두께의 20% 이하로 하여야 한다. (단, 이음매 없는 용기는 10% 이하)

12. 고압가스용 이음매 없는 용기에서 내력비란?

① 내력과 압궤강도의 비를 말한다.
② 내력과 파열강도의 비를 말한다.
③ 내력과 압축강도의 비를 말한다.
④ 내력과 인장강도의 비를 말한다.

해설 내력비 : 내력과 인장강도의 비

13. 고압가스제조소의 작업원은 얼마의 기간 이내에 1회 이상 보호구의 사용훈련을 받아 사용방법을 숙지하여야 하는가?

① 1개월 ② 3개월
③ 6개월 ④ 12개월

해설 보호구 장착 훈련 : 작업원은 3개월에 1회 이상 보호구의 사용훈련을 받아 사용방법을 숙지한다.

14. 액화석유가스의 냄새측정 기준에서 사용하는 용어 설명으로 옳지 않은 것은?

① 희석배수 : 시료기체의 양을 시험가스의 양으로 나눈 값
② 시료기체 : 시험가스를 청정한 공기로 희석한 판정용 기체
③ 시험가스 : 냄새를 측정할 수 있도록 액화석유가스를 기화시킨 가스
④ 시험자 : 미리 선정한 정상적인 후각을 가진 사람으로써 냄새를 판정하는 자

해설 ④번 항목은 패널의 설명이다.
※ 시험자 : 냄새농도 측정에 있어서 희석조작을 하여 냄새농도를 측정하는 자

15. 아세틸렌 제조설비의 기준에 대한 설명으로 틀린 것은?

① 압축기와 충전장소 사이에는 방호벽을

정답 10. ② 11. ③ 12. ④ 13. ② 14. ④ 15. ④

설치한다.
② 아세틸렌 충전용 교체밸브는 충전장소와 격리하여 설치한다.
③ 아세틸렌 충전용 지관에는 탄소 함유량이 0.1% 이하의 강을 사용한다.
④ 아세틸렌에 접촉하는 부분에는 동 또는 동 함유량이 72% 이하의 것을 사용한다.

[해설] 아세틸렌에 접촉하는 부분에는 동 또는 동 함유량이 62%를 초과하는 동합금은 사용하지 아니한다.

16. 방폭구조에 대한 설명 중 틀린 것은?
① 용기 내부에 보호가스를 압입하여 내부압력을 유지함으로써 가연성가스가 용기 내부로 유입되지 않도록 한 구조를 압력 방폭구조라 한다.
② 용기 내부에 절연유를 주입하여 불꽃, 아크 또는 고온발생 부분이 기름 속에 잠기게 함으로써 기름면 위에 존재하는 가연성가스에 인화되지 않도록 한 구조를 유입 방폭구조라 한다.
③ 정상운전 중에 가연성가스의 점화원이 될 전기불꽃, 아크 또는 고온 부분 등의 발생을 방지하기 위해 기계적 전기적 구조상 또는 온도상승에 대해 특히 안전도를 증가시킨 구조를 특수 방폭구조라 한다.
④ 정상 시 및 사고 시에 발생하는 전기불꽃, 이그 또는 고온부로 인하여 가연성가스가 점화되지 않는 것이 점화시험 그 밖의 방법에 의해 확인된 구조를 본질안전 방폭구조라 한다.

[해설] 특수 방폭구조(s) : 방폭구조에서 규정한 구조 이외의 방폭구조로서 가연성가스에 점화를 방지할 수 있다는 것이 시험, 기타 방법에 의하여 확인된 구조
※ ㉰항은 안전증 방폭구조에 대한 설명이다.

17. 용기 신규검사에 합격된 용기 부속품 기호 중 압축가스를 충전하는 용기 부속품의 기호는?
① AG
② PG
③ LG
④ LT

[해설] 용기 부속품 기호
㉮ AG : 아세틸렌가스 용기 부속품
㉯ PG : 압축가스 용기 부속품
㉰ LG : 액석유가스 외의 액화가스 용기 부속품
㉱ LPG : 액화석유가스 용기 부속품
㉲ LT : 초저온, 저온 용기 부속품

18. 도시가스사업자는 가스공급시설을 효율적으로 관리하기 위하여 배관, 정압기에 대하여 도시가스배관망을 전산화하여야 한다. 이때 전산관리 대상이 아닌 것은?
① 설치도면
② 시방서
③ 시공자
④ 배관제조자

[해설] 도시가스 배관망의 전산화 대상 : 배관·정압기 등의 설치도면, 시방서(관 지름 및 재질 등에 관한 사항 기재), 시공자, 시공 연 월 일 등

19. 도시가스 사용시설에서 배관의 호칭지름이 25mm인 배관은 몇 m 간격으로 고정하여야 하는가?
① 1m 마다
② 2m 마다
③ 3m 마다
④ 4m 마다

[해설] 배관 고정장치 설치기준
㉮ 호칭지름 13mm 미만 : 1m 마다
㉯ 호칭지름 13mm 이상 33mm 미만 :

정답 16. ③ 17. ② 18. ④ 19. ②

2m 마다
㉰ 호칭지름 33mm 이상 : 3m 마다
㉱ 호칭지름 100mm 이상의 것에는 적절한 방법에 따라 3m를 초과하여 설치할 수 있다.

20. 강관의 스케줄번호가 의미하는 것은?
① 파이프의 길이
② 파이프의 바깥지름
③ 파이프의 무게
④ 파이프의 두께

해설 스케줄 번호(schedule number) : 사용압력과 배관재료의 허용응력과의 비에 의하여 배관 두께의 체계를 표시한 것이다.

21. 기기 분석법에 해당하는 것은?
① 오르사트법
② 흡광광도법
③ 중화적정법
④ 가스크로마토그래피

해설 흡광광도법, 중화적정법은 화학 분석법에, 오르사트법은 흡수분석법에 해당된다.

22. 용적식 유량계에 해당하는 것은?
① 오리피스 유량계
② 플로노즐 유량계
③ 벤투리관 유량계
④ 오벌 기어식 유량계

해설 유량계의 구분 및 종류
㉮ 용적식 : 오벌기어식, 루트(roots)식, 로터리 피스톤식, 로터리 베인식, 습식 가스미터, 막식 가스미터 등
㉯ 간접식 : 차압식(오리피스, 플로노즐, 벤투리미터), 유속식, 면적식, 전자식, 와류식 등

23. 염소의 성질과 고압장치에 대한 부식성에 관한 설명으로 틀리는 것은?
① 고온에서 염소가스는 철과 직접 심하게 작용한다.
② 염소는 압축가스 상태일 때 건조한 경우에는 심한 부식성을 나타낸다.
③ 염소는 습기를 띄면 강재에 대하여 심한 부식성을 가지고 용기, 밸브 등이 침해된다.
④ 염소는 물과 작용하여 염산을 발생시키기 때문에 장치 재료로는 내산도기, 유리, 염화비닐이 가장 우수하다.

해설 염소는 건조한 상태일 때는 부식성이 없으나, 수분이 존재하면 염산(HCl)이 생성되어 강에 대하여 심한 부식성을 나타낸다.

24. LPG에 대한 설명 중 옳지 않은 것은?
① 액화석유가스의 약자이다.
② 고급 탄화수소의 혼합물이다.
③ 무색, 투명하고 물에 난용이다.
④ 탄소 수 3 및 4의 탄화수소 또는 이를 주성분으로 하는 혼합물이다.

해설 액화석유가스의 조성 : 석유계 저급 탄화수소의 혼합물로 탄소 수가 3개에서 5개 이하의 것을 말하며 프로판(C_3H_8), 부탄(C_4H_{10}), 프로필렌(C_3H_6), 부틸렌(C_4H_8), 부타디엔(C_4H_6) 등이 포함되어 있으며 가장 많이 함유된 것은 프로판(C_3H_8)과 부탄(C_4H_{10})이다.

25. LNG의 주성분은?
① CH_4 ② CO ③ C_2H_4 ④ C_2H_2

해설 LNG(액화천연가스)의 주성분은 메탄(CH_4)이고, 소량의 에탄(C_2H_6)이 포함되어 있다.

정답 20. ④ 21. ④ 22. ④ 23. ② 24. ② 25. ①

26. 기체연료의 연소 형태는 어느 것인가?
① 증발연소　② 표면연소
③ 분해연소　④ 확산연소

해설 확산연소 : 가연성 기체를 대기 중에 분출 확산시켜 연소하는 것으로 기체연료의 연소가 이에 해당된다.

27. 폭발등급은 안전간격에 따라 구분할 수 있다. 다음 중 안전간격이 가장 넓은 것은?
① 이황화탄소　② 수성가스
③ 수소　　　　④ 프로판

해설 폭발등급별 안전간격

폭발등급	안전간격	가스 종류
1등급	0.6mm 이상	일산화탄소, 에탄, 프로판, 암모니아, 아세톤, 에틸에테르, 가솔린, 벤젠 등
2등급	0.4~0.6 mm	석탄가스, 에틸렌 등
3등급	0.4mm 미만	아세틸렌, 이황화탄소, 수소, 수성가스 등

28. 고압가스 특정제조시설 중 비가연성 가스의 저장탱크는 몇 m^3 이상일 경우에 지진 영향에 대한 안전한 구조로 설계하여야 하는가?
① 300　② 500
③ 1000　④ 2000

해설 내진설계 대상 : 저장탱크 및 압력용기

구분	비가연성, 비독성	가연성, 독성	탑류
압축가스	1000m³	500m³	동체부 높이 5m 이상
액화가스	10000kg	5000kg	

29. 고압가스 판매시설의 용기보관실에 대한 기준으로 맞지 않는 것은?
① 충전용기는 항상 40℃ 이하를 유지할 것
② 충전용기의 넘어짐 및 충격을 방지하는 조치를 할 것
③ 가연성가스와 산소의 용기보관실은 각각 구분하여 설치할 것
④ 가연성가스의 충전용기 보관실 8m 이내에 화기 또는 발화성물질을 두지 말 것

해설 고압가스 판매시설의 가연성가스 및 독성가스의 충전용기 보관실의 주위 2m 이내에서는 화기를 사용하거나 인화성물질 또는 발화성물질을 두지 아니할 것

30. 온도가 일정할 때 일정량의 기체가 차지하는 체적은 절대압력에 반비례한다. 어떤 법칙인가?
① 보일의 법칙
② 샤를의 법칙
③ 보일-샤를의 법칙
④ 아보가드로의 법칙

해설 ㉮ 보일의 법칙 : 온도가 일정할 때 일정량의 기체가 차지하는 부피는 절대압력에 반비례한다.
㉯ 샤를의 법칙 : 압력이 일정할 때 일정량의 기체가 차지는 부피는 절대온도에 비례한다.
㉰ 보일-샤를의 법칙 : 일정량의 기체가 차지하는 부피는 압력에 반비례하고, 절대온도에 비례한다.

31. 아세틸렌 취급방법 중 틀린 것은?
① 저장소는 화기엄금을 게시한다.
② 용기는 산소용기와 같이 저장하지 않는다.
③ 저장소는 통풍이 양호한 구조이어야

정답 26. ④ 27. ④ 28. ③ 29. ④ 30. ① 31. ④

한다.
④ 가스 출구 동결 시 60℃ 이하의 온수로 녹인다.

해설 가스 출구 동결 시 열습포 또는 40℃ 이하의 물을 사용한다.

32. 암모니아를 냉매로 하는 냉동설비의 기밀시험에 사용하기에 가장 부적당한 가스는?
① 공기　　② 산소
③ 질소　　④ 아르곤

해설 냉동설비의 기밀시험 : 기밀시험에 사용하는 가스는 공기 또는 불연성가스(산소 및 독성가스를 제외)로 한다. 이때 공기압축기로 압축공기를 공급하는 경우에는 공기의 온도를 140℃ 이하로 할 수 있다.

33. 배관을 지하에 매설할 때 독성가스 배관은 그 가스가 혼입될 우려가 있는 수도시설과 몇 m 이상의 거리를 유지해야 하는가?
① 100　　② 200
③ 300　　④ 400

해설 사업소 밖의 배관 매몰 설치 이격거리 기준
㉮ 건축물과는 1.5m, 지하도로 및 터널과는 10m 이상의 거리를 유지한다.
㉯ 독성가스의 배관은 그 가스가 혼입될 우려가 있는 수도시설과는 300m 이상의 거리를 유지한다.
㉰ 배관 외면으로부터 지하의 다른 시설물과 0.3m 이상의 거리를 유지한다.
㉱ 지표면으로부터 매설깊이는 산이나 들에서는 1m 이상, 그 밖의 지역에서는 1.2m 이상으로 한다.

34. 가스 설비의 수리 및 청소 요령 중 가스치환 작업이 올바른 것은?
① 독성가스 설비는 TLV-TWA 기준농도 이하로 될 때까지 치환한다.
② 산소가스 설비는 산소농도가 24% 이하로 될 때까지 치환한다.
③ 가연성가스 설비는 가스의 폭발하한계 이하가 될 때까지 치환한다.
④ 불연성가스 설비는 산소농도가 18∼24% 되도록 공기로 재치환한다.

해설 치환농도
㉮ 가연성가스 설비 : 폭발하한계의 1/4 이하(25% 이하)
㉯ 독성가스 설비 : TLV-TWA 기준농도 이하
㉰ 산소 설비 : 산소농도 22% 이하
㉱ 불연성가스 설비 : 치환작업을 생략할 수 있다.
㉲ 사람이 작업할 경우 산소농도 : 18∼22%

35. 주기율표 0족에 속하는 희가스에 대한 설명 중 잘못된 것은?
① 비등점이 낮다.
② He은 캐리어가스 및 부양용 가스로 사용한다.
③ Ar의 방전색은 적색, 크립톤의 방전색은 녹자색이다.
④ Rn은 용접 시 공기와의 접촉을 막는 보호용 가스로 사용한다.

해설 ④번 항목은 아르곤(Ar)의 용도 설명이다.

36. 일반용 고압가스 용기의 도색이 옳은 것은?

정답 32. ② 33. ③ 34. ① 35. ④ 36. ④

① 수소 – 회색
② 액화염소 – 황색
③ 아세틸렌 – 주황색
④ 액화암모니아 – 백색

해설 가스 종류별 용기 도색

가스 종류	용기 도색	
	공업용	의료용
산소(O_2)	녹색	백색
수소(H_2)	주황색	–
액화탄산가스(CO_2)	청색	회색
액화석유가스	밝은 회색	–
아세틸렌(C_2H_2)	황색	–
암모니아(NH_3)	백색	–
액화염소(Cl_2)	갈색	–
질소(N_2)	회색	흑색
아산화질소(N_2O)	회색	청색
헬륨(He)	회색	갈색
에틸렌(C_2H_4)	회색	자색
사이클로 프로판	회색	주황색
기타의 가스	회색	–

37. 폭발의 종류와의 관계가 틀린 것은?
① 화학적 폭발 : 화약의 폭발
② 중합적 폭발 : HCN의 폭발
③ 촉매적 폭발 : C_2H_2의 폭발
④ 압력적 폭발 : 보일러의 폭발

해설 ㉮ 아세틸렌 폭발성 : 산화폭발, 분해폭발, 화합폭발
㉯ 촉매 폭발 : 수소 및 염소의 혼합가스에 직사광선이 촉매로 작용하여 일어나는 폭발로 염소폭명기라 한다.
참고 반응식 : $H_2+Cl_2 \rightarrow 2HCl+44kcal$

38. LPG 충전소에는 시설의 안전 확보상 "충전 중 엔진정지"라고 표시한 표지판을 주위 보기 쉬운 곳에 설치할 때 바탕색과 글자색으로 옳은 것은?
① 흑색바탕에 백색 글씨
② 흑색바탕에 황색 글씨
③ 백색바탕에 흑색 글씨
④ 황색바탕에 흑색 글씨

해설 LPG 자동차 충전소 표지판
㉮ 충전 중 엔진정지 : 황색바탕에 흑색 글씨
㉯ 화기엄금 : 백색바탕에 적색 글씨

39. 액화석유가스 충전시설에서 영상정보처리기기(CCTV)로 촬영한 영상정보는 며칠 이상 저장하여야 하는가?
① 10일
② 30일
③ 60일
④ 90일

해설 고정형 영상정보처리기기 설치(신설 24. 7. 23) (KGS FP331, FP332, FP333, FP334) : 액화석유가스 충전시설에는 다음 장소의 운영상태를 감시하기 위해 고정형 영상정보처리기기(이하 "영상정보처리기기"라 한다)를 설치하고, 24시간 촬영한 영상정보는 10일 이상 저장한다.〈개정 24. 12. 5〉
㉮ 자동차에 고정된 탱크 이입·충전장소
㉯ 저장설비, 가스설비 및 충전설비 설치장소
㉰ 그 밖에 안전관리상 필요한 장소

40. 액화석유가스의 시설기준 중 저장탱크의 설치 방법으로 틀린 것은?
① 천장, 벽 및 바닥의 두께가 각각 30cm 이상의 방수조치를 한 철근콘크리트 구조로 한다.
② 저장탱크실 상부 윗면으로부터 저장탱크 상부까지의 깊이는 60cm 이상으로 한다.
③ 저장탱크에 설치한 안전밸브에는 지면으로부터 5m 이상의 방출관을 설치한다.

정답 37. ③ 38. ④ 39. ① 40. ④

④ 저장탱크 주위 빈 공간에는 세립분을 25% 이상 함유한 마른 모래를 채운다.

해설 저장탱크 주위 빈 공간에는 세립분을 함유하지 않은 것으로서 손으로 만졌을 때 물이 손에서 흘러내리지 않는 상태의 모래를 채운다.

41. 다음 가스 중 비중이 공기보다 무거워 누설 시 바닥에 체류하는 가스로만 된 것은?

① 프로판, 염소, 포스겐
② 염소, 포스겐, 암모니아
③ 프로판, 수소, 아세틸렌
④ 염소, 암모니아, 아세틸렌

해설 ㉮ 분자량이 공기의 평균분자량 29보다 큰 것이 공기보다 무거운 가스이다.
㉯ 각 가스의 분자량

명칭	분자량
프로판(C_3H_8)	44
염소(Cl_2)	71
포스겐($COCl_2$)	99
암모니아(NH_3)	17
수소(H_2)	2
아세틸렌(C_2H_2)	26

42. 액화염소의 1일 처리능력이 38000kg일 때 수용인원이 350명인 공연장과 유지해야 할 안전거리는 몇 m 이상인가?

① 18   ② 23
③ 27   ④ 30

해설 ㉮ 액화염소는 독성가스이고, 수용인원 350명인 공연장은 제1종 보호시설이다.
㉯ 가연성, 독성가스의 보호시설별 안전거리

저장능력(m^3), 처리능력(kg)	제1종	제2종
1만 이하	17	12
1만 초과 2만 이하	21	14
2만 초과 3만 이하	24	16
3만 초과 4만 이하	27	18
4만 초과 5만 이하	30	20
5만 초과 99만 이하	30	20

43. 도시가스 성분을 분석하였더니 프로판 60vol%, 메탄 40vol%일 때 폭발범위 하한값은 약 몇 %인가? (단, 공기 중 폭발범위는 프로판 1.8~9.5%, 메탄 5~15%이다.)

① 2.4   ② 3.6   ③ 4.8   ④ 5.5

해설 르샤틀리에 공식 $\dfrac{100}{L}=\dfrac{V_1}{L_1}+\dfrac{V_2}{L_2}$에서 폭발범위 하한값 L을 구한다.

$$\therefore L=\dfrac{100}{\dfrac{V_1}{L_1}+\dfrac{V_2}{L_2}}=\dfrac{100}{\dfrac{60}{1.8}+\dfrac{40}{5}}=2.42\%$$

44. 상용의 온도에서 사용압력이 1.2MPa인 고압설비에 사용되는 배관재료로서 부적합한 것은?

① KS D 3507 배관용 탄소강관
② KS D 3562 압력배관용 탄소강관
③ KS D 3570 고온배관용 탄소강관
④ KS D 3576 배관용 스테인리스강관

해설 KS D 3507 배관용 탄소강관(SPP)은 사용압력 1MPa 이하의 증기, 물, 기름, 가스 및 공기의 배관용으로 사용한다.

45. 도시가스 배관 굴착작업 시 배관의 보호를 위하여 배관 주위 몇 m 이내에는 인력으로 굴착하여야 하는가?

정답 41. ① 42. ③ 43. ① 44. ① 45. ③

① 0.3 ② 0.6 ③ 1 ④ 1.5

해설 도시가스 배관 주위를 굴착하는 경우 도시가스 배관의 좌우 1m 이내 부분은 인력으로 굴착하여야 한다.

46. 일산화탄소와 반응하여 금속 카르보닐을 생성하는 금속은?

① 구리(Cu) ② 니켈(Ni)
③ 아연(Zn) ④ 알루미늄(Al)

해설 일산화탄소(CO)는 고온, 고압의 상태에서 철족(Fe, Ni, Co)의 금속에 대하여 침탄 및 카르보닐을 생성한다.

47. 공기 중으로 누출 시 냄새로 쉽게 알 수 있는 가스로만 나열된 것은?

① 아세틸렌, 부탄, 프로판
② 염소, 암모니아, 메탄올
③ 일산화탄소, 아르곤, 메탄
④ 질소, 일산화탄소, 이산화탄소

해설 냄새가 있는 가스
㉮ 염소, 암모니아 : 자극적인 냄새
㉯ 메탄올 : 알코올 냄새
㉰ 아세틸렌 : 순수한 것은 에테르와 같은 향기가 있고, 카바이드를 이용하여 제조한 것은 특유의 냄새가 있다.

48. 가스 저장시설 중 이중각식 구형 저장탱크에 저장하지 않아도 되는 가스는?

① 액체 산소 ② 액체 질소
③ 액화 에틸렌 ④ 액화 아세틸렌

해설 이중각식 구형 저장탱크의 특징
㉮ 내구(내측 탱크)에는 저온 강재, 외구(외측 탱크)에는 보통 강판을 사용한 것으로 내외 공간은 진공 또는 건조공기 및 질소가스를 넣고 펄라이트와 같은 보랭재를 충전한다.
㉯ 이 형식의 탱크는 단열성이 높으므로 −50℃ 이하의 저온에서 액화가스를 저장하는 데 적합하다.
㉰ 액체 산소, 액체 질소, 액화 메탄, 액화 에틸렌 등의 저장에 사용된다.
㉱ 내구는 스테인리스강, 알루미늄, 9% 니켈강 등을 사용한다.

49. 공기액화 분리장치의 내부를 세척하고자 할 때 세정액으로 가장 적당한 것은?

① 염산(HCl)
② 가성소다(NaOH)
③ 사염화탄소(CCl_4)
④ 탄산나트륨(Na_2CO_3)

해설 사염화탄소(CCl_4)를 이용하여 1년에 1회 이상 공기액화 분리장치의 내부를 세척하여야 한다.

50. 2000rpm으로 회전하는 펌프를 3500rpm으로 변환하는 경우 펌프의 유량과 양정은 몇 배가 되는가?

① 유량 : 2.65, 양정 : 4.12
② 유량 : 3.06, 양정 : 1.75
③ 유량 : 3.06, 양정 : 5.36
④ 유량 : 1.75, 양정 : 3.06

해설 ㉮ 유량 계산
$$Q_2 = Q_1 \times \left(\frac{N_2}{N_1}\right) = Q_1 \times \left(\frac{3500}{2000}\right) = 1.75 Q_1$$

㉯ 양정 계산
$$H_2 = H_1 \times \left(\frac{N_2}{N_1}\right)^2 = H_1 \times \left(\frac{3500}{2000}\right)^2 = 3.06 H_1$$

51. 금속재료의 저온특성에 관한 설명 중 올바른 것은?

① 탄소강은 저온이 되면 연신율이 떨어

정답 46. ② 47. ② 48. ④ 49. ③ 50. ④ 51. ①

진다.
② 탄소강은 저온이 되면 인장강도가 저하한다.
③ 알루미늄은 저온취성이 현저하므로 저온용 재료로서 부적당하다.
④ 오스테나이트 스테인리스강은 어느 온도 이하가 되면 샤르피 충격치가 급격히 저하, 저온취성을 나타낸다.

[해설] 금속재료의 저온특성
㉮ 탄소강은 저온이 되면 인장강도, 항복점, 경도는 증가하고 연신율, 충격치는 감소한다.
㉯ 오스테나이트계 스테인리스강, 알루미늄은 저온에 강한 재료이다.

52. 공기액화 사이클에서 관련이 없는 장치가 연결되어 있는 것은?
① 린데식 공기액화 사이클 – 액화기
② 클라우드 공기액화 사이클 – 축랭기
③ 필립스 공기액화 사이클 – 보조 피스톤
④ 캐피자 공기액화 사이클 – 압축기

[해설] 클라우드 공기액화 사이클 : 열교환기, 팽창기

53. 가스용 폴리에틸렌 배관의 융착이음 접합방법의 분류에 해당되지 않는 것은?
① 맞대기 융착   ② 소켓 융착
③ 이음매 융착   ④ 새들 융착

[해설] 가스용 폴리에틸렌관 이음방법 : 맞대기 융착이음, 소켓 융착이음, 새들 융착이음

54. 부탄(C_4H_{10}) 용기에서 액체 580g이 대기 중에 방출되어 기화되었다면, 표준상태에서 부피는 약 몇 L가 되는가?

① 150   ② 210
③ 224   ④ 230

[해설] ㉮ 표준상태(0℃, 1기압)에서 부탄 1몰(mol)의 질량은 58g이고, 기체 체적은 22.4L이다.
㉯ 아보가드로 법칙을 이용하여 비례식으로 구한다.
$58g : 22.4L = 580g : xL$
$\therefore x = \dfrac{22.4 \times 580}{58} = 224L$

[별해] 표준상태(0℃, 1기압)에서 부탄 1몰(mol)의 질량은 58g이고, 기체 체적은 22.4L이므로 문제에서 제시된 580g은 10배이다.
$\therefore$ 부탄 기체 체적 $= 22.4 \times 10 = 224L$

55. 카바이드를 이용하여 아세틸렌을 제조할 때 공업적으로 가장 많이 사용되는 발생장치는?
① 주수식   ② 침지식
③ 투입식   ④ 연속식

[해설] 아세틸렌 제조방법(발생기) 분류
㉮ 주수식 : 카바이드에 물을 주입하는 방식(불순가스 발생량이 많다.)
㉯ 침지식 : 물과 카바이드를 소량식 접촉하는 방식(위험성이 크다.)
㉰ 투입식 : 물에 카바이드를 넣는 방식(대량생산에 적합하여 가장 많이 사용한다.)

56. 질소에 관한 설명 중 틀린 것은?
① 고온에서 산소와 반응하여 산화질소가 된다.
② 고온, 고압하에서 수소와 반응하여 암모니아를 생성한다.
③ 고온에서 탄화칼슘과 반응하여 칼슘시아나미드가 된다.

[정답] 52. ② 53. ③ 54. ③ 55. ③ 56. ④

④ 안정된 가스이므로 Mg, Ca, Li 등의 금속과는 반응하지 않는다.

해설 마그네슘(Mg), 칼슘(Ca), 리튬(Li) 등과 화합하여 질화마그네슘(Mg_3N_2), 질화칼슘(Ca_3N_2), 질화리튬(Li_3N_2) 등을 만든다.

57. 다음 중 액비중이 제일 작은 것은?
① 염소 ② 산소
③ 휘발유 ④ 프로판

해설 각 물질의 액비중

명칭	액비중
염소	1.56
산소	1.14
휘발유	0.94
프로판	0.51

58. LPG 기화기에 대한 설명 중 틀린 것은?
① 기화기를 증발 형식에 의해 분류하면 순간 증발식과 유입 증발식이 있다.
② 기화기 사용 시 이점은 LP가스 종류에 관계없이 한랭시에도 충분히 기화시킨다.
③ 기화장치의 구성요소 중에는 액상의 가스를 가스화시키는 열교환기도 있다.
④ 감압가온 방식은 열교환기에 의해 액상의 가스를 기화시킨 후 조정기로 감압시켜 공급하는 방식이다.

해설 작동원리에 따른 기화장치 구분
㉮ 가온감압 방식 : 열교환기에 액체상태의 LP가스를 보내 여기서 기화된 가스를 조정기에 의해 감압하여 공급하는 방식
㉯ 감압가열 방식 : 액체상태의 LP가스를 액체 조정기를 통하여 감압하여 열교환기에 공급해 온수 등으로 가열하여 기화시키는 방식으로 감압가열 방식이라 한다.
※ ④번 항목은 가온감압 방식의 설명이다.

59. 암모니아 가스의 특성 설명 중 틀린 것은?
① 물에 잘 녹는다.
② $4NH_3 + 3O_2 \rightarrow 2N_2 + 6H_2O$
③ 산소 중에서 폭발범위는 15~28%이다.
④ 암모니아가 물에 녹으면 알칼리성이 된다.

해설 암모니아의 폭발범위
㉮ 공기 중 : 15~28%
㉯ 산소 중 : 15~79%

60. 표준대기압 상태에서 물 1kg을 1℃ 올리는 데 필요한 열량의 단위는?
① kcal ② BTU
③ CHU ④ Joule

해설 열량의 단위
㉮ kcal : 물 1kg을 1℃ 상승시키는 데 소요된 열량
㉯ BTU : 물 1lb를 1°F 상승시키는 데 소요된 열량
㉰ CHU : 물 1lb를 1℃ 상승시키는 데 소요된 열량

정답 57. ④ 58. ④ 59. ③ 60. ①

2026 가스기능사 필기
과년도 출제문제 해설

2025년 4월 10일 1판 1쇄
2026년 1월 10일 2판 1쇄

저자 : 서상희
펴낸이 : 이정일

펴낸곳 : 도서출판 **일진사**
www.iljinsa.com

04317 서울시 용산구 효창원로 64길 6
대표전화 : 704-1616, 팩스 : 715-3536
이메일 : webmaster@iljinsa.com
등록번호 : 제1979-000009호(1979.4.2)

값 24,000원

ISBN : 978-89-429-2039-6

* 불법복사는 지적재산을 훔치는 범죄행위입니다.
저작권법 제97조의 5(권리의 침해죄)에 따라 위반자는 5년 이하의 징역 또는 5천만 원 이하의 벌금에 처하거나 이를 병과할 수 있습니다.